Deepen Your Mind

Deepen Your Mind

ARM64 系統結構自測題

在閱讀本書之前，請讀者嘗試完成以下自測題，從而了解自己對 ARM64 系統結構的掌握程度。一共有 20 題，每題 5 分，總分 100 分。

1．A64 指令集支援 64 位元寬的資料和位址定址，為什麼指令的編碼寬度只有 32 位？

2．下面幾筆 MOV 指令中，哪些能執行成功？哪些會執行失敗？

```
mov x0, 0x1234
mov x0, 0x1abcd
mov x0, 0x12bc0000
mov x0, 0xffff0000ffff
```

3．在下面的範例程式中，X0 和 X1 暫存器的值分別是多少？

```
string1:
    .string "Booting at EL"
ldr x0,  string1
ldr x1,  =string1
```

4．在下面的範例程式中，X0 暫存器的值是多少？

```
mov x1, #3
mov x2, #1
sbc x0, x1, x2
```

5．檢查陣列 array[0, index - 1] 是否越界需要判斷兩個條件，一是輸入值是否大於或等於 index，二是輸入值是否小於 0。如下兩筆指令可實現陣列越界檢查的功能，其中 X0 暫存器儲存了陣列的邊界 index，X1 為輸入值 input。請解釋這兩筆指令為什麼能實現陣列越界檢查。

```
subs xzr，x1，x0
b.hs OutOfIndex
```

6．下面是 kernel_ventry 巨集的定義。

```
.macro kernel_ventry, el, label
b el\()\el\()_\label
.endm
```

下面的敘述呼叫 kernel_ventry 巨集，請解釋該巨集是如何展開的。

```
kernel_ventry 1,irq
```

7．關於連結器，請解釋連結位址、虛擬位址以及載入位址。當一個程式的程式碼片段的連結位址與載入位址不一致時，我們應該怎麼做才能讓程式正確運行？

8．在 ARM64 處理器中，異常發生後 CPU 自動做了哪些事情？軟體需要做哪些事情？在發生異常後，CPU 是傳回發生異常的指令還是下一筆指令？什麼是中斷現場？對於 ARM64 處理器來說，中斷現場應該保存哪些內容？中斷現場保存到什麼地方？

9．為什麼頁表要設計成多級頁表？直接使用一級頁表是否可行？多級頁表又引入了什麼問題？請簡述 ARM64 處理器的 4 級頁表的映射過程，假設頁面細微性為 4 KB，位址寬度為 48 位。

10．ARMv8 系統結構處理器主要提供兩種類型的記憶體屬性，分別是標準類型記憶體（normal memory）和裝置類型記憶體（device memory），它們之間有什麼區別？

11．在使能 MMU 時，為什麼需要建立恒等映射？

12．請簡述直接映射、全相連映射以及組相連映射的快取記憶體的區別。什麼是快取記憶體的名稱重複問題？什麼是快取記憶體的名稱相同問題？ VIPT 類型的快取記憶體會產生名稱重複問題嗎？

13．在 ARM64 處理器中，什麼是內部共用和外部共用的快取記憶體？什麼是 PoU 和 PoC ？

14．假設系統中有 4 個 CPU，每個 CPU 都有各自的一級快取記憶體，處理器內部實現的是 MESI 協定，它們都想存取相同位址的資料 *a*，大小為 64 位元組，這 4 個 CPU 的快取記憶體在初始狀態下都沒有快取資料 *a*。在 T0 時刻，CPU0 存取資料 *a*。在 T1 時刻，CPU1 存取資料 *a*。在 T2 時刻，CPU2 存取資料 *a*。在 T3 時刻，CPU3 想更新資料 a 的內容。請依次說明，T0 ～ T3 時刻，4 個 CPU 中快取記憶體行的變化情況。

15．DMA 緩衝區和快取記憶體容易產生快取一致性問題。從 DMA 緩衝區向裝置的 FIFO 緩衝區搬運資料時，應該如何保證快取一致性？從裝置的 FIFO 緩衝區向 DMA 緩衝區搬運資料時，應該如何保證快取一致性？

16．為什麼作業系統在切換（或修改）頁表項時需要先更新對應的 TLB 記錄後切換頁表項？

17．下面是關於無效指令快取記憶體的程式片段，請解釋為什麼在使指令快取記憶體失效之後要發送一個 IPI，而且這個 IPI 的回呼函數還是空的。

```
void flush_icache_range(unsigned long start, unsigned long end)
{
 flush_icache_range(start, end);
 smp_call_function(do_nothing, NULL, 1);
}
```

18．假設在下面的執行序列中，CPU0 先執行了 *a*=1 和 *b*=1，接著 CPU1 繼續迴圈判斷 *b* 是否等 1，如果等於 1 則跳出 while 迴圈，最後執行 "assert (*a* == 1)" 敘述來判斷 *a* 是否等於 1，那麼 assert 敘述有可能會出錯嗎？

```
CPU0                           CPU1
------------------------------------------------------------
void func0()                  void func1()
{                             {
     a = 1;                      while (b == 0) continue;
     b = 1;                      assert (a == 1)
}                              }
```

19．假設 CPU0 使用 LDRXB/STXRB 指令對 0x341B0 位址進行獨占存取操作，CPU1 也使用 LDRXB/STXRB 指令對 0x341B4 位址進行獨占讀取操作，CPU1 能成功獨占存取嗎？

20．假設函式呼叫關係為 main() → func1() → func2()，請畫出 ARM64 系統結構的函數堆疊的佈局。

以上題目的答案都分佈在本書的各章中。

前　言

2023 年來看處理器的發展，x86_64 系統結構與 ARM64 系統結構是目前市場上的主流處理器系統結構，而 RISC-V 有可能成為第三大系統結構。在手機晶片和嵌入式晶片領域，ARM64 系統結構的處理器占了 90% 以上的市佔率，而在個人電腦和伺服器領域，x86_64 系統結構的處理器占了 90% 以上的市佔率。在這樣的背景下，越來越多的晶片公司基於 ARM64 系統結構來打造晶片。此外，蘋果公司也切換到 ARM64 系統結構上，在 2020 年年底發佈的基於 ARM64 系統結構的 M1 處理器晶片驚豔了全球。

基於 ARM64 系統結構處理器打造的產品越來越多，ARM64 生態也越來越繁榮。面對幾千頁的英文原版 ARM 公司官方技術手冊，不少開發者感到力不從心。有不少開發者希望有一本快速入門的 ARM64 系統結構程式設計圖書，來幫助他們快速入門與提高。出於這個目的，本書集結了華文地區優秀的工程師，以社區合作的方式撰寫了本書，結合大專院校課程特色以及實際專案經驗，精心製作了幾十個有趣的實驗，讀者可以透過實驗來深入學習和理解 ARM64 系統結構與程式設計。

本書特色

本書有如下一些特色。

- 強調動手實踐。學習任何一門新技術，動手實踐是非常有效的方法。本書基於樹莓派 4B 開發板展示了幾十個有趣的實驗。從撰寫第一行程式開始，透過慢慢深入 ARM64 系統結構的學習，我們最終可以撰寫一個能在樹莓派 4B 開發板上運行的簡易的小型 OS（具有 MMU 以及處理程序排程等功能）。
- 以問題為導向。有不少讀者面對 8000 多頁的官方 ARMv8 系統結構手冊感覺力不從心，問題導向式的學習方法有利於提高學習效率。本書在每章前面列舉了一些思考題，用於激發讀者探索未知知識的興趣。這些思考題也是各大公司的高頻面試題，相信仔細解答這些問題對讀者的面試大有裨益。

- 基於 ARMv8.6 系統結構。本書基於 ARMv8.6 系統結構，介紹了 ARM64 指令集、ARM64 暫存器、頁表、記憶體管理、TLB、記憶體屏障指令等方面的知識。本書把 ARMv8.6 系統結構中難理解的部分透過通俗易懂的語言呈現給讀者，並透過有趣的案例分析加深讀者的理解。
- 複習常見陷阱與專案經驗。本書複習了許多最前線工程師在實際專案中遇到的陷阱，例如使用指令集時的陷阱等，這些寶貴的專案經驗會對讀者有所幫助。

本書主要內容

本書主要介紹 ARM64 系統結構的相關內容。本書重點介紹 ARM64 指令集、GNU 組譯器、連結器、ARM64 記憶體管理、快取記憶體管理等。在每章開始之前會先列出一些思考題，讀者可以圍繞這些題目進行深入學習。

本書一共有 23 章，包含如下內容。

第 1 章主要介紹 ARMv8/ARMv9 系統結構基礎知識以及 Cortex-A72 處理器等內容。

第 2 章介紹樹莓派 4B 開發板的情況，以及如何利用樹莓派 4B 來架設一個實驗環境。

第 3 章討論 A64 指令集中載入與儲存指令的使用以及常見陷阱。

第 4 章介紹 A64 指令集中的算術與移位指令。

第 5 章介紹 A64 指令集中的比較與跳轉指令。

第 6 章介紹 A64 指令集中其他重要指令，例如 PC 相對位址載入指令、記憶體獨占存取指令、異常處理指示、系統暫存器存取指令、記憶體屏障指令等。

第 7 章複習 A64 指令集常見的陷阱。

第 8 章介紹 GNU 組譯器的語法、常見虛擬指令、AArch64 依賴特性等內容。

第 9 章介紹連結器的使用、連結指令稿以及重定位等內容。

第 10 章介紹 GCC 內嵌組合語言程式碼的語法、內嵌組合語言巨集的使用以及常見錯誤等內容。

第 11 章介紹 ARM64 系統結構異常處理的觸發與傳回、異常向量表、異常現場、同步異常的解析等相關內容。

第 12 章介紹 ARM64 系統結構中斷處理的基本概念和流程，包括樹莓派 4B 上的傳統中斷控制器、保存和恢復中斷現場的方法等。

第 13 章介紹 GIC-V2 的相關內容，包括中斷來源分配、中斷路由、樹莓派 4B 上的 GIC-400 等。

第 14 章介紹 ARM64 系統結構下的記憶體管理，包括 ARM64 的頁表、頁表項屬性、頁表遍歷過程、記憶體屬性以及恒等映射等相關內容。

第 15 章介紹快取記憶體的基礎知識，包括快取記憶體的工作原理、映射方式，虛擬快取記憶體與物理快取記憶體，名稱重複與名稱相同問題，快取記憶體的共用屬性、維護指令等相關內容。

第 16 章介紹快取一致性相關問題，包括快取一致性的分類、MESI 協定、CCI 與 CCN 快取一致性控制器、快取記憶體錯誤分享等內容。

第 17 章介紹 TLB 基礎知識、TLB 名稱重複與名稱相同問題、ASID、TLB 管理指令等相關內容。

第 18 章介紹記憶體屏障指令基礎知識，包括記憶體屏障指令產生的原因、ARM64 中的記憶體屏障指令等相關內容。

第 19 章介紹如何使用記憶體屏障指令。

第 20 章介紹原子操作，包括原子操作基本概念、原子記憶體存取指令、獨占記憶體存取工作原理、原子記憶體存取操作指令等相關內容。

第 21 章介紹與作業系統相關的內容，包括 64 位元程式設計下常見的 C 語言陷阱、ARM64 函式呼叫標準、ARM64 堆疊佈局、簡易處理程序排程器等內容。

第 22 章介紹浮點運算以及 NEON 指令方面的相關內容。

第 23 章介紹 SVE 以及 SVE2 指令，還結合 3 個實際案例分析如何使用 SVE/SVE2 指令來進行最佳化。

本書由奔跑吧 Linux 社區中許多工程師共同完成。奔跑吧 Linux 社區由一群熱愛開放原始碼的熱心工程師組成，參與撰寫本書的人有魏漢武、寇朝陽、王樂、王曉華、蔡琛、餘雲波、牛立群、代祥軍、何花、徐國棟、徐彥飛、鄭律、張馨雨、Xiao Guangrong、Gavin Guo、Horry Zheng、Cherry Chen、Peter Chen、賈獻華等。在撰寫過程中，作者還獲得了大連理工大學軟體學院吳國偉老師、上海交通大學軟體學院古金宇老師以及南昌大學資訊工程學院陳悦老師的支持和幫助。感謝這些老師的幫助。感謝 Linaro 安排的徐國棟認真審閱了大部分書稿，提出了很多修改意見。另外，本書還得到安謀科技教育計畫的支持和幫助，特別感謝宋斌老師的無私幫助。

本書約定

為了幫助讀者更好地閱讀本書以及完成本書的實驗，我們對本書一些術語、實驗環境做了一些約定。

1・ARMv8 與 ARM64 術語

本書介紹 ARMv8/v9 系列的系統結構方面的內容，書中提到的 ARMv8 系統結構指的是運行在 AArch64 狀態的 ARMv8-A 處理器系統結構，ARMv9 系統結構指的是 ARMv9-A 處理器系統結構。

本書提到的 ARM64 系統結構指的是運行在 AArch64 狀態的處理器系統結構，本書混用了 ARM64 和 AArch64 這兩個術語。本書不介紹 AArch32 狀態的處理器系統結構。

2・實現案例

本書基於 Linux 核心以及小型 OS（BenOS）進行講解。Linux 核心採用 Linux 5.0 版本。本書大部分實驗以 BenOS 為基礎，讓讀者從最簡單的裸機程式不斷進行擴充，最終完成一個具有記憶體管理、處理程序排程、系統呼叫等現代操作基本功能的小作業系統，從而學習和掌握 ARM64 系統結構的相關知識。在實驗的設計過程中參考了 Linux 核心等開原始程式碼的實現，在此對開放原始碼社區表示感謝。

3・實驗環境

本書推薦的實驗環境如下。

- 主機硬體平臺：Intel x86_64 處理器相容主機。
- 主機作業系統：Ubuntu Linux 20.04。本書推薦使用 Ubuntu Linux。當然，讀者也可以使用其他 Linux 發行版本。另外，讀者也可以在 Windows 平臺上使用 VMware Player 或者 VirtualBox 等虛擬機器安裝 Linux 發行版本。
- GCC 版本：9.3（aarch64-linux-gnu-gcc）。
- QEMU 版本：4.2[1]。

1 Ubuntu Linux 20.04 內建的 QEMU 4.2 還不支持樹莓派 4B。若要在 QEMU 中模擬樹莓派 4B，還需要打上一系列補丁，然後重新編譯 QEMU。本書配套的實驗平臺 VMware 映射會提供支援樹莓派 4B 的 QEMU 程式。

- ❑ GDB 版本：gdb-multiarch 或者 aarch64-linux-gnu-gdb。

讀者在安裝完 Ubuntu Linux 20.04 系統後可以透過如下命令來安裝本書需要的軟體套件。

```
$ sudo apt update -y
$ sudo apt install net-tools libncurses5-dev libssl-dev build-essential opens-
  sl qemu-system-arm libncurses5-dev gcc-aarch64-linux-gnu git bison flex bc vim uni-
  versal-ctags cscope cmake python3-dev gdb-multiarch
```

我們基於 VMware 映射架設了全套開發環境，讀者可以在本公司官網下載。

4．實驗平臺

本書的所有實驗都可以在如下兩個實驗平臺上完成。

1）樹莓派 4B 實驗平臺

實驗中使用的裝置如下。

- ❑ 樹莓派 4B 開發板。
- ❑ MicroSD 卡。
- ❑ USB MicroSD 讀卡機。
- ❑ USB 轉序列埠線。
- ❑ J-Link EDU 模擬器。

我們可以使用真實的樹莓派開發板或者使用 QEMU 模擬器來模擬樹莓派，讀者可以根據實際情況來選擇。

2）QEMU + ARM64 實驗平臺

我們基於 QEMU + ARM64 實現了一個簡易的 Linux/ARM64 系統，本書部分實驗（例如第 22 章和第 23 章的實驗）可以基於此系統來完成。它有如下新特性。

- ❑ 支援 ARM64 系統結構。
- ❑ 支持 Linux 5.0 核心。
- ❑ 支持 Debian 根檔案系統。

要下載本書搭配的 QEMU+ARM64 實驗平臺的倉庫，請存取 GitHub 網站，搜索 “running linuxkernel/runninglinuxkernel-5.0”。

5．關於實驗參考程式和配套資料

本書為了節省篇幅，大部分實驗只列出了實驗目的和實驗要求，希望讀者能獨立完成實驗。

本書提供部分實驗的參考程式，在 GitHub 網站，搜索 “runninglinuxkernel/arm64_programming_ practice” 即可找到。

本書有如下的配套資料。

- 部分實驗參考程式。
- 實驗平臺 VMware/VirtualBox 映射。

6．晶片資料

本書在撰寫過程中參考了 ARM 公司的大量晶片手冊和技術資料以及與 GNU 工具鏈相關的文件。下面是本書提及的技術手冊，這些技術手冊都是公開發佈的，讀者可以在 ARM 官網以及 GNU 官網上下載。

- 《ARM Architecture Reference Manual, ARMv8, for ARMv8-A architecture profile, v8.6》：ARMv8.6 系統結構開發手冊，這是 ARMv8 系統結構權威的官方手冊。
- 《ARM Cortex-A Series Programmer’s Guide for ARMv8-A, version 1.0》：ARMv8-A 系統結構開發者參考手冊。
- 《Cortex-A72 MPCore Processor Technical Reference Manual》：Cortex-A72 處理器核心技術手冊。
- 《Using the GNU Compiler Collection, v9.3》：GCC 官方手冊。
- 《Using AS, the GNU Assembler, v2.34》：組譯器 AS 官方手冊。
- 《Using LD, the GNU Linker, v2.34》：連結器 LD 官方手冊。
- 《BCM2711 ARM Peripherals, v3》：樹莓派 4B 上與 BCM2711 晶片外接裝置相關的手冊。
- 《ARM Generic Interrupt Controller Architecture Specification, v2》：GIC-V2 系統結構手冊。
- 《CoreLink GIC-400 Generic Interrupt Controller Technical Reference Manual》：GIC-400 手冊。
- 《Arm Architecture Reference Manual Supplement, the Scalable Vector Extension》：SVE 開發手冊。
- 《Arm A64 Instruction Set Architecture Armv9, for Armv9-A Architecture Profile》：ARMv9 指令手冊，包含 SVE/SVE2 指令說明。
- 《Arm Architecture Reference Manual Supplement Armv9, for Armv9-A Architecture Profile》：ARMv9 系統結構開發手冊。

7．指令的大小寫

ARM64 指令集允許使用大寫形式或者小寫形式來書寫組合語言程式碼，在 ARM 官方的晶片手冊中預設採用大寫形式，而 GNU AS 組譯器預設使用小寫形式，如 Linux 核心的組合語言程式碼。本書的範例程式採用小寫形式，正文說明採用大寫形式。

目　　錄

3 A64 指令集 1——載入與儲存指令

4 A64 指令集 2——算術與移位指令

5 A64 指令集 3——比較指令與跳轉指令

6 A64 指令集 4——其他重要指令

7 A64 指令集的陷阱

8 GNU 組譯器

9　連結器與連結指令稿

10 GCC 內嵌組合語言程式碼

11 異常處理

12 中斷處理

14 記憶體管理

15 快取記憶體基礎知識

16 快取一致性

17 TLB 管理

18 記憶體屏障指令

20 原子操作

21 作業系統相關話題

22 浮點運算與 NEON 指令

23 可伸縮向量計算與最佳化

第 1 章

ARM64 系統結構基礎知識

本章思考題

1．ARMv8 系統結構處理器包含多少個通用暫存器？

2．AArch64 執行狀態包含多少個異常等級？它們分別有什麼作用？

3．請簡述 PSTATE 暫存器中 NZCV 標識位元的含義。

4．請簡述 PSTATE 暫存器中 DAIF 異常遮罩標識位元的含義。

本章主要介紹 ARM64 系統結構基礎知識。

1.1 ARM 介紹

ARM 公司主要向客戶提供處理器 IP。透過這種獨特的盈利模式，ARM 軟硬體生態變得越來越強大。表 1.1 展示了 ARM 公司重大的歷史事件。

表 1.1　ARM 公司重大的歷史事件

時　間	重大事件
1978 年	在英國劍橋創辦了 CPU（Cambridge Processing Unit）公司。
1985 年	第一款 ARM處理器問世，它採用 RISC 架構，簡稱 ARM（Acorn RISC Machine）。
1995 年	發佈 ARM7 處理器核心，它支援 3 級管線和 ARMv4 指令集。
1997 年	發佈了 ARM9 處理器核心，它支援 5 級管線，支援 ARMv4T 指令集，支援 MMU 記憶體管理以及指令 / 資料快取記憶體。相容 ARMv4T 指令集的處理器核心有 ARM920T，典型 SoC 晶片是三星 S3C2410。
2003 年	發佈 ARM11 處理器，它支援 8 級管線和 ARMv6 指令集，典型的 IP 核心有 ARM1176JZF。
2005 年	發佈 Cortex-A8 處理器核心，第一個引入超過標準量技術的 ARM 處理器。
2007 年	發佈 Cortex-A9 處理器核心，它引入了亂數執行和猜測執行機制，並擴大了 L2 快取記憶體的容量。
2010 年	發佈 Cortex-A15 處理器核心，它的最高主頻可以到 2.5 GHz，最多可支援 8 個處理器核心，單一簇最多支援 4 個處理器核心。
2012 年	發佈 64 位元 Cortex-A53 和 Cortex-A57 處理器核心。
2015 年	發佈 Cortex-A72 處理器核心。樹莓派 4B 開發板採用 Cortex-A72 處理器核心。
2019 年	發佈 Neoverse 系列處理器，它細分為 E 系列、N 系列和 V 系列。V 系列適用於性能優先的場景，例如高性能計算（HPC）。N 系列適用於需要均衡的 CPU 設計最佳化的場景，例如網路應用、智慧網路卡、5G 應用等，以提供出色的功耗比。E 系列適用於高性能與低功耗的場景，例如網路資料平面處理器、5G 低功耗閘道等。
2021 年	發佈 ARMv9 系統結構。Cortex-X2 處理器支援 ARMv9.0 系統結構。

ARM 系統結構是一種硬體標準，主要是用來約定指令集、晶片內部系統結構（如記憶體管理、快取記憶體管理）等。以指令集為例，ARM 系統結構並沒有約定每一筆指令在硬體描述語言（Verilog 或 VHDL）中應該如何實現，它只約定每一筆指令的格式、行為標準、參數等。為了降低客戶基於 ARM 系統結構開發處理器的難度，ARM 公司通常在發佈新版本的系統結構之後，根據不同的應用需求開發出相容系統結構的處理器 IP，然後授權給客戶。客戶獲得處理器 IP 之後，再用它來設計不同的 SoC 晶片。以 ARMv8 系統結構為例，ARM 公司先後開發出 Cortex-A53、Cortex-A55、Cortex-A72、Cortex-A73 等多款處理器 IP。

ARM 公司一般有兩種授權方式。

- 系統結構授權。客戶可以根據這個標準自行設計與之相容的處理器。
- 處理器 IP 授權。ARM 公司根據某個版本的系統結構來設計處理器，然後把處理器的設計方案授權給客戶。

從最早的 ARM 處理器開始，ARM 系統結構已經從 v1 版本發展到目前的 v8 版本。在每一個版本的系統結構裡，指令集都有對應的變化，其主要變化如表 1.2 所示。

ARM 系統結構又根據不同的應用場景分成如下 3 種系列。

- A 系列：面向性能密集型系統的應用處理器核心。
- R 系列：面向即時應用的高性能核心。
- M 系列：面向各類嵌入式應用的微處理器核心。

表 1.2 ARM 系統結構的變化

ARM 系統結構版本	典型處理器核心	主要特性
v1	—	僅支援 26 位元位址空間。
v2	—	新增乘法指令和乘加法指令、支援輔助處理器指令等。
v3	—	位址空間擴充到 32 位元，新增 SPSR 和 CPSR 等。
v4	ARM7TDMI/ARM920T	新增 Thumb 指令集等。
v5	ARM926EJ-S	新增 Jazelle 和 VFPv2 擴充。
v6	ARM11 MPCore	新增 SIMD、TrustZone 以及 Thumb-2 擴充。
v7	Cortex-A8/Cortex-A9	增強 NEON 和 VFPv3/v4 擴充。
v8	Cortex-A72	同時支援 32 位元以及 64 位元指令集的處理器系統結構。
v9	Cortex-X2	支援可伸縮向量擴充計算、機密計算系統結構。

1.2 ARMv8 系統結構基礎知識

1.2.1 ARMv8 系統結構

ARMv8 是 ARM 公司發佈的第一代支援 64 位元處理器的指令集和系統結構。它在擴充 64 位元暫存器的同時提供了對上一代系統結構指令集的相容，因此它提供了執行 32 位元和 64 位元應用程式的環境。

ARMv8 系統結構除了提高了處理能力，還引入了很多吸引人的新特性。

- 具有超大物理位址（physical address）空間，提供超過 4 GB 實體記憶體的存取。
- 具有 64 位元寬的虛擬位址（virtual address）空間。32 位元寬的虛擬位址空間只能供 4 GB 大小的虛擬位址空間存取，這極大地限制了桌面作業系統和伺服器等的應用。64 位元寬的虛擬位址空間可以提供更大的存取空間。
- 提供 31 個 64 位元寬的通用暫存器，可以減少對堆疊的存取，從而提高性能。
- 提供 16 KB 和 64 KB 的頁面，有助於降低 TLB 的未命中率（miss rate）。
- 具有全新的異常處理模型，有助於降低作業系統和虛擬化的實現複雜度。
- 具有全新的載入 - 獲取指令（Load-Acquire Instruction）、儲存 - 釋放指令（Store-Release Instruction），專門為 C++11、C11 以及 Java 記憶體模型設計。

ARMv8 系統結構一共有 8 個小版本，分別是 ARMv8.0、ARMv8.1、ARMv8.2、ARMv8.3、ARMv8.4、ARMv8.5、ARMv8.6、ARMv8.7，每個小版本都對系統結構進行小幅度升級和最佳化，增加了一些新的特性。

1.2.2 採用 ARMv8 系統結構的常見處理器核心

下面介紹市面上常見的採用 ARMv8 系統結構的處理器（簡稱 ARMv8 處理器）核心。

- **Cortex-A53 處理器核心**：ARM 公司第一批採用 ARMv8 系統結構的處理器核心，專門為低功耗設計的處理器。通常可以使用 1 ～ 4 個 Cortex-A53 處理器組成一個處理器簇或者和 Cortex-A57/Cortex-A72 等高性能處理器組成大 / 小核系統結構。

- **Cortex-A57 處理器核心**：採用 64 位元 ARMv8 系統結構的處理器核心，而且透過 AArch32 執行狀態，保持與 ARMv7 系統結構完全與舊版相容。除 ARMv8 系統結構的優勢之外，Cortex-A57 還提高了單一時脈週期的性能，比高性能的 Cortex-A15 高出了 20% ～ 40%。它還改進了二級快取記憶體的設計和記憶體系統的其他元件，極大地提高了性能。
- **Cortex-A72 處理器核心**：2015 年年初正式發佈的基於 ARMv8 系統結構並在 Cortex-A57 處理器上做了大量最佳化和改進的一款處理器核心。在相同的行動裝置電池壽命限制下，Cortex-A72 相對於基於 Cortex-A15 的裝置具有 3.5 倍的性能提升，展現出了優異的整體功效。

1.2.3 ARMv8 系統結構中的基本概念

ARM 處理器實現的是精簡指令集系統結構。在 ARMv8 系統結構中有如下一些基本概念和定義。

- 處理機（Processing Element，PE）：在 ARM 公司的官方技術手冊中提到的一個概念，把處理器處理事務的過程抽象為處理機。
- 執行狀態（execution state）：處理器執行時期的環境，包括暫存器的位元寬、支援的指令集、異常模型、記憶體管理以及程式設計模型等。ARMv8 系統結構定義了兩個執行狀態。
  - AArch64：64 位元的執行狀態。
    - 提供 31 個 64 位元的通用暫存器。
    - 提供 64 位元的程式計數（Program Counter，PC）指標暫存器、堆疊指標（Stack Pointer，SP）暫存器以及異常連結暫存器（Exception Link Register，ELR）。
    - 提供 A64 指令集。
    - 定義 ARMv8 異常模型，支援 4 個異常等級，即 EL0 ～ EL3。
    - 提供 64 位元的記憶體模型。
    - 定義一組處理器狀態（PSTATE）用來保存 PE 的狀態。
  - AArch32：32 位元的執行狀態。
    - 提供 13 個 32 位元的通用暫存器，再加上 PC 指標暫存器、SP 暫存器、連結暫存器（Link Register，LR）。
    - 支援兩套指令集，分別是 A32 和 T32（Thumb 指令集）指令集。
    - 支援 ARMv7-A 異常模型，基於 PE 模式並映射到 ARMv8 的異常模型中。

  - 提供 32 位元的虛擬記憶體存取機制。
  - 定義一組 PSTATE 用來保存 PE 的狀態。
- ARMv8 指令集：ARMv8 系統結構根據不同的執行狀態提供不同指令集的支援。
  - A64 指令集：執行在 AArch64 狀態下，提供 64 位元指令集支援。
  - A32 指令集：執行在 AArch32 狀態下，提供 32 位元指令集支援。
  - T32 指令集：執行在 AArch32 狀態下，提供 16 位元和 32 位元指令集支援。
- 系統暫存器命名：在 AArch64 狀態下，很多系統暫存器會根據不同的異常等級提供不同的變種暫存器。系統暫存器的使用方法如下。

```
<register_name>_Elx  //最後一個字母 x 可以表示 0、1、2、3
```

如 SP_EL0 表示在 EL0 下的 SP 暫存器，SP_EL1 表示在 EL1 下的 SP 暫存器。

本書重點介紹 ARMv8 系統結構下的 AArch64 執行狀態以及 A64 指令集，對 AArch32 執行狀態、A32 以及 T32 指令集不做過多介紹，感興趣的讀者可以閱讀 ARMv8 相關技術手冊。

1.2.4 A64 指令集

指令集是處理器系統結構設計的重點之一。ARM 公司定義與實現的指令集一直在變化和發展中。ARMv8 系統結構最大的改變是增加了一個新的 64 位元的指令集，這是早前 ARM 指令集的有益補充和增強。它可以處理 64 位元寬的暫存器和資料並且使用 64 位元的指標來存取記憶體。這個新的指令集稱為 A64 指令集，執行在 AArch64 狀態下。ARMv8 相容舊的 32 位元指令集——A32 指令集，它執行在 AArch32 狀態下。

A64 指令集和 A32 指令集是不相容的，它們是兩套完全不一樣的指令集，它們的指令編碼是不一樣的。需要注意的是，A64 指令集的指令寬度是 32 位元，而非 64 位元。

1.2.5 ARMv8 處理器執行狀態

ARMv8 處理器支援兩種執行狀態——AArch64 狀態和 AArch32 狀態。AArch64 狀態是 ARMv8 新增的 64 位元執行狀態，而 AArch32 是為了相容 ARMv7 系統結構的 32 位元執行狀態。當處理器執行在 AArch64 狀態下時，執行 A64 指令集；而當執行在 AArch32 狀態下時，可以執行 A32 指令集或者 T32 指令集。

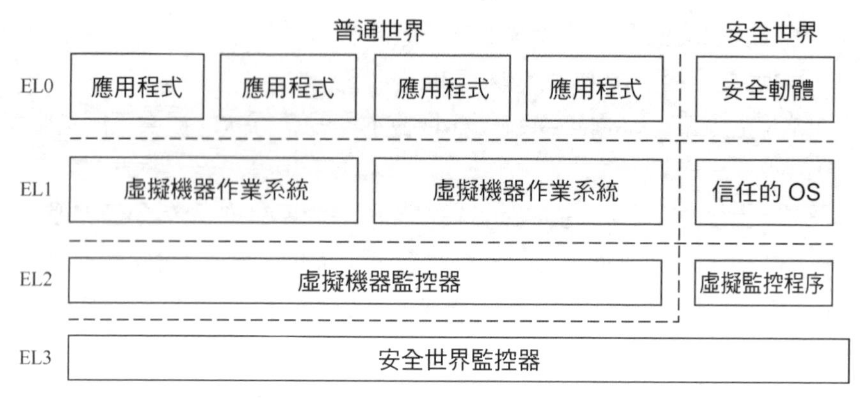

▲圖 1.1 AArch64 狀態的異常等級

如圖 1.1 所示，AArch64 狀態的異常等級（exception level）確定了處理器當前執行的特權等級別，類似於 ARMv7 系統結構中的特權等級。

- EL0：使用者特權，用於執行普通使用者程式。
- EL1：系統特權，通常用於作業系統核心。如果系統啟動了虛擬化擴充，執行虛擬機器作業系統核心。
- EL2：執行虛擬化擴充的虛擬機器監控器（hypervisor）。
- EL3：執行安全世界中的安全監控器（secure monitor）。

ARMv8 系統結構允許切換應用程式的執行模式。如在一個執行 64 位元作業系統的 ARMv8 處理器中，我們可以同時執行 A64 指令集的應用程式和 A32 指令集的應用程式，但是在一個執行 32 位元作業系統的 ARMv8 處理器中就不能執行 A64 指令集的應用程式了。當需要執行 A32 指令集的應用程式時，需要透過一筆管理員呼叫（Supervisor Call，SVC）指令切換到 EL1，作業系統會做任務的切換並且傳回 AArch32 的 EL0，從而為這個應用程式準備好 AArch32 狀態的執行環境。

1.2.6 ARMv8 支援的資料寬度

ARMv8 支援如下幾種資料寬度。

- 位元組（byte）：8 位元。
- 半字（halfword）：16 位元。
- 字（word）：32 位元。
- 雙字（doubleword）：64 位元。
- 四字（quadword）：128 位元。

1.3 ARMv8 暫存器

1.3.1 通用暫存器

AArch64 執行狀態支援 31 個 64 位元的通用暫存器，分別是 X0 ～ X30 暫存器，而 AArch32 狀態支援 16 個 32 位元的通用暫存器。

除用於資料運算和儲存之外，通用暫存器還可以在函式呼叫過程中造成特殊作用，ARM64 系統結構的函式呼叫標準和標準對此有所約定，如圖 1.2 所示。

在 AArch64 狀態下，使用 X（如 X0、X30 等）表示 64 位元通用暫存器。另外，還可以使用 W 來表示低 32 位元的資料，如 W0 表示 X0 暫存器的低 32 位元資料，W1 表示 X1 暫存器的低 32 位元資料，如圖 1.3 所示。

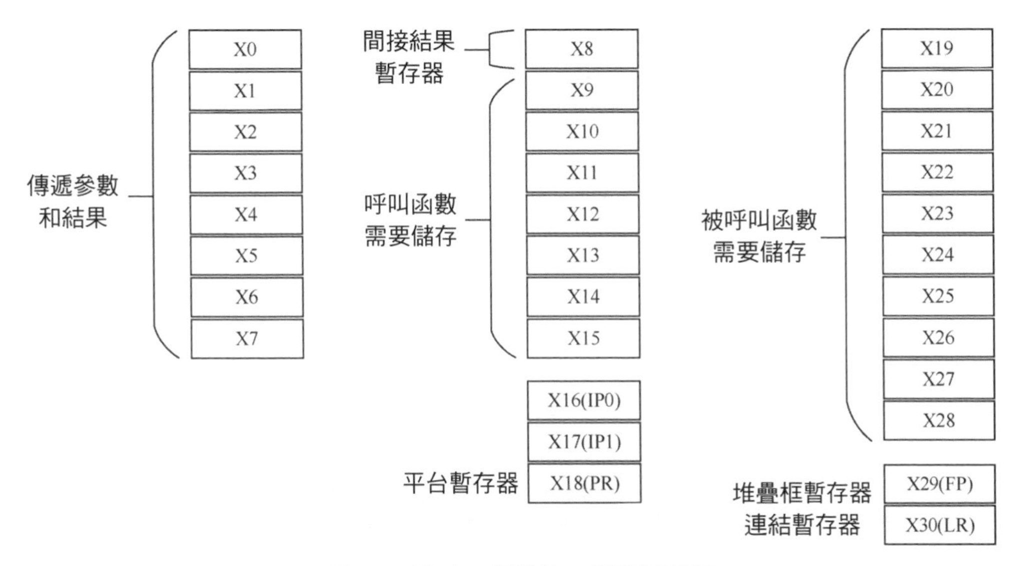

▲圖 1.2　AArch64 狀態的 31 個通用暫存器

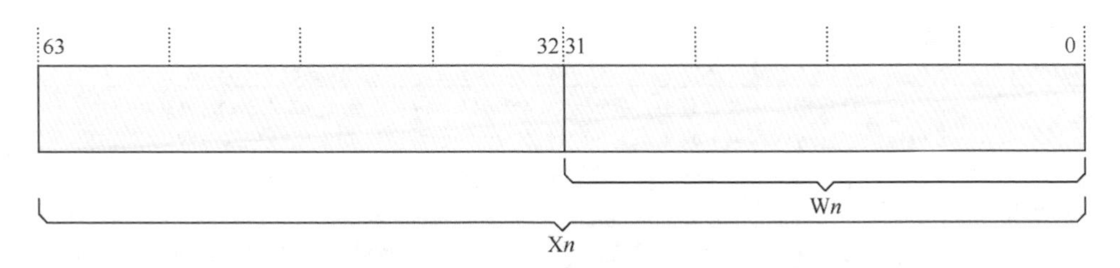

▲圖 1.3　64 位元通用暫存器和低 32 位元資料

1.3.2 處理器狀態

AArch64 系統結構使用 PSTATE 暫存器來表示當前處理器狀態（processor state），如表 1.3 所示。

表 1.3　　PSTATE 暫存器

分　類	欄位	描　述
條件標識位元	*N*	負數標識位元。 在結果是有號的二進位補數的情況下，如果結果為負數，則 *N*=1；如果結果為非負數，則 *N*=0。
	Z	0 標識位元。 如果結果為 0，則 *Z*=1；如果結果不為 0，則 *Z*=0。
	C	進位標識位元。 當發生無號數溢位時，*C*=1。 其他情況下，*C*=0。
	V	有號數溢位標識位元。 ❑ 對於加 / 減法指令，在運算元和結果是有號的整數時，如果發生溢位，則 *V*=1；如果未發生溢位，則 *V*=0。 ❑ 對於其他指令，*V* 通常不發生變化。
執行狀態控制	SS	軟體單步。該位元為 1，說明在異常處理中啟動了軟體單步功能。
	IL	不合法的異常狀態。
	nRW	當前執行狀態。 ❑ 0：處於 AArch64 狀態。 ❑ 1：處於 AArch32 狀態。
執行狀態控制	EL	❑ 當前異常等級。 ❑ 0：表示 EL0。 ❑ 1：表示 EL1。 ❑ 2：表示 EL2。 ❑ 3：表示 EL3。
	SP	選擇 SP 暫存器。當執行在 EL0 時，處理器選擇 EL0 的 SP 暫存器，即 SP_EL0；當處理器執行在其他異常等級時，處理器可以選擇使用 SP_EL0 或者對應的 SP_EL*n* 暫存器。
異常遮罩標識位元	*D*	偵錯位元。啟動該位元可以在異常處理過程中打開偵錯中斷點和軟體單步等功能。
	A	用來遮罩系統錯誤（SError）。
	I	用來遮罩 IRQ。
	F	用來遮罩 FIQ。
存取權限	PAN	特權模式禁止存取（Privileged Access Never）位元是 ARMv8.1 的擴充特性。 ❑ 1：在 EL1 或者 EL2 存取屬於 EL0 的虛擬位址時會觸發一個存取權限錯誤。 ❑ 0：不支援該功能，需要軟體來模擬。
	UAO	使用者存取覆蓋標識位元，是 ARMv8.2 的擴充特性。 ❑ 1：當執行在 EL1 或者 EL2 時，沒有特權的載入儲存指令可以和有特權的載入儲存指令一樣存取記憶體，如 LDTR 指令。 ❑ 0：不支援該功能。

1.3.3 特殊暫存器

ARMv8 系統結構除支援 31 個通用暫存器之外，還提供多個特殊的暫存器，如圖 1.4 所示。

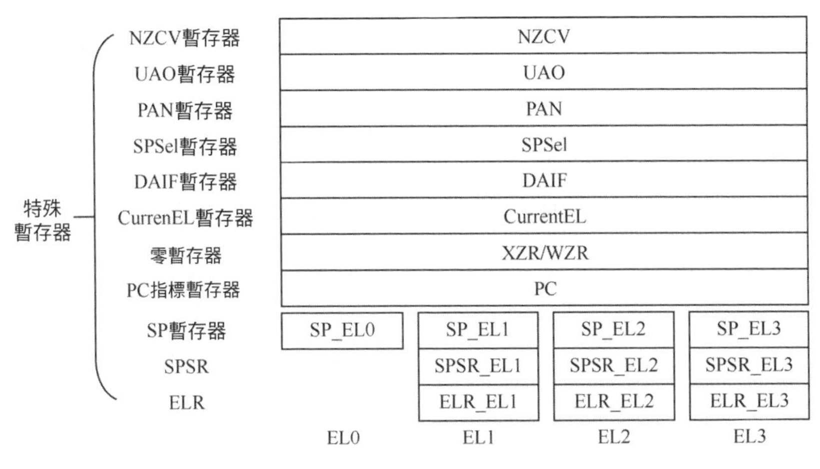

▲圖 1.4　特殊暫存器

1．零暫存器

ARMv8 系統結構提供兩個零暫存器（zero register），這些暫存器的內容全是 0，可以用作來源暫存器，也可以用作目標暫存器。WZR 是 32 位元的零暫存器，XZR 是 64 位元的零暫存器。

2．PC 指標暫存器

PC 指標暫存器通常用來指向當前執行指令的下一筆指令的位址，用於控制程式中指令的執行順序，但是程式設計人員不能透過指令來直接存取它。

3．SP 暫存器

ARMv8 系統結構支援 4 個異常等級，每一個異常等級都有一個專門的 SP 暫存器 SP_EL*n*，如處理器執行在 EL1 時選擇 SP_EL1 暫存器作為 SP 暫存器。

- ❑ SP_EL0：EL0 下的 SP 暫存器。
- ❑ SP_EL1：EL1 下的 SP 暫存器。
- ❑ SP_EL2：EL2 下的 SP 暫存器。
- ❑ SP_EL3：EL3 下的 SP 暫存器。

當處理器執行在比 EL0 高的異常等級時，處理器可以存取如下暫存器。

- 當前異常等級對應的 SP 暫存器 SP_EL*n*。
- EL0 對應的 SP 暫存器 SP_EL0 可以當作一個臨時暫存器，如 Linux 核心使用該暫存器存放處理程序中 task_struct 資料結構的指標。

當處理器執行在 EL0 時，它只能存取 SP_EL0，而不能存取其他高級的 SP 暫存器。

4．備份程式狀態暫存器

當我們執行一個例外處理常式時，處理器的備份程式會保存到備份程式狀態暫存器（Saved Program Status Register，SPSR）裡。當異常將要發生時，處理器會把 PSTATE 暫存器的值暫時保存到 SPSR 裡；當異常處理完成並傳回時，再把 SPSR 的值恢復到 PSTATE 暫存器。SPSR 的格式如圖 1.5 所示。SPSR 的重要欄位如表 1.4 所示。

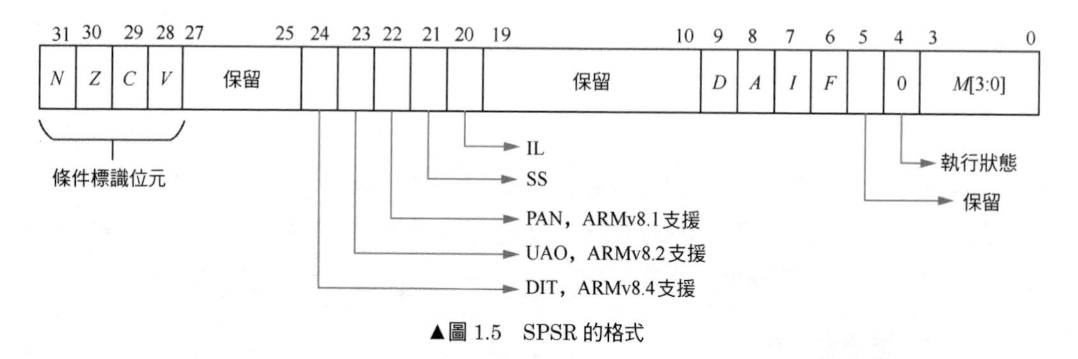

▲圖 1.5 SPSR 的格式

表 1.4 SPSR 的重要欄位

欄位	描述
N	負數標識位元。
Z	零標識位元。
C	進位標識位元。
V	有號數溢位標識位元。
DIT	與資料無關的指令時序（Data Independent Timing），ARMv8.4 的擴充特性。
UAO	使用者存取覆蓋標識位元，ARMv8.2 的擴充特性。
PAN	特權模式禁止存取位元，ARMv8.1 的擴充特性。
SS	表示是否啟動軟體單步功能。若該位元為 1，說明在異常處理中啟動了軟體單步功能。
IL	不合法的異常狀態。
D	偵錯位元。啟動該位元可以在異常處理過程中打開偵錯中斷點和軟體單步等功能。

欄位	描　述
A	用來遮罩系統錯誤
I	用來遮罩 IRQ
F	用來遮罩 FIQ
M[4]	用來表示異常處理過程中處於哪個執行狀態，若為 0，表示 AArch64 狀態。
M[3:0]	異常模式

5．ELR

ELR 存放了異常傳回位址。

6．CurrentEL 暫存器

該暫存器表示 PSTATE 暫存器中的 EL 欄位，其中保存了當前異常等級。使用 MRS 指令可以讀取當前異常等級。

- 0：表示 EL0。
- 1：表示 EL1。
- 2：表示 EL2。
- 3：表示 EL3。

7．DAIF 暫存器

該暫存器表示 PSTATE 暫存器中的 {*D*，*A*，*I*，*F*} 欄位。

8．SPSel 暫存器

該暫存器表示 PSTATE 暫存器中的 SP 欄位，用於在 SP_EL0 和 SP_EL*n* 中選擇 SP 暫存器。

9．PAN 暫存器

PAN 暫存器表示 PSTATE 暫存器中的 PAN（Privileged Access Never，特權禁止存取）欄位。可以透過 MSR 和 MRS 指令來設定 PAN 暫存器。當核心態擁有存取使用者態記憶體或者執行使用者態程式的能力時，攻擊者就可以利用漏洞輕鬆地執行使用者的惡意程式。為了修復這個漏洞，在 ARMv8.1 中新增了 PAN 特性，防止核心態惡意存取使用者態記憶體。如果核心態需要存取使用者態記憶體，那麼需要主動呼叫核心提供的介面，例如 copy_from_user() 或者 copy_to_user() 函數。

PAN 暫存器的值如下。

- 0：表示在核心態可以存取使用者態記憶體。
- 1：表示在核心態存取使用者態記憶體會觸發一個存取權限異常。

10．UAO 暫存器

該暫存器表示 PSTATE 暫存器中的 UAO（User Access Override，使用者存取覆蓋）欄位。我們可以透過 MSR 和 MRS 指令設定 UAO 暫存器。UAO 為 1 表示在 EL1 和 EL2 執行非特權指令（例如 LDTR、STTR）的效果與特權指令（例如 LDR、STR）是一樣的。

11．NZCV 暫存器

該暫存器表示 PSTATE 暫存器中的｛*N*，*Z*，*C*，*V*｝欄位。

1.3.4 系統暫存器

除上面介紹的通用暫存器和特殊暫存器之外，ARMv8 系統結構還定義了很多的系統暫存器，透過存取和設定這些系統暫存器來完成對處理器不同的功能設定。在 ARMv7 系統結構中，我們需要透過存取 CP15 輔助處理器來間接存取這些系統暫存器，而在 ARMv8 系統結構中沒有輔助處理器，可直接存取系統暫存器。ARMv8 系統結構支援如下 7 類系統暫存器：

- 通用系統控制暫存器；
- 偵錯暫存器；
- 性能監控暫存器；
- 活動監控暫存器；
- 統計擴充暫存器；
- RAS 暫存器；
- 通用計時器暫存器。

系統暫存器支援不同的異常等級的存取，通常系統暫存器會使用 "Reg_EL*n*" 的方式來表示。

- Reg_EL1：處理器處於 EL1、EL2 以及 EL3 時可以存取該暫存器。
- Reg_EL2：處理器處於 EL2 和 EL3 時可以存取該暫存器。
- 大部分系統暫存器不支援處理器處於 EL0 時存取，但也有一些例外，如 CTR_EL0。

程式可以透過 MSR 和 MRS 指令存取系統暫存器。

```
mrs X0, TTBR0_EL1     //把 TTBR0_EL1 的值複製到 X0 暫存器
msr TTBR0_EL1, X0     //把 X0 暫存器的值複製到 TTBR0_EL1
```

1.4 Cortex-A72 處理器介紹

基於 ARMv8 系統結構設計的處理器核心有很多，例如常見的 Cortex-A53、Cortex-A55、Cortex-A72、Cortex-A77 以及 Cortex-A78 等。本書的實驗環境採用樹莓派 4B 開發板，內建了 4 個 Cortex-A72 處理器核心，因此我們重點介紹 Cortex-A72 處理器核心。

Cortex-A72 是 2015 年發佈的一個高性能處理器核心。它最多可以支援 4 個核心，內建 L1 和 L2 快取記憶體，如圖 1.6 所示。

Cortex-A72 處理器支援如下特性。

- 採用 ARMv8 系統結構標準來設計，相容 ARMv8.0 協定。
- 超過標準量處理器設計，支援亂數執行的管線。
- 基於分支目標緩衝區（BTB）和全域歷史緩衝區（GHB）的動態分支預測，傳回堆疊緩衝器以及間接預測器。
- 支援 48 個記錄的全相連指令 TLB，可以支援 4 KB、64 KB 以及 1 MB 大小的頁面。
- 支援 32 個記錄的全相連資料 TLB，可以支援 4 KB、64 KB 以及 1 MB 大小的頁面。
- 每個處理器核心支援 4 路組相連的 L2 TLB。
- 48 KB 的 L1 指令快取記憶體以及 32 KB 的 L1 資料快取記憶體。
- 可設定大小的 L2 快取記憶體，可以設定為 512 KB、1 MB、2 MB 以及 4 MB 大小。
- 基於 AMBA4 匯流排協定的 ACE（AXI Coherency Extension）或者 CHI（Coherent Hub Interface）。
- 支援 PMUv3 系統結構的性能監視單元。
- 支援多處理器偵錯的 CTI（Cross Trigger Interface）。
- 支援 GIC（可選）。
- 支援多電源域（power domain）的電源管理。

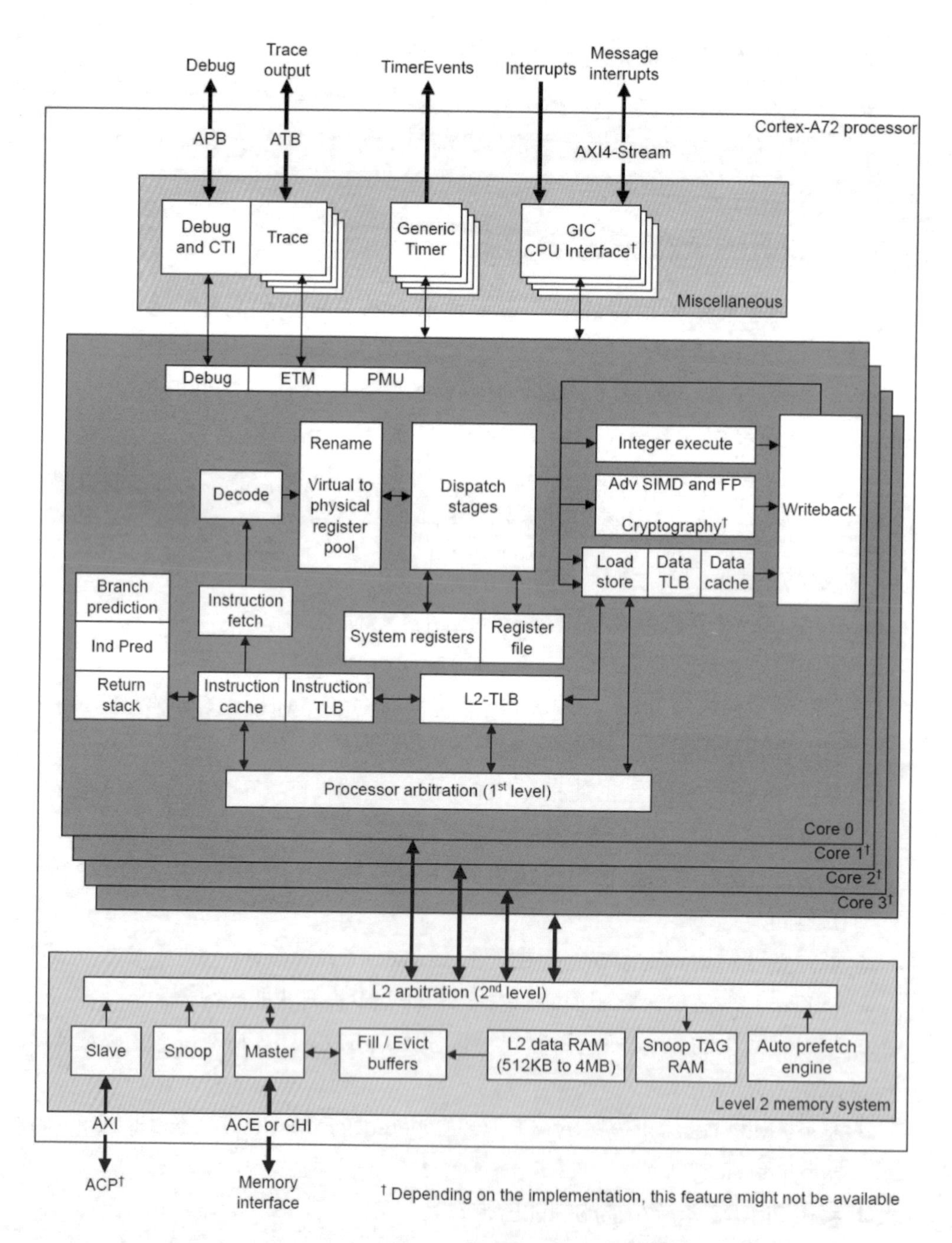

▲圖 1.6 Cortex-A72 處理器內部系統結構 (來源：sandsoftwaresound.ne)

1．指令預先存取單元

指令預先存取單元用來從 L1 指令快取記憶體中獲取指令，並在每個週期向指令解碼單元最多發送 3 筆指令。它支援動態和靜態分支預測。指令預先存取單元包括如下功能。

- L1 指令快取記憶體是一個 48 KB 大小、3 路組相連的快取記憶體，每個快取行的大小為 64 位元組。
- 支援 48 個記錄的全相連指令 TLB，可以支援 4 KB、64 KB 以及 1 MB 大小的頁面。
- 帶有分支目標緩衝器的 2 級動態預測器，用於快速生成目標。
- 支援靜態分支預測。
- 支援間接預測。
- 傳回堆疊緩衝器。

2．指令解碼單元

指令解碼單元對以下指令集進行解碼：

- A32 指令集；
- T32 指令集；
- A64 指令集。

指令解碼單元會執行暫存器重新命名，透過消除寫入後寫入（WAW）和讀取後寫入（WAR）的衝突來實現亂數執行。

3．指令分派單元

指令分派單元控制解碼後的指令何時被分派到執行管道以及傳回的結果何時終止。它包括以下部分：

- ARM 核心通用暫存器；
- SIMD 和浮點暫存器集；
- AArch32 CP15 和 AArch64 系統暫存器。

4．載入 / 儲存單元

載入 / 儲存單元（LSU）執行載入和儲存指令，包含 L1 資料儲存系統。另外，它還處理來自 L2 記憶體子系統的一致性等服務請求。載入 / 儲存單元的特性如下。

- 具有 32 KB 的 L1 資料快取記憶體，兩路組相連，快取行大小為 64 位元組。

- 支援 32 個記錄的全相連資料 TLB，可以支援 4 KB、64 KB 以及 1 MB 大小的頁面。
- 支援自動硬體預先存取器，生成針對 L1 資料快取記憶體和 L2 快取的預先存取。

5．L1 記憶體子系統

L1 記憶體子系統包括指令記憶體系統和資料記憶體系統。

L1 指令記憶體系統包括如下特性：

- 具有 48 KB 的指令快取記憶體，3 路組相連映射。
- 快取行的大小為 64 位元組。
- 支援物理索引物理標記（PIPT）。
- 快取記憶體行的替換演算法為 LRU（Least Recently Used）演算法。

L1 資料記憶體系統包括如下特性：

- 具有 32 KB 的資料快取記憶體，兩路組相連映射。
- 快取行的大小為 64 位元組。
- 支援物理索引物理標記。
- 對於普通記憶體，支援亂數發射、預測以及非阻塞的載入請求存取；對於裝置記憶體，支援非預測以及非阻塞的載入請求存取。
- 快取記憶體行的替換演算法為 LRU 演算法。
- 支援硬體預先存取。

6．MMU

MMU 用來實現虛擬位址到物理位址的轉換。在 AArch64 狀態下支援長描述符號的頁表格式，支援不同的頁面細微性，例如 4 KB、16 KB 以及 64 KB 頁面。

MMU 包括以下部分：

- 48 記錄的全相連的 L1 指令 TLB；
- 32 記錄的全相連的 L1 資料 TLB；
- 4 路組相連的 L2 TLB；

TLB 不僅支援 8 位元或者 16 位元的 ASID，還支援 VMID（用於虛擬化）。

7．L2 記憶體子系統

L2 記憶體子系統不僅負責處理每個處理器核心的 L1 指令和資料快取記憶體未命中的情況，還透過 ACE 或者 CHI 連接到記憶體系統。其特性如下：

- 可設定 L2 快取記憶體的大小，大小可以是 512 KB、1 MB、2 MB、4 MB。
- 快取行大小為 64 位元組。
- 支援物理索引物理標記。
- 具有 16 路組相連快取記憶體。
- 快取一致性監聽控制單元（Snoop Control Unit，SCU）。
- 具有可設定的 128 位元寬的 ACE 或者 CHI。
- 具有可選的 128 位元寬的 ACP 介面。
- 支援硬體預先存取。

1.5 ARMv9 系統結構介紹

2021 年 ARM 公司發佈 ARMv9 系統結構。ARMv9 系統結構在相容 ARMv8 系統結構的基礎上加入了一些新的特性，其中：

- ARMv9.0 相容 ARMv8.5 系統結構；
- ARMv9.1 相容 ARMv8.6 系統結構；
- ARMv9.2 相容 ARMv8.7 系統結構。

ARMv9 系統結構新加入的特性包括：

- 全新的可伸縮向量擴充（Scalable Vector Extension version 2，SVE2）計算；
- 機密計算系統結構（Confidential Compute Architecture，CCA），基於硬體提供的安全環境來保護使用者敏感性資料；
- 分支記錄緩衝區擴充（Branch Record Buffer Extension，BRBE），它以低成本的方式捕捉控制路徑歷史的分支記錄緩衝區；
- 內嵌追蹤擴充（Embedded Trace Extension，ETE）以及追蹤緩衝區擴充（Trace Buffer Extension，TRBE），用於增強對 ARMv9 處理器核心的偵錯和追蹤功能；
- 事務記憶體擴充（Transactional Memory Extension，TME）。

另外，ARMv9 系統結構對 AArch32 執行環境的支援發生了變化。在 EL0 中，ARM64 系統結構對 AArch32 狀態的支援是可選的，取決於晶片設計；而在 EL1/EL2/EL3 中，ARM64 系統結構將不再提供對 AArch32 狀態的支援。

第 2 章

架設樹莓派實驗環境

本書中大部分實驗是基於 BenOS 的。BenOS 是一個簡單的小型作業系統實驗平臺，可以在樹莓派 4B 上執行。我們可以透過在最簡單裸機程式上慢慢增加功能，實現一個具有任務排程功能的小 OS。

BenOS 實驗可以在樹莓派 4B 開發板上執行，也可以在 QEMU 的模擬環境中執行。讀者可以根據實際情況選擇。

2.1 樹莓派介紹

樹莓派（Raspberry Pi）是樹莓派基金會為普及電腦教育而設計的開發板。它以低廉的價格、強大的運算能力以及豐富的教學資源得到全球技術同好的喜愛。

樹莓派截至 2020 年一共發佈了 4 代產品。

- 2012 年發佈第一代樹莓派，採用 ARM11 處理器核心。
- 2014 年發佈第二代樹莓派，採用 ARM Cortex-A7 處理器核心。
- 2016 年發佈第三代樹莓派，採用 ARM Cortex-A53 處理器核心，支援 ARM64 系統結構。
- 2019 年發佈第四代樹莓派，採用 ARM Cortex-A72 處理器核心，支援 ARM64 系統結構。

建議讀者選擇樹莓派 4B 作為實驗硬體平臺。

樹莓派 4B 採用性能強大的 Cortex-A72 處理器核心，性能比樹莓派 3B 快 3 倍。樹莓派 4B 的結構如圖 2.1 所示。

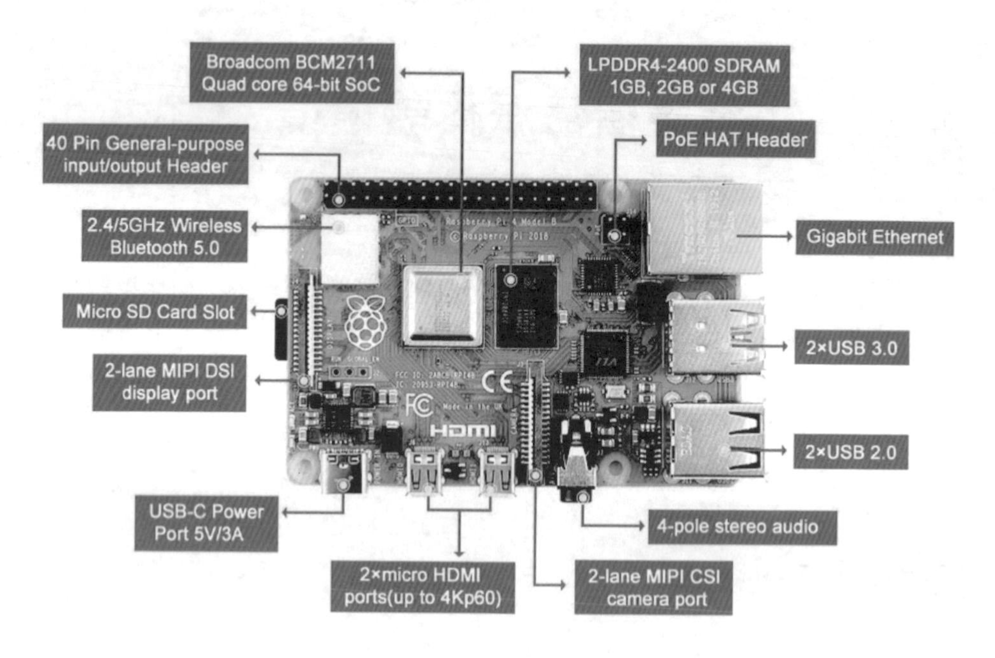

▲圖 2.1 樹莓派 4B 的結構（來源：https://www.taiwansensor.com.tw）

表 2.1 對樹莓派 3B 和樹莓派 4B 做了比較。

樹莓派 4B 採用的是博通 BCM2711 晶片。BCM2711 晶片在 BCM2837 晶片的基礎上做了如下改進。

表 2.1　樹莓派 3B 和樹莓派 4B 的比較

對比項	樹莓派 3B	樹莓派 4B
SoC	博通 BCM2837B	博通 BCM2711
CPU	Cortex-A53 處理器核心，4 核心	Cortex-A72 處理器核心，4 核心
GPU	VideoCore IV	400 MHz VideoCore VI
記憶體	1 GB DDR2 記憶體	1 GB ~ 8 GB DDR4 記憶體
視訊輸出	單一 HDMI	雙 micro HDMI
解析度	1920×1200 像素	4K 像素
USB 通訊埠	4 個 USB 2.0	兩個 USB 3.0，兩個 USB 2.0
有線網路	330 Mbit/s 乙太網	GB 乙太網
無線網路	802.11ac	802.11ac
藍牙	4.2	5.0
充電通訊埠	micro USB	Type-C USB

- CPU 核心：使用性能更好的 Cortex-A72。採用 4 核心 CPU 的設計，最高頻率可以達到 1.5 GHz。
- L1 快取：具有 32 KB 資料快取，48 KB 指令快取。
- L2 快取：大小為 1 MB。
- GPU：採用 VideoCore VI 核心，最高主頻可以達到 500 MHz。
- 記憶體：1 GB ～ 4 GB LPDDR4。
- 支援 USB 3.0。

BCM2711 晶片支援兩種位址模式。

- 低位址模式：外接裝置的暫存器位址空間為 0xFC000000 ～ 0xFF7FFFFF，通常外接裝置的暫存器基底位址為 0xFE000000。
- 35 位元全位址模式：可以支援更大的位址空間。在這種位址模式下，外接裝置的暫存器位址空間為 0x47C000000 ～ 0x47FFFFFFF。

樹莓派 4B 預設情況下使用低位址模式，本書搭配的實驗也預設使用低位址模式，讀者也可以透過修改設定檔來啟動 35 位元全位址模式。

2.2 架設樹莓派實驗環境

熟悉和掌握一個處理器系統結構最有效的方法是多做練習、多做實驗。本書採用樹莓派 4B 作為硬體實驗平臺。

本章需要準備的實驗裝置如圖 2.2 所示。

- 硬體開發平臺：樹莓派 4B 開發板。
- 處理器系統結構：ARMv8 系統結構。
- 開發主機：Ubuntu Linux 20.04。
- MicroSD 卡一張以及讀卡機。
- USB 轉序列埠模組。
- 杜邦線若干。
- Type-C USB 線一根。
- J-Link EDU 模擬器[1]，如圖 2.3 所示。J-Link EDU 是針對大專院校教育的版本。

1 J-Link EDU 模擬器需要額外購買，請登入 SEGGER 公司官網以瞭解詳情。

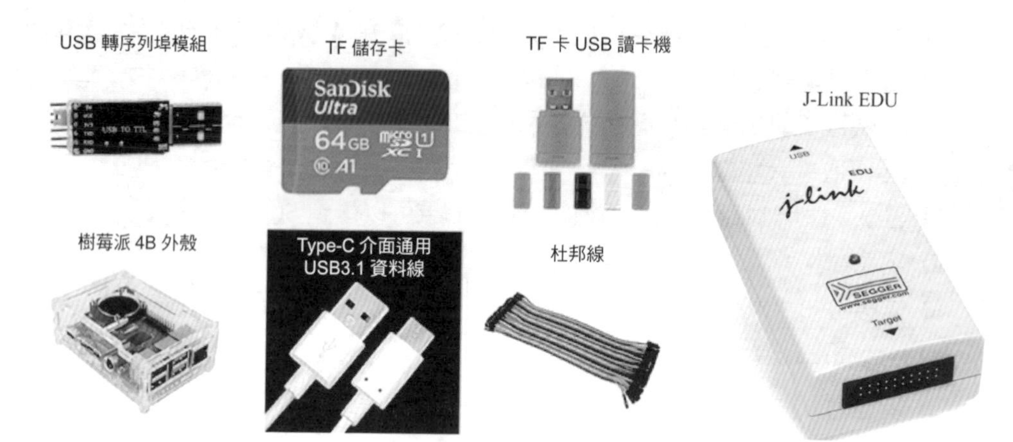

▲圖 2.2 硬體實驗平臺

▲圖 2.3 J-Link EDU 模擬器

2.2.1 設定序列埠線

要在樹莓派 4B 上執行實驗程式，我們需要一根 USB 轉序列埠線，這樣在系統啟動時便可透過序列埠輸出資訊來協助偵錯。讀者可從網上商店購買 USB 轉序列埠線，圖 2.4 所示是某個廠商售賣的一款 USB 轉序列埠線。序列埠一般有 3 根線。另外，序列埠還有一根額外的電源線（可選）。

▲圖 2.4 USB 轉序列埠線

- 電源線（紅色[2]）：5 V 或 3.3 V 電源線（可選）。
- 地線（黑色）。
- 接收線（白色）：序列埠的接收線 RXD。
- 發送線（綠色）：序列埠的發送線 TXD。

樹莓派 4B 支援包含 40 個 GPIO 接腳的擴充介面，這些擴充介面的定義如圖 2.5 所示。根據擴充介面的定義，我們需要把序列埠的三根線連接到擴充介面，如圖 2.6 所示。

- 地線：連接到第 6 個接腳。
- RXD 線：連接到第 8 個接腳。
- TXD 線：連接到第 10 個接腳。

在 Windows 10 作業系統中需要在裝置管理員中查看序列埠號，如圖 2.7 所示。

2 對於上述顏色，可能每個廠商不太一樣，讀者需要認真閱讀廠商的說明文件。

你還需要在 Windows 10 作業系統中安裝用於 USB 轉序列埠的驅動。

樹莓派擴充介面的定義

引脚	名称	名稱	接腳
01	3.3V DC Power	DC Power 5V	02
03	GPIO02(SDA1，I^2C)	DC Power 5V	04
05	GPIO03(SCL1，I^2C)	Ground	06
07	GPIO04(GPIO_GCLK)	(TXD0)GPIO14	08
09	Ground	(RXD0)GPIO15	10
11	GPIO17(GPIO_GEN0)	(GPIO_GEN1)GPIO18	12
13	GPIO27(GPIO_GEN2)	Ground	14
15	GPIO22(GPIO_GEN3)	(GPIO_GEN4)GPIO23	16
17	3.3V DC Power	(GPIO_GEN5)GPIO24	18
19	GPIO10(SPI_MOSI)	Ground	20
21	GPIO09(SPI_MISO)	(GPIO_GEN6)GPIO25	22
23	GPIO11(SPI_CLK)	(SPI_CE0_N)GPIO08	24
25	Ground	(SPI_CE1_1)GPIO07	26
27	ID_SD(I^2C ID EEPROM)	(I^2C ID EERPOM)ID_SC	28
29	GPIO05	Ground	30
31	GIPI06	GPIO12	32
33	GPIO13	Ground	34
35	GPIO19	GPIO16	36
37	GPIO26	GPIO20	38
39	Ground	GPIO21	40

▲圖 2.5 樹莓派擴充介面的定義

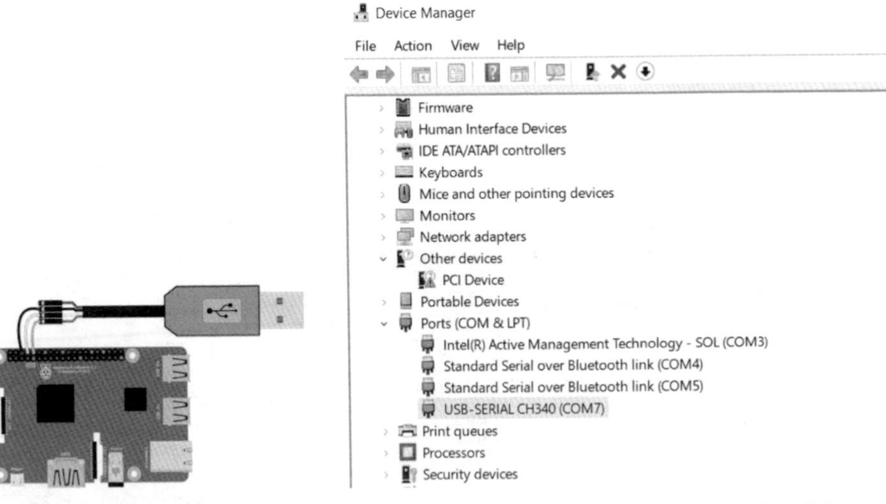

▲圖 2.6 將序列埠線連接到樹莓派擴充介面

▲圖 2.7 在裝置管理員中查看序列埠號

接上 USB 電源，在序列埠終端軟體（如 PuTTY 或 MobaXterm 等）中查看是否有輸出，如圖 2.8 所示。即使沒有插入 MicroSD 卡，序列埠也能輸出資訊，如果能看到序列埠輸出資訊，那麼說明序列埠裝置已經設定。這些資訊是樹莓派韌體輸出的。圖 2.8 中的日誌資訊顯示系統沒有找到 MicroSD 卡。

```
PM_RSTS: 0x00001000
RPi: BOOTLOADER release VERSION:c305221a DATE: Sep  3 2020 TIME: 13:11:46 BOOTMODE: 0x00000006 part: 0 BUILD_TIMESTAM
uSD voltage 3.3V
Initialising SDRAM 'Samsung' 16Gb x2 total-size: 32 Gbit 3200
XHCI-STOP
xHC ver: 256 HCS: 05000420 fc000031 00e70004 HCC: 002841eb
xHC ports 5 slots 32 intrs 4
Reset USB port-power 1000 ms
Boot mode: SD (01) order 0
SD HOST: 250000000 CTL0: 0x00000000 BUS: 100000 Hz actual: 100000 HZ div: 2500 (1250) status: 0x1fff0000 delay: 1080
SD HOST: 250000000 CTL0: 0x00000f00 BUS: 100000 Hz actual: 100000 HZ div: 2500 (1250) status: 0x1fff0000 delay: 1080
EMMC
SD HOST: 250000000 CTL0: 0x00000000 BUS: 100000 Hz actual: 100000 HZ div: 2500 (1250) status: 0x1fff0000 delay: 1080
SD HOST: 250000000 CTL0: 0x00000000 BUS: 100000 Hz actual: 100000 HZ div: 2500 (1250) status: 0x1fff0000 delay: 1080
SDV1
SD HOST: 250000000 CTL0: 0x00000000 BUS: 100000 Hz actual: 100000 HZ div: 2500 (1250) status: 0x1fff0000 delay: 1080
SD CMD: 0x371a0010 (55) 0x0 0x1fff0001
Failed to open device: 'sdcard' (cmd 371a0010 status 1fff0001)
Retry SD 1
```

▲圖 2.8 在序列埠終端軟體中查看是否有輸出

2.2.2 安裝樹莓派官方 OS

樹莓派的映射檔案需要安裝（燒錄）到 MicroSD 卡裡。第一次使用樹莓派時，我們先給樹莓派安裝一個官方的 OS——Raspberry Pi OS（簡稱樹莓派 OS），用來驗證開發板是否正常執行。另外，要在樹莓派上執行 BenOS，也需要準備一張格式化好的 MicroSD 卡。格式化的要求如下。

- ❑ 使用 MBR 分區表。
- ❑ 格式化 boot 分區為 FAT32 檔案系統。

下面是安裝樹莓派 OS 的步驟。

（1）到樹莓派官方網站上下載 ARM64 版本的樹莓派 OS 映射檔案，例如 2021-03-04-raspios-buster-arm64.img。

（2）為了將映射檔案燒錄到 MicroSD 卡中，將 MicroSD 卡插入 USB 讀卡機。在 Windows 主機上，安裝 Win32DiskImager 軟體來進行燒錄，如圖 2.9 所示。而在 Linux 主機上透過簡單地執行 dd 命令將映射檔案燒錄至 MicroSD 卡。

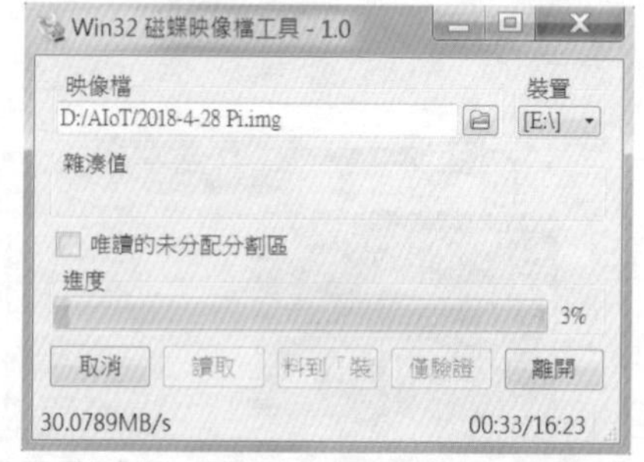

▲圖 2.9 燒錄映射檔案

```
#dd if= 2021-03-04-raspios-buster-arm64.img of=/dev/sdX status=progress
```

其中，/dev/sdX 中的 X 需要修改為儲存卡實際的映射值，可以透過 “fdisk-l” 命令來查看。

（3）把 MicroSD 卡重新插入主機，此時會看到有一個名為 “boot” 的分區。修改 boot 分區裡面的 config.txt 設定檔，在這個檔案中新增兩行，目的是啟動序列埠輸出功能。

```
uart_2ndstage=1
enable_uart=1
```

（4）啟動樹莓派。把 MicroSD 卡插入樹莓派中，透過 USB 線給樹莓派供電。樹莓派 OS 使用者名稱為 pi，密碼為 raspberry。

（5）設定樹莓派 4B 上的 Wi-Fi。使用樹莓派上的設定工具來設定，在序列埠中輸入如下命令。

```
$ sudo raspi-config
```

（6）選擇 System Options→S1 Wireless LAN，設定 SSID 和密碼，如圖 2.10 所示。

（7）更新系統，這樣會自動更新樹莓派 4B 上的韌體。

```
sudo apt update
sudo apt full-upgrade
sudo reboot
```

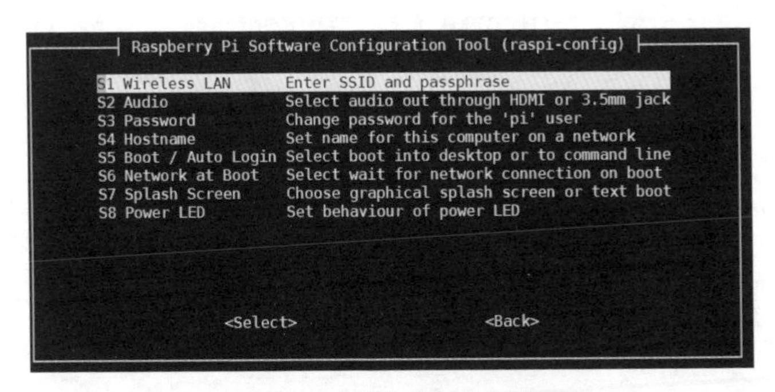

▲圖 2.10 設定 SSID 和密碼

經過上面的步驟，我們得到格式化好的 boot 分區和最新版本的樹莓派韌體。boot 分區主要包括如下幾個檔案。

- bootcode.bin：啟動程式。樹莓派重置通電時，CPU 處於重定模式，由 GPU 負責啟動系統。GPU 首先會啟動固化在晶片內部的韌體（BootROM 程式），讀取 MicroSD 卡中的 bootcode.bin 檔案，並加載和執行 bootcode.bin 中的啟動程式。樹莓派 4B 已經把 bootcode.bin 啟動程式固化到 BootROM 裡。
- start4.elf：樹莓派 4B 上的 GPU 韌體。bootcode.bin 啟動程式檢索 MicroSD 卡中的 GPU 韌體，載入韌體並啟動 GPU。
- start.elf：樹莓派 3B 上的 GPU 韌體。
- config.txt：設定檔。GPU 啟動後讀取 config.txt 設定檔，讀取 Linux 核心映射（比如 kernel8.img 等）以及核心執行參數等，然後把核心映射載入到共用記憶體中並啟動 CPU，CPU 結束重定模式後開始執行 Linux 核心。

2.2.3 實驗 2-1：輸出 "Welcome BenOS!"

1．實驗目的

了解和熟悉如何在樹莓派 4B 上執行最簡單的 BenOS 程式。

2．實驗詳解

首先，在 Linux 主機中安裝相關工具[3]。

```
$ sudo apt-get install qemu-system-arm libncurses5-dev gcc-aarch64-linux-gnu build-essential git bison flex libssl-dev
```

然後，在 Linux 主機上使用 make 命令編譯 BenOS。

```
$ cd benos
$ make
```

編譯完成之後會生成 benos.bin 可執行檔以及 benos.elf 檔案。在把 benos.bin 可執行檔放到樹莓派 4B 上之前，我們可以使用 QEMU 虛擬機器來模擬樹莓派執行，可直接輸入 "make run" 命令。

```
$ make run
qemu-system-aarch64 -machine raspi4 -nographic -kernel benos.bin
Welcome BenOS!
```

---

3 Ubuntu Linux 20.04 內建的 QEMU 4.2 還不支援樹莓派 4B。若要在 QEMU 中模擬樹莓派 4B，那麼還需要安裝一系列更新，然後重新編譯 QEMU。本書搭配的實驗平臺 VMware/VirtualBox 映射會提供支援樹莓派 4B 的 QEMU 程式，請讀者使用本書搭配的 VMware/Virtualbox 映射。

把 benos.bin 檔案複製到 MicroSD 卡的 boot 分區（可以透過 USB 的 MicroSD 讀卡機進行複製），並且修改 boot 分區裡面的 config.txt 檔案。

```
<config.txt 檔案>

[pi4]
kernel=benos.bin
max_framebuffers=2

[pi3]
kernel=benos.bin

[all]
arm_64bit=1

enable_uart=1

kernel_old=1
disable_commandline_tags=1
```

插入 MicroSD 卡到樹莓派，連接 USB 電源線，使用 Windows 端的序列埠軟體可以看到輸出，如圖 2.11 所示。

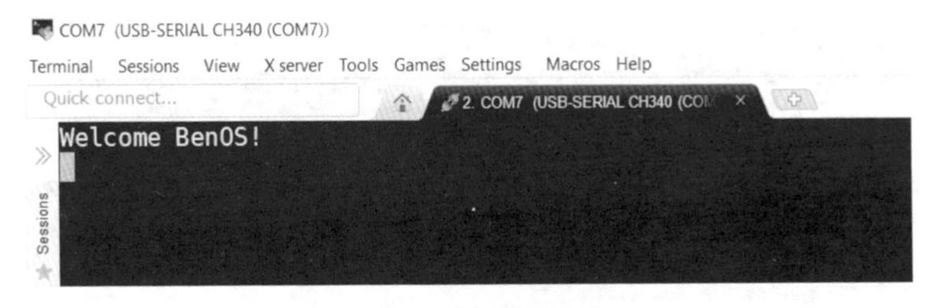

▲圖 2.11 輸出歡迎敘述

2.2.4 實驗 2-2：使用 GDB 與 QEMU 虛擬機器偵錯 BenOS

我們可以使用 GDB 和 QEMU 虛擬機器單步偵錯裸機程式。

本節以實驗 2-1 為例，在終端啟動 QEMU 虛擬機器的 gdbserver。

```
$ qemu-system-aarch64 -machine raspi4 -serial null -serial mon:stdio -nographic
-kernel benos.bin -S -s
```

在另一個終端輸入如下命令來啟動 GDB，可以使用 aarch64-linux-gnu-gdb 命令或者 gdb-multiarch 命令。

```
$ aarch64-linux-gnu-gdb --tui build/benos.elf
```

在 GDB 的命令列中輸入如下命令。

```
(gdb) target remote localhost:1234
(gdb) b _start
Breakpoint 1 at 0x0: file src/boot.S, line 7.
(gdb) c
```

此時，可以使用 GDB 命令來進行單步偵錯，如圖 2.12 所示。

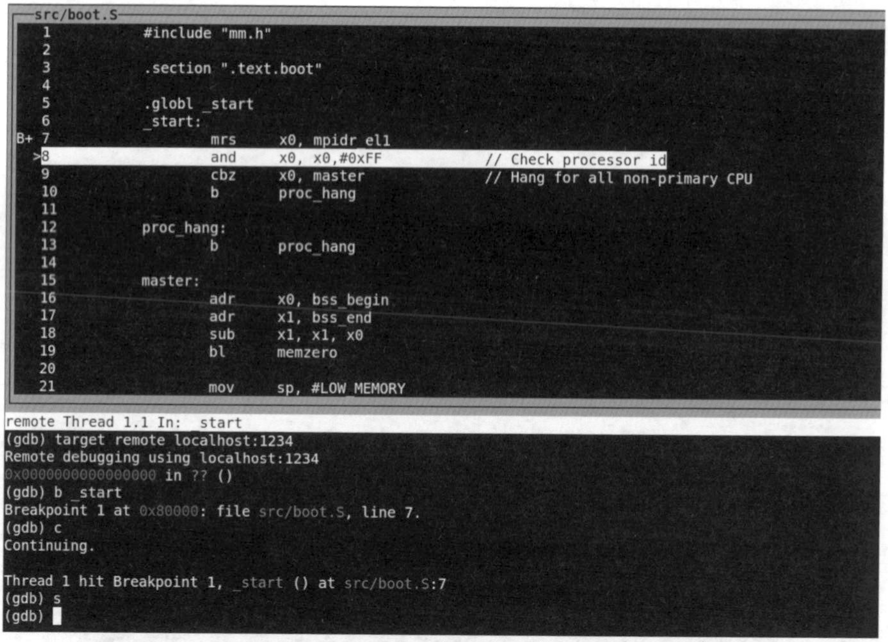

```
src/boot.S
   1          #include "mm.h"
   2
   3          .section ".text.boot"
   4
   5          .globl _start
   6          _start:
B+ 7                  mrs     x0, mpidr_el1
  >8                  and     x0, x0,#0xFF              // Check processor id
   9                  cbz     x0, master                // Hang for all non-primary CPU
   10                 b       proc_hang
   11
   12         proc_hang:
   13                 b       proc_hang
   14
   15         master:
   16                 adr     x0, bss_begin
   17                 adr     x1, bss_end
   18                 sub     x1, x1, x0
   19                 bl      memzero
   20
   21                 mov     sp, #LOW_MEMORY
remote Thread 1.1 In: _start
(gdb) target remote localhost:1234
Remote debugging using localhost:1234
0x0000000000000000 in ?? ()
(gdb) b _start
Breakpoint 1 at 0x80000: file src/boot.S, line 7.
(gdb) c
Continuing.

Thread 1 hit Breakpoint 1, _start () at src/boot.S:7
(gdb) s
(gdb)
```

▲圖 2.12 使用 GDB 偵錯裸機程式

2.2.5 實驗 2-3：使用 J-Link EDU 模擬器偵錯樹莓派

偵錯 BenOS 是透過 QEMU 虛擬機器中內建的 gdbserver 來實現的，但 gdbserver 只能偵錯在 QEMU 虛擬機器上執行的程式。如果需要偵錯在硬體開發板上執行的程式，例如把 BenOS 放到樹莓派上執行，那麼 GDB 與 QEMU 虛擬機器就無能為力了。如果我們撰寫的程式在 QEMU 虛擬機器上能執行，而在實際的硬體開發板上無法執行，那就只能借助硬體模擬器來偵錯和定位問題。

硬體模擬器指的是使用模擬完全取代目標板（例如樹莓派 4B 開發板）上的 CPU，透過完全模擬目標開發板上的晶片行為，提供更加深入的偵錯功能。目前流行的硬體模擬器是 JTAG 模擬器。JTAG（Joint Test Action Group）是一種國際標準測試協定，主要用於晶片內部測試。JTAG 模擬器透過現有的 JTAG 邊界掃描介面與 CPU 進行通訊，實現對 CPU 和外接裝置的偵錯功能。

目前市面上支援ARM晶片偵錯的模擬器主要有ARM公司的DSTREAM模擬器、德國 Lauterbach 公司的 Trace32 模擬器以及 SEGGER 公司的 J-Link 模擬器。J-Link EDU 是 SEGGER 公司推出的面向大專院校和教育的版本，本章提到的 J-Link 模擬器指的是 J-Link EDU 版本。本節介紹如何使用 J-Link 模擬器[4] 偵錯樹莓派 4B。

1．硬體連線

為了在樹莓派 4B 上使用 J-Link 模擬器，首先需要把 J-Link 模擬器的 JTAG 介面連接到樹莓派 4B 的擴充板。樹莓派 4B 的擴充介面已經內建了 JTAG 介面。我們可以使用杜邦線來連接。

J-Link模擬器提供20接腳的JTAG介面，如圖 2.13 所示。

JTAG 介面接腳的說明如表 2.2 所示。

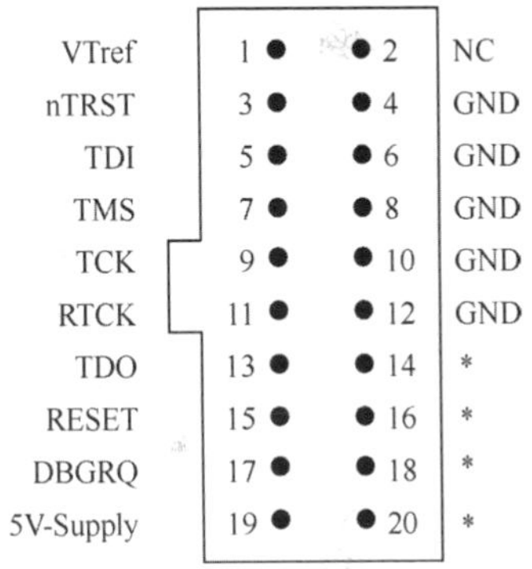

VTref	1 ●	● 2	NC
nTRST	3 ●	● 4	GND
TDI	5 ●	● 6	GND
TMS	7 ●	● 8	GND
TCK	9 ●	● 10	GND
RTCK	11 ●	● 12	GND
TDO	13 ●	● 14	*
RESET	15 ●	● 16	*
DBGRQ	17 ●	● 18	*
5V-Supply	19 ●	● 20	*

▲圖 2.13 J-Link 模擬器的 JTAG 介面

表 2.2　　JTAG 介面接腳的說明

接腳號	名稱	類型	說明
1	VTref	輸入	目的機的參考電壓
2	NC	懸空	懸空接腳
3	nTRST	輸出	重置訊號
5	TDI	輸出	JTAG 資料訊號，從 JTAG 輸出資料到目標 CPU
7	TMS	輸出	JTAG 模式設定
9	TCK	輸出	JTAG 時脈訊號
11	RTCK	輸入	從目標 CPU 回饋回來的時脈訊號
13	TDO	輸入	從目標 CPU 回饋回來的資料訊號
15	RESET	輸入輸出	目標 CPU 的重置訊號
17	DBGRQ	懸空	保留
19	5V-Supply	輸出	輸出 5V 電壓

樹莓派與J-Link 模擬器的連接需要 8 根線，如表 2.3 所示。讀者可以參考圖 2.5 和圖 2.13 來仔細連接線路。

1 J-Link 模擬器需要額外購買，讀者可以登入 SEGGER 公司官網以了解詳情。

表 2.3 樹莓派與 J-Link 模擬器的連接

JTAG 介面	樹莓派接腳號	樹莓派接腳名稱
TRST	15	GPIO22
RTCK	16	GPIO23
TDO	18	GPIO24
TCK	22	GPIO25
TDI	37	GPIO26
TMS	13	GPIO27
VTref	01	3.3V
GND	39	GND

2．複製樹莓派韌體到 MicroSD 卡

在實驗 2-1 的基礎上，複製 loop.bin 程式到 MicroSD 卡。另外，還需要修改 config.txt 設定檔，打開樹莓派對 JTAG 介面的支援。

完整的 config.txt 檔案如下。

```
# BenOS for JLINK debug

[pi4]
kernel=loop.bin

[pi3]
kernel=loop.bin

[all]
arm_64bit=1
enable_uart=1
uart_2ndstage=1

enable_jtag_gpio=1
gpio=22-27=a4
init_uart_clock=48000000
init_uart_baud=115200
```

- uart_2ndstage=1：打開韌體的偵錯日誌。
- enable_jtag_gpio =1：啟動 JTAG 介面。
- gpio=22-27=a4：表示 GPIO22 ～ GPIO27 使用可選功能設定。
- init_uart_clock=48000000：設定序列埠的時脈。
- init_uart_baud=115200：設定序列埠的串列傳輸速率。

複製完之後，把 MicroSD 卡插入樹莓派中，接上電源。

3．下載和安裝 OpenOCD 軟體

OpenOCD（Open On-Chip Debugger，開放原始碼片上偵錯器）是一款開放原始碼的偵錯軟體。OpenOCD 提供針對嵌入式裝置的偵錯、系統程式設計和邊界掃描功能。OpenOCD 需要使用硬體模擬器來配合完成偵錯，例如 J-Link 模擬器等。OpenOCD 內建了 GDB server 模組，可以透過 GDB 命令來偵錯硬體。

首先，透過 git clone 命令下載 OpenOCD 軟體[5]。

然後，安裝如下依賴套件。

```
$ sudo apt install make libtool pkg-config autoconf automake texinfo
```

接下來，編譯和安裝。

```
$ cd openocd
$ ./ bootstrap
$ ./configure
$ make
$ sudo make install
```

另外，也可以從 xPack OpenOCD 專案中下載編譯好的二進位檔案。

4．連接 J-Link 模擬器

為了使用 openocd 命令連接 J-Link 模擬器，需要指定設定檔。OpenOCD 的安裝套件裡內建了 jlink.cfg 檔案，該檔案保存在 /usr/local/share/openocd/scripts/interface/ 目錄下。jlink.cfg 設定檔比較簡單，可透過 "adapter" 命令連接 J-Link 模擬器。

```
<jlink.conf 設定檔>
# SEGGER J-Link

adapter driver jlink
```

下面透過 openocd 命令來連接 J-Link 模擬器，可使用 "-f" 選項來指定設定檔。

```
$ openocd -f jlink.cfg

Open On-Chip Debugger 0.10.0+dev-01266-gd8ac0086-dirty (2020-05-30-17:23)
Licensed under GNU GPL v2
For bug reports, read
     ****://openocd.***/doc/doxygen/bugs.html
```

5　讀者可以到 OpenOCD 官網上下載原始程式碼。另外，本書搭配的實驗平臺 VMware 映射安裝了 OpenOCD 軟體。

```
Info : Listening on port 6666 for tcl connections
Info : Listening on port 4444 for telnet connections
Info : J-Link V11 compiled Jan  7 2020 16:52:13
Info : Hardware version: 11.00
Info : VTarget = 3.341 V
```

從上述日誌可以看到，OpenOCD 已經檢測到 J-Link 模擬器，版本為 11。

5．連接樹莓派

接下來，使用 J-Link 模擬器連接樹莓派，這裡需要描述樹莓派的設定檔 raspi4.cfg。樹莓派的這個設定檔的主要內容如下。

```
<raspi4.cfg 設定檔>
set _CHIPNAME bcm2711
set _DAP_TAPID 0x4ba00477

adapter speed 1000

transport select jtag
reset_config trst_and_srst

telnet_port 4444

# 建立 tap
jtag newtap auto0 tap -irlen 4 -expected-id $_DAP_TAPID

# 建立 dap
dap create auto0.dap -chain-position auto0.tap

set CTIBASE {0x80420000 0x80520000 0x80620000 0x80720000}
set DBGBASE {0x80410000 0x80510000 0x80610000 0x80710000}

set _cores 4

set _TARGETNAME $_CHIPNAME.a72
set _CTINAME $_CHIPNAME.cti
set _smp_command ""

for {set _core 0} {$_core < $_cores} { incr _core} {
   cti create $_CTINAME.$_core -dap auto0.dap -ap-num 0 -ctibase [lindex $CTIBASE $_core]

   set _command "target create ${_TARGETNAME}.$_core aarch64 \
               -dap auto0.dap  -dbgbase [lindex $DBGBASE $_core] \
               -coreid $_core -cti $_CTINAME.$_core"
   if {$_core != 0} {
      set _smp_command "$_smp_command $_TARGETNAME.$_core"
   } else {
```

```
        set _smp_command "target smp $_TARGETNAME.$_core"
    }

    eval $_command
}

eval $_smp_command
targets $_TARGETNAME.0
```

使用如下命令連接樹莓派，結果如圖 2.14 所示。

```
$ openocd -f jlink.cfg -f raspi4.cfg
```

如圖 2.14 所示，OpenOCD 已經成功連接 J-Link 模擬器，並且找到了樹莓派的主晶片 BCM2711。OpenOCD 開啟了幾個服務，其中 Telnet 服務的通訊埠編號為 4444，GDB 服務的通訊埠編號為 3333。

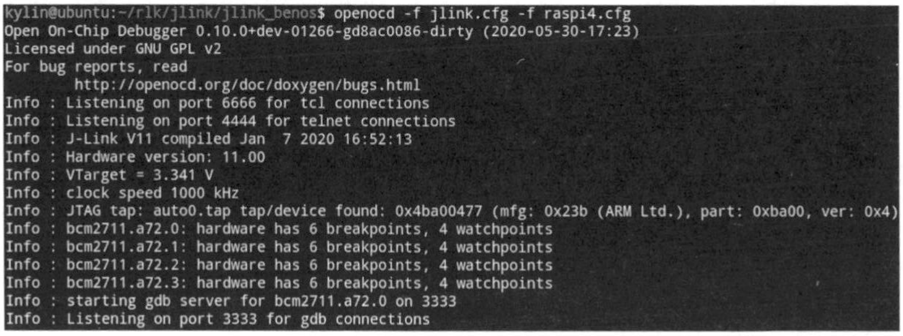

```
kylin@ubuntu:~/rlk/jlink/jlink_benos$ openocd -f jlink.cfg -f raspi4.cfg
Open On-Chip Debugger 0.10.0+dev-01266-gd8ac0086-dirty (2020-05-30-17:23)
Licensed under GNU GPL v2
For bug reports, read
        http://openocd.org/doc/doxygen/bugs.html
Info : Listening on port 6666 for tcl connections
Info : Listening on port 4444 for telnet connections
Info : J-Link V11 compiled Jan  7 2020 16:52:13
Info : Hardware version: 11.00
Info : VTarget = 3.341 V
Info : clock speed 1000 kHz
Info : JTAG tap: auto0.tap tap/device found: 0x4ba00477 (mfg: 0x23b (ARM Ltd.), part: 0xba00, ver: 0x4)
Info : bcm2711.a72.0: hardware has 6 breakpoints, 4 watchpoints
Info : bcm2711.a72.1: hardware has 6 breakpoints, 4 watchpoints
Info : bcm2711.a72.2: hardware has 6 breakpoints, 4 watchpoints
Info : bcm2711.a72.3: hardware has 6 breakpoints, 4 watchpoints
Info : starting gdb server for bcm2711.a72.0 on 3333
Info : Listening on port 3333 for gdb connections
```

▲圖 2.14 使用 J-Link 模擬器連接樹莓派

6．登入 Telnet 服務

在 Linux 主機中新建終端，輸入如下命令以登入 OpenOCD 的 Telnet 服務。

```
$ telnet localhost 4444
Trying 127.0.0.1...
Connected to localhost.
Escape character is '^]'.
Open On-Chip Debugger
>
```

在 Telnet 服務的提示符號下輸入 "halt" 命令以暫停樹莓派的 CPU，等待偵錯請求。

```
> halt
bcm2711.a72.0 cluster 0 core 0 multi core
```

```
bcm2711.a72.1 cluster 0 core 1 multi core
target halted in AArch64 state due to debug-request, current mode: EL2H
cpsr: 0x000003c9 pc: 0x78
MMU: disabled, D-Cache: disabled, I-Cache: disabled
bcm2711.a72.2 cluster 0 core 2 multi core
target halted in AArch64 state due to debug-request, current mode: EL2H
cpsr: 0x000003c9 pc: 0x78
MMU: disabled, D-Cache: disabled, I-Cache: disabled
bcm2711.a72.3 cluster 0 core 3 multi core
target halted in AArch64 state due to debug-request, current mode: EL2H
cpsr: 0x000003c9 pc: 0x78
MMU: disabled, D-Cache: disabled, I-Cache: disabled
target halted in AArch64 state due to debug-request, current mode: EL2H
cpsr: 0x000003c9 pc: 0x80000
MMU: disabled, D-Cache: disabled, I-Cache: disabled
>
```

接下來，使用 load_image 命令載入 BenOS 可執行程式，這裡把 benos.bin 載入到記憶體的 0x80000 位址處，因為在連結指令稿中設定的連結位址為 0x80000。

```
> load_image /home/rlk/rlk/lab01/benos.bin 0x80000
936 bytes written at address 0x80000
downloaded 936 bytes in 0.101610s (8.996 KiB/s)
```

下面使用 step 命令讓樹莓派的 CPU 停在連結位址（此時的連結位址為 0x80000）處，等待使用者輸入命令。

```
> step 0x80000
target halted in AArch64 state due to single-step, current mode: EL2H
cpsr: 0x000003c9 pc: 0x4
MMU: disabled, D-Cache: disabled, I-Cache: disabled
```

7．使用 GDB 進行偵錯

現在可以使用 GDB 偵錯程式了。首先使用 aarch64-linux-gnu-gdb 命令（或者 gdb-multiarch 命令）啟動 GDB，並且使用通訊埠編號 3333 連接 OpenOCD 的 GDB 服務。

```
$ aarch64-linux-gnu-gdb --tui build/benos.elf

(gdb) target remote localhost:3333   <= 連接 OpenOCD 的 GDB 服務
```

當連接成功之後，我們可以看到 GDB 停在 BenOS 程式的進入點（_start），如圖 2.15 所示。

```
src/boot.S
1           #include "mm.h"
2
3           .section ".text.boot"
4
5           .globl _start
6           _start:
7                   mrs     x0, mpidr_el1
>8                  and     x0, x0,#0xFF            // Check processor id
9                   cbz     x0, master              // Hang for all non-primary CPU
10                  b       proc_hang
11
12          proc_hang:
13                  b       proc_hang
14
15          master:
16                  adr     x0, bss_begin
17                  adr     x1, bss_end
18                  sub     x1, x1, x0
19                  bl      memzero
20
21                  mov     sp, #LOW_MEMORY
remote Remote target In: _start
--Type <RET> for more, q to quit, c to continue without paging--
Find the GDB manual and other documentation resources online at:
    <http://www.gnu.org/software/gdb/documentation/>.

For help, type "help".
Type "apropos word" to search for commands related to "word"...
Reading symbols from build/benos.elf...
(gdb) target remote localhost:3333
Remote debugging using localhost:3333
_start () at src/boot.S:8
(gdb)
```

▲圖 2.15 連接 OpenOCD 的 GDB 服務

此時，我們可以使用 GDB 的 “step” 命令單步偵錯工具，也可以使用 “info reg” 命令查看樹莓派上的 CPU 暫存器的值。

使用 “layout reg” 命令打開 GDB 的暫存器視窗，這樣就可以很方便地查看暫存器的值。如圖 2.16 所示，當單步執行完第 16 行的 “adr x0, bss_begin” 組合語言敘述後，暫存器視窗中馬上顯示了 X0 暫存器的值。

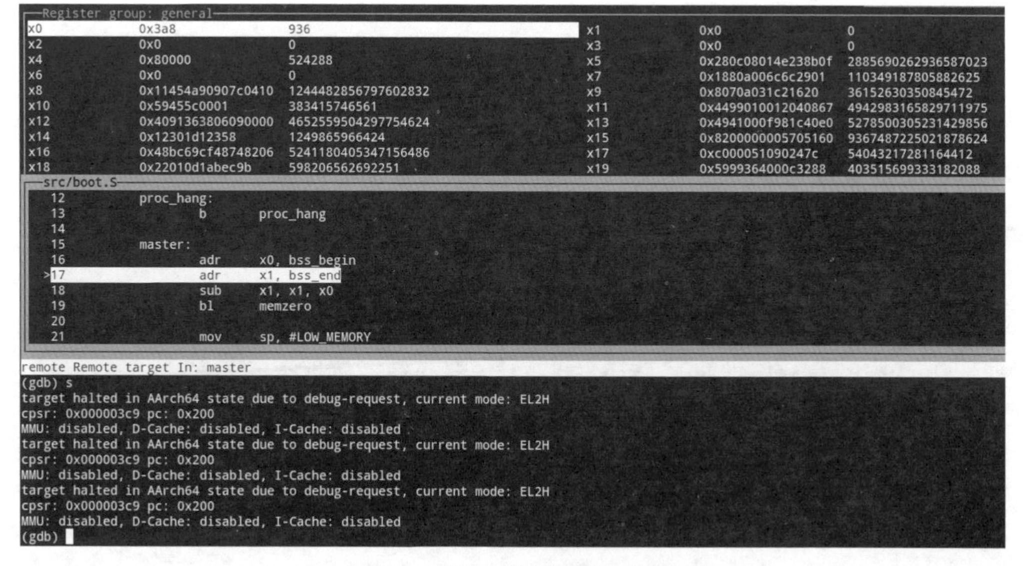

▲圖 2.16 單步偵錯和查看暫存器的值

2.3 BenOS 基礎實驗程式解析

本書中大部分的實驗程式是基於 BenOS 來實現的。BenOS 是一個基於 ARM64 系統結構的小型作業系統。本書的實驗會從最簡單的裸機程式開始，逐步擴充和豐富，讓其具有處理程序排程、系統呼叫等現代作業系統的基本功能。

本節介紹最簡單的 BenOS 的程式系統結構，目前它僅有序列埠顯示功能，類似於裸機程式。

由於我們寫的是裸機程式，因此需要手動撰寫 Makefile 和連結指令稿。對於任何一種可執行程式，不論是 .elf 還是 .exe 檔案，都是由程式（.text）段、資料（.data）段、未初始化資料（.bss）段等段（section）組成的。連結指令稿最終會把一大堆編譯好的二進位檔案（.o 檔案）整合為二進位可執行檔，也就是把所有二進位檔案整合到一個大檔案中。這個大檔案由整體的 .text/.data/.bss 段描述。下面是本實驗中的一個連結檔案，名為 link.ld。

```
1    SECTIONS
2    {
3        . = 0x80000;
4        .text.boot : { *(.text.boot) }
5        .text : { *(.text) }
6        .rodata : { *(.rodata) }
7        .data : { *(.data) }
8        . = ALIGN(0x8);
9        bss_begin = .;
10       .bss : { *(.bss*) }
11       bss_end = .;
12   }
```

在第 1 行中，SECTIONS 是 LS（Linker Script）語法中的關鍵命令，用來描述輸出檔案的記憶體分配。SECTIONS 命令告訴連結檔案如何把輸入檔案的段映射到輸出檔案的各個段，如何將輸入段整合為輸出段，以及如何把輸出段放入程式位址空間和處理程序位址空間。

在第 3 行中，“.” 非常關鍵，它代表位置計數（Location Counter，LC），這裡把 .text 段的連結位址設定為 0x80000，這裡的連結位址指的是載入位址（load address）。

在第 4 行中，輸出檔案的 .text.boot 段內容由所有輸入檔案（其中的 “*” 可理解為所有的 .o 檔案，也就是二進位檔案）的 .text.boot 段組成。

在第 5 行中，輸出檔案的 .text 段內容由所有輸入檔案（其中的 "*" 可理解為所有的 .o 檔案，也就是二進位檔案）的 .text 段組成。

在第 6 行中，輸出檔案的 .rodata 段由所有輸入檔案的 .rodata 段組成。

在第 7 行中，輸出檔案的 .data 段由所有輸入檔案的 .data 段組成。

在第 8 行中，設定為按 8 位元組對齊。

在第 9 ～ 11 行中，定義了一個 .bss 段。

因此，上述連結檔案定義了如下幾個段。

- .text.boot 段：啟動首先要執行的程式。
- .text 段：程式碼片段。
- .rodata 段：只讀取資料段。
- .data 段：資料段。
- .bss 段：包含未初始化的全域變數和靜態變數。

下面開始撰寫啟動用的組合語言程式碼，將程式保存為 boot.S 檔案。

```
1    #include "mm.h"
2
3    .section ".text.boot"
4
5    .globl _start
6    _start:
7        mrs x0, mpidr_el1
8        and x0, x0,#0xFF
9        cbz x0, master
10       b   proc_hang
11
12   proc_hang:
13       b   proc_hang
14
15   master:
16       adr x0, bss_begin
17       adr x1, bss_end
18       sub x1, x1, x0
19       bl  memzero
20
21       mov sp, #LOW_MEMORY
22       bl  start_kernel
23       b   proc_hang
```

啟動用的組合語言程式碼不長，下面做簡要分析。

在第 3 行中，把 boot.S 檔案編譯連結到 .text.boot 段中。我們可以在連結檔案 link.ld 中把 .text.boot 段連結到這個可執行檔的開頭，這樣當程式執行時將從這個段開始執行。

在第 6 行中，_start 為程式的進入點。

在第 7 行中，由於樹莓派 4B 有 4 個 CPU 核心，但是本實驗的裸機程式不希望 4 個 CPU 核心都執行，我們只想讓第一個 CPU 核心執行起來。mpidr_el1 暫存器是表示處理器核心的編號。

在第 8 行中，and 指令用於完成與操作。

第 9 行，cbz 為比較並跳轉指令。如果 X0 暫存器的值為 0，則跳轉到 master 標籤處。若 X0 暫存器的值為 0，則表示第 1 個 CPU 核心。其他 CPU 核心則跳轉到 proc_hang 標籤處。

在第 12 和 13 行，proc_hang 標籤這裡是無窮迴圈。

在第 15 行，對於 master 標籤，只有第一個 CPU 核心才能執行到這裡。

在第 16 ～ 19 行，初始化 .bss 段。

在第 21 行中，使 SP 指向記憶體的 4 MB 位址處。樹莓派至少有 1 GB 記憶體，我們這個裸機程式用不到那麼大的記憶體。

在第 22 行中，跳轉到 C 語言的 start_kernel 函數，這裡最重要的一步是設定 C 語言執行環境，即堆疊。

總之，上述組合語言程式碼還是比較簡單的，我們只做了 3 件事情。

- ❑ 只讓第一個 CPU 核心執行，讓其他 CPU 核心進入無窮迴圈。
- ❑ 初始化 .bss 段。
- ❑ 設定堆疊，跳轉到 C 語言入口。

接下來，撰寫 C 語言的 start_kernel 函數。本實驗的目的是輸出一筆歡迎敘述，因而這個函數的實現比較簡單。將程式保存為 kernel.c 檔案。

```
#include "mini_uart.h"

void start_kernel(void)
{
	uart_init();
	uart_send_string("Welcome BenOS!\r\n");

	while (1) {
		uart_send(uart_recv());
```

```
        }
}
```

上述程式很簡單，主要操作是初始化序列埠和向序列埠中輸出歡迎敘述。

接下來，實現一些簡單的序列埠驅動程式。樹莓派有兩個序列埠裝置。

- ❑ PL011 序列埠，在 BCM2711 晶片手冊中簡稱 UART0，是一種全功能的序列埠裝置。
- ❑ Mini 序列埠，在 BCM2711 晶片手冊中簡稱 UART1。

本實驗使用 PL011 序列埠裝置。Mini 序列埠裝置比較簡單，不支援流量控制（flow control），在高速傳輸過程中還有可能封包遺失。

BCM2711 晶片裡有不少片內外接裝置重複使用相同的 GPIO 介面，這稱為 GPIO 可選功能設定（GPIO Alternative Function）。GPIO14 和 GPIO15 可以重複使用 UART0 與 UART1 序列埠的 TXD 接腳和 RXD 接腳，如表 2.4 所示。關於 GPIO 可選功能設定的詳細介紹，讀者可以查閱 BCM2711 晶片手冊。在使用 PL011 序列埠之前，我們需要透過程式設計來啟動 TXD0 和 RXD0 接腳。

表 2.4　GPIO 可選功能設定

GPIO	電位	可選項 0	可選項 1	可選項 2	可選項 3	可選項 4	可選項 5
GPIO0	高	SDA0	SA5				
GPIO1	高	SCL0	SA4				
GPIO14	低	TXD0	SD6				TXD1
GPIO15	低	RXD0					RXD1

BCM2711 晶片提供了 GFPSEL*n* 暫存器來設定 GPIO 可選功能設定，其中 GPFSEL0 用來設定 GPIO0 ～ GPIO9，而 GPFSEL1 用來設定 GPIO10 ～ GPIO19，依此類推。其中，每個 GPIO 使用 3 位元來表示不同的含義。

- ❑ 000：表示 GPIO 設定為輸入。
- ❑ 001：表示 GPIO 設定為輸出。
- ❑ 100：表示 GPIO 設定為可選項 0。
- ❑ 101：表示 GPIO 設定為可選項 1。
- ❑ 110：表示 GPIO 設定為可選項 2。
- ❑ 111：表示 GPIO 設定為可選項 3。
- ❑ 011：表示 GPIO 設定為可選項 4。
- ❑ 010：表示 GPIO 設定為可選項 5。

首先，在 include/asm/base.h 標頭檔中加入樹莓派暫存器的基底位址。

```
#ifndef  _P_BASE_H
#define  _P_BASE_H

#ifdef CONFIG_BOARD_PI3B
#define PBASE 0x3F000000
#else
#define PBASE 0xFE000000
#endif

#endif  /*_P_BASE_H */
```

下面是 PL011 序列埠的初始化程式。

```
void uart_init ( void )
{
     unsigned int selector;

     selector = readl(GPFSEL1); selector &= ~(7<<12);
     /* 為 GPIO14 設定可選項 0*/
     selector |= 4<<12;
     selector &= ~(7<<15);
     /* 為 GPIO15 設定可選項 0 */
     selector |= 4<<15;
     writel(selector, GPFSEL1);
```

上述程式把 GPIO14 和 GPIO15 設定為可選項 0，也就是用作 PL011 序列埠的 RXD0 和 TXD0 接腳。

```
/* 設定 gpio14/15 為下拉狀態 */
selector = readl(GPIO_PUP_PDN_CNTRL_REG0);
selector |= (0x2 << 30) | (0x2 << 28);
writel(selector, GPIO_PUP_PDN_CNTRL_REG0);
```

通常 GPIO 接腳有 3 個狀態——上拉（pull-up）、下拉（pull-down）以及連接（connect）。連接狀態指的是既不上拉也不下拉，僅連接。上述程式已把 GPIO14 和 GPIO15 設定為下拉狀態。

下列程式用來初始化 PL011 序列埠。

```
/* 暫時關閉序列埠 */
writel(0, U_CR_REG);

/* 設定串列傳輸速率 */
writel(26, U_IBRD_REG);
```

```
writel(3, U_FBRD_REG);

/* 啟動 FIFO 裝置 */
writel((1<<4) | (3<<5), U_LCRH_REG);

/* 遮罩中斷 */
writel(0, U_IMSC_REG);
/* 啟動序列埠，打開收發功能 */
writel(1 | (1<<8) | (1<<9), U_CR_REG);
```

接下來，實現如下幾個函數以收發字串。

```
void uart_send(char c)
{
     while (readl(U_FR_REG) & (1<<5))
         ;

     writel(c, U_DATA_REG);
}

char uart_recv(void)
{
     while (readl(U_FR_REG) & (1<<4))
         ;

     return(readl(U_DATA_REG) & 0xFF);
}
```

uart_send() 和 uart_recv() 函數分別用於在 while 迴圈中判斷是否有資料需要發送和接收，這裡只需要判斷 U_FR_REG 暫存器的對應位元即可。

接下來，撰寫 Makefile 檔案。

```
board ?= rpi3

ARMGNU ?= aarch64-linux-gnu

COPS += -DCONFIG_BOARD_PI4B
QEMU_FLAGS  += -machine raspi4

COPS += -g -Wall -nostdlib -nostdinc -Iinclude
ASMOPS = -g -Iinclude

BUILD_DIR = build
SRC_DIR = src

all : benos.bin
```

```
clean :
	rm -rf $(BUILD_DIR) *.bin

$(BUILD_DIR)/%_c.o: $(SRC_DIR)/%.c
	mkdir -p $(@D)
	$(ARMGNU)-gcc $(COPS) -MMD -c $< -o $@

$(BUILD_DIR)/%_s.o: $(SRC_DIR)/%.S
	$(ARMGNU)-gcc $(ASMOPS) -MMD -c $< -o $@

C_FILES = $(wildcard $(SRC_DIR)/*.c)
ASM_FILES = $(wildcard $(SRC_DIR)/*.S)
OBJ_FILES = $(C_FILES:$(SRC_DIR)/%.c=$(BUILD_DIR)/%_c.o)
OBJ_FILES += $(ASM_FILES:$(SRC_DIR)/%.S=$(BUILD_DIR)/%_s.o)

DEP_FILES = $(OBJ_FILES:%.o=%.d)
-include $(DEP_FILES)

benos.bin: $(SRC_DIR)/linker.ld $(OBJ_FILES)
	$(ARMGNU)-ld -T $(SRC_DIR)/linker.ld -o $(BUILD_DIR)/benos.elf  $(OBJ_FILES)
	$(ARMGNU)-objcopy $(BUILD_DIR)/benos.elf -O binary benos.bin

QEMU_FLAGS  += -nographic

run:
	qemu-system-aarch64 $(QEMU_FLAGS) -kernel benos.bin
debug:
	qemu-system-aarch64 $(QEMU_FLAGS) -kernel benos.bin -S -s
```

ARMGNU 用來指定編譯器，這裡使用 aarch64-linux-gnu-gcc。

COPS 和 ASMOPS 用來在編譯 C 語言與組合語言時指定編譯選項。

- -g：表示編譯時加入偵錯符號表等資訊。
- -Wall：表示打開所有警告資訊。
- -nostdlib：表示不連接系統的標準開機檔案和標準函數庫檔案，只把指定的檔案傳遞給連接器。這個選項常用於編譯核心、bootloader 等程式，它們不需要標準開機檔案和標準函數庫檔案。
- -nostdinc：表示不包含 C 語言的標準函數庫的標頭檔。

上述檔案最終會被編譯、連結成名為 benos.elf 的 .elf 檔案，這個 .elf 檔案包含了偵錯資訊，最後使用 objcopy 命令把 elf 檔案轉換為可執行的二進位檔案。

2.4 QEMU 虛擬機器與 ARM64 實驗平臺

本書中少部分實驗可以在 ARM64 的 Linux 主機上完成，例如指令集實驗和部分快取記憶體錯誤分享實驗。ARM64 的 Linux 主機可以透過如下兩個方式獲取：一種是在樹莓派 4B 上安裝樹莓派 OS，另一種是使用 QEMU 虛擬機器與 ARM64 實驗平臺。

第一種方式請參考 2.2.2 節的介紹，下面介紹 QEMU 虛擬機器與 ARM64 實驗平臺。Linux 主機使用 Ubuntu 20.04 系統。

1）安裝工具

首先，在 Linux 主機中安裝相關工具。

```
$ sudo apt-get install qemu-system-arm libncurses5-dev gcc-aarch64-linux-gnu build-essential git bison flex libssl-dev
```

然後，在 Linux 主機系統中預設安裝 ARM64 GCC 的 9.3 版本。

```
$ aarch64-linux-gnu-gcc -v
gcc version 9.3.0 (Ubuntu 9.3.0-8ubuntu1)
```

2）下載倉庫

下載 runninglinuxkernel_5.0 的 git 倉庫並切換到 runninglinuxkernel_5.0 分支。

```
$
$ git clone *****://github.***/runninglinuxkernel/runninglinuxkernel_5.0.git
```

3）編譯核心以及建立檔案系統

runninglinuxkernel_5.0 目錄中有一個 rootfs_arm64.tar.xz 檔案，這個檔案基於 Ubuntu Linux 20.04 系統的根檔案系統建立。

注意，該指令稿會使用 dd 命令生成一個 4 GB 大小的映射檔案，因此主機系統需要保證至少 10 GB 的空餘磁碟空間。如果讀者需要生成更大的根檔案系統映射，那麼可以修改 run_rlk_arm64.sh 指令檔。

首先，編譯核心。

```
$ cd runninglinuxkernel_5.0
$ ./run_rlk_arm64.sh build_kernel
```

執行上述指令稿需要幾十分鐘時間，具體依賴於主機的運算能力。

然後，編譯根檔案系統。

```
$ cd runninglinuxkernel_5.0
$ sudo ./run_rlk_arm64.sh build_rootfs
```

注意，編譯根檔案系統需要管理員許可權，而編譯核心則不需要。執行完上述命令後，將會生成名為 rootfs_arm64.ext4 的根檔案系統。

4）執行剛才編譯好的 ARM64 版本的 Linux 系統

要執行 run_rlk_arm64.sh 指令稿，輸入 run 參數即可。

```
$./run_rlk_arm64.sh run
```

或者，輸入以下程式。

```
$ qemu-system-aarch64 -m 1024 -cpu max,sve=on,sve256=on -M virt -nograph-
ic -smp 4 -kernel arch/arm64/boot/Image  -append "noinintrd sched_debug root=/dev/
vda rootfstype=ext4 rw crashkernel=256M loglevel=8"  -drive if=none,file=rootfs_debian_
arm64.ext4,id=hd0 -device virtio-blk-device,drive=hd0 --fsdev local,id=kmod_dev,path=./
kmodules,security_model=none -device virtio-9p-pci,fsdev=kmod_dev,mount_tag=kmod_mount
```

執行結果如下。

```
rlk@ runninglinuxkernel_5.0 $ ./run_rlk_arm64.sh run
[    0.000000] Booting Linux on physical CPU 0x0000000000 [0x411fd070]
[    0.000000] Linux version 5.0.0+ (rlk@ubuntu) (gcc version 9.3.0 (Ubuntu 9.3.0-8ubun-
tu1)) #5 SMP Sat Mar 28 22:05:46 PDT 2020
[    0.000000] Machine model: linux,dummy-virt
[    0.000000] efi: Getting EFI parameters from FDT:
[    0.000000] efi: UEFI not found.
[    0.000000] crashkernel reserved: 0x0000000070000000 - 0x0000000080000000 (256 MB)
[    0.000000] cma: Reserved 64 MiB at 0x000000006c000000
[    0.000000] NUMA: No NUMA configuration found
[    0.000000] NUMA: Faking a node at [mem 0x0000000040000000-0x000000007fffffff]
[    0.000000] NUMA: NODE_DATA [mem 0x6bdf0f00-0x6bdf1fff]
[    0.000000] Zone ranges:
[    0.000000]   Normal   [mem 0x0000000040000000-0x000000007fffffff]
[    0.000000] Movable zone start for each node
[    0.000000] Early memory node ranges
…
[    2.269567] systemd[1]: systemd 245.2-1ubuntu2 running in system mode.
Ubuntu Focal Fossa (development branch) ubuntu ttyAMA0
rlk login:
```

登入系統時使用使用者名稱和密碼如下。

- ❑ 使用者名稱：root。

❑ 密碼：123。

5）線上安裝軟體套件

QEMU 虛擬機器可以透過 VirtIO-Net 技術來生成虛擬的網路卡，並透過 NAT（Network Address Translation，網路位址轉譯）技術和主機進行網路共用。下面使用 ifconfig 命令檢查網路設定。

```
root@ubuntu:~# ifconfig
enp0s1: flags=4163<UP,BROADCAST,RUNNING,MULTICAST>  mtu 1500
        inet 10.0.2.15  netmask 255.255.255.0  broadcast 10.0.2.255
        inet6 fec0::ce16:adb:3e70:3e71  prefixlen 64  scopeid 0x40<site>
        inet6 fe80::c86e:28c4:625b:2767  prefixlen 64  scopeid 0x20<link>
        ether 52:54:00:12:34:56  txqueuelen 1000  (Ethernet)
        RX packets 23217  bytes 33246898 (31.7 MiB)
        RX errors 0  dropped 0  overruns 0  frame 0
        TX packets 4740  bytes 267860 (261.5 KiB)
        TX errors 0  dropped 0 overruns 0  carrier 0  collisions 0
```

可以看到，這裡生成了名為 enp0s1 的網路卡裝置，分配的 IP 位址為 10.0.2.15。

可透過 apt update 命令更新 Debian 系統的軟體倉庫。

```
root@ubuntu:~# apt update
```

如果更新失敗，有可能因為系統時間比較舊了，使用 date 命令來設定日期。

```
root@ubuntu:~# date -s 2020-03-29 #假設最新日期是 2020 年 3 月 29 日
Sun Mar 29 00:00:00 UTC 2020
```

使用 apt install 命令安裝軟體套件，比如，線上安裝 gcc 等軟體套件。

```
root@ubuntu:~# apt install gcc build-essential
```

6）在主機和 QEMU 虛擬機器之間共用檔案

主機和 QEMU 虛擬機器可以透過 NET_9P 技術進行檔案共用，這需要 QEMU 虛擬機器和主機的 Linux 核心都啟動 NET_9P 的核心模組。本實驗平臺已經支援主機和 QEMU 虛擬機器的共用檔案，可以透過如下簡單方法來測試。

首先，複製一個檔案到 runninglinuxkernel_5.0/kmodules 目錄中。

```
$ cp test.c  runninglinuxkernel_5.0/kmodules
```

啟動 QEMU 虛擬機器之後，檢查一下 /mnt 目錄中是否有 test.c 檔案。

```
root@ubuntu:/# cd /mnt
root@ubuntu:/mnt # ls
README    test.c
```

後續的實驗（例如第 22 章和第 23 章的實驗）會經常利用這個特性，比如把撰寫好的程式檔案放入 QEMU 虛擬機器。

第 3 章

A64 指令集 1——載入與儲存指令

本章思考題

1．A64 指令集有什麼特點？

2．A64 指令集支援 64 位元寬的資料和位址定址，為什麼指令的編碼寬度只有 32 位元？

3．下面兩筆指令有什麼區別？

```
LDR X0, [X1]
LDR X0, [X1，#8]
```

4．在載入和儲存指令中，什麼是前變址模式與後變址模式？

5．在下面的程式中，X0 暫存器的值是多少？

```
my_data:
      .word 0x40

ldr x0,  my_data
```

6．請解釋下面的程式。

```
#define LABEL_1 0x100000
ldr x0, LABEL_1
```

7．在下面的程式片段中，X1 和 X2 暫存器的值分別是多少？

```
my_data:
        .quad  0x8a

ldr x5, =my_data
ldrb x1, [x5]
ldrsb x2，[x5]
```

8．在載入與儲存指令中，什麼是可擴充（scaled）模式和不可擴充（unscaled）模式？

9．下面幾筆 MOV 指令中，哪些能成功執行？哪些會無法正常執行？

```
mov x0, 0x1234
mov x0, 0x1abcd
mov x0, 0x12bc0000
mov x0, 0xffff0000ffff
```

10．要載入一個很大的立即數到通用暫存器中，該如何載入？

11．使用如下 MOV 指令來設定某個暫存器的值，有什麼問題？

```
mov x0,(1 << 0) | (1 << 2) | (1<< 20) | (1<< 40) | (1<<55)
```

12．在下面的範例程式中，X0 和 X1 暫存器的值分別是多少？

```
string1:
      .string "Booting at EL"

ldr x0,  string1
ldr x1,  =string1
```

13．在下面的範例程式中，X0 和 X1 暫存器的值分別是多少？

```
my_data:
      .word 0x40

ldr x0,  my_data
ldr x1, =my_data
```

本章主要介紹 A64 指令集中與載入和儲存指令相關的內容。

3.1 A64 指令集介紹

指令集是處理器系統結構設計的重點之一。ARM 公司定義和實現的指令集一直在變化和發展中。ARMv8 系統結構最大的改變是增加了一個新的 64 位元的指令集，這是早前 ARM 指令集的有益補充和增強。它可以處理 64 位元寬的暫存器和資料並且使用 64 位元的指標來存取記憶體。這個新的指令集稱為 A64 指令集，執行在 AArch64 狀態。ARMv8 相容舊的 32 位元指令集——A32 指令集，它執行在 AArch32 狀態。

A64 指令集和 A32 指令集是不相容的，它們是兩套完全不一樣的指令集，它們的指令編碼是不一樣的。需要注意的是，A64 指令集的指令寬度是 32 位元，而非 64 位元。

A64 指令集有如下特點。

- ❑ 具有特有的指令編碼格式。
- ❑ 只能執行在 AArch64 狀態。
- ❑ 指令的寬度為 32 位元。

A64 指令組合語言需要注意的地方如下。

- ❑ A64 支援指令快速鍵和暫存器名全是大寫字母或者全是小寫字母的書寫方式。不過，程式和資料標籤是區分大小寫的。
- ❑ 在使用立即運算元時前面可以使用 "#" 或者不使用 "#"。
- ❑ "//" 符號可以用於組合語言程式碼的註釋。
- ❑ 通用暫存器前面使用 "w" 表示僅使用通用暫存器的低 32 位元，"x" 表示 64 位元通用暫存器。

A64 指令集可以分成如下幾類：

- ❑ 記憶體載入和儲存指令；
- ❑ 多位元組記憶體載入和儲存指令；
- ❑ 算術和移位指令；
- ❑ 移位操作指令；
- ❑ 位元操作指令；
- ❑ 條件操作指令；
- ❑ 跳轉指令；
- ❑ 獨占存取記憶體指令；
- ❑ 記憶體屏障指令；
- ❑ 異常處理指示；
- ❑ 系統暫存器存取指令。

3.2 A64 指令編碼格式

A64 指令集中每筆指令的寬度為 32 位元，其中第 24 ～ 28 位元用來辨識指令的分類，如圖 3.1 所示。

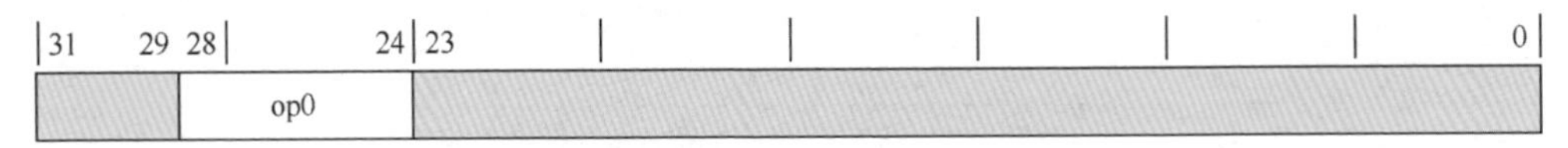

▲圖 3.1 A64 指令分類

op0 欄位的值見表 3.1。

表 3.1 op0 欄位的值

op0 欄位的值	說　明
0000x	保留
0010x	可伸縮向量擴充（SVE）指令
100xx	資料處理指令（立即數）
101xx	分支處理指示、異常處理指示以及系統暫存器存取指令
x1x0x	載入與儲存指令
x101x	資料處理指令（基於暫存器）
x111x	資料處理指令（浮點數與 SIMD）

表中，x 表示該位元可以是 1 或者 0。以載入與儲存指令為例，第 25 位元必須為 0，第 27 位元為 1，其他 3 位元可以是 0 或者 1。

當根據 op0 欄位確定了指令的分類之後，還需要進一步確定指令的細分類別。以載入與儲存指令為例，載入與儲存指令的格式如圖 3.2 所示。

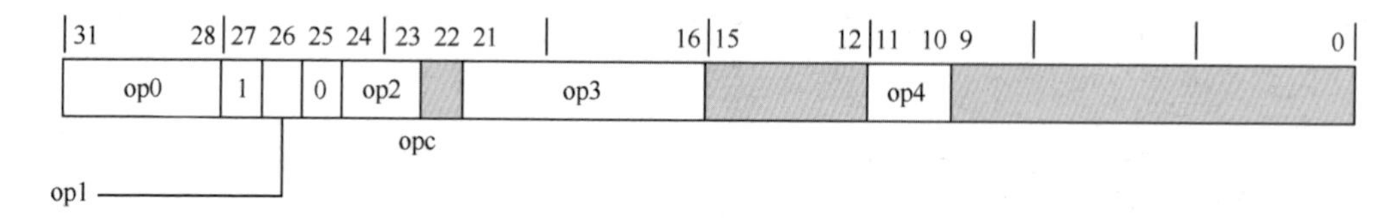

▲圖 3.2 載入與儲存指令的格式

如圖 3.2 所示，載入與儲存指令格式可以細分為 op0、op1、op2、op3 以及 op4 這幾個欄位。這些欄位不同的編碼又可以對載入與儲存指令繼續細分，如表 3.2 所示。

表 3.2 載入與儲存指令的分類

op0	op1	op2	op3	op4	說　明
0x00	1	00	000000	—	SIMD 載入 / 儲存指令，多個結構模式
0x00	1	01	0xxxxx	—	SIMD 載入 / 儲存指令，多個結構模式（後變址）
0x00	1	10	x00000	—	SIMD 載入 / 儲存指令，單一結構模式
0x00	1	11	—	—	SIMD 載入 / 儲存指令，單一結構模式（後變址）
1101	0	1x	1xxxxx	—	基於記憶體標籤的載入與儲存指令
xx00	0	0x	—	—	獨占記憶體載入與儲存指令
xx01	0	1x	0xxxxx	00	LDAPR/STLR 指令
xx01	—	0x	—	—	載入指令（基於標籤）

op0	op1	op2	op3	op4	說　明
xx10	—	00	—	—	LDNP/STNP 指令
xx10	—	01	—	—	LDP/STP 指令（後變址）
xx10	—	10	—	—	LDP/STP 指令
xx10	—	11	—	—	LDP/STP 指令（前變址）
xx11	—	0x	0xxxxx	00	載入與儲存指令（不可擴充）
xx11	—	0x	0xxxxx	01	載入與儲存指令（後變址）
xx11	—	0x	0xxxxx	10	載入與儲存指令（非特權）
xx11	—	0x	0xxxxx	11	載入與儲存指令（前變址）
xx11	—	0x	1xxxxx	00	原子記憶體操作指令
xx11	—	0x	1xxxxx	10	載入與儲存指令（暫存器偏移）
xx11	—	0x	1xxxxx	X1	載入與儲存指令（PAuth 模式）
xx11	—	1x	—	—	載入與儲存指令（無符號立即數）

A64 指令集支援 64 位元寬的資料和位址定址，為什麼指令的編碼寬度只有 32 位元？

因為 A64 指令集基於暫存器載入和儲存的系統結構設計，所有的資料載入、儲存以及處理都是在通用暫存器中完成的。ARM64 一共有 31 個通用暫存器，即 X0~X30，因此在指令編碼中使用 5 位元寬，這樣一共可以索引 32（$2^5 = 32$）個通用暫存器。另外，在下面的條件下，我們還可以描述第 31 個暫存器。

- 當使用暫存器作為基底位址時，把 SP（堆疊指標）暫存器當作第 31 個通用暫存器。
- 當用作來源暫存器運算元時，把 XZR 當作第 31 個通用暫存器。

前變址模式的 LDR 指令的編碼如圖 3.3 所示。

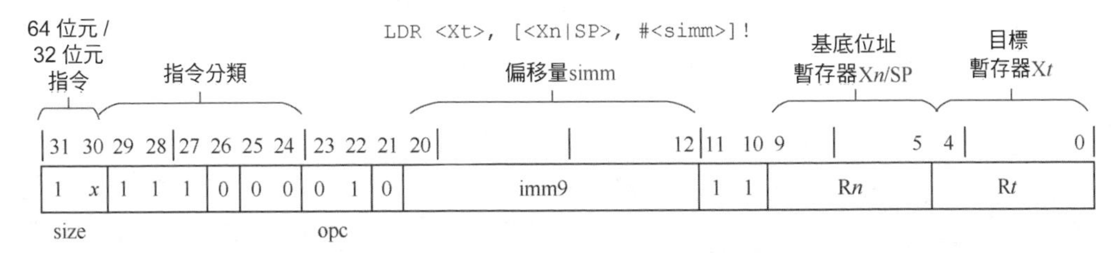

▲圖 3.3 前變址模式的 LDR 指令的編碼

- 第 0 ～ 4 位元為 R*t* 欄位，它用來描述目標暫存器 X*t*，可以從 X0 ～ X30 中選擇。

- 第 5 ～ 9 位元為 R*n* 欄位，它用來描述基底位址暫存器 X*n*，可以從 X0 ～ X30 中選擇，也可以選擇 SP 暫存器作為第 31 個暫存器。
- 第 12 ～ 20 位元為 imm9 欄位，用於偏移量 simm。
- 第 21 ～ 29 位元用於指令分類。
- 第 30 ～ 31 位元為 size 欄位，當 size 為 0b11 時表示 64 位元寬資料，當 size 為 0b10 時表示 32 位元寬資料。

3.3 載入與儲存指令

和早期的 ARM 系統結構一樣，ARMv8 系統結構也基於指令載入和儲存的系統結構。在這種系統結構下，所有的資料處理都需要在通用暫存器中完成，而不能直接在記憶體中完成。因此，首先把待處理資料從記憶體載入到通用暫存器，然後進行資料處理，最後把結果寫入記憶體中。

常見的記憶體載入指令是 LDR 指令，儲存指令是 STR 指令。LDR 和 STR 指令的基本格式如下。

```
LDR 目標暫存器, <記憶體位址>     // 把記憶體位址中的資料載入到目標暫存器中
STR 來源暫存器, <記憶體位址>     // 把來源暫存器的資料儲存到記憶體中
```

在 A64 指令集中，載入和儲存指令有多種定址模式，如表 3.3 所示。

表 3.3　定址模式

尋址模式	說　明
基底位址模式	[X*n*]
基底位址加偏移量模式	[X*n*, #offset]
前變址模式	[X*n*, #offset]　!
後變址模式	[X*n*], #offset
PC 相對位址模式	<label>

3.3.1 基於基底位址的定址模式

基底位址模式首先使用暫存器的值來表示一個位址，然後把這個記憶體位址的內容載入到通用暫存器中。基底位址加偏移量模式是指在基底位址的基礎上再加上偏移量，從而計算記憶體位址，並且把這個記憶體位址的值載入到通用暫存器中。偏移量可以是正數，也可以是負數。

常見的指令格式如下。

1．基底位址模式

以下指令以 X*n* 暫存器中的內容作為記憶體位址，載入此記憶體位址的內容到 X*t* 暫存器，如圖 3.4 所示。

```
LDR Xt, [Xn]
```

以下指令把 X*t* 暫存器中的內容儲存到 X*n* 暫存器的記憶體位址中。

```
STR Xt, [Xn]
```

2．基底位址加偏移量模式

以下指令把 X*n* 暫存器中的內容加一個偏移量（offset 必須是 8 的倍數），以相加的結果作為記憶體位址，載入此記憶體位址的內容到 X*t* 暫存器，如圖 3.5 所示。

```
LDR Xt, [Xn, $offset]
```

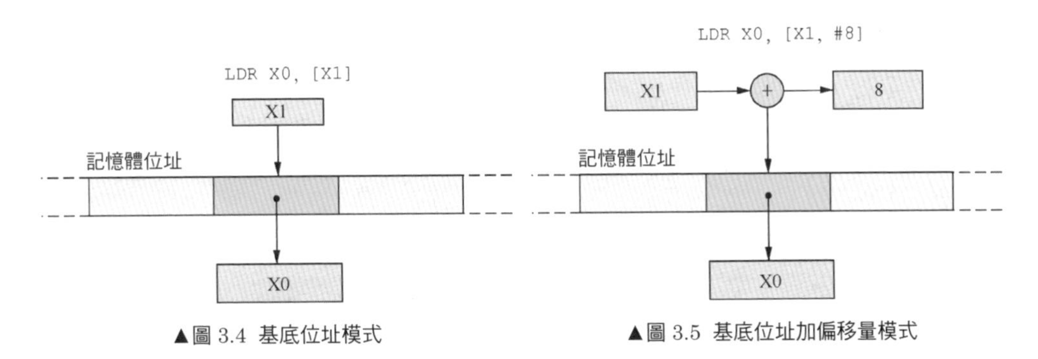

▲圖 3.4 基底位址模式　▲圖 3.5 基底位址加偏移量模式

這種模式稱為可擴充模式，偏移量是資料大小的倍數並且是正數，這樣就可以定址更大的位址範圍。偏移量可以從指令編碼的 imm12 欄位獲取，然後乘以資料大小。imm12 欄位可以定址的範圍是 0 ～ 4095B，如果按照 8 位元組的資料大小來擴充，那麼定址範圍可達 0 ～ 32 760B。

基底位址加偏移量模式載入指令的編碼如圖 3.6 所示。

- X*t*：目標暫存器，對應指令編碼中的 R*t* 欄位。
- X*n*：用來表示基底位址暫存器，對應指令編碼中的 R*n* 欄位。
- offset：表示位址偏移量，偏移量的大小為 imm12 的 8 倍。它對應指令編碼中的 imm12 欄位，取值範圍為 0 ～ 32 760B。

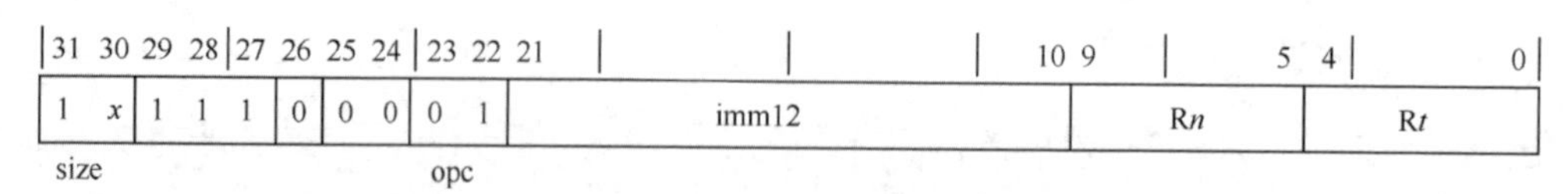

▲圖 3.6 基底位址加偏移量模式載入指令的編碼（載入指令）

基底位址加偏移量模式儲存指令的格式如下。

```
STR Xt, [Xn, $offset]
```

該指令把 *Xt* 暫存器的值儲存到以 X*n* 暫存器的值加一個偏移量（offset 是 8 的倍數）表示的記憶體位址中。

3．基底位址擴充模式

基底位址擴充模式的命令如下。

```
LDR <Xt>, [<Xn>, (<Xm>){, <extend> {<amount>}}]
STR <Xt>, [<Xn>, (<Xm>){, <extend> {<amount>}}]
```

基底位址擴充模式載入指令的編碼如圖 3.7 所示。

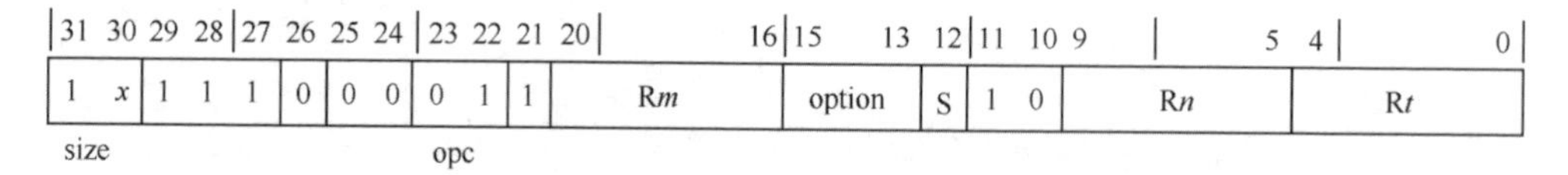

▲圖 3.7 基底位址擴充模式載入指令的編碼（載入指令）

基底位址擴充模式的指令參數如下。

- X*t*：目標暫存器，它對應指令編碼中的 R*t* 欄位。
- X*n*：基底位址暫存器，它對應指令編碼中的 R*n* 欄位。
- X*m*：用來表示偏移的暫存器，它對應指令編碼中的 R*m* 欄位。
- extend：擴充 / 移位指示符號，預設是 LSL，它對應指令編碼中的 option 欄位。
  - 當 option 欄位為 010 時，extend 編碼為 UXTW。UXTW 表示從暫存器中提取 32 位元資料，其餘高位元填充 0。
  - 當 option 欄位為 011 時，extend 編碼為 LSL。LSL 表示邏輯左移。
  - 當 option 欄位為 110 時，extend 編碼為 SXTW。SXTW 表示從暫存器中提取 32 位元資料，其餘高位元需要有號擴充。

- 當 option 欄位為 111 時，extend 編碼為 SXTX。SXTX 表示從暫存器中提取 64 位元資料。

❑ amount：索引偏移量，它對應指令編碼中的 *S* 欄位，當 extend 參數不是 LSL 時有效。

- 當 *S* 欄位為 0 時，amount 為 0。
- 當 *S* 欄位為 1 時，amount 為 3。

即 amount 的值只能是 0 或者 3，如果是其他值，組譯器會顯示出錯。

【例 3-1】如下程式使用了基底位址加偏移量模式。

```
LDR X0, [X1]   // 記憶體位址為 X1 暫存器的值，載入此記憶體位址的值到 X0 暫存器
LDR X0, [X1, #8] // 記憶體位址為 X1 暫存器的值再加上偏移量（8），載入此記憶體位址的值到 X0 暫存器

LDR X0, [X1, X2] // 記憶體位址為 X1 暫存器的值加 X2 暫存器的值，載入此記憶體位址的值到 X0 暫存器

LDR X0,[X1, X2, LSL #3] // 記憶體位址為 X1 暫存器的值加 (X2 暫存器的值 <<3),
                        // 載入此記憶體位址的值到 X0 暫存器

LDR X0, [X1, W2 SXTW] // 先對 W2 的值做有號的擴充，和 X1 暫存器的值相加後，將結果作為記憶體位址，
                      // 載入此記憶體位址的值到 X0 暫存器

LDR X0, [X1, W2, SXTW #3] // 先對 W2 的值做有號的擴充，然後左移 3 位元，和 X1 暫存器的值相加後，將
                          // 結果作為記憶體位址，載入此記憶體位址的值到 X0 暫存器
```

3.3.2 變址模式

變址模式主要有如下兩種。

❑ 前變址（pre-index）模式：先更新偏移量位址，後存取記憶體位址。

❑ 後變址（post-index）模式：先存取記憶體位址，後更新偏移量位址。

1．前變址模式

前變址模式的指令格式如下。

```
LDR <Xt>, [<Xn|SP>, #<simm>]!
```

首先，更新 X*n*/SP 暫存器的值為 X*n*/SP 暫存器的值加 simm。然後，以新的 X*n*/SP 暫存器的值為記憶體位址，載入該記憶體位址的值到 X*t* 暫存器，如圖 3.8 所示。

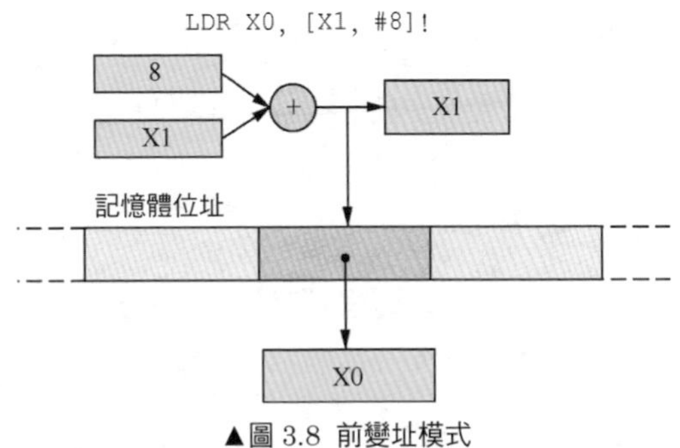

▲圖 3.8 前變址模式

以下指令首先更新 X*n*/SP 暫存器的值為 X*n*/SP 暫存器的值加 simm，然後把 X*t* 暫存器的值儲存到以 X*n*/SP 暫存器的新值為位址的記憶體單元中。

```
STR <Xt>, [<Xn|SP>, #<simm>]!
```

前變址模式載入指令的編碼如圖 3.9 所示。

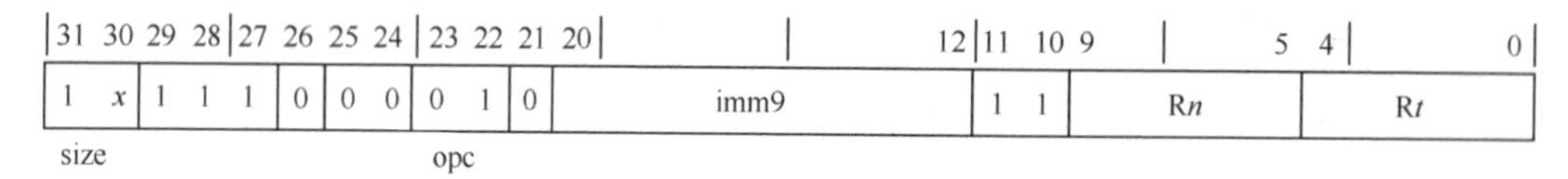

▲圖 3.9　前變址模式載入指令的編碼

- ❑ X*t*：目標暫存器，它對應指令編碼中的 R*t* 欄位。
- ❑ X*n*/SP：基底位址的暫存器，它對應指令編碼中的 R*n* 欄位。
- ❑ simm：表示偏移量，有號的立即數，取值範圍 − 256 ～ 255，它對應指令編碼中的 imm9 欄位。

2．後變址模式

後變址模式的指令格式如下。

```
LDR <Xt>, [<Xn|SP>], #<simm>
```

首先以 X*n*/SP 暫存器的值為記憶體位址，載入該記憶體位址的值到 X*t* 暫存器，然後更新 X*n* 暫存器的值為 X*n*/SP 暫存器的值加 simm，如圖 3.10 所示。

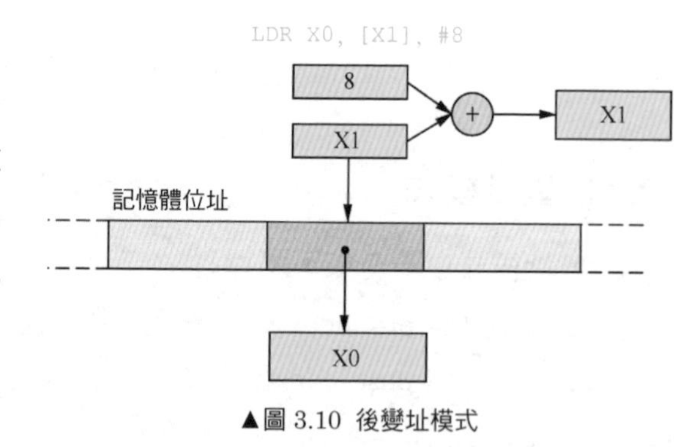

▲圖 3.10　後變址模式

後變址模式載入指令的指令編碼如圖 3.11 所示。

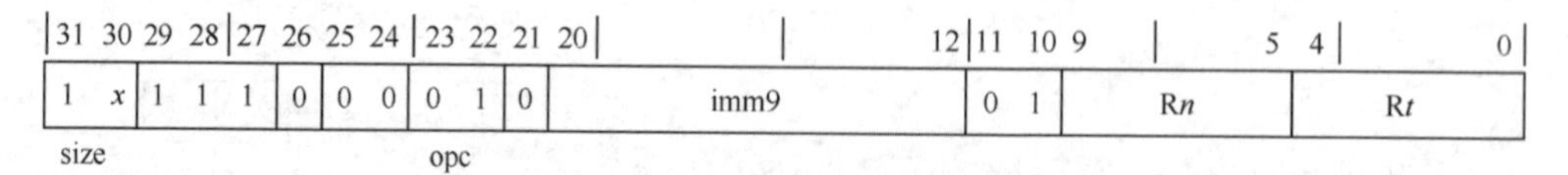

▲圖 3.11　後變址模式指令編碼（載入指令）

- ❑ X*t*：目標暫存器，它對應指令編碼中的 R*t* 欄位。
- ❑ X*n*/SP：基底位址暫存器，它對應指令編碼中的 R*n* 欄位。

- simm：表示偏移量，有號的立即數，取值範圍- 256 ～ 255，它對應指令編碼中的 imm9 欄位。

從前變址模式和後變址模式的指令編碼可以看到，偏移量 simm 是一個有號的立即數，也就是說，位址偏移量可以是正數也可以是負數，取值範圍為- 256 ～ 255。

後變址模式的儲存指令格式如下。

```
STR <Xt>, [<Xn|SP>], #<simm>
```

首先把 X*t* 暫存器的值儲存到以 X*n*/SP 暫存器的值為位址的記憶體單元中，然後更新 X*n*/SP 暫存器的值為 X*n*/SP 暫存器的值加 simm。

【**例 3-2**】如下程式使用了後變址模式。

```
LDR X0,  [X1, #8]! // 前變址模式。先更新 X1 暫存器的值為 X1 暫存器的值加 8，然後以新的 X1 暫存器的值
                   // 為記憶體位址，載入該記憶體位址的值到 X0 暫存器中

LDR X0, [X1], #8  // 後變址模式。以 X1 暫存器的值為記憶體位址，載入該記憶體位址的值到 X0 暫存器，然後更
                  // 新 X1 暫存器的值為 X1 暫存器的值加 8 中

STP X0, X1, [SP, #-16]!  // 把 X0 和 X1 暫存器的值壓回堆疊中

LDP X0, X1, [SP], #16  // 把 X0 和 X1 暫存器的值彈移出堆疊
```

3.3.3 PC 相對位址模式

組合語言程式碼裡常常會使用標籤（label）來標記程式片段。LDR 指令還提供一種存取標籤的位址模式，指令格式如下。

```
LDR <Xt>, <label>
```

這筆指令讀取 label 所在記憶體位址的內容到 X*t* 暫存器中。但是這個 label 必須在當前 PC 位址前後 1 MB 的範圍內，若超出這個範圍，組譯器會顯示出錯。

【**例 3-3**】如下 LDR 指令會把標籤 my_data 的資料讀出來。

```
my_data:
      .word 0x40

ldr x0,  my_data
```

最終 X0 暫存器的值為 0x40。

【例 3-4】假設當前 PC 值為 0x806E4，那麼這筆 LDR 指令讀取 0x806E4 + 0x20 位址的內容到 X6 暫存器中。

```
#define MY_LABEL 0x20

ldr x6, MY_LABEL
```

【例 3-5】下面的程式有問題。

```
#define LABEL_1 0x100000

ldr x0, LABEL_1
```

執行上面的程式後，組譯器會顯示出錯，因為 0x100000 的偏移量已經超過這筆指令規定的範圍了。

```
test.S: Assembler messages:
test.S:70: Error: immediate out of range at operand 2 -- `ldr x0,0x100000'
```

3.3.4 LDR 虛擬指令

虛擬指令是對組譯器發出的命令，它在來源程式組合語言期間由組譯器處理。虛擬指令可以完成選擇處理器、定義程式模式、定義資料、分配儲存區、指示程式結束等功能。總之，虛擬指令可以分解為幾筆指令的集合。

LDR 指令既可以是在大範圍內載入位址的虛擬指令，也可以是普通的記憶體存取指令。當它的第二個參數前面有 "=" 時，表示虛擬指令；否則，表示普通的記憶體存取指令。注意，GNU 組譯器沒有對應的 STR 虛擬指令。

LDR 虛擬指令的格式如下。

```
LDR Xt，=<label> //把 label 標記的位址載入到 Xt 暫存器
```

【例 3-6】如下程式使用了虛擬指令。

```
#define MY_LABEL 0x20
ldr x6, =MY_LABEL
```

其中，LDR 是一筆虛擬指令，它會把 MY_LABEL 巨集的值載入到 X6 暫存器中。

【例 3-7】如下程式也使用了虛擬指令。

```
my_data1:
        .quad  0x8

ldr x5, =my_data1
ldr x6, [x5]
```

標籤 my_data1 定義了一個資料，資料的值為 0x8。第一筆 LDR 指令是虛擬指令，它把標籤 my_data1 對應的位址載入到 X5 暫存器中。第二筆 LDR 指令是普通的記憶體存取指令，它以 X5 暫存器的值作為記憶體位址，載入這個記憶體位址的值到 X6 暫存器中，最終 X6 暫存器的值為 0x8。

利用這個特性可以實現位址重定位，如在 Linux 核心的檔案 head.S 中，啟動 MMU 之後，使用該特性來實現從執行位址定位到連結位址。

【**例 3-8**】下面是 Linux 核心實現重定位的虛擬程式碼。

```
<arch/arm64/kernel/head.S>

1    __primary_switch:
2        adrp  x1, init_pg_dir
3        bl   __enable_mmu
4
5        ldr  x8, =__primary_switched
6        adrp  x0, __PHYS_OFFSET
7        br  x8
8    ENDPROC(__primary_switch)
```

第 3 行的 __enable_mmu() 函數打開 MMU，第 5 行和第 7 行用於跳轉到 __primary_switched() 函數，其中 __primary_switched() 函數的位址是連結位址，即核心空間的虛擬位址；而在啟動 MMU 之前，處理器執行在實際的物理位址（即執行位址）上，上述指令實現了位址重定位功能。

讀者容易對下面 3 筆指令產生困擾。

```
LDR X0, [X1, #8]  // 記憶體位址為 X1 暫存器的值加上 8 的偏移量，載入此記憶體位址的值到 X0 暫存器
LDR X0,  [X1, #8]!  // 前變址模式。先更新 X1 暫存器的值為 X1 暫存器的值加 8，然後以新的值為記憶體位址，
                    // 載入該記憶體位址的值到 X0 暫存器
LDR X0, [X1], #8   // 後變址模式。以 X1 暫存器的值為記憶體位址，載入該記憶體位址的值到 X0 暫存器，然後更
                   // 新 X1 暫存器的值為 X1 暫存器的值加 8
```

方括號（[ ]）表示從該記憶體位址中讀取或者儲存資料，而指令中的驚嘆號（！）表示是否更新存放記憶體位址的暫存器，即寫回和更新暫存器。

3.4 載入與儲存指令的變種

載入與儲存指令有多種不同的變種。

3.4.1 不同位元寬的載入與儲存指令

LDR 和 STR 指令根據不同的資料位元寬有多種變種，如表 3.4 所示。

表 3.4　不同位元寬的 LDR 和 STR 指令

指　令	說　明
LDR	資料載入指令
LDRSW	有號的資料載入指令，單位為字
LDRB	資料載入指令，單位為位元組
LDRSB	有號的載入指令，單位為位元組
LDRH	資料載入指令，單位為半字
LDRSH	有號的資料載入指令，單位為半字
STRB	資料儲存指令，單位為位元組
STRH	資料儲存指令，單位為半字

存取和儲存 4 位元組和 8 位元組的無號數都使用 LDR 和 STR 指令，只不過目標暫存器使用 W*n* 或者 X*n* 暫存器。

下面以 LDRB 和 LDRSB 指令為例來說明相關指令的區別。

- ❑ LDRB 指令載入一位元組的資料，這些資料是按照無號數來處理的。
- ❑ LDRSB 指令載入一位元組的資料，這些資料是按照有號數來進行擴充的。

【例 3-9】下面的程式使用了儲存指令。

```
1   my_data:
2           .quad  0x8a
3
4   ldr x5, =my_data
5
6   ldrb x1, [x5]
7   ldrsb x2，[x5]
```

在第 1 行中，使用標籤 my_data 來定義一個資料，資料的值為 0x8A。

在第 4 行中，使用 LDR 虛擬指令來載入標籤 my_data 的記憶體位址。

在第 6 行中，使用 LDRB 指令來讀取標籤 my_data 記憶體位址中第 1 位元組的資料，此時讀到的資料為 0x8A。LDRB 指令讀取的資料是按照無號數來處理的，因此高位元組部分填充為 0，如圖 3.12 所示。

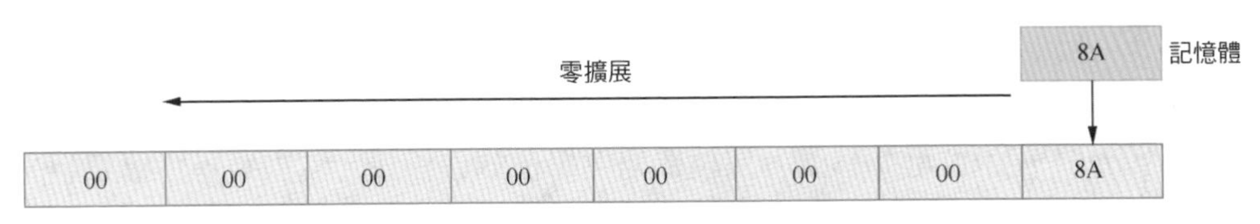

▲圖 3.12 LDRB 指令

在第 7 行中，使用 LDRSB 指令來讀取標籤 my_data 記憶體位址中第 1 位元組的資料，此時讀到的資料為 0xFFFFFFFFFFFFFF8A。LDRSB 指令讀取的資料是按照有號數來處理的，高位元組部分會做符號擴充。數值 0x8A 的第 7 位元為 1，表明這是一個有號的 8 位元資料，因此高位元組部分填充為 0xFF，如圖 3.13 所示。

▲圖 3.13 LDRSB 指令

3.4.2 不可擴充的載入和儲存指令

LDR 指令中的基底位址加偏移量模式為可擴充模式，即偏移量按照資料大小來擴充並且是正數，取值範圍為 0 ～ 32 760。A64 指令集還支援一種不可擴充模式的載入和儲存指令，即偏移量只能按照位元組來擴充，還可以是正數或者負數，取值範圍為- 256 ～ 255，例如 LDUR 指令。因此，可擴充模式和不可擴充模式的區別在於是否按照資料大小來進行擴充，擴大定址範圍。

LDUR 指令的格式如下。

```
LDUR <Xt>, [<Xn|SP>{, #<simm>}]
```

LDUR 指令的意思是以 X*n*/SP 暫存器的內容加一個偏移量（simm）作為記憶體位址，載入此記憶體位址的內容（8 位元組資料）到 X*t* 暫存器。

LDUR 指令的編碼如圖 3.14 所示。

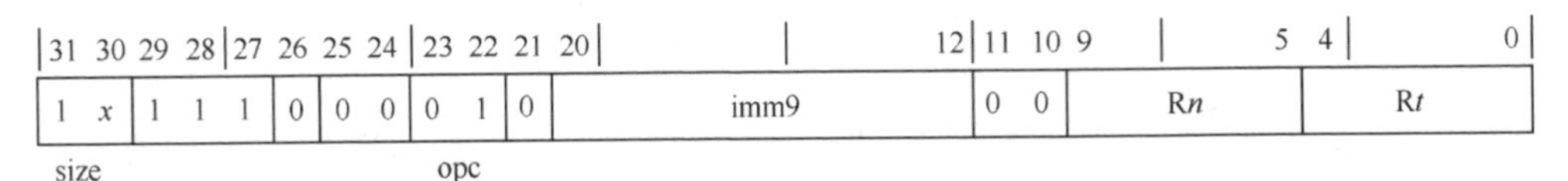

▲圖 3.14 LDUR 指令的編碼

- ❑ X*t*：目標暫存器，它對應指令編碼中的 R*t* 欄位。
- ❑ X*n*/SP：用來表示基底位址的暫存器，它對應指令編碼中的 R*n* 欄位。
- ❑ simm：表示位址偏移量，以位元組為單位的偏移量。它對應指令編碼中的 imm9 欄位，取值範圍為- 256 ～ 255。

同理，不可擴充模式的儲存指令為 STUR，其指令格式如下。

```
STUR <Xt>, [<Xn|SP>{, #<simm>}]
```

STUR 指令是把 X*t* 暫存器的內容儲存到 X*n*/SP 暫存器加上 simm 偏移量的地方。

不可擴充模式的 LDUR 和 STUR 指令根據資料位元寬有多種變種，如表 3.5 所示。

表 3.5　不可擴充模式的 LDUR 和 STUR 指令

指　令	說　明
LDUR	資料載入指令
LDURSW	有號的資料載入指令，單位為字
LDURB	資料載入指令，單位為位元組
LDURSB	有號的載入指令，單位為位元組
LDURH	資料載入指令，單位為半字
LDURSH	有號的資料載入指令，單位為半字
STUR	資料儲存指令
STURB	資料儲存指令，單位為位元組
STURH	資料儲存指令，單位為半字

3.4.3 多位元組記憶體載入和儲存指令

A32 指令集提供 LDM 和 STM 指令來實現多位元組記憶體載入與儲存，而 A64 指令集不再提供 LDM 和 STM 指令，而提供 LDP 和 STP 指令。LDP 和 STP 指令支援 3 種定址模式。

1．基底位址偏移量模式

基底位址偏移量模式 LDP 指令的格式如下。

```
LDP <Xt1>, <Xt2>, [<Xn|SP>{, #<imm>}]
```

它以 X*n*/SP 暫存器的值為基底位址，然後讀取 X*n*/SP 暫存器的值 + imm 位址的值到 X*t*1 暫存器，讀取 X*n*/SP 暫存器的值 + imm + 8 位址的值到 X*t*2 暫存器中。這類指令的編碼如圖 3.15 所示。

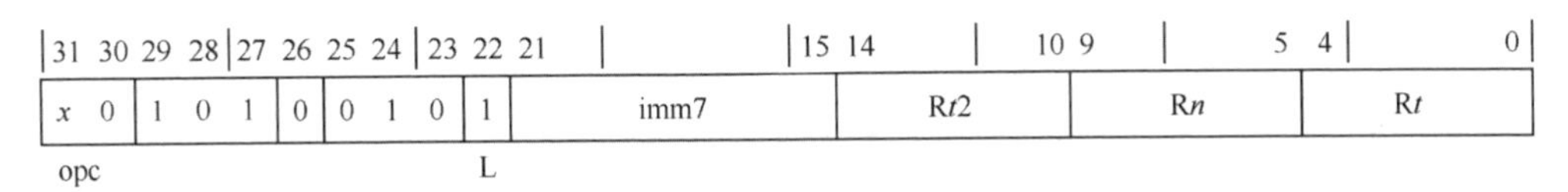

▲圖 3.15 基底位址偏移模式 LDP 指令的編碼

- Xt1：目標暫存器 1，它對應指令編碼中的 Rt 欄位。t 可以取 0 ～ 30 的整數。
- Xt2：目標暫存器 2，它對應指令編碼中的 Rt2 欄位。t 可以取 0 ～ 30 的整數。
- Xn/SP：用於基底位址暫存器，它對應指令編碼中的 Rn 欄位，也可以使用 SP 暫存器。n 可以取 0 ～ 30 的整數。
- imm7：偏移量，該值必須是 8 的整數倍，取值範圍為 - 512 ～ 504。

基底位址偏移模式 STP 指令的格式如下。

```
STP <Xt1>, <Xt2>, [<Xn|SP>{, #<imm>}]
```

它以 Xn/SP 暫存器的值為基底位址，然後把 Xt1 暫存器的內容儲存到 [Xn/SP + imm] 處，把 Xt2 暫存器的內容儲存到 [Xn/SP + imm + 8] 處。

2．前變址模式

前變址模式 LDP 指令的格式如下。

```
LDP <Xt1>, <Xt2>, [<Xn|SP>, #<imm>]!
```

它先計算 Xn 暫存器的值加 imm，並儲存到 Xn 暫存器中，然後以 Xn 暫存器的最新值作為基底位址，讀取 Xn 暫存器的值到 Xt1 暫存器，讀取 [Xn + imm + 8] 的值到 Xt2 暫存器中。Xn 暫存器可以使用 SP 暫存器。

前變址模式 STP 指令的格式如下。

```
STP <Xt1>, <Xt2>, [<Xn|SP>, #<imm>]!
```

它先計算 Xn 暫存器的值加 imm，並儲存到 Xn 暫存器中，然後以 Xn 暫存器的最新值作為基底位址，把 Xt1 暫存器的內容儲存到 Xn 記憶體位址處，把 Xt2 暫存器的值儲存到 Xn 暫存器的值加 8 對應的記憶體位址處。

3．後變址模式

後變址模式 LDP 指令的格式如下。

```
LDP <Xt1>, <Xt2>, [<Xn|SP>], #<imm>
```

它以 X*n* 暫存器的值為基底位址，讀取 [X*n*] 的值到 X*t*1 暫存器，讀取 [X*n* + 8] 的值到 X*t*2 暫存器中，最後更新 X*n* 暫存器的值為 [X*n*] 的值 +imm。X*n* 暫存器可以使用 SP 暫存器。

後變址模式 STP 指令格式如下。

```
STP <Xt1>, <Xt2>, [<Xn|SP>], #<imm>
```

它以 X*n* 暫存器的值為基底位址，把 X*t*1 暫存器的內容儲存到 [X*n*] 處，X*t*2 暫存器的值儲存到 [X*n* + 8] 處，並更新 X*n* 暫存器的值為 [X*n*] 的值 +imm。X*n* 暫存器可以使用 SP 暫存器。

【例 3-10】如下程式使用了前變址模式。

```
LDP X3, X7, [X0]   // 以 X0 暫存器的值為記憶體位址，載入此記憶體位址的值到 X3 暫存器中，然後以 X0 暫存器
                   // 的值加 8 作為記憶體位址，載入此記憶體位址的值到 X7 暫存器中

LDP X1, X2, [X0, #0x10] !   // 前變址模式。先計算 X0 + 0x10，然後以 X0 暫存器的值作為記憶體位址，
                            // 載入此記憶體位址的值到 X1 暫存器中，接著以 X0 暫存器的值加 8 作為記憶體
                            // 位址，載入此記憶體位址的值到 X2 暫存器中

STP X1, X2, [X4] // 儲存 X1 暫存器的值到位址為 X4 暫存器的值的記憶體單元中，然後儲存 X2 暫存器的值到位
                 // 址為 X4 暫存器的值加 8 的記憶體單元中
```

讀者需要注意偏移量（imm）使用的兩個條件，否則組譯器就會顯示出錯。

- ❑ imm 的取值範圍為- 512 ～ 504。
- ❑ imm 必須為 8 的整數倍。

【例 3-11】下面的程式是錯誤的。

```
ldp x0, x1, [x5, #512]
ldp x0, x1, [x5, #1]
```

編譯時顯示的錯誤日誌如圖 3.16 所示。第一筆 LDP 指令使用的立即數超過了範圍，第二筆 LDP 指令使用的立即數不是 8 的整數倍。

```
rlk@master:lab01$ make
aarch64-linux-gnu-gcc -g -Iinclude  -MMD -c src/asm_test.S -o build/asm_test_s.o
src/asm_test.S: Assembler messages:
src/asm_test.S:62: Error: immediate offset out of range -512 to 504 at operand 3 -- `ldp x0,x1,[x5,#512]'
src/asm_test.S:63: Error: immediate value must be a multiple of 8 at operand 3 -- `ldp x0,x1,[x5,#1]'
make: *** [Makefile:29: build/asm_test_s.o] Error 1
rlk@master:lab01$
```

▲圖 3.16 錯誤的 LDP 指令

3.4.4 獨占記憶體存取指令

ARMv8 系統結構提供獨占記憶體存取（exclusive memory access）的指令。在 A64 指令集中，LDXR 指令嘗試在記憶體匯流排中申請一個獨占存取的鎖，然後存取一個記憶體位址。STXR 指令會往剛才 LDXR 指令已經申請獨占存取的記憶體位址中寫入新內容。LDXR 和 STXR 指令通常組合使用來完成一些同步操作，如 Linux 核心的自旋鎖。

另外，ARMv7 和 ARMv8 還提供多位元組獨占記憶體存取指令，即 LDXP 和 STXP 指令。獨占記憶體存取指令如表 3.6 所示。

表 3.6　獨占記憶體存取指令

指　　令	描　　述
LDXR	獨占記憶體存取指令。指令的格式如下。 LDXR Xt, [Xn|SP{,#0}] ;
STXR	獨占記憶體存取指令。指令的格式如下。 STXR Ws, Xt, [Xn|SP{,#0}] ;
LDXP	多位元組獨占記憶體存取指令。指令的格式如下。 LDXP Xt1, Xt2, [Xn|SP{,#0}] ;
STXP	多位元組獨占記憶體存取指令。指令的格式如下。 STXP Ws, Xt1, Xt2, [Xn|SP{,#0}] ;

3.4.5 隱含載入 - 獲取 / 儲存 - 釋放記憶體屏障基本操作

ARMv8 系統結構還提供一組新的載入和儲存指令，其中包含了記憶體屏障基本操作，如表 3.7 所示。

表 3.7　隱含屏障基本操作的載入和儲存指令

指　　令	描　　述
LDAR	載入 - 獲取（load-acquire）指令。LDAR 指令後面的讀寫記憶體指令必須在 LDAR 指令之後執行
STLR	儲存 - 釋放（store-release）指令。所有的載入和儲存指令必須在 STLR 指令之前完成

3.4.6 非特權存取等級的載入和儲存指令

ARMv8 系統結構中實現了一組非特權存取等級的載入和儲存指令，它適用於在 EL0 進行的存取，如表 3.8 所示。

表 3.8　　非特權存取等級的載入和儲存指令

指　令	描　述
LDTR	非特權載入指令
LDTRB	非特權載入指令，載入 1 位元組
LDTRSB	非特權載入指令，載入有號的 1 位元組
LDTRH	非特權載入指令，載入 2 位元組
LDTRSH	非特權載入指令，載入有號的 2 位元組
LDTRSW	非特權載入指令，載入有號的 4 位元組
STTR	非特權儲存指令，儲存 8 位元組
STTRB	非特權儲存指令，儲存 1 位元組
STTRH	非特權儲存指令，儲存 2 位元組

當 PSTATE 暫存器中的 UAO 欄位為 1 時，在 EL1 和 EL2 執行這些非特權指令的效果和執行特權指令是一樣的，這個特性是在 ARMv8.2 的擴充特性中加入的。

3.5 存入堆疊與移出堆疊

堆疊（stack）是一種後進先出的資料儲存結構。堆疊通常用來保存以下內容。

- 臨時儲存的資料，例如區域變數等。
- 參數。在函式呼叫過程中，如果傳遞的參數少於或等於 8 個，那麼使用 X0~X7 通用暫存器來傳遞。當參數多於 8 個時，則需要使用堆疊來傳遞。

通常，堆疊是一種從高位址往低位址擴充（生長）的資料儲存結構。堆疊的起始位址稱為堆疊底，堆疊從高位址往低位址延伸到某個點，這個點稱為堆疊頂。堆疊需要一個指標來指向堆疊最新分配的位址，即指向堆疊頂。這個指標是堆疊指標（Stack Pointer，SP）。把資料往堆疊裡儲存稱為存入堆疊，從堆疊中移除數據稱為移出堆疊。當資料存入堆疊時，SP 減小，堆疊空間擴大；當資料移出堆疊時，SP 增大，堆疊空間縮小。

堆疊在函式呼叫過程中發揮非常重要的作用，包括儲存函數使用的區域變數、傳遞參數等。在函式呼叫過程中，堆疊是逐步生成的。為單一函數分配的堆疊空間，即從該函數堆疊底（高位址）到堆疊頂（低位址）這段空間，稱為堆疊框（stack frame）。

A32 指令集提供了 PUSH 與 POP 指令來實現存入堆疊和移出堆疊操作，不過，A64 指令集已經去掉了 PUSH 和 POP 指令。我們需要使用本章介紹的載入與儲存指令來實現存入堆疊和移出堆疊操作。

【例 3-12】下面的程式片段使用載入與儲存指令來實現存入堆疊和移出堆疊操作。

```
1    .globalmain
2    main:
3        /* 堆疊往下擴充 16 位元組 */
4        stp x29, x30, [sp, #-16]!
5
6        /* 把堆疊繼續往下擴充 8 位元組 */
7        add sp, sp, #-8
8
9        mov x8, #1
10
11       /*x8 保存到 SP 指向的位置上 */
12       str x8, [sp]
13
14       /* 釋放剛才擴充的 8 位元組的堆疊空間 */
15       add sp, sp, #8
16
17       /*main 函數傳回 0*/
18       mov w0, 0
19
20       /* 恢復 x29 和 x30 暫存器的值，使 SP 指向原位置 */
21       ldp x29, x30, [sp], #16
22       ret
```

上述 main 組合語言函數演示了存入堆疊和移出堆疊的過程。

在第 2 行中，堆疊還沒有申請空間，如圖 3.17（a）所示。

在第 4 行中，這裡使用前變址模式的 STP 指令，首先 SP 暫存器的值減去 16，相當於把堆疊空間往下擴充 16 位元組，然後把 X29 和 X30 暫存器的值壓存入堆疊，其中 X29 暫存器的值保存到 SP 指向的位址中，X30 暫存器的值保存到 SP 指向的值加 8 對應的記憶體位址中，如圖 3.17（b）所示。

在第 7 行中，把 SP 暫存器的值減去 8，相當於把堆疊的空間繼續往下擴充 8 位元組，如圖 3.17（c）所示。

在第 12 行中，把 X8 暫存器的值保存到 SP 指向的位址中，如圖 3.17（d）所示。此時，已經把 X29、X30 以及 X8 暫存器的值全部壓存入堆疊，完成了存入堆疊操作。

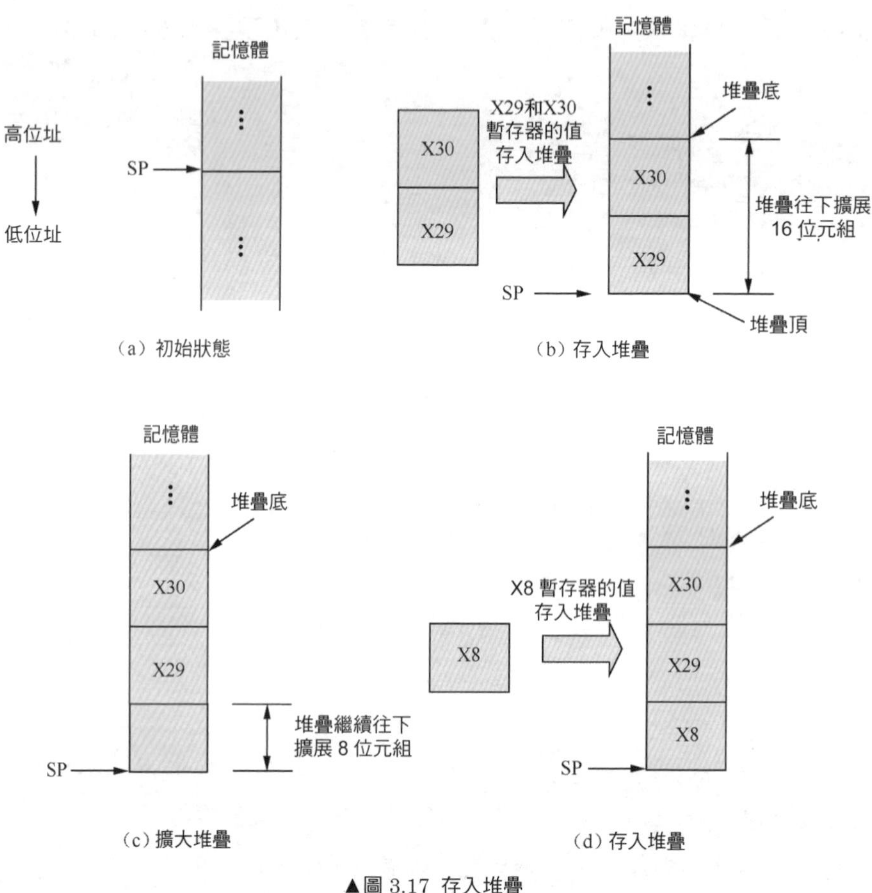

▲圖 3.17 存入堆疊

接下來是移出堆疊操作了。

在第 15 行中，使 SP 指向的值加 8，相當於把堆疊空間縮小，也就是釋放了剛才申請的8位元組空間的堆疊，這樣把X8暫存器的值彈移出堆疊，如圖3.18（a）所示。

在第 21 行中，使用 LDP 指令把 X29 和 X30 暫存器中的值彈移出堆疊。這是一筆後變址模式的載入指令，載入完成之後會修改 SP 指向的值，讓 SP 指向的值加上 16 從而釋放堆疊空間，如圖 3.18（b）所示。

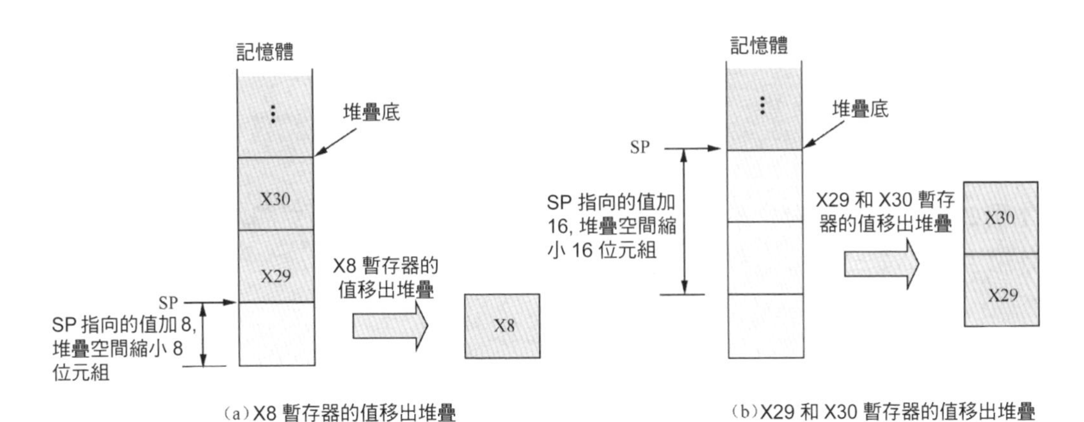

▲圖 3.18 移出堆疊

3.6 MOV 指令

MOV 指令常常用於暫存器之間的搬移和立即數搬移。

用於暫存器之間搬移的 MOV 指令格式如下。

```
MOV <Xd|SP>, <Xn|SP>
```

用於立即數搬移的 MOV 指令格式如下。

```
MOV <Xd>, #<imm>
```

這裡能搬移的立即數只有兩種：

- ❑ 16 位元立即數；
- ❑ 16 位元立即數左移 16 位元、32 位元或者 48 位元後的立即數。

因此用於立即數搬移的 MOV 指令等於如下的 MOVZ 指令。

```
MOVZ <Xd>, #<imm16>, LSL #<shift>
```

MOV 指令還能搬移一些用於位元映射的立即數，此時它等於 ORR 指令。

```
ORR <Xd|SP>, XZR, #<imm>
```

【例 3-13】下面的程式是錯誤的。

```
mov x0, 0x1abcd
```

0x1ABCD 不是一個有效的 16 位元立即數，組譯器會有如下錯誤。

```
test.S: Assembler messages:
test.S:65: Error: immediate cannot be moved by a single instruction
```

【例 3-14】在下面的程式中，0x12BC0000 已經超過 16 位元立即數的範圍了，為什麼上面的程式可以編譯成功呢？

```
my_test1:
     mov x0, 0x12bc0000
     ret
```

我們可以使用 objdump 命令來查看 MOV 指令究竟發生了什麼。

```
# aarch64-linux-gnu-objdump -s -d -M no-aliases test.o
```

反組譯之後可以看到 Mov 指令變成 MOVZ 指令，並且把 16 位元立即數左移了 16 位元，如圖 3.19 所示。

【例 3-15】在下面的程式中，0xFFFF0000FFFF 既不是有效的 16 位元立即數，也不是透過把 16 位元立即數左移得到的，那為什麼它能編譯成功的？

```
my_test1:
     mov x0， 0xffff0000ffff
     ret
```

我們可以透過 objdump 命令來觀察反組譯程式。如圖 3.20 所示，反組譯之後，MOV 指令變成 ORR 指令。

```
000000000000020c <my_test1>:
 20c:   d2a25780        movz    x0, #0x12bc, lsl #16
 210:   d65f03c0        ret
```

▲圖 3.19 MOV 指令反組譯成 MOVZ 指令

```
000000000000020c <my_test1>:
 20c:   b2003fe0        orr     x0, xzr, #0xffff0000ffff
 210:   d65f03c0        ret
```

▲圖 3.20 MOV 指令反組譯成 ORR 指令

3.7 陷阱：你用對載入與儲存指令了嗎

載入與儲存指令有很多陷阱，接下來我們展示幾個常見的使用場景。

1．載入一個很大的立即數到通用暫存器

我們常常使用 MOV 指令來載入以下立即數。

- ❑ 16 位元立即數。
- ❑ 16 位元立即數左移 16 位元、32 位元或者 48 位元後的立即數。
- ❑ 有效的位元映射立即數。

不過 MOV 指令有不少用法。

0xFFFF000FFFFFFFF 顯然不符合上述三個條件，因此我們只能使用 LDR 虛擬指令來實現，如下面的程式片段所示。

```
#define BIG_DATA 0xffff_000_ffff_ffff
ldr x0，= BIG_DATA
```

2．設定暫存器的值

【例 3-16】假設需要設定 sctrl_value 到 sctrl_el1 暫存器中，sctrl_value 的值用如下 C 語言描述。

```
sctrl_value = (1 << 0) | (1 << 2) | (1<< 20) | (1<< 40) | (1<<55)
```

請使用組合語言指令把 sctrl_value 值載入到 X0 暫存器中。

如果讀者使用如下 MOV 指令初始化，那麼組譯器將會顯示出錯。

```
mov x0,(1 << 0) | (1 << 2) | (1<< 20) | (1<< 40) | (1<<55)
```

組譯器報如下錯誤資訊。

```
test.S: Assembler messages:
test.S:67: Error: immediate cannot be moved by a single instruction
```

正確的做法是使用 LDR 虛擬指令。

```
ldr x0, =(1 << 0)| (1 << 2) | (1<< 20) | (1<< 40) | (1<<55)
```

【**例 3-17**】在下面的程式中，X0 和 X1 暫存器的值分別是多少？

```
#define MY_LABEL 0x30

ldr x0, =MY_LABEL
ldr x1, MY_LABEL
```

第一筆 LDR 指令是虛擬指令，它把 0x30 載入到 X0 暫存器中。

第二筆 LDR 指令是基於 PC 相對位址模式的載入指令，它會載入 PC + 0x30 記憶體單元中的值到 X1 暫存器中。

【**例 3-18**】在下面的程式中，X0 和 X1 暫存器的值分別是多少？

```
string1:
      .string "Booting at EL"

ldr x0,  string1
ldr x1,  =string1
```

第一筆 LDR 指令把字串的 ASCII 值載入到 X0 暫存器中。

第二筆 LDR 指令是一筆虛擬指令，它把 string1 的位址載入到 X1 暫存器中。

【**例 3-19**】在下面的程式中，X0 和 X1 暫存器的值分別是多少？

```
my_data:
      .word 0x40

ldr x0,  my_data
ldr x1, =my_data
```

第一筆 LDR 指令把 my_data 儲存的資料讀出來，即讀出 0x40。

第二筆 LDR 指令把標籤 my_data 的位址讀出來。

3.8 實驗

3.8.1 實驗 3-1：熟悉 MOV 和 LDR 指令

1．實驗目的

熟悉 MOV 和 LDR 指令的使用。

2．實驗要求

為了在 BenOS 裡做如下練習，要新建一個組合語言檔案。

（1）使用 MOV 指令把 0x80000 載入到 X1 暫存器中。

（2）使用 MOV 指令把立即數 16 載入到 X3 暫存器中。

（3）使用 LDR 指令讀取 0x80000 位址的值。

（4）使用 LDR 指令讀取 0x80008 位址的值。

（5）使用 LDR 指令讀取 [X1 + X3] 的值。

（6）使用 LDR 指令讀取 [X1+ X3 << 3] 的值。

撰寫組合語言程式碼，並使用 GDB 來單步偵錯。

提示：在 GDB 中可以使用 x 命令來讀取記憶體位址的值，然後和暫存器的值進行比較來驗證是否正確。

3.8.2 實驗 3-2：前變址與後變址定址模式 1

1．實驗目的

熟悉前變址與後變址定址模式。

2．實驗要求

在 BenOS 中做如下練習。

（1）新建一個組合語言檔案，在組合語言函數裡實現如下功能：

- 使用 MOV 指令把 0x80000 載入到 X1 暫存器中；
- 使用 MOV 指令把立即數 16 載入到 X3 暫存器中。

然後使用前變址模式的 LDR 指令來載入位址 0x80000 處的內容。

```
ldr x6,   [x1, #8]!
```

X1 暫存器的值是多少？ X6 暫存器的值是多少？

請使用 GDB 單步偵錯並觀察暫存器的變化。

（2）使用後變址模式的 LDR 指令。

```
ldr x7, [x1], #8
```

X1 暫存器的值是多少？ X7 暫存器的值是多少？

請使用 GDB 單步偵錯並觀察暫存器的變化。

3.8.3 實驗 3-3：前變址與後變址定址模式 2

1．實驗目的

熟悉前變址與後變址定址模式。

2．實驗要求

在 BenOS 中做如下練習。

（1）請輸入下面的組合語言程式碼。

```
mov x2, 0x400000
ldr x6, =0x1234abce
str x6, [x2, #8]!
```

X2 暫存器的值是多少？位址 0x400000 處的值是多少？

請使用 GDB 單步偵錯並觀察暫存器的變化。

（2）請輸入下面的組合語言程式碼。

```
    mov x2, 0x500000
    str x6, [x2], #8
```

X2 暫存器的值是多少？位址 0x500000 處的值是多少？

請使用 GDB 單步偵錯並觀察暫存器的變化。

3.8.4 實驗 3-4：PC 相對位址定址

1．實驗目的

熟悉 PC 相對位址定址的載入和儲存指令。

2．實驗要求

在 BenOS 中做如下練習。

在組合語言檔案中輸入如下程式：

```
#define MY_LABEL 0x20

 ldr x6, MY_LABEL
 ldr x7, =MY_LABEL
```

X6 和 X7 暫存器的值分別是多少？

請使用 GDB 單步偵錯並觀察暫存器的變化。

3.8.5 實驗 3-5：memcpy() 函數的實現

1．實驗目的

熟悉前變址和後變址的載入與儲存指令。

2．實驗要求

在 BenOS 中做如下練習。

實現一個小的 memcpy() 函數，從 0x80000 位址複製 32 位元組到 0x200000 位址處，並使用 GDB 來比較資料是否複製正確。

提示：可以使用 CMP 命令來比較，b 命令是跳轉指令，b 命令後面可以帶條件操作碼。

3.8.6 實驗 3-6：LDP 和 STP 指令的使用

1．實驗目的

熟悉 LDP 和 STP 指令。

2．實驗要求

在 BenOS 中做如下練習。

（1）memset() 函數的 C 語言原型如下。

```
void *memset(void *s, int c, size_t count)
{
    char *xs = s;
```

```
    while (count--)
        *xs++ = c;
    return s;
}
```

假設記憶體位址 s 是 16 位元組對齊的，count 也是 16 位元組對齊的。請使用 LDP 和 STP 指令來實現這個函數。

（2）假設記憶體位址 s 以及 count 不是 16 位元組對齊的，請繼續最佳化 memset() 函數，例如 memset (0x200004, 0x55, 102)。

第 4 章

A64 指令集 2——算術與移位指令

本章思考題

1．請簡述 *N*、*Z*、*C*、*V* 這 4 個條件標識位元的作用。

2．下面兩筆 ADD 指令能否編譯成功？

```
add x0, x1, #4096
add x0, x1, #1，LSL 1
```

3．下面的範例程式中，X0 暫存器的值是多少？

```
mov x1, 0xffffffffffffffff
mov x2, #2
adc x0, x1, x2
```

4．下面的範例程式中，SUBS 指令對 PSTATE 暫存器有什麼影響？

```
mov x1, 0x3
mov x2, 0x1
subs x0, x1, x2
```

5．在下面的範例程式中，X0 暫存器的值是多少？

```
mov x1, #3
mov x2, #1
sbc x0, x1, x2
```

6．檢查陣列 array[0, index－1] 是否越界，需要判斷兩個條件：一是輸入值是否大於或等於 index，二是輸入值是否小於 0。如下兩筆指令可實現陣列邊界檢查的功能，其中 X0 暫存器的值為陣列的邊界 index，X1 暫存器的值為輸入值 input。請解釋這兩筆指令為什麼能實現陣列越界檢查。

```
subs xzr，x1，x0
b.hs OutOfInex
```

7．在下面的範例程式中，W2 和 W3 的值是多少？

```
ldr w1, =0x8000008a
asr w2, w1, 1
lsr w3, w1, 1
```

8．如果想在組合語言程式碼中使某些特定的位元翻轉，該如何操作？

9．設定某個暫存器 A 的 Bit[7, 4] 為 0x5。下面是 C 語言的虛擬程式碼，用變數 val 來表示暫存器 A 的值 2，請使用 BFI 指令來實現。

```
val &=~ (0xf << 4)
val |= ((u64)0x5 << 4)
```

10．下面的範例程式中，X0 和 X1 暫存器的值分別是多少？

```
mov x2, #0x8a
ubfx x0, x2, #4, #4
sbfx x1, x2, #4, #4
```

11．下面是用 C 語言來讀取 pmcr_el0 暫存器 Bit[15:11] 的值，請使用組合語言程式碼來實現。

```
val = read_sysreg(pmcr_el0)
val = val >> 11;
val &= 0x1f;
```

本章主要介紹 A64 指令集中的算數運算和移位指令。

4.1 條件操作碼

A64 指令集沿用了 A32 指令集中的條件操作，在 PSTATE 暫存器中有 4 個條件標識位元，即 *N*、*Z*、*C*、*V*，如表 4.1 所示。

表 4.1 條件標識位元

條件標識位元	描　述
N	負數標識（上一次運算結果為負值）
Z	零結果標識（上一次運算結果為零）
C	進位標識（上一次運算結果發生了無號數溢位）
V	溢位標識（上一次運算結果發生了有號數溢位）

常見的條件操作尾碼如表 4.2 所示。

表 4.2 常見的條件操作尾碼

尾碼	含義（整數運算）	條件標識位元	條 件 碼
EQ	相等	*Z*=1	0b0000
NE	不相等	*Z*=0	0b0001
CS/HS	發生了無號數溢位	*C*=1	0b0010
CC/LO	沒有發生無號數溢位	*C*=0	0b0011
MI	負數	*N*=1	0b0100
PL	正數或零	*N*=0	0b0101
VS	溢位	*V*=1	0b0110
VC	未溢位	*V*=0	0b0111
HI	無號數大於	(*C*=1) && (*Z*=0)	0b1000
LS	無號數小於或等於	(*C*=0) || (*Z*=1)	0b1001
GE	有號數大於或等於	*N* == *V*	0b1010
LT	有號數小於	*N*!=*V*	0b1011
GT	有號數大於	(*Z*==0) && (*N*==*V*)	0b1100
LE	有號數小於或等於	(*Z*==1) || (*N*!=*V*)	0b1101
AL	無條件執行	—	0b1110
NV	無條件執行	—	0b1111

4.2 加法與減法指令

下面介紹常見的與加法和減法相關的指令。

4.2.1 ADD 指令

普通的加法指令有下面幾種用法。

- ❑ 使用立即數的加法。
- ❑ 使用暫存器的加法。
- ❑ 使用移位操作的加法。

1．使用立即數的加法指令

使用立即數的加法指令格式如下。

```
ADD <Xd|SP>, <Xn|SP>, #<imm>{, <shift>}
```

它的作用是把 X*n*/SP 暫存器的值再加上立即數 imm，把結果寫入 X*d*/SP 暫存器裡。指令編碼如圖 4.1 所示。

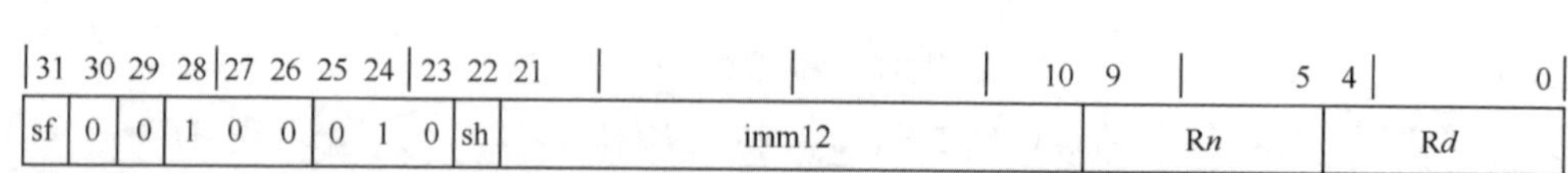

▲圖 4.1 使用立即數的加法指令的編碼

- Xd/SP：目標暫存器，它對應指令編碼中的 Rd 欄位。
- Xn/SP：來源暫存器，它對應指令編碼中的 Rn 欄位。
- imm：立即數，它對應指令編碼中的 imm12 欄位。它是一個無符號的立即數，取值範圍為 0 ～ 4095。
- shift：可選項，用來表示算術左移操作。它對應指令編碼中的 sh 欄位。
  - 當 sh 欄位為 0 時，表示 "LSL #0"。
  - 當 sh 欄位為 1 時，表示 "LSL #12"。

【例 4-1】下面是正確的用法。

```
add x0, x1, #1 //把 x1 暫存器的值加上立即數 1，結果寫入 x0 暫存器中
add x0, x1, #1，LSL 12  //把立即數 1 算術左移 12 位元，然後再加上 x1 暫存器的值，結果寫入 x0 暫存器中
```

【例 4-2】下面是錯誤的用法。

```
add x0, x1, #4096
add x0, x1, #1，LSL 1
```

組譯器會報如下錯誤，其中第一行敘述中立即數超過了範圍，第二行敘述中左移的位數只能是 0 或者 12。

```
test.S: Assembler messages:
test.S: Error: immediate out of range
test.S: Error: shift amount must be 0 or 12 at operand 3 -- 'add x0,x1,#1,LSL 1'
```

2．使用暫存器的加法指令

使用暫存器的加法指令格式如下。

```
ADD <Xd|SP>, <Xn|SP>, <R><m>{, <extend> {#<amount>}}
```

這筆指令的作用是先把 Rm 暫存器做一些擴充，例如左移操作，然後再加上 Xn/SP 暫存器的值，把結果寫入 Xd/SP 暫存器中。

指令編碼如圖 4.2 所示。

31	30	29	28 27 26 25 24	23 22	21	20 … 16	15 … 13	12 … 10	9 … 5	4 … 0
sf	0	0	0 1 0 1 1	0 0	1	R*m*	option	imm3	R*n*	R*d*
	op	*S*								

▲圖 4.2 使用暫存器的加法指令編碼

- ❑ X*d*/SP：目標暫存器，它對應指令編碼中的 R*d* 欄位。
- ❑ X*n*/SP：第一個來源運算元，它對應指令編碼中的 R*n* 欄位。
- ❑ R：表示第二個來源運算元是 64 位元還是 32 位元的通用暫存器，它對應指令編碼中的 option 欄位。當 option 欄位等於 X11 暫存器的值時，使用 64 位元通用暫存器，其他情況下使用 32 位元通用暫存器。
- ❑ *m*：通用暫存器編號，和 R 結合來描述第二個來源運算元，可以表示 X0~X30 或者 W0~W30 通用暫存器，它對應指令編碼中的 R*m* 欄位。
- ❑ extend：可選項，用於對第二個來源運算元進行擴充計算，它對應指令編碼中的 option 欄位。
  - ■ 當 option = 000 時，表示 UXTB 操作。UXTB 表示對 8 位元的資料進行無符號擴充。
  - ■ 當 option = 001 時，表示 UXTH 操作。UXTH 表示對 16 位元的資料進行無符號擴充。
  - ■ 當 option = 010 時，表示 UXTW 操作。UXTW 表示對 32 位元的資料進行無符號擴充。
  - ■ 當 option = 011 時，表示 LSL|UXTX 操作。LSL 表示邏輯左移，UXTX 表示對 64 位元資料進行無符號擴充。
  - ■ 當 option = 100 時，表示 SXTB 操作。SXTB 表示對 8 位元的資料進行有號擴充。
  - ■ 當 option = 101 時，表示 SXTH 操作。SXTH 表示對 16 位元的資料進行有號擴充。
  - ■ 當 option = 110 時，表示 SXTW 操作。SXTW 表示對 32 位元的資料進行有號擴充。
  - ■ 當 option = 111 時，表示 SXTX 操作。SXTX 表示對 64 位元的資料進行有號擴充。
- ❑ amount：當 extend 為 LSL 操作時，它的取值範圍是 0 ～ 4，它對應指令編碼中的 imm3 欄位。

【例 4-3】使用暫存器的加法指令如下。

```
add x0, x1, x2 //x0 = x1 + x2
add x0, x1, x2, LSL 2 //x0 = x1 + (x2 << 2)
```

【例 4-4】下面也是使用暫存器的加法指令。

```
1 mov x1, #1
2 mov x2, #0x108a
3 add x0, x1, x2, UXTB
4 add x0, x1, x2, SXTB
```

上面的範例程式中，第 3 行的執行結果為 0x8B，因為 UXTB 對 X2 暫存器的低 8 位元資料進行無符號擴充，結果為 0x8A，然後再加上 X1 暫存器的值，最終結果為 0x8B。

在第 4 行中，SXTB 對 X2 暫存器的低 8 位元資料進行有號擴充，結果為 0xFFFFFFFFFFFFFF8A，然後再加上 X1 暫存器的值，最終結果為 0xFFFFFFFFFFFFFF8B。

3．使用移位操作的加法指令

使用移位操作的加法指令的格式如下。

```
ADD <Xd>, <Xn>, <Xm>{, <shift> #<amount>}
```

這筆指令的作用是先把 X*m* 暫存器做一些移位操作，然後再加上 X*n* 暫存器的值，結果寫入 X*d* 暫存器中。

指令編碼如圖 4.3 所示。

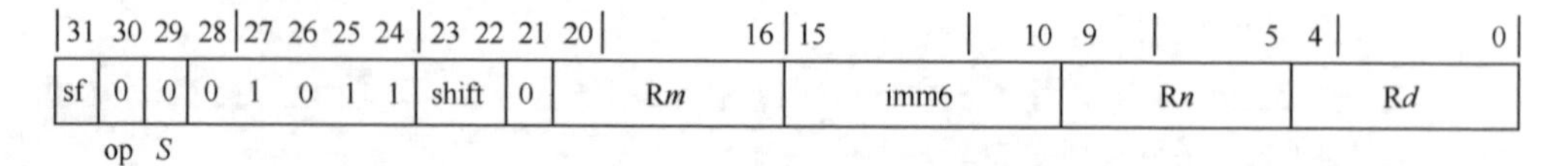

▲圖 4.3 使用移位操作的加法指令的編碼

- ❑ X*d*：目標暫存器，它對應指令編碼中的 R*d* 欄位。
- ❑ X*n*：第一個來源運算元，它對應指令編碼中的 R*n* 欄位。
- ❑ X*m*：第二個來源運算元，它對應指令編碼中的 R*m* 欄位。
- ❑ shift：移位操作，它對應指令編碼中的 shift 欄位。
  - ■ 當 shift = 00 時，表示 LSL 操作。

- 當 shift = 01 時，表示 LSR 操作。
- 當 shift = 10 時，表示 ASR 操作。

❑ amount：移位的數量，取值範圍是 0 ～ 63，它對應指令編碼中的 imm6 欄位。

【例 4-5】如下程式用於實現移位操作加法。

```
add x0, x1, x2, LSL 3 //x0 = x1 + (x2 << 3)
```

【例 4-6】下面的程式是錯誤的。

```
add x0, x1, x2, LSL 64
```

amount 參數已經超過了取值範圍，組譯器會顯示出錯，顯示出錯的資訊如下。

```
test.S: Assembler messages:
test.S: Error: shift amount out of range 0 to 63 at operand 3 - 'add x0,x1,x1,LSL 64'
```

4.2.2 ADDS 指令

ADDS 指令是 ADD 指令的變種，唯一的區別是指令執行結果會影響 PSTATE 暫存器的 *N*、*Z*、*C*、*V* 標識位元，例如當計算結果發生無號數溢位時，*C*=1。

【例 4-7】下面的程式使用了 ADDS 指令。

```
mov x1, 0xffffffffffffffff

adds x0, x1, #2

mrs x2, nzcv
```

X1 的值（0xFFFFFFFFFFFFFFFF）加上立即數 2 一定會觸發無號數溢位，最終 X0 暫存器的值為 1，同時還設定 PSTATE 暫存器的 *C* 標識位元為 1。我們可以透過讀取 NZCV 暫存器來判斷，最終 X2 暫存器的值為 0x20000000，說明第 29 位元的 *C* 欄位置 1，如圖 4.4 所示。

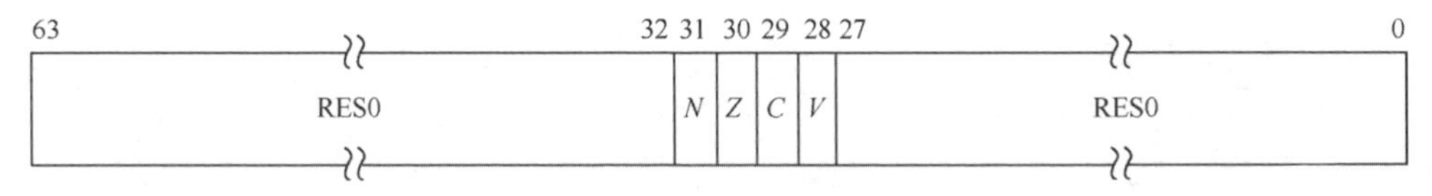

▲圖 4.4 NZCV 暫存器

4.2.3 ADC 指令

ADC 是進位的加法指令，最終的計算結果需要考慮 PSTATE 暫存器的 *C* 標識位元。ADC 指令的格式如下。

```
ADC <Xd>, <Xn>, <Xm>
```

Xd 暫存器的值等於 *Xn* 暫存器的值加上 *Xm* 暫存器的值加上 *C*，其中 *C* 表示 PSTATE 暫存器的 *C* 標識位元。

指令編碼如圖 4.5 所示。

31	30	29	28 27 26 25 24 23 22 21	20 16	15 14 13 12 11 10	9 5	4 0
sf	0	0	1 1 0 1 0 0 0 0	R*m*	0 0 0 0 0 0	R*n*	R*d*
	op	*S*					

▲圖 4.5 ADC 指令的編碼

- ❑ *Xd*：目標暫存器，它對應指令編碼中的 R*d* 欄位。
- ❑ *Xn*：第一個來源運算元，它對應指令編碼中的 R*n* 欄位。
- ❑ *Xm*：第二個來源運算元，它對應指令編碼中的 R*m* 欄位。

【例 4-8】如下程式使用了 ADC 指令。

```
mov x1, 0xffffffffffffffff
mov x2, #2

adc x0, x1, x2

mrs x3, nzcv
```

ADC 指令的計算過程是 0xFFFFFFFFFFFFFFFF + 2 + *C*，因為 0xFFFFFFFFFFFFFFFF + 2 的過程中已經觸發了無號數溢位，*C*=1，所以最終計算 X0 暫存器的值為 2。若讀取 NZCV 暫存器，我們發現 *C* 標識位元也被置位了。

4.2.4 SUB 指令

普通的減法指令與加法指令類似，也有下面幾種用法。

- ❑ 使用立即數的減法。
- ❑ 使用暫存器的減法。
- ❑ 使用移位操作的減法。

1．使用立即數的減法指令

使用立即數的減法指令格式如下。

```
SUB <Xd|SP>, <Xn|SP>, #<imm>{, <shift>}
```

它的作用是把 X*n*/SP 暫存器的值減去立即數 imm，結果寫入 X*d*/SP 暫存器裡。指令編碼如圖 4.6 所示。

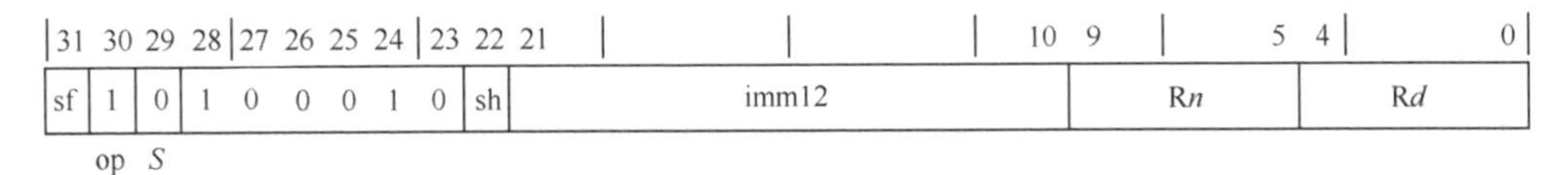

▲圖 4.6 使用立即數的減法指令的編碼

- X*d*/SP：目標暫存器，它對應指令編碼中的 R*d* 欄位。
- X*n*/SP：來源暫存器，它對應指令編碼中的 R*n* 欄位。
- imm：立即數，它對應指令編碼中的 imm12 欄位。它是一個無符號的立即數，取值範圍為 0 ～ 4095。
- shift：可選項，用來表示算術左移操作。它對應指令編碼中的 sh 欄位。
  - 當 sh 欄位為 0 時，表示 “LSL #0”。
  - 當 sh 欄位為 1 時，表示 “LSL #12”。

【例 4-9】如下程式使用了 SUB 指令。

```
sub x0, x1, #1 // 把 x1 暫存器的值減去立即數 1，結果寫入 x0 暫存器
sub x0, x1, #1，LSL 12   // 把立即數 1 算術左移 12 位元，然後把 x1 暫存器中的值減去 (1<<12)，把結果值寫入
                         //x0 暫存器中
```

【例 4-10】下面的用法是錯誤的。

```
sub x0, x1, #4097
sub x0, x1, #1，LSL 1
```

組譯器會報如下錯誤，其中第一行敘述中立即數超過了範圍，第二行敘述中左移的位數只能是 0 或者 12。

```
test.S: Assembler messages:
test.S: Error: immediate out of range
test.S: Error: unexpected characters following instruction at operand 3 -- 'sub x0,x1,#1，LSL 1'
```

2．使用暫存器的減法指令

使用暫存器的減法指令格式如下。

```
SUB <Xd|SP>, <Xn|SP>, <R><m>{, <extend> {#<amount>}}
```

這筆指令的作用是先對 R*m* 暫存器做一些擴充，例如左移操作，然後 X*n*/SP 暫存器的值減 R*m* 暫存器的值，把結果寫入 X*d*/SP 暫存器中。

指令編碼如圖 4.7 所示。

31	30	29	28 27 26 25 24	23 22 21	20 … 16	15 … 13	12 11 10	9 … 5	4 … 0
sf	1	0	0 1 0 1 1	0 0 1	R*m*	option	imm3	R*n*	R*d*
	op	*S*							

▲圖 4.7 使用暫存器的減法指令的編碼

- ❑ X*d*/SP：目標暫存器，它對應指令編碼中的 R*d* 欄位。
- ❑ X*n*/SP：第一個來源運算元，它對應指令編碼中的 R*n* 欄位。
- ❑ R：表示第二個來源運算元是 64 位元還是 32 位元的通用暫存器，它對應指令編碼中的 option 欄位。當 option 欄位等於二進位位元 x11 時，使用 64 位元通用暫存器，其他情況下使用 32 位元通用暫存器。
- ❑ *m*：通用暫存器編號，和 R 結合來描述第二個來源運算元，可以表示 X0 ～ X30 或者 W0 ～ W30 通用暫存器，它對應指令編碼中的 R*m* 欄位。
- ❑ extend：可選項，用於對第二個來源運算元進行擴充計算，它對應指令編碼中的 option 欄位。
  - ■ 當 option=000 時，表示 UXTB 操作。UXTB 表示對 8 位元的資料進行無符號擴充。
  - ■ 當 option = 001 時，表示 UXTH 操作。UXTH 表示對 16 位元的資料進行無符號擴充。
  - ■ 當 option = 010 時，表示 UXTW 操作。UXTW 表示對 32 位元的資料進行無符號擴充。
  - ■ 當 option = 011 時，表示 LSL|UXTX 操作。LSL 表示邏輯左移，UXTX 表示對 64 位元資料進行無符號擴充。
  - ■ 當 option = 100 時，表示 SXTB 操作。SXTB 表示對 8 位元的資料進行有號擴充。

- 當 option = 101 時，表示 SXTH 操作。SXTH 表示對 16 位元的資料進行有號擴充。
- 當 option = 110 時，表示 SXTW 操作。SXTW 表示對 32 位元的資料進行有號擴充。
- 當 option = 111 時，表示 SXTX 操作。SXTX 表示對 64 位元的資料進行有號擴充。

❑ amount：當 extend 為 LSL 操作時，它的取值範圍是 0 ～ 4，它對應指令編碼中的 imm3 欄位。

【**例 4-11**】如下程式使用了暫存器的減法指令。

```
sub x0, x1, x2 //x0 = x1 - x2
sub x0, x1, x2, LSL 2 //x0 = x1 - x2 << 2
```

【**例 4-12**】下面的程式也使用了暫存器的減法指令。

```
1    mov x1, #1
2    mov x2, #0x108a
3    sub x0, x1, x2, UXTB
4    sub x0, x1, x2, SXTB
```

上面的範例程式中，UXTB 對 X2 暫存器的低 8 位元資料進行無符號擴充，結果為 0x8A，然後再計算 1 – 0x8A 的值，最終結果為 0xFFFFFFFFFFFFFF77。

在第 4 行中，SXTB 對 X2 暫存器的低 8 位元資料進行有號擴充，結果為 0xFFFFFFFFFFFFFF8A，然後再計算 1 – 0xFFFFFFFFFFFFFF8A，最終結果為 0x77。

3．使用移位操作的減法指令

使用移位操作的減法指令的格式如下。

```
SUB <Xd>, <Xn>, <Xm>{, <shift> #<amount>}
```

這筆指令的作用是先把 *Xm* 暫存器做一些移位操作，然後使 *Xn* 暫存器中的值減去 *Xm* 暫存器中的值，把結果寫入 *Xd* 暫存器中。

指令編碼如圖 4.8 所示。

31	30	29	28	27	26	25	24	23 22	21	20 … 16	15 … 10	9 … 5	4 … 0
sf	0	0	0	1	0	1	1	shift	0	R*m*	imm6	R*n*	R*d*
	op	*S*											

▲圖 4.8 使用移位操作的減法指令的編碼

- *Xd*：目標暫存器，它對應指令編碼中的 R*d* 欄位。
- *Xn*：第一個來源運算元，它對應指令編碼中的 R*n* 欄位。
- *Xm*：第二個來源運算元，它對應指令編碼中的 R*m* 欄位。
- shift：移位操作，它對應指令編碼中的 shift 欄位。
  - 當 shift = 00 時，表示 LSL 操作。
  - 當 shift=01 時，表示 LSR 操作。
  - 當 shift=10 時，表示 ASR 操作。
- amount：移位的數量，取值範圍是 0 ～ 63，它對應指令編碼中的 imm6 欄位。

【**例 4-13**】下面的程式用於實現移位操作減法。

```
sub x0, x1, x2, LSL 3 //x0 = x1 - (x2 << 3)
```

【**例 4-14**】下面的程式是錯誤的。

```
sub x0, x1, x2, LSL 64
```

上述範例程式中的 amount 參數超過了取值範圍，組譯器會顯示出錯，顯示出錯的資訊如下。

```
test.S: Assembler messages:
test.S: Error: shift amount out of range 0 to 63 at operand 3 -- 'sub x0,x1,x1,LSL 64'
```

4.2.5 SUBS 指令

SUBS 指令是 SUB 指令的變種，唯一的區別是指令執行結果會影響 PSTATE 暫存器的 *N*、*Z*、*C*、*V* 標識位元。SUBS 指令判斷是否影響 *N*、*Z*、*C*、*V* 標識位元的方法比較特別，對應的虛擬程式碼如下。

```
operand2 = NOT(imm);
(result, nzcv) = AddWithCarry(operand1, operand2, '1');
PSTATE.<N,Z,C,V> = nzcv;
```

首先，把第二個運算元做反轉操作。然後，根據式（4-1）計算。

$$\text{operand1} + \text{NOT(operand2)} + 1 \quad (4\text{-}1)$$

NOT(operand2) 表示把 operand2 按位元反轉。在這個計算過程中要考慮是否影響 *N*、*Z*、*C*、*V* 標識位元。當計算結果發生無號數溢位時，*C*=1；當計算結果為負數時，*N*=1。

【**例 4-15**】如下程式會導致 C 標識位元為 1。

```
mov x1, 0x3
mov x2, 0x1

subs x0, x1, x2

mrs x3, nzcv
```

SUBS 指令僅執行 “3 – 1” 的操作，為什麼會發生無符號溢位呢？

第二個運算元為 X2 暫存器的值，對應值為 1，按位元反轉之後為 0xFFFFFFFFFFFFFFFE。根據計算公式，計算 3 + 0xFFFFFFFFFFFFFFFE + 1，這個過程會發生無號數溢位，因此 4 個標識位元中的 *C*=1，最終計算結果為 2。因此，最後一行讀取 NZCV 暫存器的值——0x20000000。

【**例 4-16**】如下程式會導致 *C* 和 *Z* 標識位元都置 1。

```
mov x1, 0x3
mov x2, 0x3

subs x0, x1, x2

mrs x3, nzcv
```

第二個運算元為 X2 暫存器的值，該值為 3，按位元反轉之後為 0xFFFFFFFFFFFFFFFC。根據公式計算 3 + 0xFFFFFFFFFFFFFFFC + 1 的過程中會發生無號數溢位，因此 *C*=1。另外，最終結果為 0，所以 *Z*=1。

4.2.6 SBC 指令

SBC 是進位的減法指令，也就是最終的計算結果需要考慮 PSTATE 暫存器的 *C* 標識位元。SBC 指令的格式如下。

```
SBC <Xd>, <Xn>, <Xm>
```

下面是 SBC 指令中對應的虛擬程式碼。

```
operand2 = NOT(operand2);
(result, -) = AddWithCarry(operand1, operand2, PSTATE.C);
X[d] = result;
```

所以，SBC 指令的計算過程是，首先對第二個運算元做反轉操作，然後把第一個運算元、第二個運算元相加，這個過程會影響 PSTATE 暫存器的 *C* 標識位元，最後把 *C* 標識位元加上。

綜上所述，SBC 指令的計算公式為：

$$Xd = Xn + NOT(Xm) + C \quad (4\text{-}2)$$

指令編碼如圖 4.9 所示。

31	30	29	28	27	26	25	24	23	22	21	20 … 16	15	14	13	12	11	10	9 … 5	4 … 0
sf	1	0	1	1	0	1	0	0	0	0	R*m*	0	0	0	0	0	0	R*n*	R*d*
	op	*S*																	

▲圖 4.9 SBC 指令的編碼

- ❑ X*d*：目標暫存器，它對應指令編碼中的 R*d* 欄位。
- ❑ X*n*：第一個來源運算元，它對應指令編碼中的 R*n* 欄位。
- ❑ X*m*：第二個來源運算元，它對應指令編碼中的 R*m* 欄位。

【例 4-17】如下程式使用了 SBC 指令。

```
mov x1, #3
mov x2, #1

sbc x0, x1, x2

mrs x3, nzcv
```

SBC 指令的計算過程是 3 + NOT(1) + *C*。NOT(1) 表示對立即數 1 按位元反轉，結果為 0xFFFFFFFFFFFFFFFE。那麼，計算 3 + 0xFFFFFFFFFFFFFFFE 的過程中會發生無號數溢位，*C*=1，再加上 *C* 標識位元，最後計算結果為 2。

4.3 CMP 指令

CMP 指令用來比較兩個數的大小。在 A64 指令集的實現中，CMP 指令內部呼叫 SUBS 指令來實現。

1．使用立即數的 CMP 指令

使用立即數的 CMP 指令的格式如下。

```
CMP <Xn|SP>, #<imm>{, <shift>}
```

上述指令等於如下指令。

```
SUBS XZR, <Xn|SP>, #<imm> {, <shift>}
```

2．使用暫存器的 CMP 指令

使用暫存器的 CMP 指令的格式如下。

```
CMP <Xn|SP>, <R><m>{, <extend> {#<amount>}}
```

上述指令等於如下指令。

```
SUBS XZR, <Xn|SP>, <R><m>{, <extend> {#<amount>}}
```

3．使用移位操作的 CMP 指令

使用移位操作的 CMP 指令的格式如下。

```
CMP <Xn>, <Xm>{, <shift> #<amount>}
```

上述指令等於如下指令。

```
SUBS XZR, <Xn>, <Xm> {, <shift> #<amount>}
```

4．CMP 指令與條件操作尾碼

CMP 指令常常和跳轉指令與條件操作尾碼搭配使用，例如條件操作尾碼 CS 表示是否發生了無號數溢位，即 *C* 標識位元是否置位，CC 表示 *C* 標識位元沒有置位。

【例 4-18】使用 CMP 指令來比較如下兩個暫存器。

```
cmp x1' x2
b.cs  label
```

CMP 指令判斷兩個暫存器是否觸發無符號溢位的計算公式與 SUBS 指令類似：

$$X1 + NOT(X2) + 1 \tag{4-3}$$

如果上述過程中發生了無號數溢位，那麼 *C* 標識位元會置 1，則 b.cs 指令將會跳轉到 label 處。

【例 4-19】下面的程式用來比較 3 和 2 兩個立即數。

```
my_test:

    mov x1, #3
    mov x2, #2
1:
    cmp x1, x2
    b.cs 1b

    ret
```

至於如何比較，需要根據 b 指令後面的條件操作尾碼來定。CS 表示判斷是否發生無號數溢位。根據式（4-3）可得，3 + NOT(2) +1，其中 NOT(2) 把立即數 2 按位元反轉，反轉後為 0xFFFFFFFFFFFFFFFD。3 + 0xFFFFFFFFFFFFFFFD + 1 的最終結果為 1，這個過程中發生了無號數溢位，*C* 標識位元為 1。所以，b.cs 的判斷條件成立，跳轉到標籤 1 處，繼續執行。

【例 4-20】下面的程式比較 X1 和 X2 暫存器的值大小。

```
my_test:

    mov x1, #3
    mov x2, #2
1:
    cmp x1, x2
    b.ls 1b

    ret
```

在比較 X1 和 X2 暫存器的值大小時，判斷條件為 LS，表示無號數小於或者等於。那麼，這個比較過程中，我們就不需要判斷 *C* 標識位元了，直接判斷 X1 暫存器的值是否小於或者等於 X2 暫存器的值即可，因此這裡 b 指令不會跳轉到標籤 1 處。

4.4 關於條件標識位元的範例

本節介紹兩個巧妙使用 PSTATE 條件標識位元的範例。

【例 4-21】 array_index_mask_nospec() 是 Linux 核心中的一個函數，用來實現一個遮罩。當 index 大於或等於 size 時，傳回 0；當 index 小於 size 時，傳回遮罩 0xFFFFFFFFFFFFFFFFFFFF。

```
unsigned long array_index_mask_nospec(unsigned long idx,
                               unsigned long sz)
{
     unsigned long mask;

     asm volatile(
     "cmp%1, %2\n"
     "sbc%0, xzr, xzr\n"
     : "=r" (mask)
     : "r" (idx), "Ir" (sz)
     : "cc");

     return mask;
}
```

上述是內嵌組合語言的形式，轉換成純組合語言程式碼如下。

```
cmp x0, x1
sbc x0，xzr，xzr
```

X0 暫存器的值是 index，X1 暫存器的值為 size，並且 index 和 size 都是無號數，最終結果儲存在 X0 暫存器裡。

CMP 指令比較 index 和 size 時，它會影響到 PSTATE 暫存器的 *C* 標識位元。當 idx 小於 sz 時，CMP 指令沒有產生無號數溢位，*C* 標識位元為 0。當 idx 大於或等於 sz 時，CMP 指令產生了無號數溢位（CMP 指令在內部是使用 SUBS 指令來實現的，SUBS 指令會檢查是否發生無號數溢位，然後設定 *C* 標識位元），*C* 標識位元被設定為 1。

SBC 指令的計算是要考慮 C 標識位元的，根據式（4-2）可得：

$$0 + \text{NOT}(0) + C = 0 - 1 + C$$

- 當 index 小於 size 時，*C*=0，最終計算結果為- 1，即 0xFFFFFFFFFFFFFFFFFF。
- 當 index 大於或等於 size 時，*C*=1，最終計算結果為 0。

【例 4-22】 為了檢查陣列 array[0, index – 1] 是否越界，需要判斷：

- 輸入值是否大於或等於 index ？
- 輸入值是否小於 0 ？

我們可以透過如下兩筆指令來實現這個邊界檢查的功能。

```
subs xzr，x1，x0
b.hs OutOfIndex
```

其中，X0 暫存器的值為陣列的邊界 index，X1 暫存器的值為輸入值 input。

第一行敘述是帶 *N*、*Z*、*C*、*V* 標識位元的減法指令。第二行敘述中的 HS 表示是否發生了無號數溢位，即判斷 *C* 標識位元是否為 1。如果 *C* 為 1，跳轉到 OutOfIndex 標籤處，説明發生了溢位。

第一行敘述根據式（4-3）可得：

$$X1 + NOT(X0) + 1$$

假設陣列的 index 為 2，input 為 3，那麼 3 + NOT(2) +1 = 3 + 0xFFFFFFFFFFFFFFFD + 1，計算過程中發生無號數溢位，C=1，因此跳轉到 OutOfIndex 標籤處，這説明越界了。

若 input 為- 1，則- 1 + NOT(2) +1 =0xFFFFFFFFFFFFFFFF + 0xFFFFFFFFFFFFFFFD + 1，也一定發生無號數溢位，*C*=1，這説明越界了，跳轉到 OutOfIndex 標籤處。

4.5 移位指令

常見的移位指令如下。

- LSL：邏輯左移指令，最高位元會被捨棄，最低位元補 0，如圖 4.10（a）所示。
- LSR：邏輯右移指令，最高位元補 0，最低位元會被捨棄，如圖 4.10（b）所示。
- ASR：算術右移指令，最低位元會被捨棄，最高位元會按照符號進行擴充，如圖 4.10（c）所示。

❑ ROR：循環右移指令，最低位元會移動到最高位元，如圖 4.10（d）所示。

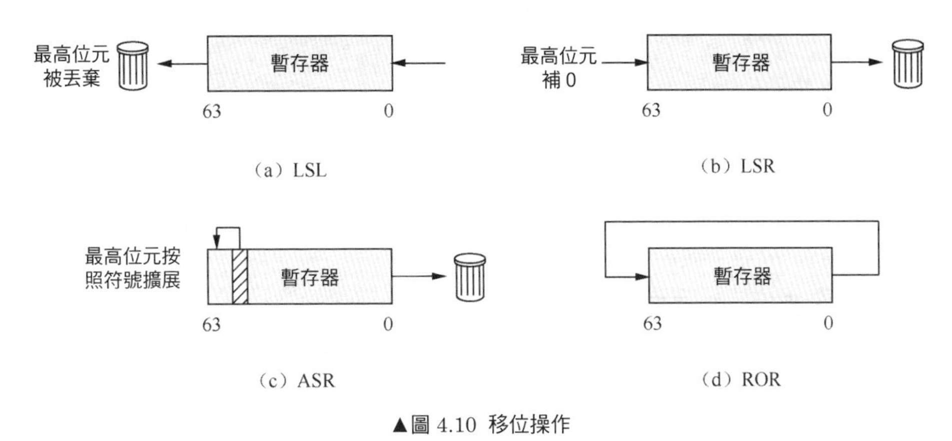

▲圖 4.10 移位操作

關於移位操作指令有兩點需要注意。

❑ A64 指令集裡沒有單獨設定算術左移的指令，因為 LSL 指令會把最高位元捨棄。

❑ 邏輯右移和算術右移的區別在於是否考慮符號問題。

例如，對於二進位數字 1010101010，邏輯右移一位元後變成 [0]101010101（在最高位元永遠補 0），算術右移一位元後變成 [1]101010101（算術右移，最高位元需要按照來源二進位數字的符號進行擴充）。

【例 4-23】如下程式使用了 ASR 和 LSR 指令。

```
ldr w1, =0x8000008a
asr w2, w1, 1
lsr w3, w1, 1
```

在上述程式中，ASR 是算術右移指令，把 0x8000008A 右移一位元並且對最高位元進行有號擴充，最後結果為 0xC0000045。LSR 是邏輯右移指令，把 0x8000008A 右移一位元並且在最高位元補 0，最後結果為 0x40000045。

4.6 位元操作指令

4.6.1 與操作指令

與操作主要有兩筆指令。

- AND：按位元與操作。
- ANDS：帶條件標識位元的與操作，影響 *Z* 標識位元。

1．AND 指令

AND 指令的格式如下。

```
AND <Xd|SP>, <Xn>, #<imm>
AND <Xd>, <Xn>, <Xm>{, <shift> #<amount>}
```

AND 指令支援兩種方式。

- 立即數方式：對 X*n* 暫存器的值和立即數 imm 進行與操作，把結果寫入 X*d*/SP 暫存器中。
- 暫存器方式：先對 X*m* 暫存器的值移位操作，然後再與 X*n* 暫存器的值進行與操作，把結果寫入 X*d*/SP 暫存器中。

指令參數説明如下。

- shift 表示移位操作，支援 LSL、LSR、ASR 以及 ROR。
- amount 表示移位數量，取值範圍為 0 ～ 63。

2．ANDS 指令

ANDS 指令的格式如下。

```
ANDS <Xd>, <Xn>, #<imm>
ANDS <Xd>, <Xn>, <Xm>{, <shift> #<amount>}
```

ANDS 指令支援兩種方式。

- 立即數方式：對 X*n* 暫存器的值和立即數 imm 進行與操作，把結果寫入 X*d*/SP 暫存器中。
- 暫存器方式：先對 X*m* 暫存器的值做移位操作，然後再與 X*n* 暫存器的值進行與操作，把結果寫入 X*d*/SP 暫存器中。

指令參數説明如下。

- shift 表示移位操作，支援 LSL、LSR、ASR 以及 ROR。
- amount 表示移位數量，取值範圍為 0 ～ 63。
- 與 AND 指令不一樣的地方是它會根據計算結果來影響 PSTATE 暫存器的 *N*、*Z*、*C*、*V* 標識位元。

【例 4-24】如下程式使用 ANDS 指令來對 0x3 和 0 做“與”操作。

```
mov x1, #0x3
mov x2, #0

ands x3, x1, x2

mrs x0, nzcv
```

“與”操作的結果為 0。透過讀取 NZCV 暫存器，我們可以看到其中的 *Z* 標識位置位了。

4.6.2 或操作指令

ORR（或）操作指令的格式如下。

```
ORR <Xd|SP>, <Xn>, #<imm>
ORR <Xd>, <Xn>, <Xm>{, <shift> #<amount>}
```

ORR 指令支援兩種方式。

- 立即數方式：對 X*n* 暫存器的值與立即數 imm 進行或操作。
- 暫存器方式：先對 X*m* 暫存器的值做移位操作，然後再與 X*n* 暫存器的值進行或操作。

指令參數説明如下。

- shift 表示移位操作，支援 LSL、LSR、ASR 以及 ROR。
- amount 表示移位數量，取值範圍為 0 ～ 63。

EOR（互斥）操作指令的格式如下。

```
EOR <Xd|SP>, <Xn>, #<imm>
EOR <Xd>, <Xn>, <Xm>{, <shift> #<amount>}
```

EOR 指令支援兩種方式。

- 立即數方式：對 X*n* 暫存器的值與立即數 imm 進行互斥操作。
- 暫存器方式：先對 X*m* 暫存器的值做移位操作，然後再與 X*n* 暫存器的值進行互斥操作。

指令參數説明如下。

- shift 表示移位操作，支援 LSL、LSR、ASR 以及 ROR。
- amount 表示移位數量，取值範圍為 0 ～ 63。

互斥操作的真值表如下。

```
0 ^ 0 = 0
0 ^ 1 = 1
1 ^ 0 = 1
1 ^ 1 = 0
```

從上述真值表可以發現 3 個特點。

- 0 互斥任何數 = 任何數。
- 1 互斥任何數 = 任何數反轉。
- 任何數互斥自己都等於 0。

利用上述特點，互斥操作有如下幾個非常常用的場景。

- 使某些特定的位元翻轉。例如，想把 0b10100001 的第 2 位元和第 3 位元翻轉，則可以對該數與 0b00000110 進行按位元互斥運算。

```
10100001 ^ 00000110 = 10100111
```

- 交換兩個數。例如，交換兩個整數 *a*=0b10100001 和 *b*=0b00000110 的值可透過下列敘述實現。

```
a = a^b;      //a=10100111
b = b^a;      //b=10100001
a = a^b;      //a=00000110
```

- 在組合語言程式裡把變數設定為 0。

```
eor x0, x0
```

- 判斷兩個整數是否相等。

```
bool is_identical(int a, int b)
{
    return ((a ^ b) == 0);
}
```

4.6.3 位元清除操作指令

BIC（位元清除操作）指令的格式如下。

```
BIC <Xd>, <Xn>, <Xm>{, <shift> #<amount>}
```

BIC 指令支援暫存器方式：先對 X*m* 暫存器的值做移位操作，然後再與 X*n* 暫存器的值進行位元清除操作。BIC 指令的參數說明如下。

- shift 表示移位操作，支援 LSL、LSR、ASR 以及 ROR。
- amount 表示移位數量，取值範圍為 0 ～ 63。

4.6.4 CLZ 指令

CLZ 指令的格式如下。

```
CLZ <Xd>, <Xn>
```

CLZ 指令計算為 1 的最高位元前面有幾個為 0 的位元。

【例 4-25】如下程式使用了 CLZ 指令。

```
ldr x1, =0x1100000034578000

clz x0, x1
```

X1 暫存器裡為 1 的最高位元是第 60 位元，前面還有 3 個為 0 的位元，最終 X0 暫存器的值為 3。

4.7 位元段操作指令

4.7.1 位元段插入操作指令

BFI 指令的格式如下。

```
BFI <Xd>, <Xn>, #<lsb>, #<width>
```

BFI 指令的作用是用 X*n* 暫存器中的 Bit[0, width − 1] 替換 X*d* 暫存器中的 Bit[lsb, lsb + width − 1]，X*d* 暫存器中的其他位元不變。

BFI 指令常用於設定暫存器的欄位。

【例 4-26】設定某個暫存器 A 的 Bit[7, 4] 為 0x5。下面用 C 語言來實現這個功能，用變數 val 來表示暫存器 A 的值，程式如下。

```
val &=~ (0xf << 4)
val |= ((u64)0x5 << 4)
```

用 BFI 指令來實現這個功能，程式如下。

```
mov x0, #0  //暫存器 A 的初值為 0
mov x1, #0x5

bfi x0, x1, #4, #4  //往暫存器 A 的 Bit[7,4] 欄位設定 0x5
```

BFI 指令把 X1 暫存器中的 Bit[3, 0] 設定為 X0 暫存器中的 Bit[7, 4]，X0 暫存器的值是 0x50，如圖 4.11 所示。

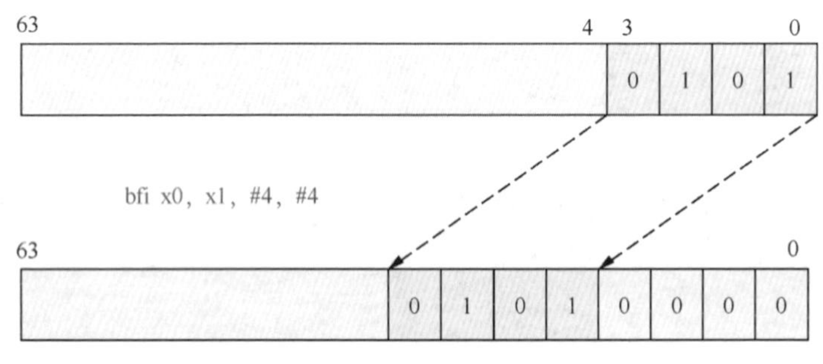

▲圖 4.11 BFI 指令

4.7.2 位元段提取操作指令

UBFX 指令的格式如下。

```
UBFX <Xd>, <Xn>, #<lsb>, #<width>
```

UBFX 指令的作用是提取 X*n* 暫存器的 Bit[lsb, lsb+width－1]，然後儲存到 X*d* 暫存器中。

UBFX 還有一個變種指令 SBFX，它們之間的區別在於：SBFX 會進行符號擴充，例如，如果 Bit[lsb+width－1] 為 1，那麼寫到 Xd 暫存器之後，所有的高位元都必須寫入 1，以實現符號擴充。

UBFX 和 SBFX 指令常常用於讀取暫存器的某些欄位。

【例 4-27】我們假設需要讀取暫存器 A 的 Bit[7, 4] 欄位的值，那麼我們可以使用 UBFX 指令。暫存器 A 的值為 0x8A，那麼下面的範例程式中，X0 和 X1 暫存器的值分別是多少？

```
mov x2, #0x8a
```

```
ubfx x0, x2, #4, #4
sbfx x1, x2, #4, #4
```

UBFX 指令提取欄位之後並不會做符號擴充，如圖 4.12 所示，最終 X0 暫存器的值是 0x8。

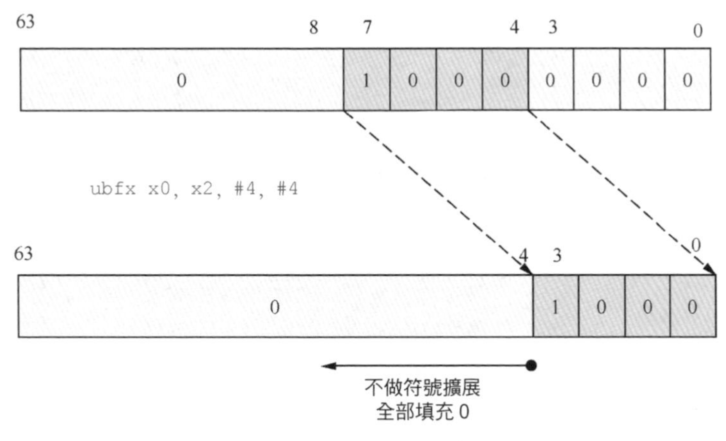

▲圖 4.12 UBFX 指令

SBFX 指令在提取欄位之後需要做符號擴充，如圖 4.13 所示。當提取後的欄位中最高位元為 1 時，X*d* 暫存器裡最高位元都要填充 1。當提取後的欄位中最高位元為 0 時，X*d* 暫存器裡最高位元都要填充 0。最終，X1 暫存器的值為 0xFFFFFFFFFFFFFFF8。

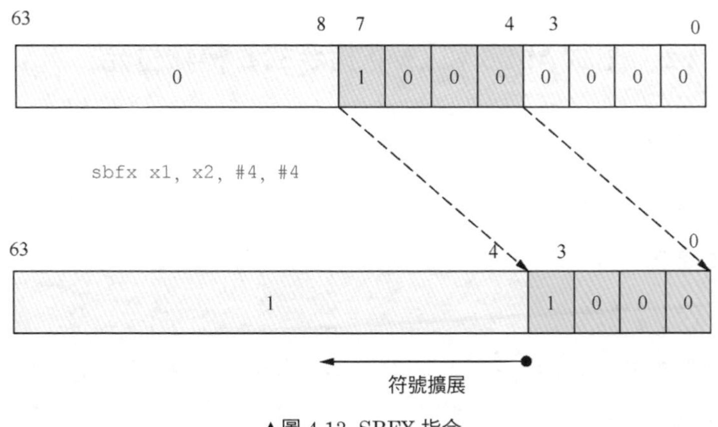

▲圖 4.13 SBFX 指令

下面舉一個實際例子，假設我們需要把 pmcr_el0 暫存器中 *N* 欄位的值提取到 X0 暫存器中，pmcr_el0 暫存器如圖 4.14 所示。

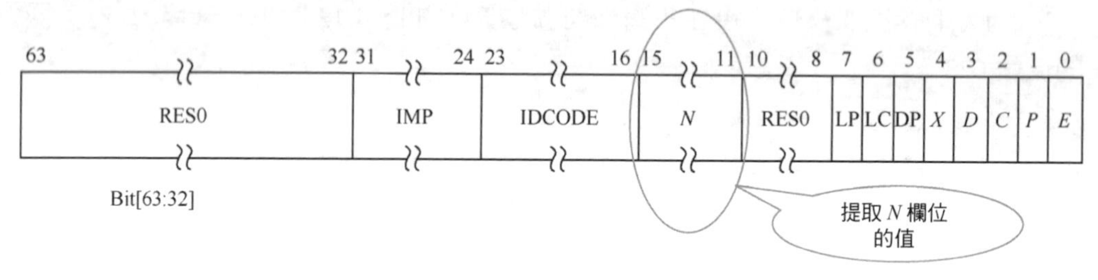

▲圖 4.14 pmcr_el0 暫存器

下面用 C 語言來實現這個功能。

```
val = read_sysreg(pmcr_el0)

val = val >> 11;
val &= 0x1f;
```

使用 UBFX 指令來實現更簡潔。

```
mrs x0，pmcr_el0
ubfx x0, x0, #11,  #5
```

4.8 實驗

4.8.1 實驗 4-1：測試 ADDS 和 CMP 指令的 *C* 標識位元

1．實驗目的

熟練掌握 *C* 標識位元。

2．實驗要求

在 BenOS 裡做實驗。

（1）使用 ADDS 指令來建立一個無號數溢位場景，然後使用 ADC 指令來測試 *C* 條件標識位元。

（2）使用 CMP 來比較兩個數，然後使用 ADC 指令來測試。

4.8.2 實驗 4-2：條件標識位元的使用

1．實驗目的

熟練掌握 *C* 標識位元。

2．實驗要求

在 BenOS 裡做實驗。撰寫一個組合語言函數，用於實現以下 C 語言虛擬程式碼對應的功能。

```
unsigned long compare_and_return(unsigned long a, unsigned long b)
{
     if (a >= b)
        return 0;
     else
        return 0xffffffffffffffff;
 }
```

提示：在 ARM64 函數參數傳遞，X0 暫存器傳遞函數的第一個參數，X1 暫存器傳遞函數的第二參數。在函數傳回時 X0 暫存器傳遞傳回值。

4.8.3 實驗 4-3：測試 ANDS 指令以及 *Z* 標識位元

1．實驗目的

熟練掌握 ANDS 指令以及 *Z* 標識位元的影響。

2．實驗要求

在 BenOS 裡做實驗。撰寫一個組合語言函數來測試 ANDS 指令對 *Z* 標識位元的影響，這可以透過讀取 NZCV 暫存器來查看。

4.8.4 實驗 4-4：測試位元段操作指令

1．實驗目的

熟練掌握位元段對應的指令，如 BFI、UBFX、SBFX 等。

2．實驗要求

在 BenOS 裡做實驗。

（1）使用 BFI 指令把 0x345 中的低 4 位元插入 X0 暫存器的 Bit[8, 11]。

（2）假設 X2=0x5678abcd，那麼使用 UBFX 指令來提取第 4 ～ 11 位元的資料到 X3 暫存器，使用 SBFX 指令來提取第 4 ～ 11 位元的資料到 X4 暫存器。X3 和 X4 暫存器的值分別是多少？

4.8.5 實驗 4-5：使用位元段指令來讀取暫存器

1．實驗目的

熟練掌握位元段對應的指令，如 BFI、UBFX、SBFX 等。

2．實驗要求

在實驗 4-4 的基礎上做如下實驗。

（1）讀取 ID_AA64ISAR0_EL1 暫存器（如圖 4.15 所示）中 Atomic 欄位的值到 X0 暫存器，用來判斷該暫存器是否支援 LSE 指令。

（2）讀取 AES 欄位到 X2 暫存器中，用來判斷該暫存器是否支援 AES 指令。

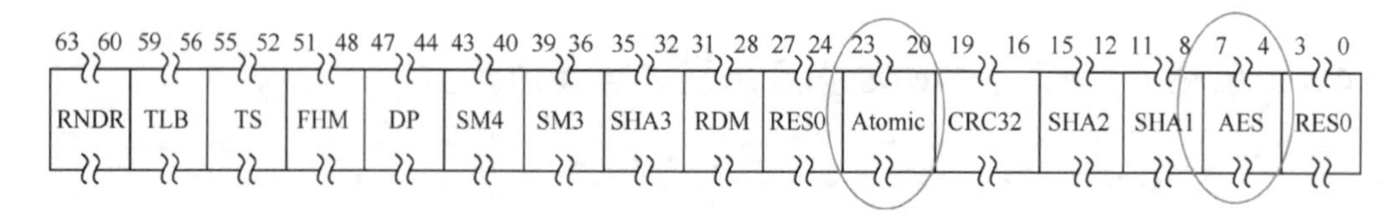

▲圖 4.15 ID_AA64ISAR0_EL1 暫存器

第 5 章

A64 指令集 3——比較指令與跳轉指令

本章思考題

1．請用組合語言程式碼來實現如下 C 語言程式。

```
unsigned long csel_test(unsigned long a, unsigned long b)
{
    if (a >= b)
            return b + 2;
    else
            return b - 1;
}
```

2．RET 和 ERET 指令有什麼區別？

3．下面的組合語言程式碼中，bl_test 函式呼叫 add_test 子函數，請找出程式有什麼問題。

```
    .global add_test
    add_test:
        add x0, x0, x1
        ret

    .global bl_test
    bl_test:
        mov x0, 1
        mov x1, 3
        bl add_test
    ret
```

本章主要介紹 A64 指令集中的比較與跳轉指令。

5.1 比較指令

A64 指令集中最常見的比較指令是 CMP 指令，除此之外，還有以下 3 種指令。

- CSEL：條件選擇指令。
- CSET：條件置位指令。
- CSINC：條件選擇並增加指令。

5.1.1 CMN 指令

4.3 節已經介紹了 CMP 指令，CMP 指令還有另外一個變種——CMN，CMN 指令用來將一個數與另一個數的相反數進行比較。CMN 指令的基本格式如下。

```
CMN <Xn|SP>, #<imm>{, <shift>}
CMN <Xn|SP>, <R><m>{, <extend> {#<amount>}}
```

上述兩筆 CMN 指令分別等於如下的 ADDS 指令。

```
ADDS XZR, <Xn|SP>, #<imm> {, <shift>}
ADDS XZR, <Xn|SP>, <R><m> {, <extend> {#<amount>}}
```

CMN 指令的計算過程就是把第一個運算元加上第二個運算元，計算結果會影響 PSTATE 暫存器的 *N*、*C*、*V*、*Z* 標識位元。如果 CMN 後面的跳轉指令使用與標識位元相關的條件尾碼，例如 CS 或者 CC 等，那麼可以根據 *N*、*C*、*V*、*Z* 標識位元來進行跳轉。

【例 5-1】如下程式使用了 CMN 指令。

```
1    .global cmn_test
2    cmn_test:
3        mov x1, 2
4        mov x2, -2
5    1:
6        cmn x1, x2
7        b.eq 1b
8
9        ret
```

上述程式中，X1 暫存器的值為 2，X2 暫存器的值為- 2，那麼 X2 暫存器中值的相反數為 2，CMN 指令會讓 X1 暫存器和 X2 暫存器中值的相反數進行比較。第 7 行的 EQ 會判斷成功，並跳轉到標籤 1 處。

5.1.2 CSEL 指令

CSEL 指令的格式如下。

```
CSEL <Xd>, <Xn>, <Xm>, <cond>
```

CSEL 指令的作用是判斷 cond 是否為真。如果為真，則傳回 X*n*；否則，傳回 X*m*，把結果寫入 X*d* 暫存器中。

CSEL 指令編碼如圖 5.1 所示。

31	30	29	28 27 26 25 24 23 22 21	20 16	15 12	11	10	9 5	4 0
sf	0	0	1 1 0 1 0 1 0 0	R*m*	cond	0	0	R*n*	R*d*
	op						o2		

▲圖 5.1 CSEL 指令編碼

- ❑ X*d*：目標暫存器，它對應指令編碼中的 R*d* 欄位。
- ❑ X*n*：第一來源暫存器，它對應指令編碼中的 R*n* 欄位。
- ❑ X*m*：第二來源暫存器，它對應指令編碼中的 R*m* 欄位。
- ❑ cond：條件判斷，它對應指令編碼中的 cond 欄位。

CSEL 指令常常需要和 CMP 比較指令搭配使用。

【例 5-2】使用 CSEL 指令來實現下面的 C 語言函數。

```
unsigned long csel_test(unsigned long a, unsigned long b)
{
    if (a >= b)
            return b + 2;
    else
            return b - 1;
}
```

上述 C 語言程式可改成如下組合語言程式碼。

```
.global csel_test
csel_test:
     cmp x0, x1
     add x2, x1, #2
     sub x3, x1, #1
     csel x0, x2, x3, ge

     ret
```

組合語言函數採用 X0 暫存器的值作為第一個形式參數，以 X1 暫存器的值作為第二個形式參數。CSEL 指令裡採用 GE 這個條件判斷碼，它會根據前面的 CMP 比較指令的結果進行判斷，GE 表示無符號大於或者等於。

5.1.3 CSET 指令

CSET 指令的格式如下。

```
CSET <Xd>, <cond>
```

CSET 指令的意思是當 cond 條件為真時設定 X*d* 暫存器為 1，否則設定為 0。CSET 指令的編碼如圖 5.2 所示。

- ❑ X*d*：目標暫存器，它對應指令編碼中的 R*d* 欄位。
- ❑ cond：條件碼，它對應指令編碼中的 cond 欄位。

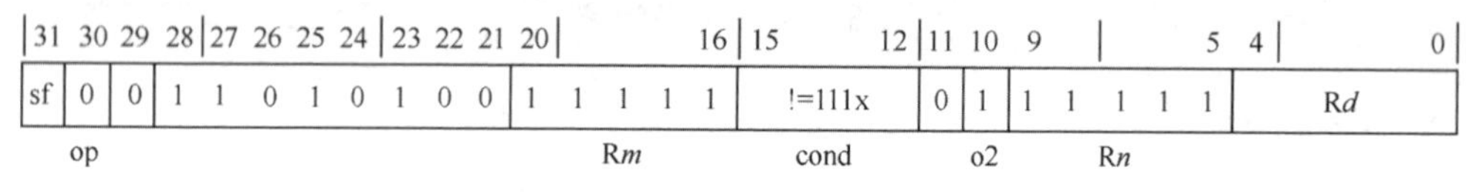

▲圖 5.2 CSET 指令的編碼

【**例 5-3**】使用 CSET 指令來實現下面的 C 語言函數。

```
boot cset_test(unsigned long a, unsigned long b)
{
    return (a > b) ? true : false;
}
```

上述 C 語言程式改成組合語言程式碼如下。

```
.global cset_test
cset_test:
     cmp x0, x1
     cset x0, hi
     ret
```

CSET 指令裡採用 HI 這個條件判斷碼，它會根據前面的 CMP 比較指令的結果進行判斷，HI 表示無符號大於。當滿足條件時，cset_test 函數傳回 1；否則，傳回 0。

5.1.4 CSINC 指令

CSINC 指令的格式如下。

```
CSINC <Xd>, <Xn>, <Xm>, <cond>
```

CSINC 指令的意思是當 cond 為真時，傳回 X*n* 暫存器的值；否則，傳回 X*m* 暫存器的值加 1。CSINC 指令的編碼如圖 5.3 所示。

- ❑ X*d*：目標暫存器，它對應指令編碼中的 R*d* 欄位。
- ❑ X*n*：第一來源暫存器，它對應指令編碼中的 R*n* 欄位。
- ❑ X*m*：第二來源暫存器，它對應指令編碼中的 R*m* 欄位。

❑ cond：條件碼，它對應指令編碼的 cond 欄位。

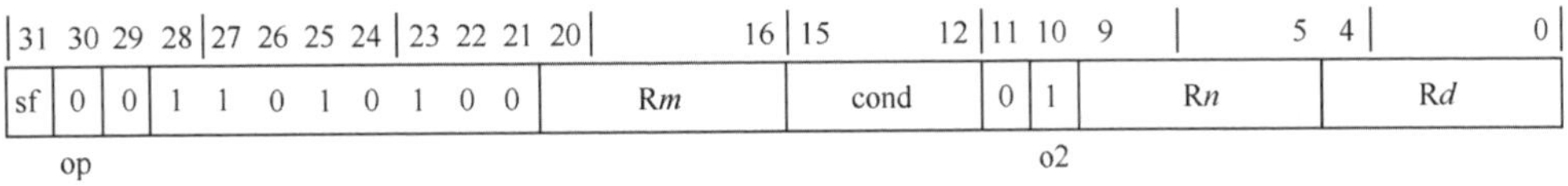

31	30 29	28 27 26 25 24 23 22 21	20 ... 16	15 ... 12	11	10	9 ... 5	4 ... 0
sf	0 0	1 1 0 1 0 1 0 0	Rm	cond	0	1	Rn	Rd
op						o2		

▲圖 5.3 CSINC 指令的編碼

5.2 跳轉與傳回指令

5.2.1 跳轉指令

撰寫組合語言程式碼常常會使用跳轉指令，A64 指令集提供了多種不同功能的跳轉指令，如表 5.1 所示。

表 5.1 跳轉指令

指令	描述
B	跳轉指令。指令的格式如下。 `B label` 該跳轉指令可以在當前 PC 偏移量 ±128 MB 的範圍內無條件地跳轉到 label 處
B.cond	有條件的跳轉指令。指令的格式如下。 `B.cond label` 如 B.EQ，該跳轉指令可以在當前 PC 偏移量 ±1 MB 的範圍內有條件地跳轉到 label 處
BL	帶傳回位址的跳轉指令。指令的格式如下。 `BL label` 和 B 指令類似，不同的地方是，BL 指令將傳回位址設定到 LR（X30 暫存器）中，保存的值為呼叫 BL 指令的當前 PC 值加上 4
BR	跳轉到暫存器指定的位址。指令的格式如下。 `BR Xn`
BLR	跳轉到暫存器指定的位址。指令的格式如下。 `BLR Xn` 和 BR 指令類似，不同的地方是，BLR 指令將傳回位址設定到 LR（X30 暫存器）中

B 指令的編碼如圖 5.4 所示，其中 label 在指令編碼的 imm26 欄位中。

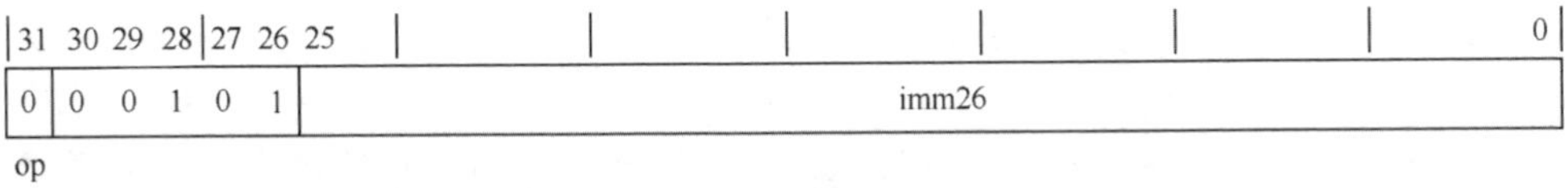

31	30 29 28 27 26	25 ... 0
0	0 0 1 0 1	imm26
op		

▲圖 5.4 B 指令的編碼

B.cond 指令的編碼如圖 5.5 所示，其中 label 在指令編碼的 imm19 欄位中，cond 在指令編碼的 cond 欄位中。

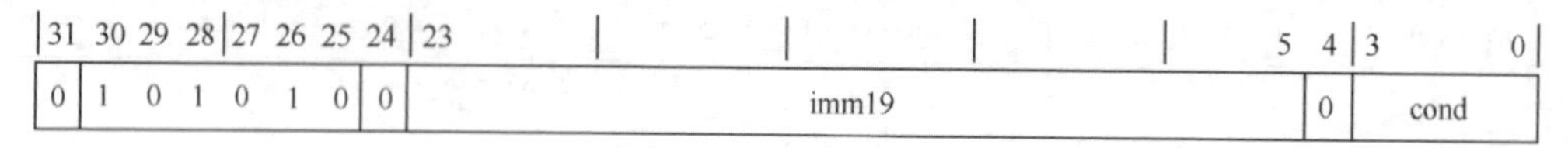

▲圖 5.5 B.cond 指令的編碼

從圖 5.4 和圖 5.5 可知 B 與 B.cond 指令的跳轉範圍的差別。BL 指令為分支與連結（Branch and Link）指令，連結的意思是包含了呼叫者的位址，以便子函數傳回到正確的位址。通常，呼叫者（caller）把參數放到 X0 ～ X7 暫存器中，然後使用 BL 指令來跳轉到子函數中，這裡子函數通常稱為被呼叫者（callee）。呼叫者在呼叫 BL 指令時會把當前程式執行的位址（即 PC 值）加上 4，保存到 LR（X30 暫存器）中，從而保證被呼叫者傳回時能正確連結（傳回）到 BL 指令的下一筆指令。

5.2.2 傳回指令

A64 指令集提供了兩筆傳回指令。

- RET 指令：通常用於子函數的傳回，其傳回位址保存在 LR 裡。
- ERET 指令：從當前的異常模式傳回。它會把 SPSR 的內容恢復到 PSTATE 暫存器中，從 ELR 中獲取跳轉位址並傳回到該位址。ERET 指令可以實現處理器模式的切換，比如從 EL1 切換到 EL0。

5.2.3 比較並跳轉指令

A64 指令集還提供了幾個比較並跳轉指令，如表 5.2 所示。

表 5.2 比較並跳轉指令

指　令	描　述
CBZ	比較並跳轉指令。指令的格式如下。 `CBZ Xt, label` 判斷 Xt 暫存器是否為 0，若為 0，則跳轉到 label 處，跳轉範圍是當前 PC 相對偏移量 ±1 MB
CBNZ	比較並跳轉指令。指令的格式如下。 `CBNZ Xt, label` 判斷 Xt 暫存器是否不為 0，若不為 0，則跳轉到 label 處，跳轉範圍是當前 PC 相對偏移量 ±1 MB

指　令	描　述
TBZ	測試位元並跳轉指令。指令的格式如下。 `TBZ R<t>, #imm, label` 判斷 *Rt* 暫存器中第 imm 位元是否為 0，若為 0，則跳轉到 label 處，跳轉範圍是當前 PC 相對偏移量 ±32 KB
TBNZ	測試位元並跳轉指令。指令的格式如下。 `TBNZ R<t>, #imm, label` 判斷 *Rt* 暫存器中第 imm 位元是否不為 0，若不為 0，則跳轉到 label 處，跳轉範圍是當前 PC 相對偏移量 ±32 KB

5.3 陷阱：為什麼在 RET 指令之後系統就崩潰了

在組合語言程式碼裡可以使用 BL 指令來呼叫子函數，不過處理不當會導致系統崩潰。因為使用 BL 指令跳轉到子函數時會修改 LR（X30 暫存器）的值，把當前 PC+4 的值寫入 LR 中。這就把父函數的 LR 給修改了，導致父函式呼叫 RET 指令傳回時系統崩潰。

【例 5-4】下面的程式中，bl_test 函式呼叫 csel_test 子函數。

```
1     /*
2       bl_test 函式呼叫 csel_test 子函數
3     */
4     .global csel_test
5     csel_test:
6         cmp x0, 0
7         sub x2, x1, 1
8         add x3, x1, 2
9         csel x0, x3, x2, eq
10        ret
11
12    .global bl_test
13    bl_test:
14        mov x0, 1
15        mov x1, 3
16        bl csel_test
17        ret
```

在上述程式中，bl_test 函數透過 RET 指令（第 17 行）傳回時系統就會崩潰，如圖 5.6 所示。下面是分析的過程。

在第 13 行中，假設程式執行到 bl_test 函數時，LR 的值為 0x80508。

在第 16 行中，呼叫子函數 csel_test，此時 PC 值為 0x806C0。

在第 5 行中，程式執行 csel_test 子函數，此時 LR 的值被改寫為 0x806C4。因為 LR 的值為呼叫子函數的 BL 指令的 PC 值加上 4。

子函數 csel_test 執行 ret，傳回第 17 行，此時的 LR 的值為 0x806C4。而對於父函數 bl_test 來說，只有它的 LR 的值為 0x80508，才能正確傳回，因此在這裡系統會崩潰。

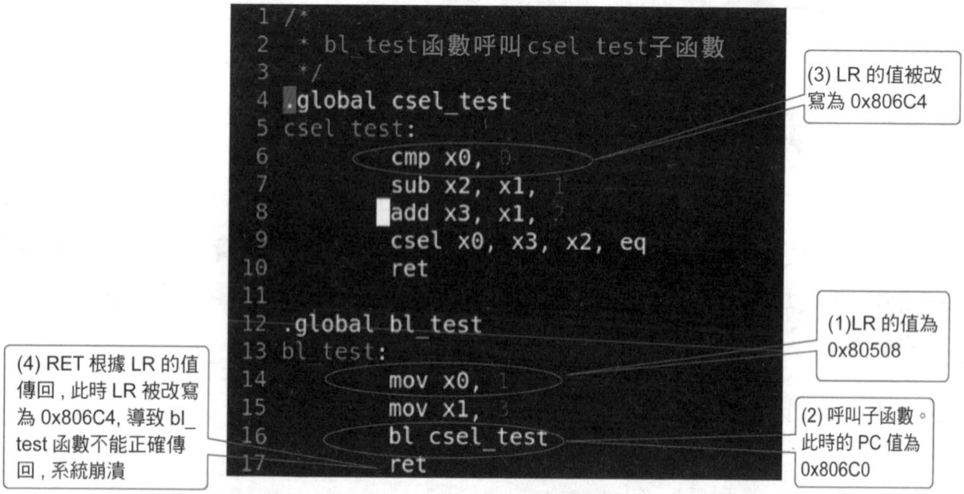

```
 1 /*
 2  * bl_test函數呼叫csel_test子函數
 3  */
 4 .global csel_test
 5 csel_test:
 6         cmp x0, 0
 7         sub x2, x1, 1
 8         add x3, x1, 2
 9         csel x0, x3, x2, eq
10         ret
11
12 .global bl_test
13 bl_test:
14         mov x0, 1
15         mov x1, 3
16         bl csel_test
17         ret
```

(3) LR 的值被改寫為 0x806C4

(1)LR 的值為 0x80508

(2) 呼叫子函數。此時的 PC 值為 0x806C0

(4) RET 根據 LR 的值傳回，此時 LR 被改寫為 0x806C4，導致 bl_test 函數不能正確傳回，系統崩潰

▲圖 5.6 BL 指令導致系統崩潰

解決辦法是在遇到嵌套呼叫函數時在父函數裡把 LR 的值保存到一個臨時暫存器。在父函數傳回之前，先從臨時暫存器中恢復 LR 的值，再執行 RET 指令。如圖 5.7 所示，使用 MOV 指令先把 LR（X30 暫存器）的值儲存到 X6 暫存器中，然後在父函數傳回之前從 X6 暫存器中取回 LR 的內容。

總之，這裡涉及 LR 中值的保存，常見的做法是在函數入口中把 LR 和 FP 暫存器的值都保存到堆疊中，在函數傳回時從堆疊中恢復 LR 和 FP 暫存器的值，如圖 5.8 所示。

```
.global bl_test
bl_test:
        /*
         * 把x30寄存器的值保存到临时寄存器里
         */
        mov x6, x30
        mov x0, 1
        mov x1, 3
        bl csel_test

        /*
         * 恢复bl_test函数的返回地址，否则会出错
         */
        mov x30, x6
        ret
```

▲圖 5.7 解決方案

```
.global bl_test
bl_test:
        /*
           把PF和LR压入栈中
         */
        stp x29, x30, [sp, #-16]!
        mov x0, 1
        mov x1, 3
        bl csel_test

        /*
           从栈中恢复FP和LR
         */
        ldp x29, x30, [sp], #16
        ret
```

▲圖 5.8 把 LR 中的值保存到堆疊中

5.4 實驗

5.4.1 實驗 5-1：CMP 和 CMN 指令

1．實驗目的

熟練使用 CMP 和 CMN 指令以及條件操作尾碼。

2．實驗要求

請在 BenOS 裡做如下練習。

（1）練習 CMN 指令。假設 X1=1，X2=-3，使用 CMN 指令來比較兩個數，當結果為負數的時候，繼續迴圈和比較，並且令 X2+=1。使用 NZCV 暫存器來查看條件標識位元變化情況。

（2）練習 CMP 指令。假設 X1=1，X2=3，使用 CMP 指令來比較 X1 和 X2 兩個數，當結果為大於或等於時繼續迴圈和比較，並且令 X1+=1。使用 NZCV 暫存器來查看對應的條件標識位元變化情況。

5.4.2 實驗 5-2：條件選擇指令

1．實驗目的

熟練使用條件選擇指令。

2．實驗要求

請在 BenOS 裡做如下練習。

請使用條件選擇指令來實現如下 C 語言函數。

```
unsigned long csel_test(unsigned long a, unsigned long b)
{
    if (a == 0)
            return b +2;
    else
            return b - 1;
}
```

5.4.3 實驗 5-3：子函數跳轉

1．實驗目的

熟練組合語言中的子函數跳轉。

2．實驗要求

請在 BenOS 裡做如下練習。

（1）建立 bl_test 的組合語言函數，在該組合語言函數裡使用 BL 指令來跳轉到實驗 5-2 實現的 csel_test 組合語言函數。

（2）在 kernel.c 檔案中，使用 C 語言呼叫 bl_test 的組合語言函數。

第 6 章

A64 指令集 4——其他重要指令

本章思考題

1．ADR/ADRP 與虛擬指令 LDR 有什麼區別？

2．ADRP 指令獲取的是與 4 KB 對齊的位址，4 KB 以內的偏移量如何獲取？

3．下面的 SVC 指令中，0x0 是什麼意思？

```
mov   x8, #__NR_clone
svc    0x0
```

本章主要介紹 A64 指令集中其他重要的指令，例如 PC 相對位址載入指令、記憶體獨占存取指令、異常處理指示、系統暫存器存取指令等。

6.1 PC 相對位址載入指令

A64 指令集提供了 PC 相對位址載入指令——ADR 和 ADRP 指令。

ADR 指令的格式如下。

```
ADR <Xd>, <label>
```

ADR 指令載入一個在當前 PC 值 ±1 MB 範圍內的 label 位址到 X*d* 暫存器中。

ADR 指令的編碼如圖 6.1 所示。

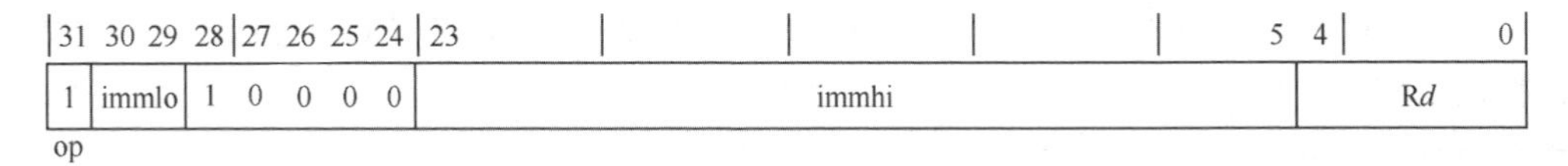

31	30 29	28 27 26 25 24	23 … 5	4 … 0
1	immlo	1 0 0 0 0	immhi	R*d*
op				

▲圖 6.1 ADR 指令的編碼

- X*d*：目標暫存器，它對應指令編碼中的 R*d* 欄位。
- Label：標籤的位址，它對應指令編碼中的 “immhi:immlo” 欄位，它是相對於該指令位址（即 PC 值）的偏移量，偏移量的範圍為- 1 MB ～ 1 MB。

ADRP 指令的格式如下。

```
ADRP <Xd>, <label>
```

ADRP 指令載入一個在當前 PC 值一定範圍內的 label 位址到 Xd 暫存器中，這個位址與 label 所在的位址按 4 KB 對齊，偏移量的範圍為- 4 GB ～ 4 GB。

ADRP 指令的編碼如圖 6.2 所示。

- ❑ X*d*：目標暫存器，它對應指令編碼中的 R*d* 欄位。
- ❑ Label：標籤的位址，它對應指令編碼中的 “immhi:immlo” 欄位，它是相對於該指令位址（即 PC 值）的偏移量，並且這個偏移量需要左移 12 位元，因此偏移量的範圍變成了- 4 GB ～ 4 GB。

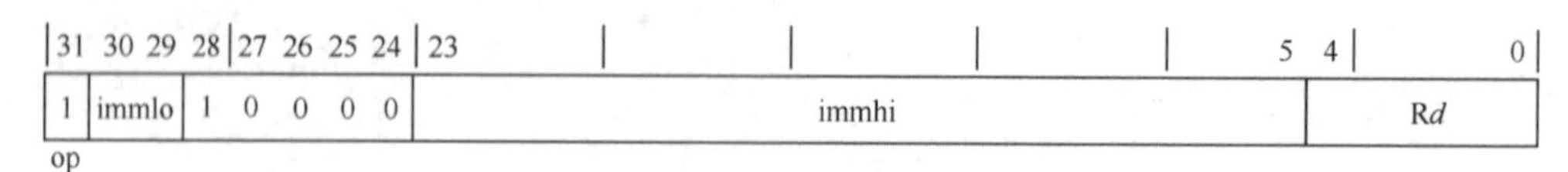

▲圖 6.2 ADRP 指令的編碼

ADRP 指令傳回的位址如圖 6.3 所示。圖中位址 B 為 label 的實際位址，位址 A 與 label 所在位址按 4 KB 對齊，因此 ADR 指令傳回位址 B，而 ADRP 指令傳回位址 A。

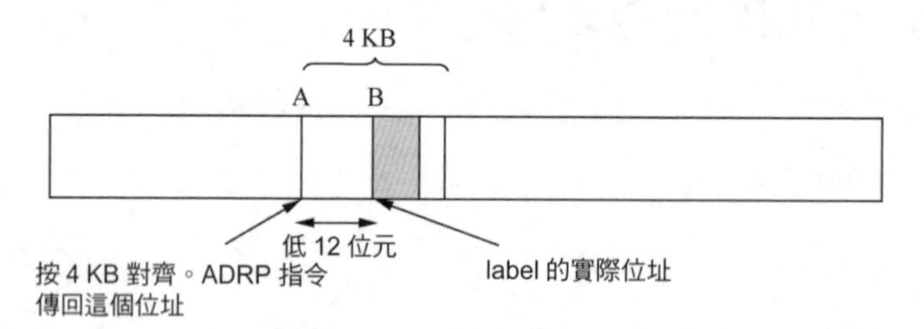

▲圖 6.3 ADRP 指令傳回的位址

【例 6-1】如下程式透過 ADR 和 ADRP 指令來讀取 my_data1 標籤的位址以及對應的內容。

```
1    /*8 位元組對齊 */
2
3    align 3
4    my_data1:
5        .dword 0x8a
6
7    /*adrp_test 測試函數 */
```

```
8    adrp_test:
9        adr x0, my_data1
10       ldr x1, [x0]
11
12       adrp x2, my_data1
13       ldr x3, [x2]
14
15       ret
```

透過 GDB 偵錯上述程式，我們會發現 X0 暫存器的值為 0x806A8，這是 my_data1 標籤的位址，而 X2 暫存器的值為 0x80000，這顯然是 my_data1 標籤的位址按 4 KB 對齊的位址，如圖 6.4 所示。第 10 行讀出的內容為 0x8A，即 my_data1 標籤處定義的資料，而第 13 行讀取的資料不是 my_data1 標籤處定義的資料。

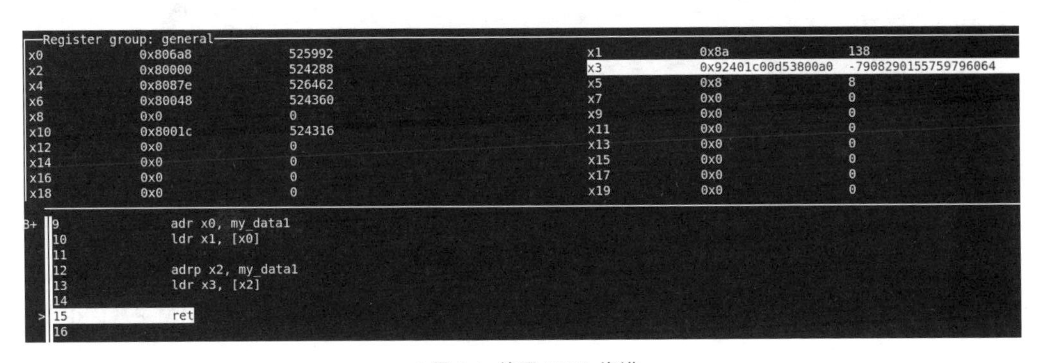

▲圖 6.4　使用 GDB 偵錯

如果想透過 ADRP 指令來獲取 my_data1 標籤的位址，那麼需要使用 GNU 組譯器中的 “#:lo12:” 功能，它表示 4 KB 大小的偏移量。修改後的程式如下。

```
adrp x2, my_data1
add x2, x2, #:lo12:my_data1
ldr x3, [x2]
```

6.2 LDR 和 ADRP 指令的區別

既然 LDR 虛擬指令和 ADRP 指令都可以載入 label 的位址，而且 LDR 虛擬指令可以定址 64 位元的位址空間，而 ADRP 指令的定址範圍為當前 PC 位址 ± 4 GB，那麼有了 LDR 虛擬指令為什麼還需要 ADRP 指令呢？

下面以一個例子來說明。

【例 6-2】假設我們編譯的樹莓派程式的連結位址為 0xFFFF000000080000。樹莓派在通電重置後，韌體（比如 BOOTROM）會把程式載入到 0x80000 位址處，如圖 6.5 所示，此時，執行位址不等於連結位址。如果需要載入程式中定義的一個變數位址，例如 init_pg_dir，應該使用 “adrp x0, init_pg_dir” 還是 “ldr x0, = init_pg_dir” 呢？

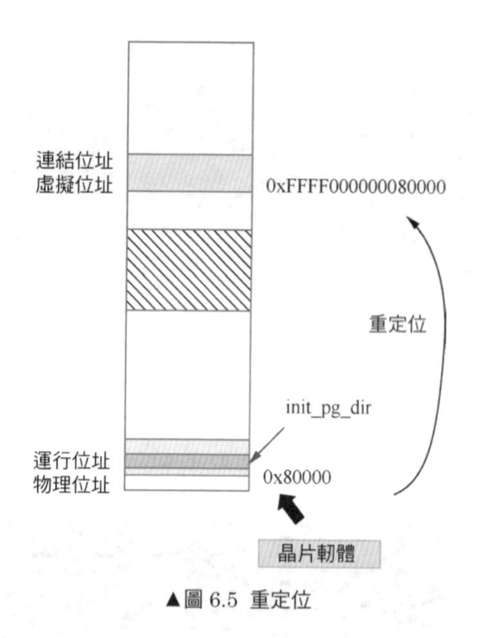

▲圖 6.5 重定位

在這個範例中，我們只能使用 ADR/ADRP 指令，因為 LDR 虛擬指令和 ADR/ADRP 指令有基本的差異。

LDR 虛擬指令載入的是絕對位址，即程式編譯時的連結位址。ADR/ADRP 指令載入的是當前 PC 的相對位址（PC relative-address），即當前 PC 值加上 label 的偏移量，可以視為當前執行時期 label 的物理位址。

因此，我們需要根據執行位址和連結位址是否相同來區別對待。

- 當執行位址等於連結位址時，LDR 虛擬指令載入的位址等於 ADR/ADRP 指令載入的位址。
- 當執行位址不等於連結位址時，LDR 虛擬指令載入的是 label 的連結位址，ADR/ADRP 指令載入的是 label 的物理位址。

在本例中，由於當前程式的執行位址為 0x80000，而程式編譯時的連結位址為 0xFFFF000000080000，因此我們應該使用 “adrp x0, init_pg_dir” 來載入 init_pg_dir 標籤的位址。如果使用 “ldr x0, = init_pg_dir” 這筆指令，就載入了 init_pg_dir 標籤的連結位址，例如 0xFFFF000000088800，這是一個虛擬位址。此時，由於 CPU 還沒有建立虛擬位址到物理位址的映射，因此程式就會出錯。

6.3 記憶體獨占存取指令

ARMv8 系統結構都提供獨占記憶體存取（exclusive memory access）的指令。在 A64 指令集中，LDXR 指令嘗試在記憶體匯流排中申請一個獨占存取的鎖，然後存取一個記憶體位址。STXR 指令會往剛才 LDXR 指令已經申請獨占存取的記憶體位址中寫入新內容。通常組合使用 LDXR 和 STXR 指令來完成一些同步操作。

另外，ARMv8 還提供多位元組（16 位元組）獨占存取的指令，即 LDXP 和 STXP 指令。獨占記憶體存取指令如表 6.1 所示。

表 6.1 獨占記憶體存取指令

指令	描述
LDXR	獨占記憶體存取指令。指令的格式如下。 `LDXR Xt, [Xn|SP{,#0}]`
STXR	獨占記憶體存取指令。指令的格式如下。 `STXR Ws, Xt, [Xn|SP{,#0}]`
LDXP	多位元組獨占記憶體存取指令。指令的格式如下。 `LDXP Xt1, Xt2, [Xn|SP{,#0}]`
STXP	多位元組獨占記憶體存取指令。指令的格式如下。 `STXP Ws, Xt1, Xt2, [Xn|SP{,#0}]`

關於記憶體獨占存取指令的應用，請參考第 20 章。

6.4 異常處理指示

A64 指令集支援多個異常處理指示，如表 6.2 所示。

表 6.2 異常處理指示

指令	描述
SVC	系統呼叫指令。指令的格式如下。 `SVC #imm` 允許應用程式透過 SVC 指令自陷到作業系統中，通常會陷入 EL1
HVC	虛擬化系統呼叫指令。指令的格式如下。 `HVC #imm` 允許主機作業系統透過 HVC 指令自陷到虛擬機器管理程式（hypervisor）中，通常會陷入 EL2
SMC	安全監控系統呼叫指令。指令的格式如下。 `SMC #imm` 允許主機作業系統或者虛擬機器管理程式透過 SMC 指令自陷到安全監管程式（secure monitor）中，通常會陷入 EL3

以 SVC 指令為例，SVC 指令的格式如下。

```
SVC #imm
```

SVC 指令後面帶一個參數 imm，這個參數在指令編碼的 imm16 欄位裡，它的取值範圍為 0 ～ 65 535，如圖 6.6 所示。

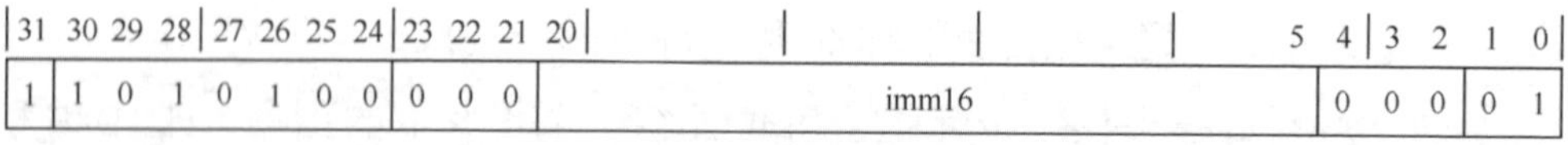

31	30 29 28 27 26 25 24	23 22 21	20 … 5	4 3 2	1 0
1	1 0 1 0 1 0 0	0 0 0	imm16	0 0 0	0 1

▲圖 6.6 SVC 指令的編碼

CPU 執行 SVC 指令之後進入 EL1，此時的異常類型為 SVC，在 ISS 編碼裡可以讀出 imm 參數的值。

作業系統一般不使用 imm 參數來傳遞系統呼叫編號（system call number），而透過通用暫存器來傳遞。CPU 執行 SVC 指令之後，進入了異常處理，在異常處理中需要把異常觸發的現場保存到核心堆疊裡。作業系統可以利用這個特性，使用一個通用暫存器來傳遞系統呼叫編號，而 imm 參數一般用於偵錯。

【例 6-3】如下程式使用了異常處理指示。

```
mov    x8, #__NR_clone
svc    0x0
```

關於 SVC 指令在作業系統中的應用，請參考第 21 章。

6.5 系統暫存器存取指令

在 ARMv7 系統結構中，透過存取 CP15 輔助處理器存取系統暫存器；而在 ARMv8 系統結構中存取方式有大幅改進和最佳化。MRS 和 MSR 兩筆指令可用於直接存取系統暫存器，如表 6.3 所示。

表 6.3　系統暫存器存取指令

指　令	描　述
MRS	讀取系統暫存器的值到通用暫存器
MSR	更新系統暫存器的值

ARMv8 系統結構支援如下 7 類系統暫存器：

- ❑ 通用系統控制暫存器；
- ❑ 偵錯暫存器；
- ❑ 性能監控暫存器；
- ❑ 活動監控暫存器；
- ❑ 統計擴充暫存器；

- RAS 暫存器；
- 通用計時器暫存器。

【例 6-4】要存取系統控制暫存器（System Control Register，SCTLR），指令如下。

```
mrs   x20, sctlr_el1    //讀取 SCTLR_EL1
msr   sctlr_el1, x20    //設定 SCTLR_EL1
```

SCTLR_EL1 可以用來設定很多系統內容，如系統大 / 小端等。

除存取系統暫存器之外，MSR 和 MRS 指令還能存取與 PSTATE 暫存器相關的欄位。這些欄位可以看作特殊的系統暫存器，如表 6.4 所示。

表 6.4　特殊的系統暫存器

特殊的系統暫存器	說　明
CurrentEL	獲取當前系統的異常等級
DAIF	獲取和設定 PSTATE 暫存器中的 DAIF 遮罩
NZCV	獲取和設定 PSTATE 暫存器中的條件遮罩
PAN	獲取和設定 PSTATE 暫存器中的 PAN 欄位
SPSel	獲取和設定當前暫存器的 SP 暫存器
UAO	獲取和設定 PSTATE 暫存器中的 UAO 欄位

【例 6-5】在 Linux 核心程式中使用如下指令來關閉本機處理器的中斷。

```
<arch/arm64/include/asm/assembler.h>

.macro disable_daif
    msr     daifset, #0xf
.endm

.macro enable_daif
     msr     daifclr, #0xf
.endm
```

disable_daif 巨集用來關閉本機處理器中 PSTATE 暫存器中的 DAIF 功能，也就是關閉處理器偵錯、系統錯誤、IRQ 以及 FIQ。而 enable_daif 巨集用來打開上述功能。

【例 6-6】下面的程式用於設定 SP 暫存器和獲取當前異常等級，程式實現參見 arch/arm64/kernel/ head.S 組合語言檔案。

```
<arch/arm64/kernel/head.S>
```

```
ENTRY(el2_setup)
    msr SPsel, #1              // 設定 SP 暫存器，使用 SP_EL1
    mrs x0, CurrentEL          // 獲取當前異常等級
    cmp x0, #CurrentEL_EL2
    b.eq    1f
```

6.6 記憶體屏障指令

ARMv8 系統結構實現了一個弱一致性記憶體模型，記憶體的存取次序可能和程式預期的次序不一樣。A64 和 A32 指令集提供了記憶體屏障指令，如表 6.5 所示。

表 6.5 記憶體屏障指令

指　令	描　述
DMB	資料儲存屏障（Data Memory Barrier，DMB）確保在執行新的記憶體存取前所有的記憶體存取都已經完成
DSB	資料同步屏障（Data Synchronization Barrier，DSB）確保在下一個指令執行前所有的記憶體存取都已經完成
ISB	指令同步屏障（Instruction Synchronization Barrier，ISB）清空管線，確保在執行新的指令前，之前所有的指令都已經完成

除此之外，ARMv8 系統結構還提供一組新的載入和儲存指令，顯性包含了記憶體屏障功能，如表 6.6 所示。

表 6.6 新的載入和儲存指令

指　令	描　述
LDAR	載入 - 獲取（load-acquire）指令。 LDAR 指令後面的讀寫記憶體指令必須在 LDAR 指令之後才能執行
STLR	儲存 - 釋放（store-release）指令。 所有的載入和儲存指令必須在 STLR 指令之前完成

6.7 實驗

6.7.1 實驗 6-1：測試 ADRP 和 LDR 虛擬指令

1．實驗目的

熟悉使用 ADRP 和 LDR 虛擬指令。

2．實驗要求

在 BenOS 裡完成如下練習。

（1）在組合語言程式碼中定義 my_test_data 的標籤。

```
.align 3
.globl my_test_data
my_test_data:
        .dword 0x12345678abcdabcd
```

請使用 ADR 和 ADRP 指令來讀取 my_test_data 的位址以及該位址的值。

請使用 LDR 虛擬指令來讀取 my_test_data 的位址以及該位址的值。

（2）修改連結檔案 linker.ld, 在樹莓派 4B 的 4 MB 記憶體位址上分配一個 4 KB 大小的頁面 init_pg_dir，用來儲存頁表。請使用 ADRP 和 LDR 虛擬指令載入 init_pg_dir 的位址到通用暫存器中。

6.7.2 實驗 6-2：ADRP 和 LDR 虛擬指令的陷阱

1．實驗目的

熟悉使用 ADRP 和 LDR 虛擬指令。

2．實驗要求

在實驗 6-1 的基礎上做如下實驗。

修改連結檔案 linker.ld，讓 BenOS 編譯連結位址從 0x80000 修改成 0xFFFF000000080000，然後執行實驗 6-1 的程式，使用 GDB 來觀察 ADRP 和 LDR 虛擬指令有何不同。

提示：當程式的連結位址不等於執行位址時，不能直接使用 “file benos.elf” 命令來載入符號表，否則會載入連結位址上的符號表，導致 GDB 不能單步偵錯。

使用執行位址來載入符號表，例如：

```
add-symbol-file benos.elf  0x80030 -s .text.boot 0x80000 -s .rodata 0x80758
```

其中，部分內容的含義如下。

- 0x80030：text 段的起始位址。
- 0x80000：text.boot 段的起始位址。
- 0x805758：只讀取資料段的起始位址。

我們可以透過 “aarch64-linux-gnu-readelf -S benos.elf” 來查看各個段的連結位址，計算出每個段的偏移量，從而得到最終的執行位址。以 text 段為例，從圖 6.7 可知其連結位址為 0xFFFF000000080030，從而知道它的偏移量為 0x30，加上執行位址的基底位址 0x80000，可得到 text 段的執行位址為 0x80030。

```
rlk@rlk:~/rlk/armv8_trainning/lab01$ aarch64-linux-gnu-readelf -S benos.elf
There are 14 section headers, starting at offset 0x121f0:

Section Headers:
  [Nr] Name              Type             Address           Offset
       Size              EntSize          Flags  Link  Info  Align
  [ 0]                   NULL             0000000000000000  00000000
       0000000000000000  0000000000000000           0     0     0
  [ 1] .text.boot        PROGBITS         ffff000000080000  00010000
       0000000000000030  0000000000000000  AX       0     0     4
  [ 2] .text             PROGBITS         ffff000000080030  00010030
       0000000000000728  0000000000000000  AX       0     0     8
  [ 3] .rodata           PROGBITS         ffff000000080758  00010758
       0000000000000011  0000000000000000   A       0     0     8
  [ 4] .eh_frame         PROGBITS         ffff000000080770  00010770
       0000000000000150  0000000000000000   A       0     0     8
  [ 5] .debug_info       PROGBITS         0000000000000000  000108c0
       000000000000068d  0000000000000000           0     0     1
```

▲圖 6.7 連結位址

6.7.3 實驗 6-3：LDXR 和 STXR 指令的使用 1

1．實驗目的

熟悉使用 LDXR 和 STXR 指令。

2．實驗要求

在 QEMU+ARM64 系統上做如下實驗。

（1）在組合語言程式碼裡定義資料 my_data，初始化為 0，並實現一個組合語言函數 my_atomic_write()，在 C 語言中呼叫該函數來寫入新資料。

```
p1 = my_atomic_write(0x34); //往my_data中寫入0x34
```

（2）某開發人員實現了上面的組合語言函數 my_atomic_write()，編譯執行之後出現了段錯誤，如圖 6.8 所示。

```
gcc -g atomic_test.c atomic_test.S -o atomic
```

這名開發人員寫的組合語言程式碼如圖 6.9 所示，請找出段錯誤的原因。

```
debian:lab06-3# ./atomic
p1 address: 0xfffff68b9218
Segmentation fault
debian:lab06-3#
```

▲圖 6.8 段錯誤

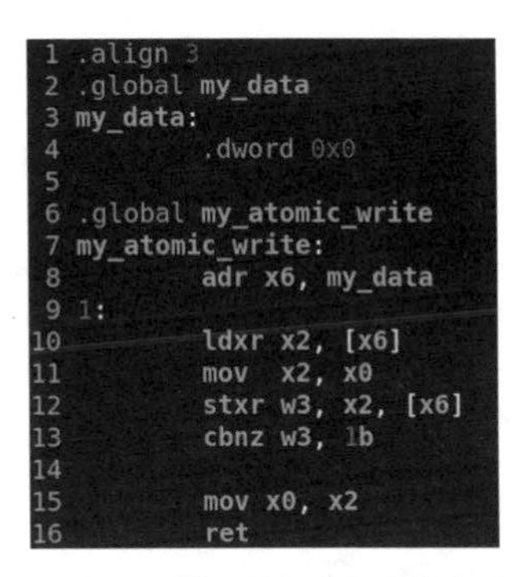

▲圖 6.9 錯誤的組合語言程式碼

提示：請從程式碼片段和資料段的角度來思考這個問題。

（3）請使用 LDXR 和 STXR 指令寫一段組合語言程式碼來實現 atomic_set() 函數，用來設定某位元。atomic_set() 函數的 C 語言實現如下。

```
void atomic_set(int nr, volatile unsigned long *addr)
{
     unsigned long mask = 1UL << nr;

     *p  |= mask;
}
```

6.7.4 實驗 6-4：LDXR 和 STXR 指令的使用 2

1．實驗目的

熟悉使用 LDXR 和 STXR 指令。

2．實驗要求

（1）請在 BenOS 上練習實驗 6-3 的 my_atomic_write() 函數和 atomic_set() 函數。請在 QEMU 虛擬機器裡單步偵錯。

（2）在樹莓派 4B 上使用 J-link EDU 模擬器來單步偵錯 my_atomic_write() 函數和 atomic_set() 函數，觀察會發生什麼情況。

第 7 章

A64 指令集的陷阱

本章主要介紹 A64 指令集中常見的陷阱。

7.1 案例 7-1：載入巨集標籤

在樹莓派 4B 開發板上使用 J-link EDU 模擬器來單步偵錯如下程式，在單步偵錯到 LDR 指令時系統就當機了。

```
1
2   #define MY_LABEL 0x20
3
4   my_data1:
5      .dword 0x8a
6
7   .global ldr_test
8   ldr_test:
9       mov x0, #0
10
11      ldr x6, MY_LABEL
12
13      ret
```

圖 7.1 展示了單步偵錯到 LDR 指令時的結果，透過 “info reg pc” 命令來查看當前 PC 值——0x806B4，該位址不是按 8 位元組對齊的。第 11 行的 LDR 指令是一筆 PC 相對位址的存取指令，它會根據當前 PC 值，再加上 0x20 偏移量，得到造訪網址。也就是說，存取 0x806D4 這個位址，然後讀取 8 位元組內容。這顯然是一個資料未對齊存取的問題。

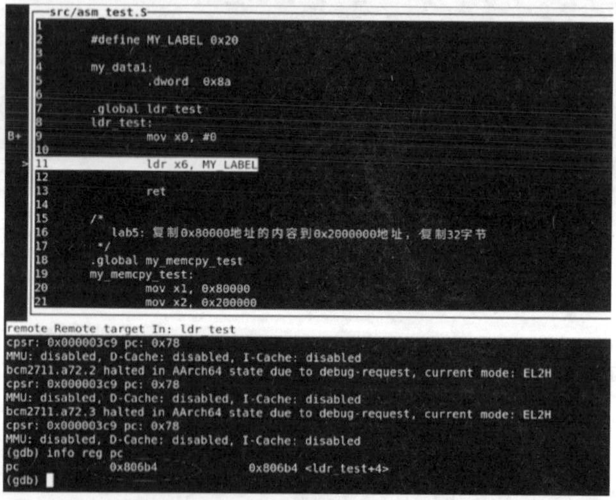

```
src/asm_test.S
1
2        #define MY_LABEL 0x20
3
4        my_data1:
5                .dword  0x8a
6
7        .global ldr_test
8        ldr_test:
B+ 9            mov x0, #0
10
> 11            ldr x6, MY_LABEL
12
13              ret
14
15       /*
16          lab5: 复制0x80000地址的内容到0x2000000地址，复制32字节
17        */
18       .global my_memcpy_test
19       my_memcpy_test:
20              mov x1, 0x80000
21              mov x2, 0x200000
remote Remote target In: ldr_test
cpsr: 0x000003c9 pc: 0x78
MMU: disabled, D-Cache: disabled, I-Cache: disabled
bcm2711.a72.2 halted in AArch64 state due to debug-request, current mode: EL2H
cpsr: 0x000003c9 pc: 0x78
MMU: disabled, D-Cache: disabled, I-Cache: disabled
bcm2711.a72.3 halted in AArch64 state due to debug-request, current mode: EL2H
cpsr: 0x000003c9 pc: 0x78
MMU: disabled, D-Cache: disabled, I-Cache: disabled
(gdb) info reg pc
pc             0x806b4            0x806b4 <ldr_test+4>
(gdb)
```

▲圖 7.1 使用 GDB 偵錯的結果

在 ARMv8 系統結構裡，在沒有啟動 MMU 的情況下，存取記憶體位址變成存取裝置類型的記憶體（device memory）。記憶體類型一般可以分成標準類型記憶體和裝置類型記憶體。

如果對裝置類型記憶體發起不對齊存取，會觸發對齊異常（alignment abort）。系統的 MMU 啟動之後，存取記憶體變成了存取標準類型的記憶體。如果對標準類型的記憶體發起一個不對齊存取，就需要分兩種情況。

- 當 SCTLR_EL*x* 暫存器的 A 欄位為 1 時，觸發一個對齊異常。
- 當 SCTLR_EL*x* 暫存器的 A 欄位為 0 時，系統可以自動完成這次不對齊存取。

在本案例中，當前系統還沒有啟動 MMU，因此對記憶體位址的存取變成了對裝置類型記憶體的存取。第 11 行的 LDR 指令嘗試讀取 8 位元組的資料，而位址不是按 8 位元組對齊的，從而觸發了一個對齊異常，導致系統當機。

解決辦法是把第 11 行改成讀取 4 位元組資料的指令。

```
ldr w6, MY_LABEL
```

7.2 案例 7-2：載入字串

在樹莓派 4B 開發板上使用 J-link EDU 模擬器來單步偵錯如下程式，在單步偵錯到 LDR 指令時系統就崩潰了。

```
1     mydata:
2         .byte 4
3
4     /*string1 表示字串 */
5     .global string1
6     string1:
7         .string "Boot at EL"
8
9     .global ldr_test
10    ldr_test:
11
12        ldr x1, =string1
13        ldr x0, [x1]
14
15        ret
```

其實這也是一個不對齊存取導致的問題，因為沒有辦法保證字串 string1 的起始位址是按 8 位元組對齊的。使用 J-link EDU 模擬器和 GDB 偵錯發現，string1 的起始位址為 0x80581，如圖 7.2 所示。顯然，這不是按 8 位元組對齊的位址。

另外，我們也可以查看 BenOS 編譯的符號表資訊（benos.map 檔案），如圖 7.3 所示。

這個問題的解決辦法是使用 “.align” 虛擬操作來讓 string1 按 8 位元組對齊，程式如下。

```
    .align 3
    .global string1
    string1:
          .string "Boot at EL"
```

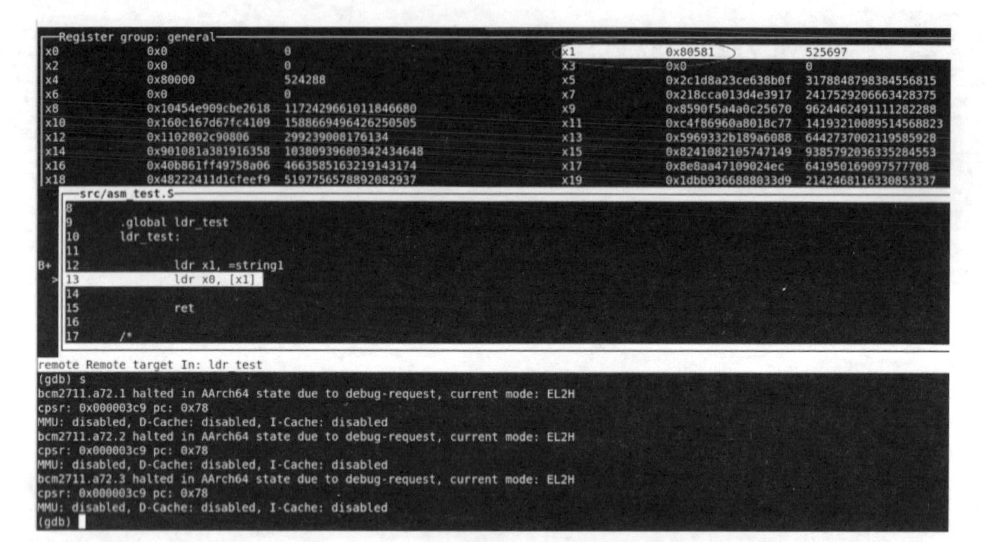

▲圖 7.2 字串對齊問題

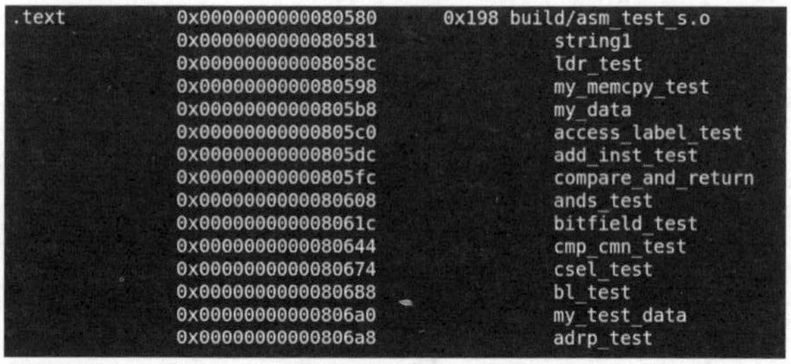

```
.text          0x0000000000080580      0x198 build/asm_test_s.o
               0x0000000000080581               string1
               0x000000000008058c               ldr_test
               0x0000000000080598               my_memcpy_test
               0x00000000000805b8               my_data
               0x00000000000805c0               access_label_test
               0x00000000000805dc               add_inst_test
               0x00000000000805fc               compare_and_return
               0x0000000000080608               ands_test
               0x000000000008061c               bitfield_test
               0x0000000000080644               cmp_cmn_test
               0x0000000000080674               csel_test
               0x0000000000080688               bl_test
               0x00000000000806a0               my_test_data
               0x00000000000806a8               adrp_test
```

▲圖 7.3 BenOS 符號表資訊

7.3 案例 7-3：讀寫暫存器導致樹莓派 4B 當機

當使用 STR 指令設定暫存器時，一定要注意暫存器的位元寬，否則會出現當機問題。例如，樹莓派 4B 上的暫存器位元寬都是 32 位元，即 4 位元組大小。在下面的程式片段中，若嘗試設定數值 0x301 到 U_CR_REG，會有什麼問題？

```
1    #define U_CR_REG (U_BASE+0x30)
2    #define U_IFLS_REG (U_BASE+0x34)
3
4    ldr x1, = U_IBRD_REG
5
6    mov x2,  #0x301
7    str x2,  [x1]
```

根據樹莓派 4B 晶片手冊，U_CR_REG 的偏移量為 0x30，下一個暫存器 U_IFLS_REG 的偏移量為 0x34，因此第 7 行的 STR 指令會修改 U_IFLS_REG 的內容（由於 STR 指令使用了 64 位元的暫存器）。

修改辦法是採用 32 位元的通用暫存器，第 6 ～ 7 行修改後的程式如下。

```
mov w2,  #0x301
str w2,  [x1]
```

注意，在讀取和儲存 32 位元寬的暫存器時，如果處理不當，也可能造成對齊異常，從而導致系統當機。下面的範例程式往 U_IBRD_REG 中寫入數值 26。

```
1    #define U_IBRD_REG (U_BASE+0x24)
2
3    ldr x1, = U_IBRD_REG
4
5    mov x2,  #26
6
7    str x2,  [x1]
```

由於 U_IBRD_REG 的偏移量為 0x24，不按 8 位元組對齊，因此第 7 行的 STR 指令會造成對齊異常。解決辦法是使用 32 位元的通用暫存器，第 7 行修改後的程式如下。

```
mov w2,  #26
str w2,  [x1]
```

7.4 案例 7-4：LDXR 指令導致樹莓派 4B 當機

在樹莓派 4B 開發板上使用 J-link EDU 模擬器來單步偵錯如下程式，在單步偵錯到 CBNZ 指令時系統就崩潰了，如圖 7.4 所示。

```
1    .section.data
2    .align 3
3    .global my_atomic_data
4    my_atomic_data:
5        .dword  0x0
6
     ...
17   .global my_atomic_write
18   my_atomic_write:
19           adr x6, my_atomic_data
20   1:
21          ldxr x2, [x6]
22          orr x2, x2, x0
23          stxr w3, x2, [x6]
24          cbnz w3, 1b
25
26          mov x0, x2
27          ret
```

```
Register group: general
x0             0x345                 837                          x1
x2             0x345                 837                          x3
x4             0x80720               526112                       x5
x6             0x80910               526608                       x7
x8             0x10400a1000300000    1170946966955229184          x9
x10            0x4000009411c0001     288230415898771457           x1
x12            0x1100800110000       299101523607552              x1
x14            0x200900050           8599371856                   x1
x16            0x48c001c540148086    5242191912954527878          x1
x18            0x22010910a0689       598205478340233              x1
src/atomic.S
   17          .global my_atomic_write
   18          my_atomic_write:
   19                  adr x6, my_atomic_data
   20          1:
   21                  ldxr x2, [x6]
   22                  orr x2, x2, x0
   23                  stxr w3, x2, [x6]
  >24                  cbnz w3, 1b
   25
   26                  mov x0, x2
remote Remote target In: my atomic write
MMU: disabled, D-Cache: disabled, I-Cache: disabled
bcm2711.a72.3 halted in AArch64 state due to debug-request, current mode: EL2H
cpsr: 0x000003c9 pc: 0x78
MMU: disabled, D-Cache: disabled, I-Cache: disabled
(gdb) s
Warning:
Cannot insert breakpoint 1.
Cannot access memory at address 0x80638

Command aborted.
(gdb)
```

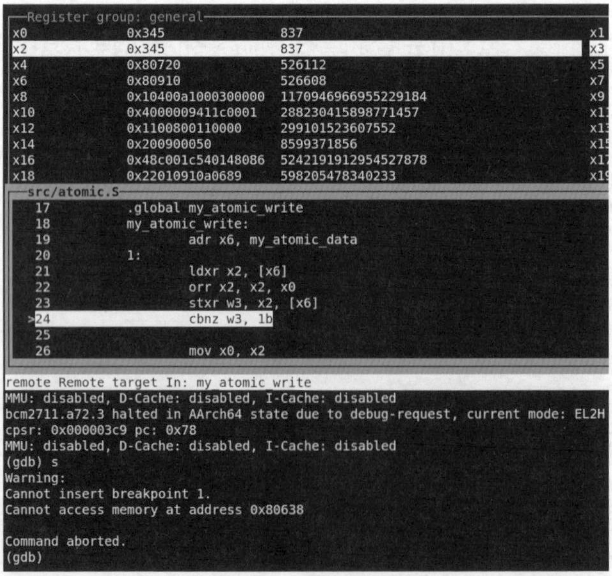

▲圖 7.4 系統崩潰

其實 LDXR 和 STXR 指令的使用是有很多限制條件的。

首先，確保存取的記憶體是標準類型的記憶體，並且快取記憶體是內部共用或者外部共用的。

其次，LDXR 和 STXR 指令的工作原理是在晶片內部使用獨占監視器來監視記憶體的操作。以樹莓派 4B 開發板為例，內部使用 BCM2711 晶片。這塊晶片沒有實現外部全域獨占監視器。因此，在 MMU 沒有啟動的情況下，存取實體記憶體變成了存取裝置類型的記憶體，此時，使用 LDXR 和 STXR 指令會產生不可預測的錯誤。

解決辦法是在 BenOS 裡填充好頁表，打開 MMU 和快取記憶體之後再使用 LDXR 和 STXR 指令。我們會在後面學習完 MMU 和快取記憶體內容之後重新做這個實驗。

7.5 組合語言大作業 7-1：在組合語言中實現序列埠輸出功能

1．實驗目的

熟練使用 A64 組合語言指令。

2．實驗要求

在實際專案開發中，如果沒有硬體模擬器（如 J-link EDU），那麼可以在組合語言程式碼中利用下面幾個常見的偵錯技巧。

- ❑ 利用 LED 實現一個跑馬燈。
- ❑ 序列埠輸出。

樹莓派 4B 上有兩個序列埠裝置，分別是 Mini 序列埠和 PL 序列埠。請在 BenOS 上用組合語言程式碼實現 PL 序列埠的輸出功能，並輸出當前 EL，如圖 7.5 所示。

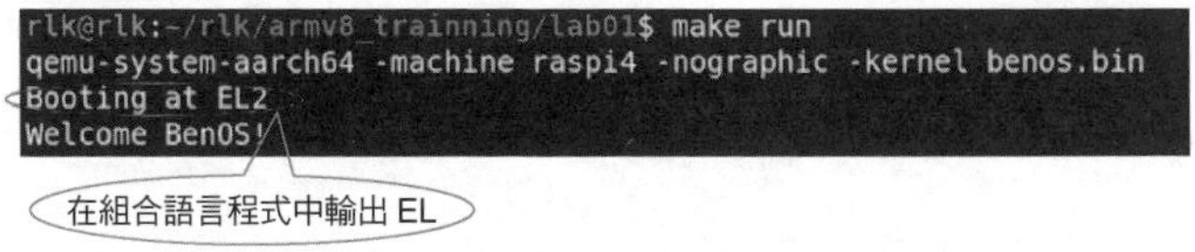

```
rlk@rlk:~/rlk/armv8_trainning/lab01$ make run
qemu-system-aarch64 -machine raspi4 -nographic -kernel benos.bin
Booting at EL2
Welcome BenOS!
```

在組合語言程式中輸出 EL

▲圖 7.5 輸出 EL

7.6 組合語言大作業 7-2：分析 Linux 5.0 的啟動組合語言程式碼

1．實驗目的

熟練使用 A64 組合語言指令。

2．實驗要求

Linux 核心的入口函數是 stext，它在 arch/arm64/kernel/head.S 組合語言檔案中實現。系統通電重置後，經過啟動啟動程式（bootloader）或者 BIOS 的初始化，最終會跳轉到 Linux 核心的入口函數（stext 組合語言函數）。啟動啟動程式會做必要的初始化，如記憶體裝置初始化、磁碟裝置初始化以及將核心映射檔案載入到執行位址等，然後跳轉到 Linux 核心的入口。廣義上，啟動啟動程式也包括虛擬化擴充和安全特性擴充中的啟動程式。

請讀者閱讀從核心組合語言入口到 C 語言入口 start_kernel() 函數之間的組合語言程式碼，並嘗試寫一份分析組合語言程式碼的報告。

第 8 章

GNU 組譯器

本章思考題

1．什麼是組譯器？

2．如何給組合語言程式碼增加註釋？

3．什麼是符號？

4．什麼是虛擬指令？

5．在 ARM64 組合語言中，“.align 3” 表示什麼意思？

6．下面這筆虛擬指令是什麼意思？

```
.section ".idmap.text"," awx»
```

7．在組合語言巨集裡，如何使用參數？

8．下面是 kernel_ventry 巨集的定義。

```
.macro kernel_ventry, el, label
b    el\()\el\()_\label
.endm
```

下面的敘述呼叫 kernel_ventry 巨集，請解釋該巨集是如何展開的。

```
kernel_ventry   1, irq
```

9．ADRP 指令載入 label 位址，它只能載入與該位址按 4 KB 對齊的位址，怎麼載入它在前後 4 KB 以內的偏移量呢？

10．LDR 可以作為普通的載入指令，也可以作為虛擬指令，請解釋下面的程式片段。

```
my_data1:
      .quad  0x100

ldr x1, =my_data1
ldr x2，[x1]
```

本章主要介紹 GNU 組譯器的相關內容。組譯器是將組合語言翻譯為機器目標程式的程式。通常，組合語言程式碼透過組譯器來生成目標程式，然後由連結器來連結成最終的可執行二進位程式。對於 ARM64 的組合語言來說，常用的組譯器有兩種：一種是 ARM 公司提供的組譯器，另一種是 GNU 專案提供的 AS 組譯器。ARM 公司的組譯器採用的 ARM 系統結構官方的組合語言格式（簡稱 ARM 格式），而 AS 組譯器採用的 AT&T 格式。AT&T 格式來自貝爾實驗室，是為開發 UNIX 系統而產生的組合語言語法。

GNU 工具鏈提供了一個名為 “as” 的命令。如圖 8.1 所示，as 命令的版本為 2.35.2，組合語言目的檔案設定成 “aarch64-linux-gnu”，即組合語言後的檔案為 aarch64 系統結構的。

```
debian:mnt# as --version
GNU assembler (GNU Binutils for Debian) 2.35.2
Copyright (C) 2020 Free Software Foundation, Inc.
This program is free software; you may redistribute it under the terms of
the GNU General Public License version 3 or later.
This program has absolutely no warranty.
This assembler was configured for a target of `aarch64-linux-gnu'.
```

▲圖 8.1 as 命令

8.1 編譯流程與 ELF 檔案

本節以一個簡單的 C 語言程式為例。

```
<test.c>

#include <stdio.h>

int data = 10;

int main(void)
{
    printf("%d\n", data);
    return 0;
}
```

GCC 的編譯流程主要分成如下 4 個步驟。

（1）前置處理（pre-process）。GCC 的預編譯器（cpp）對各種前置處理命令進行處理，例如對標頭檔的處理、巨集定義的展開、條件編譯的選擇等。前置處理完成之後，會生成 test.i 檔案。另外，我們也可以透過如下命令來生成 test.i 檔案。

```
gcc -E test.c -o test.i
```

（2）編譯（compile）。C 語言的編譯器（ccl）首先對前置處理之後的原始檔案進行詞法、語法以及語義分析，然後進行程式最佳化，最後把 C 語言程式翻譯成組合語言程式碼。編譯完成之後，生成 test.s 檔案。另外，我們也可以透過如下命令來生成組合語言檔案。

```
gcc -S test.i -o test.s
```

（3）組合語言（assemble）。組譯器（as）把組合語言程式碼翻譯成機器語言，並生成可重定位目的檔案。組合語言完成之後，生成 test.o 檔案。另外，我們可以透過如下命令來生成 test.o 檔案。

```
as test.s -o test.o
```

（4）連結（link）。連結器（ld）會把所有生成的可重定位目的檔案以及用到的函數庫檔案綜合成一個可執行二進位檔案。另外，我們可以透過如下命令來手動生成可執行二進位檔案。

```
ld -o test  test.o -lc
```

圖 8.2 是編譯 test.c 原始程式碼的過程。

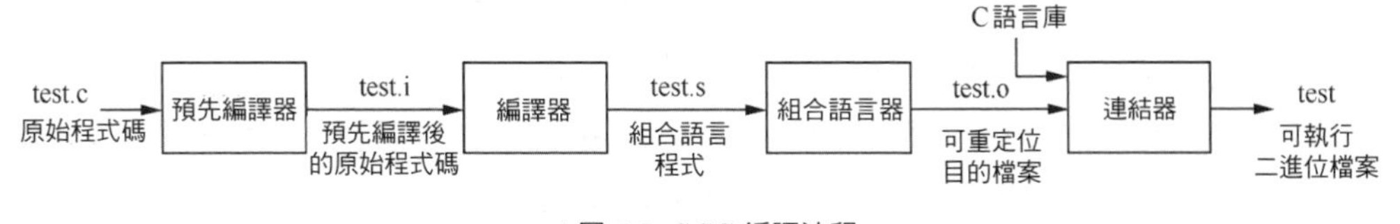

▲圖 8.2 GCC 編譯流程

組合語言階段生成的可重定位目的檔案以及連結階段生成的可執行二進位檔案都是按照一定檔案格式（例如 ELF 格式）組成的二進位目的檔案。在 Linux 系統中，應用程式常用的可執行檔格式是可執行與可連結格式（Executable and Linkable Format，ELF），它是目的檔的一種格式，用於定義不同類型的目的檔中都放了什麼內容，以及以什麼格式存放這些內容。ELF 結構如圖 8.3 所示。

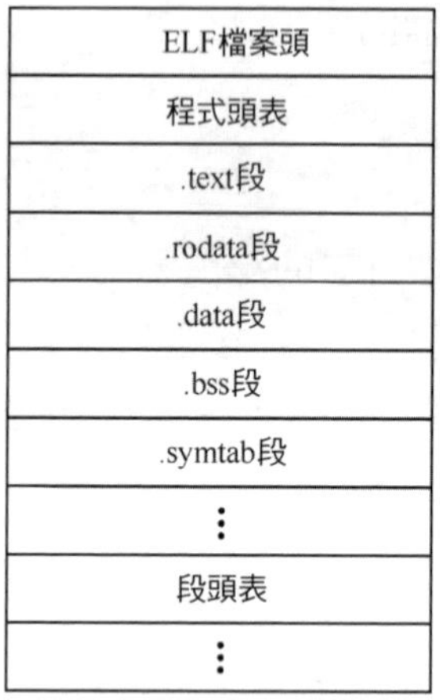

ELF檔案頭
程式頭表
.text段
.rodata段
.data段
.bss段
.symtab段
⋮
段頭表
⋮

▲圖 8.3 ELF 結構

ELF 最開始的部分是 ELF 檔案表頭（ELF header），它包含了描述整個檔案的基本屬性，如 ELF 檔案版本、目的電腦型號、程式入口位址等資訊。程式頭表（program header table）描述如何建立一個處理程序的記憶體映射。程式頭表後面是各個段[1]（section），包括程式（.text）段、只讀取資料（.rodata）段、資料（.data）段、未初始化的資料（.bss）段等。段頭表（section header table）用於描述 ELF 檔案中包含的所有段資訊，如每個段的名字、段的長度、在檔案中的偏移量、讀寫許可權以及段的其他屬性等。

下面介紹常見的幾個段。

- 程式碼片段：存放程式原始程式碼編譯後的機器指令等。
- 只讀取資料段：儲存只能讀取不能寫入的資料。
- 資料段：存放已初始化的全域變數和已初始化的局部靜態變數。
- 未初始化的資料段：存放未初始化的全域變數以及未初始化的局部靜態變數。
- 符號表（.symtab）段：存放函數和全域變數的符號表資訊。
- 可重定位程式（.rel.text）段：儲存程式碼片段的重定位資訊。
- 可重定位資料（.rel.data）段：儲存資料段的重定位資訊。
- 偵錯符號表（.debug）段：儲存偵錯使用的符號表資訊。

1 有的中文教材使用“節”或“區段”。

我們可以透過 readelf 命令來了解一個目標二進位檔案的組成，例如，透過讀取 test 檔案的 ELF 檔案標頭資訊來了解。

```
debian:mnt# readelf -h test
ELF Header:
  Magic:   7f 45 4c 46 02 01 01 00 00 00 00 00 00 00 00 00
  Class:                             ELF64
  Data:                              2' s complement, little endian
  Version:                           1 (current)
  OS/ABI:                            UNIX - System V
  ABI Version:                       0
  Type:                              EXEC (Executable file)
  Machine:                           AArch64
  Version:                           0x1
  Entry point address:               0x4002e0
  Start of program headers:          64 (bytes into file)
  Start of section headers:          5352 (bytes into file)
  Flags:                             0x0
  Size of this header:               64 (bytes)
  Size of program headers:           56 (bytes)
  Number of program headers:         7
  Size of section headers:           64 (bytes)
  Number of section headers:         21
  Section header string table index: 20
```

從上面的資訊可知，test 檔案是一個 ELF64 類型的可執行檔（executable file）。test 程式的入口位址為 0x4002E0。段頭（section header）的數量是 21，程式表頭（program header）的數量是 7。

下面透過 readelf 命令讀取 test 可執行二進位檔案的段頭表的資訊。

```
debian:mnt# readelf -S test
There are 21 section headers, starting at offset 0x14e8:

Section Headers:
  [Nr] Name              Type             Address           Offset
       Size              EntSize          Flags  Link  Info  Align
  …
  [10] .text             PROGBITS         00000000004002e0  000002e0
       0000000000000030  0000000000000000  AX       0     0     4
  [11] .rodata           PROGBITS         0000000000400310  00000310
       0000000000000004  0000000000000000  A        0     0     8
  [16] .data             PROGBITS         0000000000411008  00001008
       0000000000000004  0000000000000000  WA       0     0     4
 [17] .comment           PROGBITS         0000000000000000  0000100c
       0000000000000027  0000000000000001  MS       0     0     1
  …
```

```
Key to Flags:
  W (write), A (alloc), X (execute), M (merge), S (strings), I (info),
  L (link order), O (extra OS processing required), G (group), T (TLS),
  C (compressed), x (unknown), o (OS specific), E (exclude),
  p (processor specific)
```

從上面的資訊可知，test 檔案一共有 21 個段，段頭表從 0x14E8 位址開始。這裡除常見的程式碼片段、資料段以及只讀取資料段之外，還包括其他的一些段。以程式碼片段為例，它的起始位址為 0x4002E0，偏移量為 0x2E0，大小為 0x30B，屬性為可分配（A）和可執行（X）。

組合語言階段生成的可重定位目的檔案和連結階段生成的可執行二進位檔案的主要區別在於，可重定位目的檔案的所有段的起始位址都是 0，讀者可以透過"readelf -S test.o"命令來查看 test.o 檔案的段頭表資訊；而連結器在連結過程中根據連結指令稿的要求會把所有可重定位目的檔案中相同的段（在連結指令稿中稱為輸入段）合併生成一個新的段（在連結指令稿中稱為輸出段）。合併好的輸出段會根據連結指令稿的要求來重新確定每個段的虛擬位址和載入位址。

在預設情況下，連結器使用附帶的連結指令稿，讀者可以透過如下命令來查看附帶的連結指令稿。

```
$ ld --verbose
```

符號表（symbol table）最初在生成可重定位目的檔案時建立，儲存在符號表段中。不過，此時的符號還沒有一個確定的位址，所有號的位址都是 0。符號表包括全域符號、本機符號以及外部符號。連結器在連結過程中對所有輸入可重定位目的檔案的符號表進行符號解析和重定位，每個符號在輸出檔案的對應段中獲得了一個確定的位址，最終生成一個符號表。

8.2 一個簡單的組合語言程式

我們使用兩種方式來編譯和執行一個簡單的組合語言程式：一是在執行 ARM64 版本的 Linux 中編譯和執行組合語言程式，例如執行 Linux 系統的樹莓派 4B 或者執行 ARM64 Linux 的 QEMU 系統；二是撰寫一個裸機的組合語言程式並燒寫到樹莓派 4B 中。對於本節的例子，採用第一種方式。

【例 8-1】下面是一段用組合語言指令寫的程式碼，檔案名稱為 test.S。

```
1    # 測試程式：往終端中輸出 my_data1 資料與 my_data2 資料之和
2    .section .data
3    .align 3
4
5    my_data1:
6            .quad  100
7
8    my_data2:
9            .word  50
10
11   print_data:
12       .string "data: %d\n"
13
14   .align3
15   .section .text
16
17   .global main
18   main:
19       stp     x29, x30, [sp, -16]!
20
21       ldr x5, =my_data1
22       ldr x2, [x5]
23
24       ldr x6, =my_data2
25       ldr x3, [x6]
26
27       add x1, x2, x3
28
29       ldr x0, =print_data
30       bl printf
31
32       ldp  x29, x30, [sp], 16
33       ret
```

首先，把上述程式檔案（test.S 檔案）複製到 Linux/ARM64 系統中。使用 as 命令來編譯 test.S 檔案。

```
# as test.S -o test.o
```

其中，as 為 GNU 組譯器命令，test.S 為組合語言原始檔案，-o 選項告訴組譯器編譯輸出的目的檔案為 test.o。目的檔案 test.o 是機器語言組成的檔案，但是它還不是可執行二進位檔案，我們需要使用連結器把目的檔案合併與連結成一個可執行檔。

```
# ld test.o -o test -Map test.map -lc
```

ld 為 GNU 連結器命令。其中，test.o 是輸入檔案，-o 選項告訴連結器最終連結輸出的二進位檔案為 test，-Map 輸出符號表（用於偵錯），-lc 表示連結 libc 函數庫。

執行 test 程式。

```
benshushu:lab# ./test
data: 150
```

一個可執行二進位檔案由程式碼片段、資料段以及未初始化資料段等組成。程式碼片段存放程式執行程式，資料段存放程式中已初始化的全域變數等，未初始化資料段包含未初始化的全域變數和未初始化的局部靜態變數。此外，可執行二進位檔案還包含符號表（symbol table），這個表包含了程式中定義的所有號相關資訊。

下面分析這個 test.S 組合語言檔案。

第 1 行以 "#" 字元開始，是註釋。

在第 2 行中，以 "." 字元開始的指令是組譯器能辨識的虛擬操作，它不會直接被翻譯成機器指令，而由組譯器來前置處理。".section .data" 用來表明資料段的開始。程式中需要用的資料可以儲存在資料段中。在第 15 行中，".section .text" 表示接下來的程式為程式碼片段。

在第 3 行中，.align 是對齊虛擬操作，參數為 3，因此對齊的位元組大小為 2^3，即接下來的資料所在的起始位址能被 8 整除。

在第 5 ～ 9 行中，".quad" 是資料定義的虛擬指令，用來定義資料元素，資料元素的標籤為 my_data1/ my_data2，它儲存了一個 64 位元的資料。在組合語言程式碼中，任何以 "：" 符號結束的字串都被視為標籤（label）或者符號（symbol）。

在第 11 ～ 12 行中，".string" 是資料定義虛擬指令，用來定義一個字串。

在第 17 行中，".global main" 表示把 main 設定為全域可以存取的符號，main 是一個特殊符號，用來標記該程式的入口位址。符號一般用來標記程式或資料的位置，而非用記憶體位址來標記它們。".global" 是用來定義全域符號的虛擬指令，用來定義一個全域符號，該符號可以是函數的符號，也可以是全域變數的符號。

在第 18 行中，定義 main 標籤。標籤是一個符號，後面跟著一個冒號。標籤定義一個符號的值，當組譯器對程式進行編譯時會為每個符號分配位址。標籤的作用是告訴組譯器以該符號的位址作為下一個指令或者資料的起始位址。

第 19 ～ 33 行是這個程式的主體。

在第 19 行中，把 X29 和 X30 暫存器的值保存到堆疊中。

第 21 行是一筆 LDR 虛擬指令，用於載入 my_data1 標籤的位址到 X5 暫存器中。

在第 22 行中，讀取 my_data1 標籤的位址的內容到 X2 暫存器。

在第 24 ～ 25 行中，讀取 my_data2 標籤的位址的內容到 X3 暫存器。

在第 27 行中，使用 ADD 指令把 X2 和 X3 暫存器的值相加，把結果儲存在 X1 暫存器中。

第 29 行也是一筆 LDR 虛擬指令，用於載入 print_data 標籤的位址到 X0 暫存器。

在第 30 行中，透過 BL 指令呼叫 C 函數庫的 printf 函數。

在第 32 行中，從堆疊中恢復 X29 和 X30 暫存器的值。

在第 33 行中，函數傳回並結束。

我們可以透過 readelf 命令來獲取 test 程式的符號表。readelf 命令通常用於查看 ELF 格式的檔案資訊，其中 "-s" 選項用來顯示符號表的內容。

```
debian:mnt# readelf -s test

Symbol table <.symtab> contains 35 entries:
   Num:    Value          Size Type    Bind   Vis      Ndx Name
     0: 0000000000000000     0 NOTYPE  LOCAL  DEFAULT  UND
    15: 0000000000000000     0 FILE    LOCAL  DEFAULT  ABS test.o
    16: 0000000000411008     0 NOTYPE  LOCAL  DEFAULT   14 $d
    17: 0000000000411008     0 NOTYPE  LOCAL  DEFAULT   14 my_data1
    18: 0000000000411010     0 NOTYPE  LOCAL  DEFAULT   14 my_data2
    19: 0000000000411014     0 NOTYPE  LOCAL  DEFAULT   14 print_data
    26: 0000000000411020     0 NOTYPE  GLOBAL DEFAULT   14 __bss_start__
    27: 0000000000411020     0 NOTYPE  GLOBAL DEFAULT   14 _bss_end__
    28: 0000000000411020     0 NOTYPE  GLOBAL DEFAULT   14 _edata
    29: 0000000000411020     0 NOTYPE  GLOBAL DEFAULT   14 __bss_end__
    30: 0000000000411020     0 NOTYPE  GLOBAL DEFAULT   14 _end
    31: 00000000004002b0     0 NOTYPE  GLOBAL DEFAULT   10 main
    32: 0000000000411020     0 NOTYPE  GLOBAL DEFAULT   14 __end__
    33: 0000000000411020     0 NOTYPE  GLOBAL DEFAULT   14 __bss_start
```

從上面的日誌可知，test 程式的符號表包含 35 個記錄。其中，my_data1 標籤的位址為 0x411008，my_data2 標籤的位址為 0x411010，而 main 符號的位址為 0x4002B0。

8.3 組合語言語法

下面介紹 as 組譯器中常見的語法。

8.3.1 註釋

組合語言程式碼可以透過如下方式來註釋。

- "//" 或者 "#"：如果在一行的開始，表示註釋整行；如果出現在一行中間，可以註釋後面的內容。
- "/* */"：可以跨行註釋。

8.3.2 符號

符號（symbol）是一個核心概念。程式設計師使用符號來命名事物，連結器使用符號來連結，偵錯器使用符號來偵錯。符號一般用來標記程式或資料的位置，而不用記憶體位址來標記它們，如果使用記憶體位址來標記，那麼程式設計師必須記住每行程式或者資料的記憶體位址，這將是一件很痛苦的事情。

符號可以由下面幾種字元組合而成：

- 所有字母（包括大寫和小寫）；
- 數字；
- "_""." 以及 "$" 這三個字元。

符號可以代表它所在的位址，也可以當作變數或者函數來使用。

全域符號（global symbol）可以使用 .global 來宣告。全域符號可以被其他模組引用，例如，C 語言可以引用全域符號。

本機符號（local symbol）主要在本機組合語言程式碼中引用。在 ELF 格式中，通常使用 ".L" 字首來定義一個本機符號。本機符號不會出現在符號表中。

本機標籤（local label）可供組譯器和程式設計師臨時使用。標籤的符號要保證在組合語言檔案的範圍內都是唯一的，並且可以用簡單的符號來引用。標籤通常使用 0 ～ 99 的整數作為編號，和 f 指令與 b 指令一起使用。其中，f 表示組譯器向前搜索，b 表示組譯器向後搜索。

我們可以重複定義相同的本機標籤，例如，使用相同的數字 *N*。跳轉指令只能引用最近定義的本機標籤（向後引用或者向前引用）。

【例 8-2】下面的組合語言程式碼使用數字來定義標籤的編號。

```
1:
    b 1f
2:
    b 1b
1:
    b 2f
2:
    b 1b
```

上述組合語言程式碼等於如下組合語言程式碼。

```
label_1:
        b label_3
label_2:
        b label_1
label_3:
        b label_4
label_4:
        b label_3
```

8.4 常用的虛擬指令

虛擬指令是對組譯器發出的命令，它在來源程式組合語言期間由組譯器處理。虛擬指令是由組譯器前置處理的指令，它可以分解為幾筆指令的集合。另外，虛擬指令僅在組譯器編譯期間起作用。當組合語言結束時，虛擬指令的使命也就結束了。虛擬操作可以實現如下功能：

- 符號定義；
- 資料定義和對齊；
- 組合語言控制；
- 組合語言巨集；
- 段描述。

8.4.1 對齊虛擬指令

.align 虛擬指令用來對齊或者填充資料等。align 虛擬指令通常有 3 個參數。第一個參數表示對齊的要求。第二個參數表示要填充的值，它可以省略。如果省略，填充位元組通常為零。在大多數系統上，如果需要在程式碼片段中填充，則用 nop 指令來填充。第三個參數表示這個對齊指令應該跳過的最大位元組數。如果為了對齊需要跳過比指定的最大位元組數更多的位元組，則不會執行對齊操作。通常我們只使用第一個參數。在 ARM64 中，第一個參數表示 2^nB。

【**例 8-3**】下面的 .align 虛擬指令表示按照 4 位元組對齊。

```
.align 2
```

【**例 8-4**】下面是使用 3 個參數的 .align 虛擬指令。

```
.align 5,0,100

.align 5,0,8
```

上述兩筆虛擬指令都要求按照 32 位元組對齊。其中，第一筆虛擬指令設定最中繼站過的位元組數為 100，填充的值為 0，而第二筆虛擬指令設定最多跳過中繼站過的位元組數小於對齊的位元組數，因此該虛擬指令不會執行。

8.4.2 資料定義虛擬指令

下面是組合語言程式碼中常用的資料定義虛擬指令。

- ❑ .byte：把 8 位數當成資料插入組合語言程式碼中。
- ❑ .hword 和 .short：把 16 位數當成資料插入組合語言程式碼中。
- ❑ .long 和 .int：這兩個虛擬指令的作用相同，都把 32 位數當成資料插入組合語言程式碼中。
- ❑ .word：把 32 位數當成資料插入組合語言程式碼中。
- ❑ .quad：把 64 位數當成資料插入組合語言程式碼中。
- ❑ .float：把浮點數當成資料插入組合語言程式碼中。
- ❑ .ascii 和 .string：把 string 當作資料插入組合語言程式碼中，對於 ascii 虛擬操作定義的字串，需要自行增加結尾字元 '\0'。
- ❑ .asciz：類似於 ascii，在 string 後面自動插入一個結尾字元 '\0'。
- ❑ .rept 和 .endr：重複執行虛擬操作。
- ❑ .equ：給符號給予值。

【**例 8-5**】下面的程式片段使用資料定義虛擬指令。

```
.rept 3
.long 0
.endr
```

上述的 .rept 虛擬操作會重複 “.long 0” 指令 3 次，等於下面的程式片段。

```
.long 0
.long 0
.long 0
```

.equ 虛擬指令給符號給予值，其指令格式如下。

```
.equ symbol, expression
```

【例 8-6】下面使用 “.equ” 虛擬指令來改寫例 8-1。

```
.equ my_data1, 100 // 為 my_data1 符號給予值 100
.equ my_data2, 50  // 為 my_data2 符號給予值 50

.global main
main:
     …
     ldr x2, =my_data1
     ldr x3, =my_data2

     add x1, x2, x3
     …
```

8.4.3 與函數相關的虛擬指令

下面是組合語言程式碼中與函數相關的虛擬指令。

- .global：定義一個全域的符號，可以是函數的符號，也可以是全域變數的符號。
- .include：引用標頭檔。
- .if, .else, .endif：控制敘述。
- .ifdef symbol：判斷 symbol 是否定義。
- .ifndef symbol：判斷 symbol 是否沒有定義。
- .ifc string1,string2：判斷字串 string1 和 string2 是否相等。
- .ifeq expression：判斷 expression 的值是否為 0。
- .ifeqs string1,string2：等於 .ifc。
- .ifge expression：判斷 expression 的值是否大於或等於 0。
- .ifle expression：判斷 expression 的值是否小於或等於 0。
- .ifne expression：判斷 expression 的值是否不為 0。

8.4.4 與段相關的虛擬指令

1．.section 虛擬指令

.section 虛擬指令表示接下來的組合語言會連結到某個段，例如程式碼片段、資料段等。.section 虛擬指令的格式如下。

```
.section name, "flags"
```

其中，name 表示段的名稱；flags 表示段的屬性，如表 8.1 所示。

表 8.1　段的屬性

屬　性	說　明
a	段具有可分配屬性
d	具有 GNU_MBIND 屬性的段
e	段被排除在可執行和共用函數庫之外
w	段具有可寫屬性
x	段具有可執行屬性
M	段具有可合併屬性
S	段包含零終止字串
G	段是段組（section group）的成員
T	段用於執行緒本機存放區（thread-local-storage）

.section 虛擬指令定義的段會以一個段的名稱開始，以下一個段或者檔案的結尾結束。

【例 8-7】 Linux 5.0 核心定義了 .idmap.text 段來表示這些內容用於恆等映射，arch/arm64/ kernel/head.S 組合語言檔案使用了 .section 虛擬指令。恆等映射指的是虛擬位址映射到相等數值的物理位址上，即虛擬位址（VA）= 物理位址（PA）。

如下指令表示接下來的程式在 .idmap.text 段裡，具有可分配、可寫和可執行的屬性。

```
.section ".idmap.text","awx"
```

.section 虛擬指令可用於在一個組合語言檔案中定義多個不同的段。下面這個例子定義了兩個不同的段，如圖 8.4 所示。

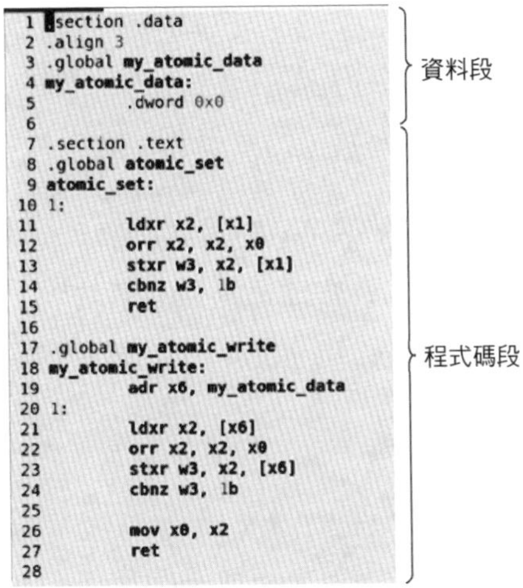

```
1 .section .data
2 .align 3
3 .global my_atomic_data
4 my_atomic_data:
5         .dword 0x0
6
7 .section .text
8 .global atomic_set
9 atomic_set:
10 1:
11        ldxr x2, [x1]
12        orr x2, x2, x0
13        stxr w3, x2, [x1]
14        cbnz w3, 1b
15        ret
16
17 .global my_atomic_write
18 my_atomic_write:
19        adr x6, my_atomic_data
20 1:
21        ldxr x2, [x6]
22        orr x2, x2, x0
23        stxr w3, x2, [x6]
24        cbnz w3, 1b
25
26        mov x0, x2
27        ret
28
```

資料段

程式碼段

▲圖 8.4 定義兩個段

在第 1 行中，使用 .section 虛擬指令來定義一個資料段，該段從第 1 行開始，到第 5 行結束。

在第 7 行中，使用 .section 虛擬指令來定義一個程式碼片段，該段從第 7 行開始，到檔案結束。

2．.pushsection 和 .popsection 虛擬指令

.pushsection 和 .popsection 虛擬指令通常需要配對使用，把程式連結到指定的段，而其他程式還保留在原來的段中。

【例 8-8】下面的程式片段使用了 .pushsection 和 .popsection 虛擬指令。

```
1    .section .text
2
3    .global atomic_add
4    atomic_add:
5        ...
6        ret
7
8    .pushsection ".idmap.text", "awx"
9    .global atomic_set
10   atomic_set:
11   1:
12       ldxr x2, [x1]
13       orr x2, x2, x0
14       stxr w3, x2, [x1]
15       cbnz w3, 1b
```

```
16        ret
17    .popsection
18
19    ...
```

第 1 行使用 .section 虛擬指令來定義一個程式碼片段。

第 4 ～ 6 行的 atomic_add 函數會連結到程式碼片段。

第 8 ～ 17 行使用 .pushsection 和 .popsection 虛擬指令把 atomic_set 函數連結到 .idmap.text 段。

8.4.5 與巨集相關的虛擬指令

.macro 和 .endm 虛擬指令可以用來組成一個巨集。.macro 虛擬指令的格式如下。

```
.macro macname macargs ...
```

.macro 虛擬指令後面依次是巨集名稱與巨集的參數。

1．巨集的參數使用

在巨集裡使用參數，需要增加字首 "\"。

【例 8-9】下面的程式片段在巨集裡使用參數。

```
.macro add p1 p2
add x0, \p1, \p2
.endm
```

另外，在定義巨集引數時還可以設定一個初始化值，例如下面的程式片段。

```
.macro reserve_str p1=0 p2
```

在上述的 reserve_str 巨集中，參數 p1 有一個預設值 0。當使用 "reserve_str a,b" 來呼叫該巨集時，巨集裡面 "\p1" 的值為 a，"\p2" 的值為 b。同時，如果省略第一個參數，即使用 "reserve_str ,b" 來呼叫該巨集，巨集引數 "\p1" 使用預設值 0，"\p2" 的值為 b。

【例 8-10】下面的程式也在巨集裡使用參數。

```
1    .macro add_data p1=0 p2
2    mov x5, \p1
```

```
3    mov x6, \p2
4    add x1, x5, x6
5    .endm
6
7    .globl main
8    main:
9        mov x2, #3
10       mov x3, #3
11
12       add_data x2, x3
13       add_data , x3
```

第 1 ～ 5 行實現了 add_data 巨集，其中參數 p1 有一個預設值 0。

在第 12 行中，呼叫 add_data 巨集，它會把 X2 和 X3 暫存器的值傳遞給巨集的參數 p1 和 p2，最終 X1 暫存器的結果為 6。

第 13 行同樣呼叫了 add_data 巨集，但是沒有傳遞第一個參數，此時，add_data 巨集會使用 p1 的預設值 0，最終 X1 暫存器的計算結果為 3。

若設定巨集的參數有預設值，呼叫該巨集時，可以省略這個參數，例如第 13 行中的參數 1。此時，這個參數會使用預設值。

在巨集引數後面加入 “:req” 表示在巨集呼叫過程中必須傳遞一個值，否則在編譯中會顯示出錯。

【例 8-11】請編譯下面的程式片段。

```
1    .macro add_data_1 p1:req p2
2    mov x5, \p1
3    mov x6, \p2
4    add x1, x5, x6
5    .endm
6
7    .globl main
8    main:
9        add_data_1 , x3
```

透過 as 命令編譯上述組合語言程式碼，會得到如下編譯錯誤，說明第 9 行呼叫 add_data_1 巨集時缺失了 p1 參數。

```
benshushu:lab# as test.S -o test
test.S: Assembler messages:
test.S:27: Error: Missing value for required parameter `p1› of macro `add_data_1'
test.S:27: Error: bad expression at operand 2 -- `mov x5,'
benshushu:lab#
```

2．巨集的特殊字元

在一些場景下需要把巨集的多個參數作為字串連接在一起。

【例 8-12】下面的程式使用巨集的多個參數作為字串。

```
.macro opcode base length
\base.\length
.endm
```

在這個例子中，opcode 巨集想把兩個參數串成一個字串，例如 “base.length”，但是上述的程式是錯誤的。例如，當呼叫 “opcode store l” 時，它並不會生成 “store.l” 的字串。因為組譯器不知道如何解析參數 base，它不知道 base 參數的結束字元在哪裡。

我們可以使用 “\()” 來告知組譯器，巨集的參數什麼時候結束，例如在下面的程式片段中，“\base” 後面加入了 “\()”，那麼組譯器就知道字母 e 為參數的最後一個字元。

```
.macro opcode base length
\base\().\length
.endm
```

【例 8-13】在 Linux 核心的組合語言程式碼（例如在 kernel_ventry 巨集）中也常常有這樣的妙用。

```
<arch/arm64/kernel/entry.S>

    .macro kernel_ventry, el, label, regsize = 64
    .align 7
    sub  sp, sp, #S_FRAME_SIZE
    b    el\()\el\()_\label
    .endm
```

上述的 b 指令比較有意思，這裡出現了兩個 “el” 和 3 個 “\”。其中，第一個 “el” 表示 el 字元，第一個 “\()” 在組合語言巨集實現中可以用來表示巨集引數的結束字元，第二個 “\el” 表示巨集的參數 el，第二個 “\()” 也用來表示結束字元，最後的 “\label” 表示巨集的參數 label。

以發生在 EL1 的 IRQ 為例，透過下面的程式呼叫 kernel_ventry 巨集。

```
kernel_ventry   1, irq    // IRQ EL1h
```

巨集展開之後上述的 b 指令變成了 “b el1_irq”。

8.5 AArch64 依賴特性

GNU 組譯器為支援幾十種處理器系統結構，提供了一些與特定系統結構相關的額外的指令或命令列選項。本節介紹與 AArch64 狀態的系統結構相關的一些額外指令和命令列選項。

8.5.1 AArch64 特有的命令列選項

GNU 組譯器中 AArch64 特有的命令列選項如表 8.2 所示。

表 8.2 AArch64 特有的命令列選項

選　項	說　明
-EB	大端（big-endian）處理器編碼。
-EL	小端（little-endian）處理器編碼。
-mabi=abi	指定原始程式碼使用哪個 ABI。可辨識的參數是 ilp32 和 lp64，它們分別決定生成 ELF32 或者 ELF64 格式的目的檔。預設值是 lp64。
-mcpu=processor[+extension...]	用來指定目標處理器和擴充特性，例如指定 cortex-a72 等。如果試圖使用一個不會在目標處理器上執行的指令，組譯器將發出錯誤訊息。
-march=architecture[+extension...]	用來指定目標系統結構，例如 armv8.1-a 等。如果同時指定了 -mcpu 和 -march，組譯器將使用 -mcpu 指定的特性。
-mverbose-error	啟用詳細的錯誤訊息。
-mno-verbose-error	關閉詳細的錯誤訊息。

8.5.2 語法

1．特殊字元

在一行中出現的 “//” 表示註釋的開始，註釋擴充到當前行的尾端。如果一行的第一個字元是 “#”，則整行被視為註釋。另外，“#” 還可以用於立即運算元。

2．重定位

ADRP 指令載入 label 位址，這個位址是當前 PC 值的相對位址，它載入的位址是按 4 KB 對齊的位址。ADRP 指令的定址範圍為– 4 GB ～ 4 GB。例如，如果使用 ADRP 指令來載入 foo 標籤的位址，那麼它會載入 foo 標籤所在的位址按 4 KB 對齊的位址。在 4 KB 範圍內的偏移量可以使用 “#:lo12:” 來表示。如圖 8.5 所示，如果 foo 標籤的位址為 B，那麼 ADRP 指令只能讀取到 foo 標籤所在的位址按 4 KB 對齊的地方，即位址 A。

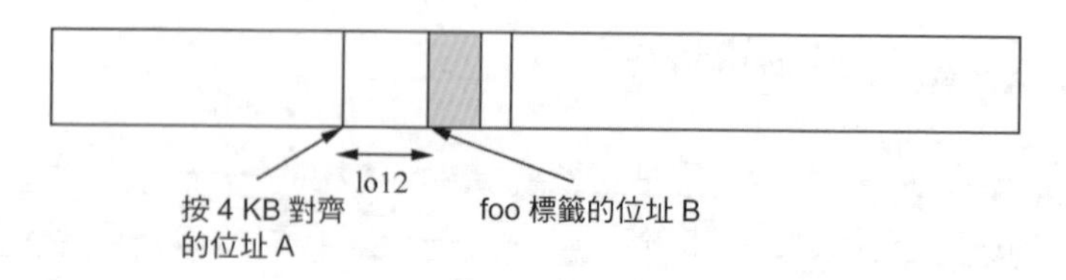

▲圖 8.5 載入 foo 標籤位址

位址 B 在 4 KB 裡面的偏移量 lo12 則需要使用 "#:lo12:" 來讀取，如下面的程式片段所示。

```
adrp x0, foo
add x0, x0, #:lo12:foo
```

ADRP 指令常常用於程式的重定位，請參考本書其他章節。

8.5.3 AArch64 特有的虛擬指令

AArch64 特有的虛擬指令如下。

- .arch name：設定目標系統結構。
- .arch_extension name：向目標系統結構增加擴充或從目標系統結構刪除擴充。
- .bss：切換到 .bss 段。
- .cpu name：設定目標處理器。
- .dword expressions：把 64 位數當成資料插入組合語言程式碼中。
- .even：將輸出對齊到下一個偶數位元組邊界。
- .inst expressions：將運算式作為指令（而非資料）插入輸出段中。
- name .req register name：為暫存器定義一個別名。例如，"foo .req w0" 為 W0 暫存器定義了一個別名 foo。
- .xword expressions：把 64 位數當成資料插入組合語言程式碼中。

8.5.4 LDR 虛擬指令

GNU 組譯器還為 AArch64 準備了一筆完成載入操作的虛擬指令。LDR 虛擬指令的格式如下。

```
ldr <register>, =<expression>
```

組譯器把 expression 放到一個文字池裡，然後使用一筆 PC 相對形式的 LDR 指令把這個值從文字池讀取到暫存器裡。expression 通常是符號或者標籤，所以會載入 expression 在連結時產生的位址。

【例 8-14】下面的程式片段使用了 LDR 虛擬指令。

```
#define MY_LABEL 0x30
ldr x1, =MY_LABEL
```

MY_LABEL 巨集的值定義為 0x30，透過 LDR 虛擬指令載入該巨集的值到 X1 暫存器中。

【例 8-15】下面的程式片段使用了兩筆 LDR 指令。

```
my_data1:
      .quad  0x100

ldr x1, =my_data1
ldr x2，[x1]
```

標籤 my_data1 裡定義了一個 64 位元的資料，這個資料的值為 0x100。這裡有兩筆 LDR 指令。第一筆是 LDR 虛擬指令，它會讀取 my_data1 標籤的連結位址到 X1 暫存器。第二筆 LDR 指令是普通的載入指令，它透過讀取位址來獲取 my_data1 資料的值。

8.6 實驗

8.6.1 實驗 8-1：組合語言練習——求最大數

1．實驗目的

透過本實驗了解和熟悉 ARM64 組合語言。

2．實驗要求

使用 ARM64 組合語言實現如下功能：在給定的一組數中求最大數，透過 printf 函數輸出這個最大數。程式可使用 GCC（AArch64 版本）工具來編譯，並且可在樹莓派 Linux 系統或者 QEMU + ARM64 實驗平臺上執行。

8.6.2 實驗 8-2：組合語言練習——透過 C 語言呼叫組合語言函數

1．實驗目的

透過本實驗了解和熟悉 C 語言中如何呼叫組合語言函數。

2．實驗要求

使用組合語言實現一個組合語言函數，用於比較兩個數的大小並傳回最大值，然後用 C 語言程式呼叫這個組合語言函數。程式可使用 GCC（AArch64 版本）工具來編譯，並且可在樹莓派 Linux 系統或者 QEMU + ARM64 實驗平臺上執行。

8.6.3 實驗 8-3：組合語言練習——透過組合語言呼叫 C 函數

1．實驗目的

透過本實驗了解和熟悉組合語言中如何呼叫 C 函數。

2．實驗要求

使用 C 語言實現一個函數，用於比較兩個數的大小並傳回最大值，然後用組合語言程式碼呼叫這個 C 函數。程式可使用 GCC（AArch64 版本）來編譯，並且可在樹莓派 Linux 系統或者 QEMU + ARM64 實驗平臺上執行。

8.6.4 實驗 8-4：使用組合語言虛擬操作來實現一張表

1．實驗目的

熟悉常用的組合語言虛擬操作。

2．實驗要求

使用組合語言的資料定義虛擬指令，可以實現表的定義。Linux 核心使用 .quad 和 .asciz 來定義一個 kallsyms 的表，位址和函數名稱的對應關係如下。

```
0x800800 -> func_a
0x800860 -> func_b
0x800880 -> func_c
```

請用組合語言定義一個這樣的表，然後在 C 語言中根據函數的位址來查閱資料表，並且輸出函數的名稱，如圖 8.6 所示。

```
rlk@rlk:~/rlk/armv8_trainning/lab01$ make run
qemu-system-aarch64 -machine raspi4 -nographic -kernel benos.bin
Booting at EL2
Welcome BenOS!
func_c
```

▲圖 8.6 輸出函數名稱

8.6.5 實驗 8-5：組合語言巨集的使用

1．實驗目的

熟悉組合語言巨集的使用。

2．實驗要求

在組合語言檔案中，首先實現如下兩個函數。

```
long add_1(a, b)
long add_2(a, b)
```

然後，寫一個組合語言巨集。

```
.macro add a, b，label
//這裡呼叫 add_1 或者 add_2 函數，label 等於 1 或者 2
.endm
```

第 9 章

連結器與連結指令稿

本章思考題

1．什麼是連結器？為什麼連結器簡稱 LD？

2．連結指令稿中的輸入段和輸出段有什麼區別？

3．什麼是載入位址和虛擬位址？

4．在連結指令稿中定義一個符號，例如：

```
foo = 0x100
```

foo 和 0x100 分別代表什麼意思？

5．在 C 語言中，如何引用連結指令稿定義的符號？

6．為了建構一個基於 ROM 的映射檔案，常常會設定輸出段的虛擬位址和載入位址不一致，在一個輸入段中，如何表示一個段的虛擬位址和載入位址？

7．什麼是連結位址？

8．當一個程式的程式碼片段的連結位址與載入位址不一致時，我們應該怎麼做才能讓程式正確執行？

9．什麼是與位置無關的程式？什麼是與位置有關的程式？請舉例說明在 A64 指令集中哪些指令是與位置無關的指令，哪些是與位置有關的指令。

10．什麼是重定位？

11．UBoot 是如何實現重定位的？

12．在 Linux 核心中，當打開 MMU 之後如何實現重定位？

本章主要介紹連結器和連結指令稿的相關內容。

9.1 連結器介紹

在現代軟體工程中，一個大的程式通常由多個原始檔案組成，其中包含以高階語言撰寫的原始檔案以及以組合語言撰寫的組合語言檔案。在編譯過程中會分別對這些原始檔案進行組合語言或者編譯，並生成目的檔案。這些目的檔案包含程式碼片段、資料段、符號表等內容。而連結指的是把這些目的檔案（也包括用到的標準函數庫函數目的檔案）的程式碼片段、資料段以及符號表等內容收集起來並按照某種格式（例如 ELF 格式）組合成一個可執行二進位檔案的過程。而連結器（linker）用來完成上述連結過程。在作業系統發展的早期並沒有連結器的概念，作業系統的載入器（Loader，LD）做了所有的工作。後來作業系統越來越複雜，慢慢出現了連結器，所以 LD 成為連結器的代名詞。

連結器採用 AT&T 連結指令稿（Linker Script，LS）語言，而連結指令稿最終會把一大堆編譯（組合語言）好的二進位檔案（.o 檔案）綜合成最終可執行二進位檔案，也就是把每一個二進位檔案整合到一個可執行二進位檔案中。這個可執行二進位檔案有一個總的程式碼片段 / 資料段，這就是連結的過程。

GNU 工具鏈提供了一個名為 “ld” 的命令，如圖 9.1 所示。

```
debian:mnt# ld --version
GNU ld (GNU Binutils for Debian) 2.35.2
Copyright (C) 2020 Free Software Foundation, Inc.
This program is free software; you may redistribute it under the terms of
the GNU General Public License version 3 or (at your option) a later version.
This program has absolutely no warranty.
```

▲圖 9.1 ld 命令

下面是 ld 命令最簡單的用法。

```
$ ld -o mytest  test1.o test2.o -lc
```

上述命令把 test1.o、test2.o 以及函數庫檔案 libc.a 連結成名為 mytest 的可執行檔。其中，“-lc” 表示把 C 語言函數庫檔案也連結到 mytest 可執行檔中。若上述命令沒有使用 “-T” 選項來指定一個連結指令稿，則連結器會預設使用內建的連結指令稿。讀者可以透過 “ld--verbose” 命令來查看內建連結指令稿的內容。

不過，在作業系統實現中常常需要撰寫一個連結指令稿來描述最終可執行檔的程式碼片段 / 資料段等佈局。

【例 9-1】使用本書的 BenOS，下面的命令可連結、生成 benos.elf 可執行檔，其中 linker.ld 為連結指令稿。

```
$ aarch64-linux-gnu-ld -T src/linker.ld  -Map benos.map -o build/benos.elf  build/printk_
c.o build/irq_c.o build/string_c.o
```

ld 命令的常用選項如表 9.1 所示。

表 9.1　ld 命令的常用選項

選　項	說　明
-T	指定連結指令稿
-Map	輸出一個符號表檔案
-o	輸出最終可執行二進位檔案
-b	指定目標程式輸入檔案的格式
-e	使用指定的符號作為程式的初始執行點
-l	把指定的函數庫檔案增加到要連結的檔案清單中
-L	把指定的路徑增加到搜索函數庫的目錄清單中
-S	忽略來自輸出檔案的偵錯器符號資訊
-s	忽略來自輸出檔案的所有號資訊
-t	在處理輸入檔案時顯示它們的名稱
-Ttext	使用指定的位址作為程式碼片段的起始點
-Tdata	使用指定的位址作為資料段的起始點
-Tbss	使用指定的位址作為未初始化的資料段的起始點
-Bstatic	只使用靜態程式庫
-Bdynamic	只使用動態程式庫
-defsym	在輸出檔案中定義指定的全域符號

9.2 連結指令稿

連結器在連結過程中需要使用一個連結指令稿，當沒有透過 "-T" 參數指定連結指令稿時，連結器會使用內建的連結指令稿。連結指令稿控制著如何把輸入檔案的段綜合到輸出檔案的段裡，以及這些段的位址空間佈局等。本節主要介紹如何撰寫一個連結指令稿。

9.2.1 一個簡單的連結程式

任何一種可執行程式（不論是 ELF 還是 EXE）都是由程式碼片段、資料段、未初始化的資料段等段組成的。連結指令稿最終會把大量編譯好的二進位檔案（.o

檔案）合併為一個可執行二進位檔案，也就是把每一個二進位檔案整合到一個大檔案中。這個大檔案有總的程式碼片段、資料段、未初始化的資料段。在 Linux 核心中連結指令稿是 vmlinux.lds.S 檔案，這個檔案有點複雜。我們先看一個簡單的連結檔案。

【例 9-2】如下是一個簡單的連結指令稿。

```
1  SECTIONS
2  {
3        . = 0x10000;
4        .text : { *(.text) }
5        . = 0x8000000;
6        .data : { *(.data) }
7        .bss : { *(.bss) }
8  }
```

在第 1 行中，SECTIONS 是連結指令稿語法中的關鍵命令，它用來描述輸出檔案的記憶體分配。SECTIONS 命令告訴連結檔案如何把輸入檔案的段映射到輸出檔案的各個段，如何將輸入段整合為輸出段，如何把輸出段放入程式位址空間和處理程序位址空間中。SECTIONS 命令的格式如下。

```
SECTIONS
{
  sections-command
  sections-command
  ...
}
```

sections-command 有如下幾種。

- ❑ ENTRY 命令，用來設定程式的入口。
- ❑ 符號設定值陳述式，用來給符號給予值。
- ❑ 輸出段的描述敘述。

在第 3 行中，"." 代表當前位置計數器（Location Counter，LC），意思是把程式碼片段的連結位址設定為 0x10000。

在第 4 行中，輸出檔案的程式碼片段由所有輸入檔案（其中 "*" 表示所有的 .o 檔案，即二進位檔案）的程式碼片段組成。

在第 5 行中，連結位址變為 0x8000000，即重新指定後面的資料段的連結位址。

在第 6 行中，輸出檔案的資料段由所有輸入檔案的資料段組成。

在第 7 行中，輸出檔案的未初始化的資料段由所有輸入檔案的未初始化的資料段組成。

9.2.2 設定進入點

程式執行的第一筆指令稱為進入點（entry point）。在連結指令稿中，使用 ENTRY 命令設定程式的進入點。例如，設定符號 symbol 為程式的進入點。

```
ENTRY(symbol)
```

除此之外，還有幾種方式來設定進入點。連結器會依次嘗試下列方法來設定進入點，直到成功為止。

- 在 GCC 工具鏈的 LD 命令透過 “-e” 參數指定進入點。
- 在連結指令稿中透過 ENTRY 命令設定進入點。
- 透過特定符號（例如 “start” 符號）設定進入點。
- 使用程式碼片段的起始位址。
- 使用位址 0。

9.2.3 基本概念

通常連結指令稿用來定義如何把多個輸入檔案的段合併成一個輸出檔案，描述輸入檔案的佈局。輸入檔案和輸出檔案指的是組合語言或者編譯後的目的檔案，它們按照一定的格式（例如 ELF 格式）組成，只不過輸出檔案具有可執行屬性。這些目的檔案都由一系列的段組成。段是目的檔案中具有相同特徵的最小可處理資訊單元，不同的段描述目的檔案不同類型的資訊以及特徵。

在連結指令稿中，我們把輸入檔案中的一個段稱為輸入段（iutput section），把輸出檔案中的一個段稱為輸出段（onput section）。輸出段告訴連結器最終的可執行檔在記憶體中是如何佈局的。輸入段告訴連結器如何將輸入檔案映射到記憶體分配中。

輸出段和輸入段包括段的名字、大小、可載入（loadable）屬性以及可分配（allocatable）屬性等屬性。可載入屬性用於在執行時期載入這些段的內容到記憶體中。可分配屬性用於在記憶體中預留一個區域，並且不會載入這個區域的內容。

連結指令稿還有兩個關於段的位址概念，分別是**載入位址**（load address）和

虛擬位址（virtual address）。載入位址是載入時段所在的位址，虛擬位址是執行時期段所在的位址，也稱為**執行時期位址**。大部分的情況下，這兩個位址是相同的。不過，它們也有可能不相同，例如，一個程式碼片段被載入到 ROM 中，在程式啟動時被複製到 RAM 中。在這種情況下，ROM 位址將是載入位址，RAM 位址將是虛擬位址。

9.2.4 符號給予值與引用

在連結指令稿中，符號可以像 C 語言一樣進行給予值和操作，允許的操作包括給予值、加法、減法、乘法、除法、左移、右移、與、或等。

```
symbol = expression ;
symbol += expression ;
symbol -= expression ;
symbol *= expression ;
symbol /= expression ;
symbol <<= expression ;
symbol >>= expression ;
symbol &= expression ;
symbol |= expression ;
```

高階語言（例如 C 語言）常常需要引用連結指令稿定義的符號。連結指令稿定義的符號與 C 語言中定義的符號有基本的差異。例如，在 C 語言中定義全域變數 foo 並且給予值為 100。

```
int foo = 100
```

當在高階語言（如 C 語言）中宣告一個符號時，編譯器在程式記憶體中保留足夠的空間來保存符號的值。另外，編譯器在程式的符號表中建立一個保存該符號位址的項目，即符號表包含保存符號值的記憶體區塊的位址。因此，編譯器會在符號表中儲存 foo 這個符號，這個符號保存在某個記憶體位址裡，這個記憶體位址用來儲存初值 100。當程式再一次存取 foo 變數時，如果設定 foo 為 1，程式就在符號表中查詢符號 “foo”，獲取與該符號連結的記憶體位址，然後把 1 寫入該記憶體位址。而連結指令稿定義的符號僅在符號表中建立了一個符號，並沒有分配記憶體來儲存這個符號。也就是説，它有位址，但是沒有儲存內容。所以連結指令稿中定義的符號只代表一個位址，而連結器不能保證這個位址儲存了內容。例如在連結指令稿中定義一個 foo 符號並給予值。

```
foo = 0x100
```

連結器會在符號表中建立一個名為 “foo” 的符號，0x100 表示的是記憶體位址的位置，但是位址 0x100 沒有儲存任何特別的東西。換句話說，“foo” 符號僅用來記錄某個記憶體位址。

在實際程式設計中，我們常常需要存取連結指令稿中定義的符號。例 9-3 在連結指令稿中定義 ROM 的起始位址 start_of_ROM、ROM 的結束位址 end_of_ROM 以及 FLASH 的起始位址 start_of_FLASH，這樣在 C 語言程式中就可以存取這些位址。例如把 ROM 的記憶體複製到 FLASH 中。

【例 9-3】下面是連結指令稿。

```
start_of_ROM = .ROM;
end_of_ROM = .ROM + sizeof (.ROM);
start_of_FLASH = .FLASH;
```

在上述連結指令稿中，ROM 和 FLASH 分別表示儲存在 ROM 與快閃記憶體中的段。在 C 語言中，我們可以透過如下程式片段把 ROM 的內容搬移到 FLASH 中。

```
extern char start_of_ROM, end_of_ROM, start_of_FLASH;
memcpy (& start_of_FLASH, & start_of_ROM, & end_of_ROM - & start_of_ROM);
```

上面的 C 語言程式使用 “&” 符號來獲取符號的位址。這些符號在 C 語言中也可以看成陣列，所以上述 C 語言程式改寫成如下程式。

```
extern char start_of_ROM[], end_of_ROM[], start_of_FLASH[];

memcpy (start_of_FLASH, start_of_ROM, end_of_ROM - start_of_ROM);
```

一個常用的程式設計技巧是在連結指令稿裡，為每個段都設定一些符號，以方便 C 語言存取每個段的起始位址和結束位址。例 9-4 中的連結指令稿定義了程式碼片段的起始位址（start_of_text）、程式碼片段的結束位址（end_of_text）、資料段的起始位址（start_of_data）以及資料段的結束位址（end_of_data）。

【例 9-4】下面是一個連結指令稿。

```
SECTIONS
{
    start_of_text = . ;
    .text: { *(.text) }
    end_of_text = . ;

    start_of_data = . ;
```

```
    .data: { *(.data) }
    end_of_data = . ;
}
```

在C語言中，使用以下程式可以很方便地存取這些段的起始位址和結束位址。

```
extern char start_of_text[];
extern char end_of_text[];
extern char start_of_data[];
extern char end_of_data[];
```

9.2.5 當前位置計數器

有一個特殊的符號 “.”，它表示當前位置計數器（location counter）。下面舉例說明。

【例 9-5】下面是一個連結指令稿。

```
1    floating_point = 0;
2    SECTIONS
3    {
4        .text :
5        {
6        *(.text)
7        _etext = .;
8        }
9        _bdata = (. + 3) & ~ 3;
10       .data : { *(.data) }
11   }
```

上述連結指令稿中，第 7 行和第 9 行使用了當前位置計數器。在第 7 行中，_etext 設定為當前位置，當前位置為程式碼片段結束的地方。在第 9 行中，設定 _bdata 的起始位址為當前位置後下一個與 4 位元組對齊的地方。

9.2.6 SECTIONS 命令

SECTIONS 命令告訴連結器如何把輸入段映射到輸出段，以及如何在記憶體中存放這些輸出段。

1．輸出段

輸出段的描述格式如下。

```
section [address] [(type)] :
  [AT(lma)]
  [ALIGN(section_align)]
  [constraint]
  {
    output-section-command
    output-section-command
    ...
  } [>region] [AT>lma_region] [:phdr :phdr ...] [=fillexp]
```

其中，部分內容的含義如下。

- section：段的名字，例如程式（.text）段、資料（.data）段等。
- address：虛擬位址。
- type：輸出段的屬性。
- lma：載入位址。
- ALIGN：對齊要求。
- output-section-command：描述輸入段如何映射到輸出段。
- region：特定的記憶體區域。
- phdr：特定的程式段（program segment）。

一個輸出段有兩個位址，分別是虛擬位址（Virtual Address，VA）和載入記憶體位址（Load Memory Address，LMA）。

- 虛擬記憶體位址是執行時期段所在的位址，可以視為執行位址。
- 載入記憶體位址是載入時段所在的位址，可以視為載入位址。

如果沒有透過 “AT” 來指定 LMA，那麼 LMA = VA，即載入位址等於虛擬位址。但在嵌入式系統中，經常存在載入位址和虛擬位址不同的情況，如將映射檔案載入到開發板的快閃記憶體中（由 LMA 指定），而 BootLoader 將快閃記憶體中的映射檔案複製到 SDRAM 中（由 VA 指定）。

2．輸入段

輸入段用來告訴連結器如何將輸入檔案映射到記憶體分配。輸入段包括輸入檔案以及對應的段。通常，使用萬用字元來包含某些特定的段，例如：

```
*(.text)
```

這裡的 ' * ' 是一個萬用字元，可以匹配任何檔案名稱的程式碼片段。另外，如果想從所有檔案中剔除一些檔案，可以使用 “EXCLUDE_FILE” 列出哪些檔案是需要剔除的，剩餘的檔案用作輸入段，例如：

```
EXCLUDE_FILE (*crtend.o *otherfile.o) *(.ctors)
```

上面的例子中，除 crtend.o 和 otherfile.o 檔案之外，把剩餘檔案的 ctors 段加入輸入段中。

下面兩行敘述是有區別的。

```
*(.text .rdata)
*(.text) *(.rdata)
```

第一行敘述按照加入輸入檔案的順序把對應的程式碼片段和只讀取資料段加入；而第二句行敘述先加入所有輸入檔案的程式碼片段，再加入所有輸入檔案的只讀取資料段。

```
*(EXCLUDE_FILE (*somefile.o) .text .rdata)
```

除 somefile.o 檔案的程式碼片段之外，把其他檔案的程式碼片段加入輸入段裡。另外，所有檔案的只讀取資料段都加入輸入段裡。

如果你想剔除 somefile.o 檔案的只讀取資料段，可以這麼寫。

```
*(EXCLUDE_FILE (*somefile.o) .text EXCLUDE_FILE (*somefile.o) .rdata)
EXCLUDE_FILE (*somefile.o) *(.text .rdata)
```

要指定檔案名稱中特定的段，例如，把 data.o 檔案中的資料段加入輸入段裡，使用以下程式。

```
data.o(.data)
```

下面舉一個例子來說明輸入段的作用。

【例 9-6】下面是一個連結指令稿。

```
1   SECTIONS {
2       outputa 0x10000 :
3       {
4           all.o
5           foo.o (.input1)
6       }
7       outputb :
8       {
9           foo.o (.input2)
10          foo1.o (.input1)
```

```
11        }
12        outputc :
13        {
14            *(.input1)
15            *(.input2)
16        }
17    }
```

這個連結指令稿一共有 3 個輸出段——outputa、outputb 和 outputc。outputa 輸出段的起始位址為 0x10000，首先在這個起始位址裡儲存 all.o 檔案中所有的段，然後儲存 foo.o 檔案的 input1 段。outputb 輸出段包括 foo.o 檔案的 input2 段以及 foo1.o 檔案的 input1 段。outputc 段包括所有檔案的 input1 段和所有檔案的 input2 段。

3．例子

通常，為了建構一個基於 ROM 的映射檔案，要設定輸出段的虛擬位址和載入位址不一致。映射檔案儲存在 ROM 中，執行程式時需要把映射檔案複製到 RAM 中。此時，ROM 中的位址為載入位址，RAM 中的位址為虛擬位址，即執行位址。在例 9-7 中，連結檔案會建立 3 個段。其中，程式碼片段的虛擬位址和載入位址均為 0x1000，.mdata（使用者自訂的資料）段的虛擬位址設定為 0x2000，但是透過 AT 符號指定了載入位址是程式碼片段的結束位址，而符號 _data 指定了 .mdata 段的虛擬位址為 0x2000。未初始化的資料段的虛擬位址是 0x3000。

【**例 9-7**】建立 3 個段。

```
SECTIONS
  {
  .text 0x1000 : { *(.text) _etext = . ; }
  .mdata 0x2000 :
    AT ( ADDR (.text) + SIZEOF (.text) )
    { _data = . ; *(.data); _edata = . ;  }
  .bss 0x3000 :
    { _bstart = . ;  *(.bss) *(COMMON) ; _bend = . ;}
}
```

.mdata 段的載入位址和連結位址（虛擬位址）不一樣，因此程式的初始化程式需要把 .mdata 段從 ROM 中的載入位址複製到 SDRAM 中的虛擬位址。如圖 9.2 所示，.mdata 段的載入位址在 _etext 起始的地方，資料段的虛擬位址在 _data 起始的地方，資料段的大小為 _edata－_data。下面這段程式把資料段從 _etext 起始的地方複製到從 _data 起始的地方。

```
<程式初始化>

extern char _etext, _data, _edata, _bstart, _bend;
char *src = &_etext;
char *dst = &_data;

/* ROM 中包含了資料段，資料段位於程式碼片段的結束位址處，把資料段複製到資料段的連結位址處 */
while (dst < &_edata)
  *dst++ = *src++;

/* 清除未初始化的資料段  */
for (dst = &_bstart; dst< &_bend; dst++)
  *dst = 0;
```

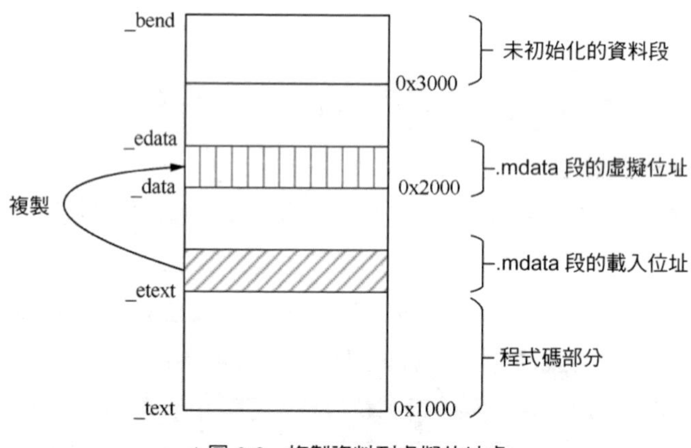

▲圖 9.2 複製資料到虛擬位址處

9.2.7 常用的內建函數

連結指令碼語言包含了一些內建的函數。

1．ABSOLUTE(exp)

ABSOLUTE(exp) 傳回運算式（exp）的絕對值。它主要用於在段定義中給符號賦絕對值。

【例 9-8】下面的連結指令稿使用了 ABSOLUTE() 內建函數。

```
SECTIONS
{
      . = 0xb0000,
      .my_offset : {
           my_offset1 = ABSOLUTE(0x100);
```

```
        my_offset2 = (0x100);
    }
}
```

上述連結指令稿定義了一個名為 .my_offset 的段。其中，符號 my_offset1 使用了 ABSOLUTE() 內建函數，它把數值 0x100 給予值給符號 my_offset1；而符號 my_offset2 沒有使用內建函數，因此符號 my_offset2 屬於 .my_offset 段裡的符號，於是符號 my_offset2 的位址為 0xB0000 + 0x100。下面是透過連結器生成的符號表資訊。

```
my_offset     0x00000000000b0000                0x0
               0x0000000000000100                my_offset1 = ABSOLUTE (0x100)
               0x00000000000b0100                my_offset2 = 0x100
```

2．ADDR(section)

ADDR(section) 傳回段的虛擬位址。

3．ALIGN(align)

ALIGN(align) 傳回下一個與 align 位元組對齊的位址，它是基於當前的位置來計算對齊位址的。

【例 9-9】下面是一個使用 ALIGN(align) 的連結指令稿。

```
SECTIONS {
    ...
    .data ALIGN(0x2000): {
    *(.data)
    variable = ALIGN(0x8000);
    }
    ...
}
```

上述連結指令稿的 .data 段會設定在下一個與 0x2000 位元組對齊的位址上。另外，定義一個 variable 變數，這個變數的位址是下一個與 0x8000 位元組對齊的位址。

4．SIZEOF(section)

.SIZEOF(section) 傳回一個段的大小。

【例 9-10】在下面的程式中，symbol_1 和 symbol_2 都用來傳回 .output 段的大小。

```
SECTIONS{
    ...
    .output {
        .start = . ;
        ...
        .end = . ;
    }
    symbol_1 = .end - .start ;
    symbol_2 = SIZEOF(.output);
    ...
}
```

5．其他內建函數

其他內建函數如下。

- LOADADDR(section)：傳回段的載入位址。
- MAX(exp1, exp2)：傳回兩個運算式中的最大值。
- MIN(exp1, exp2)：傳回兩個運算式中的最小值。

9.3 重定位

我們首先要知道下面幾個重要概念。

- 載入位址：儲存程式的物理位址，在 GNU 連結指令稿裡稱為 LMA。例如，ARM64 處理器通電重置後是從異常向量表開始取第一筆指令的，所以通常這個地方存放程式最開始的部分，如異常向量表的處理程式。
- 執行位址：程式執行時期的位址，在 GNU 連結指令稿裡稱為 VMA。
- 連結位址：在編譯、連結時指定的位址，程式設計人員設想將來程式要執行的位址。程式中所有標誌的位址在連結後便確定了，不管程式在哪裡執行都不會改變。當使用 aarch64-linux-gnu-objdump（簡稱 objdump）工具進行反組譯時，查看的就是連結位址。

連結位址和執行位址可以相同，也可以不同。那執行位址和連結位址什麼時候不相同？什麼時候相同呢？我們分別以 BenOS 和 Uboot/Linux 為例說明。

9.3.1 BenOS 重定位

樹莓派 4B 通電之後，首先執行晶片內部的韌體（包括啟動程式 bootcode.bin 和 GPU 的韌體 start4.elf），然後啟動 CPU，把 benos.bin 載入到 0x80000 位址處，並且跳轉到 0x80000 位址處執行。

1．連結位址等於執行位址與載入位址的情況

BenOS 的一個連結指令檔如下所示。

```
1    SECTIONS
2    {
3        . = 0x80000;
4        .text.boot : { *(.text.boot) }
5        .text : { *(.text) }
6        .rodata : { *(.rodata) }
7        .data : { *(.data) }
8        . = ALIGN(0x8);
9        bss_begin = .;
10       .bss : { *(.bss*) }
11       bss_end = .;
12   }
```

連結位址是從 0x80000 開始的。此時載入位址也是 0x80000，執行位址也從 0x80000 開始。我們打開 benos.map 檔案來查看連結位址，如圖 9.3 所示，.text.boot 的連結位址為 0x80000。

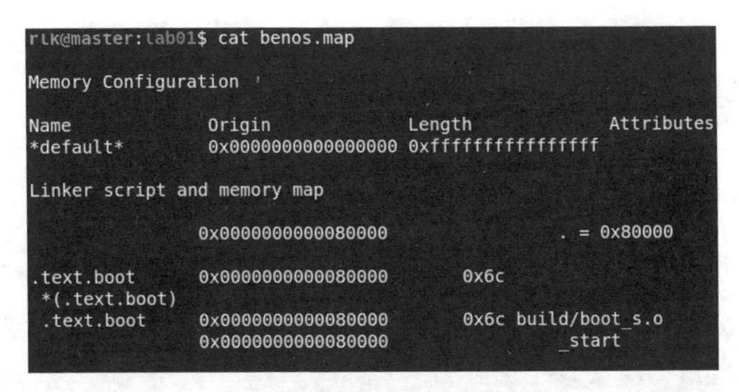

▲圖 9.3 連結位址為 0x80000

2．載入位址不等於連結位址的情況

BenOS 的另一個連結指令檔如下所示。

```
1    TEXT_ROM = 0x90000;
2
3    SECTIONS
4    {
5
6        . = 0x80000,
7
8        _text_boot = .;
9        .text.boot : { *(.text.boot) }
10       _etext_boot = .;
11
12       _text = .;
13       .text : AT(TEXT_ROM)
14       {
15           *(.text)
16       }
17       _etext = .;
18
19       ...
20   }
```

在第 13 行裡使用 AT 表明程式碼片段的載入位址為 TEXT_ROM（0x90000）。此時，程式碼片段的載入位址就與連結位址不一樣，而連結位址與執行位址一樣。程式碼片段的連結位址可以透過 benos.map 來查看。如圖 9.4 所示，程式碼片段的起始連結位址可以透過符號表中的 _text 符號獲得，位址為 0x80088，結束連結位址可以透過 _etext 符號來獲取。

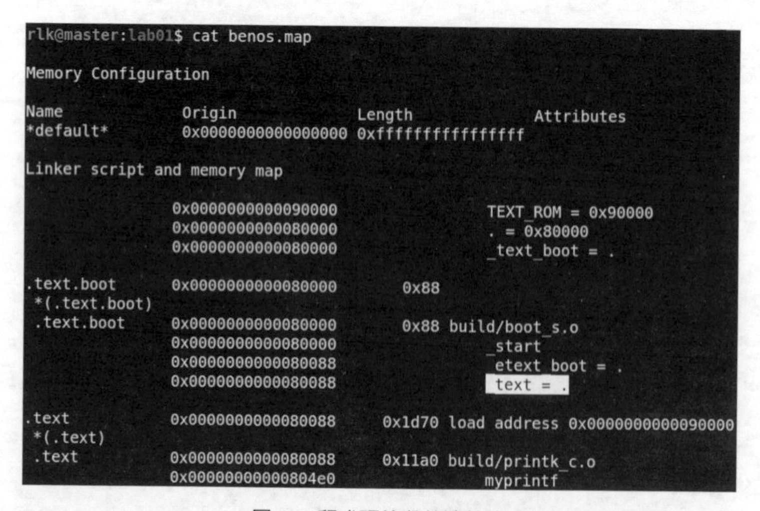

```
rlk@master:lab01$ cat benos.map

Memory Configuration

Name             Origin             Length             Attributes
*default*        0x0000000000000000 0xffffffffffffffff

Linker script and memory map

                 0x0000000000090000                TEXT_ROM = 0x90000
                 0x0000000000080000                . = 0x80000
                 0x0000000000080000                _text_boot = .

.text.boot       0x0000000000080000       0x88
 *(.text.boot)
 .text.boot      0x0000000000080000       0x88 build/boot_s.o
                 0x0000000000080000                _start
                 0x0000000000080088                _etext_boot = .
                 0x0000000000080088                _text = .

.text            0x0000000000080088     0x1d70 load address 0x0000000000090000
 *(.text)
 .text           0x0000000000080088     0x11a0 build/printk_c.o
                 0x00000000000804e0                myprintf
```

▲圖 9.4 程式碼片段的連結位址

在這種情況下，如果想要 BenOS 正常執行，我們需要把程式碼片段從載入位址複製到連結位址。

```
master:
      /*
        假設程式碼片段在 ROM 中，而 ROM 中的位址為 0x90000，
        我們需要把程式碼片段從載入位址複製到執行位址
       */
      adr x0, TEXT_ROM
      adr x1, _text
      adr x2, _etext
1:
      ldr x4, [x0], #8
      str x4, [x1], #8
      cmp x1, x2
      b.cc 1b
```

3．執行位址不等於連結位址

當 BenOS 的 MMU 啟動之後，我們可以把 DDR 記憶體映射到核心空間，例如，使用下面的連結指令稿。

```
1     OUTPUT_ARCH(aarch64)
2     ENTRY(_start)
3
4     SECTIONS
5     {
6         . = 0xffff000010080000;
7         _text_boot = .;
8         .text.boot : {
9             *(.text.boot)
10        }
11        _etext_boot = .;
12        _text = .;
13        .text : {
14            *(.text)
15        }
16        _etext = .;
17        ...
18    }
```

在第 6 行中，當前位置計數器（LC）把程式碼片段的連結位址設定為 0xFFFF000010080000，這是核心空間的一個位址。樹莓派 4B 通電重置後使 benos.bin 載入並跳轉到 0x80000 位址處。此時，執行位址和載入位址都為 0x80000，而連結位址為 0xFFFF000010080000，如圖 9.5 所示。

```
Linker script and memory map

                0xffff000010080000                . = 0xffff000010080000
                0xffff000010080000                _text_boot = .

.text.boot      0xffff000010080000      0x2a0
 *(.text.boot)
 .text.boot     0xffff000010080000      0x2a0 arch/arm64/kernel/head.o
                0xffff000010080000                _start
                0xffff0000100801fc                idmap_replace_ttbr1
                0xffff0000100802a0                _etext_boot = .
                0xffff0000100802a0                _text = .
```

▲圖 9.5 連結位址與執行位址不一樣

我們需要在組合語言程式碼裡初始化 MMU，並且把 DDR 記憶體映射到核心空間，然後做一次重定位的操作，讓 CPU 的執行位址重定位到連結位址。這在 UBoot 和 Linux 核心中是很常見的做法。

9.3.2 UBoot 和 Linux 核心重定位

我們以一塊 ARM64 開發板為例，晶片內部有 SRAM，起始位址為 0x0，DDR 記憶體的起始位址為 0x40000000。

通常程式儲存在 Nor Flash 記憶體或者 Nand Flash 記憶體中，晶片內部的 BOOT ROM 會把開始的小部分程式加載到 SRAM 中。晶片通電重置之後，從 SRAM 中取指令。由於 UBoot 的映射太大了，SRAM 放不下，因此該映射必須要放在 DDR 記憶體中。通常編譯 UBoot 時連結位址都設定到 DDR 記憶體中，也就是 0x40000000 位址處。這時執行位址和連結位址就不一樣了。執行位址為 0x0，連結位址變成 0x40000000，那麼程式為什麼還能執行呢？

這就涉及組合語言程式設計的一個重要問題——與位置無關的程式和與位置有關的程式。

從字面意思看，與位置無關的程式的執行是與記憶體位址無關的；無論執行位址和連結位址是否相等，這些程式都能正常執行。在組合語言中，BL、B、MOV 等指令屬於與位置無關的指令，不管程式加載在哪個位置，它們都能正確地執行。

從字面意思看，與位置有關的程式的執行是與記憶體位址有關的，和當前 PC 值無關。ARM 組合語言裡面透過絕對跳轉指令修改 PC 值為當前連結位址的值。

```
ldr pc, =on_sdram                    @ 跳到 SDRAM 中並繼續執行
```

因此，當透過 LDR 指令跳轉到連結位址並執行時，執行位址就等於連結位址了。這個過程叫作**重定位**。在重定位之前，程式只能執行和位置無關的一些組合

語言程式碼。

為什麼要刻意設定載入位址、執行位址以及連結位址不一樣呢？

如果所有程式都在 ROM（或 Nor Flash 記憶體）中執行，那麼連結位址可以與載入位址相同。而在實際專案應用中，往往想要把程式載入到 DDR 記憶體中，DDR 記憶體的存取速度比 ROM 的要快很多，而且容量也大，所以設定連結位址在 DDR 記憶體中，而程式的載入位址設定到 ROM 中，這兩個位址是不相同的。如何讓程式能在連結位址上執行呢？常見的思路就是，讓程式的載入位址等於 ROM 的起始位址（或者片內 SRAM 位址），而連結位址等於 DDR 記憶體中某一處的起始位址（暫且稱為 ram_start）。程式先從 ROM 中啟動，最先啟動的部分要實現程式複製功能（把整個 ROM 程式複製到 DDR 記憶體中），並透過 LDR 指令來跳轉到 DDR 記憶體中，也就是在連結位址裡執行（B 指令沒法實現這個跳轉）。上述重定位過程在 Uboot 中實現，如圖 9.6 所示。

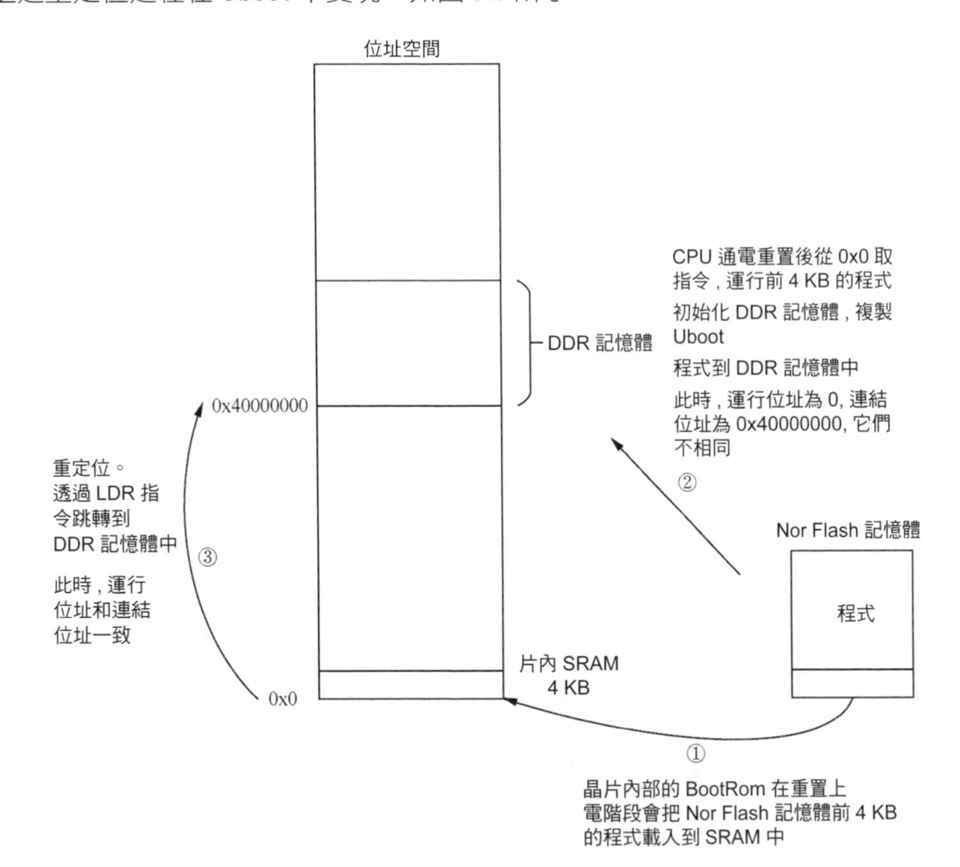

▲圖 9.6 Uboot 啟動時的重定位過程

當跳轉到 Linux 核心中時，Uboot 需要把 Linux 核心映射的內容複製到 DDR 記憶體中，然後跳轉到核心入口位址處（stext 函數）。當跳轉到核心入口位址（stext 函數）時，程式執行在運行位址，即 DDR 記憶體的位址。但是我們從 vmlinux 看到的 stext 函數的連結位址是虛擬位址（如圖 9.7 中的核心虛擬位址空間）。核心啟動組合語言程式碼也需要一個重定位過程。這個重定位過程在 __primary_switch 組合語言函數中完成，__primary_switch 組合語言函數的主要功能是初始化 MMU 和實現重定位。啟動 MMU 之後，透過 LDR 指令把 __primary_switched 函數的連結位址載入到 X8 暫存器中，然後透過 BR 指令跳轉到 __primary_switched 函數的連結位址處，從而實現重定位，如圖 9.7 所示。__primary_switch 組合語言函數的程式片段如下。

```
<linux5.0/arch/arm64/kernel/head.S>

1    __primary_switch:
2          adrp    x1, init_pg_dir
3          bl      __enable_mmu
4
5          ldr     x8, =__primary_switched
6          adrp    x0, __PHYS_OFFSET
7          br    x8
```

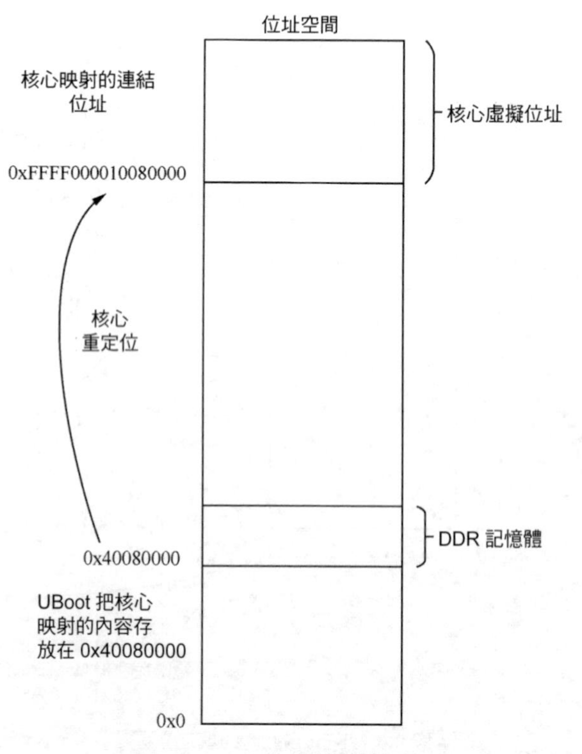

▲圖 9.7 Linux 核心映射位址重定位

9.4 實驗

9.4.1 實驗 9-1：分析連結指令檔

1．實驗目的

熟悉 GNU 連結指令檔的語法。

2．實驗要求

分析圖 9.8 所示的連結指令檔中每一行敘述的含義。

```
s/linker.ld
 1 SECTIONS
 2 {
 3         . = 0x80000,
 4         .text.boot : { *(.text.boot) }
 5         .text : { *(.text) }
 6         .rodata : { *(.rodata) }
 7         .data : { *(.data) }
 8         . = ALIGN(0x8);
 9         bss_begin = .;
10         .bss : { *(.bss*) }
11         bss_end = .;
12
13         . = ALIGN(4096);
14         init_pg_dir = .;
15         . += 4096;
16 }
```

▲圖 9.8 連結指令檔

9.4.2 實驗 9-2：輸出每個段的記憶體分配

1．實驗目的

熟悉連結指令稿裡符號的使用。

2．實驗要求

（1）在 C 語言中輸出 BenOS 映射檔案的記憶體分配，如圖 9.9 所示，即每個段的起始位址和結束位址，以及段的大小。查看 benos.map 檔案，進行對比，確認輸出的記憶體分配是否正確。

```
BenOS image layout:
  .text.boot: 0x00080000 - 0x0008006c (   108 B)
       .text: 0x0008006c - 0x00081e70 (  7684 B)
     .rodata: 0x00081e70 - 0x0008201e (   430 B)
       .data: 0x0008201e - 0x000822a0 (   642 B)
        .bss: 0x00082330 - 0x000a2740 (132112 B)
```

▲圖 9.9 記憶體分配

（2）修改連結檔案，把 .data 段的 VMA 修改成 0x90000，然後再查看記憶體分配有什麼變化。

9.4.3 實驗 9-3：載入位址不等於執行位址

1．實驗目的

熟悉連結指令稿的執行位址和載入位址。

2．實驗要求

假設程式碼片段儲存在 ROM 中，ROM 的起始位址為 0x90000，而執行位址在 RAM 裡面，起始位址為 0x8000。其他段（例如 .text、.boot、.data、.rodata 以及 .bss 段）的載入位址和執行位址都在 RAM 中。請修改 BenOS 的連結指令稿以及組合語言原始程式碼，讓 BenOS 可以正常執行。

9.4.4 實驗 9-4：分析 Linux 5.0 核心的連結指令檔

1．實驗目的

熟悉連結指令稿的語法和使用。

2．實驗要求

Linux 5.0 的連結指令檔目錄是 arch/arm64/kernel/vmlinux.lds.S，請詳細分析該連結指令稿，寫一個分析報告。

第 10 章

GCC 內嵌組合語言程式碼

本章思考題

1．在內嵌組合語言程式碼中，關鍵字 asm、volatile、inline 以及 goto 分別代表什麼意思？

2．在內嵌組合語言程式碼的輸出部分裡，= 和 + 代表什麼意思？

3．在內嵌組合語言程式碼中，如何表示輸出部分和輸入部分的參數？

4．在內嵌組合語言程式碼與 C 語言巨集結合時，# 與 ## 分別代表什麼意思？

本章主要介紹 AArch64 狀態的系統結構的 GCC（GNU C Compiler，GNU C 編譯器）內嵌組合語言程式碼。

10.1 內嵌組合語言程式碼基本用法

內嵌組合語言程式碼指的是在 C 語言中嵌入組合語言程式碼。其作用是對於特定重要和時間敏感的程式進行最佳化，同時在 C 語言中存取某些特殊指令（例如記憶體屏障指令）來實現特殊功能。

內嵌組合語言程式碼主要有兩種形式。

- 基礎內嵌組合語言程式碼（basic asm）：不帶任何參數。
- 擴充內嵌組合語言程式碼（extended asm）：可以帶輸入 / 輸出參數。

10.1.1 基礎內嵌組合語言程式碼

基礎內嵌組合語言程式碼是不帶任何參數的，其格式如下。

```
asm ("組合語言指令")
```

其中 asm 關鍵字是一個 GNU 擴充。組合語言指令是組合語言程式碼區塊，它有如下幾個特點。

- GCC 把組合語言程式碼區塊當成一個字串。
- GCC 不會解析和分析組合語言程式碼區塊。
- 組合語言程式碼區塊包含多筆組合語言指令時需要使用 "\n" 來換行。

基礎內嵌組合語言程式碼最常見的用法是簡單呼叫一筆組合語言指令。

【**例 10-1**】呼叫一筆快取記憶體維護指令。

```
asm("icialluis");
```

10.1.2 擴充內嵌組合語言程式碼

擴充內嵌組合語言程式碼是常用的形式，它可以使用 C 語言中的變數作為參數，其格式如下。

```
asm 修飾詞 (
                指令部分
                : 輸出部分
                : 輸入部分
                : 損壞部分 )
```

內嵌組合語言程式碼在處理變數和暫存器的問題上提供了一個範本與一些限制條件。

常用的修飾詞如下。

- volatile：用於關閉 GCC 最佳化。
- inline：用於內聯，GCC 會把組合語言程式碼編譯為盡可能短的程式。
- goto：用於在內嵌組合語言裡會跳轉到 C 語言的標籤裡。

在指令部分中，數字前加上 %（如 %0、%1 等）表示需要使用暫存器的樣板運算元。指令部分用到了幾個不同的運算元，就說明有幾個變數需要和暫存器結合。

指令部分後面的輸出部分用於描述在指令部分中可以修改的 C 語言變數以及限制條件。注意以下兩點。

- 輸出約束（constraint）通常以 "=" 或者 "+" 號開頭，然後是一個字母（表示對運算元類型的說明），接著是關於變數結合的約束。"=" 號表示被修飾的運算元只具有可寫屬性；"+" 號表示被修飾的運算元只具有可讀、可寫屬性。

- ❑ 輸出部分可以是空的。

輸入部分用來描述在指令部分只能讀取的 C 語言變數以及限制條件。輸入部分描述的參數只有唯讀屬性，不要試圖修改輸入部分的參數內容，因為 GCC 假設輸入部分的參數在內嵌組合語言之前和之後都是一致的。注意以下兩點。

- ❑ 在輸入部分中不能使用 “=” 或者 “+” 限制條件，否則編譯器會顯示出錯。
- ❑ 輸入部分可以是空的。

損壞部分一般以 “memory” 結束。

- ❑ “memory” 告訴 GCC，如果內聯組合語言程式碼改變了記憶體中的值，那麼讓編譯器做如下最佳化：在執行完組合語言程式碼之後重新載入該值，目的是防止編譯亂數。
- ❑ “cc” 表示內嵌程式修改了狀態暫存器的相關標識位元，例如，內嵌組合語言程式碼中使用 CNBZ 等比較敘述。
- ❑ 當輸入部分和輸出部分顯性地使用了通用暫存器時，應該在損壞部分明確告訴編譯器，編譯器在選擇使用哪個暫存器來表示輸入和輸出操作數時，不會使用損壞部分裡宣告的任何暫存器，以免發生衝突。

對於指令部分，在內嵌組合語言程式碼中使用 %0 來表示輸出部分和輸入部分的第一個參數，使用 %1 表示第二個參數，依此類推。

【例 10-2】 圖 10.1 所示是一段內嵌組合語言程式碼。

第 58 ～ 63 行是內嵌組合語言程式碼。

在第 58 行中，volatile 用來關閉 GCC 最佳化。

第 59 ～ 60 行是指令部分，這裡包含了兩筆組合語言敘述，每一筆組合語言敘述都必須使用引號，並且使用 “\n” 來換行，因為 GCC 會把指令部分當成一個字串，並不會解析組合語言敘述。

第 61 行是輸出部分。這裡輸出部分只有一個參數 mask，“=” 號表示 mask 只具有可寫屬性，它會在第 60 行中使用到，使用 “%0” 來表示該參數。

第 62 行是輸入部分，一共有兩個參數，分別是 idx 和 sz。

第 63 行是損壞部分。

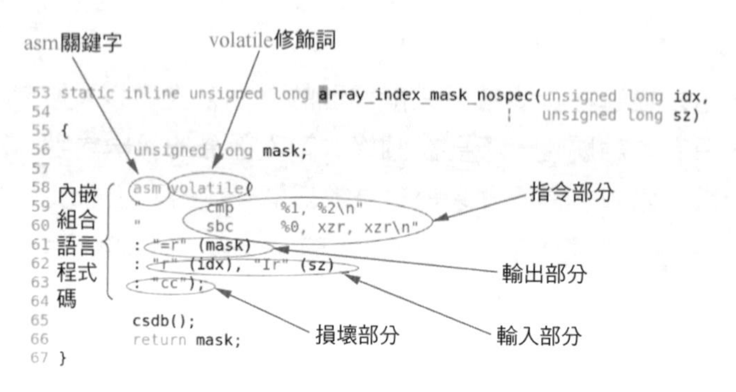

▲圖 10.1 內嵌組合語言程式碼

【例 10-3】下面的程式中，arch_local_irq_save() 函數用來關閉本機 IRQ。

```
static inline unsigned long arch_local_irq_save(void)
{
    unsigned long flags;
    asm volatile(
        "mrs    %0, daif           // 讀取 PSTATE 暫存器中的 DAIF 欄位
        "msr    daifset, #2"       // 關閉 IRQ
        : "=r" (flags)
        :
        : "memory");
    return flags;
}
```

先看輸出部分，%0 運算元對應 "=r" (flags)，即 flags 變數。其中，“=” 表示被修飾的運算元的屬性是只允許寫入，“r” 表示使用一個通用暫存器。然後看輸入部分，輸入部分是空的，沒有指定參數。最後看損壞部分，它以 “memory” 結束。

arch_local_irq_save() 函數主要用於把 PSTATE 暫存器中的 DAIF 欄位保存到臨時變數 flags 中，然後關閉 IRQ。

在輸出部分和輸入部分，使用 % 來表示參數的序號，如 %0 表示第一個參數，%1 表示第二個參數。

10.1.3 內嵌組合語言程式碼的修飾符號和約束符號

內聯組合語言程式碼的常見修飾符號如表 10.1 所示。

表 10.1 內嵌組合語言程式碼的常見修飾符號

修飾符號	說明
=	被修飾的運算元只能寫入
+	被修飾的運算元具有可讀、可寫屬性
&	用於輸出限定詞。這個運算元在用於輸入參數的指令執行完成之後才能寫入。這個運算元不在指令所讀取的暫存器裡，也不可作為任何記憶體位址的一部分

內嵌組合語言程式碼的常見約束符號如表 10.2 所示。

表 10.2 內嵌組合語言程式碼的常見約束符號

約束符號	說明
p	記憶體位址
m	記憶體變數
r	通用暫存器
o	記憶體位址，基底位址定址
i	立即數
V	記憶體變數，不允許偏移的記憶體運算元
n	立即數

ARM64 系統結構中特有的約束符號如表 10.3 所示。

表 10.3 ARM64 系統結構中特有的約束符號

約束符號	說明
k	SP 暫存器
w	浮點暫存器、SIMD 暫存器、SVE 暫存器
Upl	使用 P0 ～ P7 中任意一個 SVE 暫存器
Upa	使用 P0 ～ P15 中任意一個 SVE 暫存器
I	整數，常常用於 ADD 指令
J	整數，常常用於 SUB 指令
K	整數，常常用於 32 位元邏輯指令
L	整數，常常用於 64 位元邏輯指令
M	整數，常常用於 32 位元的 MOV 指令
N	整數，常常用於 64 位元的 MOV 指令
S	絕對符號位址或者標籤引用
Y	浮點數，其值為 0
Z	整數，其值為 0
Ush	表示一個符號（symbol）的 PC 相對偏移量的高位元部分（包括第 12 位元以及高於第 12 位元的部分），這個 PC 相對偏移量介於 0 ～ 4 GB
Q	表示使用單一基底位址暫存器的記憶體位址，不包含偏移量
Ump	一個適用於 SI、DI、SF 和 DF 模式下的載入 - 儲存指令的記憶體位址

在上述約束符號中，“Q” 約束符號常常用在原子操作中。例如，下面是一個原子加法函數。

```
void my_atomic_add(unsigned long val, void *p)
```

my_atomic_add() 函數把 val 的值原子地加到指標變數 p 指向的變數中。下面的內嵌組合語言程式碼沒有使用約束符號 “Q”。

```
1    void my_atomic_add(unsigned long val, void *p)
2    {
3        unsigned long tmp;
4        int result;
5        asm volatile (
6                "1: ldxr %0, [%2]\n"
7                "add %0, %0, %3\n"
8                "stxr %w1, %0, [%2]\n"
9                "cbnz %w1, 1b\n"
10               : "+r" (tmp), "+r"(result)
11               : "r"(p), "r" (val)
12               : "cc", "memory"
13               );
14   }
```

在第 6 行中，“ldxr %0, [%2]” 指令用來載入指標變數 p 的值到 tmp 變數中，這裡使用 “[ ]” 表示存取記憶體位址的內容。在損壞部分中需要使用 “memory” 告訴編譯器，上述內嵌組合語言改變了記憶體中的值，在執行完組合語言程式碼之後應重新載入該值，否則會出錯。

另外，我們可以使用約束符號 “Q” 來改寫上面的組合語言程式碼。

```
1    void my_atomic_add(unsigned long val, void *p)
2    {
3        unsigned long tmp;
4        int result;
5        asm volatile (
6                "1: ldxr %0, %2\n"
7                "add %0, %0, %3\n"
8                "stxr %w1, %0, %2\n"
9                "cbnz %w1, 1b\n"
10               : "+r" (tmp), "+r"(result), "+Q"(*(unsigned long *)p)
11               : "r" (val)
12               : "cc"
13               );
14   }
```

在第 10 行中，輸出部分的第一個參數使用了約束符號 “Q”，參數變成了 “*(unsigned long *)p”，並且第 6 行指令也變成了 “ldxr %0, %2”。這在 Linux 5.0 核心的原子操作函數裡有廣泛應用，見 arch/arm64/include/atomic_ll_sc.h 檔案。約束符號 “Q” 隱含了損壞部分的 “memory” 宣告。

10.1.4 使用組合語言符號名稱

在輸出部分和輸入部分，使用 “%” 來表示參數的序號，如 %0 表示第一個參數，%1 表示第二個參數。為了增強程式可讀性，我們還可以使用組合語言符號名稱來替代以 % 表示的運算元，比如，例 10-4 中的 add() 函數。

【**例 10-4**】下面是一段很簡單的 GCC 內聯組合語言程式碼。

```
int add(int i, int j)
{
    int res = 0;

    asm volatile (
    "add %w[result], %w[input_i], %w[input_j]"
    : [result] "=r" (res)
    : [input_i] "r" (i), [input_j] "r" (j)
    );

    return res;
}
```

上述程式的主要功能是把參數 *i* 的值和參數 *j* 的值相加，並傳回結果。

先看輸出部分，其中只定義了一個運算元。“[result]” 定義了一個組合語言符號運算元，符號名稱為 result，它對應 "=r" (res)，並使用了函數中定義的 res 變數，在組合語言程式碼中對應 %w[result]。其中，w 表示 ARM64 中的 32 位元通用暫存器。

再看輸入部分，其中定義了兩個運算元。同樣使用定義組合語言符號運算元的方式來定義。第一個組合語言符號運算元是 input_*i*，對應的是函數形式參數 *i*；第二個組合語言符號運算元是 input_*j*，對應的是函數形式參數 *j*。

10.1.5 內嵌組合語言函數與巨集的結合

內嵌組合語言函數與 C 語言巨集可以結合起來使用，讓程式變得高效和簡潔。我們可以巧妙地使用 C 語言巨集中的 “#” 以及 “##” 符號。

若在巨集的參數前面使用 "#"，前置處理器會把這個參數轉換為一個字串。

"##" 用於連接參數和另一個識別字，形成新的識別字。

圖 10.2 是 ATOMIC_OP 巨集，它實現在 Linux 5.0 核心裡，程式路徑為 arch/arm64/include/ asm/atomic_lse.h。

```
30 #define ATOMIC_OP(op, asm_op)                                          \
31 static inline void atomic_##op(int i, atomic_t *v)                    \
32 {                                                                      \
33         register int w0 asm ("w0") = i;                                \
34         register atomic_t *x1 asm ("x1") = v;                          \
35                                                                        \
36         asm volatile(ARM64_LSE_ATOMIC_INSN(__LL_SC_ATOMIC(op),         \
37 "       " #asm_op "     %w[i], %[v]\n")                               \
38         : [i] "+r" (w0), [v] "+Q" (v->counter)                         \
39         : "r" (x1)                                                     \
40         : __LL_SC_CLOBBERS);                                           \
41 }
42
43 ATOMIC_OP(andnot, stclr)
44 ATOMIC_OP(or, stset)
45 ATOMIC_OP(xor, steor)
46 ATOMIC_OP(add, stadd)
```

▲圖 10.2 ATOMIC_OP 巨集

第 43 ～ 46 行透過呼叫 ATOMIC_OP 巨集實現了 atomic_andnot()、atomic_or()、atomic_xor()、atomic_add() 函數。

在第 31 行中，使用 "##" 號，把 "atomic_" 與巨集的參數 op 拼接在一起，組成函數名稱。

在第 37 行中，使用 "#" 號，把參數 asm_op 轉換成一個字串。例如，假設 asm_op 參數為 stclr，那麼第 37 行就變成 "stclr %w[i], %[v]\n"。

另外，我們還可以透過一個巨集來實現多個類似的函數，這也是 C 語言常用的技巧。

10.1.6 使用 goto 修飾詞

內嵌組合語言程式碼還可以從指令部分跳轉到 C 語言的標籤處，這使用的是 goto 修飾詞。goto 範本的格式如下。

```
asm goto (
                指令部分
                : /* 輸出部分是空的 */
                : 輸入部分
                : 損壞部分
                : GotoLabels)
```

goto 範本與常見的內嵌組合語言範本有如下不一樣的地方。

- ❑ 輸出部分必須是空的。
- ❑ 新增一個 GotoLabels，裡面列出了 C 語言的標籤，即允許跳轉的標籤。

【**例 10-5**】下面的程式使用了 goto 範本。

```
static int test_asm_goto(int a)
{
     asm goto (
             "cmp %w0, 1\n"
             "b.eq %l[label]\n"
             :
             : "r" (a)
             : "memory"
             : label);

     return 0;

label:
     printk("%s: a = %d\n", __func__, a);
     return 0;
}
```

這段程式比較簡單，用於判斷參數 *a* 是否為 1。如果為 1，則跳轉到 label 處；否則，直接傳回 0。

關於內嵌組合語言程式碼，注意以下 3 點。

- ❑ GDB 不能單步偵錯內嵌組合語言程式碼，所以建議使用純組合語言的方式驗證過之後，再移植到內嵌組合語言程式碼中。
- ❑ 仔細檢查內嵌組合語言程式碼的參數，此處很容易搞錯。
- ❑ 輸出部分和輸入部分的修飾符號不能用錯，否則程式會出錯。

如圖 10.3 所示，輸出部分的 dst 參數從 "+r"（dst）改成 "=r"（dst），導致程式崩潰。原因是在 STR 指令中參數 dst 既要可讀取，又要可寫入。

```
static void my_memcpy_asm_test(unsigned long src, unsigned long dst,
                unsigned long counter)
{
        unsigned long tmp;
        unsigned long end = src + counter;

        asm volatile (
                        "1: ldr %1, [%2], #8\n"
                        "str %1, [%0], #8\n"
                        "cmp %2, %3\n"
                        "b.cc 1b"
                        : "=r" (dst), "+r" (tmp), "+r" (src)
                        : "r" (end)
                        : "memory");
}
```

"+r"（dst）改成"=r"（dst）導使程式崩潰

▲圖 10.3 出錯的程式

10.2 案例分析

下面的程式片段用於實現兩位元組交換的功能。

```
1   #include <stdio.h>
2   #include <stdlib.h>
3
4   #define SIZE 10
5
6   static void swap_data(unsigned char *src, unsigned char *dst,unsigned int size)
7   {
8       unsigned int len = 0;
9       unsigned int tmp;
10
11      asm volatile (
12          "1: ldrh w5, [%[src]], #2\n"
13          "lsl w6, w5, #8\n"
14          "orr %w[tmp], w6, w5, lsr #8\n"
15          "strh %w[tmp], [%[dst]], #2\n"
16          "add %[len], %[len], #2\n"
17          "cmp %[len], %[size]\n"
18          "bne 1b\n"
19          : [dst] "+r" (dst), [len] "+r"(len), [tmp] "+r" (tmp)
20          : [src] "r" (src), [size] "r" (size)
21          : "memory"
22      );
23  }
24
25  int main(void)
26  {
27      int i;
28      unsigned char *bufa = malloc(SIZE);
29      if (!bufa)
30          return 0;
31      unsigned char *bufb = malloc(SIZE);
32      if (!bufb) {
33          free(bufa);
34          return 0;
35      }
36
37      for (i = 0; i < SIZE; i++) {
38          bufa[i] = i;
39          printf("%d ", bufa[i]);
40      }
41      printf("\n");
42
43      swap_data(bufa, bufb, SIZE);
```

```
44
45        for (i = 0; i < SIZE; i++)
46            printf("%d ", bufb[i]);
47        printf("\n");
48
49        free(bufa);
50        free(bufb);
51        return 0;
52        }
```

在安裝了 Linux 系統的樹莓派 4B 開發板上編譯和執行後的結果如下。

```
pi@raspberrypi:~$ gcc in_test.c -o in_test -O2
pi@raspberrypi:~$ ./in_test
0 1 2 3 4 5 6 7 8 9
1 0 3 2 5 4 7 6 9 8
munmap_chunk(): invalid pointer
Aborted
```

從上述日誌可知，位元組交換功能實現了，但是在釋放 bufa 指標時出現錯誤，錯誤日誌為 “munmap_chunk(): invalid pointer”，請讀者認真閱讀上面的範例程式並找出錯誤的原因。

我們可以在第 43 行的 swap_data() 函數前後都增加 “printf("%p \n", bufa)”，用來輸出 bufa 指向的位址，然後重新編譯並執行。

```
pi@raspberrypi:~$ gcc in_test.c -o in_test -O2
pi@raspberrypi:~$ ./in_test
0xaaaae60b52a0
0 1 2 3 4 5 6 7 8 9
0xaaaae60b52aa
1 0 3 2 5 4 7 6 9 8
munmap_chunk(): invalid pointer
Aborted
```

在 C 語言中，指標形式參數 src 會自動生成一個副本 src_p，然後在函數裡 src 指標會自動替換成副本 src_p。在第 12 行中，LDRH 指令採用後變址模式，載入完成之後會自動載入 src_p + 2。從日誌可知，bufa 指向的位址在 swap_data() 函數前後發生了變化，可是把一級指標 bufa 作為形式參數傳遞給 swap_data() 函數是不會修改形式參數（指標參數）的指向的，那在本案例中，為什麼一級指標 bufa 的指向發生了變化呢？

這裡主要原因是，當使用 GCC O2 最佳化選項時，GCC 會打開 “-finline-small-functions” 最佳化選項，它會把一些短小和簡單的函數整合到它們的呼叫者中。

本案例中，swap_data() 函數在編譯階段會被整合到 main() 函數中。此外，如果 GCC 發現 src 形式參數在函數內只參與讀取操作，那麼 GCC 在把 swap_data() 函數整合到 main() 函數的過程中不會為 src 形式參數單獨生成一個 src_p 副本。當執行 LDRH 指令時，直接修改了 src 指標的指向，從而導致 bufa 指向的位址發生了改變，釋放記憶體時出錯。

我們仔細分析 swap_data() 的內嵌組合語言，發現參數 src 指定的屬性不正確。參數 src 應該具有可讀可寫屬性，因為 LDRH 指令採用後變址模式，載入完成後會修改 src 指標的指向。在第 20 行，src 參數被安排在輸入部分，輸入部分用來描述在指令部分只能讀取的 C 語言變數以及限制條件。

另外還有一個錯誤的地方。第 12~14 行顯性地使用了 W5 和 W6 兩個通用暫存器，因此需要在損壞部分裡宣告這兩個暫存器已經被內嵌組合語言程式碼使用了，從而使編譯器在為內嵌組合語言參數安排通用暫存器的時候不再使用 W5 和 W6 暫存器。

綜上所述，swap_data() 函數正確的寫法如下。

```
1    static void swap_data(unsigned char *src, unsigned char *dst,unsigned int size)
2    {
3        unsigned int len = 0;
4        unsigned int tmp;
5
6        asm volatile (
7            "1: ldrh w5, [%[src]], #2\n"
8            "lsl w6, w5, #8\n"
9            "orr %w[tmp], w6, w5, lsr #8\n"
10           "strh %w[tmp], [%[dst]], #2\n"
11           "add %[len], %[len], #2\n"
12           "cmp %[len], %[size]\n"
13           "bne 1b\n"
14           : [dst] "+r" (dst), [len] "+r"(len), [tmp] "+r" (tmp),
15             [src] "+r" (src)
16           : [size] "r" (size)
17           : "memory", "w5", "w6"
18       );
19   }
```

主要改動見第 15 行和第 17 行。在第 15 行中，把參數 src 放到了輸出部分，並且指定它具有可讀可寫屬性。在第 17 行中，在內嵌組合語言程式碼的損壞部分中增加了 W5 和 W6 暫存器的宣告，告訴編譯器這兩個暫存器在內嵌組合語言程式碼中已經使用了。

讀者還可以透過反組譯的方式來對比修改前後的區別。透過如下命令得到反組譯檔案 in_test.s。

```
pi@raspberrypi:~$ gcc in_test.c -S -O2
```

下面是修改前 in_test.c 的反組譯程式片段。

```
1   main:
2       ...
3       bl      malloc
4       mov     x21, x0
5
6   #APP
7   // 11 "in_test.c" 1
8       1: ldrh w5, [x21], #2
9           lsl w6, w5, #8
10          orr w1, w6, w5, lsr #8
11          strh w1, [x2], #2
12          add x0, x0, #2
13          cmp x0, x19
14          bne 1b
15  #NO_APP
16
17      movx0, x21
18      blfree
```

在第 4 行中，X21 暫存器指向 bufa 的位址。

在第 8 行中，直接使用 X21 暫存器來執行 LDRH 指令，並且修改了 X21 暫存器的內容。

在第 17 行中，使用修改後的 X21 暫存器的值作為位址來呼叫 free()，導致出現 “munmap_chunk(): invalid pointer” 問題。

下面是修改後 in_test.c 的反組譯程式片段。

```
1   main:
2       ...
3       bl      malloc
4       mov     x21, x0
5
6       mov     x3, x21
7
8   #APP
9   // 11 "in_test.c" 1
10      1: ldrh w5, [x3], #2
11          lsl w6, w5, #8
```

```
12          orr w1, w6, w5, lsr #8
13          strh w1, [x2], #2
14          add x0, x0, #2
15          cmp x0, x19
16          bne 1b
17  #NO_APP
18
19      movx0, x21
20      blfree
```

對比上述兩段組合語言可以發現，最大的區別是第 6 行以及第 10 行，GCC 為 bufa 指標（X21 暫存器）分配了一個臨時暫存器 X3，相當於為形式參數 src 分配了一個副本 src_p，然後在內嵌組合語言程式碼（見第 10 行）中使用該臨時暫存器，從而避免第 10 行的 LDRH 指令修改 bufa 指標的指向。

使用內嵌組合語言常見的陷阱如下。

- 需要明確每個 C 語言參數的限制條件，例如，參數應該在輸出部分還是輸入部分。
- 正確使用每個 C 語言參數的約束符號，使用錯誤的讀寫屬性會導致程式出錯。
- 當輸入部分和輸出部分顯性地使用了通用暫存器時，應該在損壞部分明確告訴編譯器。
- 如果內嵌組合語言程式碼修改了記憶體位址的值，則需要在損壞部分使用 “memory” 參數。
- 如果內嵌組合語言程式碼修改了狀態暫存器的相關標識位元，則需要在損壞部分使用 “cc” 參數。
- 如果內嵌組合語言程式碼隱含了記憶體屏障指令，例如，使用了載入 - 獲取 / 儲存 - 釋放（load-acquire/ store-release）語義，則需要在損壞部分使用 “memory” 參數。
- 如果內嵌組合語言使用 LDXR/STXR 等原子操作指令，建議使用 “Q” 約束符號來實現位址定址。

10.3 實驗

10.3.1 實驗 10-1：實現簡單的 memcpy 函數

1．實驗目的

熟悉內嵌組合語言程式碼的使用方式。

2．實驗要求

使用內嵌組合語言程式碼實現簡單的 memcpy 函數：從 0x80000 位址複製 32 位元組到 0x100000 位址處，並使用 GDB 來驗證資料是否複製正確。

10.3.2 實驗 10-2：使用組合語言符號名稱撰寫內嵌組合語言程式碼

1．實驗目的

熟悉內嵌組合語言程式碼的撰寫。

2．實驗要求

在實驗 10-1 的基礎上嘗試使用組合語言符號名稱撰寫內嵌組合語言程式碼。

10.3.3 實驗 10-3：使用內嵌組合語言程式碼完善 __memset_16bytes 組合語言函數

1．實驗目的

熟悉內嵌組合語言函數的應用。

2．實驗要求

本實驗要求使用內嵌組合語言函數來完成 __memset_16bytes 組合語言函數。

10.3.4 實驗 10-4：使用內嵌組合語言程式碼與巨集

1．實驗目的

熟悉使用巨集撰寫內嵌組合語言程式碼。

2．實驗要求

實現一個巨集 MY_OPS(ops，instruction)，它可以對某個記憶體位址實現 or、xor、and、andnot 等 ops 操作。

提示：由於目前的 BenOS 還沒有啟動 MMU，因此 LDXR 和 STXR 指令還不能使用，我們就使用簡單的 LDR 和 STR 指令來代替。

10.3.5 實驗 10-5：實現讀取和寫入系統暫存器的巨集

1．實驗目的

熟悉使用巨集撰寫內嵌組合語言程式碼。

2．實驗要求

（1）實現一個對應 read_sysreg(reg) 以及 write_sysreg(val, reg) 的巨集，用於讀取 ARM64 中的系統暫存器，例如，CurrenEL 讀取當前 EL 的等級。

（2）測試：讀取 CurrentEL 暫存器的值，讀取當前 EL。

10.3.6 實驗 10-6：goto 範本的內嵌組合語言函數

1．實驗目的

熟悉使用 goto 範本的內嵌組合語言函數。

2．實驗要求

使用 goto 範本實現一個內嵌組合語言函數，判斷函數參數是否為 1。如果為 1，則跳轉到 label 處，並且輸出參數的值；否則，直接傳回。

```
int test_asm_goto(int a)
```

第 11 章

異常處理

本章思考題

1．在 ARM64 處理器中，異常有哪幾類？
2．ARM64 處理器支援幾種異常等級？它們分別有什麼作用？
3．同步異常和非同步異常有什麼區別？
4．在 ARM64 處理器中，異常發生後 CPU 自動做了哪些事情？軟體需要做哪些事情？
5．兩個暫存器 LR 和 ELR 存放了傳回位址，它們有什麼區別？
6．傳回時，異常是傳回到發生異常的指令還是下一筆指令？
7．在 ARM64 處理器中，SP_EL1t 和 SP_EL1h 有什麼區別？
8．傳回時，異常如何選擇處理器的執行狀態？
9．請簡述 ARMv8 異常向量表。
10．異常發生後，軟體需要保存異常上下文，異常上下文包括哪些內容？
11．異常發生後，軟體如何知道異常類型？
12．如何從 EL2 切換到 EL1 ？

本章主要介紹與 ARM64 處理器異常處理相關的知識。

11.1 異常處理的基本概念

在 ARMv8 系統結構中，異常和中斷都屬於異常處理。

11.1.1 異常類型

本節介紹異常的類型。

1．中斷

在 ARM64 處理器中，中斷要求分成普通中斷要求（Interrupt Request，IRQ）

和快速中斷要求（Fast Interrupt Request，FIQ）兩種。其中，FIQ 的優先順序要高於 IRQ。在晶片內部，分別有連接到處理器內部的 IRQ 和 FIQ 兩根中斷線。通常系統級晶片內部會有一個中斷控制器，許多的外部設備的中斷接腳會連接到中斷控制器，由中斷控制器負責中斷優先順序排程，然後發送中斷訊號給 ARM 處理器。中斷模型如圖 11.1 所示。

外接裝置中發生了重要的事情之後，需要通知處理器，中斷發生的時刻與當前正在執行的指令無關，因此中斷的發生時間點是非同步的。對於處理器來說，不得不停止當前正在執行的指令來處理中斷。在 ARMv8 系統結構中，中斷屬於非同步模式的異常。

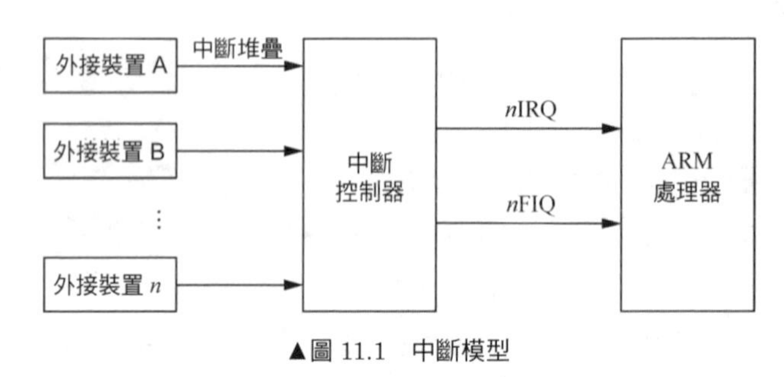

▲圖 11.1 中斷模型

2．中止[1]

中止主要有指令中止（instruction abort）和資料中止（data abort）兩種。它們通常是指存取記憶體位址時發生了錯誤（如缺頁等），處理器內部的 MMU 捕捉這些錯誤並且報告給處理器。

指令中止是指當處理器嘗試執行某筆指令時發生了錯誤，而資料中止是指使用載入或者儲存指令讀寫外部儲存單元時發生了錯誤。

3．重置

重置（reset）操作是優先順序最高的一種異常處理。重置操作通常用於讓 CPU 重置接腳產生重置訊號，讓 CPU 進入重定模式，並重新啟動。

4．系統呼叫

ARMv8 系統結構提供了 3 種軟體產生的異常和 3 種系統呼叫。系統呼叫允許軟體主動地透過特殊指令請求更高異常等級的程式所提供的服務。

1　有的教科書稱為異常。

- ❑ SVC 指令：允許使用者態應用程式請求作業系統核心的服務。
- ❑ HVC 指令：允許客戶作業系統（guest OS）請求虛擬機器監控器（hypervisor）的服務。
- ❑ SMC 指令：允許普通世界（normal world）中的程式請求安全監控器（secure monitor）的服務。

11.1.2 異常等級

在作業系統裡，處理器執行模式通常分成兩種：一種是特權模式，另一種是非特權模式。作業系統核心執行在特權模式，存取系統的所有資源；而應用程式執行在非特權模式，它不能存取系統的某些資源，因為它許可權不夠。除此之外，ARM64 處理器還支援虛擬化擴充以及安全模式的擴充。ARM64 處理器支援 4 種特權模式，這些特權模式在 ARMv8 系統結構手冊裡稱為異常等級（Exception Level，EL）。

- ❑ EL0 為非特權模式，用於執行應用程式。
- ❑ EL1 為特權模式，用於執行作業系統核心。
- ❑ EL2 用於執行虛擬化管理程式。
- ❑ EL3 用於執行安全世界的管理程式。

11.1.3 同步異常和非同步異常

在 ARMv8 系統結構裡，異常分成同步異常和非同步異常兩種。同步異常是指處理器執行某筆指令而直接導致的異常，往往需要在異常處理函數裡處理該異常之後，處理器才能繼續執行。例如，當資料中止時，我們知道發生資料異常的位址，並且在異常處理函數中修改這個位址。

常見的同步異常如下。

- ❑ 嘗試存取一個異常等級不恰當的暫存器。
- ❑ 嘗試執行關閉或者沒有定義（undefined）的指令。
- ❑ 使用沒有對齊的 SP。
- ❑ 嘗試執行與 PC 指標沒有對齊的指令。
- ❑ 軟體產生的異常，如執行 SVC、HVC 或 SMC 指令。
- ❑ 位址翻譯或者許可權等導致的資料異常。
- ❑ 位址翻譯或者許可權等導致的指令異常。

❑ 偵錯導致的異常，如中斷點異常、觀察點異常、軟體單步異常等。

而非同步異常是指異常觸發的原因與處理器當前正在執行的指令無關的異常，中斷屬於非同步異常的一種。因此，指令異常和資料異常稱為同步異常，而中斷稱為非同步異常。

常見的非同步異常包括物理中斷和虛擬中斷。

❑ 物理中斷分為 3 種，分別是 SError、IRQ、FIQ。

❑ 虛擬中斷分為 3 種，分別是 vSError、vIRQ、vFIQ。

11.2 異常處理與傳回

11.2.1 異常入口

當一個異常發生時，CPU 核心能感知異常發生，而且會生成一個目標異常等級（target exception level）。CPU 會自動做如下一些事情[2]。

❑ 把 PSTATE 暫存器的值保存到對應目標異常等級的 SPSR_EL*x* 中。

❑ 把傳回位址保存在對應目標異常等級的 ELR_EL*x* 中。

❑ 把 PSTATE 暫存器裡的 *D*、*A*、*I*、*F* 標識位元都設定為 1，相當於把偵錯異常、SError、IRQ 以及 FIQ 都關閉。

❑ 對於同步異常，要分析異常的原因，並把具體原因寫入 ESR_EL*x*。

❑ 切換 SP 暫存器為目標異常等級的 SP_El*x* 或者 SP_EL0 暫存器。

❑ 從異常發生現場的異常等級切換到對應目標異常等級，然後跳轉到異常向量表裡。

上述是 ARMv8 處理器檢測到異常發生後自動做的事情。作業系統需要做的事情是從中斷向量表開始，根據異常發生的類型，跳轉到合適的異常向量表。異常向量表的每個項都會保存一筆跳轉指令，然後跳轉到恰當的異常處理函數並處理異常。

11.2.2 異常傳回

當作業系統的異常處理完成後，執行一筆 ERET 指令即可從異常傳回。這筆指

2 見《ARM Architecture Reference Manual, ARMv8, for ARMv8-A architecture profile》v8.6 版本的 D.1.10 節。

令會自動完成如下工作。

- ❑ 從 ELR_EL*x* 中恢復 PC 指標。
- ❑ 從 SPSR_EL*x* 中恢復 PSTATE 暫存器的狀態。

中斷處理過程是關閉中斷的情況下進行的，那中斷處理完成後什麼時候把中斷打開呢？

當中斷發生時，CPU 會把 PSTATE 暫存器的值保存到對應目標異常等級的 SPSR_EL*x* 中，並且把 PSTATE 暫存器裡的 *D*、*A*、*I*、*F* 標識位元都設定為 1，這相當於把本機 CPU 的中斷關閉。

當中斷處理完成後，作業系統呼叫 ERET 指令傳回中斷現場，並且會把 SPSR_EL*x* 恢復到 PSTATE 暫存器中，這相當於把中斷打開。

異常觸發與傳回的流程如圖 11.2 所示。

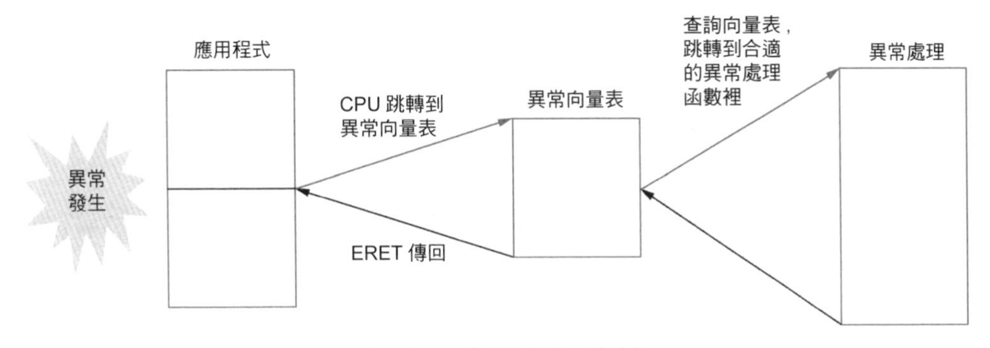

▲圖 11.2 異常觸發與傳回的流程

11.2.3 異常傳回位址

以下兩個暫存器存放了不同的傳回位址。

- ❑ X30 暫存器（又稱為 LR），存放的是子函數的傳回位址，一般是用於完成函式呼叫的，可以使用 RET 指令來傳回父函數。
- ❑ ELR_EL*x*，存放的異常傳回的位址，即發生異常那一瞬間的位址，它可能是在使用者空間中的位址，也可能是在核心空間中的位址，不管它在哪個空間，執行 ERET 指令就可以傳回異常現場。

既然 ELR_El*x* 保存了異常傳回位址，那麼這個傳回位址是指向發生異常時的指令還是下一筆指令呢？我們需要區分不同的情況。

對於非同步異常（中斷），傳回位址指向第一筆還沒執行或由於中斷沒有成功執行的指令。

對於不是系統呼叫的同步異常，比如資料異常、存取了沒有映射的位址等，傳回的是觸發同步異常的那筆指令。例如，透過 LDR 指令存取一個位址，這個位址沒有建立位址映射。CPU 存取這個位址時觸發了一個資料異常，陷入核心態。在核心態裡，作業系統把這個位址映射建立起來，然後再傳回異常現場。此時，CPU 會繼續執行這筆 LDR 指令。剛才因為位址沒有映射而觸發異常，異常處理中修復了這個映射關係，所以 LDR 可以存取這個位址。

系統呼叫傳回的是系統呼叫指令（例如 SVC 指令）的下一筆指令。

11.2.4 異常處理路由

異常處理路由指的是當異常發生時應該在哪個異常等級處理。下面是異常處理路由的一些規則。

- 當異常發生時，根據系統的設定，例如 SCR_EL3 以及 HCR_EL2 裡對應的欄位，異常可以在當前的異常等級裡處理，也可以陷入更高優先順序的異常等級裡並處理。
- EL0 不能用來處理異常，EL0 是最低許可權的異常等級，一般用來執行使用者態程式。
- 在一些情況下，同步異常可能會在當前異常等級裡處理，例如在核心（EL1）中發生缺頁錯誤，通常不會改變異常等級。另一些情況下，同步異常可能會導致陷入更高異常等級，例如在開啟了虛擬化時，虛擬機器存取尚未映射的客戶物理位址（Guest Physical Address，GPA）會發生二階段頁表缺頁錯誤，此時會從 EL1 陷入 EL2，由虛擬機器監控器處理該異常。
- 對於中斷，我們可以路由到 EL1、EL2 甚至 EL3 並處理，但是需要設定 HCR_EL2 以及 SCR_EL3 相關暫存器。

SCR_EL3 是安全世界中 EL3 的設定暫存器，下面介紹其中與異常處理路由相關的幾個欄位。

NS 欄位（Bit[0]）的含義如下。

- 0 表示 EL0 和 EL1 都處於安全狀態（secure state）。
- 1 表示低於 EL3 的異常等級處於非安全狀態，因此來自這些異常等級的記憶體存取指令不能存取安全記憶體。

IRQ 欄位（Bit[1]）的含義如下。

- 0 表示來自低於 EL3 的異常等級的 IRQ 不會路由到 EL3。
- 1 表示來自低於 EL3 的異常等級的 IRQ 會路由到 EL3。

FIQ 欄位（Bit[2]）的含義如下。

- 0 表示來自低於 EL3 的異常等級的 FIQ 不會路由到 EL3。
- 1 表示來自低於 EL3 的異常等級的 FIQ 會路由到 EL3。

EA 欄位（Bit[3]）的含義如下。

- 0 表示來自低於 EL3 的異常等級的外部中止和 SError 中斷不會路由到 EL3。來自 EL3 的外部中止也不會路由到 EL3，而來自 EL3 的 SError 中斷會路由到 EL3。
- 1 表示來自低於 EL3 的異常等級的外部中止和 SError 中斷會路由到 EL3。

RW 欄位（Bit[10]）的含義如下。

- 0 表示低於 EL3 的異常等級都在 AArch32 執行狀態下。
- 1 表示低於 EL3 的異常等級都在 AArch64 執行狀態下。

HCR_EL2 暫存器是虛擬管理程式設定暫存器。下面介紹其中與異常處理路由相關的幾個欄位。

RW 欄位（Bit[31]）的含義如下。

- 0 表示低於 EL2 的異常等級都在 AArch32 執行狀態下。
- 1 表示 EL1 在 AArch64 執行狀態下，而 EL0 則需要根據 PSTATE.nRW 欄位來判斷。

TGE 欄位（Bit[27]）的含義如下。

- 0 表示對 EL0 的執行沒有影響。
- 1 表示如果系統實現了 EL2，那麼所有原本要路由到 EL1 的異常都將路由到 EL2。如果系統沒有實現 EL2，那麼對 EL0 的異常沒有影響。TGE 欄位主要用在虛擬化主機擴充（Virtualization Host Extention，VHE）中。

AMO 欄位（Bit[5]）的含義如下。

- 0 表示來自低於 EL2 的異常等級的 SError 中斷不會路由到 EL2。
- 1 表示來自低於 EL2 的異常等級的 SError 中斷會路由到 EL2。

- 當 TGE 欄位為 1 並且實現了 EL2 時，不管 AMO 欄位的值是多少，都會路由到 EL2。

IMO 欄位（Bit[4]）的含義如下。

- 0 表示來自低於 EL2 的異常等級的 IRQ 不會路由到 EL2。
- 1 表示來自低於 EL2 的異常等級的 IRQ 會路由到 EL2。
- 當 TGE 欄位為 1 並且實現了 EL2 時，不管 IMO 欄位的值是多少，都會路由到 EL2。

FMO 欄位（Bit[3]）的含義如下。

- 0 表示來自低於 EL2 的異常等級的 FIQ 不會路由到 EL2。
- 1 表示來自低於 EL2 的異常等級的 FIQ 會路由到 EL2。
- 當 TGE 欄位為 1 並且實現了 EL2 時，不管 FMO 欄位的值是多少，都會路由到 EL2。

11.2.5 堆疊的選擇

在 ARMv8 系統結構裡，每個異常等級都有對應的堆疊指標（SP）暫存器。例如，EL0 有一個對應的堆疊指標暫存器 SP_EL0，同理，EL1 也有一個對應的堆疊暫存器 SP_EL1。當 CPU 執行在任何一個異常等級時，它可以設定 SP 使用 SP_EL0 或者 SP_EL*x*。

我們可以透過 SPSel 暫存器來設定 SP。SPSel 暫存器中的 SP 欄位設定為 0 表示在所有的 EL 中使用 SP_EL0 作為堆疊指標暫存器，設定為 1 表示使用 SP_EL*x* 作為堆疊指標暫存器。

當設定 SP_EL0 作為堆疊指標時，我們可以使用尾碼 “t” 來標記。例如，如果在 EL1 裡使用 SP_EL0 作為堆疊指標，我們可以使用 “SP_EL1t” 來表示。當設定 SP_EL*x* 作為堆疊指標時，我們可以使用尾碼 “h” 來標記。例如，如果在 EL1 裡使用 SP_EL1 作為堆疊指標，我們可以使用 “SP_EL1h” 來表示，如表 11.1 所示。

表 11.1　堆疊指標

異常等級	堆 疊 指 標
EL0	SP_EL0t
EL1	SP_EL1t, SP_EL1h
EL2	SP_EL2t, SP_EL2h
EL3	SP_EL3t, SP_EL3h

堆疊必須按 16 位元組對齊，否則在函式呼叫時會出現問題，因為函式呼叫的過程會使用堆疊。此外，我們可以透過設定暫存器來讓 CPU 自動檢測堆疊指標是否對齊。如果沒有對齊，則觸發一個 SP 對齊錯誤（SP alignment fault）。

當異常發生時，SP 應該指向哪裡？其實，當異常發生時，CPU 會跳轉到目標異常等級。此時，CPU 會自動選擇 SP_ELx。注意，CPU 會自動根據目標異常等級選擇堆疊指標，例如，如果 CPU 正在 EL0 中執行使用者空間處理程序，突然觸發了一個中斷，CPU 就會跳轉到 EL1 來處理這個中斷，因此 CPU 會自動選擇 SP_EL1 指向的堆疊空間。

作業系統負責分配和保證每個異常等級對應的堆疊空間是可用的。以 BenOS 的實驗程式為例，在組合語言程式碼準備跳轉到 C 語言的 main() 函數之前，我們需要分配堆疊的空間，比如 4 KB 或者 8 KB，然後設定 SP，跳轉到 C 語言的 main() 函數。

11.2.6 異常處理的執行狀態

如果異常發生並且要切換到高級別的異常等級（例如從 EL0 切換到 EL1），那麼跳轉到 EL1 之後，CPU 執行在哪個執行狀態下呢？是 AArch64 執行狀態還是 AArch32 執行狀態呢？

HCR_EL2 暫存器中有一個 RW 域（Bit[31]），它記錄了異常發生後 EL1 要處在哪個執行狀態下。

- ❑ 1 表示在 AArch64 執行狀態下。
- ❑ 0 表示在 AArch32 執行狀態下。

其實，當異常發生之後執行狀態是可以發生改變的。例如，在一個 64 位元的系統裡，核心在 AArch64 執行狀態下。如果一個 32 位元的應用程式在執行時期觸發了一個中斷，那麼它會陷入核心態裡，因此，在 AArch64 執行狀態下處理這個中斷。

11.2.7 異常傳回的執行狀態

當異常處理結束之後，呼叫 ERET 指令傳回時要不要切換執行模式呢？這裡需要看 SPSR 的相關記錄。

- ❑ SPSR.M[3:0] 欄位記錄了傳回哪個異常等級，如表 11.2 所示。
- ❑ SPSR.M[4] 欄位記錄了傳回哪個執行狀態。

- 0：表示 AArch64 執行狀態。
- 1：表示 AArch32 執行狀態。

表 11.2 傳回異常等級

SPSR.M[3:0]	傳回異常等級和堆疊指標
0b1101	EL3h
0b1100	EL3t
0b1001	EL2h
0b1000	EL2t
0b0101	EL1h
0b0100	EL1t
0b0000	EL0t

11.3 異常向量表

11.3.1 ARMv8 異常向量表

當異常發生時，處理器必須跳轉和執行與異常相關的處理指示。異常相關的處理指示通常儲存在記憶體中，這個儲存位置稱為異常向量。在 ARM 系統結構中，異常向量儲存在一個表中，稱為異常向量表。在 ARMv8 系統結構中，每個異常等級都有自己的向量表，即 EL3、EL2 和 EL1 各有一個異常向量表。

ARMv7 系統結構的異常向量表比較簡單，每個記錄是 4 位元組，每個記錄裡存放了一筆跳轉指令。但是 ARMv8 的異常向量表發生了變化，每一個記錄是 128 位元組，這樣可以存放 32 筆指令。注意，ARMv8 指令集支援 64 位元指令集，但是每一筆指令的位元寬是 32 位元，而非 64 位元。ARMv8 系統結構的異常向量表如表 11.3 所示。

表 11.3 ARMv8 系統結構的異常向量表

位址（基底位址為 VBAR_EL*x*）	異 常 類 型	描 述
+ 0x000	同步	使用 SP_EL0 執行狀態的當前異常等級
+ 0x080	IRQ/vIRQ	
+ 0x100	FIQ/vFIQ	
+ 0x180	SError/vSError	
+0x200	同步	使用 SP_EL*x* 執行狀態的當前異常等級
+0x280	IRQ/vIRQ	
+0x300	FIQ/vFIQ	
+0x380	SError/vSError	

位址（基底位址為 VBAR_ELx）	異常類型	描述
+0x400	同步	在 AArch64 執行狀態下的低異常等級
+0x480	IRQ/vIRQ	
+0x500	FIQ/vFIQ	
+0x580	SError/vSError	
+0x600	同步	在 AArch32 執行狀態下的低異常等級
+0x680	IRQ/vIRQ	
+0x700	FIQ/vFIQ	
+0x780	SError/vSError	

在表 11.3 中，異常向量表存放的基底位址可以透過向量基址暫存器（Vector Base Address Register，VBAR）來設定。

處理器在核心態（EL1 異常等級）中觸發了 IRQ，並且系統透過設定 SPSel 暫存器來使用 SP_ELx 暫存器作為堆疊指標，處理器會跳轉到 “VBAR_EL1 + 0x280” 位址處的異常向量中。如果系統透過設定 SPSel 暫存器來使用 SP_EL0 暫存器作為堆疊指標，那麼處理器會跳轉到 “VBAR_EL1 + 0x80” 位址處的異常向量中。

處理器在使用者態（EL0）執行時觸發了 IRQ，假設使用者態的執行狀態為 AArch64 並且該異常會陷入 EL1 中，那麼處理器會跳轉到 “VBAR_EL1 + 0x480” 位址處的異常向量中。假設使用者態的執行狀態為 AArch32 並且該異常會陷入 EL1 中，那麼處理器會跳轉到 “VBAR_EL1 + 0x680” 位址處的異常向量中。

11.3.2 Linux 5.0 核心的異常向量表

Linux 5.0 核心中關於異常向量表的描述在 arch/arm64/ kernel/entry.S 組合語言檔案中。

```
<arch/arm64/kernel/entry.S>

/*
 * 異常向量表
 */
      .pushsection ".entry.text", "ax"

      .align     11
ENTRY(vectors)
      #EL1t 模式下的異常向量
      kernel_ventry     1, sync_invalid              // EL1t 模式下的同步異常
      kernel_ventry     1, irq_invalid               // EL1t 模式下的 IRQ
      kernel_ventry     1, fiq_invalid               // EL1t 模式下的 FIQ
      kernel_ventry     1, error_invalid             // EL1t 模式下的 SError
```

```
    #EL1h 模式下的異常向量
    kernel_ventry     1, sync                        // EL1h 模式下的同步異常
    kernel_ventry     1, irq                         // EL1h 模式下的 IRQ
    kernel_ventry     1, fiq_invalid                 // EL1h 模式下的 FIQ
    kernel_ventry     1, error                       // EL1h 模式下的 SError

    # 在 64 位元 EL0 下的異常向量
    kernel_ventry     0, sync                        // 處於 64 位元的 EL0 下的同步異常
    kernel_ventry     0, irq                         // 處於 64 位元的 EL0 下的 IRQ
    kernel_ventry     0, fiq_invalid                 // 處於 64 位元的 EL0 下的 FIQ
    kernel_ventry     0, error                       // 處於 64 位元的 EL0 下的 SError

    # 在 32 位元 EL0 模式下的異常向量
    kernel_ventry     0, sync_compat, 32             // 處於 32 位元的 EL0 下的同步異常
    kernel_ventry     0, irq_compat, 32              // 處於 32 位元的 EL0 下的 IRQ
    kernel_ventry     0, fiq_invalid_compat, 32      // 處於 32 位元的 EL0 的 FIQ
    kernel_ventry     0, error_compat, 32            // 處於 32 位元的 EL0 下的 SError
END(vectors)
```

上述異常向量表的定義和表 11.3 是一致的。其中 align 是一筆虛擬指令，align 11 表示按照 2^{11} 位元組（即 2048 位元組）來對齊。

kernel_ventry 是一個巨集，它實現在同一個檔案中，簡化後的程式片段如下。

```
<arch/arm64/kernel/entry.S>

    .macro kernel_ventry, el, label, regsize = 64
    .align 7
    sub  sp, sp, #S_FRAME_SIZE
    b    el\()\el\()_\label
    .endm
```

align 7 表示按照 2^7 位元組（即 128 位元組）來對齊。

sub 指令用於讓 sp 減去一個 S_FRAME_SIZE，其中 S_FRAME_SIZE 稱為暫存器框架大小，也就是 pt_regs 資料結構的大小。

```
<arch/arm64/kernel/asm-offsets.c>

DEFINE(S_FRAME_SIZE, sizeof(struct pt_regs));
```

b 指令的敘述比較有意思，這裡出現了兩個 "el" 和 3 個 "\"。其中，第一個 "el" 表示 el 字元，第一個 "\()" 在組合語言巨集實現中可以用來表示巨集參數的結束字元，第二個 "\el" 表示巨集的參數 el，第二個 "\()" 也用來表示結束字元，最後

的 "\label" 表示巨集的參數 label。以發生在 EL1 的 IRQ 為例，這行敘述變成了 "b el1_irq"。

在 GNU 組合語言的巨集實現中，"\()" 是有妙用的，如以下組合語言敘述所示。

```
.macro opcode base length
   \base.\length
.endm
```

當使用 opcode store l 來呼叫該巨集時，它並不會產生 store.l 指令，因為編譯器不知道如何解析參數 base，它不知道 base 參數的結束字元在哪裡。這時，我們可以使用 "\()" 告訴組譯器 base 參數的結束字元在哪裡。

```
.macro opcode base length
        \base\().\length
.endm
```

11.3.3 VBAR_EL*x*

ARMv8 系統結構提供了一個 VBAR_EL*x* 暫存器來設定異常向量表的位址。在早期的 ARM 裡異常向量表固定儲存在 0x0 位址，後來新增這個功能，軟體可以隨意設定異常向量表的基底位址，只要這個異常向量表存放在記憶體裡即可。VBAR_EL*x* 如圖 11.3 所示，其中 Bit[63:11] 存放異常向量表，而 Bit[10:0] 是保留的，異常向量表的基底位址就需要與 2 KB 位址對齊了。在編碼時，如果異常向量表的基底位址沒有和 2 KB 對齊，那就會出問題。

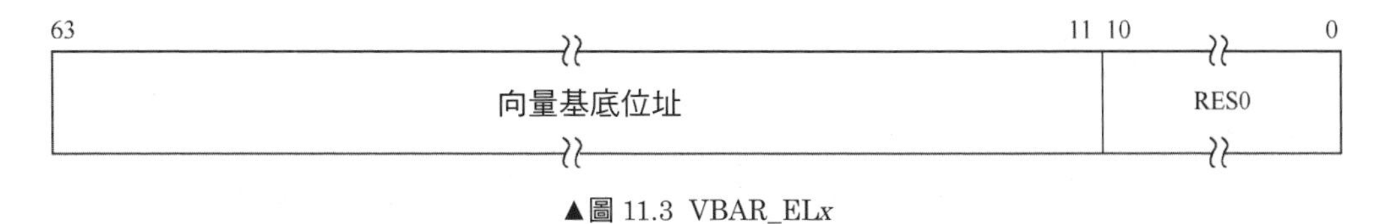

▲圖 11.3 VBAR_EL*x*

綜上所述，ARMv8 系統結構的異常向量表有如下一些特點。

- 除 EL0 之外，每個 EL 都有自己的異常向量表。
- 異常向量表的基底位址需要設定到 VBAR_EL*x* 中。
- 異常向量表的起始位址必須以 2 KB 位元組對齊。
- 每個記錄可以存放 32 筆指令，一共 128 位元組。

11.4 異常現場

在異常發生時需要保存發生異常的現場，以免破壞了異常發生前正在處理的資料和程式狀態。以 ARM64 處理器為例，我們需要在堆疊空間裡保存如下內容：

- ❑ PSTATE 暫存器的值；
- ❑ PC 值；
- ❑ SP 值；
- ❑ X0 ～ X30 暫存器的值。

這個堆疊空間指的是發生異常時處理程序的核心態的堆疊空間。在作業系統中，每個處理程序都有一個核心態的堆疊空間。異常包括同步異常和非同步異常（中斷），第 12 章將詳細介紹異常現場的保存和恢復。

11.5 同步異常的解析

ARMv8 系統結構中有一個與存取失效相關的暫存器——異常綜合資訊暫存器（Exception Syndrome Register，ESR）。

ESR_EL*x* 如圖 11.4 所示。

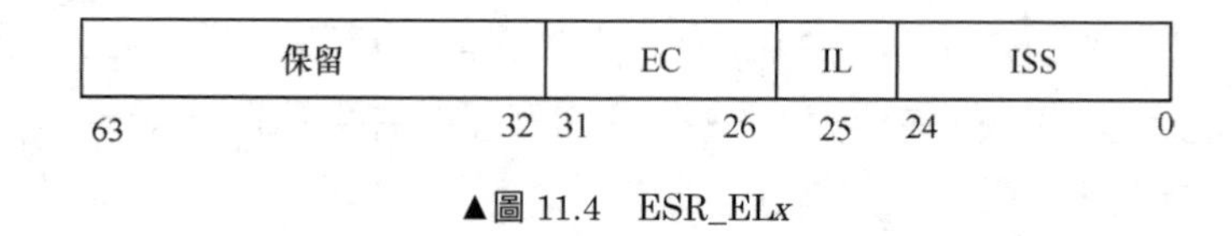

▲圖 11.4　ESR_EL*x*

ESR_EL*x* 一共包含如下 4 個欄位。

- ❑ Bit[63:32]：保留的位元。
- ❑ Bit[31:26]：表示異常類別（Exception Class，EC），這個欄位指示發生的異常的分類，同時用來索引 ISS 欄位（Bit[24:0]）。
- ❑ Bit[25]：表示同步異常的指令長度（Instruction Length，IL）。
- ❑ Bit[24:0]：具體的異常指令綜合（Instruction Specific Syndrome，ISS）編碼資訊。這個異常指令編碼依賴異常類型，不同的異常類型有不同的編碼格式。

當異常發生時，軟體透過讀取 ESR_EL*x* 可以知道當前發生異常的類型，然後再解析 ISS 欄位。不同的異常類型有不同的 ISS 編碼，需要根據異常類型解析 ISS 欄位，如圖 11.5 所示。

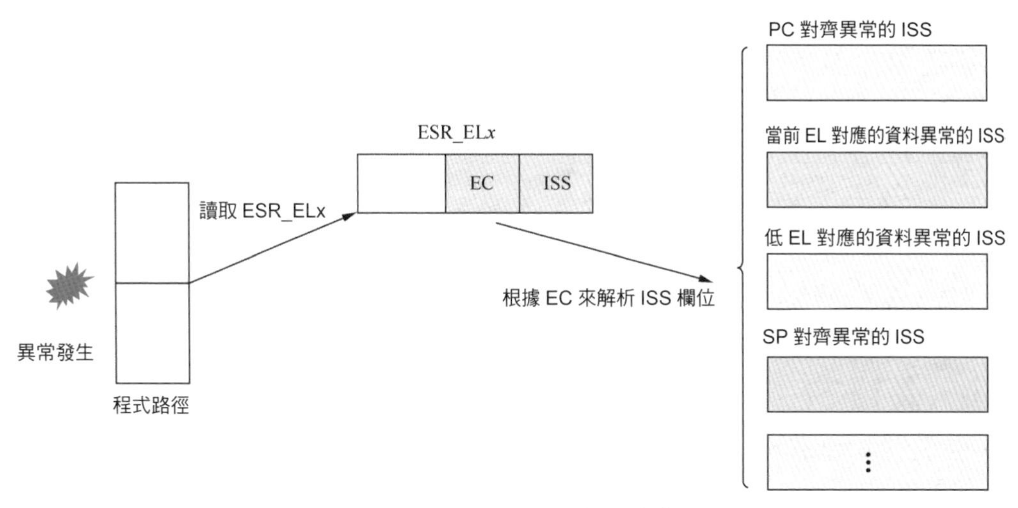

▲圖 11.5 ESR_EL*x* 的查詢過程[3]

11.5.1 異常類型

如表 11.4 所示，ESR 支援幾十種不同的異常類型。

表 11.4　　　　ESR 支援的異常類型

異常類型	編　碼	產生異常的原因
ESR_EL*x*_EC_UNKNOWN	0x0	未知的異常錯誤
ESR_EL*x*_EC_WF*x*	0x01	陷入 WFI 或者 WFE 指令的執行
ESR_EL*x*_EC_CP15_32	0x03	陷入 MCR 或者 MRC 存取
ESR_EL*x*_EC_CP15_64	0x04	陷入 MCRR 或者 MRRC 存取
ESR_EL*x*_EC_CP14_MR	0x05	陷入 MCR 或者 MRC 存取
ESR_EL*x*_EC_CP14_LS	0x06	陷入 LDC 或者 STC 存取
ESR_EL*x*_EC_FP_ASIMD	0x07	存取 SVE、高級 SIMD 或者浮點運算功能
ESR_EL*x*_EC_ILL	0x0E	非法的執行狀態
ESR_EL*x*_EC_SVC32	0x11	在 AArch32 執行狀態下 SVC 指令導致的異常
ESR_EL*x*_EC_HVC32	0x12	在 AArch64 執行狀態下 HVC 指令導致的異常
ESR_EL*x*_EC_SVC64	0x15	在 AArch64 執行狀態下 SVC 指令導致的異常
ESR_EL*x*_EC_SYS64	0x18	在 AArch64 執行狀態下 MSR、MRS 或者系統指令導致的異常
ESR_EL*x*_EC_SVE	0x19	存取 SVE 功能
ESR_EL*x*_EC_IABT_LOW	0x20	低級別的異常等級的指令異常

3 詳見《ARM Architecture Reference Manual, ARMv8, for ARMv8-A architecture profile》v8.4 版本的第 12 章。

異常類型	編　碼	產生異常的原因
ESR_ELx_EC_IABT_CUR	0x21	當前異常等級的指令異常
ESR_ELx_EC_PC_ALIGN	0x22	PC 指標沒對齊導致的異常
ESR_ELx_EC_DABT_LOW	0x24	低級別的異常等級的資料異常
ESR_ELx_EC_DABT_CUR	0x25	當前的異常等級的資料異常
ESR_ELx_EC_SP_ALIGN	0x26	SP 指令沒對齊導致的異常
ESR_ELx_EC_FP_EXC32	0x28	在 AArch32 執行狀態下浮點運算導致的異常
ESR_ELx_EC_FP_EXC64	0x2C	在 AArch64 執行狀態下浮點運算導致的異常
ESR_ELx_EC_SERROR	0x2F	系統錯誤（system error）
ESR_ELx_EC_BREAKPT_LOW	0x30	低級別的異常等級產生的中斷點異常
ESR_ELx_EC_BREAKPT_CUR	0x31	當前的異常等級產生的中斷點異常
ESR_ELx_EC_SOFTSTP_LOW	0x32	低級別的異常等級產生的軟體單步異常（software step exception）
ESR_ELx_EC_SOFTSTP_CUR	0x33	當前異常等級產生的軟體單步異常
ESR_ELx_EC_WATCHPT_LOW	0x34	低級別的異常等級產生的觀察點異常（watchpoint exception）
ESR_ELx_EC_WATCHPT_CUR	0x35	當前異常等級產生的觀察點異常
ESR_ELx_EC_BKPT32	0x38	在 AArch32 執行狀態下 BKPT 指令導致的異常
ESR_ELx_EC_BRK64	0x3C	在 AArch64 執行狀態下 BKPT 指令導致的異常

11.5.2 資料異常

ESR 中的 ISS 欄位根據異常類型有不同的編碼方式。對於資料異常，例如表 11.4 中的 ESR_EL*x*_EC_DABT_LOW 與 ESR_EL*x*_EC_DABT_CUR，ISS 表的編碼方式如圖 11.6 所示。

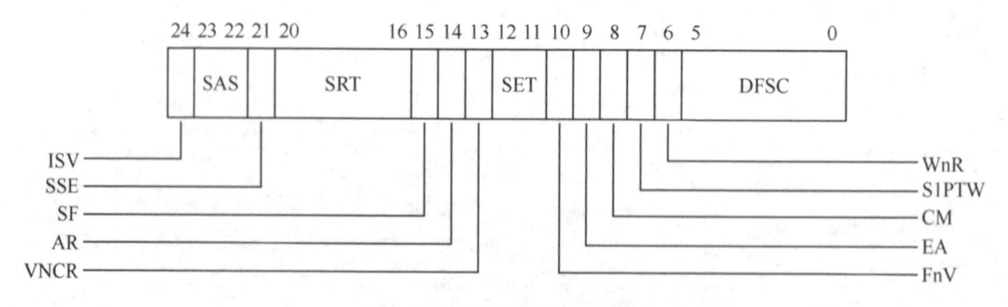

▲圖 11.6　ISS 表的編碼方式[4]

ISS 表中重要的欄位如表 11.5 所示。

4　詳見《ARM Architecture Reference Manual, ARMv8, for ARMv8-A architecture profile》v8.4 版本的第 12 章。

表 11.5 ISS 表中重要的欄位

欄位	位元	描　述
DFSC	Bit[5:0]	資料異常狀態碼
WnR	Bit[6]	讀取或者寫入。 0：異常發生的原因是從一個記憶體區域讀取資料。 1：異常發生的原因是往一個記憶體區域寫入資料
S1PTW	Bit[7]	0：異常不來自從階段 2 到階段 1 的頁表轉換。 1：異常來自從階段 2 到階段 1 的頁表轉換。
CM	Bit[8]	快取記憶體維護。 0：異常不來自快取記憶體維護等相關指令。 1：異常發生在執行快取記憶體維護等相關指令或者執行位址轉換指令時。
EA	Bit[9]	外部異常類型。
FnV	Bit[10]	FAR 位址是無效的。
SET	Bit[12:11]	同步錯誤類型。
VNCR	Bit[13]	表示異常是否來自 VNCR_EL2。
AR	Bit[14]	獲取 / 釋放。
SF	Bit[15]	指令寬度。 0：載入和儲存 32 位元寬的暫存器。 1：載入和儲存 64 位元寬的暫存器。
SRT	Bit[20:16]	綜合暫存器轉移（Syndrome Register Transfer）。
SSE	Bit[21]	綜合符號擴充（Syndrome Sign Extend）。
SAS	Bit[23:22]	存取大小。
ISV	Bit[24]	有效位元。

其中，DFSC 欄位包含了具體資料異常的狀態，如存取權限錯誤還是頁表翻譯錯誤等。DFSC 錯誤編碼如表 11.6 所示。

表 11.6 DFSC 錯誤編碼

DFSC 錯誤編碼	描　述
0b000000	位址大小錯誤。L0 頁表或者頁表基底位址暫存器發生大小錯誤
0b000001	L1 頁表發生位址大小錯誤
0b000010	L2 頁表發生位址大小錯誤
0b000011	L3 頁表發生位址大小錯誤
0b000100	L0 頁表翻譯錯誤
0b000101	L1 頁表翻譯錯誤
0b000110	L2 頁表翻譯錯誤
0b000111	L3 頁表翻譯錯誤
0b001001	L1 頁表存取標識位元錯誤
0b001010	L2 頁表存取標識位元錯誤
0b001011	L3 頁表存取標識位元錯誤

DFSC 錯誤編碼	描　述
0b001101	L1 頁表存取權限錯誤
0b001110	L2 頁表存取權限錯誤
0b001111	L3 頁表存取權限錯誤
0b010000	外部存取錯誤，不是查詢頁表的錯誤
0b010001	標籤檢查錯誤
0b010100	查詢頁表的過程中，在查詢 L0 頁表時發生錯誤
0b010101	查詢頁表的過程中，在查詢 L1 頁表時發生錯誤
0b010110	查詢頁表的過程中，在查詢 L2 頁表時發生錯誤
0b010111	查詢頁表的過程中，在查詢 L3 頁表時發生錯誤
0b011000	存取記憶體的過程中，在同步同位元或者錯誤檢查與糾正時發生錯誤
0b011100	在同步同位元或者錯誤檢查與糾正的過程中，錯誤發生在查詢 L0 頁表時
0b011101	在同步同位元或者錯誤檢查與糾正的過程中，錯誤發生在查詢 L1 頁表時
0b011110	在同步同位元或者錯誤檢查與糾正的過程中，錯誤發生在查詢 L2 頁表時
0b011111	在同步同位元或者錯誤檢查與糾正的過程中，錯誤發生在查詢 L3 頁表時
0b100001	對齊錯誤
0b110000	TLB 衝突
0b110001	如果硬體實現了 ARMv8.1 中的 TTHM（硬體更新頁表中的存取標識位元和使用狀態位元）特性，那麼表示不支援的硬體原子更新錯誤；否則，表示預留的錯誤
0b111101	段域錯誤
0b111110	頁域錯誤

11.6 案例分析

11.6.1 從 EL2 切換到 EL1

樹莓派 4B 通電重置時，執行在最高異常等級——EL3，經過軔體的初始化，從 GPU 軔體（start4.elf）跳轉到 BenOS 入口位址 0x80000 時，異常等級已經從 EL3 切換到 EL2 了。那麼在 BenOS 的啟動組合語言中，我們需要把 EL2 切換到 EL1 裡。

在從 EL2 切換到 EL1 的過程中，我們需要了解幾個相關的暫存器。

1．HCR_EL2

HCR_EL2 是虛擬化管理軟體設定暫存器，用來設定 EL2。HCR_EL2 中 RW 欄位（Bit[31]）用來控制低異常等級的執行狀態。

RW 欄位的含義如下。

- 0：表示 EL0 和 EL1 都在 AArch32 執行狀態下。

- 1：表示 EL1 的執行狀態為 AArch64，而 EL0 的執行狀態由 PSTATE.nRW 欄位來確定。

2．SCTLR_EL1

SCTLR_EL1 是系統控制器暫存器。其中，如下的幾個欄位與本次異常等級切換相關。

- **EE 欄位（Bit[25]）**：用來設定 EL1 下資料存取的大小端，也包括 MMU 中遍歷頁表的存取（階段 1）。
  - 0：小端。
  - 1：大端。
- **EOE 欄位（Bit[24]）**：用來設定 EL0 下資料存取的大小端。
  - 0：小端。
  - 1：大端。
- **M 欄位**（Bit[0]）：用來啟動 MMU，主要是階段 1 的 MMU 映射。

3．SPSR_EL

SPSR_EL2 主要是用來保存發生異常時的 PSTATE 暫存器。其中，SPSR.M[3:0] 欄位記錄了傳回哪個異常等級。

4．ELR_EL2

ELR_EL2 主要用來保存異常傳回的位址。

下面是從 EL2 切換到 EL1 的組合語言程式碼。

```
1    #define HCR_RW          (1 << 31)
2
3    #define SCTLR_EE_LITTLE_ENDIAN          (0 << 25)
4    #define SCTLR_EOE_LITTLE_ENDIAN         (0 << 24)
5    #define SCTLR_MMU_DISABLED    (0 << 0)
6    #define SCTLR_VALUE_MMU_DISABLED (SCTLR_MMU_DISABLED | SCTLR_EE_LITTLE_ENDIAN |
     SCTLR_EOE_LITTLE_ENDIAN )
7
8    #define SPSR_MASK_ALL (7 << 6)
9
10   #define SPSR_EL1h (5 << 0)
11   #define SPSR_EL2h (9 << 0)
12
13   #define SPSR_EL1 (SPSR_MASK_ALL | SPSR_EL1h)
14   #define SPSR_EL2 (SPSR_MASK_ALL | SPSR_EL2h)
```

```
15
16  el2_entry:
17        bl print_el
18
19        /* EL1 的執行狀態設定為 AArch64 */
20        ldr x0, =HCR_RW
21        msr hcr_el2, x0
22
23        ldr x0, =SCTLR_VALUE_MMU_DISABLED
24        msr sctlr_el1, x0
25
26        ldr x0, =SPSR_EL1
27        msr spsr_el2, x0
28
29        adr x0, el1_entry
30        msr elr_el2, x0
31
32        eret
```

在第 1 ～ 14 行中，定義相關暫存器，例如 HCR_EL2、SCTLR_EL1 等。

在第 16 ～ 32 行中，從 EL2 切換到 EL1。

在第 17 行中，print_el 用來輸出當前異常等級，這裡僅用於偵錯。

在第 20 ～ 21 行中，設定 HCR_EL2 的 RW 欄位為 1，表明 EL1 在 AArch64 執行狀態下。如果不設定這個 RW 欄位，程式有可能在執行時期出錯。

在第 23 ～ 24 行中，設定系統的大小端，關閉 MMU。

在第 26 ～ 27 行中，設定 SPSR_EL2。其中，SPSR_EL1 巨集包括兩部分，SPSR_MASK_ALL 表示會關閉系統 DAIF（關閉偵錯、系統錯誤、IRQ 和 FIQ），SPSR_EL1h 表示異常傳回時的執行等級為 EL1h。

在第 29 ～ 30 行中，設定 EL1 的入口位址（el1_entry 函數）到 ELR_EL2 中。當從 EL2 切換到 EL1 時，CPU 會根據 ELR_EL2 記錄的位址來跳轉。

在第 32 行中，ERET 指令實現異常傳回。

從 EL2 切換到 EL1 其實也實現了一次異常傳回。下面複習一下從 EL2 切換到 EL1 的過程。

（1）設定 HCR_EL2，重要的是設定 RW 欄位，表示 EL1 要在哪個執行狀態下。

（2）設定 SCTLR_EL1，需要設定大小端並關閉 MMU。

（3）設定 SPSR_EL2，設定 M 欄位為 EL1h，需要關閉 PSTATE 暫存器中的 *D*、*A*、*I*、*F*。

（4）設定異常傳回 ELR_EL2，讓其傳回 el1_entry 組合語言函數。

（5）執行 ERET 指令來實現異常傳回。

11.6.2 指令不對齊的同步異常處理

在本案例中，我們在 BenOS 裡製造一個指令不對齊存取的同步異常，然後在異常處理中輸出異常的類型、出錯的位址以及 ESR 的值。

我們首先需要在組合語言程式碼中建立異常向量表，這部分內容可參考 Linux 核心的實現。

異常向量記錄只有 128 位元組，我們也需要讓它按 128 位元組對齊。每個記錄只包含一筆跳轉指令以及跳轉目的地。el1_sync_invalid 函數的定義如下。

```
el1_sync_invalid:
    inv_entry 1, BAD_SYNC
el1_irq_invalid:
    inv_entry 1, BAD_IRQ
el1_fiq_invalid:
    inv_entry 1, BAD_FIQ
el1_error_invalid:
    inv_entry 1, BAD_ERROR
el0_sync_invalid:
    inv_entry 0, BAD_SYNC
el0_irq_invalid:
    inv_entry 0, BAD_IRQ
el0_fiq_invalid:
    inv_entry 0, BAD_FIQ
el0_error_invalid:
    inv_entry 0, BAD_ERROR
```

上述程式使用 inv_entry 巨集來表示。

```
#define BAD_SYNC        0
#define BAD_IRQ         1
#define BAD_FIQ         2
#define BAD_ERROR       3

/*
   處理無效的異常向量
 */
      .macro inv_entry el, reason
```

```
    mov x0, sp
    mov x1, #\reason
    mrs x2, esr_el1
    b bad_mode
    .endm
```

inv_entry 巨集讀取當前 SP 的值，讀取 ESR_EL1 的值，然後跳轉到 bad_mode() 函數裡。bad_mode() 函數是 C 語言函數，只用來輸出當前異常發生的資訊，例如異常類型（EC）、FAR_EL1 以及 ESR_EL1 的值。

```
static const char * const bad_mode_handler[] = {
    "Sync Abort",
    "IRQ",
    "FIQ",
    "SError"
};

void bad_mode(struct pt_regs *regs, int reason, unsigned int esr)
{
    printk("Bad mode for %s handler detected, far:0x%x esr:0x%x\n",
            bad_mode_handler[reason], read_sysreg(far_el1),
            esr);
}
```

要觸發一個同步異常，最簡單的辦法是製造一次對齊存取異常。

```
.global string_test
string_test:
    .string "t"

.global trigger_alignment
trigger_alignment:
    ldr x0, =0x80002
    ldr x1, [x0]
    ret
```

符號 string_test 用來定義一個字串，這個字串只有一個 “t” 字元。緊接著是 trigger_alignment 函數，這樣可以製造出指令不對齊的存取。我們也可以查看 benos.map 檔案。

如圖 11.7 所示，string_test 的連結位址為 0x83004，trigger_alignment 函數的連結位址為 0x83006，這個位址不是按 4 位元組對齊的。由於 A64 指令集中的指令都是 32 位元指令，它們必須是按 4 位元組對齊的，因此觸發了一個指令不對齊的異常。

```
.text          0x0000000000082800      0x820 build/entry_s.o
               0x0000000000082800               vectors
               0x0000000000083004               string_test
               0x0000000000083006               trigger_alignment
.text          0x0000000000083020       0x10 build/mm_s.o
               0x0000000000083020               memzero
```

▲圖 11.7 指令不對齊存取

下面是執行結果。

```
rlk@master:lab01$ make run
qemu-system-aarch64 -machine raspi4 -nographic -kernel benos.bin
Booting at EL2
Booting at EL1
Welcome BenOS!

BenOS image layout:
  .text.boot: 0x00080000 - 0x000800d8 (    216 B)
      .text: 0x000800d8 - 0x000832e0 ( 12808 B)
      .rodata: 0x000832e0 - 0x00083566 (    646 B)
      .data: 0x00083566 - 0x000838c0 (    858 B)
      .bss: 0x00083970 - 0x000a3d80 (132112 B)

Bad mode for Sync Abort handler detected, far:0x0 esr:0x2000000
```

11.7 實驗

11.7.1 實驗 11-1：切換到 EL1

1．實驗目的

熟悉異常切換的流程。

2．實驗要求

樹莓派 4B 從韌體跳轉到 BenOS 上時處於 EL2 中，請把 BenOS 切換到 EL1 中，並且輸出當前 EL 的值，如圖 11.8 所示。

```
rlk@rlk:~/rlk/armv8_trainning/lab01$ make run
qemu-system-aarch64 -machine raspi4 -nographic -kernel benos.bin
Booting at EL2
Booting at EL1
Welcome BenOS!
printk init done
<0x800880> func_c
BenOS image layout:
  .text.boot: 0x00080000 - 0x000800c0 (   192 B)
       .text: 0x000800c0 - 0x00082168 (  8360 B)
     .rodata: 0x00082168 - 0x000823a6 (   574 B)
       .data: 0x000823a6 - 0x00082700 (   858 B)
        .bss: 0x00082790 - 0x000a2ba0 (132112 B)
test and: p=0x2
test or: p=0x3
test andnot: p=0x1
el = 1
read vbar: 0x10000
test_asm_goto: a = 1
```

▲圖 11.8 切換 EL

11.7.2 實驗 11-2：建立異常向量表

1．實驗目的

熟悉 ARMv8 系統結構的異常向量表。

2．實驗要求

（1）新建一個 entry.S 組合語言檔案，建立 ARMv8 異常向量表。

（2）製造一個指令不對齊存取的同步異常，在異常中輸出異常的類型、出錯的位址、ESR 的值。

（3）在 QEMU 虛擬機器上執行本實驗，執行結果如圖 11.9 所示。

```
rlk@rlk:~/rlk/armv8_trainning/lab01$ make run
qemu-system-aarch64 -machine raspi4 -nographic -singlestep -kernel benos.bin
Booting at EL2
Booting at EL1
Welcome BenOS!
printk init done
<0x800880> func_c
BenOS image layout:
  .text.boot: 0x00080000 - 0x000800d8 (   216 B)
       .text: 0x000800d8 - 0x000832e0 ( 12808 B)
     .rodata: 0x000832e0 - 0x00083566 (   646 B)
       .data: 0x00083566 - 0x000838e0 (   890 B)
        .bss: 0x00083990 - 0x000a3da0 (132112 B)
test and: p=0x2
test or: p=0x3
test andnot: p=0x1
el = 1
test asm_goto: a = 1
Bad mode for Sync Abort handler detected, far:0x0 esr:0x2000000
```

▲圖 11.9 執行結果

11.7.3 實驗 11-3：尋找樹莓派 4B 上觸發異常的指令

1．實驗目的

- ❑ 熟悉異常處理流程。
- ❑ 提高解決問題的能力。

2．實驗要求

在樹莓派 4B 上執行實驗 11-2 的程式，對比在 QEMU 虛擬機器上執行的日誌，發現日誌少了很多。執行到 “printk init done” 就輸出一句 “Bad mode for Sync Abort …”，之後就當機了，如圖 11.10 所示。

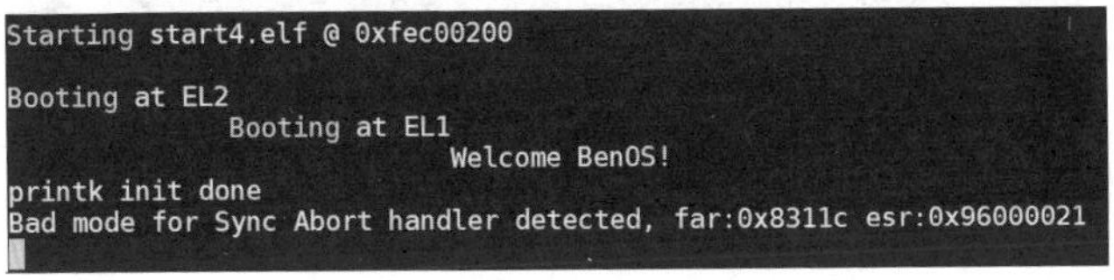

```
Starting start4.elf @ 0xfec00200

Booting at EL2
            Booting at EL1
                        Welcome BenOS!
printk init done
Bad mode for Sync Abort handler detected, far:0x8311c esr:0x96000021
```

▲圖 11.10 樹莓派 4B 當機

請使用 J-link EDU 模擬器來單步偵錯程式，找出導致當機的指令，以及導致 “Bad mode for Sync Abort …” 的指令。

11.7.4 實驗 11-4：解析資料異常的資訊

1．實驗目的

熟悉與異常處理相關的暫存器，例如 ESR 等。

2．實驗要求

在實驗 11-3 的基礎上解析 ESR 的相關資訊，如圖 11.11 所示。

```
Starting start4.elf @ 0xfec00200

Booting at EL2
              Booting at EL1
                            Welcome BenOS!
printk init done
<0x800880> func_c
BenOS image layout:
  .text.boot: 0x00080000 - 0x000800d8 (    216 B)
       .text: 0x000800d8 - 0x00083ad8 ( 14848 B)
     .rodata: 0x00083ad8 - 0x000842fe (  2086 B)
       .data: 0x000842fe - 0x000846d0 (    978 B)
        .bss: 0x00084b30 - 0x000a4f40 (132112 B)
test and: p=0x2
test or: p=0x3
test andnot: p=0x1
el = 1
test_asm_goto: a = 1
Bad mode for Sync Abort handler detected, far:0x80002 esr:0x96000061 - DABT (current EL)
ESR info:
  ESR = 0x96000061
  Exception class = DABT (current EL), IL = 32 bits
  Data abort:
  SET = 0, FnV = 0
  EA = 0, S1PTW = 0
  CM = 0, WnR = 1
  DFSC = Alignment fault
```

▲圖 11.11 解析 ESR 的相關資訊

第 12 章 中斷處理

本章思考題

1．請簡述中斷處理的一般過程。
2．在樹莓派 4B 的傳統中斷控制器裡，如何查詢一個中斷的中斷狀態？
3．什麼是中斷現場？對於 ARM64 處理器來說，中斷現場應該保存哪些內容？
4．中斷現場保存到什麼地方？

本章主要介紹 ARM64 處理器裡與中斷處理相關的知識。

12.1 中斷處理背景知識

在 ARM 系統結構裡，中斷是屬於非同步異常的一種，其處理過程與異常處理很類似。

12.1.1 中斷接腳

ARM64 處理器有兩個與中斷相關的接腳——nIRQ 和 nFIQ（如表 12.1 所示）。這兩個接腳直接連接到 ARM64 處理器核心上。ARM 處理器把中斷要求分成普通 IRQ（Interrupt Request）和 FIQ（Fast Interrupt Request）兩種。

表 12.1 中斷訊號線

訊號	類型	說明
nIRQ	輸入	IRQ 訊號，每個 CPU 核心都有一根 nIRQ 訊號線。它是一個低電位有效的訊號線。低電位表示要啟動這個 IRQ；高電位表示不要啟動這個 IRQ。nIRQ 一直保持高電位直到觸發 IRQ
nFIQ	輸入	FIQ 訊號，每個 CPU 核心都有一根 nFIQ 訊號線。它是一個低電位有效的訊號線。低電位表示要啟動這個 FIQ；高電位表示不要啟動這個 FIQ。nFIQ 一直保持高電位直到觸發 FIQ

PSTATE 暫存器裡面有兩位元與中斷相關，它們相當於 CPU 核心的中斷總開關。

- I：用來遮罩和打開 IRQ。
- F：用來遮罩和打開 FIQ。

12.1.2 中斷控制器

隨著 SoC 越來越複雜，需要支援的中斷來源越來越多，需要支援的中斷類型也越來越多，通常 ARM64 處理器內建了中斷控制器，如圖 12.1 所示。例如，樹莓派 4B 上使用的 BMC2711 晶片內建了傳統的中斷控制器和 GIC-400。

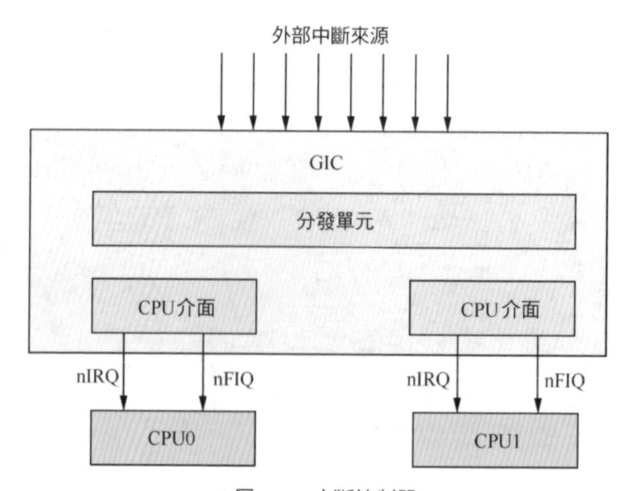

▲圖 12.1 中斷控制器

12.1.3 中斷處理過程

本節以一個例子來說明中斷處理的一般過程。如圖 12.2 所示，假設有一個正在執行的程式，這個程式可能執行在核心態，也可能執行在使用者態，此時，一個外接裝置中斷發生了。

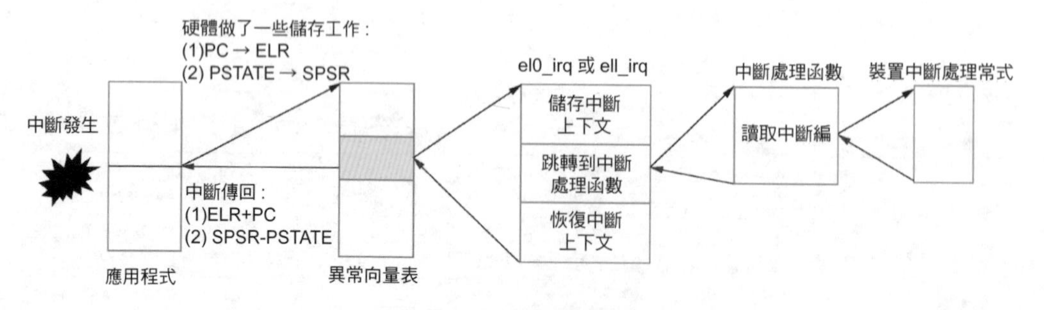

▲圖 12.2 中斷處理過程

中斷處理過程如下。

（1）CPU 面對中斷會自動做一些事情，例如，把當前的 PC 值保存到 ELR 中，把 PSTATE 暫存器的值保存到 SPSR 中，然後跳轉到異常向量表裡面。

（2）在異常向量表裡，CPU 會跳轉到對應的組合語言處理函數。對於 IRQ，若中斷發生在核心態，則跳轉到 el1_irq 組合語言函數；若中斷發生在使用者態，則跳轉到 el0_irq 組合語言函數。

（3）在上述組合語言函數裡保存中斷現場。

（4）跳轉到中斷處理函數。例如，在 GIC 驅動裡讀取中斷編號，根據中斷編號跳轉到裝置中斷處理常式。

（5）在裝置中斷處理常式裡，處理這個中斷。

（6）傳回 el1_irq 或者 el0_irq 組合語言函數，恢復中斷上下文。

（7）呼叫 ERET 指令來完成中斷傳回。CPU 會把 ELR 的值恢復到 PC 暫存器，把 SPSR 的值恢復到 PSTATE 暫存器。

（8）CPU 繼續執行中斷現場的下一筆指令。

12.2 樹莓派 4B 上的傳統中斷控制器

樹莓派 4B 支援兩種中斷控制器：一種是傳統中斷控制器（見圖 12.3），基於暫存器來管理中斷；另一種是 GIC-400。這兩個中斷控制器是不能同時使用的。樹莓派 4B 預設使用 GIC-400。在使用樹莓派 4B 偵錯中斷時一定注意中斷處理常式是不是基於 GIC-400 的。如果不是，那麼有可能永遠也等不到中斷訊號。

樹莓派 4B 主要支援以下 5 種中斷組。

- ARM 核心中斷組。
- ARM_LOCAL 中斷組。樹莓派 4B 內建了 CPU 和 GPU。這裡的中斷來源指的是只有 CPU 才能存取的中斷。
- ARMC 中斷組，指的是 CPU 和 GPU 都能存取的中斷來源。
- VideoCore 中斷組，指的是 GPU 觸發的中斷。
- PCIe 中斷組。

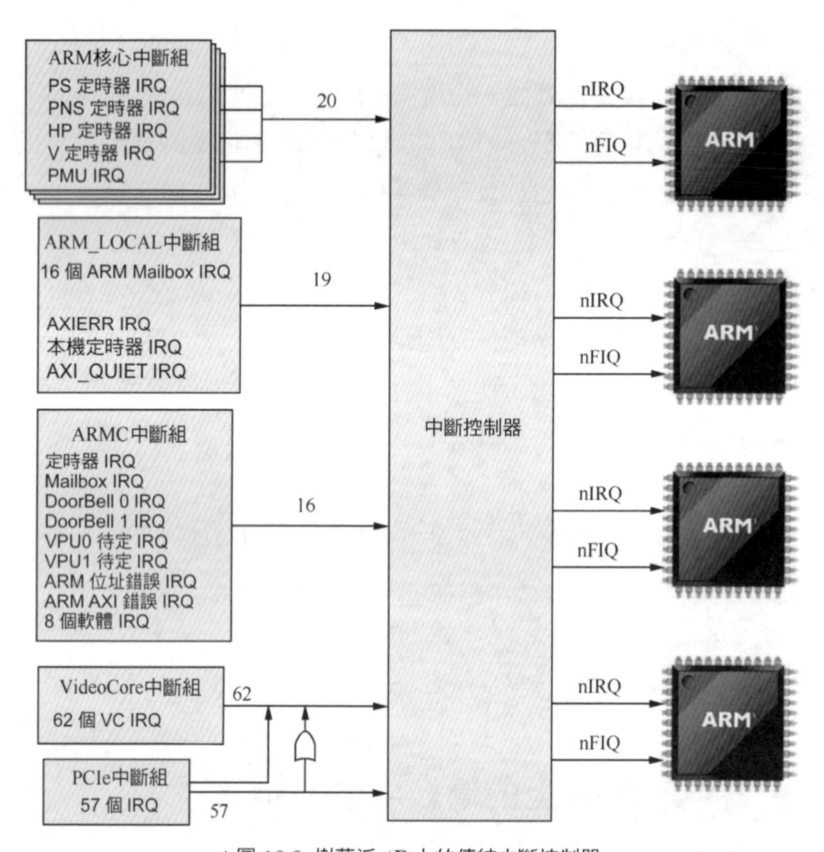

▲圖 12.3 樹莓派 4B 上的傳統中斷控制器

傳統中斷控制器通常透過暫存器路由和管理中斷來源。為了管理數量許多的中斷來源，通常透過串聯的方式管理中斷狀態暫存器。如圖 12.4 所示，樹莓派 4B 把 ARM_LOCAL 中斷組的中斷狀態暫存器與 ARMC 中斷組的狀態暫存器串聯起來。

如圖 12.4 所示，樹莓派 4B 上一共有 3 個中斷待定（pending）狀態暫存器和一個中斷來源暫存器。如果中斷來源暫存器（FIQ/IRQ_SOURCE*n*）的 Bit[8] 被置位了，那麼需要讀取 PENDING2 暫存器。如果 PENDING2 暫存器的 Bit[24] 也被置位了，那麼需要繼續讀取 PENDING0 暫存器。如果 PENDING2 暫存器的 Bit[25] 也被置位了，那麼需要讀取 PENDING1 暫存器。

中斷來源暫存器一共有 4 個，每個 CPU 核心一個，分別是 IRQ_SOURCE0、IRQ_SOURCE1、IRQ_SOURCE2、IRQ_SOURCE3。另外，中斷來源暫存器還分成 IRQ 中斷來源暫存器以及 FIQ 中斷來源暫存器。IRQ 中斷來源暫存器如表 12.2 所示。

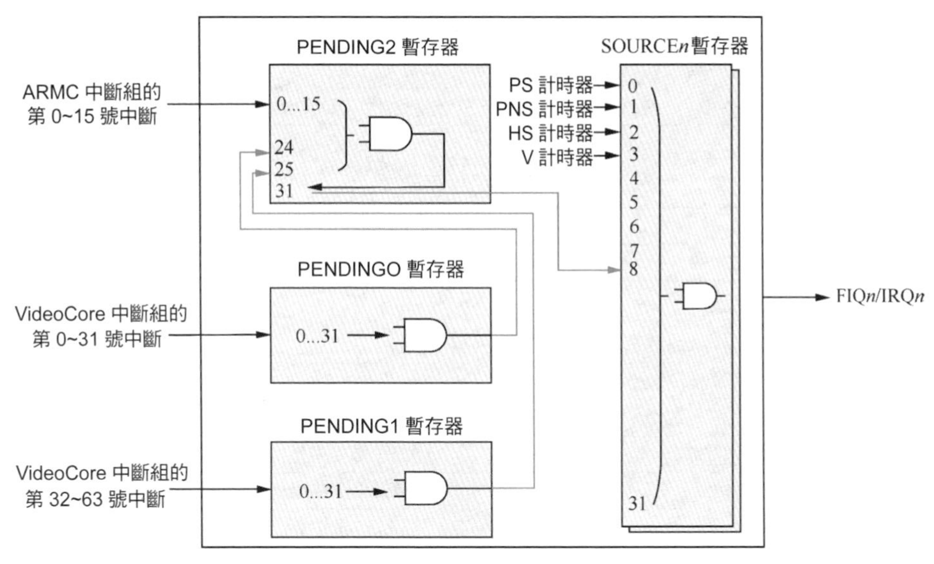

▲圖 12.4 中斷狀態暫存器路由

表 12.2　　　　IRQ 中斷來源暫存器

位元	名　稱	類　型	說　明
Bit[0]	CNT_PS_IRQ	RO	安全世界裡的物理通用計時器
Bit[1]	CNT_PNS_IRQ	RO	非安全世界裡的物理通用計時器
Bit[2]	CNT_HP_IRQ	RO	虛擬環境下的物理通用計時器
Bit[3]	CNT_V_IRQ	RO	虛擬通用計時器
Bit[7:4]	MAILBOX_IRQ	RO	電子郵件中斷
Bit[8]	CORE_IRQ	RO	VideoCore 中斷要求
Bit[9]	PMU_IRQ	RO	PMU 中斷
Bit[10]	AXI_QUIET	RO	AXI 完成請求，僅限於 CPU0
Bit[11]	TIMER_IRQ	RO	本機計時器
Bit[29:12]	保留	—	—
Bit[30]	AXI_IRQ	RO	AXI 匯流排錯誤
Bit[31]	保留	—	—

中斷待定暫存器一共有 3 類。

- 中斷待定暫存器 0（IRQ0_PENDING0），如表 12.3 所示。
- 中斷待定暫存器 1（IRQ0_PENDING1），如表 12.4 所示。
- 中斷待定暫存器 2（IRQ0_PENDING2），如表 12.5 所示。

表 12.3 中斷待定暫存器 0

位元	名稱	類型	說明
Bit[31:00]	VC_IRQ_31_0	RO	分別對應 VideoCore 中斷組中的第 0 ～ 31 號中斷

表 12.4 中斷待定暫存器 1

位元	名稱	類型	說明
Bit[31:00]	VC_IRQ_63_32	RO	分別對應 VideoCore 中斷組中的第 32 ～ 63 號中斷

表 12.5 中斷待定暫存器 2

位元	名稱	類型	說明
Bit[0]	TIMER_IRQ	RO	計時器中斷
Bit[1]	MAILBOX_IRQ0	RO	0 號電子郵件中斷
Bit[2]	BELL_IRQ0	RO	0 號 DoorBell 中斷
Bit[3]	BELL_IRQ1	RO	1 號 DoorBell 中斷
Bit[4]	VPU_C0_C1_HALT	RO	GPU 核心 0 進入偵錯模式而暫停
Bit[5]	VPU_C1_HALT	RO	GPU 核心 1 進入偵錯模式而暫停
Bit[6]	ARM_ADDR_ERROR	RO	ARM 側的位址發生錯誤
Bit[7]	ARM_AXI_ERROR	RO	ARM 側的 AXI 匯流排發生錯誤
Bit[15:8]	SW_TRIG_INT	RO	觸發軟體中斷
Bit[23:16]	保留	—	—
Bit[24]	INT31_0	RO	說明中斷待定暫存器 0 裡有中斷來源觸發了中斷
Bit[25]	INT63_32	RO	說明中斷待定暫存器 1 裡有中斷來源觸發了中斷
Bit[30:26]	保留	—	—
Bit[31]	IRQ	RO	ARM 側觸發了中斷

每個 CPU 核心分別有一組中斷待定暫存器。以 CPU0 為例，中斷待定暫存器分別是 IRQ0_ PENDING0、IRQ0_PENDING1 以及 IRQ0_PENDING2。

12.3 ARM 核心上的通用計時器

Cortex-A72 核心內建了 4 個通用計時器。

- PS 計時器：EL1 裡的物理通用計時器（安全模式），其中斷來源為 CNT_PS_IRQ。
- PNS 計時器：EL1 裡的物理通用計時器（非安全模式），其中斷來源為 CNT_PNS_IRQ。
- HP 計時器：EL2 虛擬環境下的物理通用計時器，對應中斷來源為 CNT_HP_IRQ。

- V 計時器：EL1 裡的虛擬計時器，其中斷來源為 CNT_V_IRQ。

這 4 個通用計時器的中斷設定在 ARM_LOCAL 中斷組的以下暫存器裡完成。

- IRQ_SOURCE*n*：IRQ 的來源狀態暫存器，*n* 可以取 0 ～ 3 的整數，每個 CPU 核心有一個。
- FIQ_SOURCE*n*：FIQ 的來源狀態暫存器，*n* 可以取 0 ～ 3 的整數，每個 CPU 核心有一個。
- TIMER_CNTRL*n*：計時器中斷控制器暫存器，*n* 可以取 0 ～ 3 的整數，每個 CPU 核心有一個。

我們接下來以 PNS 計時器（CNT_PNS_IRQ）中斷來源為例來說明中斷處理過程。這個通用計時器的相關描述參見《ARMv8 系統結構手冊》，與之相關的暫存器有兩個。

1．CNTP_CTL_EL0 暫存器。

CNTP_CTL_EL0 暫存器的描述如圖 12.5 所示。

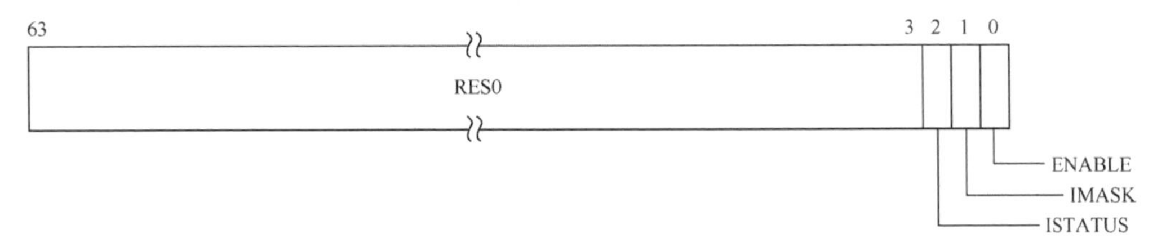

▲圖 12.5 CNTP_CTL_EL0 暫存器的描述

其中，部分欄位的含義如下。

- ENABLE 欄位：打開和關閉計時器。
- IMASK 欄位：中斷遮罩。
- ISTATUS 欄位：中斷狀態位元。

2．CNTP_TVAL_EL0 暫存器

CNTP_TVAL_EL0 暫存器的描述如圖 12.6 所示。

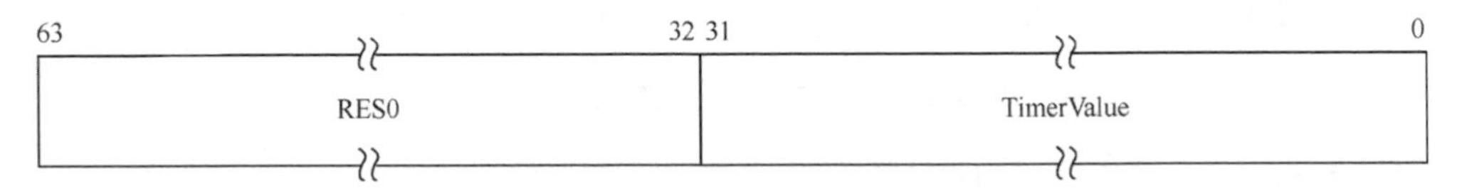

▲圖 12.6 CNTP_TVAL_EL0 暫存器的描述

TimerValue 表示計時器的初值。計時器最簡單的使用方式就是使用 TimerValue，給計時器賦一個初值，讓它遞減。當遞減到 0 時觸發中斷，在中斷處理常式裡重新給計時器給予值。

3．TIMER_CNTRL*x* 暫存器

TIMER_CNTRL*x* 暫存器是樹莓派 4B 上關於 Cortex-A72 核心的通用計時器的控制暫存器，如表 12.6 所示。每個 CPU 核心有一個 TIMER_CNTRL*x* 暫存器。

表 12.6　TIMER_CNTRL*x* 暫存器

位元	名稱	類型	說明
Bit[0]	CNT_PS_IRQ	RW	如果設定為 1，那麼 Cortex-A72 處理器核心的 PS 計時器的中斷將會路由到樹莓派 4B 的 IRQ
Bit[1]	CNT_PNS_IRQ	RW	如果設定為 1，那麼 Cortex-A72 處理器核心的 PNS 計時器的中斷將會路由到樹莓派 4B 的 IRQ
Bit[2]	CNT_HP_IRQ	RW	如果設定為 1，那麼 Cortex-A72 處理器核心的 HP 計時器的中斷將會路由到樹莓派 4B 的 IRQ
Bit[3]	CNT_V_IRQ	RW	如果設定為 1，那麼 Cortex-A72 處理器核心的虛擬計時器的中斷將會路由到樹莓派 4B 的 IRQ

使用計時器的流程如下。

（1）初始化計時器。

① 設定 CNTP_CTL_EL0 暫存器的 ENABLE 欄位為 1。

② 給計時器賦一個初值，設定 CNTP_TVAL_EL0 暫存器的 TimerValue 欄位。

③ 啟動中斷。設定樹莓派 4B 上 TIMER_CNTRL0 中的 CNT_PNS_IRQ 欄位為 1。

④ 打開 PSTATE 暫存器中的 IRQ 總開關。

（2）處理計時器中斷。

① 觸發計時器中斷。

② 跳轉到 el1_irq 組合語言函數。

③ 保存中斷上下文（使用 kernel_entry 巨集）。

④ 跳轉到中斷處理函數。

⑤ 讀取 ARM_LOCAL 中斷狀態暫存器中 IRQ_SOURCE0 的值。

⑥ 判斷是否為 CNT_PNS_IRQ 中斷來源觸發的中斷。

⑦ 如果是，重新設定 TimerValue。

⑧ 傳回 el1_irq 組合語言函數。

⑨ 恢復中斷上下文。

⑩ 傳回中斷現場。

12.4 中斷現場

在中斷發生時需要保存發生中斷前的現場，以免在中斷處理過程中被破壞了。以 ARM64 處理器為例，我們需要在堆疊空間裡保存如下內容：

- PSTATE 暫存器的值；
- PC 值；
- SP 值；
- X0 ～ X30 暫存器的值。

中斷也是異常的一種，因此保存和恢復中斷現場的方法與保存和恢復異常現場的方法是一樣的。

為了方便程式設計，我們可以使用一個堆疊框資料結構（結構 pt_regs，如圖 12.7 所示）來描述需要保存的中斷現場。

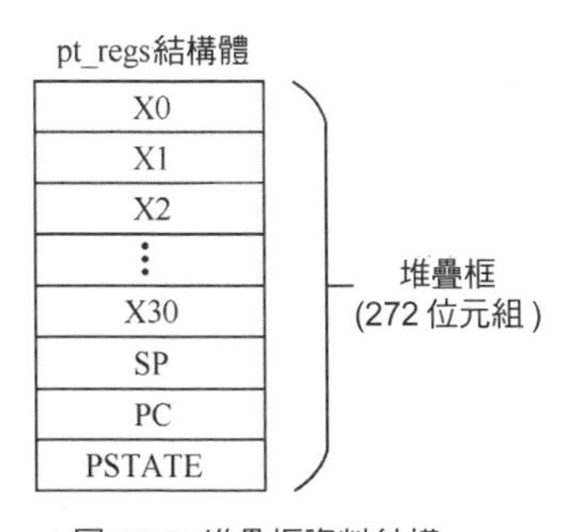

▲圖 12.7 堆疊框資料結構

12.4.1 保存中斷現場

中斷發生時，我們需要把中斷現場保存到當前處理程序的核心堆疊裡，如圖 12.8 所示。

- 堆疊框裡的 PSTATE 保存發生中斷時 SPSR_EL1 的內容。
- 堆疊框裡的 PC 保存 ELR_EL1 的內容。
- 堆疊框裡的 SP 保存堆疊頂的位置。

- 堆疊框裡的 regs[30] 保存 LR 的值。
- 堆疊框裡的 regs[0] ～ regs[29] 分別保存 X0 ～ X29 暫存器的值。

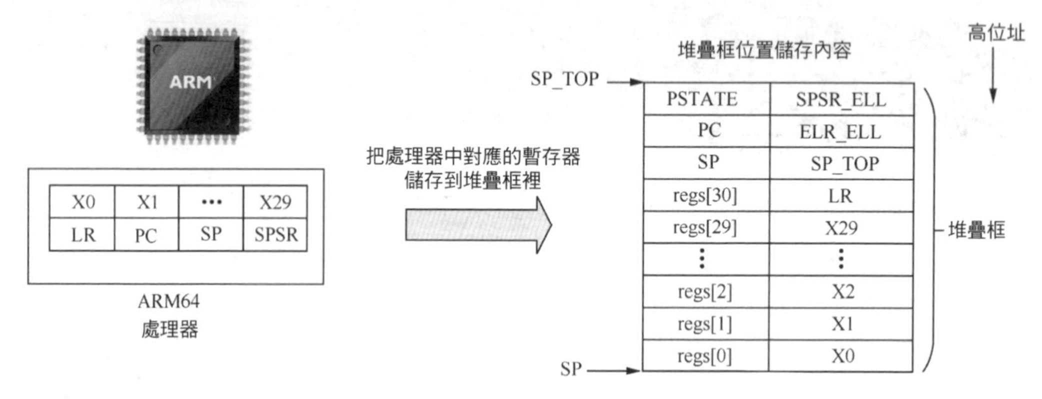

▲圖 12.8 保存中斷現場

12.4.2 恢復中斷現場

中斷傳回時，從處理程序核心堆疊恢復中斷現場到 CPU，如圖 12.9 所示。

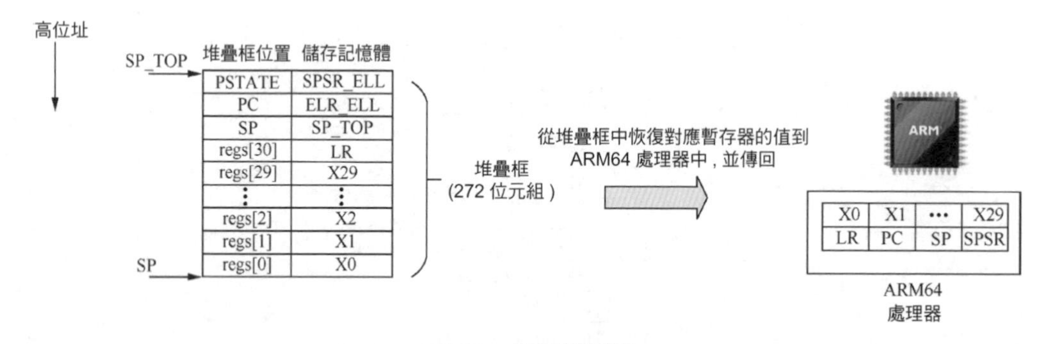

▲圖 12.9 恢復中斷現場

12.5 案例分析：在樹莓派 4B 上實現一個計時器

12.3 節介紹了 Cortex-A72 處理器內建的通用計時器的相關資訊。本節分析一下在 BenOS 裡實現一個通用計時器需要做哪些工作。

12.5.1 中斷現場的保存

首先，完善中斷現場的保存和恢復功能。我們使用 pt_regs 資料結構來建構一個核心堆疊框，用來保存中斷現場。

```
/*
 * pt_regs 堆疊框，用來保存中斷現場或者異常現場
 *
 * pt_regs 堆疊框通常位於處理程序的核心堆疊的頂部
 * 而 sp 的堆疊頂通常緊挨著 pt_regs 堆疊框，在 pt_regs 堆疊框下方
 */
struct pt_regs {
     unsigned long regs[31];
     unsigned long sp;
     unsigned long pc;
     unsigned long pstate;
};
```

pt_regs 堆疊框位於處理程序核心堆疊的頂部，它保存的內容如下：

- ❑ X0 ～ X30 暫存器的值；
- ❑ SP 暫存器的值；
- ❑ PC 暫存器的值；
- ❑ PSTATE 暫存器的值。

pt_regs 堆疊框的大小為 272 位元組。我們在保存中斷上下文時，按照從堆疊頂到堆疊底的方向依次保存資料。為了方便程式設計，我們使用 S_X0 表示堆疊框的 regs[0] 在堆疊頂的偏移量，如圖 12.10 所示。

```
#define S_FRAME_SIZE 272 /* sizeof(struct pt_regs)    */
#define S_X0 0 /* offsetof(struct pt_regs, regs[0])    */
#define S_X1 8 /* offsetof(struct pt_regs, regs[1])    */
#define S_X2 16 /* offsetof(struct pt_regs, regs[2])   */
#define S_X3 24 /* offsetof(struct pt_regs, regs[3])   */
#define S_X4 32 /* offsetof(struct pt_regs, regs[4])   */
#define S_X5 40 /* offsetof(struct pt_regs, regs[5])   */
#define S_X6 48 /* offsetof(struct pt_regs, regs[6])   */
#define S_X7 56 /* offsetof(struct pt_regs, regs[7])   */
#define S_X8 64 /* offsetof(struct pt_regs, regs[8])   */
#define S_X10 80 /* offsetof(struct pt_regs, regs[10]) */
#define S_X12 96 /* offsetof(struct pt_regs, regs[12]) */
#define S_X14 112 /* offsetof(struct pt_regs, regs[14])*/
#define S_X16 128 /* offsetof(struct pt_regs, regs[16])*/
#define S_X18 144 /* offsetof(struct pt_regs, regs[18])*/
#define S_X20 160 /* offsetof(struct pt_regs, regs[20])*/
```

```
#define S_X22 176 /* offsetof(struct pt_regs, regs[22])*/
#define S_X24 192 /* offsetof(struct pt_regs, regs[24])*/
#define S_X26 208 /* offsetof(struct pt_regs, regs[26])*/
#define S_X28 224 /* offsetof(struct pt_regs, regs[28])*/
#define S_FP 232 /* offsetof(struct pt_regs, regs[29]) */
#define S_LR 240 /* offsetof(struct pt_regs, regs[30]) */
#define S_SP 248 /* offsetof(struct pt_regs, sp)  */
#define S_PC 256 /* offsetof(struct pt_regs, pc)  */
#define S_PSTATE 264 /* offsetof(struct pt_regs, pstate) */
```

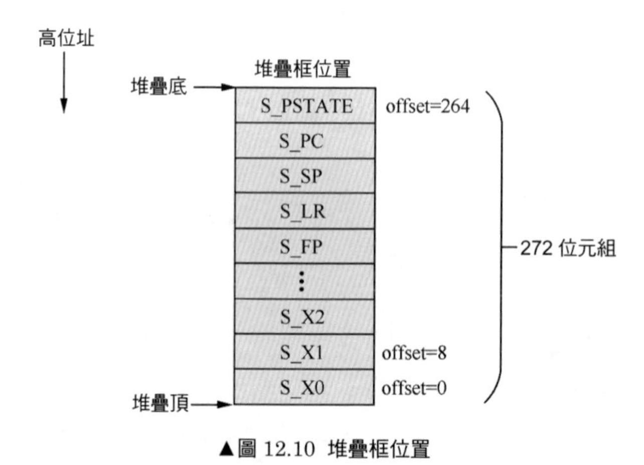

▲圖 12.10 堆疊框位置

下面使用 kernel_entry 巨集來保存中斷現場。

```
1    .macro kernel_entry
2    sub sp, sp, #S_FRAME_SIZE
3
4    /*
5      保存通用暫存器 x0~x29 到堆疊框裡 pt_regs->x0~x29
6     */
7    stp x0, x1, [sp, #16 *0]
8    stp x2, x3, [sp, #16 *1]
9    stp x4, x5, [sp, #16 *2]
10   stp x6, x7, [sp, #16 *3]
11   stp x8, x9, [sp, #16 *4]
12   stp x10, x11, [sp, #16 *5]
13   stp x12, x13, [sp, #16 *6]
14   stp x14, x15, [sp, #16 *7]
15   stp x16, x17, [sp, #16 *8]
16   stp x18, x19, [sp, #16 *9]
17   stp x20, x21, [sp, #16 *10]
18   stp x22, x23, [sp, #16 *11]
19   stp x24, x25, [sp, #16 *12]
20   stp x26, x27, [sp, #16 *13]
```

```
21    stp x28, x29, [sp, #16 *14]
22
23    /* x21: 堆疊頂的位置 */
24    add     x21, sp, #S_FRAME_SIZE
25
26    mrs     x22, elr_el1
27    mrs     x23, spsr_el1
28
29    /* 把 lr 保存到 pt_regs->lr 中，把 sp 保存到 pt_regs->sp 中 */
30    stp     lr, x21, [sp, #S_LR]
31    /* 把 elr_el1 保存到 pt_regs->pc 中，把 spsr_el1 保存到 pt_regs->pstate 中 */
32    stp     x22, x23, [sp, #S_PC]
33    .endm
```

在第 1 行中，使用 ".macro" 虛擬指令宣告一個組合語言巨集。第 33 行的 ".endm" 表示組合語言巨集的結束。

在第 2 行中，使用 SUB 指令在處理程序的核心堆疊中開闢一段空間，用於保存 pt_regs 堆疊框，此時 SP 暫存器指向堆疊框的底部，即堆疊的頂部。

在第 7 ～ 21 行中，保存 X0 ～ X29 暫存器的值到堆疊框裡。其中，X0 暫存器中的值保存在堆疊框的最底部，依此類推，如圖 12.11 所示。

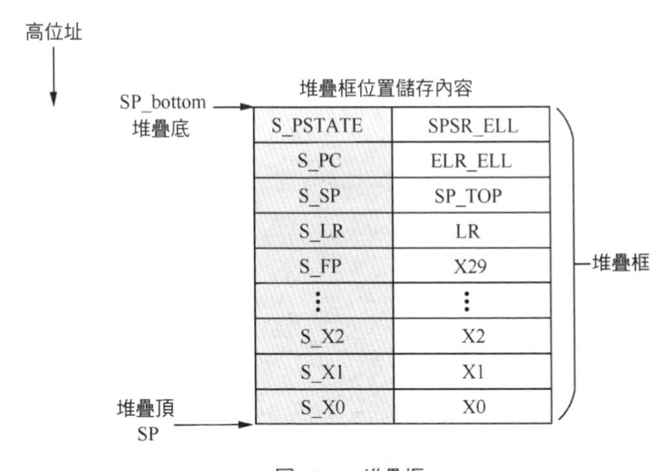

▲圖 12.11 堆疊框

在第 24 行中，X21 暫存器中的值表示堆疊底的位置。

在第 26 ～ 27 行中，讀取 ELR_EL1 的值到 X22 暫存器中，讀取 SPSR_EL1 的值到 X23 暫存器中。

在第 30 行中，把 LR 的值保存到堆疊框的 S_LR 中，把堆疊底保存到堆疊框的 S_SP 中。

在第 32 行中，把 ELR_EL1 保存到堆疊框的 S_PC 中，把 SPSR_EL1 保存到堆疊框的 S_PSTATE 中。

下面使用 kernel_exit 巨集來恢復中斷現場。

```
1    .macro kernel_exit
2    /* 從 pt_regs->pc 中恢復 elr_el1,
3       從 pt_regs->pstate 中恢復 spsr_el1
4       */
5    ldp     x21, x22, [sp, #S_PC]
6
7    msr     elr_el1, x21
8    msr     spsr_el1, x22
9    ldp     x0, x1, [sp, #16 * 0]
10   ldp     x2, x3, [sp, #16 * 1]
11   ldp     x4, x5, [sp, #16 * 2]
12   ldp     x6, x7, [sp, #16 * 3]
13   ldp     x8, x9, [sp, #16 * 4]
14   ldp     x10, x11, [sp, #16 * 5]
15   ldp     x12, x13, [sp, #16 * 6]
16   ldp     x14, x15, [sp, #16 * 7]
17   ldp     x16, x17, [sp, #16 * 8]
18   ldp     x18, x19, [sp, #16 * 9]
19   ldp     x20, x21, [sp, #16 * 10]
20   ldp     x22, x23, [sp, #16 * 11]
21   ldp     x24, x25, [sp, #16 * 12]
22   ldp     x26, x27, [sp, #16 * 13]
23   ldp     x28, x29, [sp, #16 * 14]
24
25
26   /* 從 pt_regs->lr 中恢復 lr*/
27   ldr     lr, [sp, #S_LR]
28   add     sp, sp, #S_FRAME_SIZE
29   eret
30   .endm
```

恢復中斷現場的順序正好和保存中斷現場的相反，前者從堆疊底開始依次恢復資料。

在第 5 ～ 8 行中，依次從堆疊框的 S_PC 中恢復 ELR_EL1，從堆疊框的 S_PSTATE 中恢復 SPSR_EL1 的內容。

在第 9 ～ 23 行中，依次從堆疊框的 S_X0 到 S_FP 中恢復 X0~X29 暫存器的值。

在第 27 行中，從堆疊框的 S_LR 中恢復 LR 的內容。

在第 28 行中，把 SP 設定到堆疊框的堆疊底，這樣這個堆疊就回收了。

在第 29 行中，呼叫 ERET 從異常中恢復異常現場。

12.5.2 修改異常向量表

為了讓 BenOS 能回應 IRQ，我們需要在第 11 章的基礎上修改異常向量表，當發生在 EL1 的中斷觸發時，使 BenOS 跳轉到正確的異常向量記錄中。修改異常向量表的程式如下。

```
.align 11
.global vectors
vectors:
     …
     /* EL1h 模式下的異常向量
        當前系統執行在 EL1 並且使用 SP_ELx 作為堆疊指標，
        這說明系統在核心態發生了異常，
        我們暫時只響應 IRQ
      */
     vtentry el1_sync_invalid
     vtentry el1_irq
     vtentry el1_fiq_invalid
     vtentry el1_error_invalid
   …
```

在 EL1h 模式下的異常向量記錄中，把 el1_irq_invalid 函數修改成 el1_irq 函數。el1_irq 函數的實現如下。

```
     el1_irq:
         kernel_entry
         bl irq_handle
         kernel_exit
```

el1_irq 函數的實現很簡單。首先呼叫 kernel_entry 巨集來保存中斷現場，然後跳轉到中斷處理函數 irq_handle 中。中斷處理完成之後，呼叫 kernel_exit 巨集傳回中斷現場。

12.5.3 通用計時器初始化

我們採用 Cortex-A72 處理器內部的 PNS 通用計時器和 TimerValue 初始化計時器。

```
void timer_init(void)
{
	generic_timer_init();
	generic_timer_reset(val);

	enable_timer_interrupt();
}
```

其中，generic_timer_init() 函數是用來初始化計時器的，其程式如下。

```
static int generic_timer_init(void)
{
	asm volatile(
		"mov x0, #1\n"
		"msr cntp_ctl_el0, x0"
		:
		:
		: "memory");

	return 0;
}
```

這裡設定 CNTP_CTL_EL0 暫存器的 ENABLE 欄位為 1，以啟動這個計時器。

generic_timer_reset() 函數用於給計時器設定一個初值，即初始化 CNTP_TVAL_EL0 暫存器的 TimerValue，其程式如下。

```
static int generic_timer_reset(unsigned int val)
{
	asm volatile(
		"msr cntp_tval_el0, %x[timer_val]"
		:
		: [timer_val] "r" (val)
		: "memory");

	return 0;
}
```

這裡把計時器的初值設定到 CNTP_TVAL_EL0 暫存器裡。

enable_timer_interrupt() 函數用啟動 CNT_PNS_IRQ 中斷來源，其中 TIMER_CNTRL0 是樹莓派 4B 上用來控制 Cortex-A72 核心上通用計時器的暫存器。

```
static void enable_timer_interrupt(void)
{
	writel(CNT_PNS_IRQ, TIMER_CNTRL0);
}
```

12.5.4 IRQ 處理

當中斷觸發後，CPU 自動跳轉到對應的異常向量記錄中。在 el1_irq 組合語言函數裡，首先需要保存中斷現場，然後跳轉到中斷處理函數 irq_handle() 裡。在本案例中，irq_handle() 只需要處理 PNS 中斷即可，程式如下。

```
void irq_handle(void)
{
	unsigned int irq = readl(ARM_LOCAL_IRQ_SOURCE0);

	switch (irq) {
	case (CNT_PNS_IRQ):
		handle_timer_irq();
		break;
	default:
		printk("Unknown pending irq: %x\r\n", irq);
	}
}
```

首先讀取 IRQ_SOURCE0 暫存器，然後判斷中斷是否是 PNS 計時器中斷來源觸發的。如果是，跳轉到 handle_timer_irq() 函數裡繼續處理；否則，輸出 “Unknown pending irq”。

```
void handle_timer_irq(void)
{
	generic_timer_reset(val);
	printk("Core0 Timer interrupt received\r\n");
}
```

handle_timer_irq() 函數只呼叫 generic_timer_reset() 函數來重新給計時器設定初值，然後輸出 “Core0 Timer interrupt received”。

中斷處理完成之後，傳回 el1_irq 組合語言函數，呼叫 kernel_exit 巨集來恢復中斷現場，最後呼叫 ERET 指令傳回中斷現場。

12.5.5 打開本機中斷

除打開 PNS 計時器的中斷來源之外，還需要打開處理器的本機中斷，也就是打開 PSTATE 的 I 欄位，I 欄位是本機處理器中 IRQ 的總開關。具體程式如下。

```
static inline void arch_local_irq_enable(void)
{
	asm volatile(
```

```
            "msrdaifclr, #2"
            :
            :
            : "memory");
}

static inline void arch_local_irq_disable(void)
{
     asm volatile(
            "msrdaifset, #2"
            :
            :
            : "memory");
}
```

上面兩個函數使用 MSR 指令以及 DAIF 暫存器來控制本機處理器中 IRQ 的總開關。

然後，我們需要在 kernel_main() 函數裡呼叫 timer_init() 和 raw_local_irq_enable()。

```
void kernel_main(void)
{
     ...

     timer_init();
     raw_local_irq_enable();

     while (1) {
         uart_send(uart_recv());
     }
}
```

下面是這個案例的執行結果。

```
rlk@master:lab01$ make run
qemu-system-aarch64 -machine raspi4 -nographic -kernel benos.bin
Booting at EL2
Booting at EL1
Welcome BenOS!
   .text.boot: 0x00080000 - 0x000800d8 (   216 B)
        .text: 0x000800d8 - 0x00083c30 ( 15192 B)
      .rodata: 0x00083c30 - 0x000844a6 (  2166 B)
        .data: 0x000844a6 - 0x00084918 (  1138 B)
         .bss: 0x00084d78 - 0x000a5188 (132112 B)
Core0 Timer interrupt received
Core0 Timer interrupt received
```

```
Core0 Timer interrupt received
Core0 Timer interrupt received
...
```

12.6 實驗

12.6.1 實驗 12-1：在樹莓派 4B 上實現通用計時器中斷

1．實驗目的

熟悉 ARM64 處理器的中斷流程。

2．實驗要求

（1）在樹莓派 4B 上實現通用計時器中斷處理（採用 CNT_PNS_IRQ EL1 中斷來源），在中斷處理函數裡輸出 "Core0 Timer interrupt received"，如圖 12.12 所示。本實驗採用樹莓派 4B 的傳統中斷控制器。在 QEMU 虛擬機器上偵錯和執行。

```
rlk@rlk:~/rlk/armv8_trainning/lab01$ make run
qemu-system-aarch64 -machine raspi4 -nographic -kernel benos.bin
Booting at EL2
Booting at EL1
Welcome BenOS!
printk init done
<0x800880> func_c
BenOS image layout:
  .text.boot: 0x00080000 - 0x000800d8 (    216 B)
       .text: 0x000800d8 - 0x00083c30 (  15192 B)
     .rodata: 0x00083c30 - 0x000844a6 (   2166 B)
       .data: 0x000844a6 - 0x00084938 (   1170 B)
        .bss: 0x00084d98 - 0x000a51a8 (132112 B)
test and: p=0x2
test or: p=0x3
test andnot: p=0x1
el = 1
test_asm_goto: a = 1
done
Core0 Timer interrupt received
Core0 Timer interrupt received
Core0 Timer interrupt received
Core0 Timer interrupt received
Core0 Timer interrupt received
Core0 Timer interrupt received
Core0 Timer interrupt received
Core0 Timer interrupt received
Core0 Timer interrupt received
```

▲圖 12.12 計時器中斷

（2）在組合語言函數裡實現保存中斷現場的 kernel_entry 巨集以及恢復中斷現場的 kernel_exit 巨集。讀者可以參考 Linux 核心中的實現。

（3）在樹莓派 4B 上執行程式，發現沒有觸發中斷，這是為什麼？

12.6.2 實驗 12-2：使用組合語言函數保存和恢復中斷現場

1．實驗目的

熟悉如何保存和恢復中斷現場。

2．實驗要求

（1）在實驗 12-1 的基礎上，把 kernel_entry 和 kernel_exit 兩個巨集修改成使用組合語言函數實現。修改成組合語言函數的實現方式需要注意什麼地方？

（2）請使用 QEMU+GDB 或者 Eclipse 來單步偵錯中斷處理流程，重點觀察保存中斷現場和恢復中斷現場的暫存器的變化以及堆疊的變化情況。

第 13 章

GIC-V2

本章思考題

1．GIC-V2 裡的 SGI、PPI 和 SPI 中斷有什麼區別？

2．GIC-V2 的中斷編號是如何分配的？

3．GIC-V2 中的 SPI 外接裝置中斷在多個 CPU 裡是如何路由的？

4．在樹莓派 4B 中，以 Cortex-A72 核心內部的通用計時器為例，請描述通用計時器觸發中斷之後回應中斷的大致流程。

本章主要介紹與 GIC-V2 中斷處理相關的內容。

13.1 GIC 發展歷史

在早期 ARM 系統（例如 ARM7 和 ARM9）中，採用單核心處理器設計，系統支援的中斷來源比較少並且是單核心處理器系統，使用簡單的暫存器表示每個中斷來源的啟動、關閉以及狀態。假設系統一共有 64 個中斷來源，每個暫存器一共有 32 位元，每位元描述一個中斷來源，那麼只需要兩個中斷啟動暫存器（Interrupt Enable Register，IER）。同理，中斷狀態暫存器（Interrupt Status Register，ISR）也只需要兩個暫存器就夠了。樹莓派 4B 上傳統中斷控制器也採用了類似的實現，只不過樹莓派 4B 上的中斷來源比較多，採用多級串聯的方式來實現。

在現在越來越複雜的 SoC 中，中斷管理變得越來越困難，原因主要有以下幾個方面：

- 中斷來源變得越來越多，有的系統中斷來源有幾百個，甚至上千個。
- 中斷類型也越來越多，比如普通的外接裝置中斷、軟體觸發的中斷、CPU 核心間的中斷，還有類似於 PCIe 上基於訊息傳遞的中斷等。
- 需要考慮虛擬化的支援。

出於上面幾個原因，ARM 公司開發了 GIC，專門用來管理中斷。目前最新版本是 V4，典型的 IP 是 GIC-700。GIC 的發展史如表 13.1 所示。其中，GIC-V1 指的是協定或者標準的版本，而 GIC-390 指的是具體中斷控制器 IP 的型號。ARM 公司先要制定出標準，然後再設計和實現 IP。

表 13.1 **GIC 的發展史**

版本	GIC-V1	GIC-V2	GIC-V3	GIC-V4
新增功能	❑ 支援 8 核心， ❑ 支援多達 1020 個中斷來源， ❑ 支援用 8 位元二進位數字表示的優先順序， ❑ 支援軟體觸發中斷， ❑ 支援 TrustZone	❑ 支援虛擬化 ❑ 改進對安全軟體的支援	❑ 支援的 CPU 核心數大於 8 ❑ 支援基於訊息的中斷 ❑ 支援更多的中斷 ID	支援注入虛擬中斷
IP 核心	GIC-390	GIC-400	GIC-500、GIC-600	GIC-700
應用場景	Cortex-A9 MPCore	Cortex-A7/A9 MPCore	Cortex-A76 MPCore	

GIC-V1 最多支援 8 個核心，最多支援 1020 個中斷來源，支援 8 位元二進位表示的優先順序，支援軟體觸發的中斷，支援 TrustZone 安全特性。

GIC-V2 在 V1 的基礎上增加了虛擬化的支援。典型的 IP 核心是 GIC-400，樹莓派 4B 使用 GIC-400 控制器。

GIC-V3 主要新增了基於訊息傳遞的中斷，類似於 PCIe 中 MSIX 中斷。傳統的中斷來源是需要一個接腳的，而基於訊息傳遞中斷則不需要，只需要在裝置記憶體裡寫入暫存器就觸發中斷，該方案非常合適 PCIe 這類裝置，因為 PCIe 上物理接腳有限。另外，GIC-V3 支援 CPU 的核心數量大於 8，適合於伺服器處理器。基於 GIC-V3 標準開發的 IP 核心有 GIC-500 和 GIC-600。

13.2 中斷狀態、中斷觸發方式和硬體中斷編號

下面介紹與中斷相關的一些背景知識。

每一個中斷支援的狀態有以下 4 種。

- ❑ 不活躍（inactive）狀態：中斷處於無效狀態。
- ❑ 等待（pending）狀態：中斷處於有效狀態，但是等待 CPU 回應該中斷。
- ❑ 活躍（active）狀態：CPU 已經回應中斷。
- ❑ 活躍並等待（active and pending）狀態：CPU 正在響應中斷，但是該中斷來源又發送中斷過來。

外接裝置中斷支援兩種中斷觸發方式。

- 邊沿觸發（edge-triggered）：當中斷來源產生一個昇緣或者下降緣時，觸發一個中斷。
- 電位觸發（level-triggered）：當中斷訊號線產生一個高電位或者低電位時，觸發一個中斷。

對於 GIC 來説，為每一個硬體中斷來源分配的中斷編號就是硬體中斷編號。GIC 會為支援的中斷類型分配中斷編號範圍，如表 13.2 所示。

表 13.2　GIC 分配的中斷編號範圍

中斷類型	中斷編號範圍
軟體觸發中斷（SGI）	0 ～ 15
私有外接裝置中斷（PPI）	16 ～ 31
共用外接裝置中斷（SPI）	32 ～ 1019

讀者可以查詢每一款 SoC 的硬體設計文件，裡面會有詳細的硬體中斷來源的分配圖。

13.3 GIC-V2

13.3.1 GIC-V2 概要

ARM Vexpress V2P-CA15_CA7 平臺支援 Cortex- A15 和 Cortex-A7 兩個 CPU 簇，如圖 13.1 所示，中斷控制器採用 GIC-400，支援 GIC-V2。GIC-V2 支援如下中斷類型。

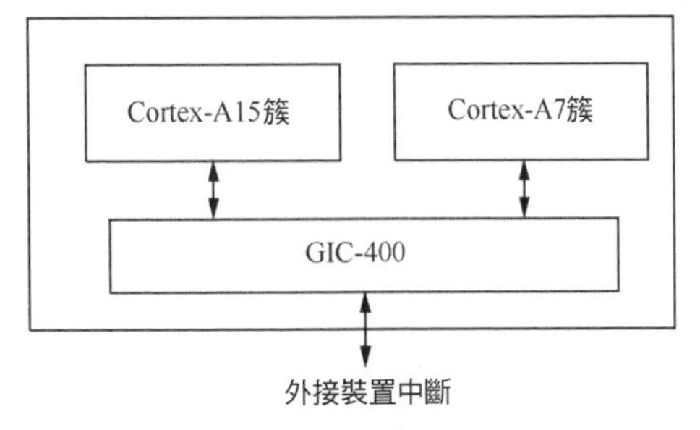

▲圖 13.1 ARM Vexpress V2P-CA15_CA7 平臺的中斷管理

- SGI 通常用於多核心之間的通訊。GIC-V2 最多支援 16 個 SGI，硬體中斷編號範圍為 0 ～ 15。SGI 通常在 Linux 核心中被用作處理器之間的中斷（Inter-Processor Interrupt，IPI），並會送達系統指定的 CPU 上。
- PPI 是每個處理器核心私有的中斷。GIC-V2 最多支援 16 個 PPI，硬體中斷編號範圍為 16 ～ 31。PPI 通常會送達指定的 CPU 上，應用場景有 CPU 本機計時器（local timer）。

- SPI 是公用的外接裝置中斷。GIC-V2 最多可以支援 988 個外接裝置中斷，硬體中斷編號範圍為 32 ～ 1019[1]。

SGI 和 PPI 是每個 CPU 私有的中斷，而 SPI 是所有 CPU 核心共用的。

GIC 主要由分發器（distributor）和 CPU 介面組成。分發器具有仲裁和分發的功能，分發器為每一個中斷來源維護一個狀態機，支援的狀態有不活躍狀態、等候狀態、活躍狀態和活躍並等待。

13.3.2 GIC-V2 內部結構

GIC-V2 是由兩個硬體單元組成的，一個是分發器，另一個是 CPU 介面（CPU interface），如圖 13.2 所示。分發器主要用來做仲裁和分發，CPU 介面是與 CPU 核心連接的模組。分發器只有一個，是共用的，但是每個 CPU 核心有一個 CPU 介面，它們透過 nIRQ 與 nFIQ 這兩個接腳和 CPU 核心連接在一起。

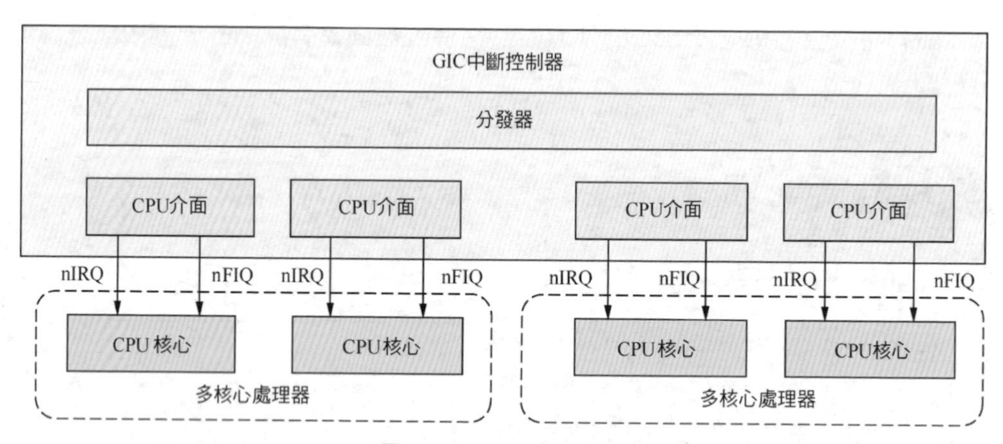

▲圖 13.2 GIC-V2 的內部結構

13.3.3 中斷流程

GIC 檢測中斷的流程如下。

（1）當 GIC 檢測到一個中斷發生時，會將該中斷標記為等候狀態。

（2）對於處於等候狀態的中斷，分發器會確定目標 CPU，將中斷要求發送到這個 CPU。

1 GIC-400 只支援 480 個 SPI

（3）對於每個 CPU，分發器會從許多處於等候狀態的中斷中選擇一個優先順序最高的中斷，發送到目標 CPU 的 CPU 介面。

（4）CPU 介面會決定這個中斷是否可以發送給 CPU。如果該中斷的優先順序滿足要求，GIC 會發送一個中斷要求訊號給該 CPU。

（5）CPU 進入中斷異常，讀取 GICC_IAR 來回應該中斷（一般由 Linux 核心的中斷處理常式來讀取暫存器）。暫存器會傳回硬體中斷編號（hardware interrupt ID）。對於 SGI 來說，傳回來源 CPU 的 ID（source processor ID）。當 GIC 感知到軟體讀取了該暫存器後，根據如下情況處理。

- 如果該中斷處於等候狀態，那麼狀態將變成活躍。
- 如果該中斷又重新產生，那麼等候狀態將變成活躍並等候狀態。
- 如果該中斷處於活躍狀態，將變成活躍並等候狀態。

（6）處理器完成中斷服務，發送一個完成訊號結束中斷（End Of Interrupt，EOI）給 GIC。

GIC 支援中斷優先順序先占功能。一個高優先順序中斷可以先占一個處於活躍狀態的低優先順序中斷，即 GIC 的分發器會找出並記錄當前優先順序最高的且處於等候狀態的中斷，然後先占當前中斷，並且發送這個最高優先順序的中斷要求給 CPU，CPU 應答了高優先順序中斷，暫停低優先順序中斷服務，轉而處理高優先順序中斷，上述內容是從 GIC 角度來分析的[2]。總之，GIC 的分發器總會把等候狀態中優先順序最高的中斷要求發送給 CPU。

圖 13.3 所示為 GIC-400 晶片手冊中的一個中斷時序圖，它能夠幫助讀者理解 GIC 的內部工作原理。

2　從 Linux 核心角度來看，如果在低優先順序的中斷處理常式中發生了 GIC 先占，雖然 GIC 會發送高優先順序中斷要求給 CPU，但是 CPU 處於關中斷的狀態，需要等到 CPU 開中斷時才會回應該高優先順序中斷，後文中會有介紹。

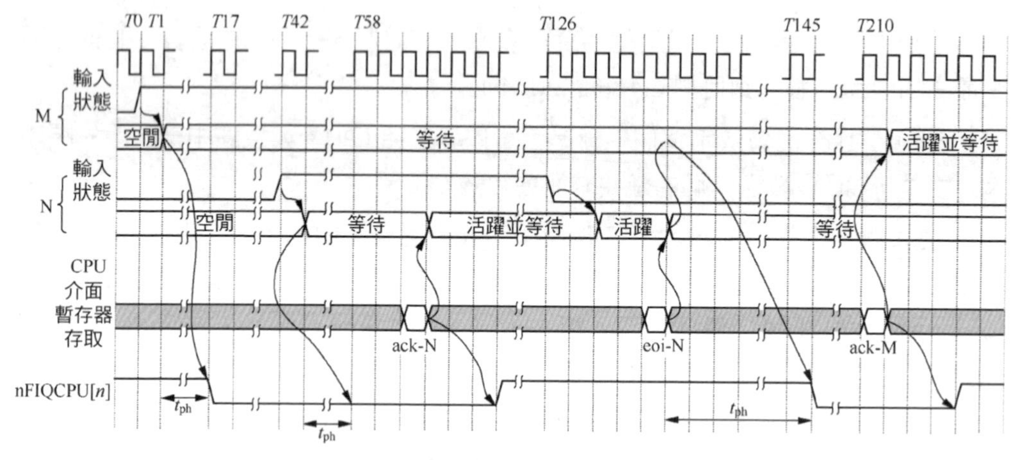

▲圖 13.3 中斷時序圖

假設中斷 N 和 M 都是 SPI 類型的外接裝置中斷且透過快速中斷要求（Fast Interrupt Request，FIR）來處理，高電位觸發，N 的優先順序比 M 的高，它們的目標 CPU 相同。

*T*1 時刻，GIC 的分發器檢測到中斷 M 的電位變化。

*T*2 時刻，分發器設定中斷 M 的狀態為等待。

*T*17 時刻，CPU 介面會拉低 nFIQCPU[*n*] 訊號。在中斷 M 的狀態變成等待後，大概在 15 個時脈週期後會拉低 nFIQCPU[*n*] 訊號來向 CPU 報告中斷要求。分發器需要這些時間來計算哪個是等候狀態下優先順序最高的中斷。

*T*42 時刻，分發器檢測到另外一個優先順序更高的中斷 N。

*T*43 時刻，分發器用中斷 N 替換中斷 M，作為當前等候狀態下優先順序最高的中斷，並設定中斷 N 處於等候狀態。

*T*58 時刻，經過 t_{ph} 個時脈週期後，CPU 介面拉低 nFIQCPU[*n*] 訊號來通知 CPU。nFIQCPU[*n*] 訊號在 *T*17 時已經被拉低。CPU 介面會更新 GICC_IAR 的 ID 欄位，該欄位的值變成中斷 N 的硬體中斷編號。

*T*61 時刻，CPU（Linux 核心的中斷服務程式）讀取 GICC_IAR，即軟體回應了中斷 N。這時分發器把中斷 N 的狀態從等待變成活躍並等待。

*T*61 ～ *T*131 時刻，Linux 核心處理中斷 N 的中斷服務程式。

*T*64 時刻，在中斷 N 被 Linux 核心回應後的 3 個時脈週期內，CPU 介面完成對 nFIQCPU[*n*] 訊號的重置，即拉高 nFIQCPU[*n*] 訊號。

*T*126 時刻，外接裝置也重置了中斷 *N*。

*T*128 時刻，退出了中斷 *N* 的等候狀態。

*T*131 時刻，處理器（Linux 核心中斷服務程式）把中斷 N 的硬體 ID 寫入 GICC_EOIR 來完成中斷 N 的全部處理過程。

*T*146 時刻，在向 GICC_EOIR 寫入中斷 *N* 硬體 ID 後的 t_{ph} 個時脈週期後，分發器會選擇下一個最高優先順序的中斷，即中斷 *M*，發送中斷要求給 CPU 介面。CPU 介面拉低 nFIQCPU[*n*] 訊號來向 CPU 報告中斷 *M* 的請求。

*T*211 時刻，CPU（Linux 核心中斷服務程式）讀取 GICC_IAR 來回應該中斷，分發器設定中斷 *M* 的狀態為活躍並等待。

*T*214 時刻，在 CPU 回應中斷後的 3 個時脈週期內，CPU 介面拉高 nFIQCPU[*n*] 訊號來完成重置動作。

更多關於 GIC 的介紹可以參考《ARM Generic Interrupt Controller Architecture Specification Version 2》 和《CoreLink GIC-400 Generic Interrupt Controller Technical Reference Manual》。

13.3.4 GIC-V2 暫存器

GIC-V2 暫存器也分成兩部分：一部分是分發器的暫存器；另一部分是 CPU 介面的暫存器。分發器暫存器（以 GICD_ 為開頭）包含了中斷設定和設定，如表 13.3 所示。CPU 介面的暫存器（以 GICC_ 為開頭）包含 CPU 相關的特殊設定，如表 13.4 所示。

表 13.3　分發器的暫存器

偏移量	名稱	類型	說明
0x000	GICD_CTLR	RW	分發器控制暫存器
0x004	GICD_TYPER	RO	中斷控制器類型暫存器
0x008	GICD_IIDR	RO	辨識暫存器
0x080	GICD_IGROUPR*n*	RW	中斷組暫存器
0x100 ～ 0x17C	GICD_ISENABLER*n*	RW	啟動中斷暫存器
0x180 ～ 0x1FC	GICD_ICENABLER*n*	RW	清除中斷暫存器
0x200 ～ 0x27C	GICD_ISPENDR*n*	RW	中斷設定待定（Set-Pending）暫存器
0x280 ～ 0x2FC	GICD_ICPENDR*n*	RW	清除待定暫存器
0x300 ～ 0x37C	GICD_ISACTIVER*n*	RW	設定活躍暫存器
0x380 ～ 0x3FC	GICD_ICACTIVER*n*	RW	清除活躍暫存器
0x400 ～ 0x7F8	GICD_IPRIORITYR*n*	RW	中斷優先順序
0x800 ～ 0x81C	GICD_ITARGETSR*n*	RW	設定每個中斷來源的目標 CPU
0xC00 ～ 0xCFC	GICD_ICFGR*n*	RW	中斷設定暫存器

偏移量	名稱	類型	說明
0xF00	GICD_SGIR	RO	軟體中斷暫存器
0xF10 ～ 0xF1C	GICD_CPENDSGIR*n*	RW	清除待定的 SGI
0xF20 ～ 0xF2C	GICD_SPENDSGIR*n*	RW	設定待定的 SGI

表 13.4　CPU 介面的暫存

偏移量	名稱	類型	說明
0x000	GICC_CTLR	RW	CPU 介面控制暫存器
0x0004	GICC_PMR	RW	中斷優先順序遮罩暫存器
0x0008	GICC_BPR	RW	與中斷優先順序相關的暫存器
0x000C	GICC_IAR	RO	中斷確認暫存器
0x0010	GICC_EOIR	WO	中斷結束暫存器
0x0014	GICC_RPR	RO	運行優先順序暫存器
0x0018	GICC_HPPIR	RO	最高優先順序待定暫存器
0x00D0 ～ 0x00DC	GICC_APR*n*	RW	活躍優先順序暫存器
0x00FC	GICC_IIDR	RO	辨識暫存器

GIC-V2 暫存器有一個特點：名稱以 *n* 結束的暫存器會有 *n* 個，例如，GICD_ISENABLER*n* 暫存器就有 *n* 個暫存器，分別是 GICD_ISENABLER0，GICD_ISENABLER1,…,GICD_ISENABLER(*n* − 1)。這是因為有些暫存器是按照中斷編號來描述的。例如，使用暫存器中幾位元來描述一個中斷編號的相關屬性，一個 32 位元暫存器只能描述幾個中斷編號，而 GIC-V2 最多支援 1020 個中斷編號，所以需要 *n* 個相同的暫存器。

我們以 GICD_ISENABLER*n* 暫存器為例，它是用來啟動某個中斷編號的。這裡的 “*n*” 表示它有 *n* 個這樣的暫存器。從表 13.3 可知，這個暫存器的偏移量是 0x100 ～ 0x17c，即包含了好幾十個相同的暫存器。

如圖 13.4 所示，GICD_ISENABLER*n* 的每位元用來表示一個中斷來源。一個暫存器就可以表示 32 個中斷來源。GIC-V2 一共支援 1020 個中斷來源，所以一共需要 32 個暫存器，計算公式為 $1020/32 \approx 32$。

▲圖 13.4 GICD_ISENABLER*n*

另外，對於中斷編號 *m* 來說，我們需要計算這個暫存器的偏移量。由於 GICD_ISENABLER*n* 中每位元表示一個中斷來源，所以 $n = m/32$，然後就可以算出

暫存器的位址 (0x100 + (4*n*))。

有些暫存器使用多位元來表示一個中斷來源，例如，GICD_ITARGETSR*n*，它使用 8 位元來表示一個中斷來源所能路由的目標 CPU 有哪些，如圖 13.5 所示。

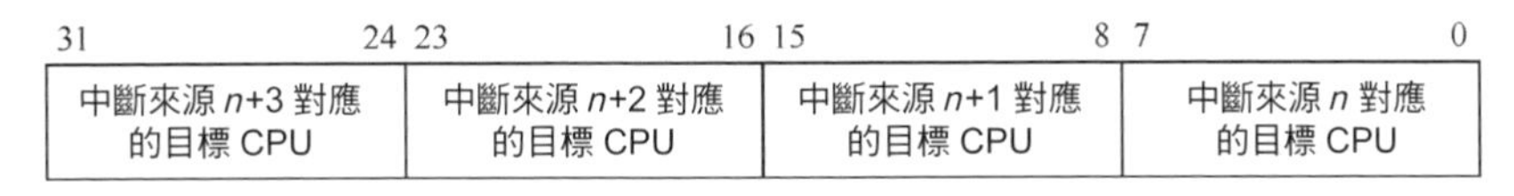

▲圖 13.5 GICD_ITARGETSR*n*

n 的計算公式變成 *n* = *m*/4。暫存器的偏移量等於 (0x800 + (4*n*))。

我們以第 50 號中斷為例，*n* = 50/4 ≈ 12，即 GICD_ITARGETSR12，該暫存器的偏移量為 0x800 + 4 × 12 = 0x830。

13.3.5 中斷路由

GIC-V2 可以設定 SPI 外接裝置中斷的路由，如圖 13.6 所示。

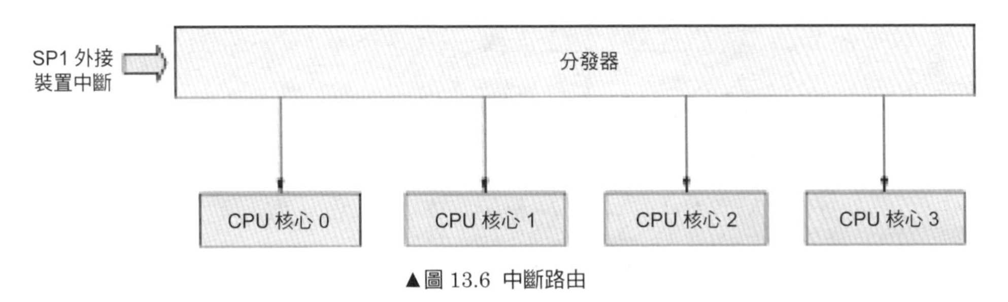

▲圖 13.6 中斷路由

前面提到的 GICD_ITARGETSR*n* 暫存器用來設定分發器，把某個中斷分發到哪個 CPU 上。

- GICD_ITARGETSR*n* 暫存器使用 8 位元來表示一個中斷來源，每位元代表一個 CPU 編號，因為 GIC-V2 控制器最多支援 8 個 CPU。
- 某個中斷來源的位元被設定，說明該中斷來源可以路由到這些位元對應的 CPU 上。
- 前 32 個中斷來源的路由設定是硬體規格好的，它們是為 SGI 和 PPI 中斷準備的，軟體不能設定路由。
- 第 33 ～ 1019 號中斷可以由軟體來設定其路由。

13.4 樹莓派 4B 上的 GIC-400

13.4.1 中斷編號分配

樹莓派 4B 上整合了 GIC-400，它是基於 GIC-V2 架構實現的。GIC-400 中斷編號的分配與 SoC 晶片的實現相關，樹莓派 4B 上 GIC-400 中斷編號的分配情況如圖 13.7 所示。

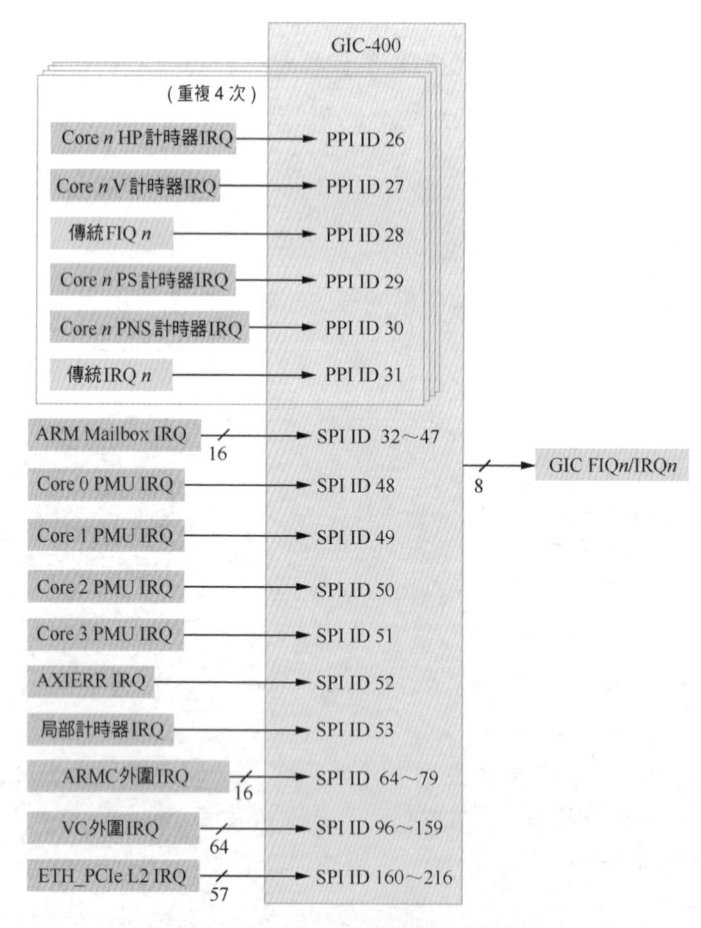

▲圖 13.7 GIC-400 中斷編號的分配情況

GIC-400 中斷編號的分配分成如下 5 種情況。

- PPI 中斷組，包括 ARM 核心上通用計時器，例如，PS 計時器的中斷編號為 29。

- ARM Local 中斷組。例如，16 個 ARM 電子郵件中斷編號為 32 ～ 47，CPU 核心 0 上的 PMU 中斷編號為 48。
- ARMC 中斷組，它們對應的中斷編號為 64 ～ 79。
- VideoCore 中斷組，對應的中斷編號為 96 ～ 159。
- 與 PCIe 相關的中斷，對應中斷編號為 160 ～ 216。

13.4.2 存取 GIC-400 暫存器

為了在樹莓派 4B 上存取 GIC-400 暫存器，我們需要知道 GIC-400 控制器在樹莓派 4B 上的位址空間的基底位址，這個基底位址為 0xFF840000。如果樹莓派啟動了高位址模式，那麼 GIC-400 的基底位址為 0x4C0040000。

GIC-400 還定義了內部模組的位址範圍，如表 13.5 所示。

表 13.5　GIC-400 中內部模組的位址範圍

GIC-400 中的內部模組	位 址 範 圍
保留	0x0000 ～ 0x0FFF
分發器	0x1000 ～ 0x1FFF
CPU 介面	0x2000 ～ 0x3FFF
虛擬介面控制區塊	0x5000 ～ 0x5FFF
虛擬 CPU 介面	0x6000 ～ 0x7FFF

假設樹莓派 4B 在低位址模式下存取 GICD_ISENABLER0，那麼位址的計算公式應該為 0xFF840000 + 0x1000 + 0x80 = 0xFF841080。

13.4.3 中斷處理流程

1．GIC-400 的初始化

GIC-400 的初始化流程如下。

（1）設定分發器和 CPU 介面暫存器組的基底位址。

（2）讀取 GICD_TYPER，計算當前 GIC 最多支援的中斷來源數量。

（3）初始化分發器。

① 關閉分發器。

② 設定 SPI（序列埠中斷）的路由。

③ 設定 SPI 的觸發類型，例如，邊緣觸發等。

④ 關閉所有的中斷來源。

⑤ 重新打開分發器。

（4）初始化 CPU 介面。

① 設定 GIC_CPU_PRIMASK 暫存器。

② 打開 CPU 介面。

2．註冊中斷

註冊中斷的大致流程如下。

（1）初始化外接裝置。

（2）查詢該外接裝置中斷編號，例如，PNS 計時器的中斷編號為 30。

（3）設定 GIC_DIST_ENABLE_SET 暫存器來啟動這個中斷編號。

（4）打開裝置相關的中斷控制，例如，在樹莓派 4B 上，對於 PNS 計時器需要打開 ARM_LOCAL 中斷組裡的 TIMER_CNTRL0 的 CNT_PNS_IRQ_FIQ 欄位來啟動這個中斷來源。

（5）設定 CPU 的 PSTATE 暫存器中的 I 欄位，打開本機 CPU 的 IRQ 的總開關。

3．回應中斷

回應中斷的大致流程如下。

（1）中斷發生，CPU 跳轉到異常向量表。

（2）跳轉到 GIC 中斷函數，例如，gic_handle_irq() 函數。

（3）讀取 GICC_IAR，獲取中斷編號。

（4）根據中斷編號，進行對應中斷處理，例如，若讀取的中斷編號為 30，說明這是 PNS 計時器觸發的中斷，跳轉到計時器中斷處理函數，處理中斷。

（5）中斷傳回。

13.5 實驗

13.5.1 實驗 13-1：實現通用計時器中斷

1．實驗目的

熟悉 GIC-400。

2．實驗要求

（1）在樹莓派 4B 上實現 PNS 計時器。這需要初始化 GIC-400，然後為 PNS 計時器註冊一個中斷。當計時器中斷觸發之後，輸出 "Core0 Timer interrupt received"，如圖 13.8 所示。

```
rlk@rlk:~/rlk/armv8_trainning/lab01$ make run
qemu-system-aarch64 -machine raspi4 -nographic -kernel benos.bin
Booting at EL2
Booting at EL1
Welcome BenOS!
printk init done
<0x800880> func_c
BenOS image layout:
  .text.boot: 0x00080000 - 0x000800d8 (    216 B)
       .text: 0x000800d8 - 0x000842f0 ( 16920 B)
     .rodata: 0x000842f0 - 0x00084b86 (   2198 B)
       .data: 0x00084b86 - 0x00085158 (   1490 B)
        .bss: 0x000855b8 - 0x000a59f0 (132152 B)
test and: p=0x2
test or: p=0x3
test andnot: p=0x1
el = 1
test_asm_goto: a = 1
done
gic_init: cpu_base:0xff842000, dist_base:0xff841000, gic_irqs:160
Core0 Timer interrupt received
Core0 Timer interrupt received
Core0 Timer interrupt received
Core0 Timer interrupt received
Core0 Timer interrupt received
```

▲圖 13.8 計時器中斷

（2）本實驗可以先在 QEMU 虛擬機器上做，後在樹莓派 4B 上做。

13.5.2 實驗 13-2：實現樹莓派 4B 上的系統計時器

1．實驗目的

熟悉 GIC-400。

2・實驗要求

在樹莓派 4B 上有系統計時器[3]（system timer）。請在樹莓派 4B 上實現這個系統計時器。系統計時器有 4 個通道，大家可以使用通道 1 來實現，如圖 13.9 所示。

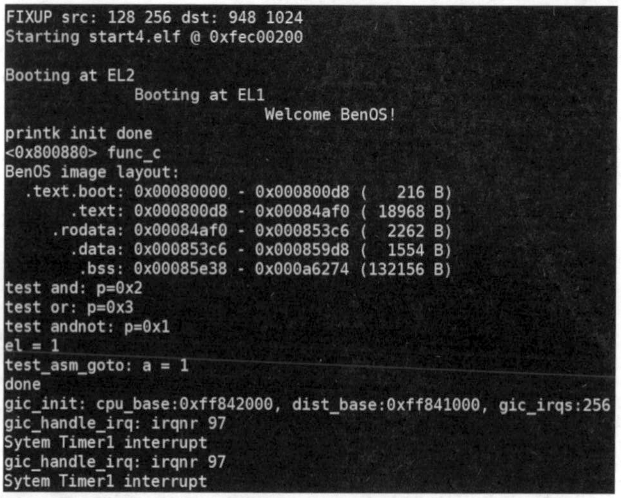

```
FIXUP src: 128 256 dst: 948 1024
Starting start4.elf @ 0xfec00200

Booting at EL2
              Booting at EL1
                            Welcome BenOS!
printk init done
<0x800880> func_c
BenOS image layout:
  .text.boot: 0x00080000 - 0x000800d8 (    216 B)
       .text: 0x000800d8 - 0x00084af0 ( 18968 B)
     .rodata: 0x00084af0 - 0x000853c6 (  2262 B)
       .data: 0x000853c6 - 0x000859d8 (  1554 B)
        .bss: 0x00085e38 - 0x000a6274 (132156 B)
test and: p=0x2
test or: p=0x3
test andnot: p=0x1
el = 1
test_asm_goto: a = 1
done
gic_init: cpu_base:0xff842000, dist_base:0xff841000, gic_irqs:256
gic_handle_irq: irqnr 97
Sytem Timer1 interrupt
gic_handle_irq: irqnr 97
Sytem Timer1 interrupt
```

▲圖 13.9 系統計時器

注意，QEMU 虛擬機器沒有實現樹莓派的系統計時器，因此本實驗不能在 QEMU 虛擬機器上模擬，只能在樹莓派 4B 上做。

3 詳見《BCM2711 ARM Peripherals》第 10 章。

第 14 章

記憶體管理

本章思考題

1．在電腦發展歷史中，為什麼會出現分段機制和分頁機制？

2．為什麼頁表要設計成多級頁表？直接使用一級頁表是否可行？多級頁表又引入了什麼問題？

3．為什麼頁表存放在主記憶體中而非存放在晶片內部的暫存器中？

4．記憶體管理單元（Memory Management Unit，MMU）查詢頁表的目的是找到虛擬位址對應的物理位址，頁表項中有指向下一級頁表基底位址的指標，它指向的是下一級頁表基底位址的物理位址還是虛擬位址？

5．ARM64 處理器中有 TTBR0 和 TTBR1 兩個轉換頁表基底位址暫存器，處理器如何使用它們？

6．請簡述 ARM64 處理器的 4 級頁表的映射過程，假設頁面細微性為 4 KB，位址寬度為 48 位元。

7．在 L0 ～ L2 頁表項描述符號中，如何判斷一個頁表項是區塊類型還是頁表類型？

8．在 ARM64 處理器中，頁表項屬性中有一個 AF 存取欄位，它有什麼作用？

9．ARMv8 系統結構處理器主要提供兩種類型的記憶體屬性，分別是標準類型記憶體（normal memory）和裝置類型記憶體（device memory），它們之間有什麼區別？

10．在 ARM64 處理器中，頁表項的 AttrIndex[2:0] 欄位索引的是什麼內容？

11．在打開 MMU 時，為什麼需要建立恆等映射？

本章主要介紹 ARM64 處理器中與記憶體管理相關的內容。

14.1 記憶體管理基礎知識

14.1.1 記憶體管理的“遠古時代”

在作業系統還沒有出來之前，程式存放在卡片上，電腦每讀取一張卡片就執行一筆指令，這種從外部儲存媒體上直接執行指令的方法效率很低。後來出現了記憶體儲存器，也就是說，程式要執行，首先要載入，然後執行，這就是所謂的“儲存程式”。這一概念開啟了作業系統快速發展的道路，直到後來出現的分頁機制。在以上演變歷史中，出現了不少記憶體管理思想。

- 單路程式設計的記憶體管理。所謂“單路”，就是整個系統只有一個使用者處理程序和一個作業系統，形式上有點類似於 Unikernel 系統。這種模型下，使用者程式始終載入到同一個記憶體位址並執行，所以記憶體管理很簡單。實際上，不需要任何的記憶體管理單元，程式使用的位址就是物理位址，也不需要保護位址。但是缺點也很明顯：其一，系統無法執行比實際實體記憶體大的程式；其二，系統只執行一個程式，會造成資源浪費；其三，程式無法遷移到其他的電腦中。
- 多路程式設計的記憶體管理。所謂“多路”，就是系統可以同時執行多個處理程序。記憶體管理中出現了固定分區和動態分區兩種技術。

對於固定分區，在系統編譯階段，記憶體被劃分成許多靜態分區，處理程序可以裝入大於或等於自身大小的分區。固定分區實現簡單，作業系統的管理銷耗比較小。但是缺點也很明顯：一是程式大小和分區的大小必須匹配；二是活動處理程序的數目比較固定；三是位址空間無法增長。

動態分區的思想就是在一整塊記憶體中劃出一塊記憶體供作業系統本身使用，剩下的記憶體空間供使用者處理程序使用。當處理程序 A 執行時期，先從這一大片記憶體中劃出一塊與處理程序 A 大小一樣的記憶體供處理程序 A 使用。當處理程序 B 準備執行時期，從剩下的空閒記憶體中繼續劃出一塊和處理程序 B 大小相等的記憶體供處理程序 B 使用，依此類推。這樣處理程序 A 和處理程序 B 以及後面進來的處理程序就可以實現動態分區了。

如圖 14.1 所示，假設現在有一塊 32 MB 大小的記憶體，一開始作業系統使用了最低的 4 MB 大小，剩餘的記憶體要留給 4 個使用者處理程序使用（如圖 14.1（a）所示）。處理程序 A 使用了作業系統往上的 10 MB 記憶體，處理程序 B 使用了處理程序 A 往上的 6 MB 記憶體，處理程序 C 使用了處理程序 B 往上的 8 MB 記憶體。剩餘的 4 MB 記憶體不足以加載處理程序 D，因為處理程序 D 需要 5 MB 記憶體，於是這塊記憶體的尾端就形成了第一個空洞（如圖 14.1（b）所示）。假設在某個時刻作業系統需要執行處理程序 D，但系統中沒有足夠的記憶體，那麼需要選擇一個處理程序來換出，以便為處理程序 D 騰出足夠的空間。假設作業系統選擇處理程序 B 來換出，處理程序 D 就加載到原來處理程序 B 的位址空間裡，於是產生了第二個空洞（如圖 14.1（c）所示）。假設作業系統在某個時刻需要執行處理程序 B，這也需要選擇一個處理程序來換出，假設處理程序 A 被換出，於是系統中又產生了第三個空洞（如圖 14.1（d）所示）。

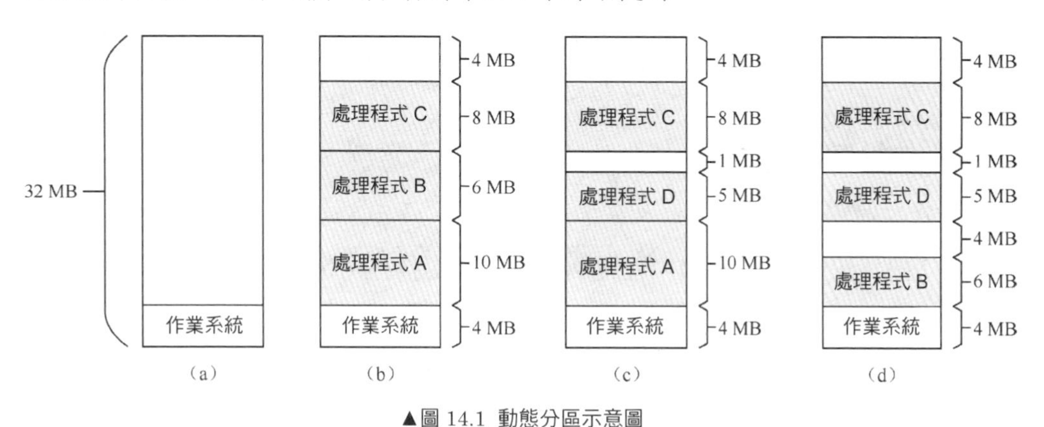

▲圖 14.1 動態分區示意圖

這種動態分區方法在系統剛啟動時效果很好，但是隨著時間的演進會出現很多記憶體空洞，記憶體的使用率隨之下降，這些記憶體空洞便是我們常說的記憶體碎片。為了解決記憶體碎片化的問題，作業系統需要動態地移動處理程序，使得處理程序佔用的空間是連續的，並且所有的空閒空間也是連續的。整個處理程序的遷移是一個非常耗時的過程。

總之，不管是固定分區還是動態分區，都存在很多問題。

- **處理程序位址空間保護問題**。所有的使用者處理程序都可以存取全部的實體記憶體，所以惡意程式可以修改其他程式的記憶體資料，這使得處理程序一直處於危險的狀態下。即使系統裡所有的處理程序都不是惡意處理程序，但是處理程序 A 依然可能不小心修改了處理程序 B 的資料，從而導致處理程序 B 崩潰。這明顯違背了“處理程序位址空間需要保護”（也就是位址空間要相對獨立）的原則。因此，每個處理程序的位址空間都應該受到保護，以免被其他處理程序有意或無意地損壞。

- **記憶體使用效率低**。如果即將執行的處理程序所需要的記憶體空間不足，就需要選擇一個處理程序進行整體換出，這種機制導致大量的資料需要換出和換入，效率非常低下。
- **程式執行位址重定位問題**。從圖 14.1 可以看出，處理程序在每次換出換入時使用的位址都是不固定的，這給程式的撰寫帶來一定的麻煩，因為存取資料和指令跳轉時的目標位址通常是固定的，所以就需要使用重定位技術了。

由此可見，上述 3 個重大問題需要一個全新的解決方案，而且這個方案在作業系統層面已經無能為力，必須在處理器層面才能解決，因此產生了分段機制和分頁機制。

14.1.2 位址空間的抽象

站在記憶體使用的角度看，處理程序大概在 3 個地方需要用到記憶體。

- 處理程序本身。比如，程式碼片段以及資料段用來儲存程式本身需要的資料。
- 堆疊空間。程式執行時期需要分配記憶體空間來保存函式呼叫關係、區域變數、函數參數以及函數傳回值等內容，這些也是需要消耗記憶體空間的。
- 堆積空間。程式執行時期需要動態分配程式需要使用的記憶體，比如，儲存程式需要使用的資料等。

不管是剛才提到的固定分區還是動態分區，處理程序需要包含上述 3 種記憶體，如圖 14.2（a）所示。但是，如果我們直接使用實體記憶體，在撰寫這樣一個程式時，就需要時刻關心分配的實體記憶體位址是多少、記憶體空間夠不夠等問題。

後來，設計人員對記憶體進行了抽象，把上述用到的記憶體抽象成處理程序位址空間或虛擬記憶體。處理程序不用關心分配的記憶體在哪個位址，它只管使用。最終由處理器來處理處理程序對記憶體的請求，經過轉換之後把處理程序請求的虛擬位址轉換成物理位址。這個轉換過程稱為位址轉換（address translation），而處理程序請求的位址可以視為虛擬位址（virtual address），如圖 14.2（b）所示。我們在處理器裡對處理程序位址空間做了抽象，讓處理程序感覺到自己可以擁有全部的實體記憶體。處理程序可以發出位址存取請求，至於這些請求能不能完全滿足，那就是處理器的事情了。總之，處理程序位址空間是對記憶體的重要抽象，讓記憶體虛擬化獲得了實現。處理程序位址空間、處理程序的 CPU 虛擬化以及檔案對儲存位址空間的抽象，共同組成了作業系統的 3 個元素。

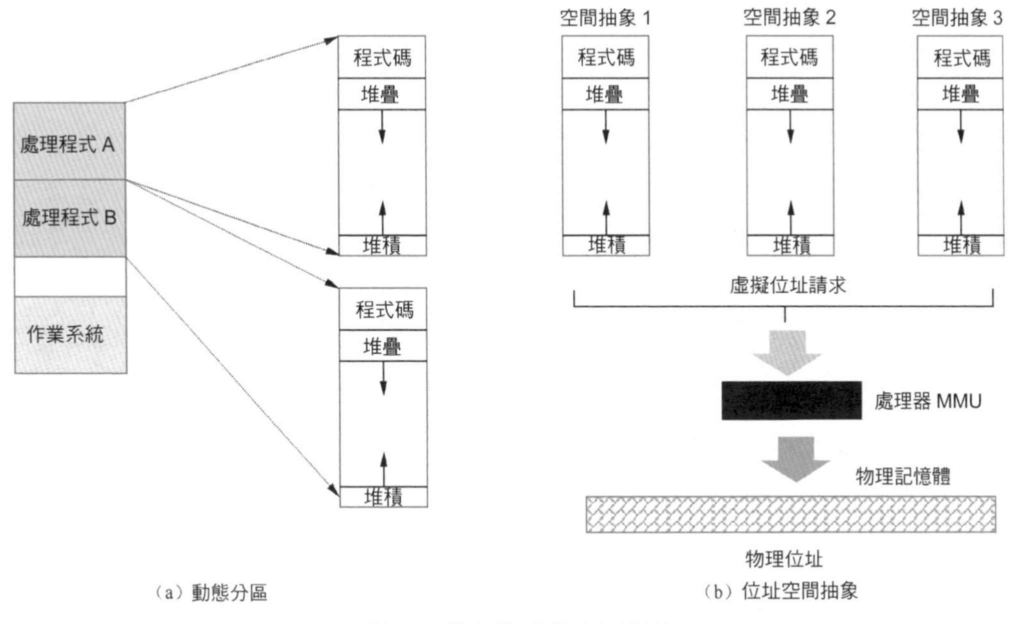

▲圖 14.2 動態分區和位址空間抽象

把處理程序位址空間的概念引入了虛擬記憶體後，基於這種思想，我們可以解決剛才提到的 3 個問題。

虛擬記憶體機制可以提供隔離性。因為每個處理程序都感覺自己擁有了整個位址空間，可以隨意存取，然後由處理器轉換到實際的物理位址，所以處理程序 A 沒辦法存取處理程序 B 的實體記憶體，也沒辦法做破壞。

後來出現的分頁機制可以解決動態分區中出現的記憶體碎片化和效率問題。

處理程序換入和換出時存取的位址變成相同的虛擬位址。處理程序不用關心具體物理位址在什麼地方。

14.1.3 分段機制

基於處理程序位址空間這個概念，人們最早想到的一種機制叫作分段（segmentation）機制，其基本思想是把程式所需的記憶體空間的虛擬位址映射到某個物理位址空間。

分段機制可以解決位址空間保護問題，處理程序 A 和處理程序 B 會被映射到不同的物理位址空間，它們在物理位址空間中是不會有重疊的。因為處理程序看的是虛擬位址空間，不關心實際映射到哪個物理位址。如果一個處理程序存取了沒有映射的虛擬位址空間，或者存取了不屬於該處理程序的虛擬位址空間，那麼 CPU 會捕捉到這次越界存取，並且拒絕此次存取。同時 CPU 會發送異常錯誤給作業系統，由作業系統去處理這些異常情況，這就是我們常說的缺頁異常。另外，對於處理程序來說，它不再需要關心物理位址的佈局，它存取的位址位於虛擬位址空間，只需要按照原來的位址撰寫程式並造訪網址，程式就可以無縫地遷移到不同的系統上。

基於分段機制解決問題的思路可以複習為增加虛擬記憶體（virtual memory）。處理程序執行時期看到的位址是虛擬位址，然後需要透過 CPU 提供的位址映射方法，把虛擬位址轉換成實際的物理位址。當多個處理程序在執行時期，這種方法就可以保證每個處理程序的虛擬記憶體空間是相互隔離的，作業系統只需要維護虛擬位址到物理位址的映射關係。

雖然分段機制有了比較明顯的改進，但是記憶體使用效率依然比較低。分段機制對虛擬記憶體到實體記憶體的映射依然以處理程序為單位。當實體記憶體不足時，換出到磁碟的依然是整個處理程序，因此會有大量的磁碟存取，進而影響系統性能。站在處理程序的角度看，對整個處理程序進行換出和換入的方法還不太合理。在執行處理程序時，根據局部性原理，只有一部分資料一直在使用。若把那些不常用的資料交換出磁碟，就可以節省很多系統頻寬，而把那些常用的資料駐留在實體記憶體中也可以得到比較好的性能。因此，人們在分段機制之後又發明了一種新的機制，這就是分頁（paging）機制。

14.1.4 分頁機制

程式執行所需要的記憶體往往大於實際實體記憶體，採用傳統的動態分區方法會把整個程式交換到交換磁碟，這不僅費時費力，而且效率很低。後來出現了分頁機制，分頁機制引入了虛擬記憶體的概念。分頁機制的核心思想是讓程式中一部分不使用的記憶體可以存放到交換磁碟中，而程式正在使用的記憶體繼續保留在實體記憶體中。因此，當一個程式執行在虛擬記憶體空間中時，它的定址範圍由處理器的位元寬決定，比如 32 位元處理器的，位元寬是 32 位元，位址範圍是 0 ～ 4 GB。64 位元處理器的虛擬位址位元寬是 48 位元，程式設計師可以存取 0x0000000000000000 ～ 0x0000FFFFFFFFFFFF 以及 0xFFFF000000000000 ～ 0xFFFFFFFFFFFFFFFF 這兩段空間。在啟動了分頁機制的處理器中，我們通常把處理器能定址的位址空間稱為虛擬位址（virtual address）空間。和虛擬記憶體對應的是物理記憶體（physical memory），它對應著系統中使用的物理存放裝置的位址空間，比如 DDR 記憶體顆粒等。在沒有啟動分頁機制的系統中，處理器直接定址物理位址，把物理位址發送到記憶體控制器；而在啟動了分頁機制的系統中，處理器直接定址虛擬位址，這個位址不會直接發給記憶體控制器，而是先發送給記憶體管理單元（Memory Management Unit，MMU）。MMU 負責虛擬位址到物理位址的轉換和翻譯工作。在虛擬位址空間裡可按照固定大小來分頁，典型的頁面細微性為 4 KB，現代處理器都支援大細微性的頁面，比如 16 KB、64 KB 甚至 2 MB 的巨頁。而在實體記憶體中，空間也分成和虛擬位址空間大小相同的區塊，稱為頁框（page frame）。程式可以在虛擬位址空間裡任意分配虛擬記憶體，但只有當程式需要存取或修改虛擬記憶體時，作業系統才會為其分配物理頁面，這個過程叫作請求調頁（demand page）或者缺頁異常（page fault）。

虛擬位址 VA[31:0] 可以分成兩部分：一部分是虛擬頁面內的偏移量，以 4 KB 頁為例，VA[11:0] 是虛擬頁面偏移量；另一部分用來尋找屬於哪個頁，這稱為虛擬頁框號（Virtual Page Frame Number，VPN）。物理位址中，PA[11:0] 表示物理頁框的偏移量，剩餘部分表示物理頁框號（Physical Frame Number，PFN）。MMU 的工作內容就是把虛擬頁框號轉換成物理頁框號。處理器通常使用一張表來儲存 VPN 到 PFN 的映射關係，這張表稱為頁表（Page Table，PT）。頁表中的每一項稱為頁表項（Page Table Entry，PTE）。若將整張頁表存放在暫存器中，則會佔用很多硬體資源，因此通常的做法是把頁表放在主記憶體裡，透過頁表基底位址暫存器來指向這種頁表的起始位址。如圖 14.3 所示，處理器發出的位址是虛擬位址，透過 MMU 查詢頁表，處理器便獲得了物理位址，最後把物理位址發送給記憶體控制器。

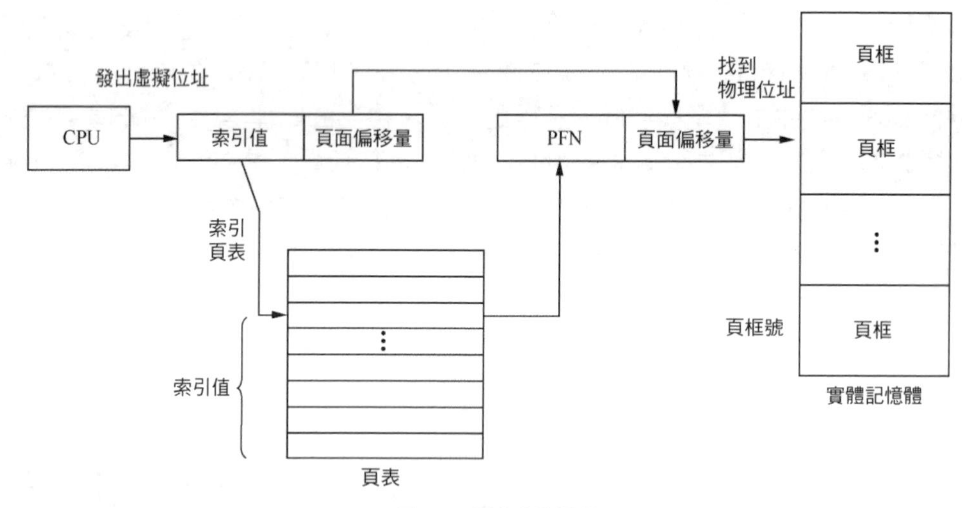

▲圖 14.3 頁表查詢過程

下面以最簡單的一級頁表為例，如圖 14.4 所示，處理器採用一級頁表，虛擬位址空間的位元寬是 32 位元，定址範圍是 0 ～ 4 GB，物理位址空間的位元寬也是 32 位元，最多支援 4 GB 實體記憶體。另外，頁面的大小是 4 KB。為了能映射整個 4 GB 位址空間，需要 4 GB/4 KB=2^{20} 個頁表項，每個頁表項佔用 4 位元組，需要 4 MB 大小的實體記憶體來存放這張頁表。VA[11:0] 是頁面偏移量，VA[31:12] 是 VPN，可作為索引值在頁表中查詢頁表項。頁表類似於陣列，VPN 類似於陣列的下標，用於查詢陣列中對應的成員。頁表項包含兩部分：一部分是 PFN，它代表頁面在實體記憶體中的框號（即頁框號），頁框號加上 VA[11:0] 頁內偏移量就組成了最終物理位址（PA）；另一部分是頁表項的屬性，比如圖 14.4 中的 *V* 表示有效位元。若有效位元為 1，表示這個頁表項對應的物理頁面在實體記憶體中，處理器可以存取這個頁面的內容；若有效位元為 0，表示這個頁表項對應的物理頁面不在記憶體中，可能在交換磁碟中。如果存取該頁面，那麼作業系統會觸發缺頁異常，可在缺頁異常中處理這種情況。當然，實際的處理器中還有很多其他的屬性位元，比如描述這個頁面是否為污染頁、是否可讀寫等。

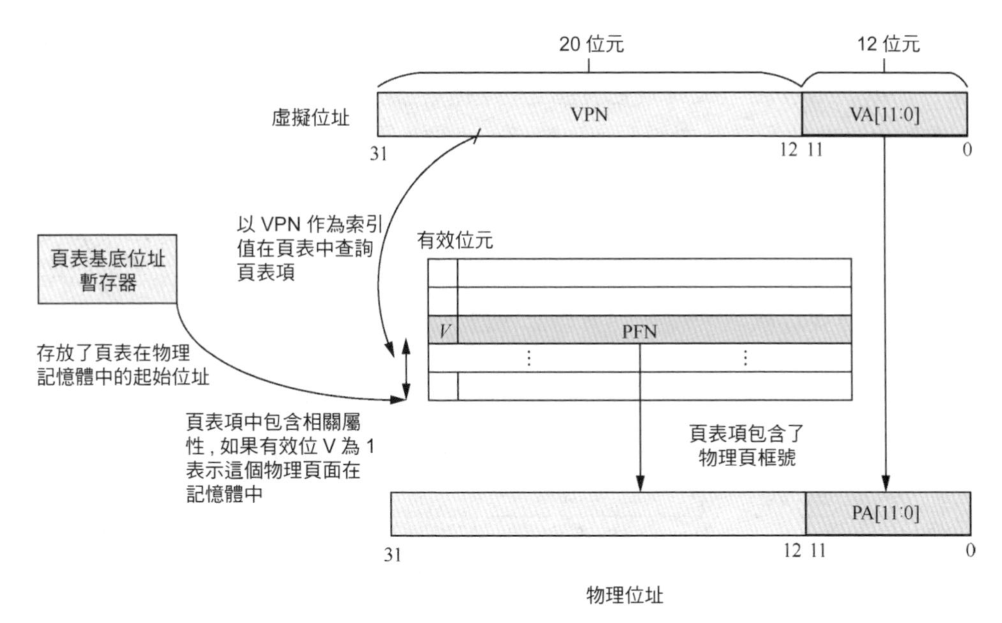

▲圖 14.4　一級頁表

通常作業系統支援多處理程序，處理程序排程器會在合適的時間（比如當處理程序 A 使用完時間切片時）從處理程序 A 切換到處理程序 B。另外，分頁機制也讓每個處理程序都感覺到自己擁有了全部的虛擬位址空間。為此，每個處理程序擁有一套屬於自己的頁表，在切換處理程序時需要切換頁表基底位址。比如，對於上面的一級頁表，每個處理程序需要為其分配 4 MB 的連續實體記憶體，這是無法接受的，因為這太浪費記憶體了。為此，人們設計了多級頁表來減少頁表佔用的記憶體空間。如圖 14.5 所示，把頁表分成一級頁表和二級頁表，頁表基底位址暫存器指向一級頁表的基底位址，一級頁表的頁表項裡存放了一個指標，指向二級頁表的基底位址。當處理器執行程式時，只需要把一級頁表載入到記憶體中，並不需要把所有的二級頁表都載入到記憶體中，而是根據實體記憶體的分配和映射情況逐步建立和分配二級頁表。這樣做有兩個原因：一是程式不會馬上使用完所有的實體記憶體；二是對於 32 位元系統來說，通常系統組態的實體記憶體小於 4 GB，比如僅有 512 MB 記憶體等。

圖 14.5 展示了二級頁表查詢過程，VA[31:20] 被用作一級頁表的索引，一共有 12 位元，最多可以索引 4096 個頁表項；VA[19:12] 被用作二級頁表的索引，一共有 8 位元，最多可以索引 256 個頁表項。當作業系統複製一個新的處理程序時，首先會建立一級頁表，分配 16 KB 頁面。在本場景中，一級頁表有 4096 個頁表項，

每個頁表項占 4 位元組，因此一級頁表一共有 16 KB。當作業系統準備讓處理程序執行時期，會設定一級頁表在實體記憶體中的起始位址到頁表基底位址暫存器中。處理程序在執行過程中需要存取實體記憶體，因為一級頁表的頁表項是空的，這會觸發缺頁異常。在缺頁異常裡分配一個二級頁表，並且把二級頁表的起始位址填充到一級頁表的對應頁表項中。接著，分配一個物理頁面，然後把這個物理頁面的 PFN 填充到二級頁表的對應頁表項中，從而完成頁表的填充。隨著處理程序的執行，需要存取越來越多的實體記憶體，於是作業系統逐步地把頁表填充並建立起來。

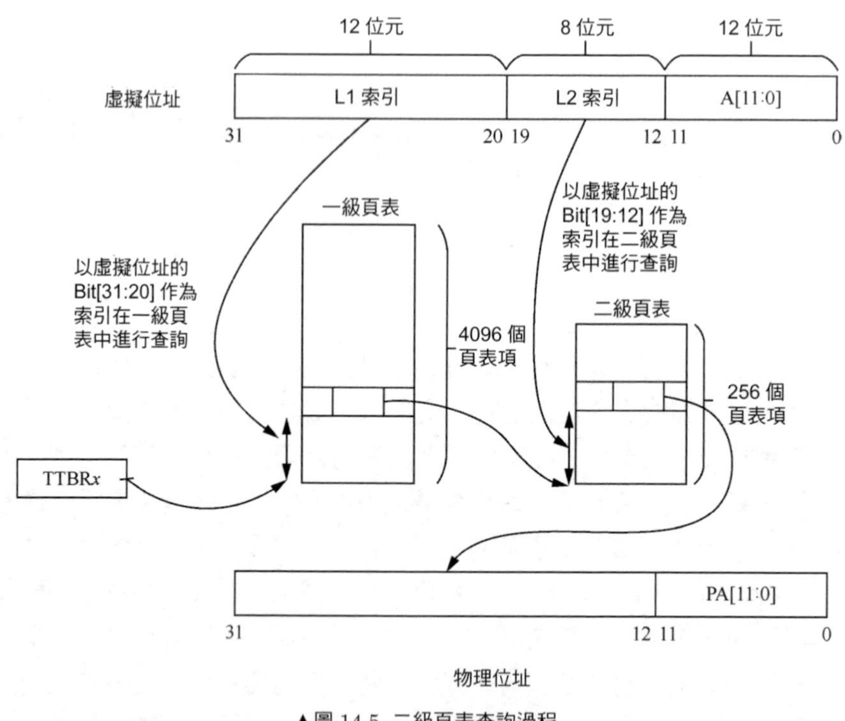

▲圖 14.5 二級頁表查詢過程

當 TLB 未命中時，處理器的 MMU 中的頁表查詢過程如下。

（1）處理器根據虛擬位址判斷使用 TTBR0 還是 TTBR1。TTBR 中存放著一級頁表的基底位址。

（2）處理器以虛擬位址的 Bit[31:20] 作為索引，在一級頁表中找到頁表項，一級頁表一共有 4096 個頁表項。

（3）一級頁表的頁表項中存放二級頁表的物理基底位址。處理器使用虛擬位址的 Bit[19:12] 作為索引值，在二級頁表中找到對應的頁表項，二級頁表有 256 個頁表項。二級頁表的頁表項裡存放了 4 KB 頁面的物理基底位址。這樣，處理器就完成了頁表的查詢和翻譯工作。

圖 14.6 展示了 4 KB 映射的一級頁表的頁表項，Bit[31:10] 指向二級頁表的物理基底位址。

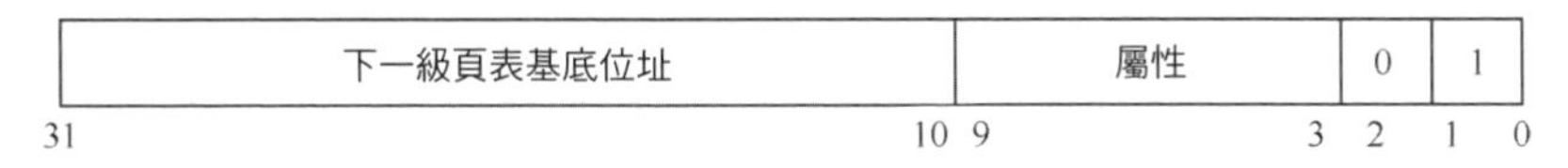

▲圖 14.6 4 KB 映射的一級頁表的頁表項

圖 14.7 展示了 4 KB 映射的二級頁表的頁表項，Bit[31:12] 指向 4 KB 大小頁面的物理基底位址。

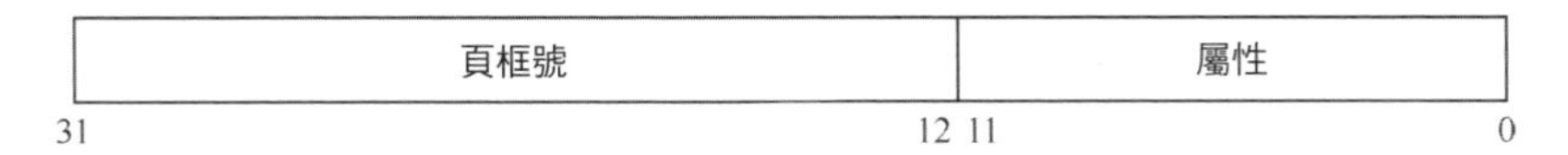

▲圖 14.7 4 KB 映射的二級頁表的頁表項

對於 ARM64 處理器來說，通常會使用 3 級或者 4 級頁表，但是原理和 2 級頁表是一樣的。

14.2 ARM64 記憶體管理

如圖 14.8 所示，ARM64 處理器核心的 MMU 包括 TLB 和頁表遍歷單元（Table Walk Unit，TWU）兩個部件。TLB 是一個快取記憶體，用於快取頁表轉換的結果，從而縮短頁表查詢的時間。一個完整的頁表翻譯和查詢的過程叫作頁表查詢，頁表查詢的過程由硬體自動完成，但是頁表的維護需要軟體來完成。頁表查詢是一個較耗時的過程。理想的狀態下，TLB 裡應有頁表的相關資訊。當 TLB 未命中時，MMU 才會查詢頁表，從而得到翻譯後的物理位址。頁表通常儲存在記憶體中。得到物理位址之後，首先需要查詢該物理位址的內容是否在快取記憶體中有最新的副本。如果沒有，則說明快取記憶體未命中，需要存取記憶體。MMU 的工作職責就是把輸入的虛擬位址翻譯成對應的物理位址以及對應的頁表屬性和記憶體存取權限等資訊。另外，如果位址存取失敗，那麼會觸發一個與 MMU 相關的缺頁異常。

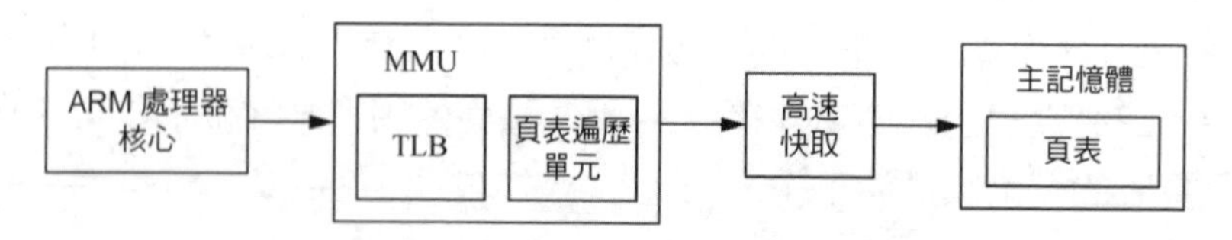

▲圖 14.8　ARM 處理器的記憶體管理系統結構

對於多工作業系統，每個處理程序都擁有獨立的處理程序位址空間。這些處理程序位址空間在虛擬位址空間內是相互隔離的，但是在物理位址空間可能映射同一個物理頁面。這些處理程序位址空間是如何映射到物理位址空間的呢？這就需要處理器的 MMU 提供頁表映射和管理的功能。圖 14.9 所示為處理程序位址空間和物理位址空間的映射關係，左邊是處理程序位址空間視圖，右邊是物理位址空間視圖。處理程序位址空間又分成核心空間（kernel space）和使用者空間（user space）。無論是核心空間還是使用者空間都可以透過處理器提供的頁表機制映射到實際的物理位址。

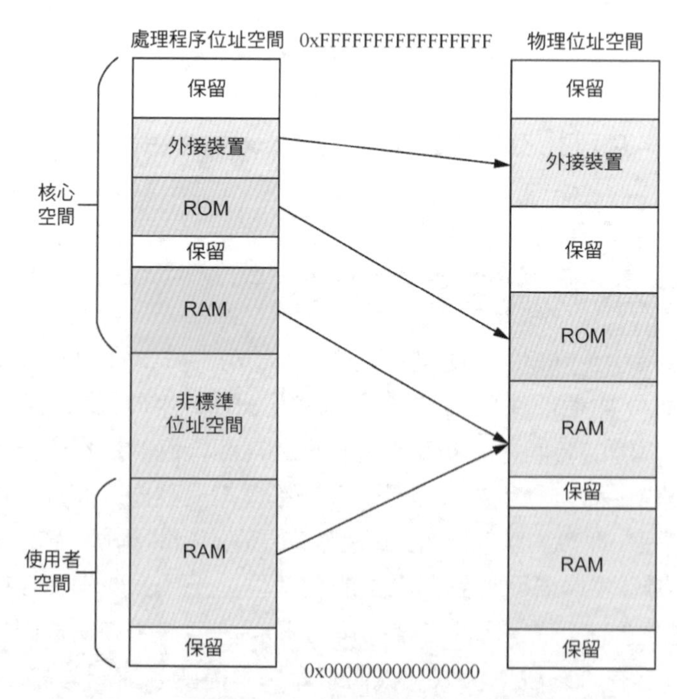

▲圖 14.9　處理程序位址空間和物理位址空間的映射關係

在 SMP（Symmetric Multi-Processor，對稱多處理器）系統中，每個處理器核心內建了 MMU 和 TLB 硬體單元。如圖 14.10 所示，CPU0 和 CPU1 共用實體記憶體，而頁表儲存在實體記憶體中。CPU0 和 CPU1 中的 MMU 與 TLB 硬體單元也共用同一份頁表。當一個 CPU 修改了頁表項時，我們需要使用 BBM（Break-Before-Make）機制來保證其他 CPU 能存取正確和有效的 TLB。

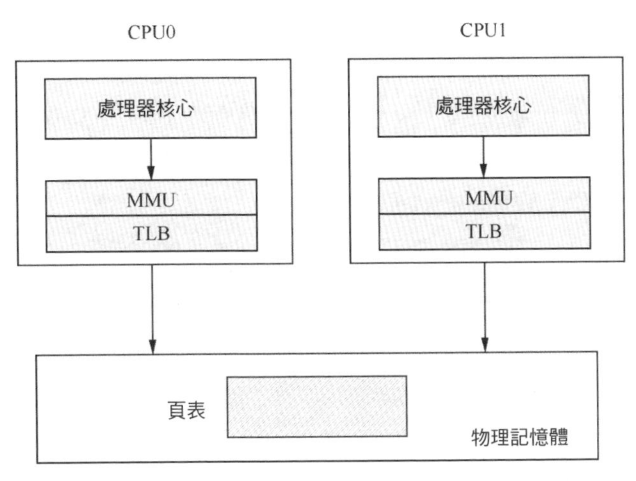

▲圖 14.10 SMP 系統與 MMU

14.2.1 頁表

AArch64 執行狀態的 MMU 支援單一階段的頁表轉換，也支援虛擬化擴充中兩階段的頁表轉換。

單一階段的頁表轉換指把虛擬位址（VA）翻譯成物理位址（PA）。

兩階段的頁表轉換包括兩個階段。在階段 1，把虛擬位址翻譯成中間物理位址（Intermediate Physical Address，IPA）；在階段 2，把 IPA 翻譯成最終 PA。

另外，ARMv8 系統結構支援多種頁表格式，具體如下。

- ARMv8 系統結構的長描述符號轉換頁表格式（Long Descriptor Translation Table Format）。
- ARMv7 系統結構的長描述符號轉換頁表格式，需要打開大實體位址擴充（Large Physical Address Extention，LPAE）。
- ARMv7 系統結構的短描述符號轉換頁表格式（Short Descriptor Translation Table Format）。

當使用 AArch32 執行狀態的處理器時，使用 ARMv7 系統結構的短描述符號頁表格式或長描述符號頁表格式來執行 32 位元的應用程式；當使用 AArch64 處理器時，使用 ARMv8 系統結構的長描述符號頁表格式來執行 64 位元的應用程式。

另外，ARMv8 系統結構還支援 4 KB、16 KB 或 64 KB 這 3 種頁面細微性。

14.2.2 頁表映射

在 AArch64 系統結構中，以 48 位元位址匯流排位元寬為例，VA 被劃分為兩個空間，每個空間最多支援 256 TB。

- 低位元的虛擬位址空間位於 0x0000000000000000 到 0x0000FFFFFFFFFFFF。如果虛擬位址的最高位元等於 0，就使用這個虛擬位址空間，並且使用 TTBR0_EL*x* 來存放頁表的基底位址。
- 高位元的虛擬位址空間位於 0xFFFF000000000000 到 0xFFFFFFFFFFFFFFFF。如果虛擬位址的最高位元等於 1，就使用這個虛擬位址空間，並且使用 TTBR1_EL*x* 來存放頁表的基底位址。

AArch64 系統結構中的頁表支援如下特性。

- 最多可以支援 4 級頁表。
- 輸入位址的最大有效位元寬為 48 位元。
- 輸出位址的最大有效位元寬為 48 位元。
- 翻譯的頁面細微性可以是 4 KB、16 KB 或 64 KB。

圖 14.11 是一個三級映射的示意圖，TTBR 指向第一級頁表的基底位址。在第一級頁表中有許多頁表項，頁表項通常分成頁表類型頁表項和區塊類型頁表項。頁表類型頁表項包含了下一級頁表基底位址，用來指向下一級頁表，而區塊類型頁表項包含了大區塊實體記憶體的基底位址，例如 1 GB、2 MB 等大區塊實體記憶體。最後一級頁表由頁表項組成，每個頁表項指向一個物理頁面，物理頁面大小可以是 4 KB、16 KB 或者 64 KB。

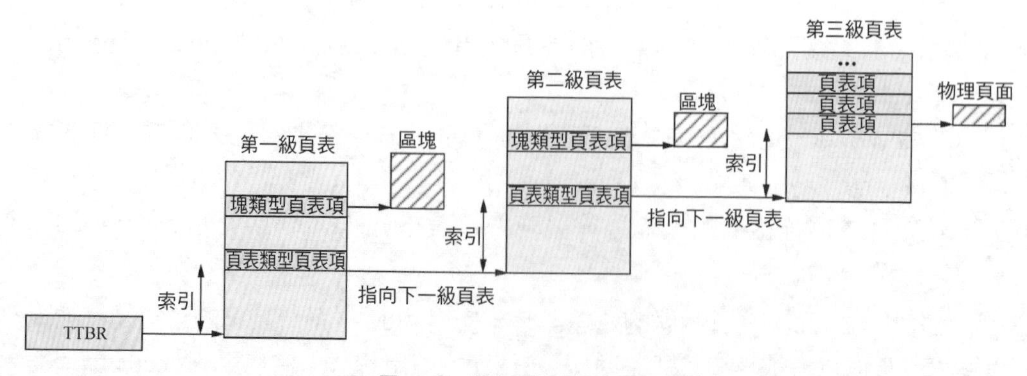

▲圖 14.11 頁表三級映射的示意圖

在 AArch64 執行狀態中，根據物理頁面大小以及匯流排位址寬度，頁表級數也會不同。以 4 KB 大小物理頁面以及 48 位元位址寬度為例，頁表映射的查詢過程如圖 14.12 所示。

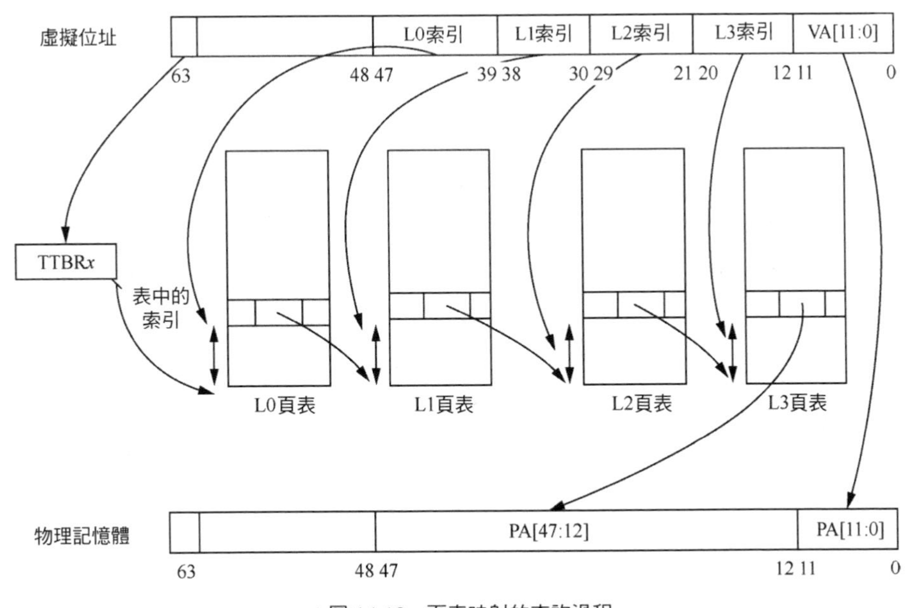

▲圖 14.12　頁表映射的查詢過程

當 TLB 未命中時，處理器查詢頁表的過程如下。

（1）處理器根據虛擬位址來判斷使用 TTBR0 還是 TTBR1。當虛擬位址第 63 位元（簡稱 VA[63]）為 1 時，選擇 TTBR1；當 VA[63] 為 0 時，選擇 TTBR0。TTBR 中存放著 L0 頁表的基底位址。

（2）處理器以 VA[47:39] 作為 L0 索引，在 L0 頁表中找到頁表項，L0 頁表有 512 個頁表項。

（3）L0 頁表的頁表項中存放著 L1 頁表的物理基底位址。處理器以 VA[38:30] 作為 L1 索引，在 L1 頁表中找到對應的頁表項，L1 頁表有 512 個頁表項。

（4）L1 頁表的頁表項中存放著 L2 頁表的物理基底位址。處理器以 VA[29:21] 作為 L2 索引，在 L2 頁表中找到對應的頁表項，L2 頁表有 512 個頁表項。

（5）L2 頁表的頁表項中存放著 L3 頁表的物理基底位址。處理器以 VA[20:12] 作為 L3 索引，在 L3 頁表中找到對應的頁表項，L3 頁表有 512 個頁表項。

（6）L3 頁表的頁表項裡存放著 4 KB 頁面的物理基底位址，然後加上 VA[11:0]，就組成了新的物理位址，因此處理器就完成了頁表的查詢和翻譯工作。

14.2.3 頁面細微性

AArch64 執行狀態的系統結構的頁面大小支援 4 KB、16 KB 以及 64 KB 三種情況。

1．4 KB 頁面

當使用 4 KB 頁面細微性時，處理器支援 4 級頁表以及 48 位元的位址匯流排，即 48 位元有效的虛擬位址。每一級頁表使用虛擬位址中的 9 位元作為索引，所以每一級頁表一共有 512 個頁表項，如圖 14.13 所示。

▲圖 14.13 4 KB 頁面細微性索引情況

L0 頁表使用 VA[39:47] 作為索引，每一個頁表項指向下一級頁表（即 L1 頁表）的基底位址。

L1 頁表使用 VA[38:30] 作為索引，每個頁表項指向 L2 頁表的基底位址，每個 L1 頁表項的管轄範圍的大小是 1 GB，另外，它也可以指向 1 GB 的區塊映射。

L2 頁表使用 VA[29:21] 作為索引，每個頁表項執行 L3 頁表的基底位址，每個 L2 頁表項的管轄範圍的大小為 2 MB，它也能指向 2 MB 的區塊映射。

L3 頁表項指向 4 KB 頁面。

2．16 KB 頁面

當使用 16 KB 頁面細微性時，處理器支援 4 級頁表以及 48 位元的位址匯流排，即 48 位元有效的虛擬位址。每一級頁表使用虛擬位址中不的位元作為索引，如圖 14.14 所示。

47	46 — 36	35 — 25	24 — 14	13 — 0
L0頁表索引	L1頁表索引	L2頁表索引	L3頁表索引	頁面偏移量

▲圖 14.14 16 KB 頁面細微性索引情況

L0 頁表使用 VA[47] 作為索引，只能索引兩個 L1 頁表，每個頁表項指向 L1 頁表。

L1 頁表使用 VA[46:36] 作為索引，可以索引 2048 個頁表項，每個頁表項指向 L2 頁表的基底位址。

L2 頁表使用 VA[35:25] 作為索引，可以索引 2048 個頁表項，每個頁表項指向 L3 頁表的基底位址，每個 L2 頁表項的映射範圍大小為 32 MB。另外，它也可以指向 32 MB 大小的區塊映射。

L3 頁表項指向 16 KB 頁面。

3．64 KB 頁面

當使用 64 KB 頁面細微性時，處理器支援 3 級頁表以及 48 位元的位址匯流排，即 48 位元有效的虛擬位址，如圖 14.15 所示。

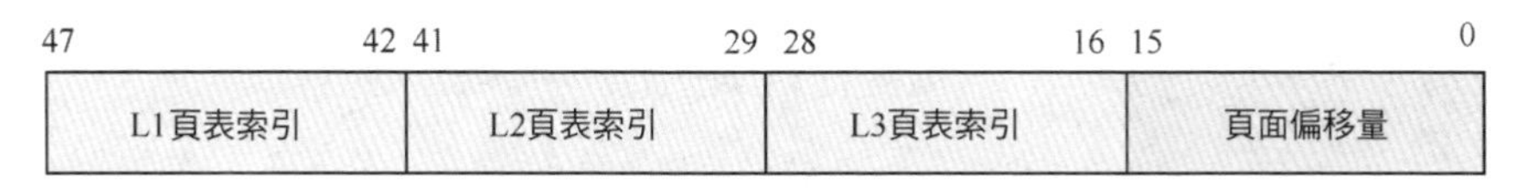

▲圖 14.15 64 KB 頁面細微性索引情況

L1 頁表使用 VA[47:42] 作為索引，只能索引 64 個 L2 頁表，每個頁表項指向 L2 頁表的基底位址。

L2 頁表使用 VA[41:29] 作為索引，每個頁表項指向 L3 頁表的基底位址。另外，每個頁表項也可以直接指向 512 MB 的區塊映射。

L3 頁表使用 VA[28:16] 作為索引，每個頁表項指向 64 KB 頁面。

14.2.4 兩套頁表

與 x86_64 系統結構的一套頁表設計不同，AArch64 執行狀態的系統結構採用分離的兩套頁表設計。如圖 14.16 所示，整個虛擬位址空間分成 3 部分，下面是使用者空間，中間是非標準區域，上面是核心空間。當 CPU 要存取使用者空間的位址時，MMU 會自動選擇 TTBR0 指向的頁表。當 CPU 要存取核心空間的時候，MMU 會自動選擇 TTBR1 這個暫存器指向的頁表，這是硬體自動做的。

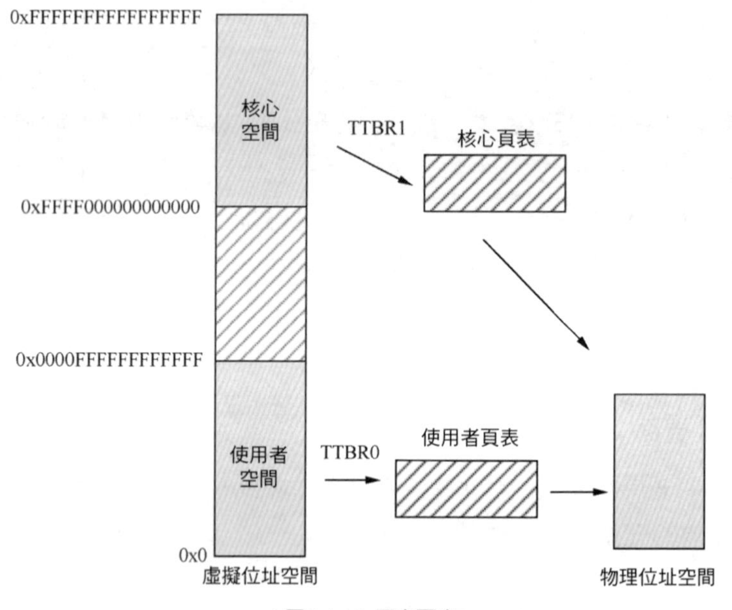

▲圖 14.16 兩套頁表

- 當 CPU 存取核心空間位址（即虛擬位址的高 16 位元為 1）時，MMU 自動選擇 TTBR1_EL1 指向的頁表。
- 當 CPU 存取使用者空間位址（即虛擬位址的高 16 位元為 0）時，MMU 自動選擇 TTBR0_EL0 指向的頁表。

14.2.5 頁表項描述符號

在 AArch64 執行狀態的系統結構中，頁表分成 4 級，每一級頁表都有頁表項，我們把它們稱為頁表項描述符號，每個頁表項描述符號占 8 位元組。這些頁表項描述符號的格式和內容是否都一樣？其實不完全一樣。

1．L0 ～ L2 頁表項描述符號

AArch64 狀態的系統結構中 L0～L3 頁表項描述符號的格式不完全一樣。其中，L0 ～ L2 頁表項描述符號的內容比較類似，如圖 14.17 所示。

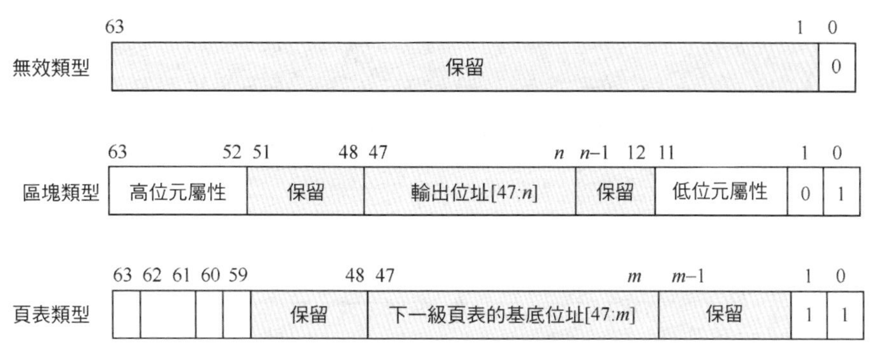

▲圖 14.17 L0～L2 頁表項描述符號

L0～L2 頁表項根據內容可以分成 3 類：一是無效的頁表項；二是區塊（block）類型的頁表項；三是頁表（table）類型的頁表項。

當頁表項描述符號的 Bit[0] 為 1 時，表示有效的描述符號；當 Bit[0] 為 0 時，表示無效的描述符號。

頁表項描述符號的 Bit[1] 用來表示類型。當 Bit[1] 為 1 時，表示該描述符號包含了指向下一級頁表的基底位址，是一個頁表類型的頁表項。當 Bit[1] 為 0 時，表示一個大區塊（memory block）的頁表項，其中包含了最終的物理位址。大區塊通常用來描述大的、連續的實體記憶體，如 2 MB 或者 1 GB 大小的實體記憶體。

在區塊類型的頁表項中，Bit[47:*n*] 表示最終輸出的物理位址。

若頁面細微性是 4 KB，在 L1 頁表項描述符號中，*n* 為 30，表示 1 GB 大小的連續實體記憶體。在 L2 頁表項描述符號中，*n* 為 21，用來表示 2 MB 大小的連續實體記憶體。

若頁面細微性為 16 KB，在 L2 頁表項描述符號中，*n* 為 25，用來表示 32 MB 大小的連續實體記憶體。

在區塊類型的頁表項中，Bit[11:2] 是低位元屬性（lower attribute），Bit[63:52] 是高位元屬性（upper attribute）。

在頁表類型的頁表項描述符號中，Bit[47:*m*] 用來指向下一級頁表的基底位址。

- 當頁面細微性為 4 KB 時，*m* 為 12。
- 當頁面細微性為 16 KB 時，*m* 為 14。
- 當頁面細微性為 64 KB 時，*m* 為 16。

2．L3 頁表項描述符號

如圖 14.18 所示，L3 頁表項描述符號包含 5 種頁表項，分別是無效的頁表項、保留的頁表項、4 KB 細微性的頁表項、16 KB 細微性的頁表項、64 KB 細微性的頁表項。

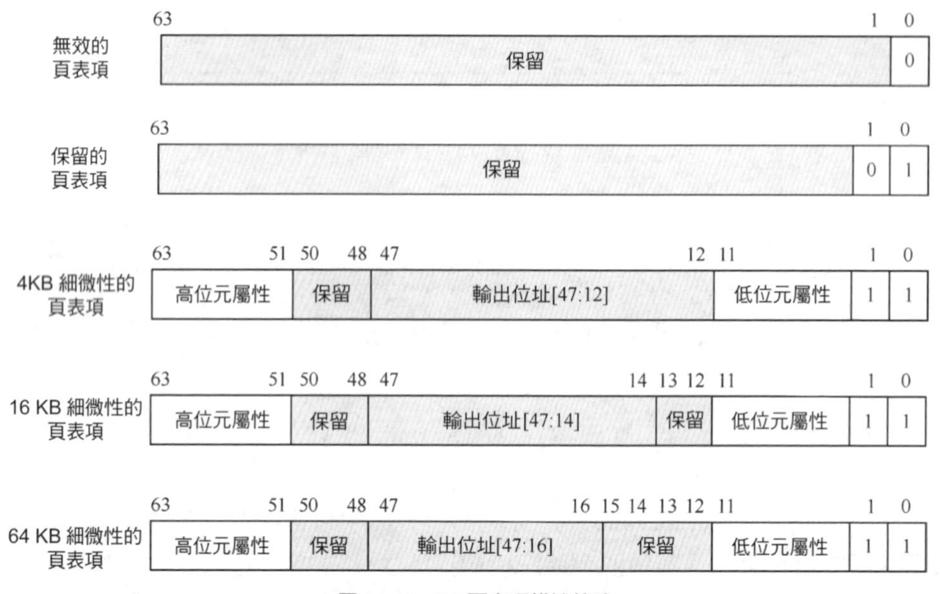

▲圖 14.18 L3 頁表項描述符號

L3 頁表項描述符號的格式如下。

- 當頁表項描述符號的 Bit[0] 為 1 時，表示有效的描述符號；當為 0 時，表示無效的描述符號。
- 當頁表項描述符號的 Bit[1] 為 0 時，表示保留頁表項；當為 1 時，表示頁表類型的頁表項。
- 頁表描述符號的 Bit[11:2] 是低位元屬性，Bit[63:51] 是高位元屬性，如圖 14.19 所示。
- 頁表描述符號中間的位元域包含了輸出位址（output address），也就是最終物理頁面的高位址段。
  - 當頁面細微性為 4 KB 時，輸出位址對應 Bit[47:12]。
  - 當頁面細微性為 16 KB 時，輸出位址對應 Bit[47:14]。
  - 當頁面細微性為 64 KB 時，輸出位址對應 Bit[47:16]。

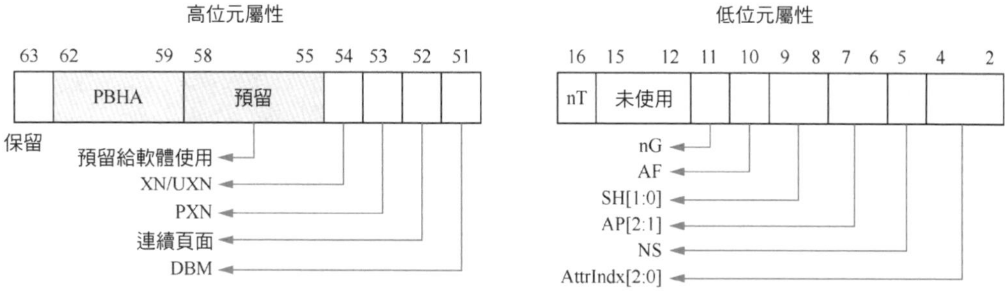

▲圖 14.19　L3 頁表項描述符號中的頁面屬性

L3 頁表項描述符號包含了低位元屬性和高位元屬性。這些屬性對應的位元和描述如表 14.1 所示。

表 14.1　頁面屬性對應的位元和描述

名　稱	位元	描　述
AttrIndx[2:0]	Bit[4:2]	MAIR_EL*n* 暫存器用來表示記憶體的屬性，如裝置記憶體（device memory）、普通記憶體等。對於軟體可以設定 8 個不同的記憶體屬性。常見的記憶體屬性有 DEVICE_nGnRnE、DEVICE_ nGnRE、DEVICE_GRE、NORMAL_NC、NORMAL、NORMAL_WT。 AttrIndx 用來索引不同的記憶體屬性
NS	Bit[5]	非安全（non-secure）位元。當處於安全模式時用於指定存取的記憶體位址是安全映射的還是非安全映射的
AP[2:1]	Bit[7:6]	資料存取權限位元。 AP[1] 表示該記憶體允許透過使用者許可權（EL0）和更高許可權的異常等級（EL1）來存取。在 Linux 核心中使用 PTE_USER 巨集來表示可以在使用者態存取該頁面。 ❑ 1：表示可以透過 EL0 以及更高許可權的異常等級存取。 ❑ 0：表示不能透過 EL0 存取，但是可以透過 EL1 存取。 AP[2] 表示唯讀許可權和可讀、可寫許可權。在 Linux 核心中使用 PTE_RDONLY 巨集來表示該位元。 ❑ 1：表示唯讀。 ❑ 0：表示可讀、可寫
SH[1:0]	Bit[9:8]	記憶體共用屬性。在 Linux 核心中使用 PTE_SHARED 巨集來表示該位元。 ❑ 00：沒有共用。 ❑ 00：保留。 ❑ 10：外部可共用。 ❑ 11：內部可共用
AF	Bit[10]	存取位元。Linux 核心使用 PTE_AF 巨集來表示該位元。當第一次存取頁面時硬體會自動設定這個存取位
nG	Bit[11]	非全域位元。Linux 核心使用 PTE_NG 巨集來表示該位元。該位元用於 TLB 管理。TLB 的頁表項分成全域的和處理程序特有的。當設定該位元時表示這個頁面對應的 TLB 頁表項是處理程序特有的
nT	Bit[16]	塊類型的頁表項

DBM	Bit[51]	污染位元。Linux 核心使用 PTE_DBM 巨集來表示該位元。該位元表示頁面被修改過
連續頁面	Bit[52]	表示當前頁表項處在一個連續物理頁面集合中，可使用單一 TLB 頁表項進行最佳化。Linux 核心使用 PTE_CONT 巨集來表示該位元
PXN	Bit[53]	表示該頁面在特權模式下不能執行。Linux 核心使用 PTE_PXN 巨集來表示該位元
XN/UXN	Bit[54]	XN 表示該頁面在任何模式下都不能執行。UXN 表示該頁面在使用者模式下不能執行。Linux 核心使用 PTE_UXN 巨集來表示該位元
預留	Bit[58:55]	預留給軟體使用，軟體可以利用這些預留的位元來實現某些特殊功能，例如，Linux 核心使用這些位元實現了 PTE_DIRTY、PTE_SPECIAL 以及 PTE_PROT_NONE
PBHA	Bit[62:59]	與頁面相關的硬體屬性

14.2.6 頁表屬性

本節介紹頁表項中常見的屬性。

1．共用性與快取性

快取性（cacheability）指的是頁面是否啟動了快取記憶體以及快取記憶體的範圍。通常只有普通記憶體可以啟動快取記憶體，透過頁表項 AttrIndx[2:0] 來設定頁面的記憶體屬性。另外，還能指定快取記憶體是內部共用屬性還是外部共用屬性。通常處理器核心整合的快取記憶體屬於內部共用的快取記憶體，而透過系統匯流排整合的快取記憶體屬於外部共用的快取記憶體。

共用性指的是在多核心處理器系統中某一個記憶體區域的快取記憶體可以被哪些觀察者觀察到。沒有共用性指的是只有本機 CPU 能觀察到，內部共用性只能被具有內部共用屬性的快取記憶體的 CPU 觀察到，外部共用性通常能被外部共用的觀察者（例如系統中所有的 CPU、GPU 以及 DMA 等主介面控制器）觀察到。

頁表項屬性中使用 SH[1:0] 欄位來表示頁面的共用性與快取性，如表 14.2 所示。

表 14.2　共用性與快取性

SH[1:0] 欄位	說　明
00	沒有共用性
01	保留
10	外部共用
11	內部共用

對於啟動了快取記憶體的普通記憶體，我們可以透過 SH[1:0] 欄位來設定共用

屬性。但是，對於裝置記憶體和關閉快取記憶體的普通記憶體，處理器會把它們當成外部共用屬性來看待，儘管頁表項中為 SH[1:0] 欄位設定了共用屬性（SH[1:0] 欄位不起作用）。

2．存取權限

頁表項屬性透過 AP 欄位來控制 CPU 對頁面的存取，例如，指定頁面是否具有可讀、可寫許可權，不同的異常等級對這個頁面的存取權限等。AP 欄位有兩位元。

AP[1] 用來控制不同異常等級下 CPU 的存取權限。若 AP[1] 為 1，表示在非特權模式下可以存取；若 AP[1] 為 0，表示在非特權模式下不能存取。

AP[2] 用來控制是否具有可讀、可寫許可權。若 AP[2] 為 1，表示唯讀許可權；若 AP[2] 為 0，表示可讀、可寫許可權。

AP[2] 與 AP[1] 可以組合在一起來使用，對應的存取權限如表 14.3 所示。

表 14.3　AP[2] 與 AP[1] 組合使用表示的存取權限

AP[2:1] 欄位	非特權模式（EL0）	特權模式（EL1、EL2 以及 EL3）
00	不可讀 / 不可寫	可讀 / 可寫
01	可讀 / 可寫	可讀 / 可寫
10	不可讀 / 不可寫	唯讀
11	唯讀	唯讀

從表 14.3 可知，當 AP[1] 為 1 時表示非特權模式和特權模式具有相同的存取權限，這樣的設計會導致一個問題：特權模式下的核心態可以任意存取使用者態的記憶體。攻擊者可以在核心態任意存取使用者態的惡意程式碼。為了修復這個漏洞，在 ARMv8.1 架構裡新增了 PAN（特權禁止存取）特性，在 PSTATE 暫存器中新增一位元來表示 PAN。核心態存取使用者態記憶體時會觸發一個存取權限異常，從而限制在核心態惡意存取使用者態記憶體。

3．執行許可權

頁表項屬性透過 PXN 欄位以及 XN/UXN 欄位來設定 CPU 是否對這個頁面具有執行許可權。

當系統中使用兩套頁表時，UXN（Unprivileged eXecute-Never）用來設定非特權模式下的頁表（通常指的是使用者空間頁表）是否具有可執行許可權。若 UXN 為 1，表示不具有可執行許可權；若為 0，表示具有可執行許可權。當系統只使用一套頁表時，使用 XN（eXecute-Never）欄位。

當系統中使用兩套頁表時，PXN（Privileged eXecute-Never）用來設定特權模式下的頁表（通常指的是核心空間頁表）是否具有可執行許可權。若 PXN 為 1，表示不具有可執行許可權；若為 0，表示具有可執行許可權。

除此之外，為了提高系統的安全性，SCTRL_EL*x* 暫存器中還用 WXN 欄位來全域地控制執行許可權。當 WXN 欄位為 1 時，在 EL0 裡具有可寫許可權的記憶體區域不可執行，包括特權模式（EL1）和非特權模式（EL0）；在 EL1 裡具有可寫許可權的記憶體區域相當於設定 PXN 為 1，即在特權模式下不可執行。

存取權限（AP）、執行許可權（UXN/PXN 以及 WXN）可以結合起來使用，如表 14.4 所示。

表 14.4　組合使用存取權限與執行許可權[123]

UXN	PXN	AP[2:1]	WXN	特權模式	非特權模式
0	0	00	0	可讀、可寫、可執行	可執行
		00	1	可讀、可寫、不可執行[1]	可執行
		01	0	可讀、可寫、不可執行[2]	可讀、可寫、可執行
		01	1	可讀、可寫、不可執行	可讀、可寫、不可執行
		10	×[3]	可讀、可執行	可執行
		11	×	可讀、可執行	可讀、可執行
0	1	00	×	可讀、可寫、不可執行	可執行
		01	0	可讀、可寫、不可執行	可讀、可寫、可執行
		01	1	可讀、可寫、不可執行	可讀、可寫、不可執行
		10	×	唯讀、不可執行	可執行
		11	×	唯讀、不可執行	唯讀、可執行
1	0	00	0	可讀、可寫、可執行	不可執行
		00	1	可讀、可寫、不可執行	不可執行
		01	×	可讀、可寫、不可執行	可讀、可寫、不可執行
		10	×	唯讀、可執行	不可執行
		11	×	唯讀、可執行	唯讀、不可執行

1　當 WXN 為 1 時，可寫的記憶體區域會在特權模式下變成不可執行的。

2　當 WXN 為 1 時，可寫的記憶體區域會在非特權模式下變成不可執行的。

3　× 表示設定為 0 或者 1 不影響結果。

UXN	PXN	AP[2:1]	WXN	特權模式	非特權模式
1	1	00	×	可讀、可寫、不可執行	不可執行
		01	×	可讀、可寫、不可執行	可讀、可寫、不可執行
		10	×	唯讀，不可執行	不可執行
		11	×	唯讀，不可執行	唯讀，不可執行

4．存取標識位元

頁表項屬性中有一個存取欄位 AF（Access Flag），用來指示頁面是否被存取過。

- ❑ AF 為 1 表示頁面已經被 CPU 存取過。
- ❑ AF 為 0 表示頁面還沒有被 CPU 存取過。

在 ARMv8.0 系統結構裡需要軟體來維護存取位元。當 CPU 嘗試第一次存取頁面時會觸發存取標識位元異常（access flag fault），然後軟體就可以設定存取標識位元為 1。

作業系統使用存取標識位元有如下好處。

- ❑ 用來判斷某個已經分配的頁面是否被作業系統存取過。如果存取標識位元為 0，説明這個頁面沒有被處理器存取過。
- ❑ 用於作業系統中的頁面回收機制。

5．全域和處理程序特有 TLB

頁表項屬性中有一個 nG 欄位（non-Global）用來設定對應 TLB 的類型。TLB 的記錄分成全域的和處理程序特有的。當設定 nG 為 1 時，表示這個頁面對應的 TLB 記錄是處理程序特有的；當為 0 時，表示這個 TLB 記錄是全域的。

14.2.7 連續區塊記錄

AArch64 狀態的系統結構在頁表設計方面考慮了 TLB 的最佳化，即利用一個 TLB 記錄來完成多個連續的虛擬位址到物理位址的映射。這個就是 PTE 中的連續區塊頁表項位元。

使用連續區塊頁表項位元的條件如下。

- ❑ 頁面對應的虛擬位址必須是連續的。
- ❑ 對於 4 KB 的頁面，有 16 個連續的頁面。
- ❑ 對於 16 KB 的頁面，有 32 個或者 128 個連續的頁面。

- 對於 64 KB 的頁面，有 32 個連續的頁面。
- 連續的頁面必須有相同的記憶體屬性。
- 起始位址必須以頁面對齊。

14.3 硬體管理存取位元和污染位元

在 ARMv8.1 系統結構裡新增了 TTHM 的特性，它支援由硬體來管理存取位元（Access Flag，AF）和污染狀態（dirty state）。

14.3.1 存取位元的硬體管理機制

當頁表轉換控制暫存器（Translation Control Register，TCR）——TCR_EL1 中的 HA 欄位設定為 1 時，表明啟動硬體的自動更新存取標識位元（AF）。當處理器存取記憶體位址時，處理器會自動設定 AF 存取位元；在沒有支援硬體更新存取位元時，透過產生一個存取位元的缺頁異常來進行軟體模擬。存取位元的硬體管理如表 14.5 所示。

表 14.5 存取位元的硬體管理

TCR_ELx.HA（用於啟動硬體存取位元管理）	AF	說明
0	0	觸發存取位元缺頁異常，透過軟體來設定 AF
0	1	表明該頁面已經被存取過
1	0	CPU 第一次存取該頁面，硬體會自動設定 AF=1
1	1	表明該頁面已經被存取過

14.3.2 污染位元的硬體管理機制

當 TCR_EL1 中的 HD 欄位設定為 1 時，表明啟動硬體的污染位元管理，即設定頁表項屬性中的 DBM 欄位。當處理器寫入一個唯讀的記憶體位址時，硬體會檢查 PTE 中的 DBM 欄位。若該欄位為 1，那麼處理器會自動修改 AP 欄位，例如清除唯讀標識位元（AP[2] 欄位，Linux 核心裡稱為 PTE_RDONLY），使該頁面具有可寫許可權。在沒有硬體支援之前，需要透過產生一個關於存取權限的缺頁異常來進行軟體模擬並清除這個唯讀標識位元。

當硬體支援上述兩個機制時，硬體會自動地並且原子性地以“讀取 - 修改 - 回寫”的方式來修改頁表項。

通常 AP[2] 欄位和 DBM 欄位聯合使用，如表 14.6 所示。如果啟動了污染位元硬體管理（TCR_ELx.HD 設定為 1），並且頁表項中的 DBM 欄位也為 1，那麼 CPU 向一個唯讀許可權的頁面中寫入內容，它會原子地設定 AP[2] 欄位為可寫屬性，這是硬體自動和原子完成的。

表 14.6 聯合使用 AP[2] 欄位和 DBM 欄位

TCR_ELx.HD（用於啟動污染位元硬體管理）	AP[2]	DBM 欄位	說 明
0	可讀可寫	—	處理器可以直接寫
0	唯讀	—	需要觸發存取權限缺頁異常
1	唯讀	0	需要觸發存取權限缺頁異常
1	可讀可寫	1	處理器可以直接寫
1	唯讀	1	處理器原子地和自動地修改 AP[2]，存取權限變成可讀、可寫

14.4 與位址轉換相關的控制暫存器

與位址轉換相關的控制暫存器主要有如下幾個：

- ❑ 轉換控制暫存器（Translation Control Register，TCR）；
- ❑ 系統控制暫存器（System Control Register，SCTLR）；
- ❑ 轉換頁表基底位址暫存器（Translation Table Base Register，TTBR）。

14.4.1 TCR

TCR 主要包括了與位址轉換相關的控制資訊以及與快取記憶體相關的設定資訊。

TCR 中與位址轉換相關的設定資訊如圖 14.20 所示。

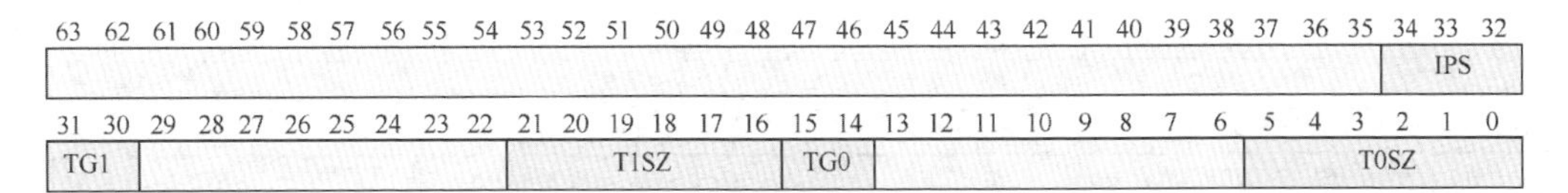

▲圖 14.20 TCR 中與位址轉換相關的設定資訊

IPS 欄位用來設定位址轉換後的輸出物理位址的最大值，如表 14.7 所示。

表 14.7 **IPS 欄位**

IPS 欄位的編碼	輸出位址大小	輸出位址位元寬
000	4 GB	32 位元，PA[31:0]
001	64 GB	36 位元，PA[35:0]
010	1 TB	40 位元，PA[39:0]
011	4 TB	42 位元，PA[41:0]
100	16 TB	44 位元，PA[43:0]
101	256 TB	48 位元，PA[47:0]
110	4 PB	52 位元，PA[51:0]

如果 IPS 欄位定義的輸出位址大於實際實體記憶體位址，那麼 CPU 會使用實際實體記憶體，因為 MMU 輸出位址不能大於實際物理位址。如果頁表裡的輸出位址超過了實體記憶體位址，會觸發位址大小缺頁異常（address size fault）或者頁表轉換缺頁異常（translation fault）。

T*x*SZ 欄位用來設定輸入位址的最大值。當位址轉換支援兩個虛擬位址區域（即使用兩套頁表）時，TCR 暫存器裡有兩個欄位，T0SZ 表示低端虛擬位址區域（lower VA range）的大小，T1SZ 表示高端虛擬位址區域（upper VA range）的大小。如果位址轉換只支援一個虛擬位址區域就直接使用 T0SZ。計算輸入位址最大值的公式為 $2^{64-TxSZ}$ 位元組。

TG0 欄位用來設定 TTBR0 頁表的頁面細微性大小。

- 0b00：表示 4 KB。
- 0b01：表示 16 KB。
- 0b11：表示 64 KB。

TG1 欄位用來設定 TTBR1 頁表的頁面細微性大小。

TCR 中與快取記憶體的設定資訊如圖 14.21 所示。

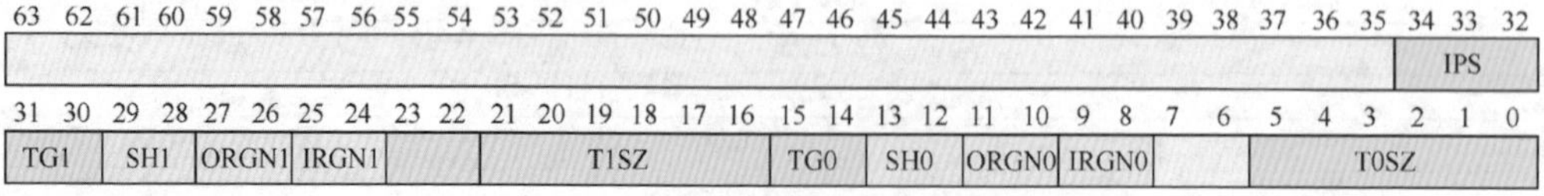

63–35	34–32
	IPS

31–30	29–28	27–26	25–24	23–22	21–16	15–14	13–12	11–10	9–8	7–6	5–0
TG1	SH1	ORGN1	IRGN1		T1SZ	TG0	SH0	ORGN0	IRGN0		T0SZ

▲圖 14.21 與快取記憶體相關的設定資訊

SH*x* 欄位用來設定使用 TTBR*x* 頁表相關記憶體的快取記憶體共用屬性。其中，SH0 欄位描述的物件為 TTBR0，SH1 欄位描述的物件為 TTBR1。

SH*x* 欄位的選項如下。

- ❑ 0b00：表示不共用。
- ❑ 0b10：表示外部共用。
- ❑ 0b11：表示內部共用。

ORGN*x* 欄位用來設定具有外部共用屬性的記憶體。其中，ORGN0 欄位描述這些記憶體是使用 TTBR0 頁表來轉換位址的，ORGN1 欄位描述這些記憶體是使用 TTBR1 頁表來轉換位址的。

ORGN*x* 欄位包括如下選項。

- ❑ 0b00：表示記憶體的屬性為普通記憶體、外部共用且關閉了快取記憶體。
- ❑ 0b01：表示記憶體的屬性為普通記憶體、外部共用，快取記憶體的策略是回寫以及寫入分配 / 讀取分配。
- ❑ 0b10：表示記憶體屬性為普通記憶體、外部共用，快取記憶體的策略是寫入直通以及讀取分配 / 關閉寫入分配。
- ❑ 0b11：表示記憶體屬性為普通記憶體、外部共用，快取記憶體的策略是回寫以及讀取分配 / 關閉寫入分配。

IRGN*x* 欄位用來設定具有內部共用屬性的記憶體，這些記憶體是使用 TTBR*x* 頁表來轉換位址的。其中，IRGN0 欄位描述這些記憶體是使用 TTBR0 頁表來轉換位址的，IRGN1 欄位描述這些記憶體是使用 TTBR1 頁表來轉換位址的。

IRGN*x* 欄位包括如下選項。

- ❑ 0b00：表示記憶體屬性為普通記憶體、內部共用，且關閉了快取記憶體。
- ❑ 0b01：表示記憶體屬性為普通記憶體、內部共用，高速存快取的策略是回寫以及寫入分配 / 讀取分配。
- ❑ 0b10：表示記憶體屬性為普通記憶體、內部共用，高速存快取的策略是寫入直通以及讀取分配 / 關閉寫入分配。
- ❑ 0b11：表示記憶體屬性為普通記憶體、內部共用，高速存快取的策略是回寫以及讀取分配 / 關閉寫入分配。

有讀者對 IRGN*x*/ORGN*x* 欄位與頁表屬性中的 SH 欄位感到疑惑，IRGN*x*/ORGN*x* 欄位用來全域地設定快取記憶體的回寫策略以及讀寫分配策略，而 SH 欄位用來表示具體某個頁面的共用屬性。

14.4.2 SCTLR

SCTLR 是與系統相關的控制暫存器，其中有 3 個欄位與 MMU 位址轉換和快取記憶體相關。

- ❑ M 欄位：用來打開 MMU 位址轉換。若設定 M 欄位為 1，表示要打開 MMU 位址轉換；若設定為 0，表示要關閉 MMU 位址轉換。
- ❑ C 欄位：表示打開和關閉資料快取記憶體。
- ❑ I 欄位：表示打開和關閉指令快取記憶體。

14.4.3 TTBR

TTBR 用來儲存頁表的基底位址。當系統使用兩段虛擬位址區域時，TTBR0_EL1 指向低端虛擬位址區域，TTBR1_EL1 指向高端虛擬位址區域。TTBR0_EL1 和 TTBR1_EL1 的格式如圖 14.22 所示。

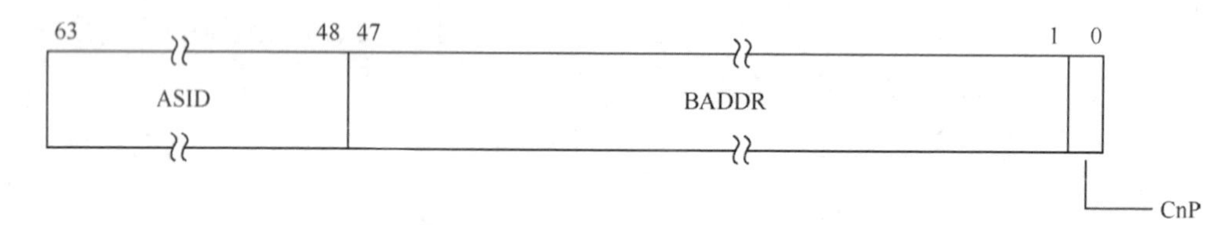

▲圖 14.22 TTBR0_EL1 和 TTBR1_EL1 的格式

其中，ASID 欄位用來儲存硬體 ASID，BADDR 欄位儲存頁表基底位址。

當 ARMv8.2 系統結構中的 TTCNP 特性啟動時才使用 CnP 欄位。這個特性主要用在支援超執行緒技術的處理器（例如 Neoverse-E1 處理器）中。當 CnP 欄位設定為 1 時，超執行緒器核心可以共用相同的 VMID 和 ASID，提高 TLB 的使用效率。

14.5 記憶體屬性

ARMv8 系統結構處理器主要提供兩種類型的記憶體屬性，分別是標準類型記憶體和裝置類型記憶體。

14.5.1 標準類型記憶體

標準類型記憶體實現的是弱一致性的（weakly ordered）記憶體模型，沒有額外的約束，可以提供最高的記憶體存取性能。通常程式碼片段、資料段以及其他資料都會放在普通記憶體中。標準類型記憶體可以讓處理器做很多最佳化，如分支預測、資料預先存取、快取記憶體行預先存取和填充、亂數載入等硬體最佳化。

14.5.2 裝置類型記憶體

處理器存取裝置類型記憶體會有很多限制，如不能進行預測存取等。裝置類型記憶體是嚴格按照指令順序來執行的。通常裝置類型記憶體留給裝置來存取。若系統中所有記憶體都設定為裝置記憶體，就會有很大的副作用。ARMv8 系統結構定義了多種關於裝置記憶體的屬性：

- ❑ Device-nGnRnE；
- ❑ Device-nGnRE；
- ❑ Device-nGRE；
- ❑ Device-GRE。

Device 後的字母是有特殊含義的。

G 和 nG 分別表示聚合（Gathering）與不聚合（non Gathering）。聚合表示在同一個記憶體屬性的區域中允許把多次存取記憶體的操作合併成一次匯流排傳輸。

- ❑ 若一個記憶體位址標記為 “nG”，則會嚴格按照存取記憶體的次數和大小來存取記憶體，不會做合併最佳化。
- ❑ 若一個記憶體位址標記為 “G”，則會做匯流排合併存取，如合併兩個相鄰的位元組存取為一次多位元組存取。若程式存取同一個記憶體位址兩次，則處理器只會存取記憶體一次，但是在第二次存取記憶體指令後傳回相同的值。若這個記憶體區域標記為 “nG”，則處理器會存取記憶體兩次。

R 和 nR 分別表示指令重排（Re-ordering）與不重排（non Re-ordering）。

E 和 nE 分別表示提前寫入應答（Early write acknowledgement）與不提前寫入應答（non Early write acknowledgement）。往外部設備寫入資料時，處理器先把資料寫入寫入緩衝區（write buffer）中，若啟動了提前寫入應答，則資料到達寫入緩衝區時會發送寫入應答；若沒有啟動提前寫入應答，則資料到達外接裝置時才發送寫入應答。

記憶體屬性並沒有存放在頁表項中，而存放在 MAIR_EL*n*（Memory Attribute Indirection Register_ EL*n*）中。頁表項中使用一個 3 位元的索引來查詢 MAIR_EL*n*。

如圖 14.23 所示，MAIR_EL*n* 分成 8 段，每一段都可以用於描述不同的記憶體屬性。

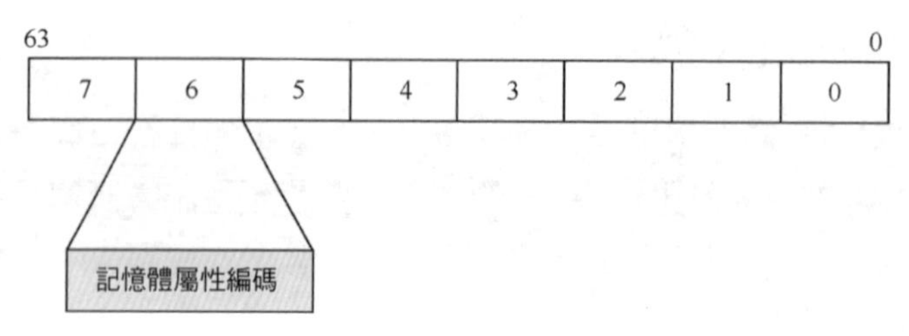

▲圖 14.23 MAIR_EL*n*

在頁表項中使用 AttrIndx[2:0] 欄位作為索引。

不同記憶體屬性在 MAIR 中是如何編碼的呢？ MAIR 用 8 位元來表示一種記憶體屬性，對應編碼如表 14.8 所示。

表 14.8　　MAIR 的記憶體屬性編碼 [4]

Bit[7:4]	Bit[3:0]	說　明
0b0000	0b0000	Device-nGnRnE 記憶體
0b0000	0b0100	Device-nGnRE 記憶體
0b0000	0b1000	Device-nGRE 記憶體
0b0000	0b1100	Device-GRE 記憶體
0b0000	0b0011	未定義
0b0011	0b0011	普通記憶體，寫入直通策略（短暫性）
0b0100	0b0100	普通記憶體，關閉快取記憶體
0b0111	0b0111	普通記憶體，回寫策略（短暫性）
0b1011	0b1011	普通記憶體，寫入直通策略
0b1111	0b1111	普通記憶體，回寫策略

我們以 Linux 核心為例來描述 MAIR 的記憶體屬性編碼如何使用。Linux 核心定義了如下幾種記憶體屬性。

```
<arch/arm64/include/asm/memory.h>

#define MT_DEVICE_nGnRnE    0
#define MT_DEVICE_nGnRE     1
#define MT_DEVICE_GRE       2
#define MT_NORMAL_NC        3
#define MT_NORMAL           4
#define MT_NORMAL_WT        5
```

❑ MT_DEVICE_nGnRnE：裝置記憶體屬性，不支援聚合操作，不支援指令重排，

4　詳細參考《ARM Architecture Reference Manual, for ARMv8-A architecture Profile, v8.6》D13.2.92 節。

不支援提前寫入應答。

- ❑ MT_DEVICE_nGnRE：裝置記憶體屬性，不支援聚合操作，不支援指令重排，支援提前寫入應答。
- ❑ MT_DEVICE_GRE：裝置記憶體屬性，支援聚合操作，支援指令重排，支援提前寫入應答。
- ❑ MT_NORMAL_NC：普通記憶體屬性，關閉快取記憶體，其中 NC 是 Non-Cacheable 的意思。
- ❑ MT_NORMAL：普通記憶體屬性。
- ❑ MT_NORMAL_WT：普通記憶體屬性，快取記憶體的回寫策略為直寫入策略。

系統在通電重置並經過 BIOS 或者 BootLoader 初始化後跳轉到核心的組合語言程式碼。而在組合語言程式碼中會對記憶體屬性進行初始化。

```
<arch/arm64/mm/proc.S>

#define MAIR(attr, mt)    ((attr) << ((mt) * 8))

ENTRY(__cpu_setup)
    ...
    /*
     * 記憶體區域屬性：
     *
     *   n = AttrIndx[2:0]
     *          n   MAIR
     *   DEVICE_nGnRnE  000 00000000
     *   DEVICE_nGnRE   001 00000100
     *   DEVICE_GRE     010 00001100
     *   NORMAL_NC      011 01000100
     *   NORMAL         100 11111111
     *   NORMAL_WT      101 10111011
     */
    ldr  x5, =MAIR(0x00, MT_DEVICE_nGnRnE) | \
             MAIR(0x04, MT_DEVICE_nGnRE) | \
             MAIR(0x0c, MT_DEVICE_GRE) | \
             MAIR(0x44, MT_NORMAL_NC) | \
             MAIR(0xff, MT_NORMAL) | \
             MAIR(0xbb, MT_NORMAL_WT)
    msr  mair_el1, x5
```

ARMv8 系統結構最多可以定義 8 種不同的記憶體屬性，而 Linux 核心只定義了 5 種，例如，索引 0 表示 MT_DEVICE_nGnRnE，根據表 14.8 所示的編碼值，0x0

表示 Device-nGnRnE 記憶體，0x4 表示 Device-nGnRE 記憶體，依此類推。把這些編碼值分別寫入 MAIR 暫存器對應的記憶體屬性域中，在頁表項中使用 AttrIndx[2:0] 作為索引來索引這些記憶體屬性，這在 Linux 核心中定義為 PTE_ATTRINDX() 巨集。

```
<arch/arm64/include/asm/pgtable-hwdef.h>

#define PTE_ATTRINDX(t)       (_AT(pteval_t, (t)) << 2)
```

根據記憶體屬性，頁表項的屬性分成 PROT_DEVICE_nGnRnE、PROT_DEVICE_nGnRE、PROT_NORMAL_NC、PROT_NORMAL_WT 和 PROT_NORMAL。

```
<arch/arm64/include/asm/pgtable-prot.h>

#define PROT_DEVICE_nGnRnE  (PROT_DEFAULT | PTE_PXN | PTE_UXN | PTE_DIRTY | PTE_WRITE | PTE_ATTRINDX(MT_DEVICE_nGnRnE))
#define PROT_DEVICE_nGnRE  (PROT_DEFAULT | PTE_PXN | PTE_UXN | PTE_DIRTY | PTE_WRITE | PTE_ATTRINDX(MT_DEVICE_nGnRE))
#define PROT_NORMAL_NC     (PROT_DEFAULT | PTE_PXN | PTE_UXN | PTE_DIRTY | PTE_WRITE | PTE_ATTRINDX(MT_NORMAL_NC))
#define PROT_NORMAL_WT     (PROT_DEFAULT | PTE_PXN | PTE_UXN | PTE_DIRTY | PTE_WRITE | PTE_ATTRINDX(MT_NORMAL_WT))
#define PROT_NORMAL        (PROT_DEFAULT | PTE_PXN | PTE_UXN | PTE_DIRTY | PTE_WRITE | PTE_ATTRINDX(MT_NORMAL))
```

那究竟不同類型的頁面該採用什麼類型的記憶體屬性呢？之前提到，核心可執行程式碼片段和資料段都應該採用普通記憶體。

```
<arch/arm64/include/asm/pgtable-prot.h>

#define PAGE_KERNEL          __pgprot(PROT_NORMAL)
#define PAGE_KERNEL_RO        __pgprot((PROT_NORMAL & ~PTE_WRITE) | PTE_RDONLY)
#define PAGE_KERNEL_ROX       __pgprot((PROT_NORMAL & ~(PTE_WRITE | PTE_PXN)) | PTE_RDONLY)
#define PAGE_KERNEL_EXEC      __pgprot(PROT_NORMAL & ~PTE_PXN)
#define PAGE_KERNEL_EXEC_CONT   __pgprot((PROT_NORMAL & ~PTE_PXN) | PTE_CONT)
```

- PAGE_KERNEL：核心中的普通記憶體頁面。
- PAGE_KERNEL_RO：核心中唯讀的普通記憶體頁面。
- PAGE_KERNEL_ROX：記憶體中唯讀的可執行的普通頁面。
- PAGE_KERNEL_EXEC：核心中可執行的普通頁面。
- PAGE_KERNEL_EXEC_CONT：核心中可執行的普通頁面，並且是物理連續的多個頁面。

14.6 案例分析：在 BenOS 裡實現恆等映射

恆等映射指的是把虛擬位址映射到同等數值的物理位址上，即虛擬位址（VA）= 物理位址（PA），如圖 14.24 所示。在作業系統實現中，恆等映射是非常實用的技巧。

從 BootLoader/BIOS 跳轉到作業系統（如 Linux 核心）入口時，MMU 是關閉的。關閉了 MMU 意味著不能利用快取記憶體的性能。因此，我們在初始化的某個階段需要把 MMU 打開並且啟動資料快取記憶體，以獲得更高的性能。但是，如何打開 MMU ？我們需要小心，否則會發生意想不到的問題。

在關閉 MMU 的情況下，處理器存取的位址都是物理位址。當 MMU 打開時，處理器存取的位址變成了虛擬位址。

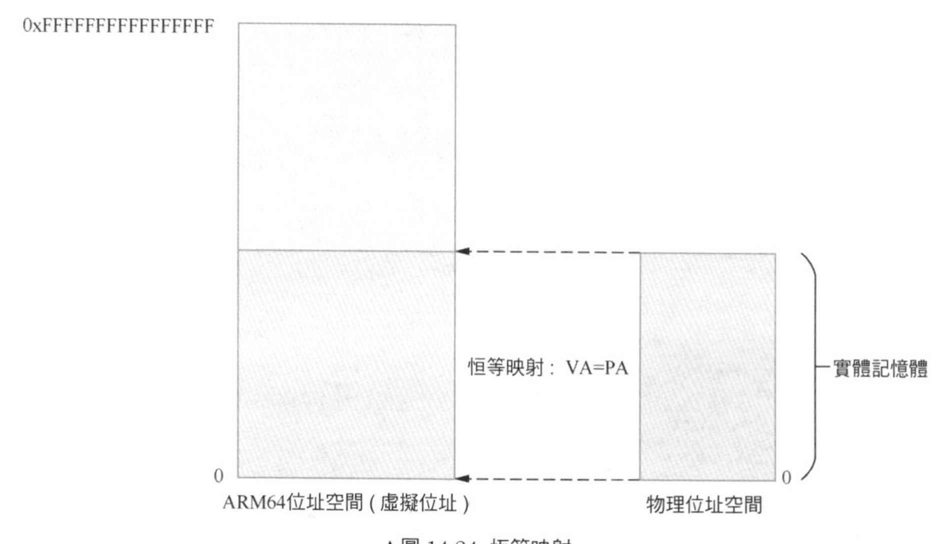

▲圖 14.24 恆等映射

現代處理器大多是多級管線系統結構，處理器會先預先存取多筆指令到管線中。當打開 MMU 時，處理器已經預先存取了多筆指令，並且這些指令是使用物理位址來進行預先存取的。打開 MMU 的指令執行完之後，處理器的 MMU 功能生效，於是之前預先存取的指令會使用虛擬位址來存取，到 MMU 中查詢對應的物理位址。因此，這是為了保證處理器在開啟 MMU 前後可以連續取指令。

在本案例中，我們在樹莓派 4B 和 BenOS 上建立一個恆等映射，把樹莓派 4B 中低 512 MB 記憶體映射到虛擬位址中 0 ～ 512 MB 位址空間裡。我們採用 4 KB

大小的頁面和 48 位元位址寬度來建立這個恆等映射。

14.6.1 頁表定義

我們採用與 Linux 核心類似的頁表定義方式，即採用以下 4 級分頁模型：

- ❑ 頁全域目錄（Page Global Directory，PGD）；
- ❑ 頁上級目錄（Page Upper Directory，PUD）；
- ❑ 頁中間目錄（Page Middle Directory，PMD）；
- ❑ 頁表（Page Table，PT）。

上述 4 級分頁模型分別對應 ARMv8 系統結構中的 L0 ～ L3 頁表。上述 4 級分頁模型在 64 位元虛擬位址中的劃分情況如圖 14.25 所示。

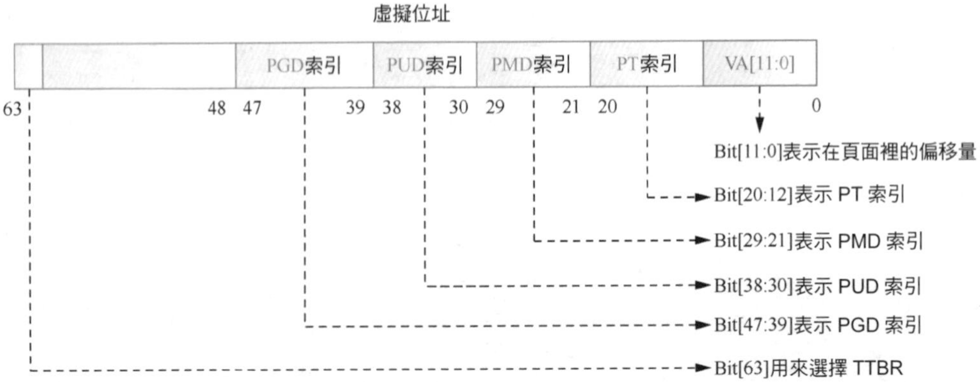

虛擬位址

PGD索引 PUD索引 PMD索引 PT索引 VA[11:0]

63 48 47 39 38 30 29 21 20 0

Bit[11:0]表示在頁面裡的偏移量

Bit[20:12]表示 PT 索引

Bit[29:21]表示 PMD 索引

Bit[38:30]表示 PUD 索引

Bit[47:39]表示 PGD 索引

Bit[63]用來選擇 TTBR

▲圖 14.25　4 級分頁模型在 64 位元虛擬位址中的劃分情況

從圖 14.25 可知，PGD 的偏移量為 39，從中可以計算 PGD 頁表的大小和 PGD 頁表項數量。

```
/* PGD */
#define PGDIR_SHIFT 39
#define PGDIR_SIZE (1UL << PGDIR_SHIFT)
#define PGDIR_MASK (~(PGDIR_SIZE-1))
#define PTRS_PER_PGD (1 << (VA_BITS - PGDIR_SHIFT))
```

- ❑ PGDIR_SHIFT 巨集表示 PGD 頁表在虛擬位址中的起始偏移量。
- ❑ PGDIR_SIZE 巨集表示一個 PGD 頁表項所能映射的區域大小。
- ❑ PGDIR_MASK 巨集用來遮罩虛擬位址中 PUD 索引、PMD 索引以及 PT 索引欄位的所有位元。

- PTRS_PER_PGD 巨集表示 PGD 頁表中頁表項的個數。其中 VA_BITS 表示虛擬位址的位元寬，它在這個案例中預設為 48 位元。

接下來，計算 PUD 頁表的偏移量和大小。

```
/* PUD */
#define PUD_SHIFT 30
#define PUD_SIZE (1UL << PUD_SHIFT)
#define PUD_MASK (~(PUD_SIZE-1))
#define PTRS_PER_PUD (1 << (PGDIR_SHIFT - PUD_SHIFT))
```

- PUD_SHIFT 巨集表示 PUD 頁表在虛擬位址中的起始偏移量。
- PUD_SIZE 巨集表示一個 PUD 頁表項所能映射的區域大小。
- PUD_MASK 巨集用來遮罩虛擬位址中 PMD 索引和 PT 索引欄位的所有位元。
- PTRS_PER_PUD 巨集表示 PUD 頁表中頁表項的個數。

接下來，計算 PMD 頁表的偏移量和大小。

```
/* PMD */
#define PMD_SHIFT 21
#define PMD_SIZE (1UL << PMD_SHIFT)
#define PMD_MASK (~(PMD_SIZE-1))
#define PTRS_PER_PMD (1 << (PUD_SHIFT - PMD_SHIFT))
```

- PMD_SHIFT 巨集表示 PMD 頁表在虛擬位址中的起始偏移量。
- PMD_SIZE 巨集表示一個 PMD 頁表項所能映射的區域大小。
- PMD_MASK 巨集用來遮罩虛擬位址中的 PT 索引欄位的所有位元。
- PTRS_PER_PMD 巨集表示 PMD 頁表中頁表項的個數。

最後，計算頁表的偏移量。由於設定頁面細微性為 4 KB，因此頁表的偏移量是從第 12 位元開始的。

```
/* PTE */
#define PTE_SHIFT 12
#define PTE_SIZE (1UL << PTE_SHIFT)
#define PTE_MASK (~(PTE_SIZE-1))
#define PTRS_PER_PTE (1 << (PMD_SHIFT - PTE_SHIFT))
```

- PTE_SHIFT 巨集表示頁表在虛擬位址中的起始偏移量。
- PTE_SIZE 巨集表示一個 PTE 所能映射的區域大小。
- PTE_MASK 巨集用來遮罩虛擬位址中 PT 索引欄位的所有位元。
- PTRS_PER_PTE 巨集表示頁表中頁表項的個數。

另外，ARMv8 系統結構的頁表還支援 2 MB 大小區塊類型映射，有的書中稱為段（section）映射。

```
#define SECTION_SHIFT PMD_SHIFT
#define SECTION_SIZE(1UL << SECTION_SHIFT)
#define SECTION_MASK(~(SECTION_SIZE-1))
```

- SECTION_SHIFT 巨集表示段映射在虛擬位址中的起始偏移量，它等於 PMD_SHIFT。
- SECTION_SIZE 巨集表示一個段映射的頁表項所能映射的區域大小，通常是 2 MB 大小。
- SECTION_MASK 巨集用來遮罩虛擬位址中 SECTION 索引欄位的所有位元。

PTE 描述符號包含了豐富的屬性，它們的定義如下。

```
#define PTE_TYPE_MASK   (3UL << 0)
#define PTE_TYPE_FAULT  (0UL << 0)
#define PTE_TYPE_PAGE   (3UL << 0)
#define PTE_TABLE_BIT   (1UL << 1)
#define PTE_USER        (1UL << 6)    /* AP[1] */
#define PTE_RDONLY      (1UL << 7)    /* AP[2] */
#define PTE_SHARED      (3UL << 8)    /* SH[1:0] */
#define PTE_AF          (1UL << 10)
#define PTE_NG          (1UL << 11)
#define PTE_DBM         (1UL << 51)
#define PTE_CONT        (1UL << 52)
#define PTE_PXN         (1UL << 53)
#define PTE_UXN         (1UL << 54)
#define PTE_HYP_XN      (1UL << 54)
```

記憶體屬性並沒有存放在頁表項中，而存放在 MAIR_EL*n* 中。頁表項中使用一個 3 位元的索引來查詢 MAIR_EL*n*。在頁表項中使用 AttrIndx[2:0] 欄位作為索引。下面定義 PTE_ATTRINDX 巨集來索引記憶體屬性。

```
/*
 * AttrIndx[2:0] 的編碼
 */
#define PTE_ATTRINDX(t)((t) << 2)
#define PTE_ATTRINDX_MASK(7 << 2)
```

根據記憶體屬性，頁表項的屬性分成 PROT_DEVICE_nGnRnE、PROT_DEVICE_nGnRE、PROT_NORMAL_NC、PROT_NORMAL_WT 和 PROT_NORMAL。

```
#define PROT_DEVICE_nGnRnE(PROT_DEFAULT | PTE_PXN | PTE_UXN | PTE_DIRTY | PTE_WRITE | PTE_
```

```
  PTE_ATTRINDX(MT_DEVICE_nGnRnE))
#define PROT_DEVICE_nGnRE(PROT_DEFAULT | PTE_PXN | PTE_UXN | PTE_DIRTY | PTE_WRITE |
  PTE_ATTRINDX(MT_DEVICE_nGnRE))
#define PROT_NORMAL_NC(PROT_DEFAULT | PTE_PXN | PTE_UXN | PTE_DIRTY | PTE_WRITE |
  PTE_ATTRINDX(MT_NORMAL_NC))
#define PROT_NORMAL_WT(PROT_DEFAULT | PTE_PXN | PTE_UXN | PTE_DIRTY | PTE_WRITE |
  PTE_ATTRINDX(MT_NORMAL_WT))
#define PROT_NORMAL (PROT_DEFAULT | PTE_PXN | PTE_UXN | PTE_DIRTY | PTE_WRITE |
  PTE_ATTRINDX(MT_NORMAL))
```

那究竟不同類型的頁面該採用什麼類型的記憶體屬性呢？例如，作業系統的可執行程式碼片段和資料段都應該採用普通記憶體。

```
#define _PROT_DEFAULT(PTE_TYPE_PAGE | PTE_AF | PTE_SHARED)
#define PROT_DEFAULT (_PROT_DEFAULT)

#define PAGE_KERNEL_RO((PROT_NORMAL & ~PTE_WRITE) | PTE_RDONLY)
#define PAGE_KERNEL_ROX((PROT_NORMAL & ~(PTE_WRITE | PTE_PXN)) | PTE_RDONLY)
#define PAGE_KERNEL_EXEC(PROT_NORMAL & ~PTE_PXN)

#define PAGE_KERNEL PROT_NORMAL
```

- PAGE_KERNEL：作業系統核心中的普通記憶體頁面。
- PAGE_KERNEL_RO：作業系統核心中唯讀的普通記憶體頁面。
- PAGE_KERNEL_ROX：作業系統核心中唯讀的、可執行的普通頁面。
- PAGE_KERNEL_EXEC：作業系統核心中可執行的普通頁面。

14.6.2 頁表資料結構

由於 L0 ～ L3 頁表的頁表項的寬度都是 64 位元，因此我們可以使用 C 語言的 unsigned long long 類型來描述。

```
typedef unsigned long long u64;

typedef u64 pteval_t;
typedef u64 pmdval_t;
typedef u64 pudval_t;
typedef u64 pgdval_t;

typedef struct {
     pteval_t pte;
} pte_t;
#define pte_val(x) ((x).pte)
#define __pte(x) ((pte_t) { (x) })
```

```
typedef struct {
	pmdval_t pmd;
} pmd_t;
#define pmd_val(x) ((x).pmd)
#define __pmd(x) ((pmd_t) { (x) })

typedef struct {
	pudval_t pud;
} pud_t;
#define pud_val(x) ((x).pud)
#define __pud(x) ((pud_t) { (x) })

typedef struct {
	pgdval_t pgd;
} pgd_t;
#define pgd_val(x) ((x).pgd)
#define __pgd(x) ((pgd_t) { (x) })
```

上面的程式中，pte_t 表示一個 PTE，pmd_t 表示一個 PMD 頁表項，pud_t 表示一個 PUD 頁表項，pgd_t 來表示一個 PGD 頁表項。

14.6.3 建立頁表

頁表儲存在記憶體中，頁表的建立是需要軟體來完成的，頁表的遍歷則是 MMU 自動完成的。在打開 MMU 之前，軟體需要手動建立和填充 4 級頁表的相關頁表項。

我們首先在連結指令稿的資料段中預留 4 KB 大小的記憶體空間給 PGD 頁表。

```
SECTIONS
{
	. = 0x80000,
	...
	/*
	 * 資料段
	 */
	_data = .;
	.data : { *(.data) }
	. = ALIGN(4096);
	idmap_pg_dir = .;
	. += 4096;
	_edata = .;
	...
}
```

idmap_pg_dir 指向的位址空間正好是 4 KB 大小，用於 PGD 頁表。接下來，使用 __create_pgd_ mapping() 函數來逐步建立頁表。

```
void __create_pgd_mapping(pgd_t *pgdir, unsigned long phys,
        unsigned long virt, unsigned long size,
        unsigned long prot,
        unsigned long (*alloc_pgtable)(void),
        unsigned long flags)
```

其中，參數的含義如下。

- pgdir：表示 PGD 頁表的基底位址。
- phys：表示要映射的物理位址的起始位址。
- virt：表示要映射的虛擬位址的起始位址。
- size：表示要建立映射的總大小。
- prot：表示要建立映射的記憶體屬性。
- alloc_pgtable：用來分配下一級頁表的分配記憶體函數。PGD 頁表在連結指令稿裡預先分配好了，剩下的 3 級頁表則需要在動態建立過程中分配記憶體。
- flags：傳遞給頁表建立過程中的標識位元。

在本案例中，根據記憶體屬性，我們將建立 3 個不同的恆等映射。

- 程式碼片段。由於程式碼片段具有唯讀、可執行屬性，因此它們必須映射到 PAGE_KERNEL_ROX 屬性。
- 資料段以及剩下的記憶體。這部分記憶體屬於標準類型記憶體，可以映射到 PAGE_KERNEL 屬性。
- 樹莓派 4B 暫存器位址空間。暫存器位址空間屬於裝置類型記憶體，映射到 PROT_DEVICE_ nGnRnE 屬性。

建立程式碼片段和資料段的恆等映射的具體程式如下。

```
static void create_identical_mapping(void)
{
    unsigned long start;
    unsigned long end;

    start = (unsigned long)_text_boot;
    end = (unsigned long)_etext;
    __create_pgd_mapping((pgd_t *)idmap_pg_dir, start, start,
            end - start, PAGE_KERNEL_ROX,
            early_pgtable_alloc,
```

```
            0);

    start = PAGE_ALIGN((unsigned long)_etext);
    end = TOTAL_MEMORY;
    __create_pgd_mapping((pgd_t *)idmap_pg_dir, start, start,
            end - start, PAGE_KERNEL,
            early_pgtable_alloc,
            0);
}
```

其中，首先建立程式碼片段的恆等映射（程式碼片段的起始位址是 _text_boot，結束位址為 _etext）；然後建立資料段的恆等映射（資料段的起始位址為 _etext，結束位址為記憶體的結束位址 TOTAL_MEMORY）。

第三段恆等映射的起始位址為 PBASE，映射的大小為 DEVICE_SIZE，映射的記憶體屬性為 PROT_DEVICE_nGnRnE。

```
#define PBASE 0xFE000000
#define DEVICE_SIZE 0x2000000

static void create_mmio_mapping(void)
{
    __create_pgd_mapping((pgd_t *)idmap_pg_dir, PBASE, PBASE,
            DEVICE_SIZE, PROT_DEVICE_nGnRnE,
            early_pgtable_alloc,
            0);
}
```

接下來，分析 __create_pgd_mapping() 函數的實現。

```
1   static void __create_pgd_mapping(pgd_t *pgdir, unsigned long phys,
2           unsigned long virt, unsigned long size,
3           unsigned long prot,
4           unsigned long (*alloc_pgtable)(void),
5           unsigned long flags)
6   {
7       pgd_t *pgdp = pgd_offset_raw(pgdir, virt);
8       unsigned long addr, end, next;
9
10      phys &= PAGE_MASK;
11      addr = virt & PAGE_MASK;
12      end = PAGE_ALIGN(virt + size);
13
14      do {
15          next = pgd_addr_end(addr, end);
16          alloc_init_pud(pgdp, addr, next, phys,
```

```
17                  prot, alloc_pgtable, flags);
18          phys += next - addr;
19}     while (pgdp++, addr = next, addr != end);
20  }
```

在 __create_pgd_mapping () 函數中，以 PGDIR_SIZE 為步進值遍歷記憶體區域 [virt, virt+size]，然後透過呼叫 alloc_init_pud() 初始化 PGD 頁表項內容和 PUD。pgd_addr_end() 以 PGDIR_SIZE 為步進值。pgd_addr_end() 函數的定義如下。

```
#define pgd_addr_end(addr, end)                                         \
   ({      unsigned long __boundary = ((addr) + PGDIR_SIZE) & PGDIR_MASK;  \
          (__boundary - 1 < (end) - 1) ? __boundary : (end);              \
   })
```

alloc_init_pud() 函數的定義如下。

```
1   static void alloc_init_pud(pgd_t *pgdp, unsigned long addr,
2           unsigned long end, unsigned long phys,
3           unsigned long prot,
4           unsigned long (*alloc_pgtable)(void),
5           unsigned long flags)
6   {
7       pgd_t pgd = *pgdp;
8       pud_t *pudp;
9       unsigned long next;
10
11      if (pgd_none(pgd)) {
12          unsigned long pud_phys;
13
14          pud_phys = alloc_pgtable();
15
16          set_pgd(pgdp, __pgd(pud_phys | PUD_TYPE_TABLE));
17          pgd = *pgdp;
18      }
19
20      pudp = pud_offset_phys(pgdp, addr);
21      do {
22          next = pud_addr_end(addr, end);
23          alloc_init_pmd(pudp, addr, next, phys,
24                  prot, alloc_pgtable, flags);
25          phys += next - addr;
26
27      } while (pudp++, addr = next, addr != end);
28  }
```

在第 11 ～ 18 行中，透過 pgd_none() 判斷當前 PGD 頁表項的內容是否已空。

如果 PGD 頁表項的內容已空，說明下一級頁表還沒建立，那麼需要動態分配下一級頁表。首先，使用 alloc_pgtable() 函數分配一個 4 KB 頁面用於 PUD 頁表。PUD 頁表基底位址 pud_phys 與相關屬性 PUD_TYPE_TABLE 組成一個 PGD 的頁表項，然後透過 set_pgd() 函數設定到對應的 PGD 頁表項中。

在第 20 行中，pud_offset_phys() 函數透過 addr 和 PGD 頁表項來找到對應的 PUD 頁表項。

在第 21 ～ 27 行中，以 PUD_SIZE 為步進值，透過 while 迴圈設定下一級頁表，呼叫 alloc_init_pmd() 函數來建立下一級頁表。

alloc_init_pmd() 函數的定義如下。

```
1    static void alloc_init_pmd(pud_t *pudp, unsigned long addr,
2            unsigned long end, unsigned long phys,
3            unsigned long prot,
4            unsigned long (*alloc_pgtable)(void),
5            unsigned long flags)
6    {
7        pud_t pud = *pudp;
8        pmd_t *pmdp;
9        unsigned long next;
10
11       if (pud_none(pud)) {
12           unsigned long pmd_phys;
13
14           pmd_phys = alloc_pgtable();
15           set_pud(pudp, __pud(pmd_phys | PUD_TYPE_TABLE));
16           pud = *pudp;
17       }
18
19       pmdp = pmd_offset_phys(pudp, addr);
20       do {
21           next = pmd_addr_end(addr, end);
22
23           if (((addr | next | phys) & ~SECTION_MASK) == 0 &&
24                   (flags & NO_BLOCK_MAPPINGS) == 0)
25               pmd_set_section(pmdp, phys, prot);
26           else
27               alloc_init_pte(pmdp, addr, next, phys,
28                       prot,  alloc_pgtable, flags);
29
30           phys += next - addr;
31       } while (pmdp++, addr = next, addr != end);
32   }
```

在第 11 ～ 17 行中，如果 pud 頁表項已空，說明下一級頁表還沒有建立，那麼需要動態分配下一級頁表。首先，使用 alloc_pgtable() 函數分配一個 4 KB 頁面用於 PMD 頁表。PMD 頁表基底位址 pmd_phys 與相關屬性 PUD_TYPE_TABLE 組成一個 PUD 的頁表項，然後透過 set_pud() 函數設定到對應的 PUD 頁表項中。

在第 19 行中，pmd_offset_phys() 函數透過 addr 和 PUD 頁表項找到對應的 PMD 頁表項。

在第 20 ～ 31 行中，以 PMD_SIZE 為步進值，透過 while 迴圈設定下一級頁表，呼叫 alloc_ init_pte() 函數建立下一級頁表。

這裡有一個小技巧，在第 23 ～ 24 行中，如果虛擬區間的開始位址（addr）、結束位址（next）和物理位址（phys）都與 SECTION_SIZE 大小（2 MB）對齊並且沒有設定 NO_BLOCK_MAPPINGS 標識位元，那麼直接設定段映射（section mapping）的頁表項，不需要映射下一級頁表。

PT 是 4 級頁表的最後一級，alloc_init_pte() 函數設定 PTE。該函數的定義如下。

```
1    static void alloc_init_pte(pmd_t *pmdp, unsigned long addr,
2            unsigned long end, unsigned long phys,
3            unsigned long prot,
4            unsigned long (*alloc_pgtable)(void),
5            unsigned long flags)
6    {
7        pmd_t pmd = *pmdp;
8        pte_t *ptep;
9
10       if (pmd_none(pmd)) {
11           unsigned long pte_phys;
12
13           pte_phys = alloc_pgtable();
14           set_pmd(pmdp, __pmd(pte_phys | PMD_TYPE_TABLE));
15           pmd = *pmdp;
16       }
17
18       ptep = pte_offset_phys(pmdp, addr);
19       do {
20           set_pte(ptep, pfn_pte(phys >> PAGE_SHIFT, prot));
21           phys += PAGE_SIZE;
22       } while (ptep++, addr += PAGE_SIZE, addr != end);
23   }
```

在第 10 ～ 16 行中，判斷 PMD 頁表項的內容是否已空。如果已空，說明下一級頁表還沒建立。使用 alloc_pgtable() 來分配一個 4 KB 頁面，用於頁表的 512 個頁表項。

PMD 頁表項的內容包括 PT 的基底位址 pte_phys 以及 PMD 頁表項屬性 PMD_TYPE_TABLE。

在第 18 行中，pte_offset_phys() 函數透過 PMD 頁表項和 addr 來獲取 PTE。

在第 19 ～ 22 行中，以 PAGE_SIZE（即 4 KB 大小）為步進值，透過 while 迴圈設定 PTE。呼叫 set_pte() 來設定 PTE。PTE 包括物理位址的頁框號（phys >> PAGE_SHIFT）以及頁表屬性 prot。其中，頁表屬性 prot 是透過 __create_pgd_mapping() 函數傳遞下來的，例如程式碼片段的恆等映射的頁表屬性為 PAGE_KERNEL_ROX，即唯讀的、可執行的標準類型頁面。

上述操作完成了一次建立頁表的過程。讀者需要注意兩點。

- 頁表的建立和填充是由作業系統來完成的，但是處理器遍歷頁表是由處理器的 MMU 來完成的。
- 除第一級頁表（PGD 頁表）是在連結指令稿中預留的之外，其他的頁表是動態建立的。

在建立頁表的過程中，經常使用到 early_pgtable_alloc() 函數，它分配 4 KB 大小的頁面，用於頁表。

```
static unsigned long early_pgtable_alloc(void)
{
	unsigned long phys;

	phys = get_free_page();
	memset((void *)phys, 0, PAGE_SIZE);

	return phys;
}
```

注意，early_pgtable_alloc() 分配的 4 KB 頁面用於頁表，最好把頁面內容都清空，以免殘留的資料干擾了 MMU 遍歷頁面。

由於 BenOS 還沒有實現夥伴分配系統，因此我們就使用陣列分配和釋放物理頁面，而且直接從 0x400000 位址開始分配記憶體。

```
#define NR_PAGES (TOTAL_MEMORY / PAGE_SIZE)

static unsigned short mem_map[NR_PAGES] = {0,};

#define LOW_MEMORY    (0x400000) /*4MB*/
```

```
#define TOTAL_MEMORY (512 * 0x100000)  /*512MB*/

unsigned long get_free_page(void)
{
     int i;

     for (i = 0; i < NR_PAGES; i++) {
         if (mem_map[i] == 0) {
             mem_map[i] = 1;
             return LOW_MEMORY + i * PAGE_SIZE;
         }
     }
     return 0;
}

void free_page(unsigned long p)
{
     mem_map[(p - LOW_MEMORY)/PAGE_SIZE] = 0;
}
```

14.6.4 打開 MMU

建立完頁表之後需要設定系統暫存器來打開 MMU，這裡面的步驟涉及設定記憶體屬性、設定 TTBR*x* 等。

```
1    static void cpu_init(void)
2    {
3        unsigned long mair = 0;
4        unsigned long tcr = 0;
5        unsigned long tmp;
6        unsigned long parang;
7
8        asm("tlbi vmalle1");
9        dsb(nsh);
10
11       mair = MAIR(0x00UL, MT_DEVICE_nGnRnE) |
12              MAIR(0x04UL, MT_DEVICE_nGnRE) |
13              MAIR(0x0cUL, MT_DEVICE_GRE) |
14              MAIR(0x44UL, MT_NORMAL_NC) |
15              MAIR(0xffUL, MT_NORMAL) |
16              MAIR(0xbbUL, MT_NORMAL_WT);
17       write_sysreg(mair, mair_el1);
18
19       tcr = TCR_TxSZ(VA_BITS) | TCR_TG_FLAGS;
20
21       tmp = read_sysreg(ID_AA64MMFR0_EL1);
22       parang = tmp & 0xf;
```

```
23        if (parang > ID_AA64MMFR0_PARANGE_48)
24            parang = ID_AA64MMFR0_PARANGE_48;
25
26        tcr |= parang << TCR_IPS_SHIFT;
27
28        write_sysreg(tcr, tcr_el1);
29    }
```

在第 8 ～ 9 行中，使當前 VMID 以及 EL1 中所有 TLB 記錄（僅包括頁表轉換階段 1）失效，DSB 指令保證 TLBI 指令執行完。

在第 11 ～ 17 行中，設定記憶體屬性到 MAIR_EL1 中。

在第 19 行中，TCR_TxSZ 表示 TxSZ 欄位，用來設定輸入位址的最大值；TCR_TG_FLAGS 包括 TG0 欄位和 TG1 欄位，用來設定頁面細微性。

在第 21 ～ 26 行中，透過讀取 ID_AA64MMFR0_EL1 中的 parange 欄位可以知道當前系統支援最大的物理位址範圍，然後可以把這個 parange 欄位的值設定到 TCR_EL1 的 IPS 欄位中。

在第 28 行中，設定 TCR_EL1。

enable_mmu() 函數用於啟用 MMU，其定義如下。

```
1    static int enable_mmu(void)
2    {
3        unsigned long tmp;
4        int tgran4;
5
6        tmp = read_sysreg(ID_AA64MMFR0_EL1);
7        tgran4 = (tmp >> ID_AA64MMFR0_TGRAN4_SHIFT) & 0xf;
8        if (tgran4 != ID_AA64MMFR0_TGRAN4_SUPPORTED)
9        return -1;
10
11       write_sysreg(idmap_pg_dir, ttbr0_el1);
12       isb();
13
14       write_sysreg(SCTLR_ELx_M, sctlr_el1);
15       isb();
16       asm("ic iallu");
17       dsb(nsh);
18       isb();
19
20       return 0;
21   }
```

在第 6 ～ 9 行中，透過讀取 ID_AA64MMFR0_EL1 的 tgran4 欄位來判斷系統是否支援 4 KB 頁面細微性。

在第 11 行中，把 PGD 頁表項基底位址寫入 TTBR0_EL1 中。

在第 12 行中，呼叫 ISB 指令讓 CPU 重新取指令。

在第 14 行中，設定 SCTLR_EL1 中的 M 欄位為 1 來打開 MMU，該行執行完成之後，MMU 功能就打開了。

在第 15 行中，呼叫 ISB 指令讓 CPU 重新取指令。

在第 16 行中，使所有的指令快取記憶體失效。

在第 17 行中，使用 DSB 指令保證第 16 行的 IC 指令執行完。

在第 18 行中，ISB 指令保證 CPU 重新從指令快取記憶體中取指令。

執行 cpu_init() 和 enable_mmu() 函數之後，MMU 功能就打開了。下面是建立和打開 MMU 的整個過程。

```
1    void paging_init(void)
2    {
3        memset(idmap_pg_dir, 0, PAGE_SIZE);
4        create_identical_mapping();
5        create_mmio_mapping();
6        cpu_init();
7        enable_mmu();
8
9        printk("enable mmu done\n");
10   }
```

在第 3 行中，把 PGD 頁表 idmap_pg_dir 清空。

在第 4 ～ 5 行中，動態建立 3 個恆等映射的頁表。

在第 6 ～ 7 行中，呼叫 cpu_init() 和 enable_mmu() 函數來初始化並打開 MMU。

14.6.5 測試 MMU

上面介紹了如何建立頁表和打開 MMU，我們需要驗證 MMU 是否正常執行。測試的方法很簡單，我們分別存取一個經過恆等映射和沒有進過恆等映射的記憶體位址，觀察系統會發生什麼變化。

```
static int test_access_map_address(void)
```

```
{
    unsigned long address = TOTAL_MEMORY - 4096;

    *(unsigned long *)address = 0x55;

    printk("%s access 0x%x done\n", __func__, address);

    return 0;
}

/*
 * 存取一個沒有建立映射的位址應該會觸發頁表存取錯誤
*/
static int test_access_unmap_address(void)
{
    unsigned long address = TOTAL_MEMORY + 4096;

    *(unsigned long *)address = 0x55;

    printk("%s access 0x%x done\n", __func__, address);

    return 0;
}
```

在恆等映射中，我們映射了從程式碼片段結束位址 _etext 到 TOTAL_MEMORY 的記憶體空間。test_access_map_address() 函數存取（TOTAL_MEMORY – 4096）位址，這個位址是映射過的。test_access_unmap_address() 函數存取（TOTAL_MEMORY + 4096）位址，這個位址還沒有經過映射，CPU 存取這個位址會觸發一個頁表存取錯誤。

我們在 QEMU 虛擬機器上執行這個程式，結果如下。

```
rlk@master:benos$ make run
qemu-system-aarch64 -machine raspi4 -nographic -kernel benos.bin
Booting at EL2
Booting at EL1
Welcome BenOS!
BenOS image layout:
  .text.boot: 0x00080000 - 0x000800d8 (    216 B)
       .text: 0x000800d8 - 0x000852f0 ( 21016 B)
     .rodata: 0x00086000 - 0x00086976 (  2422 B)
       .data: 0x00086976 - 0x00089000 (  9866 B)
        .bss: 0x00089000 - 0x000e9444 (394308 B)
enable mmu done
test_access_map_address access 0x1ffff000 done
Bad mode for Sync Abort handler detected, far:0x20001000 esr:0x96000046 - DABT (cur-
```

```
rent EL)
ESR info:
  ESR = 0x96000046
  Exception class = DABT (current EL), IL = 32 bits
  Data abort:
  SET = 0, FnV = 0
  EA = 0, S1PTW = 0
  CM = 0, WnR = 1
  DFSC = Translation fault, level2
Kernel panic
```

從上面日誌可以看到，BenOS 觸發了一個二級頁表的位址轉換異常，出錯的位址為 0x20001000，test_access_unmap_address() 函數確實存取了（TOTAL_MEMORY + 4096B）對應的位址，符合我們的預期，説明 MMU 已經正常執行。

14.7 實驗

14.7.1 實驗 14-1：建立恆等映射

1．實驗目的

熟悉 ARM64 處理器的 MMU 工作流程。

2．實驗要求

（1）在樹莓派 4B 上建立一個恆等映射的頁表，即虛擬位址等於物理位址。

（2）在 C 語言中實現頁表的建立和 MMU 的開啟功能。

（3）寫一個測試例子來驗證 MMU 是否開啟了。

14.7.2 實驗 14-2：為什麼 MMU 無法執行

1．實驗目的

（1）熟悉 ARM64 處理器的 MMU 工作流程。

（2）偵錯和解決問題。

2．實驗要求

某讀者把實驗 14-1 中的 create_identical_mapping() 函數寫成圖 14.26 所示形

式。

```
static void create_identical_mapping(void)
{
        unsigned long start;
        unsigned long end;

        /*map memory*/
        start = (unsigned long)_text_boot;
        end = TOTAL_MEMORY;
        __create_pgd_mapping((pgd_t *)idmap_pg_dir, start, start,
                        end - start, PAGE_KERNEL,
                        early_pgtable_alloc,
                        0);
}
```

▲圖 14.26 create_identical_mapping() 函數

他發現程式無法執行，這是什麼原因導致的？請使用 QEMU 虛擬機器和 GDB 單步偵錯程式並找出執行哪行敘述發生了問題。另外，請思考為什麼 MMU 無法執行。

14.7.3 實驗 14-3：實現一個 MMU 頁表的轉儲功能

1．實驗目的

熟悉 MMU 頁表的轉儲功能。

2．實驗要求

在實驗 14-1 的基礎上實現一個 MMU 頁表的轉儲（dump）功能，輸出頁表的虛擬位址、頁表項的相關屬性等資訊，以方便偵錯和定位問題，結果如圖 14.27 所示。

```
enable mmu done
---[ Identical mapping ]---
0x0000000000080000-0x0000000000081000     4K PTE    ro x  SHD AF     UXN MEM/NORMAL
0x0000000000081000-0x0000000000082000     4K PTE    ro x  SHD AF     UXN MEM/NORMAL
0x0000000000082000-0x0000000000083000     4K PTE    ro x  SHD AF     UXN MEM/NORMAL
0x0000000000083000-0x0000000000084000     4K PTE    ro x  SHD AF     UXN MEM/NORMAL
0x0000000000084000-0x0000000000085000     4K PTE    ro x  SHD AF     UXN MEM/NORMAL
0x0000000000085000-0x0000000000086000     4K PTE    ro x  SHD AF     UXN MEM/NORMAL
0x0000000000086000-0x0000000000087000     4K PTE    RW NX SHD AF     UXN MEM/NORMAL
0x0000000000087000-0x0000000000088000     4K PTE    RW NX SHD AF     UXN MEM/NORMAL
0x0000000000088000-0x0000000000089000     4K PTE    RW NX SHD AF     UXN MEM/NORMAL
0x0000000000089000-0x000000000008a000     4K PTE    RW NX SHD AF     UXN MEM/NORMAL
0x000000000008a000-0x000000000008b000     4K PTE    RW NX SHD AF     UXN MEM/NORMAL
```

虛擬位址範圍

頁面的大小

映射的屬性包括讀寫屬性、是否可執行屬性、共用屬性、記憶體屬性等

▲圖 14.27 頁表轉儲功能

14.7.4 實驗 14-4：修改頁面屬性導致的系統當機

1．實驗目的

（1）熟悉頁面屬性等相關知識。

（2）熟悉解決系統當機的方法和技巧。

2．實驗要求

在系統中找出一個唯讀的頁面，然後把這個頁面的屬性設定為可讀、可寫，使用 memset 函數往這個頁面中寫入內容。

實驗步驟如下。

（1）找出一個 4 KB 的唯讀頁面，得到虛擬位址 vaddr。

（2）遍歷頁表，找到 vaddr 對應的 PTE。

（3）修改 PTE，為它設定可讀、可寫屬性。

（4）使用 memset 修改頁面內容。

某讀者修改連結指令稿，在程式碼片段申請了一個 4 KB 大小的唯讀頁面，然後實現了一個 walk_pgtable() 函數，用於遍歷頁表和查詢對應的 PTE，如圖 14.28 所示。

```
static pte_t *walk_pgtable(unsigned long address)
{
	pgd_t *pgd = NULL;
	pud_t *pud;
	pte_t *pte;
	pmd_t *pmd;

	/* pgd */
	pgd = pgd_offset_raw((pgd_t *)idmap_pg_dir, address);
	if (pgd == NULL || pgd_none(*pgd))
		return NULL;

	pud = pud_offset_phys(pgd, address);
	if (pud ==NULL || pud_none(*pud))
		return NULL;

	pmd = pmd_offset_phys(pud, address);
	if (pmd == NULL || pmd_none(*pmd))
		return NULL;
	else if (pmd_val(*pmd) & PMD_TYPE_SECT) {
		return (pte_t *)pmd;
	}

	pte = pte_offset_phys(pmd, address);
	if ((pte == NULL) || pte_none(*pte))
		return NULL;

	return pte;
}
```

▲圖 14.28 walk_pgtable() 函數

這位讀者發現怎麼設定都沒法為頁面設定可寫屬性，最終觸發當機。請幫忙查詢當機的原因。

14.7.5 實驗 14-5：使用組合語言來建立恆等映射和打開 MMU

1．實驗目的

（1）熟悉 ARM64 處理器的 MMU 工作流程。

（2）熟悉頁表建立過程。

（3）熟悉組合語言的使用。

2．實驗要求

（1）在實驗 14-1 的基礎上，在組合語言階段，使用組合語言建立一個 2 MB 的恆等映射，並且打開 MMU。

（2）寫一個測試例子來驗證 MMU 是否開啟。

14.7.6 實驗 14-6：驗證 LDXR 和 STXR 指令

1．實驗目的

了解 LDXR 和 STXR 指令與 MMU 的關係。

2．實驗要求

為什麼 MMU 啟動之後，在樹莓派 4B 開發板上執行下面的 my_atomic_write 組合語言函數，MMU 還不能執行？

```
.global my_atomic_write
my_atomic_write:
    adr x6, my_atomic_data
1:
    ldxr x2, [x6]
    orr x2, x2, x0
    stxr w3, x2, [x6]
    cbnz w3, 1b

    mov x0, x2
    ret
```

使用 J-link EDU 模擬器來單步偵錯 my_atomic_write 組合語言函數，執行到

CBNZ 指令之後系統就當機了，如圖 14.29 所示。

```
14                  cbnz w3, 1b
15                  ret
16
17          .global my_atomic_write
18          my_atomic_write:
19                  adr x6, my_atomic_data
20          1:
21                  ldxr x2, [x6]
22                  orr x2, x2, x0
23                  stxr w3, x2, [x6]
>24                 cbnz w3, 1b
25
26                  mov x0, x2
27                  ret
28

remote Remote target In: my atomic write
cpsr: 0x000003c9 pc: 0x78
MMU: disabled, D-Cache: disabled, I-Cache: disabled
bcm2711.a72.3 halted in AArch64 state due to debug-request, current mode: EL2H
cpsr: 0x000003c9 pc: 0x78
MMU: disabled, D-Cache: disabled, I-Cache: disabled
Warning:
Cannot insert breakpoint 1.
Cannot access memory at address 0x83738

Command aborted.
(gdb)
```

▲圖 14.29 使用 J-link EDU 模擬器偵錯 my_atomic_write 組合語言函數

14.7.7 實驗 14-7：AT 指令

1．實驗目的

了解和熟悉位址轉換指令——AT 指令。

2．實驗要求

使用 AT 指令來驗證對於某個虛擬位址是否建立了映射，並且輸出相關屬性，如圖 14.30 所示。

```
Address translation successfully
par_el1:0xff0000001ffffb80, PA: 0x1ffff000
  NS=1
  SH=3
  ATTR=0xff
test AT instruction done
Address translation failed
test AT instruction fail
```

▲圖 14.30 使用 AT 指令

第 15 章

快取記憶體基礎知識

本章思考題

1．為什麼需要快取記憶體？
2．請簡述 CPU 存取各級記憶體裝置的延遲時間情況。
3．請簡述 CPU 查詢快取記憶體的過程。
4．請簡述直接映射、全相連映射以及組相連映射的快取記憶體的區別。
5．在組相連快取記憶體裡，組、路、快取記憶體行、標記域的定義分別是什麼？
6．什麼是虛擬快取記憶體和物理快取記憶體？
7．什麼是快取記憶體的名稱重複問題？
8．什麼是快取記憶體的名稱相同問題？
9．VIPT 類型的快取記憶體會產生名稱重複問題嗎？
10．快取記憶體中的寫入直通和回寫策略有什麼區別？
11．在 ARM64 處理器中，什麼是內部共用和外部共用的快取記憶體？如何區分？
12．在 ARM64 處理器中，什麼是 PoU 和 PoC？

快取記憶體是處理器內部一個非常重要的硬體單元，雖然對軟體是透明的，但是合理利用快取記憶體的特性能顯著提高程式的效率。本章主要介紹快取記憶體的工作原理、映射方式，虛擬快取記憶體與物理快取記憶體，名稱重複與別名問題，以及快取記憶體存取延遲時間、快取記憶體的存取策略、共用屬性、快取記憶體維護指令等方面的基礎知識。

15.1 為什麼需要快取記憶體

在現代處理器中，處理器的存取速度已經遠遠超過了主記憶體的存取速度。一筆載入指令需要上百個時脈週期才能從主記憶體讀取資料到處理器內部的暫存器中，這會導致使用該資料的指令需要等待載入指令完成才能繼續執行，處理器處於停滯狀態，嚴重影響程式的執行速度。解決處理器存取速度和記憶體存取速度嚴重不匹配的問題，是快取記憶體設計的初衷。在處理器內部設定一個緩衝區，該緩衝區的速度與處理器內部的存取速度匹配。當處理器第一次從記憶體中讀取資料時，也會把該資料暫時快取到這個緩衝區裡。這樣，當處理器第二次讀取時，直接從緩衝區中取資料，從而大大地提升了第二次讀取的效率。同理，後續讀取操作的效率也獲得了提升。這個緩衝區的概念就是快取記憶體。第二次讀取的時候，如果資料在快取記憶體裡，稱為快取記憶體命中（cache hit）；如果資料不在快取記憶體裡，稱為快取記憶體未命中（cache miss）。

快取記憶體一般是整合在處理器內部的 SRAM（Static Random Access Memory），相比外部的記憶體模組造價昂貴，因此，快取記憶體的容量一般比較小，成本高，存取速度快。如果一個程式的快取記憶體命中率比較高，那麼還不僅能提升程式的執行速度，還能降低系統功耗。因為快取記憶體命中時就不需要存取外部的記憶體模組，從而有助於降低系統功耗。

通常，在一個系統的設計過程中，需要在快取記憶體的性能和成本之間權衡，因此現代處理器系統都採用多級快取記憶體的設計方案。越靠近 CPU 核心的快取記憶體速度越快，成本越高，容量越小。如圖 15.1 所示，一個經典的 ARM64 系統結構處理器系統包含了多級的快取記憶體。Cortex-A53 處理器族包含了兩個 CPU 核心，每個 CPU 核心都有自己的 L1 快取記憶體。L1 快取記憶體採用分離的兩部分快取記憶體。圖中的 L1 D 表示 L1 資料快取記憶體，L1 I 表示 L1 指令快取記憶體。這兩個 CPU 核心共用一個 L2 快取記憶體，L2 快取記憶體採用混合的方式，不再區分指令和資料快取記憶體。同理，在 Cortex-A72 的處理器族也包含了兩個 CPU 核心，每個 CPU 核心都有自己的 L1 快取記憶體，同樣這兩個 CPU 核心都共用一個 L2 快取記憶體。在這個系統中，還外接了一個擴充的 L3 快取記憶體，Cortex-A53 處理器族和 Cortex-A72 處理器族都能共用這個 L3 快取記憶體。

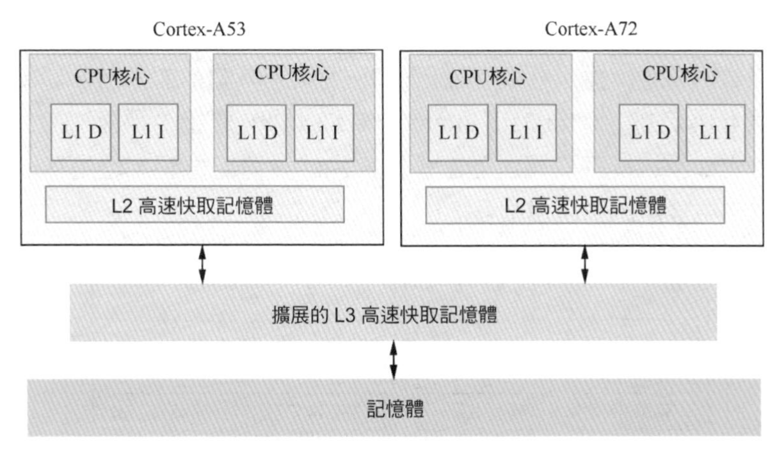

▲圖 15.1 經典的快取記憶體系統方案

快取記憶體除帶來性能的提升和功耗的降低之外，還會帶來一些副作用，例如，快取記憶體一致性問題，快取記憶體錯誤分享，自我修改程式碼導致的指令快取記憶體和資料快取記憶體的一致性等問題，本章會介紹這方面的內容。

15.2 快取記憶體的存取延遲時間

在現代廣泛應用的電腦系統中，以記憶體為研究物件可以分成兩種系統結構：一種是統一記憶體存取（Uniform Memory Access，UMA）系統結構，另一種是非統一記憶體存取（Non-Uniform Memory Access，NUMA）系統結構。

- UMA 系統結構：記憶體有統一的結構並且可以統一定址。目前大部分嵌入式系統、手機作業系統以及桌上型電腦作業系統採用 UMA 系統結構。如圖 15.2 所示，該系統使用 UMA 系統結構，有 4 個 CPU，它們都有 L1 快取記憶體。其中，CPU0 和 CPU1 組成一個簇（Cluster0），它們共用一個 L2 快取記憶體。另外，CPU2 和 CPU3 組成另外一個簇（Cluster1），它們共用另外一個 L2 快取記憶體。4 個 CPU 都共用同一個 L3 快取記憶體。最重要的一點是，它們可以透過系統匯流排來存取 DDR 實體記憶體。
- NUMA 系統結構：系統中有多個記憶體節點和多個 CPU 簇，CPU 存取本機記憶體節點的速度最快，存取遠端記憶體節點的速度要慢一點。如圖 15.3 所示，該系統使用 NUMA 系統結構，有兩個記憶體節點。其中，CPU0 和 CPU1 組成一個節點（Node0），它們可以透過系統匯流排存取本機 DDR

實體記憶體，同理，CPU2 和 CPU3 組成另外一個節點（Node1），它們也可以透過系統匯流排存取本機的 DDR 實體記憶體。如果兩個節點透過超路徑互連匯流排（Ultra Path Interconnect，UPI）連接，那麼 CPU0 可以透過這條內部匯流排存取遠端的記憶體節點的實體記憶體，但是存取速度要比存取本機實體記憶體慢很多。

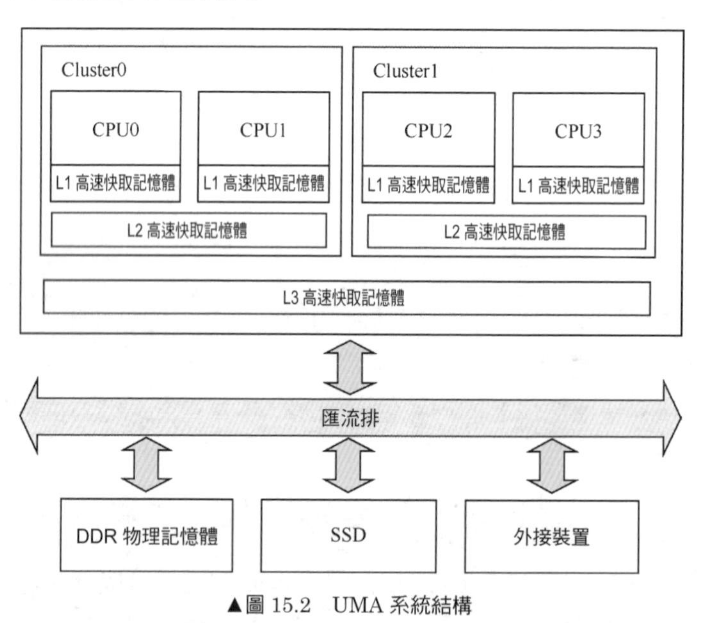

▲圖 15.2　UMA 系統結構

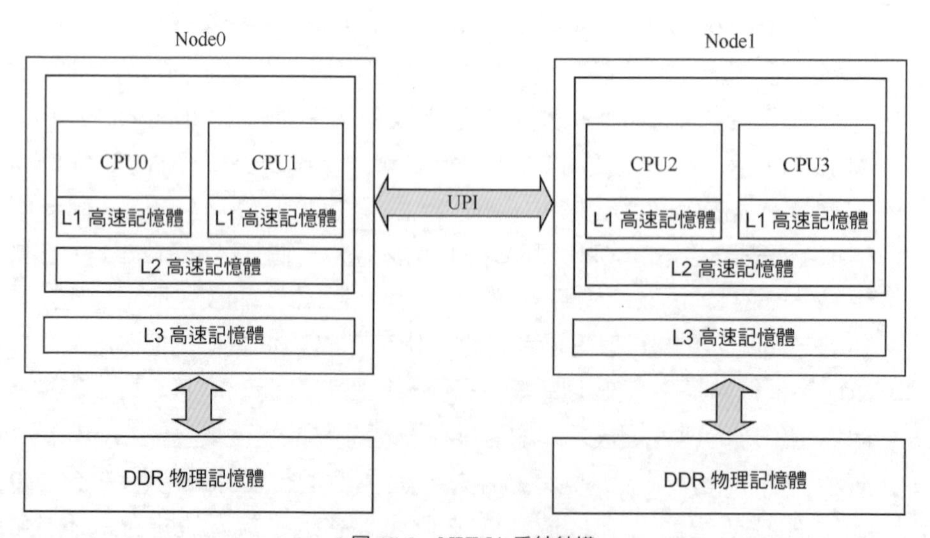

▲圖 15.3　NUMA 系統結構

UMA 和 NUMA 系統結構中，CPU 存取各級記憶體的速度是不一樣的。表 15.1 展示了某一款伺服器晶片存取各級記憶體裝置的存取延遲時間。

表 15.1　CPU 存取各級記憶體裝置的延遲時間

存取類型	存取延時
L1 快取記憶體命中	約 4 個時脈週期
L2 快取記憶體命中	約 10 個時脈週期
L3 快取記憶體命中（快取記憶體行沒有共用）	約 40 個時脈週期
L3 快取記憶體命中（和其他 CPU 共用快取記憶體行）	約 65 個時脈週期
L3 快取記憶體命中（快取記憶體行被其他 CPU 修改過）	約 75 個時脈週期
存取遠端的 L3 快取記憶體	約 100 ～ 300 個時脈週期
存取本機 DDR 實體記憶體	約 60 ns
存取遠端記憶體節點的 DDR 實體記憶體	約 100 ns

從表 15.1 可知，當 L1 快取記憶體命中時，CPU 只需要大約 4 個時脈週期即可讀取資料；當 L1 快取記憶體未命中而 L2 快取記憶體命中時，CPU 存取資料的延遲時間比 L1 快取記憶體命中時要長，存取延遲時間變成了大約 10 個時脈週期。同理，如果 L3 快取記憶體命中，那麼存取延遲時間就更長。最差的情況是存取遠端記憶體節點的 DDR 實體記憶體。因此，越靠近 CPU 的快取記憶體命中，存取延遲時間就越低。

15.3 快取記憶體的工作原理

處理器存取主記憶體使用位址編碼方式。快取記憶體也使用類似的位址編碼方式，因此處理器使用這些編碼位址可以存取各級快取記憶體。圖 15.4 所示為一個經典的快取記憶體系統結構。

處理器在存取記憶體時會把虛擬位址同時傳遞給 TLB 和快取記憶體。TLB 是一個用於儲存虛擬位址到物理位址轉換的小快取，處理器先使用有效頁框號（Effective Page Number，EPN）在 TLB 中查詢最終的實際頁框號（Real Page Number，RPN）。如果其間發生 TLB 未命中（TLB miss），將會帶來一系列嚴重的系統懲罰，處理器需要查詢頁表。假設發生 TLB 命中（TLB hit），就會很快獲得合適的 RPN，並得到對應的物理位址。

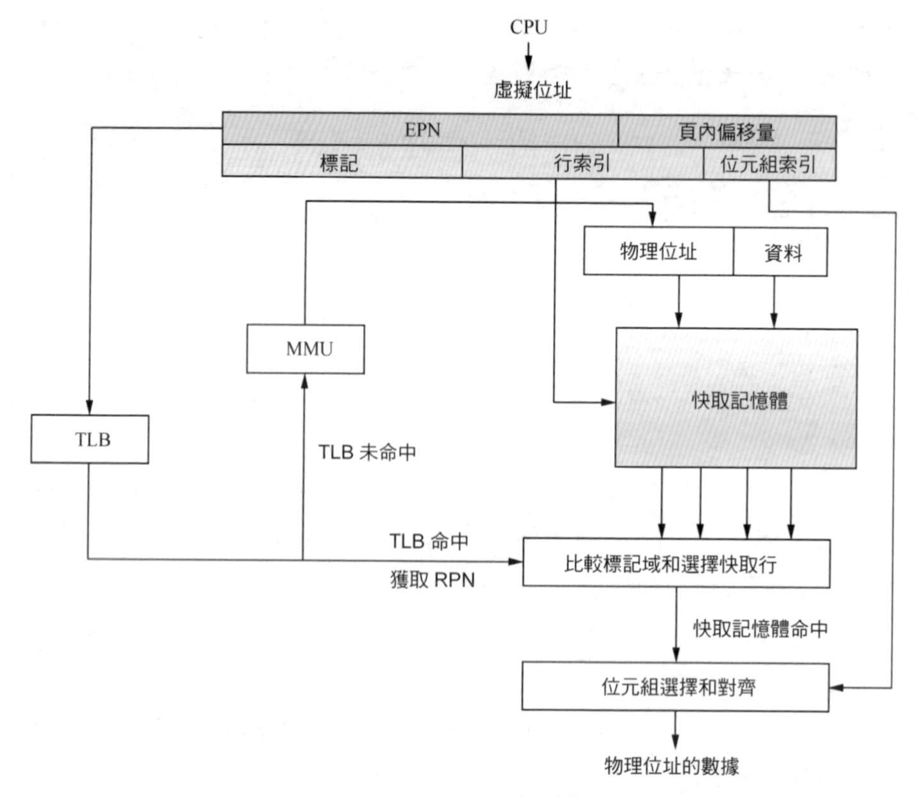

▲圖 15.4　經典的快取記憶體系統結構（VIPT）

同時，處理器透過快取記憶體編碼位址的索引（index）域可以很快找到快取記憶體行對應的組。但是這裡的快取記憶體行中資料不一定是處理器所需要的，因此有必要進行一些檢查，將快取記憶體行中存放的標記域和透過虛真實位址轉換得到的物理位址的標記域進行比較。如果相同並且狀態位元匹配，就會發生快取記憶體命中，處理器透過位元組選擇與對齊（byte select and align）部件就可以獲取所需要的資料。如果發生快取記憶體未命中，處理器需要用物理位址進一步存取主記憶體來獲得最終資料，資料也會填充到對應的快取記憶體行中。上述為 VIPT 類型的快取記憶體組織方式。

圖 15.5 所示為快取記憶體的基本結構。

- 位址：圖 15.5 以 32 位元位址為例，處理器存取快取記憶體時的位址編碼，分成 3 個部分，分別是偏移量（offset）域、索引域和標記（tag）域。

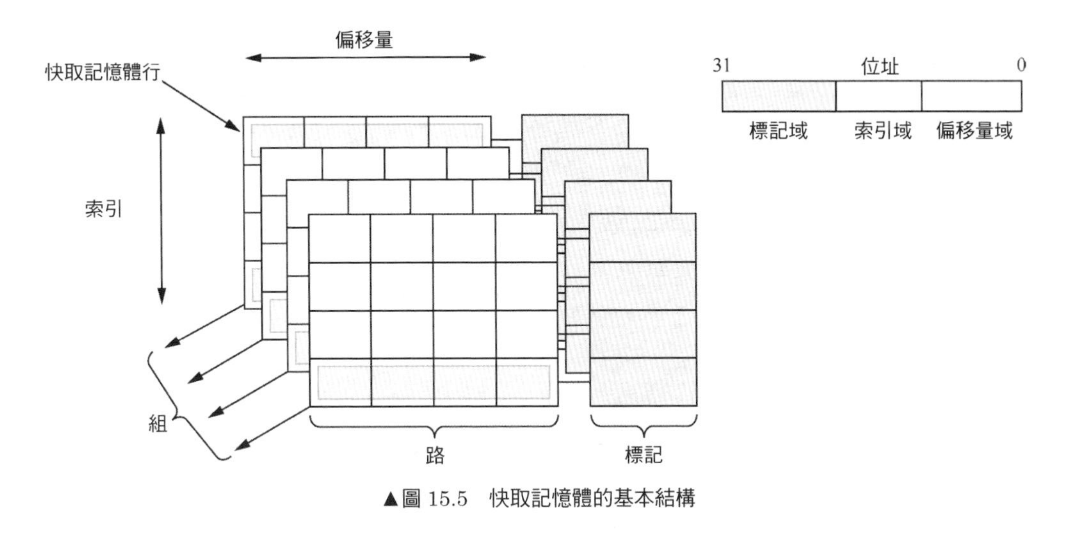

▲圖 15.5 快取記憶體的基本結構

- 快取記憶體行：快取記憶體中最小的存取單元，包含一小段主記憶體中的資料。常見的快取記憶體行大小是 32 位元組或 64 位元組。
- 索引（index）：快取記憶體位址編碼的一部分，用於索引和查詢位址在快取記憶體的哪一組中。
- 組（set）：由相同索引的快取記憶體行組成。
- 路（way）：在組相連的快取記憶體中，快取記憶體分成大小相同的幾個區塊。
- 標記（tag）：快取記憶體位址編碼的一部分，通常是快取記憶體位址的高位元部分，用於判斷快取記憶體行快取的資料的位址是否和處理器尋找的位址一致。
- 偏移量（offset）：快取記憶體行中的偏移量。處理器可以按字（word）或者位元組（byte）來定址快取記憶體行的內容。

綜上所述，處理器存取快取記憶體的流程如下。

（1）處理器對存取快取記憶體時的位址進行編碼，根據索引域來查詢組。對於組相連的快取記憶體，一個組裡有多個快取記憶體行的候選者。圖 15.5 中，有一個 4 路組相連的快取記憶體，一個組裡有 4 個快取記憶體行候選者。

（2）在 4 個快取記憶體行候選者中透過標記域進行比對。如果標記域相同，則說明命中快取記憶體行。

（3）透過偏移量域來定址快取記憶體行對應的資料。

15.4 快取記憶體的映射方式

根據組的快取記憶體行數，快取記憶體可以分為不同的映射方式：

- ❑ 直接映射（direct mapping）；
- ❑ 全相連映射（fully associative mapping）；
- ❑ 組相連映射（set associative mapping）。

15.4.1 直接映射

當每個組只有一個快取記憶體行時，快取記憶體稱為直接映射快取記憶體。

下面用一個簡單的快取記憶體來說明。如圖 15.6 所示，這個快取記憶體只有 4 個快取記憶體行，每行有 4 個字（word），1 個字是 4 位元組，共 16 位元組。快取記憶體控制器可以使用 Bit[3:2] 來選擇快取記憶體行中的字，使用 Bit[5:4] 作為索引來選擇 4 個快取記憶體行中的 1 個，其餘的位元用於儲存標記值。從路和組的角度來看，這個快取記憶體只有 1 路，每路裡有 4 組，每組裡只有一個快取記憶體行。

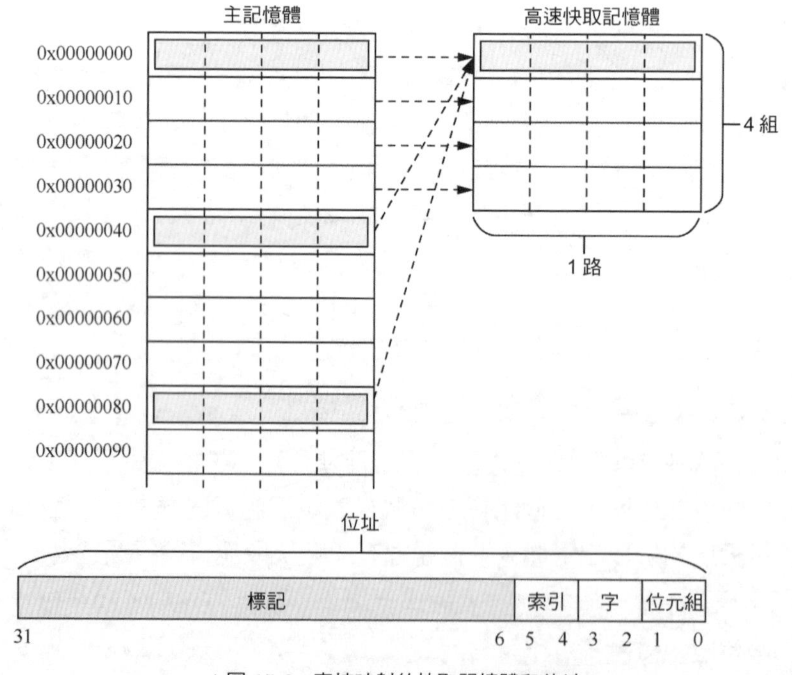

▲圖 15.6　直接映射的快取記憶體和位址

在這個快取記憶體查詢過程中，使用索引域來查詢組，然後比較標記域與查詢的位址，當它們相等並且有效位元等狀態也匹配時，發生快取記憶體命中，可以使用偏移量域來定址快取記憶體行中的資料。如果快取記憶體行包含有效資料，但是標記域是其他位址的值，那麼這個快取記憶體行需要被替換。因此，在這個快取記憶體中，主記憶體中所有 Bit[5:4] 相同值的位址都會映射到同一個快取記憶體行中，並且同一時刻只有 1 個快取記憶體行。若快取記憶體行被頻繁換入、換出，會導致嚴重的快取記憶體顛簸（cache thrashing）。

在下面的程式片段中，假設 result、data1 和 data2 分別指向位址空間中的 0x00、0x40 和 0x80，那麼它們都會使用同一個快取記憶體行。

```
void add_array(int *data1, int *data2, int *result, int size)
{
    int i;
    for (i=0 ; i<size ; i++) {
        result[i] = data1[i] + data2[i];
    }
}
```

當第一次讀取 data1（即 0x40）中的資料時，因為資料不在快取記憶體行中，所以把從 0x40 到 0x4F 位址的資料填充到快取記憶體行中。

當讀取 data2（即 0x80）中的資料時，資料不在快取記憶體行中，需要把從 0x80 到 0x8F 位址的資料填充到快取記憶體行中。因為 0x80 和 0x40 映射到同一個快取記憶體行，所以快取記憶體行發生替換操作。

當把 result 寫入 0x00 位址時，同樣發生了快取記憶體行替換操作。

因此上面的程式片段會發生嚴重的快取記憶體顛簸。

15.4.2 全相連映射

若快取記憶體裡有且只有一組，即主記憶體中只有一個位址與 n 個快取記憶體行對應，稱為全相連映射，這又是一種極端的映射方式。直接映射方式要把快取記憶體分成 1 路（區塊）；而全相連映射方式則是另外一個極端，把快取記憶體分成 n 路，每路只有一個快取記憶體行，如圖 15.7 所示。換句話說，這個快取記憶體只有一組，該組裡有 n 個快取記憶體行。

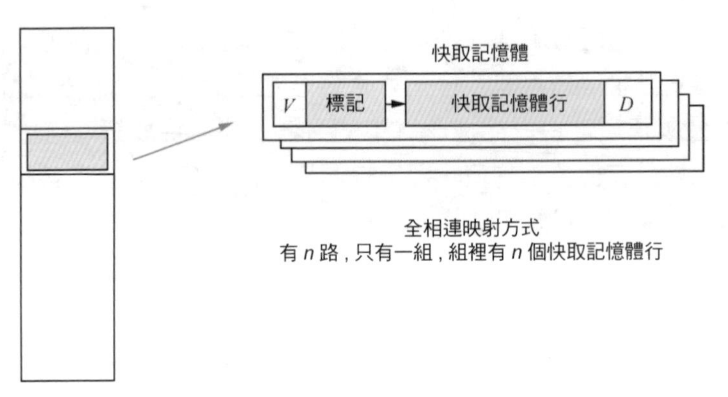

▲圖 15.7 全相連映射方式

15.4.3 組相連映射

為了解決直接映射快取記憶體中的快取記憶體顛簸問題，組相連的快取記憶體結構在現代處理器中得到廣泛應用。

如圖 15.8 所示，以一個 2 路組相連的快取記憶體為例，每一路包括 4 個快取記憶體行，因此每組有兩個快取記憶體行，可以提供快取記憶體行替換。

位址 0x00、0x40 或者 0x80 中的資料可以映射到同一組的任意一個快取記憶體行。當快取記憶體行要進行替換操作時，有 50% 的機率可以不被替換出去，從而緩解了快取記憶體顛簸問題。

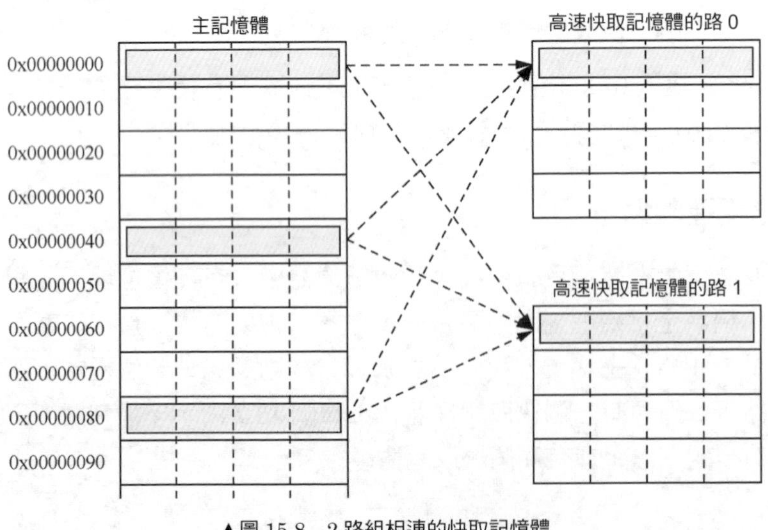

▲圖 15.8 2 路組相連的快取記憶體

15.4.4 組相連的快取記憶體的例子

32 KB 大小的 4 路組相聯快取記憶體如圖 15.9 所示。下面分析這個快取記憶體的結構。

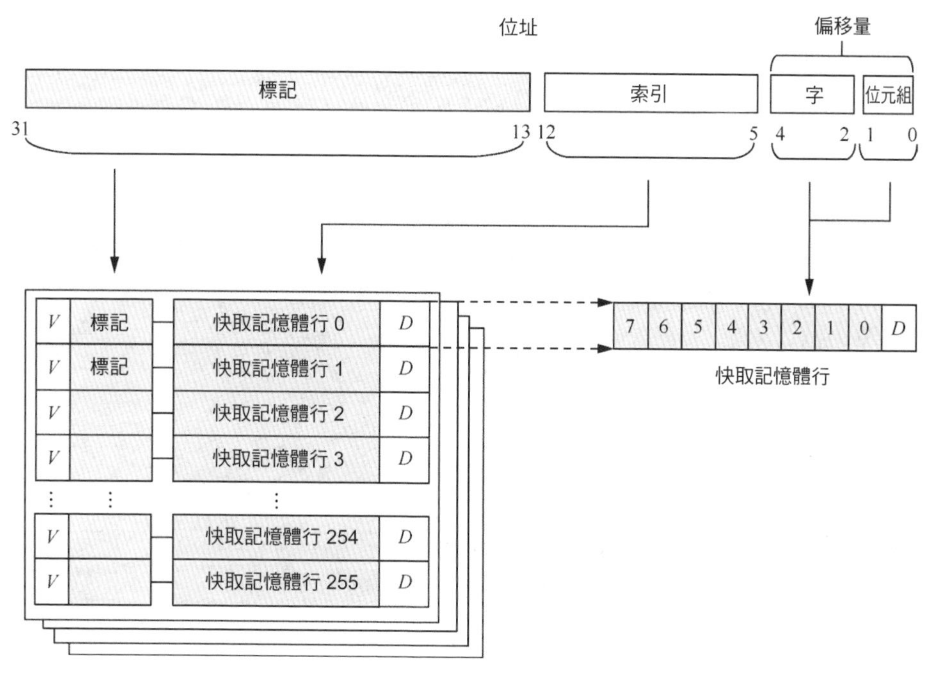

▲圖 15.9 32 KB 大小的 4 路組相聯快取記憶體結構

快取記憶體的總大小為 32 KB，並且是 4 路的，所以每一路的大小為 8 KB。

way_size = 32 KB/ 4 = 8 KB

快取記憶體行的大小為 32 位元組，所以每一路包含的快取記憶體行數量如下。

num_cache_line = 8 KB/32 B = 256

所以在快取記憶體編碼的位址中，Bit[4:0] 用於選擇快取記憶體行中的資料。其中，Bit[4:2] 可用於定址 8 個字，Bit[1:0] 可用於定址每個字中的位元組。Bit[12:5] 用於在索引域中選擇每一路上的快取記憶體行，Bit[31:13] 用作標記域，如圖 15.9 所示。這裡，*V* 表示有效位元，*D* 表示污染位元。

15.5 虛擬快取記憶體與物理快取記憶體

處理器在存取記憶體時，存取的位址是虛擬位址（Virtual Address，VA），經過 TLB 和 MMU 的映射後變成物理位址（Physical Address，PA）。TLB 只用於加速虛擬位址到物理位址的轉換過程。得到物理位址之後，若每次都直接從實體記憶體中讀取資料，顯然會很慢。實際上，處理器都設定了多級的快取記憶體來加快資料的存取速度，那麼查詢快取記憶體時使用虛擬位址還是物理位址呢？

15.5.1 物理快取記憶體

當處理器查詢 MMU 和 TLB 並得到物理位址之後，使用物理位址查詢快取記憶體，這種快取記憶體稱為物理快取記憶體。使用物理快取記憶體的缺點就是處理器在查詢 MMU 和 TLB 後才能存取快取記憶體，增加了管線的延遲時間。物理快取記憶體的工作流程如圖 15.10 所示。

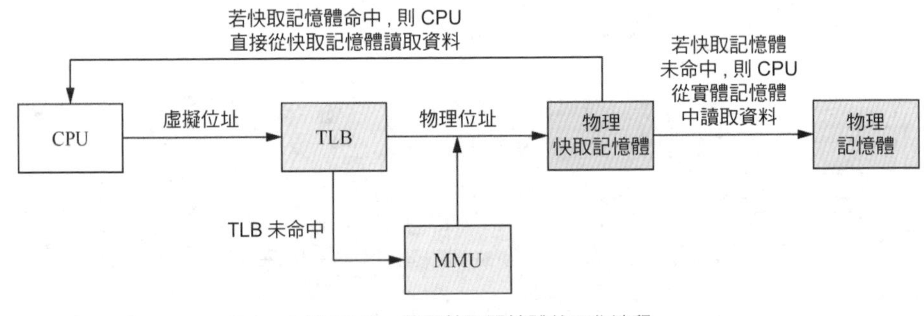

▲圖 15.10　物理快取記憶體的工作流程

15.5.2 虛擬快取記憶體

若處理器使用虛擬位址來定址快取記憶體，這種快取記憶體就稱為虛擬快取記憶體。處理器在定址時，首先把虛擬位址發送到快取記憶體，若在快取記憶體裡找到需要的資料，就不再需要存取 TLB 和實體記憶體。虛擬快取記憶體的工作流程如圖 15.11 所示。

15.5.3 VIPT 和 PIPT

在查詢快取記憶體時使用了索引域和標記域，那麼在查詢快取記憶體組時，使用虛擬位址的索引域還是物理位址的索引域呢？當找到快取記憶體組時，使用虛擬位址的索引域還是物理位址的標記域來匹配快取記憶體行呢？

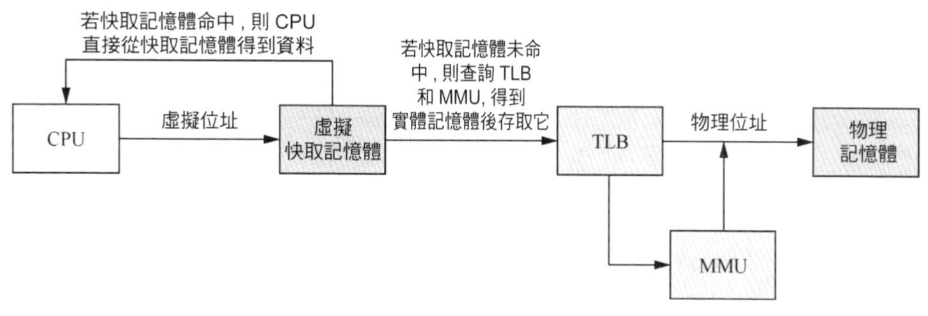

▲圖 15.11 虛擬快取記憶體的工作流程

快取記憶體可以設計成透過虛擬位址或者物理位址來存取，這在處理器設計時就確定下來了，並且對快取記憶體的管理有很大的影響。快取記憶體可以分成如下 3 類。

- ❑ VIVT（Virtual Index Virtual Tag）：使用虛擬位址的索引域和虛擬位址的標記域，相當於虛擬快取記憶體。
- ❑ PIPT（Physical Index Physical Tag）：使用物理位址的索引域和物理位址的標記域，相當於物理快取記憶體。
- ❑ VIPT（Virtual Index Physical Tag）：使用虛擬位址的索引域和物理位址的標記域。

早期的 ARM 處理器（如 ARM9 處理器）採用 VIVT 方式，不用經過 MMU 的翻譯，直接使用虛擬位址的索引域和標記域來查詢快取記憶體行，這種方式會導致快取記憶體名稱重複問題。例如，一個物理位址的內容可以出現在多個快取記憶體行中，當系統改變了虛擬位址到物理位址的映射時，需要清空這些快取記憶體並使它們失效，這會導致系統性能降低。

ARM11 系列處理器採用 VIPT 方式，即處理器輸出的虛擬位址會同時發送到 TLB/MMU，進行位址翻譯，在快取記憶體中進行索引並查詢快取記憶體。在 TLB/MMU 裡，會把 VPN 翻譯成 PFN，同時用虛擬位址的索引域和偏移量來查詢快取記憶體。快取記憶體和 TLB/MMU 可以同時工作，當 TLB/MMU 完成位址翻譯後，再用物理標記域來匹配快取記憶體行，如圖 15.12 所示。採用 VIPT 方式的好處之一是在多工作業系統中，修改了虛擬位址到物理位址的映射關係，不需要使對應的快取記憶體失效。

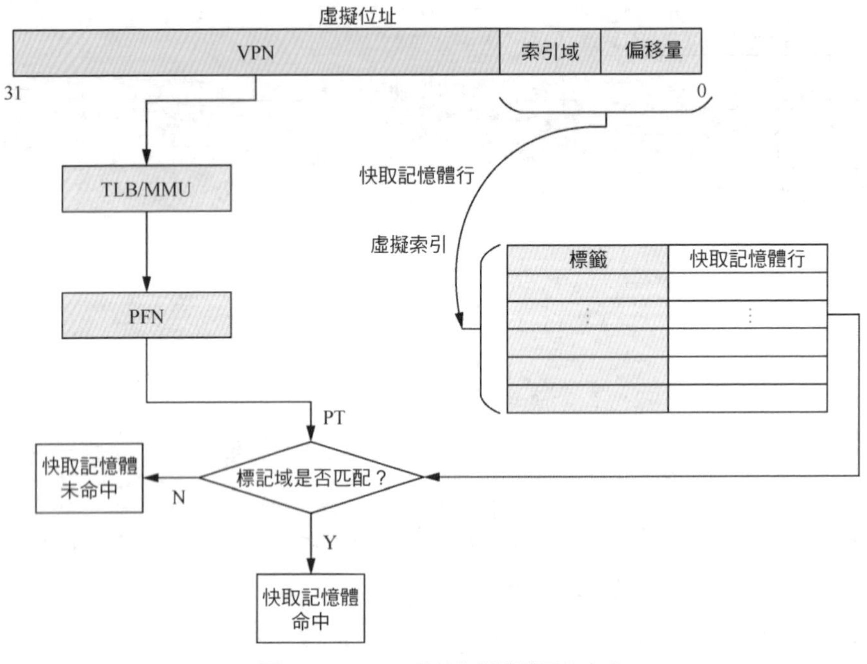

▲圖 15.12　VIPT 的快取記憶體工作方式

15.6 名稱重複和名稱相同問題

虛擬快取記憶體容易引入名稱重複和名稱相同的問題，這是系統軟體開發人員需要特別注意的地方。

15.6.1 名稱重複問題

在作業系統中，多個不同的虛擬位址可能映射到相同的物理位址。因為採用虛擬快取記憶體，所以這些不同的虛擬位址會佔用快取記憶體中不同的快取記憶體行，但是它們對應的是相同的物理位址，這樣會引發歧義。這個稱為名稱重複（aliasing）問題，有的教科書中也稱為別名問題。

名稱重複問題的缺點如下。

- 浪費快取記憶體空間，造成快取記憶體等效容量減少。
- 當執行寫入操作時，只更新了其中一個虛擬位址對應的快取記憶體，而其他虛擬位址對應的快取記憶體並沒有更新，因此處理器存取其他虛擬位址時可能得到舊資料。

如圖 15.13 所示，如果 VA1（虛擬位址 1）映射到 PA（物理位址），VA2（虛擬位址 2）也映射到 PA，那麼在虛擬快取記憶體中可能同時快取了 VA1 和 VA2。

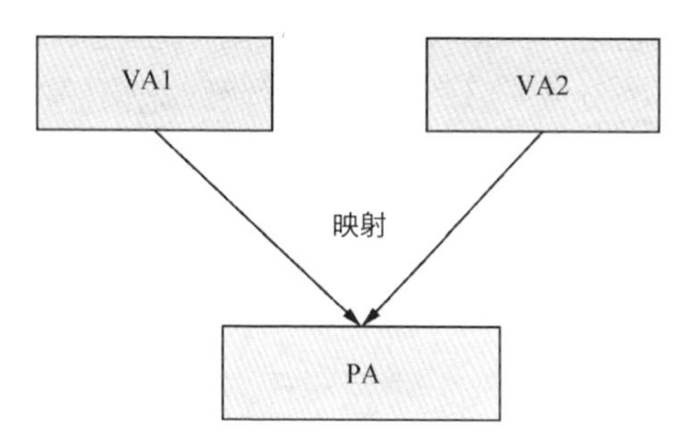

▲圖 15.13 兩個虛擬位址映射到相同的物理地址

當程式往 VA1 中寫入資料時，虛擬快取記憶體中 VA1 對應的快取記憶體行和 PA 的內容會被更改，但是 VA2 還保存著舊資料。由於一個物理位址在虛擬快取記憶體中保存了兩份資料，因此會產生歧義，如圖 15.14 所示。

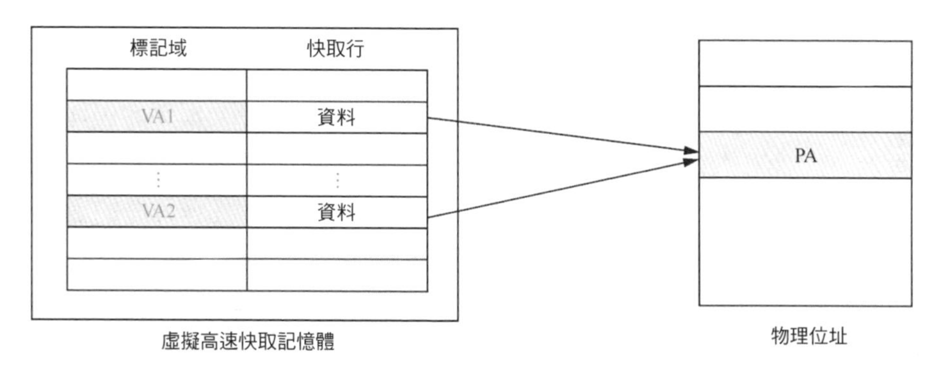

▲圖 15.14 產生歧義

15.6.2 名稱相同問題

名稱相同（homonyms）問題指的是相同的虛擬位址對應不同的物理位址。因為作業系統的不同的處理程序中會存在很多相同的虛擬位址，而這些相同的虛擬位址在經過 MMU 轉換後得到不同的物理位址，所以就產生了名稱相同問題。

名稱相同問題常見出現的場景是處理程序切換。當一個處理程序切換到另外一個處理程序時，若新處理程序使用虛擬位址來存取快取記憶體，新處理程序會存取到舊處理程序遺留下來的快取記憶體，這些快取記憶體資料對於新處理程序來說是錯誤和沒用的。如圖 15.15 所示，處理程序 A 和處理程序 B 都使用了 0x50000 的虛擬位址，但是它們映射到的物理位址是不相同的。當從處理程序 A 切換到處理程序 B 時，虛擬快取記憶體中依然保存了虛擬位址 0x50000 的緩衝行，它的資料為物理位址 0x400 中的資料。當處理程序 B 執行時期，如果處理程序 B 存取虛擬位址 0x50000，那麼會在虛擬快取記憶體中命中，從而獲取了錯誤的資料。

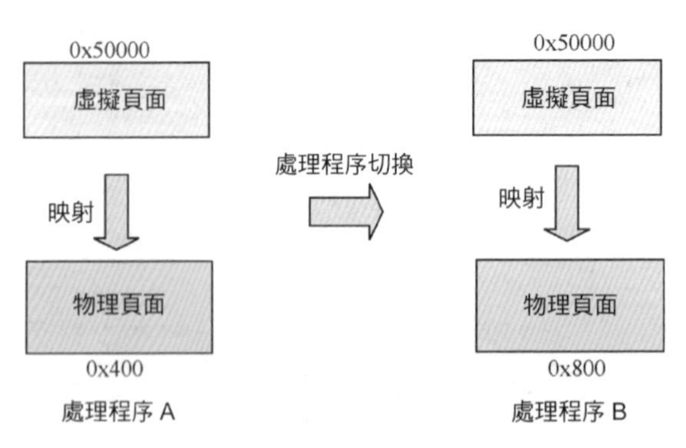

▲圖 15.15 名稱相同問題

解決辦法是在處理程序切換時先使用 clean 命令把污染的快取行的資料寫回到記憶體中，然後再使所有的快取記憶體行都失效，這樣就能保證新處理程序執行時得到“乾淨的”虛擬快取記憶體。同樣，需要使 TLB 無效，因為新處理程序在切換後會得到一個舊處理程序使用的 TLB，裡面存放了舊處理程序的虛擬位址到物理位址的轉換結果。這對於新處理程序來說是無用的，因此需要把 TLB 清空。

採用虛擬位址的索引域的快取記憶體會不可避免地遇到名稱相同問題，因為同一個虛擬位址可能會映射到不同的物理位址上。而採用物理位址的索引域的快取記憶體則可以避免名稱相同問題，因為索引域的值是透過 MMU 轉換位址得到的。

綜上所述，名稱重複問題是多個虛擬位址映射到同一個物理位址引發的問題，而名稱相同問題是一個虛擬位址在處理程序切換等情況下映射到不同的物理位址而引發的問題。

15.6.3 VIPT 產生的名稱重複問題

採用 VIPT 方式也可能導致快取記憶體名稱重複問題。在 VIPT 中，若使用虛擬位址的索引域來查詢快取記憶體組，可能導致多個快取記憶體組映射到同一個物理位址。以 Linux 核心為例，它是以 4 KB 為一個頁面大小進行管理的，因此對於一個頁面來說，虛擬位址和物理位址的低 12 位元（Bit [11:0]）是一樣的。因此，不同的虛擬位址會映射到同一個物理位址，這些虛擬頁面的低 12 位元是一樣的。總之，多個虛擬位址對應同一個物理位址，虛擬位址的索引域不同導致了名稱重複問題。解決這個問題的辦法是讓多個虛擬位址的索引域也相同。

如果索引域位於 Bit[11:0]，就不會發生快取記憶體名稱重複問題，因為該範圍相當於一個頁面內的位址。那什麼情況下索引域會在 Bit[11:0] 內呢？索引域是用於在一個快取記憶體路中查詢快取記憶體行的，當一個快取記憶體路的大小為 4 KB 時，索引域必然在 Bit[11:0] 範圍內。例如，如果快取記憶體行大小是 32 位元組，那麼偏移量域占 5 位元，有 128 個快取記憶體組，索引域占 7 位元，這種情況下剛好不會發生名稱重複。

下面舉一個例子，假設快取記憶體的路的大小是 8 KB，並且兩個虛擬頁面 Page1 和 Page2 同時映射到同一個物理頁面，如圖 15.16（a）所示。因為快取記憶體的路是 8 KB，所以索引域的範圍會在 Bit[12:0]。假設這兩個虛擬頁面恰巧被同時快取到快取記憶體中，而且正好填充滿了一個快取記憶體的路，如圖 15.16（b）所示。因為快取記憶體採用的是虛擬位址的索引域，所以虛擬頁面 Page1 和 Page2 組成的虛擬位址索引域有可能讓快取記憶體同時快取了 Page1 和 Page2 的資料。

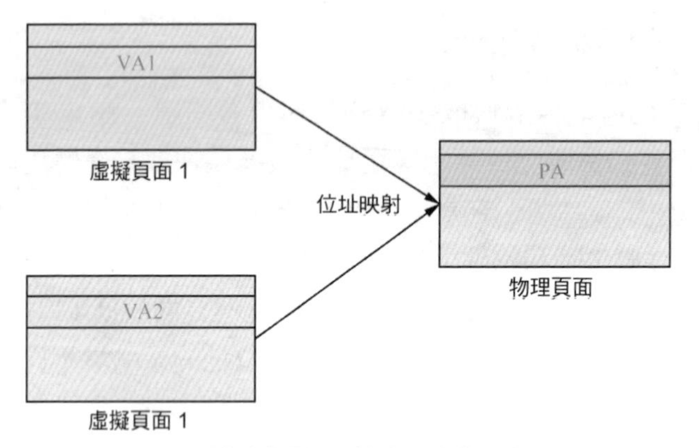

(a) 兩個虛擬頁面映射到同一個物理頁面

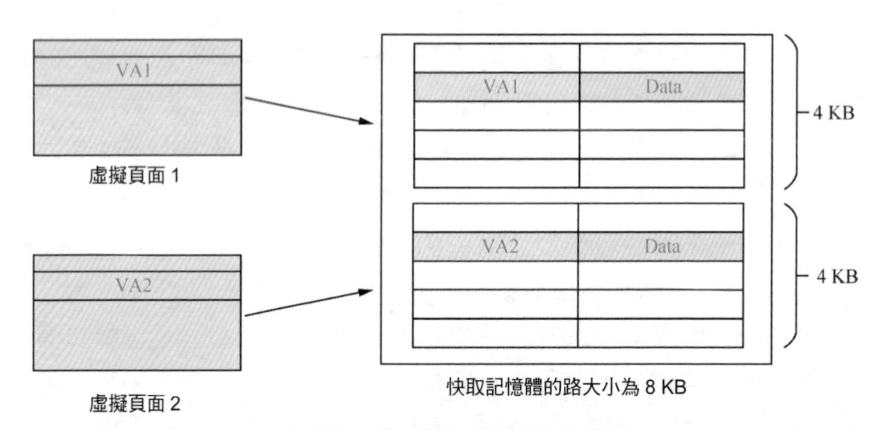

(b) 兩個虛擬頁面同時快取到快取記憶體的路中

▲圖 15.16 VIPT 可能導致名稱重複問題

我們研究其中的虛擬位址 VA1 和 VA2，這兩個虛擬位址的第 12 位元可能是 0，也可能是 1。當 VA1 的第 12 位元為 0、VA2 的第 12 位元為 1 時，在快取記憶體中會在兩個不同的地方儲存同一個 PA 的值，這樣就導致了名稱重複問題。當修改虛擬位址 VA1 的內容後，存取虛擬位址 VA2 會得到一個舊值，導致錯誤發生，如圖 15.17 所示。

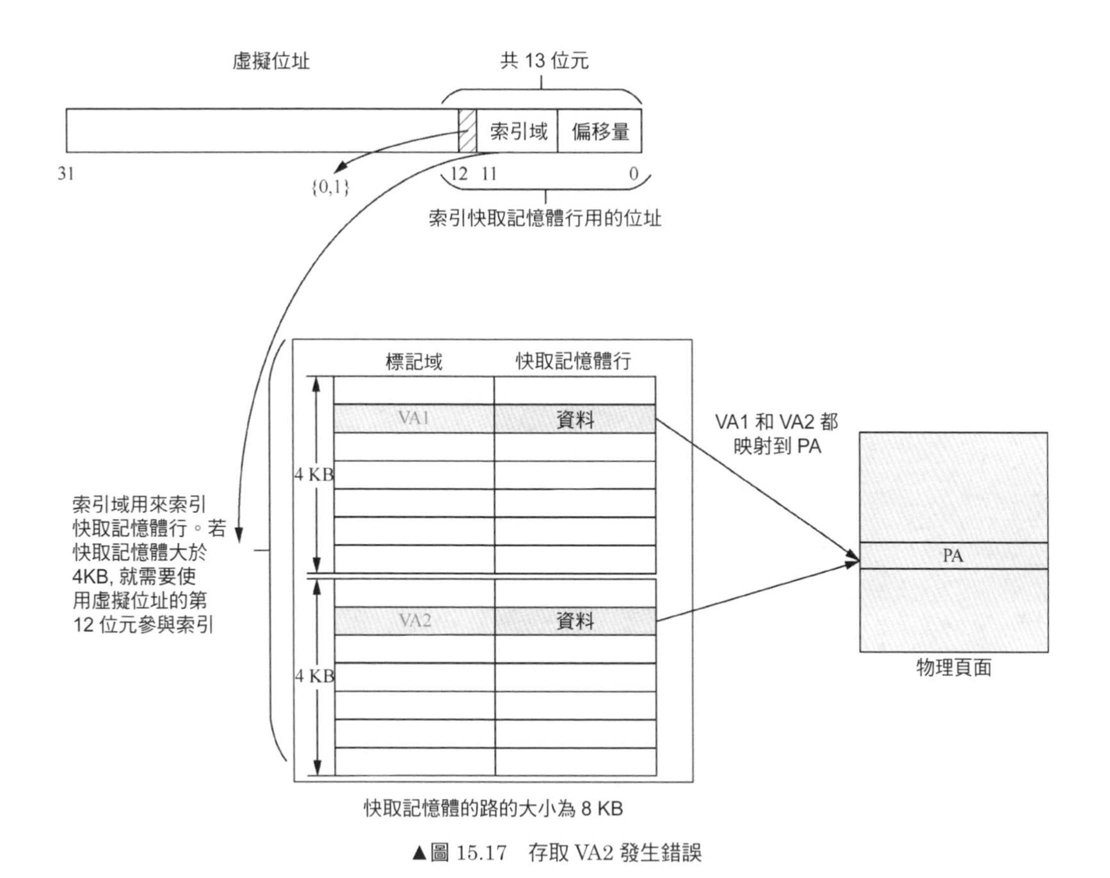

▲圖 15.17　存取 VA2 發生錯誤

15.7 快取記憶體策略

在處理器核心中，一筆記憶體讀寫指令經過取指、解碼、發射和執行等一系列操作之後，首先到達 LSU（Load Store Unit）。LSU 包括載入佇列（load queue）和儲存佇列（store queue）。LSU 是指令管線中的一個執行部件，是處理器儲存子系統的頂層，是連接指令管線和快取記憶體的一個支點。記憶體讀寫指令透過 LSU 之後，會到達一級快取控制器。一級快取控制器首先發起探測（probe）操作。對於讀取操作，發起快取記憶體讀取探測操作並帶回資料；對於寫入操作，發起快取記憶體寫入探測操作。發起寫入探測操作之前，需要準備好待寫入的快取記憶體行。探測操作傳回時，將會帶回資料。記憶體寫入指令獲得最終資料並進行提交操作之後，才會將資料寫入。這個寫入可以採用直寫入（write through）模式或者回寫（write back）模式。

在上述的探測過程中，對於寫入操作，如果沒有找到對應的快取記憶體行，就出現寫入未命中（write miss）；否則，就出現寫入命中（write hit）。對於寫入未命中的處理策略是寫入分配（write-allocate），即一級快取控制器將分配一個新的快取記憶體行，之後和獲取的資料進行合併，然後寫入一級快取中。

如果探測的過程是寫入命中的，那麼在真正寫入時有如下兩種模式。

- 直寫入模式：進行寫入操作時，資料同時寫入當前的快取記憶體、下一級快取記憶體或主記憶體中，如圖 15.18 所示。直寫入模式可以降低快取記憶體一致性的實現難度，其最大的缺點是會消耗比較多的匯流排頻寬，性能和回寫模式相比也有差距。

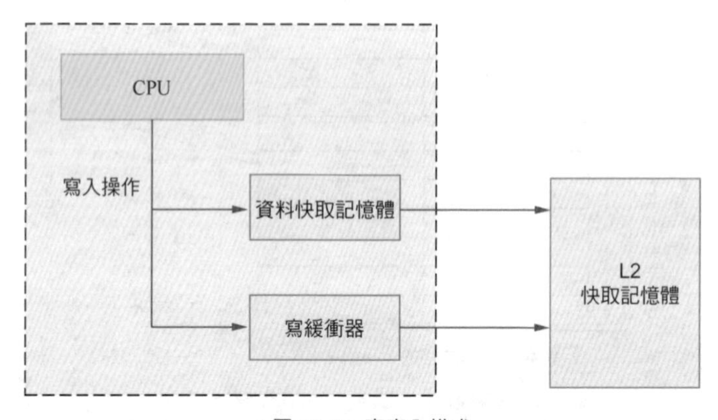

▲圖 15.18 直寫入模式

- 回寫模式：在進行寫入操作時，資料直接寫入當前快取記憶體，而不會繼續傳遞，當該快取記憶體行被替換出去時，被改寫的資料才會更新到下一級快取記憶體或主記憶體中，如圖 15.19 所示。該策略增加了快取記憶體一致性的實現難度，但是有效減少了匯流排頻寬需求。

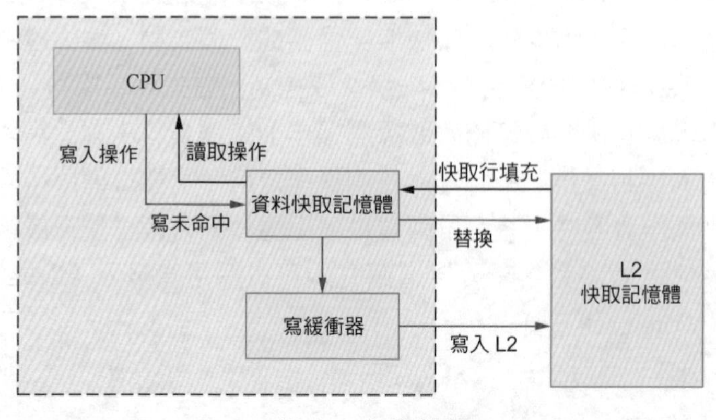

▲圖 15.19 回寫模式

如果寫入未命中，那麼也存在兩種不同的策略。

- 寫入分配（write-allocate）策略：先把要寫入的資料載入到快取記憶體中，後修改快取記憶體的內容。
- 不寫入分配（no write-allocate）策略：不分配快取記憶體，而直接把內容寫入記憶體中。

對於讀取操作，如果命中快取記憶體，那麼直接從快取記憶體中獲取資料；如果沒有命中快取記憶體，那麼存在如下兩種不同的策略。

- 讀取分配（read-allocate）策略：先把資料載入到快取記憶體中，後從快取記憶體中獲取資料。
- 讀取直通（read-through）策略：不經過快取記憶體，直接從記憶體中讀取資料。

由於快取記憶體的容量遠小於主記憶體，快取記憶體未命中意味著處理器不僅需要從主記憶體中獲取資料，而且需要將快取記憶體的某個快取記憶體行替換出去。在快取記憶體的標記陣列中，除位址資訊之外，還有快取記憶體行的狀態資訊。不同的快取記憶體一致性策略使用的快取記憶體狀態資訊並不相同。在 MESI 協定中，一個快取記憶體行通常包括 M、E、S 和 I 這 4 種狀態。

快取記憶體的替換策略有隨機法（random policy）、先進先出（First in First out，FIFO）法和最近最少使用（Least Recently Used，LRU）法。

- 隨機法：隨機地確定替換的快取記憶體行，由一個隨機數產生器產生隨機數來確定替換行，這種方法簡單、易於實現，但命中率比較低。
- FIFO 法：選擇最先調入的快取記憶體行進行替換，最先調入的行可能被多次命中，但是被優先替換，因而不符合局部性規則。
- LRU 法：根據各行使用的情況，始終選擇最近最少使用的行來替換，這種演算法較好地反映了程式局部性規則。

在 Cortex-A57 處理器中，一級快取採用 LRU 演算法，而 L2 快取記憶體採用隨機法。在最新的 Cortex-A72 處理器中，L2 快取記憶體採用偽隨機法或偽 LRU 法。

15.8 快取記憶體的共用屬性

下面介紹快取記憶體的共用屬性的相關內容。

15.8.1 共用屬性

在 ARMv8 系統結構下，對於普通記憶體（normal memory），可以為快取記憶體設定可快取的（shareability）和不可快取的（non-shareability）兩種屬性。進一步地，我們可以設定快取記憶體為內部共用（inner share）和外部共用（outer share）的快取記憶體。

一個快取記憶體屬於內部共用還是外部共用，在 SoC 設計階段就確定下來了，不同的設計方案有不同的結果。整體來說，我們有如下簡單的判斷規則。

- 內部共用的快取記憶體通常指的是 CPU 內部整合的快取記憶體，它們最靠近處理器核心，例如 Cortex-A72 核心內部可以整合 L1 和 L2 快取記憶體。
- 外部共用的快取記憶體指的是透過系統匯流排擴充的快取記憶體，例如連接到系統匯流排上的擴充 L3 快取記憶體。

如圖 15.20（a）所示，系統的 CPU 內部整合了 L1 快取記憶體和 L2 快取記憶體，L1 快取記憶體和 L2 快取記憶體就組成了內部共用的快取記憶體。另外，透過系統匯流排還擴充了 L3 快取記憶體，這個 L3 快取記憶體就稱為外部共用的快取記憶體。

如圖 15.20（b）所示，系統的 CPU 內部只整合了 L1 快取記憶體，這個系統只有 L1 快取記憶體屬於內部共用的快取記憶體。另外，透過系統匯流排擴充了 L2 快取記憶體，這個 L2 快取記憶體就稱為外部共用的快取記憶體。因此，對比這兩個系統我們可知，L2 快取記憶體究竟屬於內部共用還是外部共用的快取記憶體，取決於 SoC 的設計方案。

根據共用的範圍，快取記憶體可以分成 4 個共用域（share domain）——不可共用域、內部共用域、外部共用域以及系統共用域。共用域的目的是指定其中所有可以存取記憶體的硬體單元實現快取一致性的範圍，主要用於快取記憶體維護指令以及記憶體屏障指令，如圖 15.21 所示。

一個處理器系統中，除處理器之外，還有其他的可以存取記憶體的硬體單元。這些硬體單元（如 DMA 裝置、GPU 等）通常具有存取記憶體匯流排的能力，這些硬體單元可以稱為處理器之外的觀察點。在一個多核心系統中，DMA 裝置和 GPU 透過系統匯流排連接到 DDR 記憶體，而處理器也透過系統匯流排連接到 DDR 記憶體，它們都能同時透過系統匯流排存取記憶體。

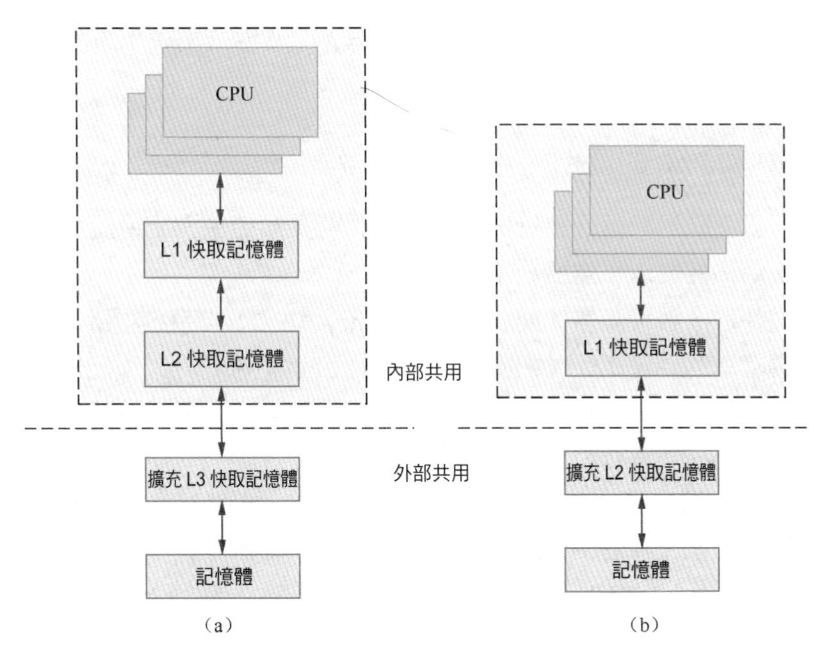

▲圖 15.20 內部共用和外部共用例子

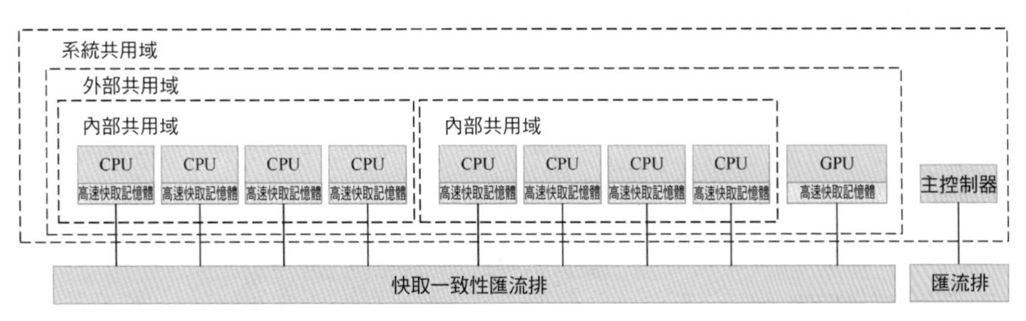

▲圖 15.21 共用域

如果一個區域被標記為“不可共用的”，表示它只能被一個處理器存取，其他處理器不能存取。

如果一個區域被標記為“內部共用的”，表示這個區域裡的處理器可以存取這些共用的快取記憶體，但是系統中其他區域的硬體單元（如 DMA 裝置、GPU 等）就不能存取了。

如果一個區域被標記為“外部共用的”，表示這個區域裡的處理器以及具有存取記憶體能力的硬體單元（如 GPU 等）都可以相互存取和共用快取記憶體。

如果一個記憶體區域被標記為“系統共用的”，表示系統中所有存取記憶體的單元都可以存取和共用這個區域。

15.8.2 PoU 和 PoC 的區別

當對一個快取記憶體行進行操作時，我們需要知道快取記憶體操作的範圍。ARMv8 系統結構將從以下角度觀察記憶體。

- 全域快取一致性角度（Point of Coherency，PoC）：系統中所有可以發起記憶體存取的硬體單元（如處理器、DMA 裝置、GPU 等）都能保證觀察到的某一個位址上的資料是一致的或者是相同的副本。通常 PoC 表示站在系統的角度來看快取記憶體的一致性問題。
- 處理器快取一致性角度（Point of Unification，PoU）：表示站在處理器角度來看快取記憶體的一致性問題，例如看到的指令快取記憶體、資料快取記憶體、TLB、MMU 等都是同一份資料的副本，資料是一致的。PoU 有兩個觀察點。
  - 站在處理器角度來看，也就是針對單一處理器。
  - 站在內部共用屬性的範圍來看，這裡針對的是同屬於內部共用屬性的一組處理器。對於一個內部共用的 PoU，所有的處理器都能看到相同的記憶體副本。

下面舉個例子，如圖 15.22（a）所示，系統的 CPU 只整合了 L1 指令快取記憶體和 L1 資料快取記憶體，因此 PoU 就相當於 PoC。

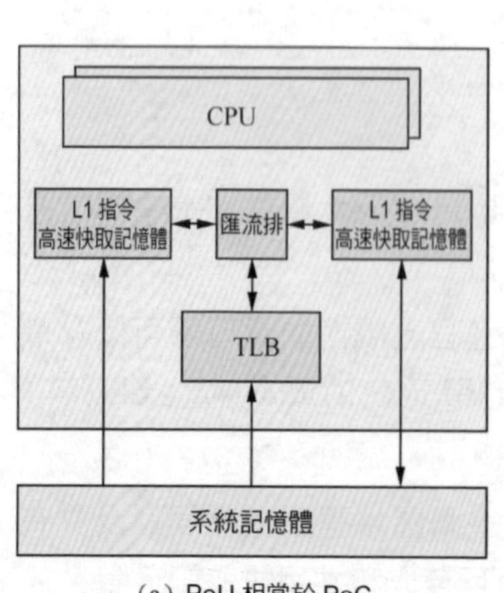

(a) PoU 相當於 PoC

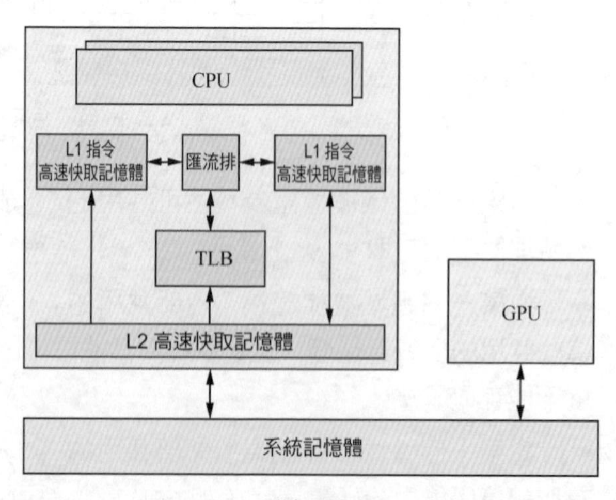

(b) PoC

▲圖 15.22 PoU 和 PoC 的區別

如圖 15.22（b）所示，系統有 CPU 和 GPU 模組，它們都具有存取系統記憶體的能力。在 CPU 側，包含了 L1 快取記憶體和 L2 快取記憶體，站在 CPU 的角度，它只能保證 L1 快取記憶體和 L2 快取記憶體的一致性，如果 GPU 修改某個記憶體位址，可能會導致 L1 快取記憶體和 L2 快取記憶體的資料和主記憶體不一致，因此 L1 快取記憶體和 L2 快取記憶體形成了 PoU。如果我們站在全系統的角度來觀察，CPU 和 GPU 以及系統記憶體形成了 PoC。

如果以 PoU 看快取記憶體，那麼這個觀察點就是 L2 快取記憶體，因為處理器都可以在 L2 快取記憶體中看到相同的副本。

如果以 PoC 看快取記憶體，那麼這個觀察點是系統記憶體，因為 CPU 和 GPU 都能共同存取系統記憶體。

PoC 站在整個系統的角度來觀察，它需要保證系統中所有的觀察者都能看到同一份資料的副本，這些觀察者是系統中所有具有存取系統記憶體的模組，例如 CPU、GPU、DMA 等。而 PoU 站在單一處理器或者內部共用的處理器的角度來觀察，PoC 的範圍通常包括系統擴充的快取記憶體（例如擴充的 L3 快取記憶體）以及系統記憶體。

為什麼 ARM64 系統結構裡要區分 PoU 和 PoC ？這兩個概念是為快取記憶體維護指令準備的。快取記憶體維護操作（例如無效操作或者清理操作）需要知道操作的作用範圍。而共用屬性在記憶體管理以及記憶體屏障中會使用到。

15.9 快取記憶體的維護指令

ARM64 指令集提供了對快取記憶體進行管理的指令，其中包括管理無效快取記憶體和清理快取記憶體的指令。在某些情況下，作業系統或者應用程式會主動呼叫快取記憶體管理指令對快取記憶體進行干預和管理。例如，當處理程序改變了位址空間的存取權限、快取記憶體策略或者虛擬位址到物理位址的映射時，通常需要對快取記憶體做一些同步管理，如清理對應快取記憶體中舊的內容。

快取記憶體的管理主要有如下 3 種情況。

- 失效（invalidate）操作：使整個快取記憶體或者某個快取記憶體行失效。之後，捨棄快取記憶體上的資料。
- 清理（clean）操作：把標記為污染的整個快取記憶體或者某個快取記憶體行寫回下一級快取記憶體中或者記憶體中，然後清除快取記憶體行中的污染位元。這使得快取記憶體行的內容與下一級快取記憶體或者記憶體中的資料保持一致。

- ❑ 清零(zero)操作:在某些情況下,用於對快取記憶體進行預先存取和加速。例如,當程式需要使用較大的臨時記憶體時,如果在初始化階段對這塊記憶體進行清零操作,快取記憶體控制器就會主動把這些零資料寫入快取記憶體行中。若程式主動使用快取記憶體的清零操作,那麼將大大減小系統內部匯流排的頻寬。

另外,ARM64 系統結構還提供了一種混合的操作,即清理並使其失效(clean and invalidate),它會先執行清理操作,然後再使快取記憶體行失效。

對快取記憶體的操作可以指定如下不同的範圍。

- ❑ 整塊快取記憶體。
- ❑ 某個虛擬位址。
- ❑ 特定的快取記憶體行或者組和路。

另外,在 ARMv8 系統結構中最多可以支援 7 級快取記憶體,即 L1 ~ L7 快取記憶體。當對一個快取記憶體行進行操作時,我們需要知道快取記憶體操作的範圍。ARMv8 系統結構中將從以下角度觀察記憶體。

- ❑ 全域快取一致性角度。
- ❑ 處理器快取一致性角度。

ARMv8 系統結構提供 DC 和 IC 兩筆與快取記憶體相關的指令,它們根據輔助操作符號可以有不同的含義。DC 和 IC 指令的格式如下。

```
資料快取指令:DC   <operation>,   <Xt>
指令快取指令:IC   <operation>,   <Xt>
```

如圖 15.23 所示,DC 和 IC 指令包含兩個參數:一個是操作碼;另一個是 X*t*,用於傳遞參數,例如虛擬位址等。操作碼可以分成 4 部分。

- ❑ 功能:包括快取記憶體指令的功能,例如清理等。
- ❑ 類型:用來指定指令操作的類型,例如,VA 是針對單一虛擬位址的操作,SW 表示針對快取記憶體中的路和組進行操作,ALL 表示針對整個快取記憶體。
- ❑ 觀察點:表示站在哪個角度來對快取記憶體進行操作,U 表示站在處理器快取一致性角度,C 表示站在全域快取一致性角度。

❑ 共用：IS 表示內部共用屬性。

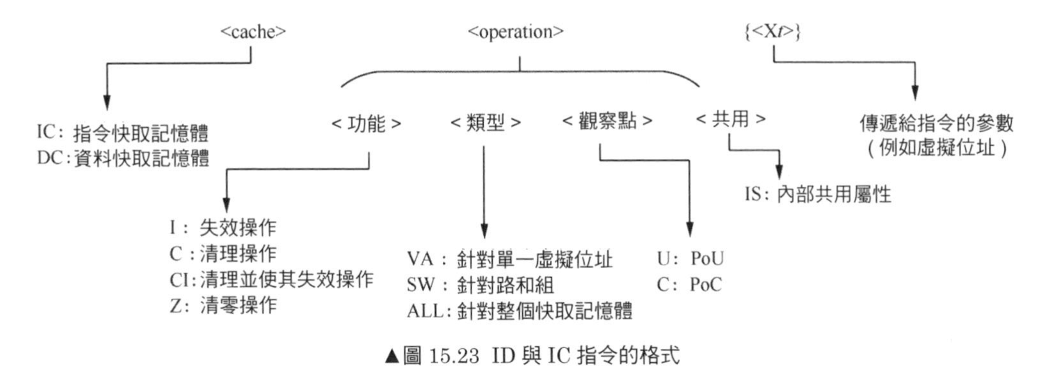

▲圖 15.23 ID 與 IC 指令的格式

IC 指令格式中的 U 還可以和共用屬性 IS 結合來表示屬於同一個內部共用域的一組處理器。例如，"ic ialluis" 指令表示使內部共用域中所有處理器的指令快取記憶體都失效。

ARMv8 系統結構支援的快取記憶體指令如表 15.2 所示。

表 15.2　ARMv8 系統結構支援的快取記憶體指令

指令的類型	輔助操作符號	描　述
DC	cisw	清理並使指定的組和路的快取記憶體失效
	civac	站在 PoC，清理並使指定的虛擬位址對應的快取記憶體失效
	csw	清理指定的組或路的快取記憶體
	cvac	站在 PoC，清理指定的虛擬位址對應的快取記憶體
	cvau	站在 PoU，清理指定的虛擬位址對應的快取記憶體
	isw	使指定的組或路的快取記憶體失效
	ivac	站在 PoC，使指定的虛擬位址中對應的快取記憶體失效
	zva	把虛擬位址中的快取記憶體清零
IC	ialluis	站在 PoU，使所有的指令快取記憶體失效，這些指令快取記憶體是內部共用的
	iallu	站在 PoU，使所有的指令快取記憶體失效
	ivau	站在 PoU，使指定虛擬位址對應的指令快取記憶體失效

15.10 快取記憶體列舉

當我們做快取記憶體維護操作時，需要知道快取記憶體的如下資訊。

❑ 系統支援多少級快取記憶體？

❑ 快取記憶體行的大小是多少？

❑ 對於每一級的快取記憶體，它的路和組是多少？

對於清理操作，我們需要知道一次清理操作最多可以清理多少資料。

上述這些資訊可以透過 ARMv8 提供的系統暫存器來獲取。一般來說，在系統啟動時，透過存取這些暫存器，列舉快取記憶體，得到上述資訊。

1．CLIDR_EL1

這個暫存器用來標識快取記憶體的類型以及系統最多支援幾級快取記憶體。

CLIDR_EL1 的格式如圖 15.24 所示。

Ctype<*n*> 欄位用來描述快取的類型。系統最多支援的快取記憶體是 7 級，軟體需要遍歷 Ctype<*n*> 欄位。當讀到的值為 000 時，說明已經找到系統實現的最高級的快取記憶體了。例如，當 Ctype3 的值為 000 時，說明系統中最高級的快取記憶體為 L2 快取記憶體。Ctype<*n*> 欄位的含義如下。

❑ 0b000：表示該級沒有實現快取記憶體。

❑ 0b001：表示該級為指令快取記憶體。

❑ 0b010：表示該級為資料快取記憶體。

❑ 0b011：表示分離的快取記憶體。

❑ 0b100：表示聯合的快取記憶體（unified cache）。

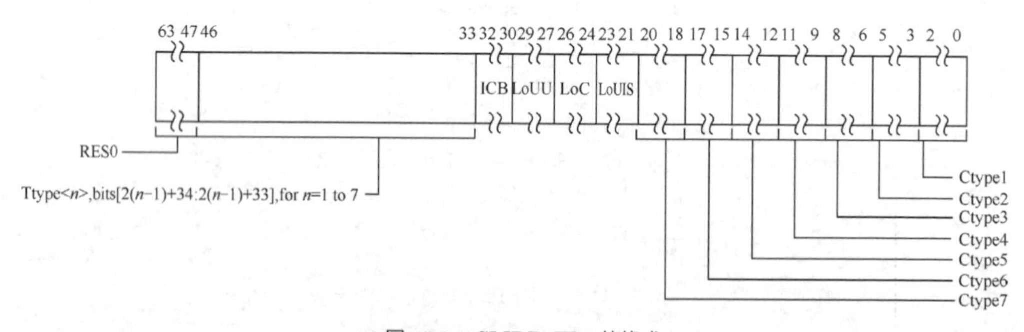

▲圖 15.24 CLIDR_EL1 的格式

LoUIS 欄位表示內部共用 PoU 的邊界所在的快取記憶體等級。

LoC 欄位表示 PoC 的邊界所在的快取記憶體等級。

LoUU 欄位表示單一處理器 PoU 的邊界所在的快取記憶體等級。

ICB 欄位表示內部快取（inner cache）邊界。ICB 欄位的編碼如下。

- ❑ 0b001：L1 是最高等級的內部共用的快取記憶體。
- ❑ 0b010：L2 是最高等級的內部共用的快取記憶體。
- ❑ 0b011：L3 是最高等級的內部共用的快取記憶體。
- ❑ 0b100：L4 是最高等級的內部共用的快取記憶體。
- ❑ 0b101：L5 是最高等級的內部共用的快取記憶體。
- ❑ 0b110：L6 是最高等級的內部共用的快取記憶體。
- ❑ 0b111：L7 是最高等級的內部共用的快取記憶體。

Ttype<n> 欄位表示快取記憶體標記域的類型。

2．CTR_EL0

CTR_EL0 記錄了快取記憶體的相關資訊，例如快取記憶體行大小、快取記憶體策略等。

CTR_EL0 的格式如圖 15.25 所示。

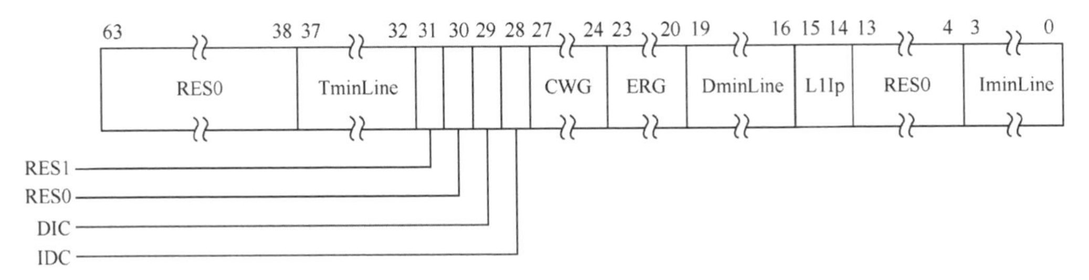

▲圖 15.25 CTR_EL0 的格式

IminLine 欄位表示指令快取記憶體的緩衝行大小。

L1Ip 欄位表示 L1 指令快取記憶體的策略。該欄位的值如下。

- ❑ 0b00：表示透過 VMID 指定的快取記憶體策略為物理索引物理標記。
- ❑ 0b01：表示透過 ASID 指定的快取記憶體策略為虛擬索引虛擬標記。
- ❑ 0b10：表示快取記憶體的策略為虛擬索引物理標記。
- ❑ 0b11：表示快取記憶體的策略為物理索引物理標記。

DminLine 欄位表示資料快取記憶體或者聯合快取記憶體的緩衝行大小。

ERG 欄位表示獨占存取的最小單位，用於獨占載入和儲存指令。

CWG 欄位表示快取記憶體回寫的最小單位。

IDC 欄位表示清理資料快取記憶體時是否要求指令對資料的一致性。

DIC 欄位表示無效指令快取記憶體時是否要求資料與指令的一致性。

TminLine 欄位表示緩衝行中標籤的大小。

3．CSSELR_EL1 與 CCSIDR_EL1

軟體需要協作使用 CSSELR_EL1 和 CCSIDR_EL1 兩個暫存器來查詢每一級快取記憶體的相關資訊。

CSSELR_EL1 的格式如圖 15.26 所示。

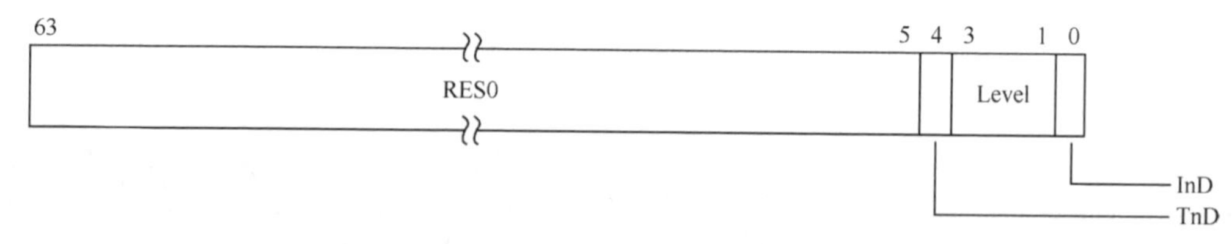

▲圖 15.26 CSSELR_EL1 的格式

InD 欄位用來表示指定快取記憶體的類型。該欄位的值如下。

- 0b0：表示資料快取記憶體或者聯合快取記憶體。
- 0b1：表示指令快取記憶體。

Level 欄位指定要查詢的快取記憶體的層級。

TnD 欄位用來指定快取記憶體標記的類型。該欄位的值如下。

- 0b0：表示資料、指令或者聯合快取記憶體。
- 0b1：表示獨立分配標記的快取記憶體。

CCSIDR_EL1 的格式如圖 15.27 所示。

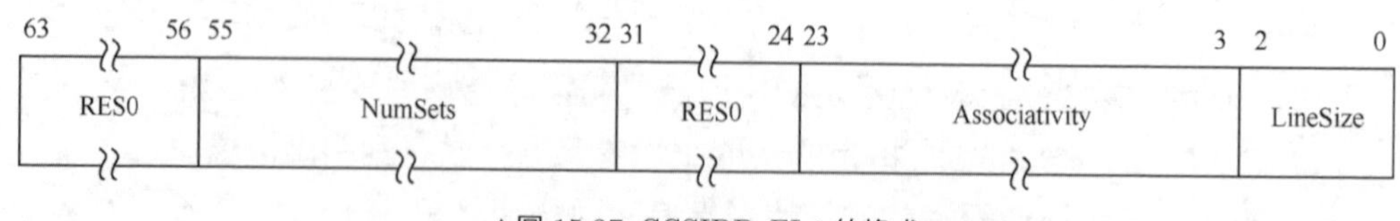

▲圖 15.27 CCSIDR_EL1 的格式

LineSize 欄位表示快取記憶體行的大小。

Associativity 欄位表示路的數量。

NumSets 欄位表示組的數量。

4．DCZID_EL0 暫存器

這個暫存器用來指定清理操作（DC ZVA）的資料區塊大小。

15.11 實驗

15.11.1 實驗 15-1：列舉快取記憶體

1．實驗目的

熟悉 ARMv8 的快取記憶體列舉過程。

2．實驗要求

在 BenOS 裡列舉出當前樹莓派 4B 的快取記憶體相關資訊。

（1）系統包含幾級快取記憶體？

（2）每一級快取記憶體是獨立快取記憶體還是統一快取記憶體？

（3）每一級快取記憶體中快取行的大小是多少位元組？

（4）每一級快取記憶體的路和組是多少？快取記憶體的總容量是多少？

（5）這個系統中 PoC 指的是哪一級快取記憶體？

（6）單一處理器 PoU 指的是哪一級快取記憶體？

（7）內部共用的 PoU 指的是哪一級快取記憶體？

（8）L1 指令快取記憶體實現的 VIPT 還是 PIPT ？

15.11.2 實驗 15-2：清理快取記憶體

1．實驗目的

熟悉快取記憶體維護指令的使用。

2．實驗要求

（1）在 BenOS 裡寫一個 flush_cache_range() 組合語言函數。

```
void flush_cache_range(start_addr, end_addr)
```

該函數用來清理指定範圍的資料快取記憶體並使指定範圍的資料快取記憶體失效。

（2）寫一個測試程式，測試 flush_cache_range() 函數對性能的影響，可以使用時脈中斷作為系統的 jiffies 來計算時間。jiffies 表示系統開機到現在總共的時脈中斷次數。

注意，本實驗要在樹莓派 4B 開發板上做，不推薦在 QEMU 虛擬機器裡做，因為 QEMU 虛擬機器裡測量的時間不太準確。

第 16 章

快取一致性

本章思考題

1．為什麼需要快取一致性？

2．快取一致性的解決方案一般有哪些？

3．為什麼軟體維護快取一致性會在降低性能的同時增加功耗？

4．什麼是 MESI 協定？ MESI 這幾個字母分別代表什麼意思？

5．假設系統中有 4 個 CPU，每個 CPU 都有各自的一級快取記憶體，處理器內部實現的是 MESI 協定，它們都想存取相同位址的資料 *a*，大小為 64 位元組，這 4 個 CPU 的快取記憶體在初始狀態下都沒有快取資料 *a*。在 *T0* 時刻，CPU0 存取資料 a。在 *T1* 時刻，CPU1 存取資料 *a*。在 *T2* 時刻，CPU2 存取資料 *a*。在 *T3* 時刻，CPU3 想更新資料 *a* 的內容。請依次說明，*T0*～*T3* 時刻，4 個 CPU 中快取記憶體行的變化情況。

6．MOESI 協定中的 O 代表什麼意思？

7．什麼是快取記憶體錯誤分享？請闡述快取記憶體錯誤分享發生時快取記憶體行狀態變化情況，以及軟體應該如何避免快取記憶體錯誤分享。

8．DMA 和快取記憶體容易產生快取一致性問題。從 DMA 緩衝區（記憶體）到裝置的 FIFO 緩衝區搬運資料時，應該如何保證快取一致性？從裝置的 FIFO 緩衝區到 DMA 緩衝區（記憶體）搬運資料時，應該如何保證快取一致性？

9．什麼是自我修改程式碼？自我修改程式碼是如何產生快取一致性問題的？該如何解決？

本章重點介紹快取一致性等相關問題，包括為什麼需要快取一致性，快取一致性有哪些分類，在業界快取一致性有哪些常用的解決方案。另外本章，還會重點介紹 MESI 協定，包括如何看懂 MESI 協定的狀態轉換圖、MESI 協定的應用場景等。最後，本章透過三個案例來分析快取一致性的相關問題。

16.1 為什麼需要快取一致性

什麼是快取一致性呢？快取一致性關注的是同一個資料在多個快取記憶體和記憶體中的一致性問題。那為什麼會產生快取一致性問題呢？

要了解這個問題，我們需要從單核心處理器進化到多核心處理器這個過程開始說起。以 ARM Cortex-A 系列處理器為例，在 Cortex-A8 階段，採用單核心處理器，到了 Cortex-A9 之後，就有了多核心處理器。在多核心處理器裡，每個核心都有自己的 L1 快取記憶體，多核心之間可能共用一個 L2 快取記憶體等。

以圖 16.1 為例，CPU0 有自己的 L1 快取記憶體，CPU1 也有自己的 L1 快取記憶體。如果 CPU0 率先存取記憶體位址 A，這個位址的資料就會載入到 CPU0 的 L1 快取記憶體裡。如果 CPU1 也想存取這個資料，那應該怎麼辦呢？它應該從記憶體中讀取，還是向 CPU0 要資料呢？這種情況下就產生了快取一致性問題。因為記憶體位址 A 的資料在系統中存在兩個副本，一個在記憶體位址 A 中，另一個在 CPU0 本機的 L1 快取記憶體裡。如果 CPU0 修改了本機的 L1 快取記憶體的資料，那麼這兩個資料副本就不一致，此時就出現了快取一致性問題。

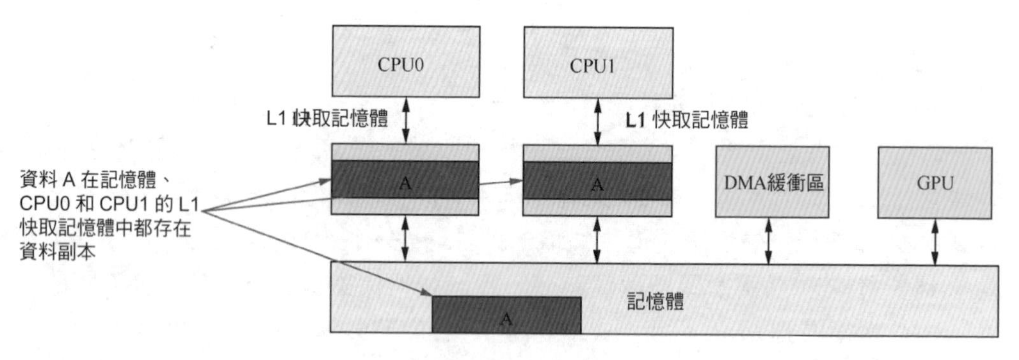

▲圖 16.1 快取一致性問題

如圖 16.1 所示，資料 A 在三個地方——記憶體、CPU0 的快取記憶體、CPU1 的快取記憶體。這個系統有 4 個觀察者（observer）——CPU0、CPU1、DMA 緩衝區以及 GPU，那麼在 4 個觀察者眼中，記憶體 A 的資料會是一致的嗎？有沒有可能產生不一致的情況呢？這就是快取一致性的問題，包括了核心與核心之間的快取一致性、DMA 緩衝區和快取記憶體之間的一致性等。

快取一致性關注的是同一個資料在多個快取記憶體和記憶體中的一致性問題。解決快取記憶體一致性的方法主要是匯流排監聽協定，例如 MESI 協定等。所以本章主要介紹 MESI 協定的原理和應用。

雖然 MESI 協定對軟體是透明的，即完全是硬體實現的，但是在有些場景下需要軟體手工來干預。下面舉幾個例子。

- 驅動程式中使用 DMA 緩衝區造成資料快取記憶體和記憶體中的資料不一致。這很常見。裝置內部一般有 FIFO 緩衝區。當我們需要把裝置的 FIFO 緩衝區中的資料寫入記憶體的 DMA 緩衝區時，需要考慮快取記憶體的影響。當需要把記憶體中 DMA 緩衝區的資料搬移到裝置的 FIFO 緩衝區時，也需要思考快取記憶體的影響。
- 自我修改程式碼（Self-Modifying Code，SMC）導致資料快取記憶體和指令快取記憶體不一致，因為資料快取記憶體裡的程式可能比指令快取記憶體裡的要新。
- 修改頁表導致不一致（TLB 裡保存的資料可能過時）。

16.2 快取一致性的分類

16.2.1 ARM 處理器快取一致性發展歷程

ARM 處理器的快取一致性的發展歷程如圖 16.2 所示。

在 2006 年，Cortex-A8 處理器橫空出世。Cortex-A8 是一個單核心的設計，只有一個 CPU 核心，沒有多核心之間的快取一致性問題，不過會有 DMA 緩衝區和快取記憶體的一致性問題。

Cortex-A9 中加入多核心（MPcore）設計，需要在核心與核心之間透過硬體來保證快取一致性，通常的做法是實現 MESI 之類的協定。

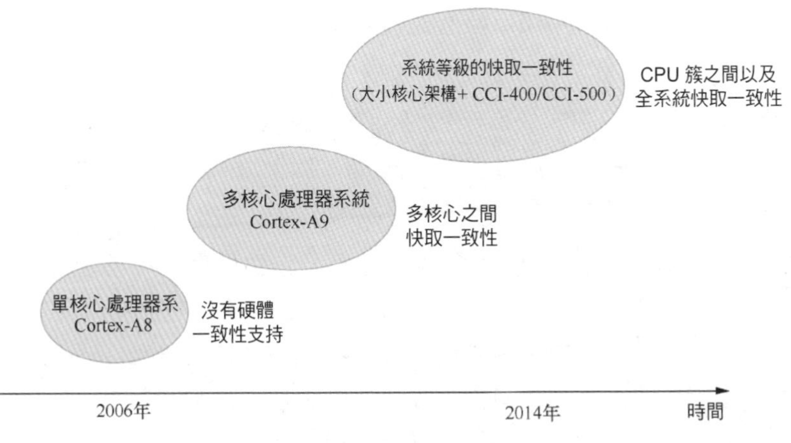

▲圖 16.2 ARM 處理器快取一致性的發展歷程

Cortex-A15 中引入了大小核的系統結構。大小核系統結構裡有兩個 CPU 簇（cluster），每個簇裡有多個處理器核心。我們需要 MESI 協定來保證多個處理器核心的快取一致性。那 CPU 簇與簇之間如何來保證快取一致性呢？這時候就需要一個實現 AMBA 快取一致性擴充（AMBA coherency extension）協定的控制器來解決這個問題了。這就是系統等級的快取一致性問題。ARM 公司在這方面做了不少工作，有現成的 IP（比如 CCI-400、CCI-500 等）可以使用。

16.2.2 快取一致性分類

快取一致性根據系統設計的複雜度可以分成兩大類。

- 多核心間的快取一致性，通常指的是 CPU 簇內的處理器核心之間的快取一致性。
- 系統間的快取一致性，包括 CPU 簇與簇之間的快取一致性以及全系統（例如 CPU 與 GPU）間的快取一致性。

在單核心處理器系統裡，系統只有一個 CPU 和快取記憶體，不會有第二個存取快取記憶體的 CPU，因此，在單核心處理器系統裡沒有快取一致性問題。注意，這裡說的快取一致性問題指的是多核心之間的快取一致性問題，單一處理器系統依然會有 DMA 和 CPU 快取記憶體之間的一致性問題。此外，在單核心處理器系統裡，快取記憶體的管理指令的作用範圍僅限於單核心處理器。

我們看一下多核心處理器的情況，例如，基於 Cortex-A9 的多核心處理器系統在硬體上就支援多核心間的快取一致性，硬體上實現了 MESI 協定。在 ARM 的晶片手冊裡，實現 MESI 協定的硬體單元一般稱為監聽控制單元（Snoop Control Unit，SCU）。另外，在多核心處理器系統裡，快取記憶體維護指令會發廣播訊息到所有的 CPU 核心，這一點和單核心處理器不一樣。

圖 16.3（a）所示是單核心處理器的情況，它只有一個 CPU 核心和單一的快取記憶體，沒有多核心間的快取一致性問題。圖 16.3（b）所示是一個雙核的處理器，每個核心內部有自己的 L1 快取記憶體，因此就需要一個硬體單元來處理多核心間的快取一致性問題，通常就是我們說的 SCU 了。

圖 16.4 所示是 ARM 大小核系統系統結構，它由兩個 CPU 簇組成，每個 CPU 簇有兩個核心。我們來看其中一個 CPU 簇，它由 SCU 保證 CPU 核心之間的快取一致性。於是，在最下面有一個快取一致性控制器，例如 ARM 公司的 CCI-400 控制器，它保證這兩個 CPU 簇之間的快取一致性問題。

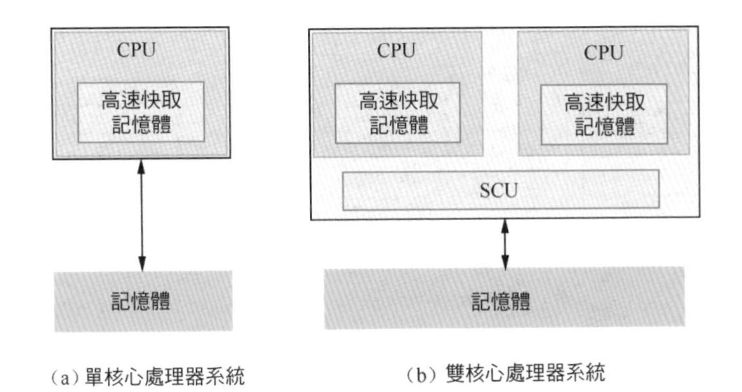

▲圖 16.3 單核心和多核心處理器系統

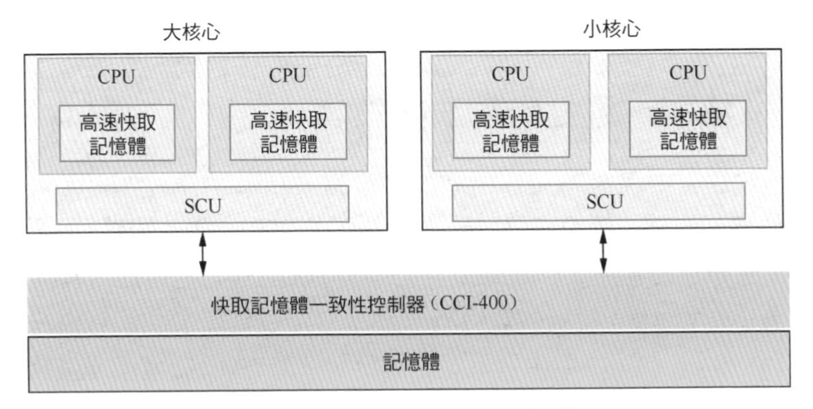

▲圖 16.4 ARM 大小核系統系統結構

16.2.3 系統快取一致性問題

現在 ARM 系統越來越複雜了，從多核發展到多簇，例如大小核系統結構等。圖 16.5 所示是一個典型的大小核系統結構，小核由 Cortex-A53 組成，大核由 Cortex-A72 組成，兩個 Core-A53 核心組成了一個 CPU 簇。在一個 CPU 簇裡，每個 CPU 都有各自獨立的 L1 快取記憶體，共用一個 L2 快取記憶體，然後透過一個 ACE 的硬體單元連接到快取一致性控制器（例如 CCI-500）裡。ACE（AXI Coherent Extension）是 AMBA 4 協定中定義的。在這個系統裡，除 CPU 之外，還有 GPU，比如 ARM 公司的 Mali GPU。此外，還有一些帶有 DMA 功能的外接裝置等，這些裝置都有獨立存取記憶體的能力，因此它們也必須透過 ACE 介面來連接到這個快取一致性匯流排上。這個快取一致性匯流排就是用來實現系統等級的快取一致性的。

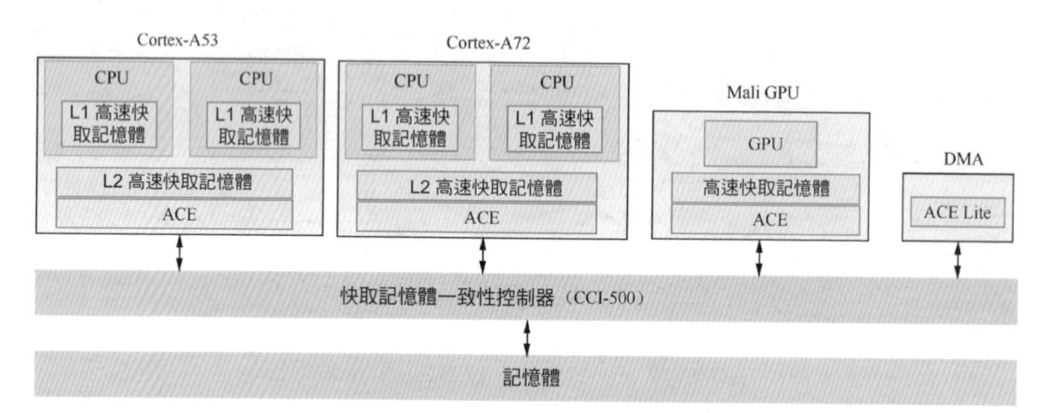

▲圖 16.5 典型的大小核系統結構

16.3 快取一致性的解決方案

快取一致性需要保證系統中所有的 CPU 以及所有的主控制器（例如 GPU、DMA 等）觀察到的某一個記憶體單元的資料是一致的。舉個例子，外接裝置使用 DMA，如果主機軟體產生了一些資料，然後想透過 DMA 把這些資料搬運到外接裝置。如果 CPU 和 DMA 看到的資料不一致，例如 CPU 產生的最新資料還在快取記憶體裡，而 DMA 從記憶體中直接搬運資料，那麼 DMA 搬運了一個舊的資料，從而產生了資料的不一致。因為最新的資料在 CPU 側的快取記憶體裡。這個場景下，CPU 是生產者，它來負責產生資料，而 DMA 是消費者，它負責搬運資料。

解決快取一致性問題，通常有 3 種方案。

- 關閉快取記憶體。
- 軟體維護快取一致性。
- 硬體維護快取一致性。

16.3.1 關閉快取記憶體

第一種方案是關閉快取記憶體，這是最簡單的辦法，不過，它會嚴重影響性能。例如，主機軟體產生了資料，然後想透過 DMA 緩衝區把資料搬運到裝置的 FIFO 緩衝區裡。在這個例子裡，CPU 產生的新資料會先放到記憶體的 DMA 緩衝區裡。但是，如果採用關閉快取記憶體的方案，那麼 CPU 在產生資料的過程中就不能利用快取記憶體，這會嚴重影響性能，因為 CPU 要頻繁存取記憶體的 DMA 緩衝區，這樣導致性能下降和功耗增加。

16.3.2 軟體維護快取一致性

第二種方案是軟體維護快取一致性，這是最常用的方式，軟體需要在合適時清除污染的快取行或者使快取行失效。這種方式增加了軟體的複雜度。

這種方案的優點是硬體實現會相對簡單。

缺點如下。

- 軟體複雜度增加。軟體需要手動清理污染的快取行或者使快取行失效。
- 增加偵錯難度。因為軟體必須在合適的時間點清除快取行並使快取行失效。如果不在恰當的時間點處理快取行，那麼 DMA 可能會傳輸錯誤的資料，這是很難定位和偵錯的。因為只在某個偶然的時間點傳輸了錯誤的資料，而且並沒有造成系統崩潰，所以偵錯難度相對大。常用的方法是一框一框地把資料抓出來並對比，而且我們還不一定會想到是沒有正確處理快取一致性導致的問題。造成資料破壞的問題是最難定位的。
- 降低性能，增加功耗。可能讀者不明白，為什麼軟體維護快取一致性容易降低性能，增加功耗。清理快取記憶體是需要時間的，它需要把污染的快取行的資料寫回到記憶體裡。在糟糕的情況下，可能需要把整個快取記憶體的資料都寫回記憶體裡，這相當於增加了存取記憶體的次數，從而降低了性能，增加了功耗。頻繁清理快取記憶體行是一個不好的習慣，這會大大影響性能。

16.3.3 硬體維護快取一致性

第三種方案是硬體維護快取一致性，這對軟體是透明的。

對於多核心間的快取一致性，通常的做法就是在多核心裡實現一個 MESI 協定，實現一種匯流排監聽的控制單元，例如 ARM 的 SCU。

對於系統等級的快取一致性，需要實現一種快取一致性匯流排協定。在 2011 年，ARM 公司在 AMBA 4 協定裡提出了 AXI 匯流排快取一致性擴充（AXI Coherency Extension，ACE）協定。ACE 協定用來實現 CPU 簇之間的快取一致性。另外，ACE Lite 協定用來實現 I/O 裝置（比如 DMA、GPU 等）的快取一致性。

16.4 MESI 協定

在一個處理器系統中，不同 CPU 核心上的快取記憶體和記憶體可能具有同一個資料的多個副本，在僅有一個 CPU 核心的處理器系統中不存在一致性問題。維護快取記憶體一致性的關鍵是追蹤每一個快取記憶體行的狀態，並根據處理器的讀寫操作和匯流排上對應的傳輸內容來更新快取記憶體行在不同 CPU 核心上的快取記憶體中的狀態，從而維護快取記憶體一致性。維護快取記憶體一致性有軟體和硬體兩種方式。有的處理器系統結構（如 PowerPC）提供顯性操作快取記憶體的指令，不過現在大多數處理器系統結構採用硬體方式來維護它。在處理器中透過快取記憶體一致性協定實現，這些協定維護一個有限狀態機（Finite State Machine，FSM），根據記憶體讀寫的指令或匯流排上的傳輸內容，進行狀態遷移和對應的快取記憶體操作來維護快取記憶體一致性，不需要軟體介入。

快取記憶體一致性協定主要有兩大類別：一類是監聽協定（snooping protocol），每個快取記憶體都要被監聽或者監聽其他快取記憶體的匯流排活動，如圖 16.6 所示；另一類是目錄協定（directory protocol），用於全域統一管理快取記憶體狀態。

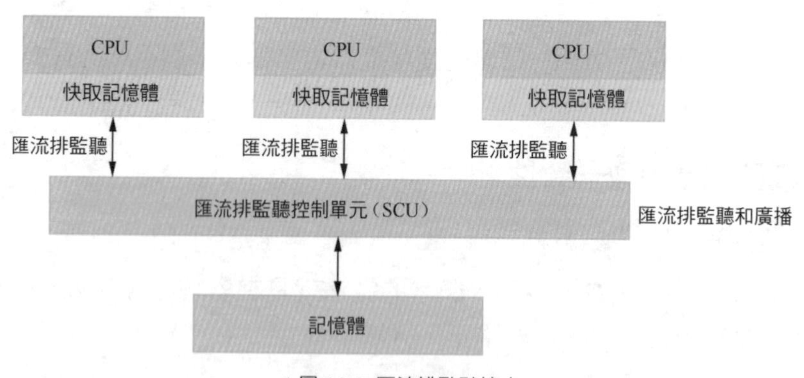

▲圖 16.6 匯流排監聽協定

1983 年，James Goodman 提出 Write-Once 匯流排監聽協定，後來演變成目前很流行的 MESI 協定。Write-Once 匯流排監聽協定依賴這樣的事實，即所有的匯流排傳輸事務對於處理器系統內的其他單元是可見的。匯流排是一個基於廣播通訊的機制，因而可以由每個處理器的快取記憶體來監聽。這些年來人們已經提出了數十種協定，這些協定基本上是 Write-Once 匯流排監聽協定的變種。不同的協定需要不同的通訊量，通訊量要求太多會浪費匯流排頻寬，因為它使匯流排爭用情況變多，留給其他部件使用的頻寬減少。因此，晶片設計人員嘗試將保持一致性協定所需要的匯流排通訊量最小化，或者嘗試最佳化某些頻繁執行的操作。

目前，ARM 或 x86 等處理器廣泛使用 MESI 協定來維護快取記憶體一致性。MESI 協定的名字源於該協定使用的修改（Modified，M）、獨占（Exclusive，E）、共用（Shared，S）和無效（Invalid，I）這 4 個狀態。快取記憶體行中的狀態必須是上述 4 個狀態中的 1 個。MESI 協定還有一些變種，如 MOESI 協定等，部分 ARMv7-A 和 ARMv8-A 處理器使用該變種協定。

16.4.1 MESI 協定簡介

快取記憶體行中有兩個標識——污染（dirty）和有效（valid）。它們極佳地描述了快取記憶體和記憶體之間的資料關係，如數據是否有效、資料是否被修改過。

表 16.1 所示為 MESI 協定中 4 個狀態的說明。

表 16.1　MESI 協定中 4 個狀態的說明

狀　態	說　明
M	這行資料有效，資料已被修改，和記憶體中的資料不一致，資料只存在於該快取記憶體中
E	這行資料有效，資料和記憶體中資料一致，資料只存在於該快取記憶體中
S	這行資料有效，資料和記憶體中資料一致，多個快取記憶體有這行資料的副本
I	這行資料無效

修改和獨占狀態的快取記憶體行中，資料都是獨有的，不同點在於修改狀態的資料是污染的，和記憶體不一致；獨占狀態的資料是乾淨的，和記憶體一致。擁有修改狀態的快取記憶體行會在某個合適的時刻把該快取記憶體行寫回記憶體中。

共用狀態的快取記憶體行中，資料和其他快取記憶體共用，只有乾淨的資料才能被多個快取記憶體共用。

無效狀態表示這個快取記憶體行無效。

在 MESI 協定中，每個快取記憶體行可以使用污染、有效以及共用（share）三位元的組合來表示修改、獨占、共用以及無效這 4 個狀態，如表 16.2 所示。例如，對於修改狀態，如果有效位元和污染位元都為 1 並且共用位元為 0，那麼我們認為這個快取行的狀態就是 MESI 協定規定的 M 狀態。

表 16.2 MESI 狀態表示方法

狀　態	有 效 位 元	污染位元	共 享 位 元
修改	1	1	0
獨占	1	0	0
共用	1	0	1
無效	0	0	0

16.4.2 本機讀寫與匯流排操作

MESI 協定在匯流排上的操作分成本機讀寫和匯流排操作，如表 16.3 所示。初始狀態下，當快取行中沒有載入任何資料時，狀態為 I。本機讀寫指的是本機 CPU 讀寫自己私有的快取記憶體行，這是一個私有操作。匯流排讀寫指的是有匯流排的事務（bus transaction），因為實現的是匯流排監聽協定，所以 CPU 可以發送請求到匯流排上，所有的 CPU 都可以收到這個請求。總之，匯流排讀寫操作指的是某個 CPU 收到匯流排讀取或者寫入的請求訊號，這個訊號是遠端 CPU 發出並廣播到匯流排的；而本機讀寫操作指的是本機 CPU 讀寫本機快取記憶體。

表 16.3 本機讀寫和匯流排操作

操 作 類 型	描　述
本機讀取（Local Read/PrRd）	本機 CPU 讀取快取行資料
本機寫入（Local Write/PrWr）	本機 CPU 更新快取行資料
匯流排讀取（Bus Read/BusRd）	匯流排監聽到一個來自其他 CPU 的讀取快取請求。收到訊號的 CPU 先檢查自己的快取記憶體中是否快取了該資料，然後廣播應答訊號
匯流排寫入（Bus Write/BusRdX）	匯流排監聽到一個來自其他 CPU 的寫入快取請求。收到訊號的 CPU 先檢查自己的快取記憶體中是否快取了該資料，然後廣播應答訊號
匯流排更新（BusUpgr）	匯流排監聽到更新請求，請求其他 CPU 做一些額外事情。其他 CPU 收到請求後，若 CPU 上有快取副本，則需要做額外的一些更新操作，如使本機的快取記憶體行失效等
更新（Flush）	匯流排監聽到更新請求。收到請求的 CPU 把自己的快取記憶體行的內容寫回主記憶體中
更新到匯流排（FlushOpt）	收到該請求的 CPU 會把快取記憶體行內容發送到匯流排上，這樣發送請求的 CPU 就可以獲取這個快取記憶體行的內容

16.4.3 MESI 狀態轉換圖

MESI 狀態轉換圖如圖 16.7 所示，實線表示處理器請求回應，虛線表示匯流排監聽回應。那如何解讀這個圖呢？當本機 CPU 的快取記憶體行的狀態為 I 時，若 CPU 發出 PrRd 請求，本機快取未命中，則在匯流排上產生一個 BusRd 訊號。其他 CPU 會監聽到該請求並且檢查它們的快取來判斷是否擁有了該副本。下面分兩種情況來考慮。

- 如果 CPU 發現本機副本，並且這個快取記憶體行的狀態為 S，見圖 16.7 中從 I 狀態到 S 狀態的 “PrRd/BusRd(shared)” 實線箭頭，那麼在匯流排上回復一個 FlushOpt 訊號，即把當前的快取記憶體行發送到匯流排上，快取記憶體行的狀態還是 S，見 S 狀態的 “PrRd/BusRd/FlushOpt” 實線箭頭。
- 如果 CPU 發現本機副本並且快取記憶體行的狀態為 E，見圖 16.7 中從 I 狀態到 E 狀態的 “PrRd/BusRd(!shared)” 實線箭頭，則在匯流排上回應 FlushOpt 訊號，即把當前的快取記憶體行發送到匯流排上，快取記憶體行的狀態變成 S，見 E 狀態到 S 狀態的 “BusRd/FlushOpt” 虛線箭頭。

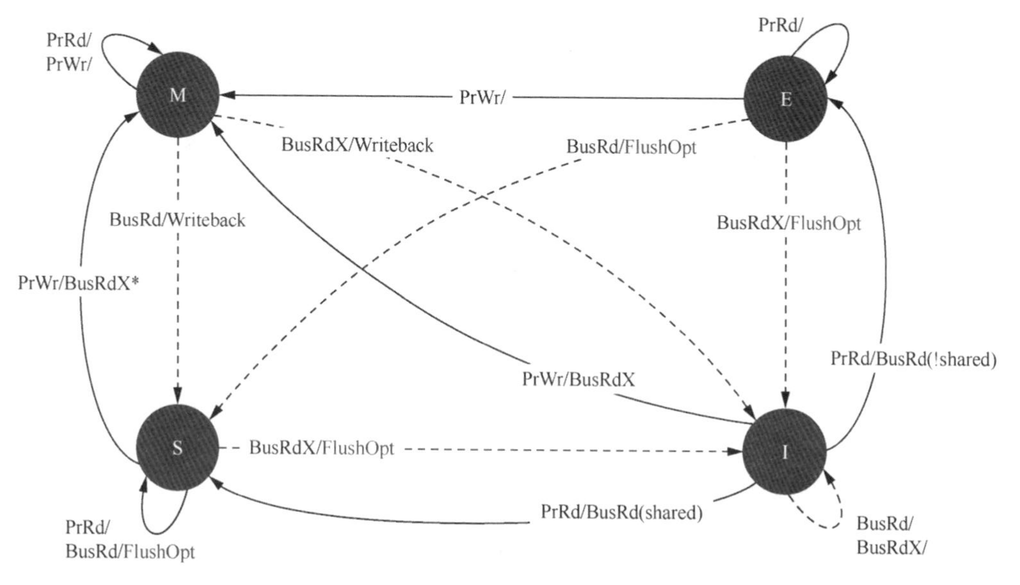

▲圖 16.7　MESI 狀態轉換圖

16.4.4 初始狀態為 I

接下來，我們透過逐步分解的方式來解讀 MESI 狀態轉換圖。我們先來看初始狀態為 I 的快取記憶體行的相關操作。

1．當本機 CPU 的快取記憶體行的狀態為 I 時，發起本機讀取操作

我們假設 CPU0 發起了本機讀取請求，發出讀取 PrRd 請求。因為本機快取記憶體行處於無效狀態，所以在匯流排上產生一個 BusRd 訊號，然後廣播到其他 CPU。其他 CPU 會監聽到該請求（BusRd 訊號的請求）並且檢查它們的本機快取記憶體是否擁有了該資料的副本。下面分 4 種情況來討論。

❑ 如果 CPU1 發現本機副本，並且這個快取記憶體行的狀態為 S，那麼在匯流排上回復一個 FlushOpt 訊號，即把當前快取記憶體行的內容發送到匯流排上，那麼剛才發出 PrRd 請求的 CPU0 就能得到這個快取記憶體行的資料，然後 CPU0 狀態變成 S。這個時候快取記憶體行的變化情況是，CPU0 上的快取記憶體行的狀態從 I 變成 S，CPU1 上的快取記憶體行的狀態保持 S 不變，如圖 16.8 所示。

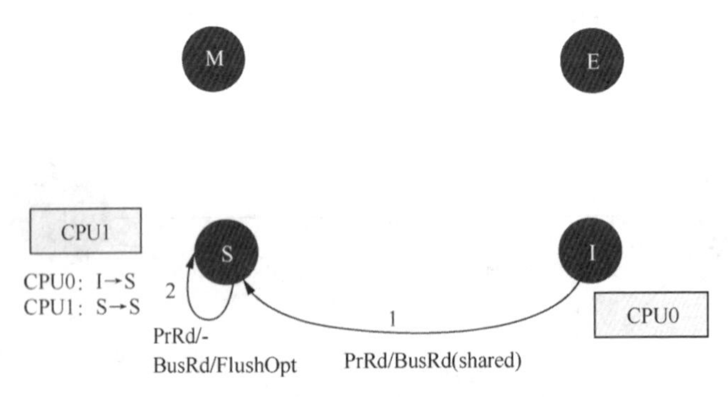

▲圖 16.8 向 S 狀態的快取行發出匯流排讀取操作時的狀態變化

❑ 假設 CPU2 發現本機副本並且快取記憶體行的狀態為 E，則在匯流排上回應 FlushOpt 訊號，即把當前快取記憶體行的內容發送到匯流排上，CPU2 上的快取記憶體行的狀態變成 S。這個時候快取記憶體行的變化情況是 CPU0 的快取記憶體行狀態從 I 變成 S，而 CPU2 上快取記憶體行的狀態從 E 變成了 S，如圖 16.9 所示。

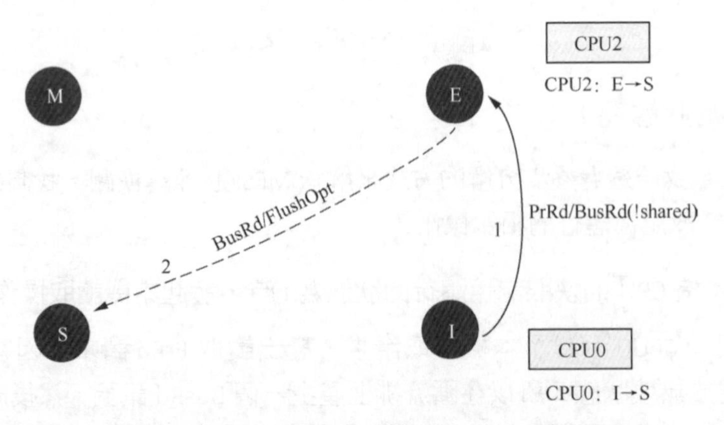

▲圖 16.9 向 E 狀態的快取行發出匯流排讀取操作時的狀態變化

- 假設 CPU3 發現本機副本並且快取記憶體行的狀態為 M，將資料更新到記憶體，那麼兩個快取記憶體行的狀態都為 S。我們來看一下快取記憶體行的變化情況：CPU0 上快取記憶體行的狀態從 I 變成 S，CPU3 上快取記憶體行的狀態從 M 變成 S，如圖 16.10 所示。
- 假設 CPU1、CPU2、CPU3 上的快取記憶體行都沒有快取資料，狀態都是 I，那麼 CPU0 會從記憶體中讀取資料到 L1 快取記憶體，把快取記憶體行的狀態設定為 E。

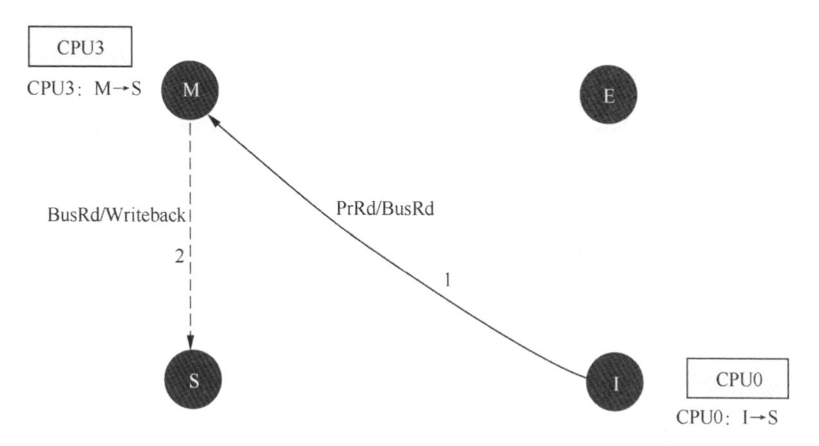

▲圖 16.10 向 M 狀態的快取行發出匯流排讀取操作時的狀態變化

2．當本機 CPU 的快取行狀態為 I 時，收到一個匯流排讀寫的訊號

如果處於 I 狀態的快取行收到一個匯流排讀取或者寫入操作，它的狀態不變，給匯流排回應一個廣播訊號，説明它沒有資料副本。

3．當初始狀態為 I 時，發起本機寫入操作

如果初始化狀態為 I 的快取記憶體行發起一個本機寫入操作，那麼快取記憶體行會有什麼變化？

假設 CPU0 發起了本機寫入請求，即 CPU0 發出 PrWr 請求。

由於本機快取記憶體行是無效的，因此 CPU0 發送 BusRdX 訊號到匯流排上。這種情況下，本機寫入操作就變成了匯流排寫入，我們要看其他 CPU 的情況。

其他 CPU（例如 CPU1 等）收到 BusRdX 訊號，先檢查自己的快取記憶體中是否有快取副本，廣播應答訊號。

假設 CPU1 上有這份資料的副本，且狀態為 S，CPU1 收到一個 BusRdX 訊號之後會回復一個 FlushOpt 訊號，把資料發送到匯流排上，然後把自己的快取記憶體行的狀態設定為無效，狀態變成 I，然後廣播應答訊號，如圖 16.11 所示。

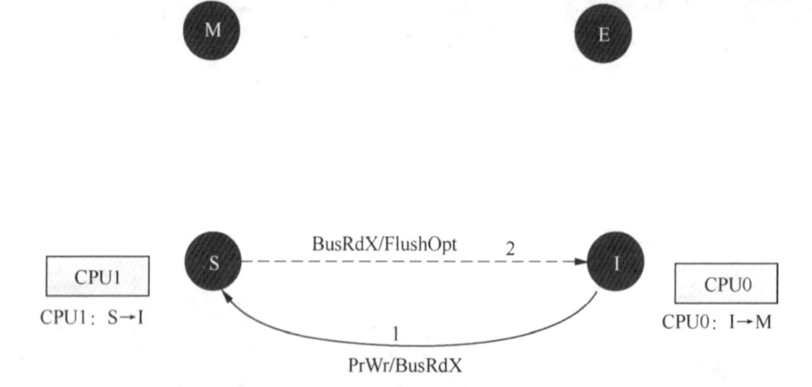

▲圖 16.11 狀態為 S 的快取記憶體行收到一個匯流排寫信號時的狀態變化

假設 CPU2 上有這份資料的副本，且狀態為 E，CPU2 收到這個 BusRdX 訊號之後，會回復一個 FlushOpt 訊號，把資料發送到匯流排上，同時會把自己的快取記憶體行狀態設定為無效，然後廣播應答訊號，如圖 16.12 所示。

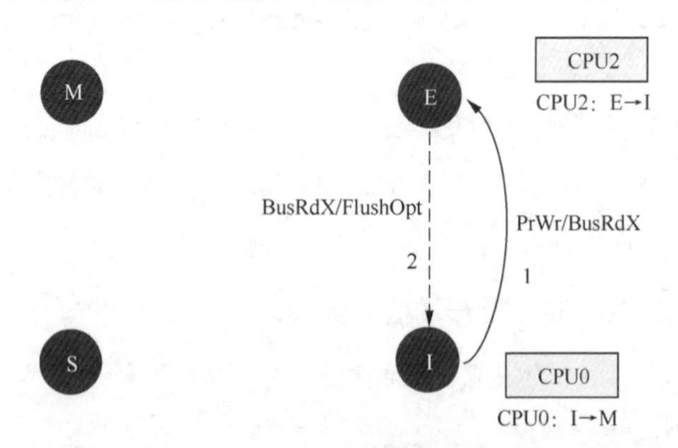

▲圖 16.12 狀態為 E 的快取記憶體行收到一個匯流排寫信號時的狀態變化

假設 CPU3 上有這份資料的副本，狀態為 M，CPU3 收到這個 BusRdX 訊號之後，會把資料更新到記憶體，快取行狀態變成 I，然後廣播應答訊號，如圖 16.13 所示。

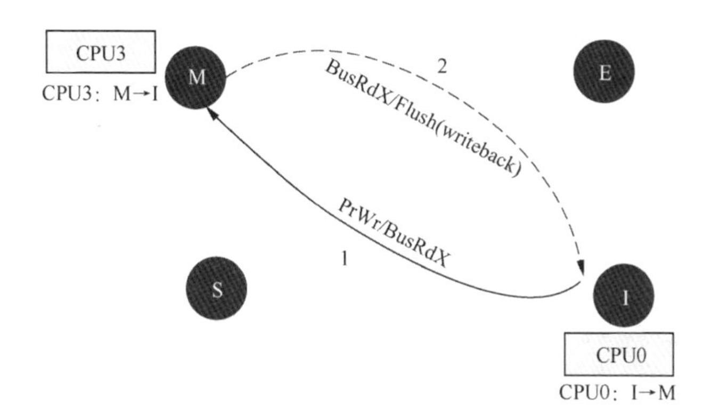

▲圖 16.13 狀態為 M 的快取記憶體行收到一個匯流排寫信號時的狀態變化

若其他 CPU 上也沒有這份資料的副本，也要廣播一個應答訊號。

CPU0 會接收其他 CPU 的所有的應答訊號，確認其他 CPU 上沒有這個資料的快取副本後，CPU0 會從匯流排上或者從記憶體中讀取這個資料。

- 如果其他 CPU 的狀態是 S 或者 E，會把最新的資料透過 FlushOpt 訊號發送到匯流排上。
- 如果匯流排上沒有資料，那麼直接從記憶體中讀取資料。

最後才修改資料，並且本機快取記憶體行的狀態變成 M。

16.4.5 初始狀態為 M

我們來看當 CPU 中本機快取記憶體行的狀態為 M 時的情況。最簡單的就是本機讀寫，因為 M 狀態說明系統中只有該 CPU 有最新的資料，而且是污染的資料，所以本機讀寫的狀態不變，如圖 16.14 所示。

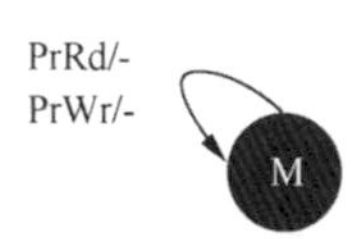

本機讀寫入操作的狀態不變

▲圖 16.14 狀態為 M 的高速快取行本機讀寫操作的狀態

1．收到一個匯流排讀取訊號

假設本機 CPU（例如 CPU0）上的快取記憶體行狀態為 M，而在其他 CPU 上沒有這個資料的副本，當其他 CPU（如 CPU1）想讀取這份資料時，CPU1 會發起一次匯流排讀取操作。

由於 CPU0 上有這個資料的副本，因此 CPU0 收到訊號後把快取記憶體行的內容發送到匯流排上，之後 CPU1 就獲取這個快取記憶體行的內容。另外，CPU0 同時會把相關內容發送到主記憶體控制器，把快取記憶體行的內容寫入主記憶體中。這時候 CPU0 的狀態從 M 變成 S，如圖 16.15 所示。

然後，更改 CPU1 的快取記憶體行的狀態為 S。

2．收到一個匯流排寫信號

假設本機 CPU（例如 CPU0）上的快取記憶體行的狀態為 M，而其他 CPU 上沒有這個資料的副本，當某個 CPU（假設 CPU1）想更新（寫入）這份資料時，CPU1 就會發起一個匯流排寫入操作。

由於 CPU0 上有這個資料的副本，CPU0 收到匯流排寫信號後，把自己的快取記憶體行的內容發送到記憶體控制器，並把該快取行的內容寫入主記憶體中。CPU0 上的快取記憶體行狀態變成 I，如圖 16.16 所示。

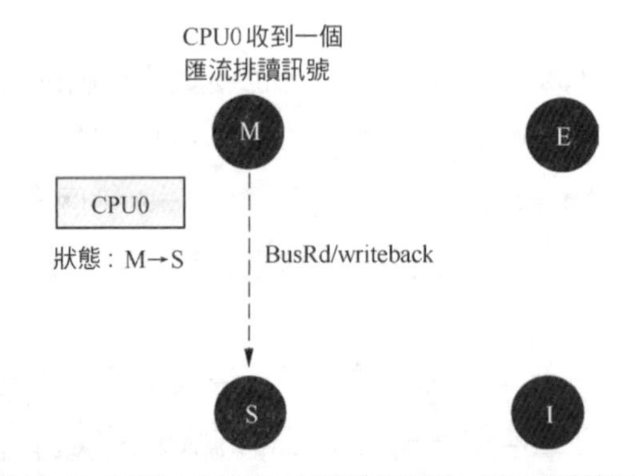

▲圖 16.15 狀態為 M 的快取記憶體行收到一個匯流排讀取訊號

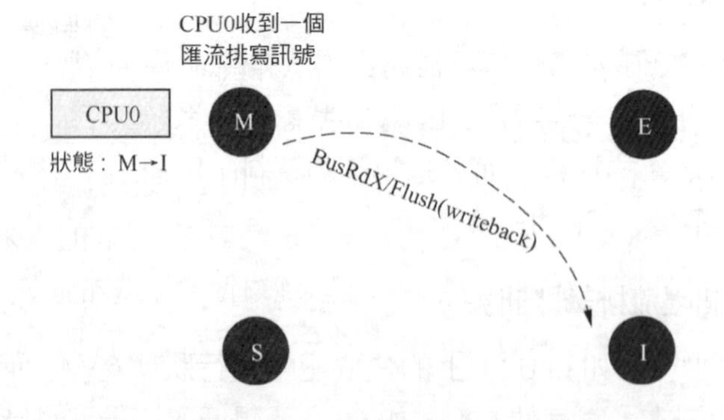

▲圖 16.16 狀態為 M 的快取記憶體行收到一個匯流排寫信號

CPU1 從匯流排或者記憶體中取回資料到本機快取行，然後修改自己本機的快取記憶體行的內容。

最後，CPU1 的狀態變成 M。

16.4.6 初始狀態為 S

以下是當本機 CPU 的快取記憶體行的狀態為 S 時，發生本機讀寫和匯流排讀寫信號之後的操作情況。

- 如果 CPU 發出本機讀取操作，快取記憶體行狀態不變。
- 如果 CPU 收到匯流排讀取（BusRd），狀態不變，並且回應一個 FlushOpt 訊號，把快取記憶體行的資料內容發到匯流排上，如圖 16.17 所示。

如果 CPU 發出本機寫入操作（PrWr），具體操作如下。

（1）本機 CPU 修改本機快取記憶體行的內容，狀態變成 M。

（2）發送 BusUpgr 訊號到匯流排上。

（3）若其他 CPU 收到 BusUpgr 訊號，檢查自己的快取記憶體中是否有副本。若有，將其狀態改成 I，如圖 16.18 所示。

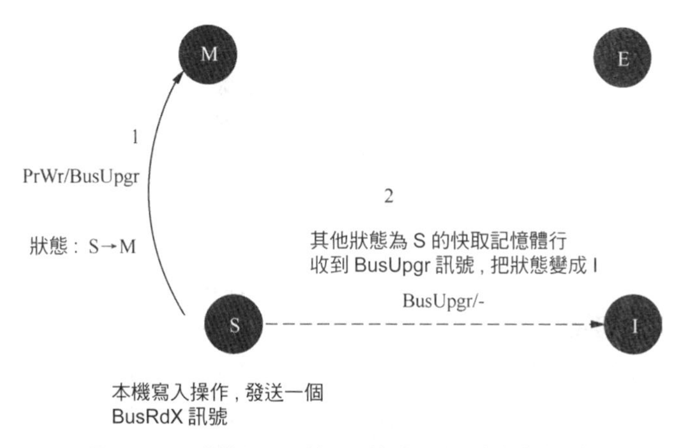

▲圖 16.18 在狀態為 S 的快取記憶體行中發生本機寫入操作

16.4.7 初始狀態為 E

當本機 CPU 的快取行狀態為 E 時，根據以下情況操作。

- 對於本機讀取，狀態不變。
- 對於本機寫入，CPU 直接修改該快取行的資料，狀態變成 M，如圖 16.19 所示。

如果收到一個匯流排讀取訊號，具體操作如下。

（1）快取記憶體行的狀態變成 S。

（2）發送 FlushOpt 訊號，把快取記憶體行的內容發送到匯流排上。

（3）發出匯流排讀取訊號的 CPU 從匯流排上獲取了資料，狀態變成 S。

若收到一個匯流排寫信號，資料被修改，具體操作如下。

（1）快取行的狀態變成 I。

（2）發送 FlushOpt 訊號，把快取行的內容發送到匯流排上。

（3）發出匯流排寫信號的 CPU 從匯流排上獲取資料，然後修改，狀態變成 M。具體情況如圖 16.20 所示。

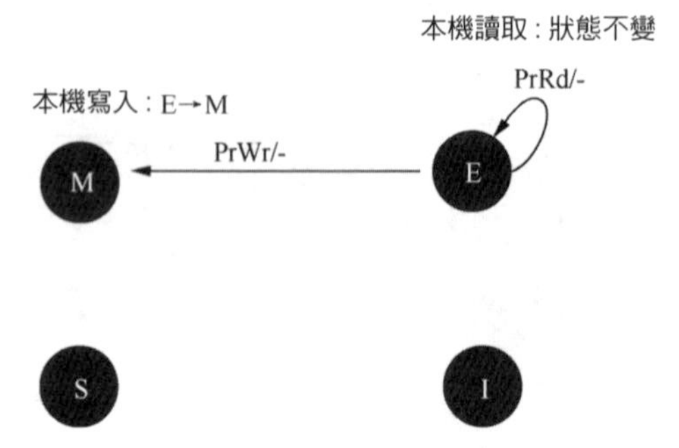

▲圖 16.19 狀態為 E 的快取記憶體行發生本機讀寫操作

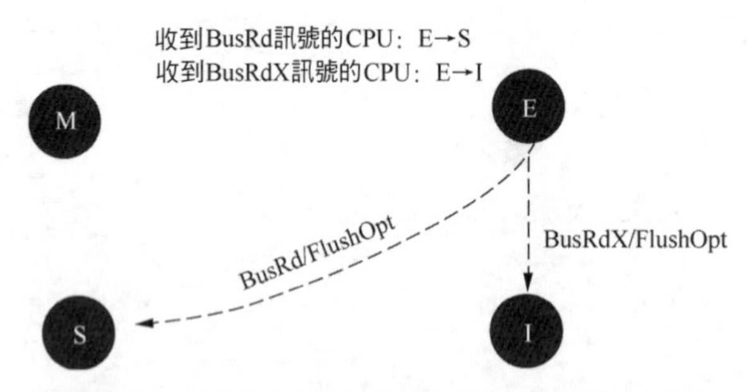

▲圖 16.20 狀態為 E 的快取記憶體行收到匯流排讀寫信號

16.4.8 複習與案例分析

表 16.4 所示為 MESI 協定中各個狀態的轉換關係。

表 16.4 MESI 狀態轉換關係

當前狀態	本機讀取	本機寫入	本機換出[4]	匯流排讀取[5]	匯流排寫入	匯流排更新
I	發出匯流排讀取訊號。如果沒有共用者，則狀態 I 變成 E。如果有共用者，狀態 I 變成 S	發出匯流排寫信號，狀態 I 變成 M	狀態不變	狀態不變，忽略匯流排上的訊號	狀態不變，忽略匯流排上的訊號	狀態不變，忽略匯流排上的訊號
S	狀態不變	發出匯流排更新訊號，狀態 S 變成 M	S 變成 I	狀態不變，回應 FlushOpt 訊號並且把內容發送到匯流排上	狀態 S 變成 I	狀態 S 變成 I
E	狀態不變	E 變成 M	E 變成 I	回應 FlushOpt 訊號並把內容發送到匯流排上，狀態 E 變成 S	狀態 S 變成 I	錯誤狀態
M	狀態不變	狀態不變	寫回資料到記憶體，M 變成 I	回應 FlushOpt 訊號並把內容發送到匯流排上和記憶體中，狀態 E 變成 S	回應 FlushOpt 訊號並把內容發送到匯流排上和記憶體中，狀態 E 變成 I	錯誤狀態

下面我們以一個例子來說明 MESI 協定的狀態轉換。假設系統中有 4 個 CPU，每個 CPU 都有各自的一級快取，它們都想存取相同位址的資料 a，其大小為 64 位元組。

T0 時刻，假設初始狀態下資料 a 還沒有快取到快取記憶體中，4 個 CPU 的快取記憶體行的預設狀態是 I，如圖 16.21 所示。

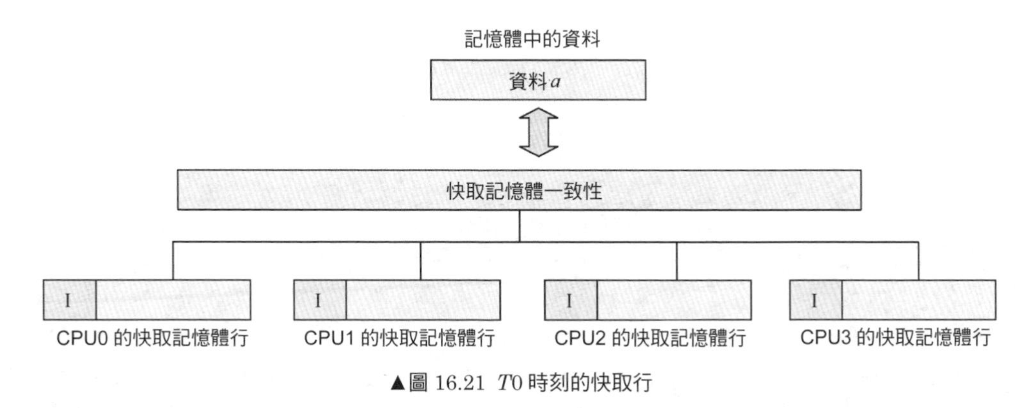

▲圖 16.21 *T0* 時刻的快取行

4 指的是本地換出（local eviction）快取記憶體行。

5 這裡指在當前 MESI 狀態下的快取記憶體行收到匯流排讀取訊號。

*T*1 時刻，CPU0 率先發起存取資料 *a* 的操作。對於 CPU0 來説，這是一次本機讀取。由於 CPU0 本機的快取記憶體並沒有快取資料 *a*，因此 CPU0 首先發送一個 BusRd 訊號到匯流排上。它想詢問一下其他 3 個 CPU：“ 朋友們，你們有快取資料 *a* 嗎？如果有，麻煩發一份給我。” 其他 3 個 CPU 收到 BusRd 訊號後，馬上查詢本機快取記憶體，然後給 CPU0 回應一個應答訊號。若 CPU1 在本機查詢到快取副本，則它把快取記憶體行的內容發送到匯流排上並回應 CPU0：“CPU0，我這裡快取了一份副本，我發你一份。” 若 CPU1 在本機沒有快取副本，則回應：“CPU0，我沒有快取資料 *a*。” 假設 CPU1 上有快取副本，那麼 CPU1 把快取副本發送到匯流排上，CPU0 的本機快取中就有了資料 *a*，並且把這個快取記憶體行的狀態設定為 S。同時，提供資料的快取副本的 CPU1 也知道一個事實，資料的快取副本已經共用給 CPU0 了，因此 CPU1 的快取記憶體行的狀態也設定為 S。在本場景中，由於其他 3 個 CPU 都沒有資料 *a* 的快取副本，因此 CPU0 只能老老實實地從主記憶體中讀取資料 *a* 並將其快取到 CPU0 的快取記憶體行中，把快取記憶體行的狀態設定為 E，如圖 16.22 所示。

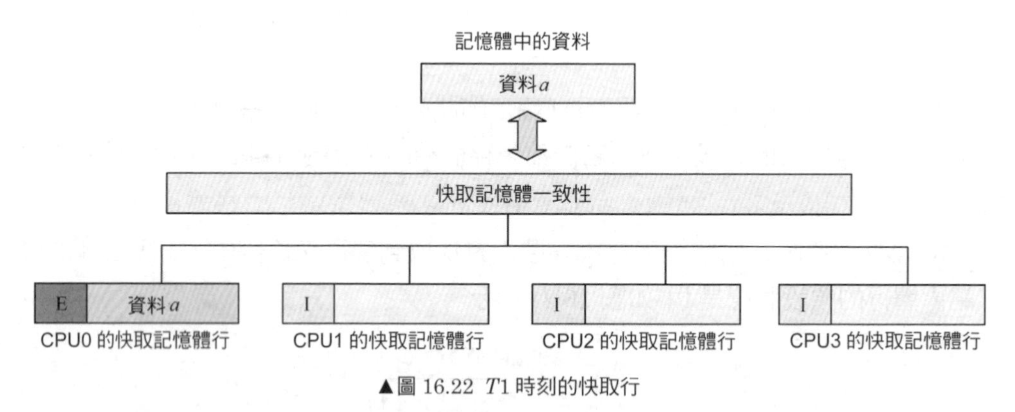

▲圖 16.22 *T*1 時刻的快取行

*T*2 時刻，CPU1 也發起讀取資料操作。這時，整個系統裡只有 CPU0 中有快取副本，CPU0 會把快取的資料發送到匯流排上並且應答 CPU1，最後 CPU0 和 CPU1 都有快取副本，狀態都設定為 S，如圖 16.23 所示。

*T*3 時刻，CPU2 中的程式想修改資料 *a* 中的資料。這時 CPU2 的本機快取記憶體並沒有快取資料 *a*，快取記憶體行的狀態為 I，因此，這是一次本機寫入操作。首先 CPU2 會發送 BusRdX 訊號到匯流排上，其他 CPU 收到 BusRdX 訊號後，檢查自己的快取記憶體中是否有該資料。若 CPU0 和 CPU1 發現自己都快取了資料 *a*，

那麼會使這些快取記憶體行失效，然後發送應答訊號。雖然 CPU3 沒有快取資料 a，但是它也回復了一筆應答訊號，表明自己沒有快取資料 a。CPU2 收集完所有的應答訊號之後，把 CPU2 本機的快取記憶體行狀態改成 M，M 狀態表明這個快取記憶體行已經被自己修改了，而且已經使其他 CPU 上對應的快取記憶體行失效，如圖 16.24 所示。

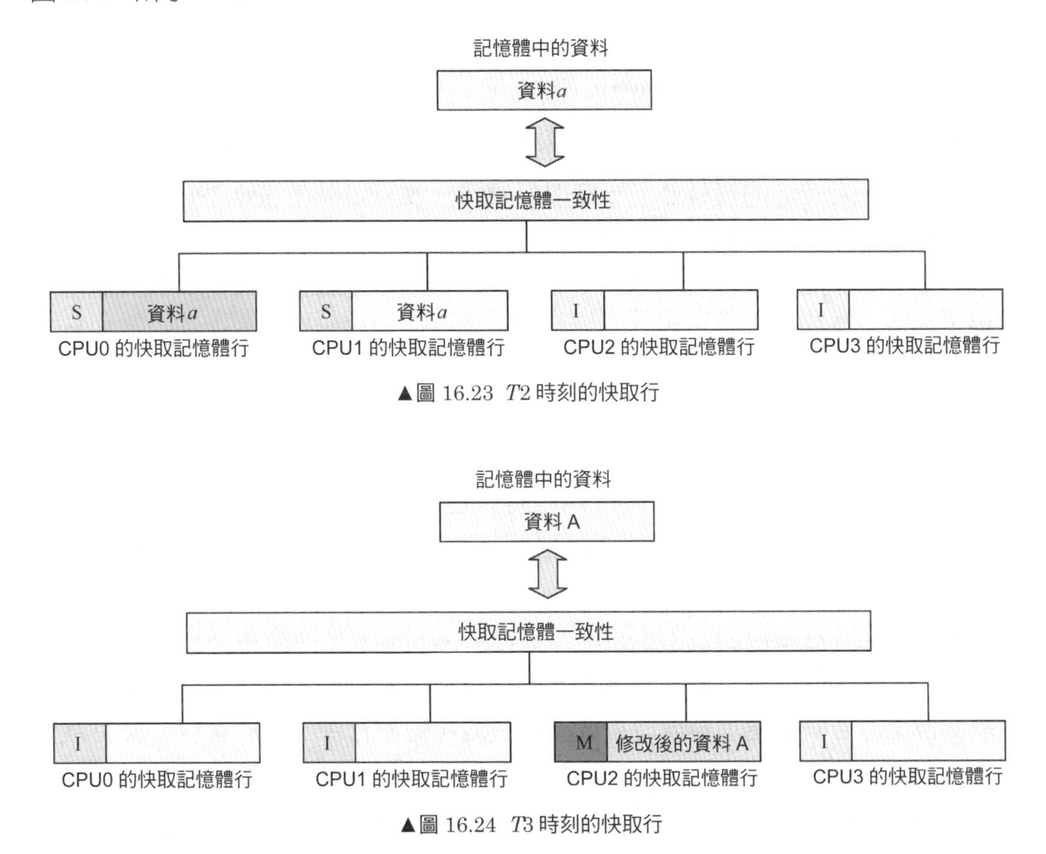

▲圖 16.23　$T2$ 時刻的快取行

▲圖 16.24　$T3$ 時刻的快取行

上述就是 4 個 CPU 存取資料 A 時對應的快取記憶體狀態轉換過程。

16.4.9 MOESI 協定

MESI 協定在大部分場景下效果很好，但是在有些場景下會出現性能問題。例如，當狀態為 M 的快取行收到一個匯流排讀取訊號時，它需要把無效資料寫回記憶體中，然後才能和其他 CPU 共用這個資料，因此頻繁寫回記憶體的操作會影響系統性能，那如何繼續最佳化呢？MOESI 協定增加了一個擁有（Owned，O）狀態，狀態為 M 的快取行收到一個匯流排讀取訊號之後，它不需要把快取行的內容寫入記憶體，而只需要把 M 狀態轉成 O 狀態。

MOESI 協定除新增 O 狀態之外，還重新定義了 S 狀態，而 E、M 和 I 狀態與 MESI 協定中的對應狀態相同。

與 MESI 協定中的 S 狀態不同，根據 MOESI 協定，狀態為 O 的快取記憶體行中的資料與記憶體中的資料並不一致。狀態為 O 的快取行收到匯流排讀取訊號，不需要把快取行內容寫回記憶體中。

在 MOESI 協定中，S 狀態的定義發生了細微的變化。當一個快取記憶體行的狀態為 S 時，它包含的資料並不一定與記憶體一致。如果在其他 CPU 的快取記憶體中不存在狀態為 O 的副本，該快取記憶體行中的資料與記憶體一致；如果在其他 CPU 的快取記憶體中存在狀態為 O 的副本，該快取記憶體行中的資料與記憶體可能不一致。

16.5 快取記憶體錯誤分享

快取記憶體是以快取記憶體行為單位來從記憶體中讀取資料並且快取資料的，通常一個快取記憶體行的大小為 64 位元組（以實際處理器的一級快取為準）。C 語言定義的資料型態中，int 類型的資料大小為 4 位元組，long 類型態資料的大小為 8 位元組（在 64 位元處理器中）。當存取 long 類型陣列中某一個成員時，處理器會把相鄰的陣列成員都載入到一個快取記憶體行裡，這樣可以加快資料的存取。但是，若多個處理器同時存取一個快取記憶體行中不同的資料，反而帶來了性能上的問題，這就是快取記憶體錯誤分享（false sharing）。

如圖 16.25 所示，假設 CPU0 上的執行緒 0 想存取和更新 data 資料結構中的 *x* 成員，同理 CPU1 上的執行緒 1 想存取和更新 data 資料結構中的 *y* 成員，其中 *x* 和 *y* 成員都快取到同一個快取記憶體行裡。

根據 MESI 協定，我們可以分析出 CPU0 和 CPU1 之間對快取記憶體行的爭用情況。初始狀態下（*T0* 時刻），CPU0 和 CPU1 上快取行的狀態都為 I，如圖 16.26 所示。

當 CPU0 第一次存取 *x* 成員時（*T1* 時刻），因為 *x* 成員還沒有快取到快取記憶體，所以快取記憶體行的狀態為 I。CPU0 把整個 data 資料結構都快取到 CPU0 的 L1 快取記憶體裡，並且把快取記憶體行的狀態設定為 E，如圖 16.27 所示。

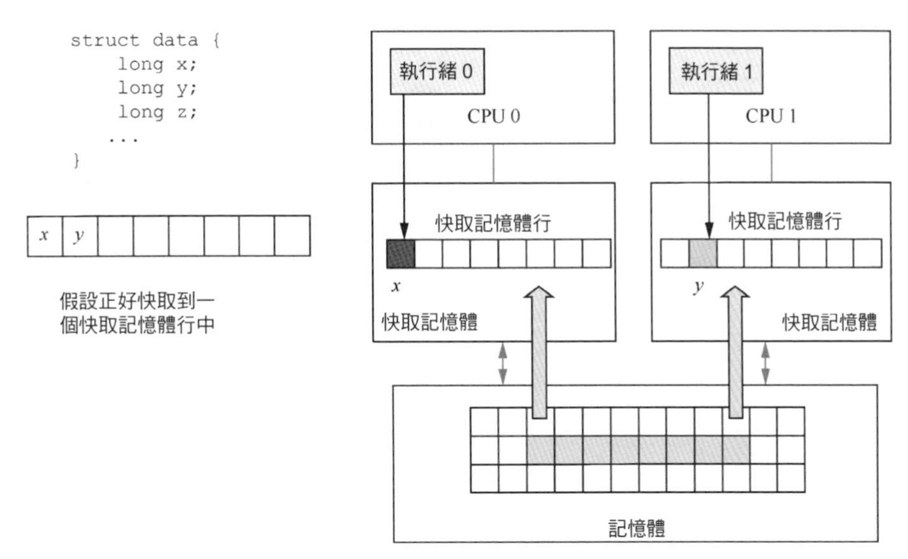

▲圖 16.25 快取記憶體錯誤分享

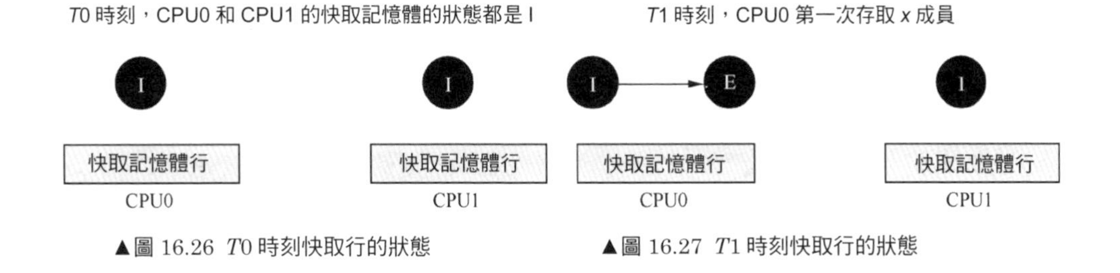

▲圖 16.26 *T*0 時刻快取行的狀態

▲圖 16.27 *T*1 時刻快取行的狀態

當 CPU1 第一次存取 *y* 成員時（*T*2 時刻），因為 *y* 成員已經快取到快取記憶體中，而且該快取記憶體行的狀態是 E，所以 CPU1 先發送一個讀取匯流排的請求。CPU0 收到請求後，先查詢本機快取記憶體中是否有這個資料的副本，若有，則把這個資料發送到匯流排上。CPU1 獲取了資料後，把本機的快取記憶體行的狀態設定為 S，並且把 CPU0 上本機快取記憶體行的狀態也設定為 S，因此所有 CPU 上對應的快取記憶體行狀態都設定為 S，如圖 16.28 所示。

當 CPU0 想更新 *x* 成員的值時（*T*3 時刻），CPU0 和 CPU1 上快取記憶體行的狀態為 S。CPU0 發送 BusUpgr 訊號到匯流排上，然後修改本機快取記憶體行的資料，將其狀態變成 M。其他 CPU 收到 BusUpgr 訊號後，檢查自己的快取記憶體行中是否有副本。若有，則將其狀態改成 I。*T*3 時刻快取行的狀態如圖 16.29 所示。

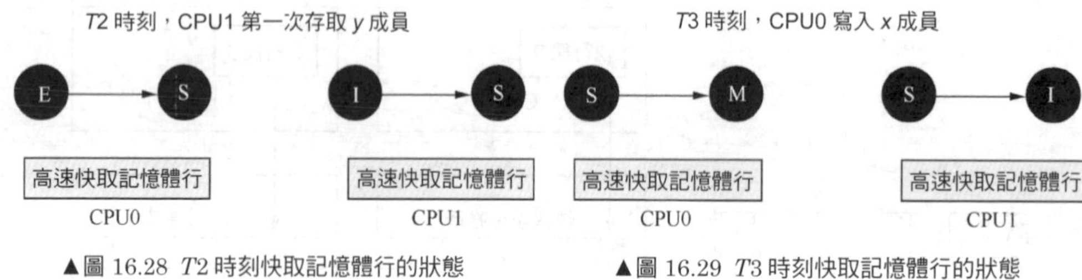

▲圖 16.28 $T2$ 時刻快取記憶體行的狀態　　▲圖 16.29 $T3$ 時刻快取記憶體行的狀態

當 CPU1 想更新 y 成員的值時（T4 時刻），CPU1 上快取記憶體行的狀態為 I，而 CPU0 上的快取記憶體行快取了舊資料，並且狀態為 M。這時，CPU1 發起本機寫入的請求，根據 MESI 協定，CPU1 會發送 BusRdX 訊號到匯流排上。其他 CPU 收到 BusRdX 訊號後，先檢查自己的快取記憶體行中是否有該資料的副本，然後廣播應答訊號。這時 CPU0 上有該資料的快取副本，並且狀態為 M。CPU0 先將資料更新到記憶體，更改其快取記憶體行的狀態為 I，然後發送應答訊號到匯流排上。CPU1 收到所有 CPU 的應答訊號後，才能修改 CPU1 上快取記憶體行的內容。最後，CPU1 上快取記憶體行的狀態變成 M。T4 時刻快取記憶體行的狀態如圖 16.30 所示。

若 CPU0 想更新 x 成員的值（T5 時刻），這和上一段的操作類似，發送本機寫入請求後，根據 MESI 協定，CPU0 會發送 BusRdX 訊號到匯流排上。CPU1 接收該訊號後，把快取記憶體行中資料寫回記憶體，然後使該快取記憶體行失效，即把 CPU1 上的快取記憶體行狀態變成 I，然後廣播應答訊號。CPU0 收到所有 CPU 的應答訊號後才能修改 CPU0 上快取記憶體行的內容。最後，CPU0 上快取記憶體行的狀態變成 M。T5 時刻快取記憶體行的狀態如圖 16.31 所示。

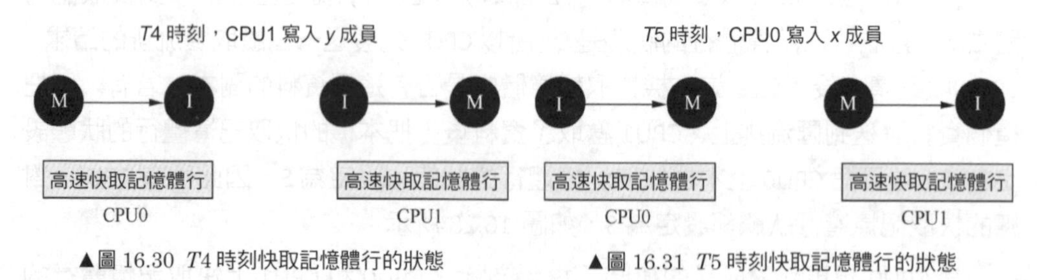

▲圖 16.30 $T4$ 時刻快取記憶體行的狀態　　▲圖 16.31 $T5$ 時刻快取記憶體行的狀態

綜上所述，如果 CPU0 和 CPU1 反覆修改，就會不斷地重複 T4 時刻和 T5 時刻的操作，兩個 CPU 都在不斷地爭奪對快取記憶體行的控制權，不斷地使對方的快取記憶體行失效，不斷地把資料寫回記憶體，導致系統性能下降，這種現象叫作快取記憶體錯誤分享。快取記憶體錯誤分享的解決辦法見 16.7 節。

16.6 CCI 和 CCN 快取一致性控制器

16.6.1 CCI 快取一致性控制器

對於系統等級的快取一致性，ARM 公司在 AMBA4 匯流排協定上提出了 ACE 協定，即 AMBA 快取一致性擴充協定，在 ACE 協定基礎上，ARM 公司開發了多款快取一致性控制器，例如 CCI-400、CCI-500 以及 CCI-550 等控制器等，如表 16.5 所示。

表 16.5 CCI 快取一致性控制器

控制器	ACE 從裝置介面數量	處理器核心數量	ACE Lite 從裝置介面數量	記憶體位址	快取一致性機制
CCI-550	1～6	24	7	32～48 位元物理位址	整合監聽篩檢程式
CCI-500	1～4	16	7	32～44 位元物理位址	整合監聽篩檢程式
CCI-400	2	8	3	40 位元物理位址	基於廣播的監聽機制

我們以常見的 CCI-400 為例，它支援兩個 CPU 簇，最多支援 8 個 CPU 核心，支援兩個 ACE 從裝置（slave）介面，最多支援 3 個 ACE Lite 從裝置介面。CCI-400 控制器使用基於廣播的監聽機制來實現快取一致性，不過這種機制比較消耗內部匯流排頻寬，所以在 CCI-500 控制器之後使用基於監聽篩檢程式的方式來實現快取一致性，以有效提高匯流排頻寬的使用率。

圖 16.32 是使用大小核的經典方塊圖，並且使用了 CCI-400 快取一致性控制器。

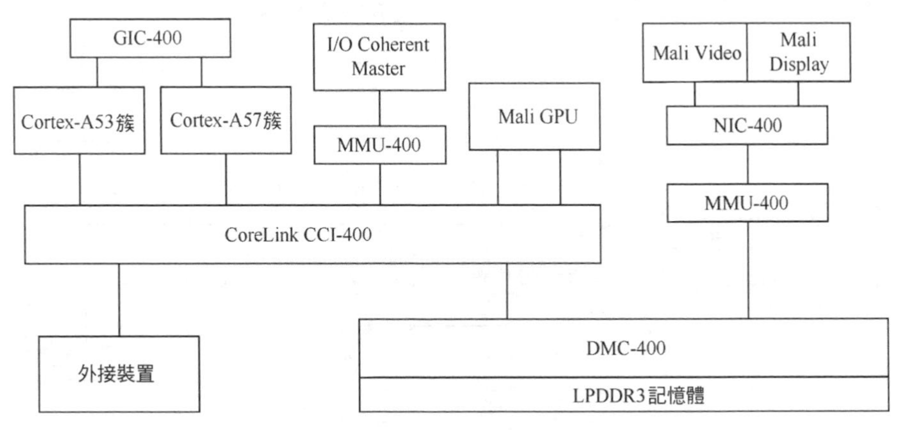

▲圖 16.32 使用大小欄的經典方塊圖

16.6.2 CCN 快取一致性控制器

ARM 一直想衝擊伺服器市場，一般伺服器 CPU 核心的數量都是幾十，甚至上百，前面介紹的 CCI 控制器顯然不能滿足伺服器的需求，所以 ARM 公司重新設計了一個新的快取一致性控制器，叫作快取網路控制器（Cache Coherent Network，CCN）。CCN 基於最新的 AMBA 5 協定來實現，最多支援 48 個 CPU 核心，內建 L3 快取記憶體。之後 ARM 公司基於 AMBA 5 協定又提出了 AMBA 5 CHI（Coherent Hub Interconnect）協定。常見的 CCN 快取一致性控制器如表 16.6 所示。

表 16.6 CCN 快取一致性控制器

控 制 器	性　能	處理器核心數量	IO	DDR	L3 快取記憶體
CCN-512	225 GB/s	48	24 個 AXI/ACE Lite 介面	1 ～ 4 通道	1 ～ 32 MB
CCN-508	200 GB/s	32	24 個 AXI/ACE Lite 介面	1 ～ 4 通道	1 ～ 32 MB
CCN-504	150 GB/s	16	18 個 AXI/ACE Lite 介面	1 ～ 2 通道	1 ～ 16 MB
CCN-502	100 GB/s	16	9 個 AXI/ACE Lite 介面	1 ～ 4 通道	0 ～ 8 MB

表 16.6 中的 AXI/ACE Lite 介面指的是簡單的控制暫存器樣式的介面，這些介面不需要實現 AXI4 的全部功能。

圖 16.33 是 CCN-512 的典型應用，例如 ARM 伺服器。CCN-512 最多可以支援 48 個 CPU 核心，例如 48 個 Cortex-A72。另外 CCN-512 控制器裡還內建了 32 MB 的 L3 快取記憶體。

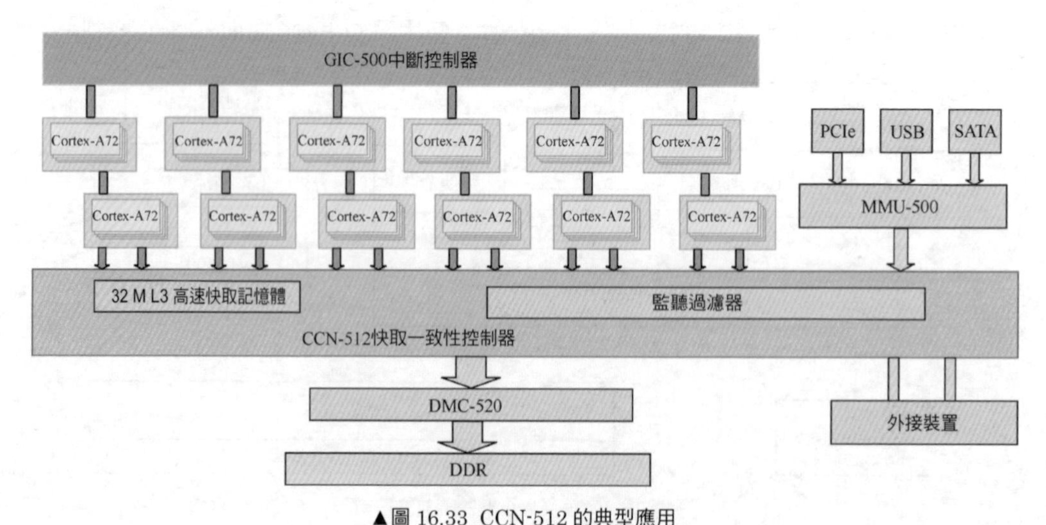

▲圖 16.33 CCN-512 的典型應用

16.7 案例分析 16-1：錯誤分享的避免

快取記憶體錯誤分享的解決辦法就是讓多執行緒操作的資料處在不同的快取記憶體行，通常可以採用快取記憶體行填充（padding）技術或者快取記憶體行對齊（align）技術，即讓資料結構按照快取記憶體行對齊，並且盡可能填充滿一個快取記憶體行大小。

1．快取記憶體行對齊技術

一些常用的資料結構在定義時就約定資料結構按一級快取對齊。

下面的程式定義一個 counter_s 資料結構，它的起始位址按快取記憶體行的大小對齊，透過填充 pad[4] 成員，使整個 counter_s 資料結構都快取到一個快取記憶體行裡。

```
typedef struct counter_s
{
    uint64_t packets;
    uint64_t bytes;
    uint64_t failed_packets;
    uint64_t failed_bytes;
    uint64_t pad[4];
}counter_t __attribute__(__aligned__((L1_CACHE_BYTES)));
```

例如，使用如下的巨集來讓資料結構啟始位址按 L1 快取記憶體對齊。下面這個巨集利用了 GCC 的 _attribute 的屬性，來讓資料結構的起始位址按某個數字對齊，這裡按 L1 快取記憶體對齊。

```
#define cacheline_aligned    __attribute__((__aligned__(L1_CACHE_BYTES)))
```

2．快取記憶體行填充技術

資料結構中頻繁存取的成員可以單獨占用一個快取記憶體行，或者相關的成員在快取記憶體行中彼此錯開，以提高存取效率。

例如，Linux 核心中的 zone 資料結構使用填充位元組的方式讓頻繁存取的成員在不同的快取行中。下面的範例程式中，lock 和 lru_lock 會在快取記憶體行裡彼此錯開。

```
struct zone {
       ...
       spinlock_t       lock;
       struct zone_padding pad2;
```

```
        spinlock_t        lru_lock;
        ...

} __cacheline_in_smp;
```

其中，zone_padding 資料結構的定義如下。

```
struct zone_padding {
     char x[0];
} cacheline_aligned;
```

在有些情況下，快取記憶體錯誤分享會嚴重影響性能，而且比較難發現，所以需要在程式設計的時候特別小心。撰寫程式時，我們需要特別留意在資料結構裡有沒有可能出現不同的 CPU 頻繁存取某些成員的情況。

16.8 案例分析 16-2：DMA 和快取記憶體的一致性

DMA（Direct Memory Access，直接記憶體存取）在傳輸過程中不需要 CPU 干預，可以直接從記憶體中讀寫資料，如圖 16.34 所示。DMA 用於解放 CPU。CPU 搬移大量資料的速度會比較慢，而 DMA 的速度就比較快。假設需要把資料從記憶體 A 搬移到記憶體 B，如果由 CPU 負責搬移，那麼首先要從記憶體 A 中把資料搬移到通用暫存器裡，然後從通用暫存器裡把資料搬移到記憶體 B，而且搬移的過程中有可能被別的事情打斷。而 DMA 就是專職做記憶體搬移的，它可以操作匯流排，直接從記憶體 A 搬移資料到記憶體 B，只要 DMA 開始工作了，就沒有東西來打擾它了，所以 DMA 比 CPU 的搬運速度要快。

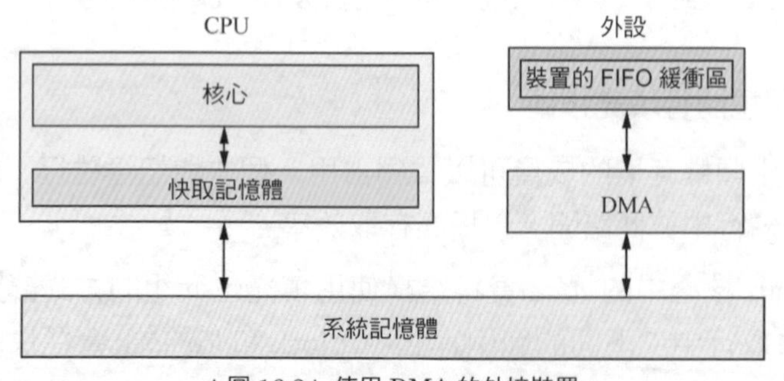

▲圖 16.34 使用 DMA 的外接裝置

DMA 有不少優點，但是如果 DMA 驅動程式處理不當，DMA 與 CPU 的快取記憶體會產生快取一致性的問題，產生的原因如下。

- DMA 直接作業系統匯流排來讀寫記憶體位址，而 CPU 並不會感知到。
- 如果 DMA 修改的記憶體位址在 CPU 快取記憶體中有快取副本，那麼 CPU 並不知道記憶體資料被修改了，依然存取快取記憶體，導致讀取了舊的資料。

解決 DMA 和快取記憶體之間的快取一致性問題，主要有 3 種解決方案。

- 關閉快取記憶體。這種方案最簡單，但效率最低，會嚴重降低性能，並增加功耗。
- 使用硬體快取一致性控制器。這個方案需要使用類似於 CCI-400 這樣的快取一致性控制器，而且需要查看一下 SoC 是否支援類似的控制器。
- 軟體管理快取一致性。這個方案是比較常見的，特別是在類似於 CCI 這種快取一致性控制器沒有出來之前，都用這種方案。

對於 DMA 緩衝區的操作，我們可以根據資料流程向分成兩種情況。

- 從 DMA 緩衝區（記憶體）到裝置的 FIFO 緩衝區。
- 從裝置的 FIFO 緩衝區到 DMA 緩衝區（記憶體）。

16.8.1 從記憶體到裝置的 FIFO 緩衝區

我們先來看從記憶體到裝置的 FIFO 緩衝區傳輸路徑的情況，例如，網路卡裝置透過 DMA 讀取記憶體資料到裝置的 FIFO 緩衝區，然後把網路封包發送出去。這種場景下，通常都允許在 CPU 側的網路通訊協定堆疊或者網路應用程式產生新的網路資料，然後透過 DMA 把資料搬運到裝置的 FIFO 緩衝區中。這非常類似網路卡裝置的發送封包過程。從 DMA 緩衝區搬運資料到裝置的 FIFO 緩衝區的流程如圖 16.35 所示。

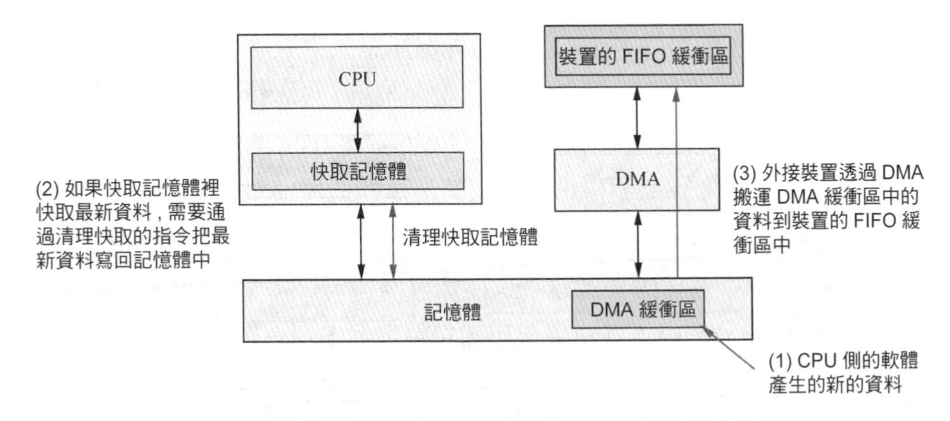

▲圖 16.35 從 DMA 緩衝區搬運資料到裝置的 FIFO 緩衝區的流程

在透過 DMA 傳輸之前，CPU 的快取記憶體可能快取了最新的資料，需要呼叫快取記憶體的清理操作，把快取內容寫回記憶體中。因為 CPU 的快取記憶體裡可能還有最新的資料。

理解這裡為什麼要先做快取記憶體的清理操作的一個關鍵點是，比如，在圖 16.35 中，我們要想清楚，在透過 DMA 開始傳輸之前，最新的資料在哪裡。很明顯，在這個場景下，最新資料有可能還在快取記憶體裡。因為 CPU 側的軟體產生資料並儲存在記憶體裝置的 DMA 緩衝區裡，這個過程中，有可能新的資料還在 CPU 的快取記憶體裡，而沒有更新到記憶體中。所以，在啟動 DMA 之前，我們需要呼叫快取記憶體的清理操作，把快取記憶體中的最新資料寫回記憶體的 DMA 緩衝區裡。

16.8.2 從裝置的 FIFO 緩衝區到記憶體

我們來看透過 DMA 把裝置的 FIFO 緩衝區的資料搬運到記憶體的 DMA 緩衝區的情況。在這個場景下，裝置收到或者產生了新資料，這些資料暫時存放在裝置的 FIFO 緩衝區中。接下來，需要透過 DMA 把資料寫入記憶體中的 DMA 緩衝區裡。最後，CPU 側的軟體就可以讀到裝置中的資料，這非常類似於網路卡的接收封包過程。從裝置的 FIFO 緩衝區搬運資料到 DMA 緩衝區的流程如圖 16.36 所示。

在啟動 DMA 傳輸之前，我們先來觀察最新的資料在哪裡。很顯然，在這個場景下，最新的資料存放在裝置的 FIFO 緩衝區中。那我們再來看 CPU 快取記憶體裡的資料是否有用。因為最新的資料存放在裝置的 FIFO 緩衝區裡，這個場景下要把裝置的 FIFO 緩衝區中的資料寫入 DMA 緩衝區裡，而快取記憶體裡的資料顯然是無用和過時的，所以要使 DMA 快取區對應的快取記憶體失效。因此，在 DMA 緩衝區啟動之前，需要使對應的快取記憶體中的內容失效。

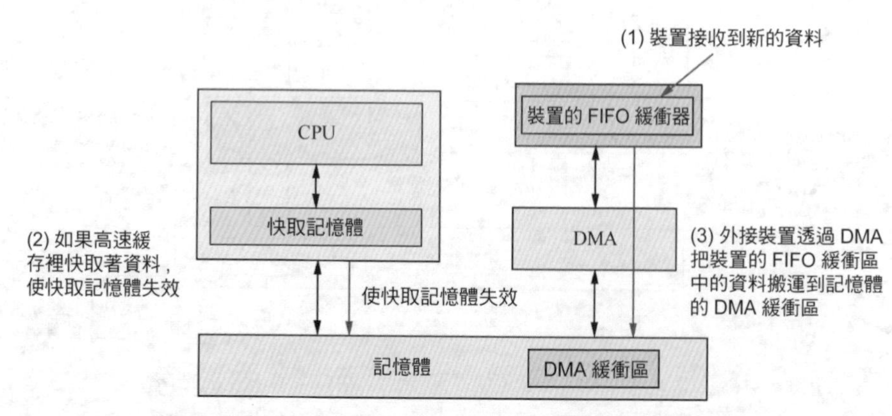

▲圖 16.36 從裝置的 FIFO 緩衝區搬運資料到 DMA 緩衝區的流程

綜上所述，在使用快取記憶體維護指令來管理 DMA 緩衝區的快取一致性時，我們需要思考如下兩個問題。

- 在啟動 DMA 緩衝區之前，最新的資料來源在哪裡？是在 CPU 側還是裝置側？
- 在啟動 DMA 緩衝區之前，DMA 緩衝區對應的快取記憶體資料是最新的還是過時的？

上述兩個問題思考清楚了，我們就能知道是要對快取記憶體進行清理操作還是使其失效了。

16.9 案例分析 16-3 自我修改程式碼的一致性

一般情況下，指令快取記憶體和資料快取記憶體是分開的。指令快取記憶體一般只有唯讀屬性。指令程式通常不能修改，但是指令程式（比如自我修改程式碼）存在被修改的情況。自我修改程式碼是一種修改程式的行為，即當程式執行時修改它自身的指令。自我修改程式碼一般有如下用途。

- 防止被破解。隱藏重要程式，防止反編譯。
- GDB 偵錯的時候，也會採用自我修改程式碼的方式來動態修改程式。

自我修改程式碼在執行過程中修改自己的指令，具體過程如下。

（1）把要修改的指令程式讀取到記憶體中，這些指令程式會同時被載入到資料快取記憶體裡。

（2）程式修改新指令，資料快取記憶體裡快取了最新的指令。但是 CPU 依然從指令快取記憶體裡取指令。

上述過程會導致如下問題。

- 指令快取記憶體依然快取了舊的指令。
- 新指令還在資料快取記憶體裡。

上述問題的解決思路是使用快取記憶體的維護指令以及記憶體屏障指令來保證資料快取和指令快取的一致性。例如，下面的程式片段中，假設 X0 暫存器儲存了程式碼片段的位址，透過 STR 指令把新的指令資料 W1 寫入 X0 暫存器中，實現修改程式的功能。下面需要使用快取記憶體的維護指令以及記憶體屏障指令來維護指令快取記憶體和資料快取記憶體的一致性。

```
1    str w1, [x0]
2    dc cavu, x0
3    dsb ish
4    ic  ivau, x0
5    dsb ish
6
7    isb
```

在第 1 行中，透過 STR 指令修改程式指令。

在第 2 行中，使用 DC 指令的清理操作，把與 X0 暫存器中位址對應的快取記憶體行中的資料寫回記憶體。

在第 3 行中，使用 DSB 指令保證其他觀察者看到快取記憶體的清理操作已經完成。

在第 4 行中，使 X0 暫存器中位址對應的指令快取記憶體失效。

在第 5 行中，使用 DSB 指令確保其他觀察者看到失效操作已經完成。

在第 7 行中，使用 ISB 指令讓程式重新預先存取指令。

16.10 實驗

16.10.1 實驗 16-1：快取記憶體錯誤分享

1．實驗目的

熟悉快取記憶體錯誤分享產生的原因。

2．實驗要求

在 Ubuntu 主機上寫一個程式，對比觸發快取記憶體錯誤分享以及沒有觸發快取記憶體錯誤分享這兩種情況下程式的執行時間。

提示資訊如下。

（1）建立兩個執行緒來觸發快取記憶體的錯誤分享問題，分別計算快取記憶體錯誤分享和沒有快取記憶體錯誤分享的實際用時，從而表現快取記憶體錯誤分享對性能的影響。

（2）實現兩個場景：一是兩個執行緒同時存取一個陣列；二是兩個執行緒同時存取一個資料結構。

（3）本實驗可以在 Ubuntu 主機上完成。

16.10.2 實驗 16-2：使用 Perf C2C 發現快取記憶體錯誤分享

1．實驗目的

熟悉 Perf C2C 工具的使用。

2．實驗要求

在實驗 16-1 的基礎上，使用 Perf C2C 工具來抓取快取記憶體的資料，分析資料，觀察快取記憶體行的狀態變化，從中找出觸發快取記憶體錯誤分享的規律。

第 17 章

TLB 管理

本章思考題

1．為什麼需要 TLB？

2．請簡述 TLB 的查詢過程。

3．TLB 是否會產生名稱重複問題？

4．什麼場景下 TLB 會產生名稱相同問題？如何解決？

5．什麼是 ASID？使用 ASID 的好處是什麼？

6．為什麼 TLB 維護指令後面需要一筆 DSB 記憶體屏障指令？

7．什麼是 BBM 機制？ BBM 機制的工作流程是什麼？

8．為什麼作業系統在切換頁表項時需要更新對應的 TLB 項？

在現代處理器中，軟體使用虛擬位址存取記憶體，而處理器的 MMU 負責把虛擬位址轉換成物理位址。為了完成這個轉換過程，軟體和硬體要共同維護一個多級映射的頁表。這個多級頁表儲存在主記憶體中，在最壞的情況下處理器每次存取一個相同的虛擬位址都需要透過 MMU 存取在記憶體裡的頁表，代價是存取記憶體導致處理器長時間的延遲，進一步變成性能瓶頸。

為了解決這個性能瓶頸，我們可以參考快取記憶體的思路，把 MMU 的位址轉換結果快取到一個緩衝區中，這個緩衝區叫作 TLB（Translation Lookaside Buffer，變換先行緩衝區），也稱為快表。一次位址轉換之後，處理器很可能很快就會再一次存取，所以對位址轉換結果進行快取是有意義的。當第二次存取相同的虛擬位址時，MMU 先從這個快取中查詢一下是否有位址轉換結果。如果有，那麼 MMU 不必執行位址轉換，免去了存取記憶體中頁表的操作，直接得到虛擬位址對應的物理位址，這個叫作 TLB 命中。如果沒有查詢到，那麼 MMU 執行位址轉換，最後把位址轉換的結果快取到 TLB 中，這個過程叫作 TLB 未命中，如圖 17.1 所示。

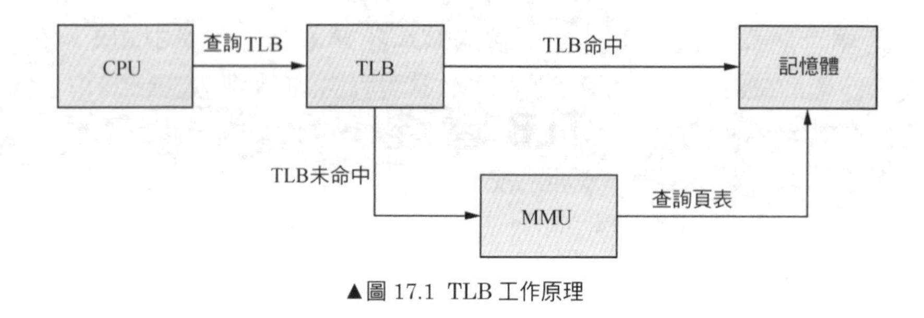

▲圖 17.1 TLB 工作原理

本章包括如下方面的內容：

- TLB 基礎知識；
- TLB 名稱重複和名稱相同問題；
- ASID 機制；
- TLB 管理指令；
- TLB 案例分析。

17.1 TLB 基礎知識

TLB 是一個很小的快取記憶體，專門用於快取已經翻譯好的頁表項，一般在 MMU 內部。TLB 項（TLB entry）數量比較少，每項主要包含虛擬頁框號（VPN）、物理頁框號（PFN）以及一些屬性等。

當處理器要存取一個虛擬位址時，首先會在 TLB 中查詢。如果 TLB 中沒有對應的記錄（稱為 TLB 未命中），那麼需要存取頁表來計算出對應的物理位址。當 TLB 未命中（也就是處理器沒有在 TLB 找到對應的記錄）時，處理器就需要存取頁表，遵循多級頁表標準來查詢頁表。因為頁表通常儲存在記憶體中，所以完整存取一次頁表，需要存取多次記憶體。ARMv8 系統結構可以實現 4 級頁表，因此完整存取一次頁表需要存取記憶體 4 次。當處理器完整存取頁表後會把這次虛擬位址到物理位址的轉換結果儲存到 TLB 記錄中，後續處理器再存取該虛擬位址時就不需要再存取頁表，從而提高性能。

如果 TLB 中有對應的項（稱為 TLB 命中），那麼直接從 TLB 項中獲取物理位址，如圖 17.2 所示。

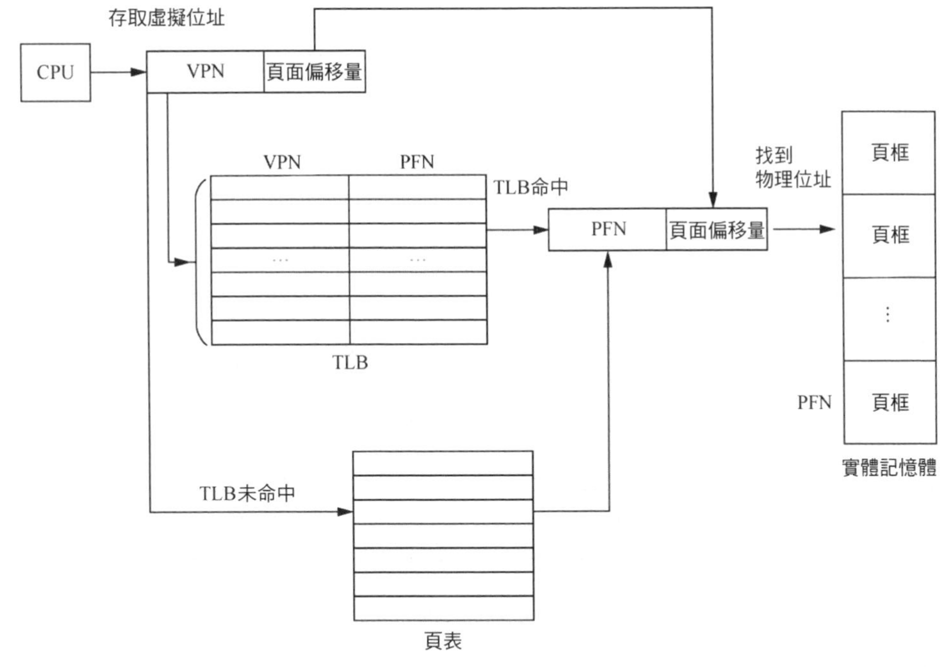

▲圖 17.2 從 TLB 項中獲取物理位址

ARMv8 系統結構手冊中沒有約定 TLB 項的結構，圖 17.3 是一個 TLB 項的示意圖，除 VPN 和 PFN 之外，還包括 *V*、nG 等屬性。表 17.1 展示了 TLB 項的相關屬性。

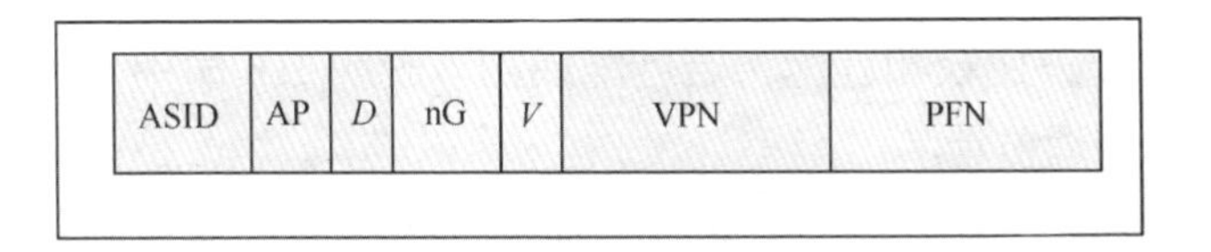

▲圖 17.3 TLB 項的示意圖

表 17.1 TLB 項的相關屬性

屬　性	描　述
VPN	虛擬位址頁框號
PFN	物理位址頁框號
V	有效位
nG	表示是否是全域 TLB 或者處理程序特有的 TLB
D	污染位元
AP	存取權限
ASID	處理程序位址空間 ID（Address Space ID，ASID）

TLB 類似於快取記憶體，支援直接映射方式、全相連映射方式以及組相連映射方式。為了提高效率，現代處理器中的 TLB 大多採用組相連映射方式。圖 17.4 所示是一個 3 路組相連的 TLB。

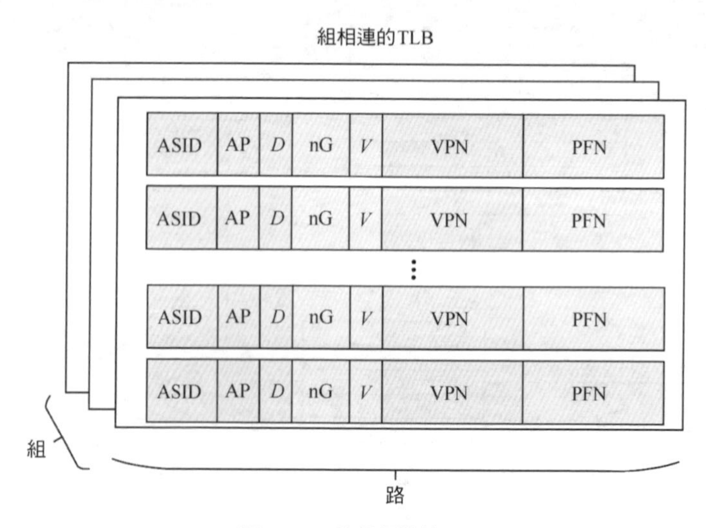

▲圖 17.4 3 路組相連的 TLB

當處理器採用組相連映射方式的 TLB 時，虛擬位址會分成三部分，分別是標記域、索引域以及頁內偏移量。處理器首先使用索引域去查詢 TLB 對應的組，如圖 17.5 所示，在一個 3 路組相連的 TLB 中，每組包含 3 個 TLB 項。在找到對應組之後，再用標記域去比較和匹配。若匹配成功，説明 TLB 命中，再加上頁內偏移量即可得到最終物理位址。

Cortex-A72 處理器中，為了提高存取速度，每個處理器核心都包含了 L1 TLB 和 L2 TLB。其中，L1 TLB 包括指令 TLB 和資料 TLB，而 L2 TLB 則是一個統一的 TLB 系統結構。

全相連的 L1 指令 TLB 包括 48 個記錄。全相連的 L1 資料 TLB 包括 32 個記錄。4 路組相連的 L2 TLB 包括 1024 個記錄。

指令 TLB 主要用於快取指令的虛擬位址到物理位址的映射結果，資料 TLB 用來快取資料的虛擬位址到物理位址的映射結果。Cortex-A72 處理器中的 L1 指令和資料 TLB 支援 4 KB、64 KB 以及 1 MB 大小的頁面的位址轉換，而 L2 TLB 則支援更多的頁面大小。

Cortex-A72 處理器中的 L1 快取記憶體採用 PIPT 映射方式，因此處理器讀取某個位址的資料時，TLB 與資料快取記憶體將協作工作。處理器發出的虛擬位址將首先發送到 TLB，TLB 利用虛擬位址中的索引域和標記域來查詢 TLB。假設 TLB 命中，那麼得到虛擬位址對應的 PFN。PFN 和虛擬位址中的頁內偏移量組成了物理位址。這個物理位址將送到 PIPT 映射方式的資料快取記憶體。快取記憶體也會把物理位址拆分成索引域和標記域，然後查詢快取記憶體，如果快取記憶體命中，那麼處理器便從快取記憶體行中提取資料，如圖 17.6 所示。

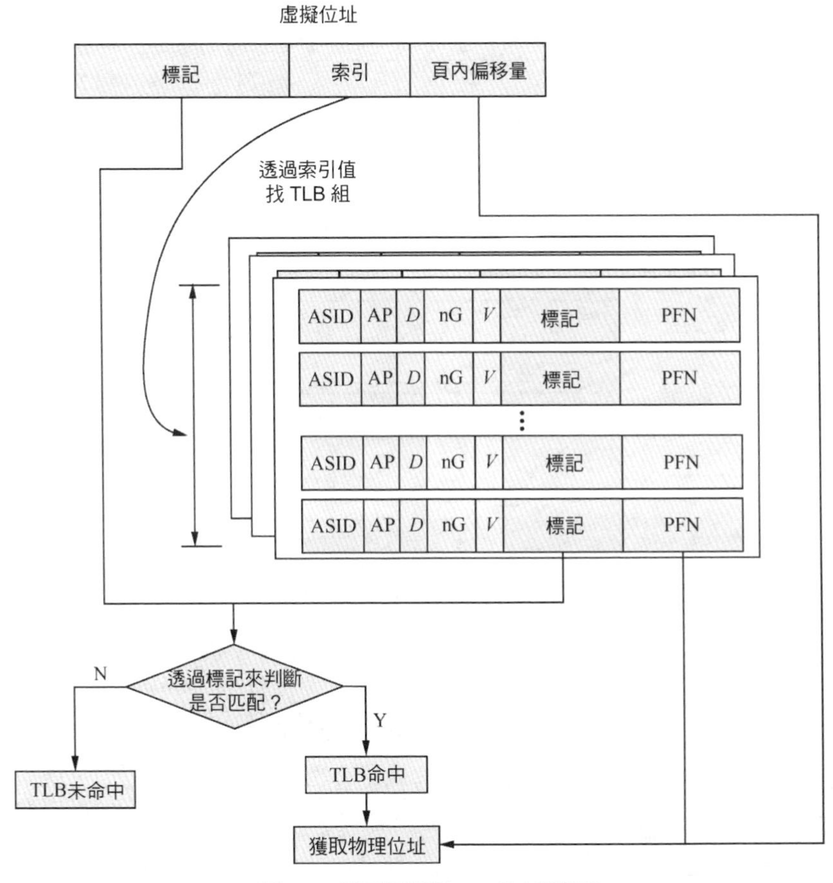

▲圖 17.5 採用組相連 TLB 的查詢過程

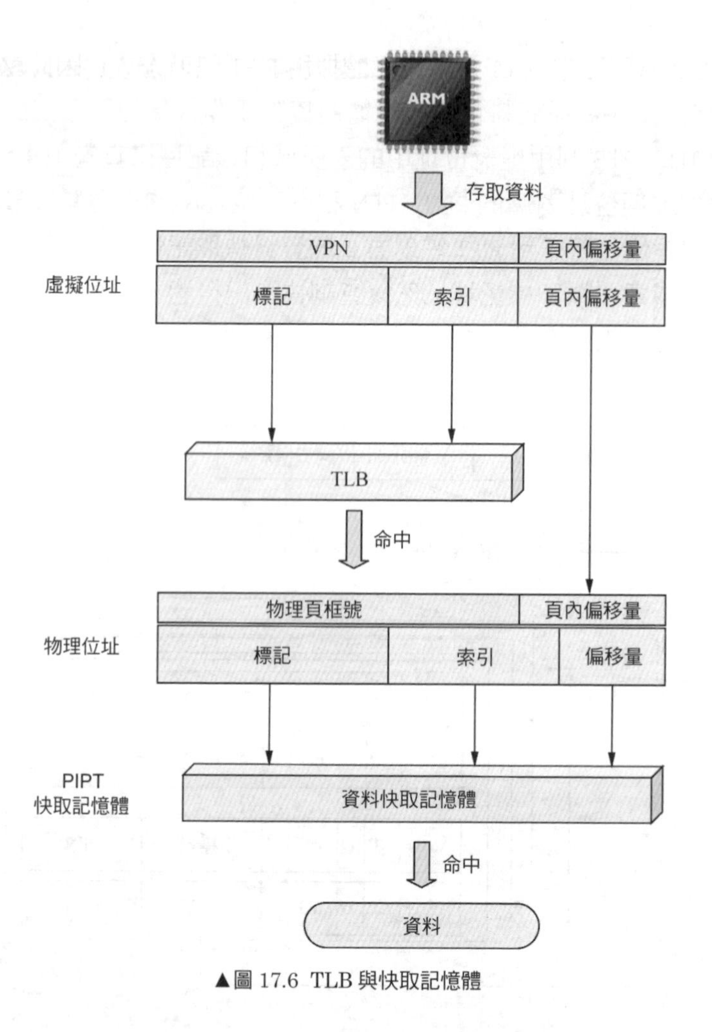

▲圖 17.6 TLB 與快取記憶體

17.2 TLB 名稱重複與名稱相同問題

TLB 本質上也是快取記憶體的一種，那它會不會和快取記憶體一樣有名稱重複和名稱相同的問題呢？

17.2.1 名稱重複問題

快取記憶體根據索引域和標記域是虛擬位址還是物理位址分成 VIVT、PIPT 以及 VIPT 三種類型，TLB 非常類似於 VIVT 類型的快取記憶體。因為索引域和標記域都使用虛擬位址。VIVT 和 VIPT 類型的快取記憶體都會有名稱重複問題。所謂的名稱重複問題，就是多個虛擬位址映射到同一個物理位址引發的問題。

我們回顧一下快取記憶體的名稱重複問題。如圖 17.7 所示，在 VIVT 類型的快取記憶體中，假設兩個虛擬頁面 Page1 和 Page2 映射到同一個物理頁面 Page_*P* 上，虛擬快取記憶體中路的大小是 8 KB，那麼就有可能把 Page1 和 Page2 的內容正好都快取到虛擬快取記憶體裡。當程式往虛擬位址 VA1 寫入資料時，虛擬快取記憶體中 VA1 對應的快取記憶體行以及物理位址（PA）的內容會被更改，但是虛擬位址 VA2 對應的快取記憶體還保存著舊資料。因此，一個物理位址在虛擬快取記憶體中保存了兩份資料，這就產生了名稱重複問題。

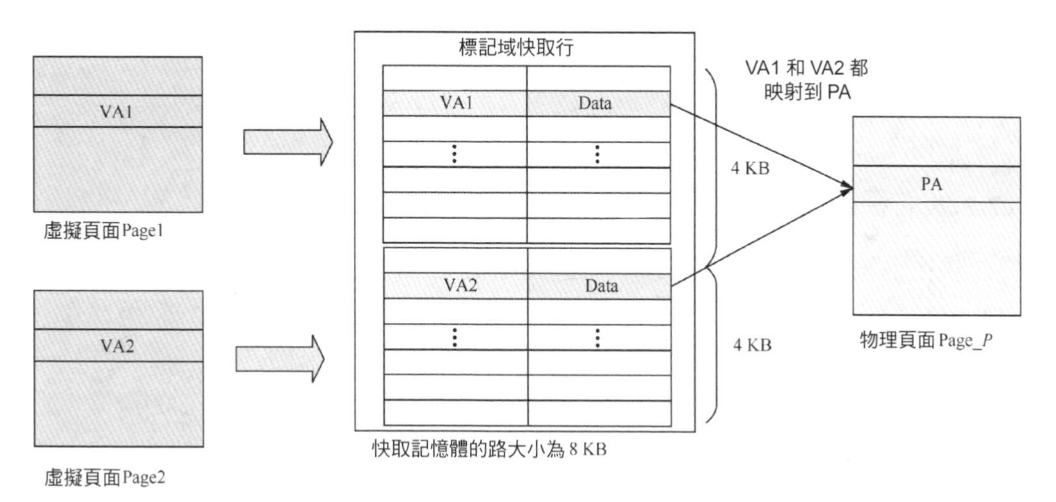

▲圖 17.7 快取記憶體的名稱重複問題

我們再看 TLB 的情況，如果兩個虛擬頁面 Page1 和 Page2 映射到同一個物理頁面 Page_*P*，那麼在 TLB 裡就會有兩個 TLB 記錄，但是這兩個 TLB 記錄的 PFN 都指向同一個物理頁面。所以當程式存取 VA1 時，TLB 命中，從 TLB 獲取的物理位址是 PA。當程式存取 VA2 時，TLB 也命中，從 TLB 裡獲取的物理位址也是 PA。所以，不會有名稱重複的問題。有的讀者可能會迷糊了，為什麼一樣的場景中快取記憶體會產生名稱重複問題而 TLB 沒有，主要的原因是 TLB 和快取記憶體的內容不一樣，快取記憶體中存放的是資料，而 TLB 快取中存放的是 VA 到 PA 的映射關係，如圖 17.8 所示。

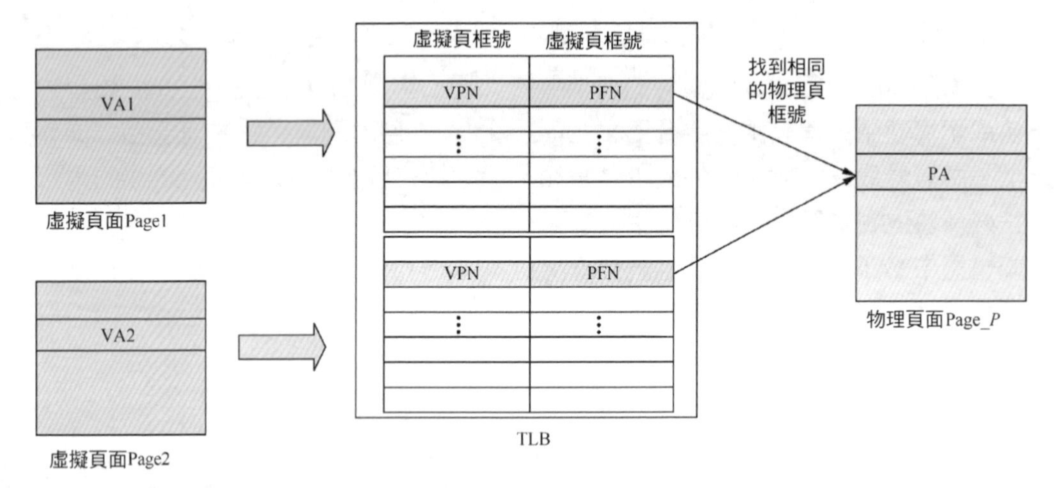

圖 17.8 TLB 的映射情況

17.2.2 名稱相同問題

現代處理器都支援分頁機制，在 MMU 的支援下，每個處理程序仿佛擁有了全部的位址空間，處理程序 A 和處理程序 B 都看到了全部位址空間，只不過它們的位址空間是相對隔離的，或者說，每個處理程序都有自己獨立的一套處理程序位址空間。但是快取記憶體和 TLB 沒有這麼幸運，它們看到的是位址的數值（絕對數值），這就容易產生問題。

舉個例子，處理程序 A 使用數值為 0x50000 的虛擬位址，這個虛擬位址在處理程序 A 的頁表裡映射到數值為 0x400 的物理位址上。處理程序 B 也使用數值為 0x50000 的虛擬位址，這個虛擬位址在處理程序 B 的頁表裡映射到數值為 0x800 的物理位址上。當處理程序 A 切換到處理程序 B 時，處理程序 B 也要存取數值為 0x50000 的虛擬位址的內容，它首先要去查詢 TLB。對於快取記憶體和 TLB 來說，它們看到的只是位址的數值，所以處理器就按照 0x50000 這個數值去查詢 TLB 了。經過查詢發現 TLB 裡有一個記錄裡快取了 0x50000 到 0x400 的映射關係。TLB 沒有辦法辨識 0x50000 對應的虛擬位址是處理程序 A 的還是處理程序 B 的，它直接把這個 0x400 對應物理位址傳回給了處理程序 B。若處理程序 B 存取 0x400 對應物理位址，就會獲取錯誤的資料，因為處理程序 B 完全沒有映射 0x400 對應的物理位址，所以發生了名稱相同問題，如圖 17.9 所示。

綜上所述，TLB 和 VIVT 類型的快取記憶體一樣，在處理程序切換時都會發生名稱相同問題。

解決辦法是在處理程序切換時使舊處理程序遺留下來的 TLB 失效。因為新處理程序在切換後會得到一個舊處理程序使用的 TLB，裡面存放了舊處理程序的虛擬位址到物理位址的轉換結果，這對於新處理程序來說是無用的，甚至有害。因此需要使 TLB 失效。同樣，也需要使舊處理程序對應的快取記憶體失效。

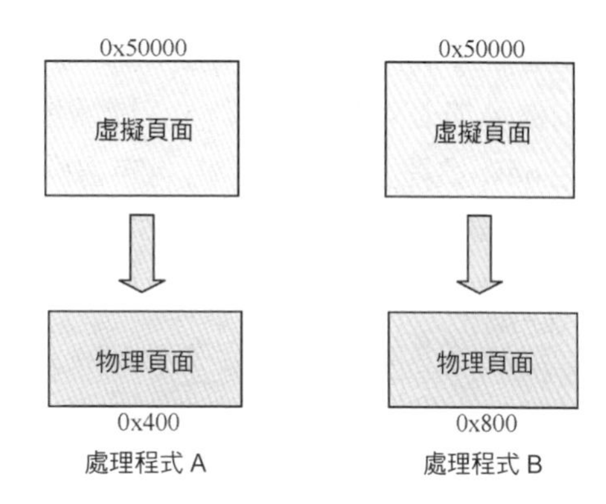

▲圖 17.9 名稱相同問題

但是，這種方法是不嚴謹的，對於處理程序來說，這會對性能有一定的影響。因為處理程序切換之後，新處理程序面對的是一個空白的 TLB。處理程序相當於冷開機了，切換處理程序之前建立的 TLB 記錄都用不了。那要怎麼解決這個問題呢？我們後面會講到 ASID 的硬體方案。

17.3 ASID

前文提到，處理程序切換時需要對整個 TLB 進行更新操作（在 ARM 系統結構中也稱為失效操作）。但是這種方法不太合理，對整個 TLB 進行更新操作後，新處理程序面對一個空白的 TLB，因此新處理程序開始執行時會出現很嚴重的 TLB 未命中和快取記憶體未命中的情況，導致系統性能下降。

如何提高 TLB 的性能？這是最近幾十年來晶片設計人員和作業系統設計人員共同努力解決的問題。從作業系統（例如 Linux 核心）角度看，位址空間可以劃分為核心位址空間和使用者位址空間，TLB 可以分成以下兩種。

- 全域類型的 TLB。核心空間是所有處理程序共用的空間，因此這部分空間的虛擬位址到物理位址的轉換是不會變化的，可以視為全域的。
- 處理程序獨有類型的 TLB。使用者位址空間是每個處理程序獨立的位址空間。舉個例子，處理程序切換時，例如，從 prev 處理程序切換到 next 處理程序，TLB 中快取的 prev 處理程序的相關資料對於 next 處理程序是無用的，因此可以更新，這就是所謂的處理程序獨有類型的 TLB。

為了支援處理程序獨有類型的 TLB，ARM 系統結構提供了一種硬體解決方案，叫作處理程序位址空間 ID（Address Space ID，ASID），TLB 可以辨識哪些 TLB 項是屬於哪個處理程序的。ASID 方案讓每個 TLB 項包含一個 ASID，ASID 用於標識每個處理程序的位址空間，在原來以虛擬位址為判斷條件的基礎上，給 TLB 命中的查詢標準加上 ASID。有了 ASID 硬體機制的支援，處理程序切換不需要更新 TLB，即使 next 處理程序存取了相同的虛擬位址，prev 處理程序快取的 TLB 記錄也不會影響到 next 處理程序，因為 ASID 機制從硬體上保證了 prev 處理程序和 next 處理程序的 TLB 不會產生衝突。總之，ASID 機制實現了處理程序獨有類型的 TLB。

ARMv8 的 ASID 儲存在 TTBR0_EL1 或者 TTBR1_EL1 中，如圖 17.10 所示，其中 Bit[47:0] 用來儲存頁表的基底位址，Bit[63:48] 用來儲存 ASID。

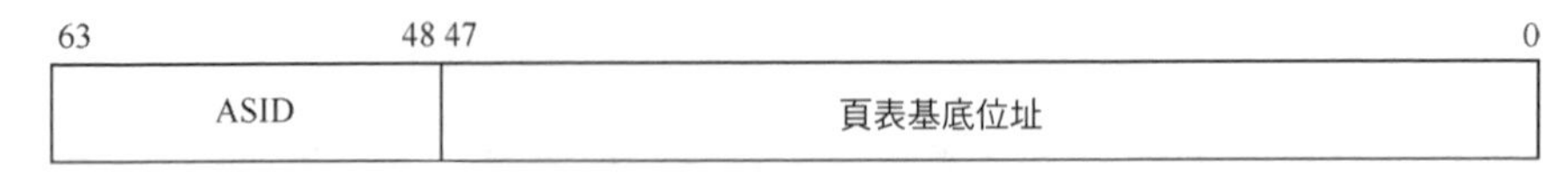

▲圖 17.10 TTBR_EL*x*

ARMv8 有兩個 TTBR，一個是 TTBR0_EL1，另一個是 TTBR1_EL1，那是不是 ASID 都儲存在這兩個暫存器裡呢？其實不是的，我們只需要儲存在其中一個裡面即可。透過 TCR 的 A1 域來設定和選擇其中一個 TTBR 來儲存 ASID。

在 ARMv8 裡支援兩種寬度的 ASID：一種是 8 位元寬的 ASID，它最多支援的 ASID 個數就是 256；另一種是 16 位元寬的 ASID，它最多支援的 ASID 個數是 65 536。

那麼，ASID 究竟是怎麼產生的？是不是就等於處理程序的 ID 呢？答案是否定的。

ASID 不等於處理程序的 PID，它們是兩個不同的概念，雖然都有 ID 的含義。處理程序的 ID 是作業系統分配給處理程序的唯一標識，是處理程序在作業系統中的唯一身份，類似於我們的身份證字號碼，而 ASID 是用於 TLB 查詢的。通常，我們是不把處理程序 ID 當作 ASID 來用的。一般作業系統會透過位元映射（bitmap）管理和分配 ASID。以 8 位元寬的 ASID 來舉例，它最多支援 256 個號碼，因此就可以使用 256 位元的位元映射來管理它。用位元映射來管理 ASID 是比較方便的，因為我們輕鬆地使用位元映射這樣的資料結構來分配和釋放位元。如果 ASID 分配完，那麼作業系統需要清洗全部 TLB，然後重新分配 ASID。

當為 TLB 增加了 ASID 之後，要確定 TLB 是否命中就需要查詢 ASID，如圖 17.11 所示。

第一步，透過虛擬位址的索引域來查詢對應的 TLB 組。

第二步，透過虛擬位址的標記域來做比對。

第三步，和 TTBR 中的 ASID 去比對，若標記域和 ASID 以及對應的屬性都匹配，則 TLB 命中，這是新增的步驟。

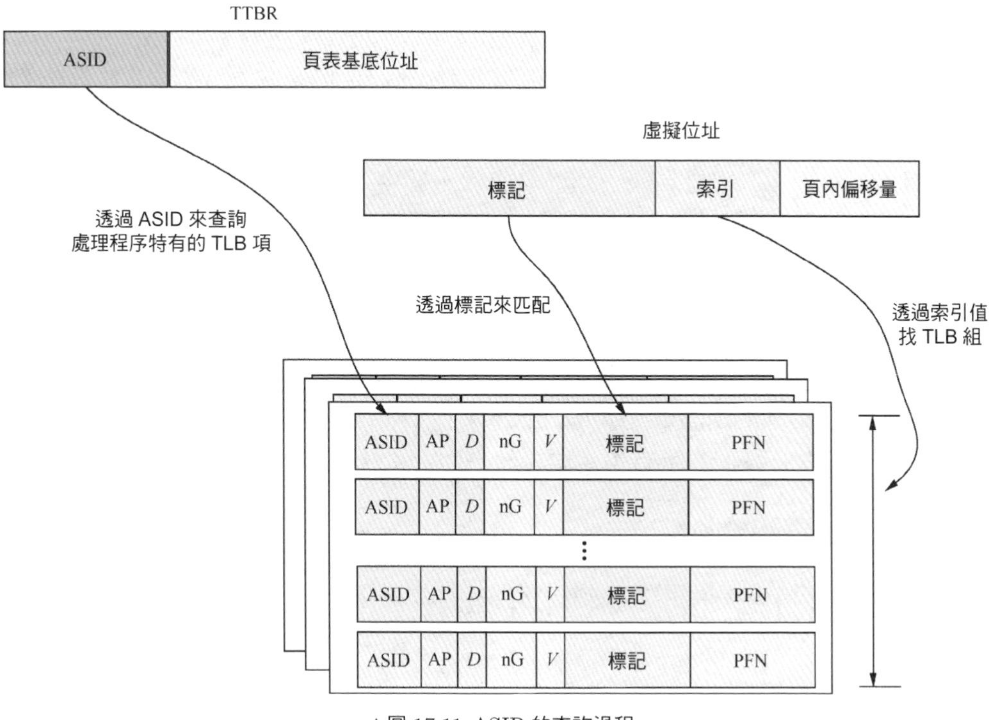

▲圖 17.11 ASID 的查詢過程

在頁表項（PTE）裡，有一位元和 TLB 相關，它就是 nG 位元。

- 當 nG 位元為 1 時，這個頁表對應的 TLB 項是處理程序獨有的，需要使用 ASID 來辨識。
- 當 nG 位元為 0 時，這個頁表對應的 TLB 項是全域的。

除 ASID 之外，ARMv8 系統結構還為虛擬化提供類似的功能——VMID（Virtual Machine IDentifier）。ASID 用來標識處理程序，而 VMID 用來標識虛擬機器（virtual machine）。當系統啟動虛擬化擴充後，如果 TLB 項包含 VMID 資訊，當從一個虛擬機器切換到另外一個虛擬機器時，不需要更新這些 TLB。

17.4 TLB 管理指令

ARMv8 系統結構提供了 TLB 管理指令來幫助更新 TLB，這裡說的更新 TLB 主要做失效操作。有一些場景下，我們需要手動使用這些 TLB 管理指令來維護 TLB 一致性。

如果一個 PTE 被修改了，那麼它對應的 TLB 項必須先更新，然後再修改 PTE。處理器支援亂數執行，有可能導致後續的指令被預先存取，而使用了舊 TLB 項的資料，從而出現錯誤。

若修改了記憶體的快取記憶體屬性，也需要使用 TLB 維護指令。

ARMv8 系統結構提供如下 TLB 維護操作。

- 使所有的 TLB 記錄失效。
- 使 ASID 對應的某一個 TLB 項失效。
- 使 ASID 對應的所有的 TLB 項失效。
- 使虛擬位址對應的所有 TLB 項失效。

17.4.1 TLB 維護指令介紹

ARMv8 系統結構提供了 TLBI 指令。TLBI 指令的格式如下。

```
TLBI    <type><level>{IS}    { <Xt>}
```

TLBI 指令的參數如表 17.2 所示。

表 17.2 TLBI 指令的參數

參　數	描　述
type	❑ 如果設定為 All，表示整個 TLB ❑ 如果設定為 VMALL，表示在當前 VMID 中所有的 TLB 項（僅包括頁表轉換階段 1） ❑ 如果設定為 VMALLS12，表示在當前 VMID 中所有的 TLB 項（包括頁表轉換階段 1 和階段 2） ❑ 如果設定為 ASID，表示和 ASID 匹配的 TLB 項，ASID 由 Xt 暫存器來指定 ❑ 如果設定為 VA，表示虛擬位址指定的 TLB 項，Xt 指定虛擬位址以及 ASID ❑ 如果設定為 VAA，表示虛擬位址指定的 TLB 項，Xt 指定了虛擬位址，但是不包括 ASID
level	異常等級（ELn，其中 *n* 可以是 3、2 或者 1）
IS	❑ 如果設定為 IS，表示該指令作用於內部共用域範圍裡的所有 CPU，這些 CPU 都會收到廣播，並且執行對應的 TLB 維護操作 ❑ 如果設定為 OS，表示該指令作用於外部共用域範圍裡的所有 CPU，這些 CPU 都會收到廣播，並且執行對應的 TLB 維護操作 ❑ 若沒指定該參數則表示執行該指令的 CPU

參　數	描　述
X*t*	由虛擬位址和 ASID 組成的參數如下。 ❑ Bit[63:48]：ASID。 ❑ Bit[47:44]：TTL，用於指明使哪一級頁表保存的位址失效。若為 0，表示需要使所有等級的頁表失效。 ❑ Bit[43:0]：虛擬位址的 Bit[55:12]

ARMv8 系統結構中 TLBI 指令的操作符號如表 17.3 所示。

表 17.3　TLBI 指令的操作符號

操 作 符 號	描　述
ALLE*n*	使 EL*n* 中所有的 TLB 失效
ALLEnIS	使 EL*n* 中所有內部共用的 TLB 失效
ASIDE1	使 EL1 中 ASID 包含的 TLB 失效
ASIDE1IS	使 EL1 中 ASID 包含的內部共用的 TLB 失效
VAAE1	使 EL1 中虛擬位址指定的所有 TLB（包含所有 ASID）失效
VAAE1IS	使 EL1 中虛擬位址指定的所有 TLB（包含所有 ASID）失效，這裡指的是內部共用的 TLB
VAEn	使 ELn 中所有由虛擬位址指定的 TLB 失效
VAEnIS	使 ELn 中所有由虛擬位址指定的 TLB 失效，這裡指的是內部共用的 TLB
VALEn	使 ELn 中所有由虛擬位址指定的 TLB 失效，但只使最後一級的 TLB 失效
VMALLE1	在當前 VMID 中，使 EL1 中指定的 TLB 失效，這裡僅包括虛擬化場景下階段 1 的頁表項
VMALLS12E1	在當前 VMID 中，使 EL1 中指定的 TLB 失效，這裡包括虛擬化場景下階段 1 和階段 2 的頁表項

表 17.3 中，階段 1 和階段 2 的頁表項指的是虛擬化場景下兩階段映射中的頁表項。

在 ARMv8.4 版本中，TLBI 指令新增了一個特性，它可以指定位址範圍，指令格式如下。

```
TLBI    R<type><level>{IS}    { <Xt>}
```

如果 R 參數出現在操作符號中，則表示使指定位址範圍裡所有的 TLB 失效；否則，只使指定位址的 TLB 失效。除此之外，X*t* 暫存器的編碼格式也發生了變化。

❑ Bit[63:48]：ASID。

❑ Bit[47:46]：TG，用來表示頁面細微性大小。

❑ Bit[45:44]：SCALE，用於計算位址範圍。

❑ Bit[43:39]：NUM，用於計算位址範圍。

❑ Bit[38:37]：TTL。

- Bit[36:0]：BaseADDR（基底位址）。不同頁面細微性表示的基底位址有所不同。例如，對於 4 KB 頁面細微性，表示虛擬位址 Bit[48:12]；對於 16 KB 頁面細微性，表示虛擬位址 Bit[50:14]；對於 64 KB 頁面細微性，表示虛擬位址 Bit[52:16]。

最後，*Xt* 暫存器表示的位址範圍可以用如下公式來計算。

```
BaseADDR <= input_address < BaseADDR + ((NUM +1)*2^(5*SCALE +1) * Translation_Granule_
Size)
```

17.4.2 TLB 廣播

TLB 維護指令具有廣播功能，可以在指定的快取記憶體共用域中發送廣播，在此共用域中的 CPU 收到廣播之後，會執行對應的 TLB 維護操作。

例如，下面兩段虛擬程式碼執行的 TLB 維護指令的廣播範圍就不一樣。

```
1    void local_flush_tlb_all(void)
2    {
3    __tlbi(vmalle1);
4    }
5
6    void flush_tlb_all(void)
7    {
8    __tlbi(vmalle1is);
9    }
```

local_flush_tlb_all() 函數使用的參數為 vmalle1，表示在當前 VMID 中，使 EL1 中指定的 TLB 失效，這個參數並沒有指定快取記憶體共用域，所以它只能使本機 CPU 的 TLB 失效，不會廣播到其他 CPU 上。而 flush_tlb_all() 函數使用的參數為 vmalle1is，它帶了 IS 內部共用域的參數，因此它發送廣播到本機 CPU 所在的內部共用域中，在這個域裡所有的 CPU 都會收到這個廣播並且做相同的 TLB 維護操作。

17.4.3 TLB 維護指令的執行次序

TLB 維護指令具有廣播性，當所有收到廣播的 CPU 都完成了 TLB 維護操作之後，這筆 TLB 維護指令才算執行完。另外，TLB 指令在記憶體執行次序（memory order）上沒有特殊的許可權，它和普通的載入和儲存操作類似，可以被處理器任意排序和亂數執行。

因此，如果想要保證 TLB 維護指令的執行次序，我們需要使用記憶體屏障指令。在一個單一處理器系統中，使用 “DSB NSH” 來保證 TLB 維護指令執行完；在一個多核心處理器中，使用 “DSB ISH” 記憶體屏障指令來保證在內部共用域中所有的 CPU 都執行完 TLB 維護指令。注意，在這個場景下，只有執行 TLB 維護指令的那個 CPU 執行的記憶體屏障指令有效，共用域中其他 CPU 執行的記憶體屏障指令是無效的。

17.5 TLB 案例分析

下面透過 Linux 核心的幾個使用案例來幫助大家進一步理解 TLB。

17.5.1 TLB 在 Linux 核心中的應用

在介紹 TLB 在 Linux 核心應用之前，我們需要了解 CPU 熔斷漏洞以及 KPTI（Kernel Page-Table Isolation）方案。CPU 熔斷漏洞巧妙地利用現代處理器中亂數執行的副作用進行側通道攻擊，破壞基於位址空間隔離的安全機制，使得使用者態程式可以讀出核心空間的資料，包括個人私有資料和密碼等。解決 CPU 熔斷漏洞的方案之一就是 KPTI 方案。本節介紹不採用與採用 KPTI 方案這兩種情況。

1．不採用 KPTI 方案

在 ARM64 的 Linux 核心中已經使用了兩套頁表的方案。當 CPU 存取使用者空間時，從 TTBR0 中獲取使用者頁表的基底位址（使用者頁表的基底位址儲存在處理程序的 mm->pgd 中）。當 CPU 存取核心空間時，從 TTBR1 獲取核心頁表的基底位址（swapper_pg_dir）。但是，核心空間中頁表的屬性設定為全域類型的 TLB。核心空間是所有處理程序共用的空間，因此這部分空間的虛擬位址到物理位址的翻譯是不會變化的。在熔斷漏洞攻擊場景下，使用者程式存取核心空間位址時，TLB 硬體單元依然可以產生 TLB 命中，從而得到物理位址。

PTE 屬性中用來管理 TLB 是全域類型還是處理程序獨有類型的位元就是 nG 位元。當 nG 位元為 1 時，這個頁表對應的 TLB 項是處理程序獨有的，需要使用 ASID 來辨識。當 nG 位元為 0 時，這個頁表對應的 TLB 項是全域的。使用 KPIT 之前的 TLB 存取情況如圖 17.12 所示。

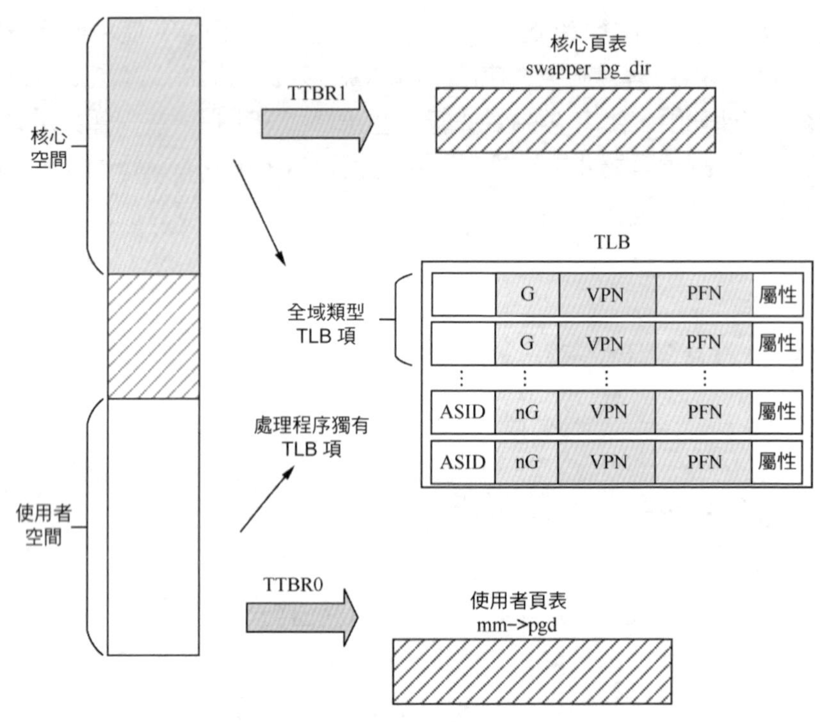

▲圖 17.12 使用 KPTI 方案之前的 TLB 存取情況

假設一個處理程序執行在使用者態，當存取使用者位址空間時，CPU 會帶著 ASID 去查詢 TLB。如果 TLB 命中，那麼可以直接存取物理位址；否則，就要查詢頁表。當有攻擊者想在使用者態存取核心位址空間時，CPU 會查詢 TLB。由於此時核心頁表的 TLB 是全域類型的，因此可以從 TLB 中查詢到物理位址。CPU 存取核心空間的位址最終會產生異常，但是因為亂數執行，CPU 會預先存取核心空間的資料，這就導致了熔斷漏洞。

2．採用 KPTI 方案

KPTI 方案的整體思路是把每個處理程序使用的一張頁表分隔成了兩張——核心頁表和使用者頁表。當處理程序執行在使用者空間時，使用的是使用者頁表。當發生中斷、異常或者主動呼叫系統呼叫時，使用者程式陷入核心態。進入核心空間後，透過一小段核心跳板（trampoline）程式將使用者頁表切換到核心頁表。當處理程序從核心空間跳回使用者空間時，頁表再次被切換回使用者頁表。當處理程序執行在核心態時，處理程序可以存取核心頁表和使用者頁表，核心頁表包含了全部核心空間的映射，因此處理程序可以存取全部核心空間和使用者空間。

而當處理程序執行在使用者態時，核心頁表僅包含跳板頁表，而其他核心空間的映射是無效映射，因此處理程序無法存取核心空間的資料。

在 ARM64 Linux 核心中，KPTI 方案把每個處理程序的核心頁表設定成處理程序獨有類型的 TLB，即每個處理程序使用一對 ASID，核心頁表使用偶數 ASID，使用者頁表使用奇數 ASID。

假設一個處理程序執行在使用者態，當存取使用者位址空間時，CPU 會使用奇數 ASID 去查詢 TLB。如果 TLB 命中，那麼可以直接存取物理位址；否則，就要查詢頁表。當有攻擊者想在使用者態存取核心位址空間時，CPU 依然使用奇數 ASID 去查詢 TLB。由於此時的核心頁表只映射了一個跳板頁面，而其他核心空間的映射是無效映射，因此攻擊者最多只能存取這個跳板頁面的資料，從而杜絕了類似於熔斷漏洞的攻擊。在使用 KPTI 方案的情況下，使用者態處理程序存取核心位址空間和使用者位址空間的方式如圖 17.13 所示。

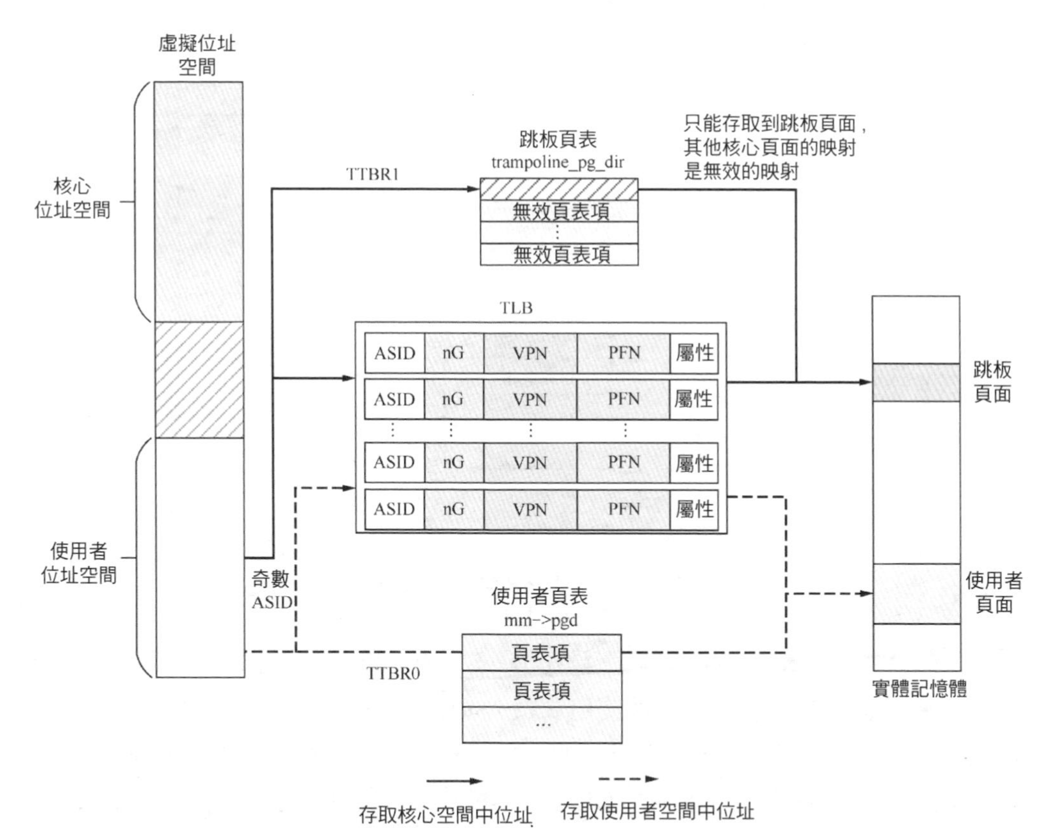

▲圖 17.13 使用者態處理程序存取核心位址空間和使用者位址空間的方式（使用 KPTI 方案）

當處理程序執行在核心態時，它可以存取全部核心位址空間，如圖 17.14 所示。此時，CPU 使用偶數 ASID 去查詢 TLB，得到物理位址後就可以存取核心頁面。當存取使用者位址空間時，處理程序依然使用偶數 ASID 去查詢 TLB，大部分的情況下未命中 TLB，轉而透過 MMU 來得到物理位址，然後就可以存取使用者頁面。但是，核心有一個 PAN（Privileged Access Never）的功能，它的目的是防止核心或者驅動開發者隨意存取使用者位址空間而造成安全問題。這迫使核心或者驅動開發者使用 copy_to_user() 以及 copy_from_user() 等介面函數，提升系統的安全性。

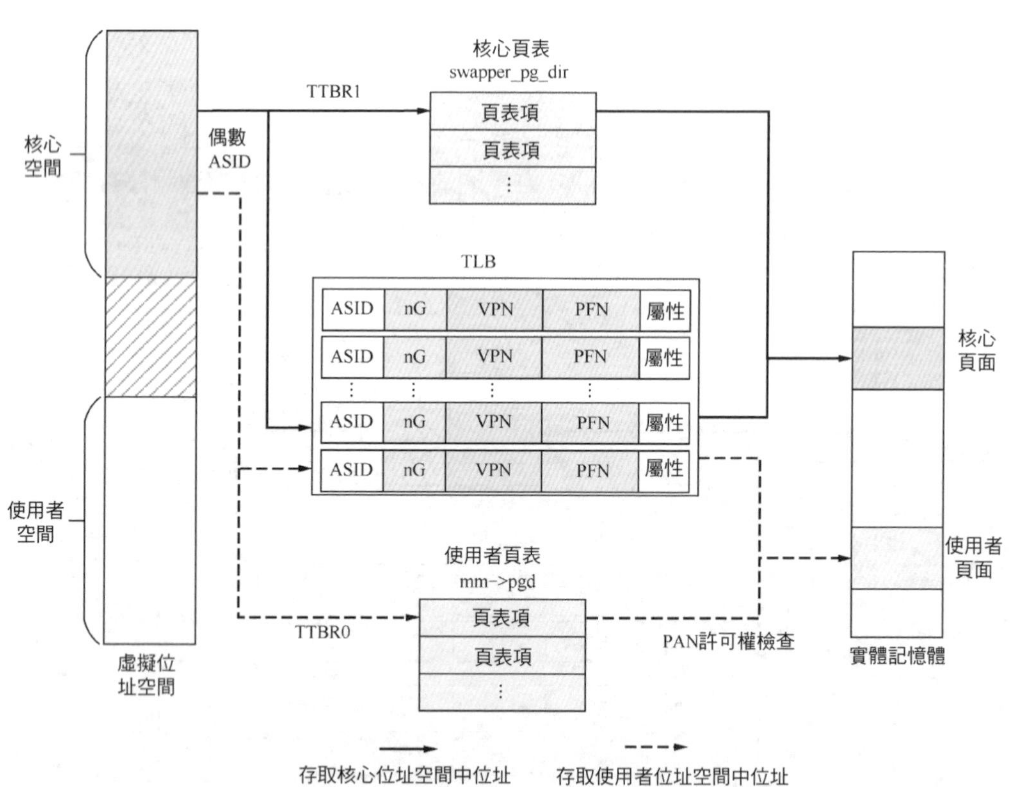

▲圖 17.14 在核心態存取核心位址空間和使用者位址空間（KPTI 方案）

當執行在核心態的處理程序透過 copy_to_user() 和 copy_from_user() 等介面函數存取使用者空間位址時，依然使用偶數 ASID 來查詢 TLB，導致 TLB 未命中，因為當前 CPU 只有一個 ASID 在使用，即分配給核心空間的偶數 ASID。所以，需要透過 MMU 做位址轉換才能得到物理位址，這會有一點點性能損失。ARM64 目前不能同時使用兩個 ASID 來查詢 TLB，即存取核心空間位址時使用偶數 ASID，存取使用者空間位址時使用奇數 ASID。

17.5.2 ASID 在 Linux 核心中的應用

前文提到，硬體 ASID 透過位元映射來分配和管理。處理程序切換的時候，需要把處理程序持有的硬體 ASID 寫入 TTBR1_EL1 裡。對於新建立的處理程序，第一次排程執行的時候，還沒有分配 ASID。此時，作業系統需要使用位元映射機制來分配一個空閒的 ASID，然後把這個 ASID 填充到 TTBR1 裡。

當系統中 ASID 加起來超過硬體最大值時，會發生溢位，需要清洗全部 TLB，然後重新分配 ASID。這裡需要注意，硬體 ASID 不是無限量供應的：8 位元寬的 ASID 機制最多支援 256 個 ASID，16 位元寬的 ASID 機制最多支援 65 536 個 ASID。若 ASID 用完了，分配不出來了怎麼辦？這就需要清洗全部的 TLB，然後重新分配 ASID。

Linux 核心裡為每個處理程序分配兩個 ASID，即奇、偶 ASID 組成一對。

當處理程序執行在使用者態時，使用奇數 ASID 來查詢 TLB；當處理程序陷入核心態執行時期，使用偶數 ASID 來查詢 TLB。

在 Linux 核心裡，處理程序切換出去之後會把 ASID 儲存在 mm 資料結構的 context 域裡面。當處理程序再度切換回來的時候，把 ASID 設定到 TTBR1 裡，這樣 CPU 就知道當前處理程序的 ASID 了。所以，整個機制是需要軟體和硬體一起協作工作的，如圖 17.15 所示。

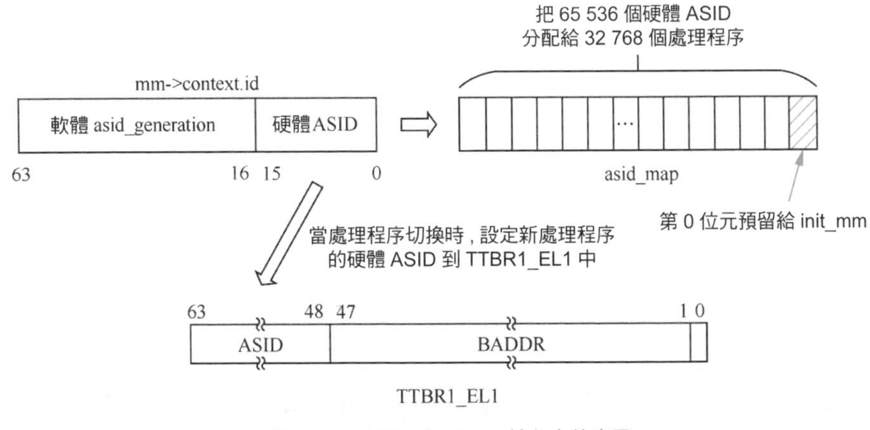

▲圖 17.15 ASID 在 Linux 核心中的應用

17.5.3 Linux 核心中的 TLB 維護操作

Linux 核心中提供了多個管理 TLB 的介面函數，如表 17.4 所示。這些介面函式定義在 arch/ arm64/include/asm/tlbflush.h 檔案中。

表 17.4　　Linux 核心中管理 TLB 的介面函數

介面函數	描　述
flush_tlb_all()	使所有處理器上的整個 TLB（包括核心空間和使用者空間的 TLB）失效
flush_tlb_mm(mm)	使一個處理程序中整個使用者空間位址的 TLB 失效
flush_tlb_range(vma, start, end)	使處理程序位址空間的某段虛擬位址區間（從 start 到 end）對應的 TLB 失效
flush_tlb_kernel_range(start, end)	使核心位址空間的某段虛擬位址區間（從 start 到 end）對應的 TLB 失效
flush_tlb_page(vma, addr)	使虛擬位址（addr）所映射頁面的 TLB 頁表項失效
local_flush_tlb_all()	使本機 CPU 對應的整個 TLB 失效

表 17.4 中參數的說明如下。

- mm 表示處理程序的記憶體描述符號 mm_struct。
- vma 表示處理程序位址空間的描述符號 vm_area_struct。
- start 表示起始位址。
- end 表示結束位址。
- addr 表示虛擬位址。

下面結合兩個例子展示這些介面函數是如何實現的。flush_tlb_all() 函數的實現如下。

```
<arch/arm64/include/asm/tlbflush.h>

1    static inline void flush_tlb_all(void)
2    {
3        dsb(ishst);
4        __tlbi(vmalle1is);
5        dsb(ish);
6        isb();
7    }
```

首先，呼叫 dsb() 來保證記憶體存取指令已經完成，如修改頁表等操作。

_ _tlbi() 是一個 TLB 的巨集操作，參數 vmalle1is 表示使 EL1 中所有 VMID 指定的 TLB 失效，這裡僅指的是內部共用的 TLB。然後，再次呼叫 dsb()，保證前面的 TLBI 指令執行完成。最後，呼叫 isb()，在管線中捨棄已經從舊的頁表映射中獲取的指令。

所有的過程可以概括為下面的虛擬程式碼。

```
1    dsb ishst        // 確保之前更新頁表的操作已經完成
2    tlbi ...         // 使 TLB 失效
3    dsb ish          // 確保使 TLB 失效的操作已經完成
4    if (invalidated kernel mappings)
5        isb          // 捨棄所有從舊頁表映射中獲取的指令
```

Linux 核心中定義了一個 _ _tlbi() 巨集來實現上述的 TLBI 指令。

```
<arch/arm64/include/asm/tlbflush.h>

1    #define __TLBI_0(op, arg) asm ("tlbi " #op "\n"    \
2              ALTERNATIVE("nop\n            nop",       \
3                     "dsb ish\n       tlbi " #op,   \
4                     ARM64_WORKAROUND_REPEAT_TLBI, \
5                     CONFIG_ARM64_WORKAROUND_REPEAT_TLBI) \
6                   : : )
7
8    #define __TLBI_1(op, arg) asm ("tlbi " #op ", %0\n" \
9              ALTERNATIVE("nop\n            nop",    \
10                    "dsb ish\n       tlbi " #op ", %0",\
11                    ARM64_WORKAROUND_REPEAT_TLBI,       \
12                    CONFIG_ARM64_WORKAROUND_REPEAT_TLBI) \
13                  : : "r" (arg))
14
15   #define __TLBI_N(op, arg, n, ...) __TLBI_##n(op, arg)
16
17   #define __tlbi(op, ...)      __TLBI_N(op, ##__VA_ARGS__, 1, 0)
```

上述 _ _tlbi() 巨集主要透過 TLBI 指令來實現。需要特別注意的是 ALTERNATIVE 巨集的實現。系統定義了 CONFIG_ARM64_WORKAROUND_REPEAT_TLBI，說明使用權衡的方法來修復處理器中的硬體失效，它會重複執行 TLBI 指令兩次，中間還執行一次 DSB 指令。

Linux 核心中關於 TLB 操作另一個重要的地方就是 ASID。ASID 方案讓每個 TLB 項包含一個 ASID，為每個處理程序分配處理程序位址空間識別字，TLB 命中查詢的標準由原來的虛擬位址判斷再加上 ASID 條件。ASID 軟體計數存放在 mm->context.id 的 Bit[31:8] 中。_ _TLBI_VADDR 巨集的實現如下。

```
1    #define ASID(mm)     ((mm)->context.id.counter & 0xffff)
2
3    #define __TLBI_VADDR(addr, asid)                   \
4        ({                                  \
5            unsigned long __ta = (addr) >> 12;          \
```

```
6           __ta &= GENMASK_ULL(43, 0);                \
7           __ta |= (unsigned long)(asid) << 48;         \
8           __ta;                          \
9       })
```

在一個 TLB 項中，ASID 存放在 TLB 項的 Bit[63:48] 中。__TLBI_VADDR() 巨集透過虛擬位址 ID 和 ASID 來組成 TLBI 指令需要的參數 *Xt*。

另外一個常用的 TLB 管理函數是 __flush_tlb_range()，它用於使處理程序位址空間中某一段區間對應的 TLB 失效。這個函數使用上述的 __TLBI_VADDR() 巨集實現。

```
<arch/arm64/include/asm/tlbflush.h>

1   static inline void __flush_tlb_range(struct vm_area_struct *vma,
2                   unsigned long start, unsigned long end,
3                   unsigned long stride)
4   {
5       unsigned long asid = ASID(vma->vm_mm);
6       unsigned long addr;
7
8       stride >>= 12;
9
10      start = __TLBI_VADDR(start, asid);
11      end = __TLBI_VADDR(end, asid);
12
13      dsb(ishst);
14      for (addr = start; addr < end; addr += stride) {
15              __tlbi(vae1is, addr);
16              __tlbi_user(vae1is, addr);
17      }
18      dsb(ish);
19  }
20
21  static inline void flush_tlb_range(struct vm_area_struct *vma,
22                  unsigned long start, unsigned long end)
23  {
24      __flush_tlb_range(vma, start, end, PAGE_SIZE, false);
25  }
```

ASID() 巨集用於獲取當前處理程序對應的 ASID，__TLBI_VADDR() 巨集透過虛擬位址 ID 和 ASID 來組成 TLBI 指令需要的參數，然後透過 __tlbi() 巨集以及 __tlbi_user() 巨集來執行 TLBI 指令。在實現了 KPTI 方案的 Linux 核心中，為每個處理程序分配兩個 ASID，核心空間使用偶數的 ASID，使用者空間使用奇數的 ASID。__tlbi() 用來更新核心空間的 TLB，__tlbi_user() 用來更新使用者空間的 TLB。

TLBI 指令中的操作符號 VAE1IS 用於使 EL1 中所有由虛擬位址指定的 TLB（這裡指的是內部共用的 TLB）失效。

17.5.4 BBM 機制

在多核心系統中多個虛擬位址可以同時映射到同一個物理位址，出現為同一個物理位址建立了多個 TLB 記錄的情況，而更改其中一個頁表項會破壞快取一致性以及記憶體存取時序等，從而導致系統出問題。例如，若從一個舊的頁表項替換到一個新的頁表項，ARMv8 系統結構要求使用 BBM（Break-Before-Make）機制來保證 TLB 的正確；否則，有可能導致新的頁表項和舊的頁表項同時都快取在 TLB（特別是不同的 CPU 中的 TLB）中，導致程式存取出錯。

除更改頁表項之外，其他的一些操作也需要使用 BBM 機制。

- 修改記憶體類型，例如從標準類型記憶體變成裝置類型記憶體。
- 修改快取記憶體的屬性，例如修改快取記憶體的策略，從寫回策略改成寫入直通策略。
- 修改 MMU 轉換後的輸出位址，或者新的輸出位址的內容和舊的輸出位址的內容不一致。
- 修改頁面的大小。

BBM 機制的工作流程如下。

（1）使用一個失效的頁表項來替換舊的頁表項，執行一個 DSB 指令。

（2）使用 TLB 指令來使這個頁表項失效，執行 DSB 指令，保證無效 TLB 指令已經完成。

（3）寫入新的頁表項，然後執行 DSB 指令，保證這個新的 DSB 指令被其他 CPU 觀察者看到。

Linux 核心中也廣泛應用了 BBM 機制，例如在切換新的 PTE 之前，先把 PTE 內容清除，再更新對應的 TLB，是為了防止一個可能發生的競爭問題，如一個執行緒在執行自我修改程式碼，另外一個執行緒在做寫入時複製。

下面舉一個例子來說明這個場景。

假設主處理程序有兩個執行緒——執行緒 1 和執行緒 2，執行緒 1 執行在 CPU0 上，執行緒 2 執行在 CPU1 上，它們共同存取一個虛擬位址。這個 VMA（Linux 核心採用 vm_area_struct 資料結構來描述一段處理程序位址空間，簡稱 VMA）映射到 Page0 上。

執行緒 1 在這個 VMA 上執行程式，初始狀態如圖 17.16（a）所示。

主處理程序透過 fork 呼叫建立一個子處理程序，如圖 17.16（b）所示。子處理程序會透過寫入時複製得到一個新的 VMA1，而且這個 VMA1 也映射到 Page0，子處理程序對應的頁表項為 PTE1。在 fork 過程中，父處理程序和子處理程序的頁表項都會設定唯讀屬性（PTE_RDONLY）。

當執行緒 2 想往該虛擬位址中寫入新程式時，它會觸發寫錯誤的缺頁異常，在 Linux 核心裡執行寫入時複製操作。

執行緒 2 建立了一個新的頁面 Page1，並且把 Page0 的內容複製到 Page1 上，然後切換頁表項並指向 Page1，最後往 Page1 寫入新程式，如圖 17.16（c）所示。

此時，在 CPU0 上執行的執行緒 1 的指令和資料 TLB 依然指向 Page0，執行緒 1 依然從 Page0 上獲取指令，這樣執行緒 1 獲取了錯誤的指令，從而導致執行緒 1 執行錯誤，如圖 17.16（d）所示。

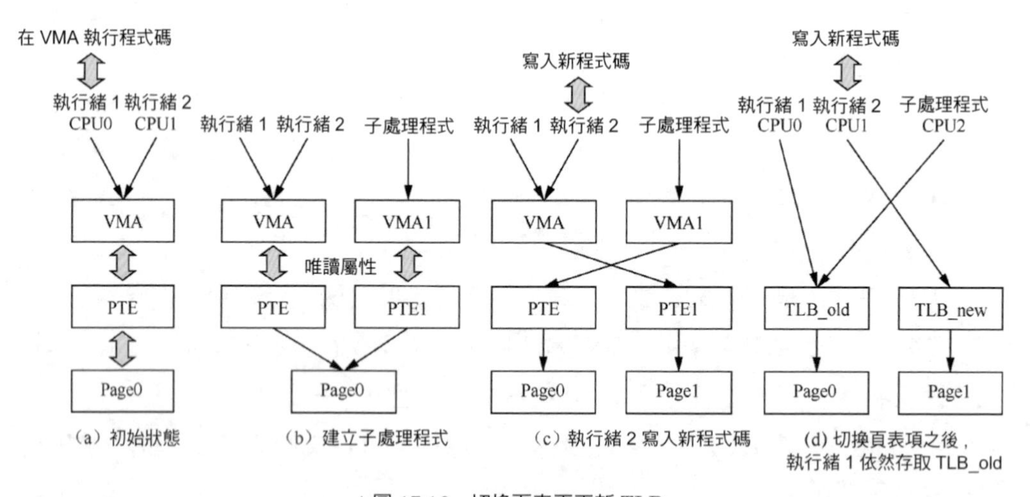

▲圖 17.16　切換頁表再更新 TLB

所以，根據 BBM 機制，圖 17.16（c）對應的步驟中，CPU1（執行緒 2）需要分解成如下幾個步驟。

（1）在切換頁表項之前，CPU1 把舊的頁表項內容清除掉。

（2）更新對應的 TLB，這個步驟會發送廣播到其他 CPU 上。

（3）設定新的頁表項（PTE1）。

（4）對執行緒 2 來說，VMA 虛擬位址映射到 Page1 上，執行緒 2 才能往 Page1 中寫入新程式。

CPU1 發出的更新 TLB 指令會廣播到其他的 CPU 上，例如 CPU0（執行緒 1）收到廣播之後也會更新本機對應的 TLB 項，這樣 CPU0 就不會再使用舊的 TLB 項，而是透過 MMU 獲取 Page1 的物理位址，從而存取 Page1 上最新的程式。如果沒有實現上述 BBM 機制，CPU0 依然存取舊的 TLB 項，存取了 Page0 上的舊程式，導致程式出錯。

為什麼 BBM 機制要率先使用一個無效的頁表項來替換舊的頁表項（即為什麼要先執行 break 動作）呢？

在實現 BBM 機制的過程中，如果其他 CPU 也存取這個虛擬位址，那麼它會因為失效的頁表項而進入作業系統的缺頁異常處理機制。作業系統的缺頁異常處理器機制一般會使用對應的鎖機制來保證多個缺頁異常處理的串列執行（在 Linux 核心的缺頁異常處理中會申請一個處理程序相關的讀寫信號量 mm->mmap_sem），從而保證資料的一致性。如果在 BBM 機制中沒有率先使用一個無效的頁表項來替換舊的頁表項，那麼在實現 BBM 機制的過程中，其他 CPU 也可能同時存取這個頁面，導致資料存取出錯。

我們以上述場景為例，CPU1 清除舊的頁表項時，CPU0 也來存取 VMA 虛擬位址，此時 VMA 對應的頁表項已經被替換成無效的頁表項，CPU0 會觸發一個缺頁異常。由於 CPU1 此時正在處理寫入時複製的缺頁異常，並且已經申請了鎖保護，因此 CPU0 只能等待 CPU1 完成缺頁異常處理並且釋放鎖。當 CPU0 申請到鎖時，CPU1 已經完成了寫入時複製，VMA 對應的頁表項已經指向 Page1，CPU0 退出缺頁異常處理並且直接存取 Page1 的內容。

第 18 章

記憶體屏障指令

本章思考題

1．記憶體亂數產生的原因是什麼？

2．什麼是順序一致性記憶體模型？

3．什麼是處理器一致性記憶體模型？

4．什麼是弱一致性記憶體模型？

5．請列出三個需要使用記憶體屏障指令的場景。

6．DMB 和 DSB 指令的區別是什麼？

7．在下面程式片段中，ADD 指令能重排到 DMB 指令前面嗎？

```
ldr x0，[x1]
dmb ish
add x2，x3，x4
```

8．什麼是載入 - 獲取屏障基本操作？什麼是儲存 - 釋放屏障基本操作？

9．若 CPU 執行如下兩筆指令對 X2 暫存器中的位址進行快取記憶體維護，會有什麼問題？

```
dc  civau  x2
ic  ivau   x2
```

10．當多個執行緒正在使用同一個頁表項時，如果需要更新這個頁表項的內容，如何保證多個執行緒都能正確存取更新後的頁表項？

11．下面是一個使指令快取記憶體失效的程式片段，請解釋為什麼在指令快取記憶體失效之後要發送一個 IPI，而且這個 IPI 的回呼函數還是空的。

```
void flush_icache_range(unsigned long start, unsigned long end)
{
    flush_icache_range(start, end);
    smp_call_function(do_nothing, NULL, 1);
}
```

記憶體屏障指令是系統程式設計中很重要的一部分，特別是在多核心並行程式設計中。本章重點介紹記憶體屏障指令產生的原因、ARM64 處理器記憶體屏障指令以及記憶體屏障的案例分析等內容。

18.1 記憶體屏障指令產生的原因

若程式在執行時的實際記憶體存取順序和程式碼指定的存取順序不一致，會出現記憶體亂數存取。記憶體亂數存取的出現是為了提高程式執行時的效率。記憶體亂數存取主要發生在如下兩個階段。

- 編譯時。編譯器最佳化導致記憶體亂數存取。
- 執行時。多個 CPU 的互動引起記憶體亂數存取。

編譯器會把符合人類思維邏輯的高階語言程式（如 C 語言的程式）翻譯成符合 CPU 運算規則的組合語言指令。編譯器會在翻譯成組合語言指令時對其進行最佳化，如記憶體存取指令的重新排序可以提高指令級並行效率。然而，這些最佳化可能會與程式設計師原始的程式邏輯不符，導致一些錯誤發生。編譯時的亂數存取可以透過 barrier() 函數來避開。

```
#define barrier() __asm__ __volatile__ ("" ::: "memory")
```

barrier() 函數告訴編譯器，不要為了性能最佳化而將這些程式重排。

在古老的處理器設計當中，指令是完全按照循序執行的，這樣的模型稱為循序執行模型（sequential execution model）。現代 CPU 為了提高性能，已經拋棄了這種古老的循序執行模型，採用很多現代化的技術，比如管線、寫入快取、快取記憶體、超過標準量技術、亂數執行等。這些新技術其實對程式設計者來說是透明的。在一個單一處理器系統裡面，不管 CPU 怎麼亂數執行，它最終的執行結果都是程式設計師想要的結果，也就是類似於循序執行模型。在單一處理器系統裡，指令的亂數和重排對程式設計師來說是透明的，但是在多核心處理器系統中，一個 CPU 核心中記憶體存取的亂數執行可能會對系統中其他的觀察者（例如其他 CPU 核心）產生影響，即它們可能觀察到的記憶體執行次序與實際執行次序有很大的不同，特別是多核心併發存取共用資料的情況下。因此，這裡引申出一個**儲存一致性問題**，即系統中所有處理器所看到的對不同位址存取的次序問題。快取一致性協定（例如 MESI 協定）用於解決多處理器對同一個位址存取的一致性問題，而儲存一致性問題是多處理器對多個不同記憶體位址的存取次序引發的問題。在啟動與未啟動快取記憶體的系統中都會存在儲存一致性問題。

由於現代處理器普遍採用超過標準量架構、亂數發射以及亂數執行等技術來提高指令級並行效率，因此指令的執行序列在處理器管線中可能被打亂，與程式碼撰寫時的序列不一致，這就產生了**程式設計師錯覺**——處理器存取記憶體的次序與程式的次序相同。

另外，現代處理器採用多級儲存結構，如何保證處理器對儲存子系統存取的正確性也是一大挑戰。

例如，在一個系統中有 *n* 個處理器 $P_1 \sim P_n$，假設每個處理器包含 S_i 個記憶體操作，那麼從全域來看，可能的記憶體存取序列有多種組合。為了保證記憶體存取的一致性，需要按照某種規則來選出合適的組合，這個規則叫作記憶體一致性模型（memory consistency model）。這個規則需要在保證正確性的前提下，同時保證多個處理器存取時有較高的並行度。

18.1.1 順序一致性記憶體模型

在一個單核心處理器系統中，保證存取記憶體的正確性比較簡單。每次記憶體讀取操作所獲得的結果是最近寫入的結果，但是在多個處理器併發存取記憶體的情況下就很難保證其正確性了。我們很容易想到使用一個全域時間比例（global time scale）部件來決定記憶體存取時序，從而判斷最近存取的資料。這種存取的記憶體一致性模型是嚴格一致性（strict consistency）記憶體模型，稱為**原子一致性**（atomic consistency）記憶體模型。實現全域時間比例部件的代價比較大，因此退而求其次。採用每一個處理器的局部時間比例（local time scale）部件來確定最新資料的記憶體模型稱為**順序一致性**（Sequential Consistency，SC）記憶體模型。1979 年，Lamport 提出了順序一致性的概念。順序一致性可以複習為兩個限制條件。

- 從單一處理器角度看，儲存存取的執行次序以程式為準。
- 從多處理器角度看，所有的記憶體存取都是原子性的，其執行順序不必嚴格遵循時間順序。

在下面的例子中，假設系統實現的是順序一致性記憶體模型，變數 *a*、*b*、*x* 和 *y* 的初始化值為 0。

```
CPU0                    CPU1
---------------------------------------------------------
a = 1                   x = b

b = 1                   y = a
```

當 CPU1 讀出 *b*（為 1）時，我們不可能讀出 *a* 的值（為 0）。根據順序一致性記憶體模型的定義，在 CPU0 側，先寫入變數 *a*，後寫入變數 *b*，這個寫入操作次序是可以得到保證的。同理，在 CPU1 側，先讀取 *b* 的值，後讀取 *a* 的值，這兩次讀取操作的次序也是可以得到保證的。當 CPU1 讀取 *b*（為 1）時，表明 CPU0 已經把 1 成功寫入變數 *b*，於是 *a* 的值也會被成功寫入 1，所以我們不可能讀到 *a* 的值為 0 的情況。但是，如果這個系統實現的不是順序一致性模型，那麼 CPU1 有可能讀到 *a* = 0，因為讀取 *a* 的操作可能會重排到讀取 *b* 的操作前面，即不能保證這兩次讀取的次序。

總之，順序一致性記憶體模型保證了每一筆載入 / 儲存指令與後續載入 / 儲存指令嚴格按照程式的次序來執行，即保證了 " 讀取→讀取 "" 讀取→寫入 "" 寫入→寫入 " 以及 " 寫入→讀取 "4 種情況的次序。

18.1.2 處理器一致性記憶體模型

處理器一致性（Processor Consistency，PC）記憶體模型是順序一致性記憶體模型的進一步弱化，放寬了較早的寫入操作與後續的讀取操作之間的次序要求，即放寬了 " 寫入→讀取 " 操作的次序要求。處理器一致性模型允許一筆載入指令從儲存緩衝區（store buffer）中讀取一筆還沒有執行的儲存指令的值，而且這個值還沒有被寫入快取記憶體中。x86_64 處理器實現的全序寫入（Total Store Ordering，TSO）模型就屬於處理器一致性記憶體模型的一種。

18.1.3 弱一致性記憶體模型

對處理器一致性記憶體模型進一步弱化，可以放寬對 " 讀取→讀取 "" 讀取→寫入 "" 寫入→寫入 " 以及 " 寫入→讀取 "4 種情況的執行次序要求，不過這並不意味著程式就不能得到正確的預期結果。其實在這種情況下，程式需要增加適當的同步操作。例如，若一個處理器的儲存存取想在另外一個處理器的儲存存取之後發生，我們需要使用同步來實現，這裡說的同步操作指的是記憶體屏障指令。

對記憶體的存取可以分成如下幾種方式。

- 共用存取：多個處理器同時存取同一個變數，都是讀取操作。
- 競爭存取：多個處理器同時存取同一個變數，其中至少有一個是寫入操作，因此存在競爭存取。例如，一個寫入操作和一個讀取操作同時發生可能會導致讀取操作傳回不同的值，這取決於讀取操作和寫入操作的次序。

在程式中適當增加同步操作可以避免競爭存取的發生。與此同時，在同步點之後處理器可以放寬對儲存存取的次序要求，因為這些存取次序是安全的。基於這種思路，記憶體存取指令可以分成**資料存取指令**和**同步指令（也稱為記憶體屏障指令）**兩大類，對應的記憶體模型稱為弱一致性（weak consistency）記憶體模型。

1986 年，Dubois 等發表的論文描述了弱一致性記憶體模型的定義，在這個定義中使用全域同步變數（global synchronizing variable）來描述一個同步存取，這裡的全域同步變數可以視為記憶體屏障指令。在一個多處理器系統中，滿足如下 3 個條件的記憶體存取稱為弱一致性的記憶體存取。

- 對全域同步變數的存取是順序一致的。
- 在一個同步存取（例如發出記憶體屏障指令）可以執行之前，所有以前的資料存取必須完成。
- 在一個正常的資料存取可以執行之前，所有以前的同步存取（記憶體屏障指令）必須完成。

弱一致性記憶體模型實質上把一致性問題留給了程式設計師來解決，程式設計師必須正確地向處理器表達哪些讀取操作和寫入操作是需要同步的。

ARM64 處理器實現了這種弱一致性記憶體模型，因此 ARM64 處理器使用記憶體屏障指令實現同步存取。記憶體屏障指令的基本原則如下。

- 在記憶體屏障指令後面的所有資料存取必須等待記憶體屏障指令（例如 ARM64 的 DMB 指令）執行完。
- 多筆記憶體屏障指令是按循序執行的。

當然，處理器會根據記憶體屏障的作用進行細分，例如，ARM64 處理器把記憶體屏障指令細分為資料儲存屏障指令、資料同步屏障指令以及指令同步屏障指令。

18.1.4 ARM64 處理器的記憶體模型

前面介紹了幾種記憶體模型，其中弱一致性記憶體模型在 ARM64 處理器上得到廣泛應用。在標準類型記憶體裡實現的就是弱一致性記憶體模型。在弱一致性記憶體模型下，CPU 的載入和儲存存取的序列有可能和程式中的序列不一致。因此，ARM64 系統結構的處理器支援如下預測式的操作。

- 從記憶體中預先存取資料或者指令。
- 預測指令預先存取。
- 分支預測（branch prediction）。
- 亂數的資料載入（out of order data load）。
- 預測的快取記憶體行的填充（speculative cache line fill），這裡主要涉及包括 LSU（Load Store Unit，載入儲存單元）、儲存緩衝區、無效佇列以及快取等與記憶體相關的子系統。

注意，預測式的資料存取只支援標準類型記憶體，裝置類型記憶體是不支援預測式的資料存取的，因為裝置記憶體實現的是強一致性的記憶體模型，它的記憶體存取次序是強一致性的。

另一個場景是指令的預先存取是否支援預測式。指令預先存取和資料儲存是兩種不同的方式，一個在 CPU 的前端，一個在 CPU 的後端。在 ARMv8 系統結構裡，預測式的指令預先存取是可以支援任意記憶體類型的，包括普通記憶體和裝置記憶體。

18.2 ARM64 中的記憶體屏障指令

18.2.1 使用記憶體屏障的場景

在大部分場景下，我們不用特意關注記憶體屏障的，特別是在單一處理器系統裡，雖然 CPU 內部支援亂數執行以及預測式的執行，但是整體來說，CPU 會保證最終執行結果符合程式設計師的要求。在多核心併發程式設計的場景下，程式設計師需要考慮是不是應該用記憶體屏障指令。下面是一些需要考慮使用記憶體屏障指令的典型場景。

- 在多個不同 CPU 核心之間共用資料。在弱一致性記憶體模型下，某個 CPU 亂的記憶體存取次序可能會產生競爭存取。

- 執行和外接裝置相關的操作，例如 DMA 操作。啟動 DMA 操作的流程通常是這樣的：第一步，把資料寫入 DMA 緩衝區裡；第二步，設定 DMA 相關暫存器來啟動 DMA。如果這中間沒有記憶體屏障指令，第二步的相關操作有可能在第一步前面執行，這樣 DMA 就傳輸了錯誤的資料。
- 修改記憶體管理的策略，例如上下文切換、請求缺頁以及修改頁表等。
- 修改儲存指令的記憶體區域，例如自我修改程式碼的場景。

總之，我們使用記憶體屏障指令的目的是想讓 CPU 按照程式碼邏輯來執行，而非被 CPU 亂數執行和預測執行打亂了程式的執行次序。

18.2.2 ARM64 裡的記憶體屏障指令

ARMv8 指令集提供了 3 筆記憶體屏障指令。

- **資料儲存屏障（Data Memory Barrier，DMB）指令**：僅當所有在它前面的記憶體存取操作都執行完畢後，才提交（commit）在它後面的存取指令。DMB 指令保證的是 DMB 指令之前的所有記憶體存取指令和 DMB 指令之後的所有記憶體存取指令的執行順序。也就是說，DMB 指令之後的記憶體存取指令不會被處理器重排到 DMB 指令的前面。DMB 指令不會保證記憶體存取指令在記憶體屏障指令之前完成，它僅保證記憶體屏障指令前後的記憶體存取的執行順序。DMB 指令僅影響記憶體存取指令、資料快取記憶體指令以及快取記憶體管理指令等，並不會影響其他指令（例如算數運算指令等）的順序。
- **資料同步屏障（Data Synchronization Barrier，DSB）指令**：比 DMB 指令要嚴格一些，僅當所有在它前面的記憶體存取指令都執行完畢後，才會執行在它後面的指令，即任何指令都要等待 DSB 指令前面的記憶體存取指令完成。位於此指令前的所有快取（如分支預測和 TLB 維護）操作需要全部完成。
- **指令同步屏障（Instruction Synchronization Barrier，ISB）指令**：確保所有在 ISB 指令之後的指令都從指令快取記憶體或記憶體中重新預先存取。它更新管線（flush pipeline）和預先存取緩衝區後才會從指令快取記憶體或者記憶體中預先存取 ISB 指令之後的指令。ISB 指令通常用來保證上下文切換（如 ASID 更改、TLB 維護操作等）的效果。

18.2.3 DMB 指令

DMB 指令僅影響資料存取的序列。注意，DMB 指令不能保證任何指令必須在某個時刻一定執行完，它僅保證的是 DMB 指令前後的記憶體存取指令的執行次序。資料存取包括普通的載入操作（load）和儲存操作（store），也包括資料快取記憶體（data cache）維護指令（因為它也算數據存取指令）。

DMB 指令通常用來保證 DMB 指令之前的資料存取可以被 DMB 後面的資料存取指令觀察到。所謂的觀察到指的是先執行完 A 指令，然後執行 B 指令，於是 B 指令可以觀察到 A 指令的執行結果。如果 B 指令先於 A 指令執行，那麼 B 指令沒有辦法觀察到 A 指令的執行結果。

總之，DMB 指令強調的是記憶體屏障前後資料存取指令的存取次序。這裡有兩個要點：一個是資料存取指令，另一個是保證存取的次序。

DMB 指令後面必須帶參數，用來指定共用屬性域（share ability domain）以及指定具體的存取順序（before-after）。

【例 18-1】CPU 執行下面兩筆指令。

```
ldr x0，[x1]
str x2，[x3]
```

LDR 指令讀取 X1 位址的值，STR 指令把 X2 的值寫入 X3 位址。如果這兩筆指令沒有資料依賴（data dependency）或者位址依賴（address dependency），那麼 CPU 可以先執行 STR 指令或者先執行 LDR 指令，從最終結果來看沒有區別。

資料依賴指的是相鄰的讀寫操作是否存在資料依賴，例如，從 X*n* 位址讀取內容到 X*m* 位址中，然後把 X*m* 位址中的值寫入 X*y* 位址中，那麼 X*m* 為這兩筆指令的資料依賴，下面是虛擬程式碼。

```
ldr xm，[xn]
str xm，[xy]
```

位址依賴指的相鄰的讀寫操作是否存在位址依賴，例如，從 X*n* 位址讀取內容到 X*m* 位址中，然後把另外的一個值 X*y* 寫入 X*m* 位址中，那麼 X*m* 為這兩筆指令的位址依賴，下面是虛擬程式碼。

```
ldr xm，[xn]
str xy，[xm]
```

在例 18-1 中，如果想要確保 CPU 一定按照寫入的序列來執行程式，那麼就需要加入一筆 DMB 指令，這樣就可以保證 CPU 一定先執行 LDR 指令，後執行 STR 指令，例如下面的程式片段。

```
ldr x0, [x1]
dmb ish
str x2, [x3]
```

【例 18-2】 CPU 執行下面兩筆指令。

```
ldr x0, [x1]
str x0, [x3]
```

LDR 指令讀取 X1 位址的值到 X0 暫存器，然後把 X0 暫存器的值寫入 X3 位址。這兩筆指令存在資料依賴，不使用記憶體屏障指令也能保證上述兩筆指令的執行次序。

【例 18-3】 CPU 執行如下 3 筆指令。

```
ldr x0, [x1]
dmb ish
add x2, x3, x4
```

第一筆指令是載入指令，第二筆指令是 DMB 記憶體屏障指令，第三筆指令是算數運算（ADD）指令。儘管載入和算數運算指令之間有一筆 DMB 記憶體屏障指令，但是第三筆指令是有可能在載入指令前面執行的。DMB 記憶體屏障指令只能保證資料存取指令的執行次序，但是 ADD 指令不是資料存取指令，因此無法阻止 ADD 指令被重排到第一筆指令前面。解決辦法是把 DMB 指令換成 DSB 指令。

【例 18-4】 CPU 執行如下 4 筆指令。

```
ldr   x0,   [x2]
dmb ish
add  x3,   x3, #1
str   x4,   [x5]
```

第一筆指令是 LDR 指令，把 X2 位址的內容載入到 X0 暫存器。第二筆指令是 DMB 指令，第三筆指令是 ADD 運算指令，它不屬於資料存取指令。第四筆指令是 STR 指令，把 X4 暫存器的值存到 X5 位址處。這裡的資料存取指令只有第一筆和第四筆，因此 LDR 指令的執行結果必須要被 DMB 後面的 STR 指令觀察到，即

LDR 指令要先於 STR 指令執行。此外，由於這裡的 ADD 指令不是資料存取指令，因此它可以被亂數重排到 LDR 指令前面。

【例 18-5】CPU 執行如下 4 筆指令。

```
dc cvac，x6
ldr  x1,  [x2]
dmb ish
ldr x3, [x7]
```

第一筆指令是資料快取記憶體維護指令，它用於清理 X6 對應位址的資料快取記憶體。第二筆指令是 LDR 指令，第三筆指令是 DMB 指令，第四筆指令也是 LDR 指令。前面兩筆指令之間沒有 DMB 指令，而且都是資料存取指令，因此從執行順序角度來觀察，LDR 指令可以亂數重排到 DC 指令前面。第四筆指令能觀察到 DC 指令執行完成，或者說第四筆指令不能在 DMB 指令前面執行。

資料快取記憶體和統一快取記憶體（unified cache）相關的維護指令其實也算數據存取指令，所以，在 DMB 指令前面的資料快取記憶體維護指令必須在 DMB 指令後面的記憶體存取指令之前執行完。

透過上述幾個例子的分析可知，DMB 指令關注的是記憶體存取的序列，不需要關心記憶體存取指令什麼時候執行完。DMB 前面的資料存取指令必須被 DMB 後面的資料存取指令觀察到。

18.2.4 DSB 指令

DSB 指令要比 DMB 指令嚴格得多。DSB 後面的任何指令必須滿足下面兩個條件才能開始執行。

- ❑ DSB 指令前面的所有資料存取指令（記憶體存取指令）必須執行完。
- ❑ DSB 指令前面的快取記憶體、分支預測、TLB 等維護指令也必須執行完。

這兩個條件滿足之後才能執行 DSB 指令後面的指令。注意，DSB 指令後面的指令指的是任意指令。

與 DMB 指令相比，DSB 指令規定了 DSB 指令在什麼條件下才能執行，而 DMB 指令僅約束屏障前後的資料存取指令的執行次序。

【例 18-6】CPU 執行如下 3 筆指令。

```
ldr x0，[x1]
dsb ish
add x2，x3，x4
```

ADD 指令必須要等待 DSB 指令執行完才能開始執行，它不能重排到 LDR 指令前面。如果把 DSB 指令換成 DMB 指令，那麼 ADD 指令可以重排到 LDR 指令前面。

【**例 18-7**】CPU 執行如下 4 筆指令。

```
dc  civa  x5
str   x1， [x2]
dsb ish
add x3，x3，#1
```

第一筆指令是 DC 指令，它清空虛擬位址（X5 暫存器）對應的資料快取記憶體並使其失效。第二筆指令把 X1 暫存器的值儲存到 X2 位址處。第三筆指令是 DSB 指令。第四筆指令是 ADD 指令，讓 X3 暫存器的值加 1。

DC 指令和 STR 指令必須在 DSB 指令之前執行完。ADD 指令必須等到 DSB 指令執行完才能開始執行。儘管 ADD 指令不是資料存取指令，但是它也必須等到 DSB 指令執行完才能開始執行。

在一個多核心系統裡，快取記憶體和 TLB 維護指令會廣播到其他 CPU 核心，執行本機相關的維護操作。DSB 指令等待這些廣播並收到其他 CPU 核心發送的應答訊號才算執行完。所以，當 DSB 指令執行完時，其他 CPU 核心已經看到第一筆 DC 指令執行完。

18.2.5 DMB 和 DSB 指令的參數

DMB 和 DSB 指令後面可以帶參數，用於指定共用屬性域以及具體的存取順序。

共用屬性域是記憶體屏障指令的作用域。ARMv8 系統結構裡定義了 4 種域。

- ❑ 全系統共用（full system sharable）域，指的是全系統的範圍。
- ❑ 外部共用（outer sharable）域。
- ❑ 內部共用（inner sharable）域。
- ❑ 不指定共用（non-sharable）域。

除指定範圍之外，我們還可以進一步細化記憶體屏障指令的存取方向，例如，細分為讀取記憶體屏障、寫入記憶體屏障以及讀寫記憶體屏障。

第一種是讀取記憶體屏障（Load-Load/Store）指令，在參數裡的尾碼為 LD。在記憶體屏障指令之前的所有載入指令必須完成，但是不需要保證儲存指令執行完。在記憶體屏障指令後面的載入和儲存指令必須等到記憶體屏障指令執行完。

第二種是寫入記憶體屏障（Store-Store）指令，在參數裡的尾碼為 ST。寫入記憶體屏障指令僅影響儲存操作，對載入操作則沒有約束。

第三種為讀寫記憶體屏障指令。在記憶體屏障指令之前的所有讀寫指令必須在記憶體屏障指令之前執行完。

第一種和第二種指令相當於把功能弱化成單一功能的記憶體屏障指令，而第三種指令就是全功能的記憶體屏障指令。

記憶體屏障指令的參數如表 18.1 所示。

表 18.1　記憶體屏障指令的參數

參 數	存取順序	共享屬性
SY	記憶體讀寫指令	全系統共用域
ST	記憶體寫入指令	
LD	記憶體讀取指令	
ISH	記憶體讀寫指令	內部共用域
ISHST	記憶體寫入指令	
ISHLD	記憶體讀取指令	
NSH	記憶體讀寫指令	不指定共用域
NSHST	記憶體寫入指令	
NSHLD	記憶體讀取指令	
OSH	記憶體讀寫指令	外部共用域
OSHST	記憶體寫入指令	
OSHLD	記憶體讀取指令	

18.2.6 單方向記憶體屏障基本操作

ARMv8 指令集還支援隱含記憶體屏障基本操作的載入和儲存指令，這些記憶體屏障基本操作影響了載入和儲存指令的執行順序，它們對執行順序的影響是單方向的。

- 獲取（acquire）屏障基本操作：該屏障基本操作之後的讀寫操作不能重排到該屏障基本操作前面，通常該屏障基本操作和載入指令結合。
- 釋放（release）屏障基本操作：該屏障基本操作之前的讀寫操作不能重排到該屏障基本操作後面，通常該屏障基本操作和儲存指令結合。
- 載入 - 獲取（load-acquire）屏障基本操作：含有獲取屏障基本操作的讀取操作，相當於單方向向後的屏障指令。所有載入 - 獲取記憶體屏障指令後面的記憶體存取指令只能在載入 - 獲取記憶體屏障指令執行後才能開始執行，並且被其他 CPU 觀察到。如圖 18.1 所示，讀取指令 1 和寫入指令 1 可以向前（如圖 18.1 中指令執行的方向）越過該屏障指令，但是讀取指令 2 和寫入指令 2 不能向後（如圖 18.1 中指令執行的方向）越過該屏障指令。

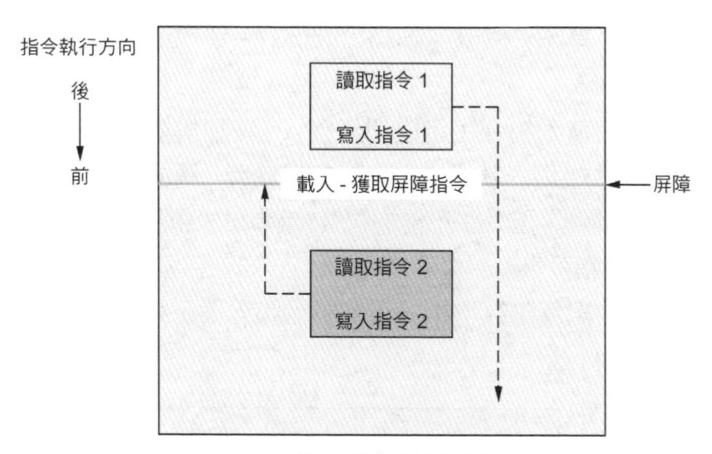

▲圖 18.1 載入 - 獲取屏障基本操作

- 儲存 - 釋放（store-release）屏障基本操作：含有釋放屏障基本操作的寫入操作，相當於單方向向前的屏障指令。只有所有儲存 - 釋放屏障基本操作之前的指令完成了，才能執行儲存 - 釋放屏障基本操作之後的指令，這樣其他 CPU 可以觀察到儲存 - 釋放屏障基本操作之前的指令已經執行完。讀取指令 2 和寫入指令 2 可以向後（如圖 18.2 中指令執行的方向）越過儲存 - 釋放屏障指令，但是讀取指令 1 和寫入指令 1 不能向前（如圖 18.2 中指令執行的方向）越過儲存 - 釋放屏障指令。

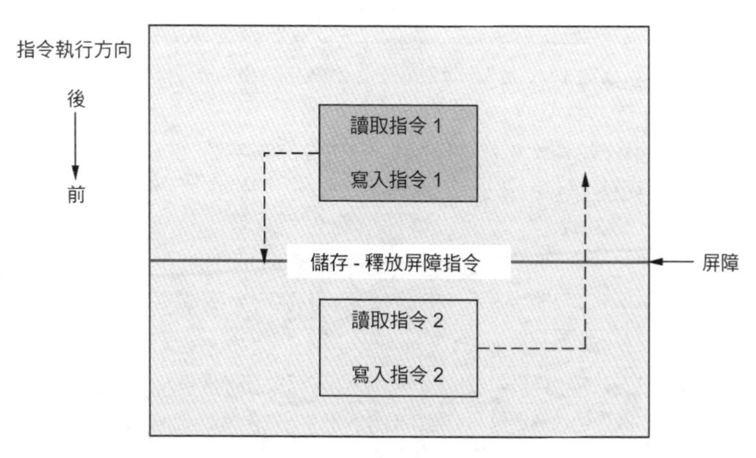

▲圖 18.2 儲存 - 釋放屏障基本操作

載入 - 獲取和儲存 - 釋放屏障指令相當於單方向的 DMB 指令，而 DMB 指令相當於全方向的柵障。任何讀寫操作都不能越過該柵障。它們組合使用可以增強程式靈活性並提高執行效率。

如圖 18.3 所示，載入 - 獲取屏障指令和儲存 - 釋放屏障指令組成了一個臨界區，這相當於一個柵障。

- 讀取指令 1 和寫入指令 1 可以挪到載入 - 獲取屏障指令後面，但是不能向前（如圖 18.3 中指令執行的方向）越過儲存 - 釋放屏障指令。
- 讀取指令 3 和寫入指令 3 不能向後（如圖 18.3 中指令執行的方向）越過載入 - 獲取屏障指令。
- 在臨界區中的記憶體存取指令不能越過臨界區，如讀取指令 2 和寫入指令 2 不能越過臨界區。

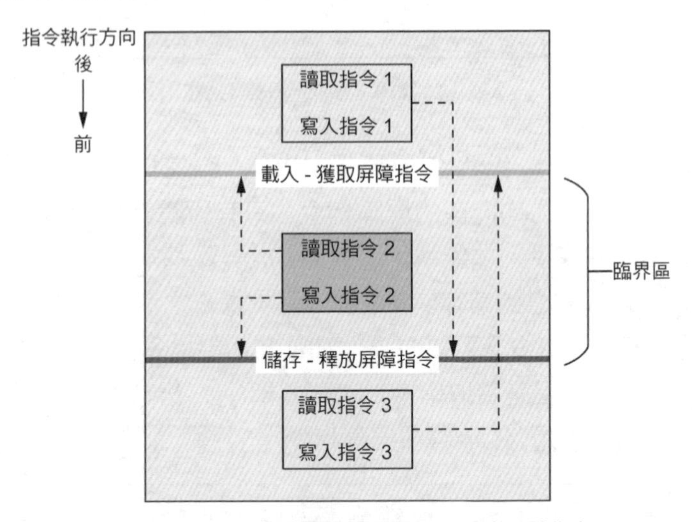

▲圖 18.3 載入 - 獲取屏障指令與儲存 - 釋放屏障指令

ARMv8 系統結構還提供一組新的載入和儲存指令，其中顯性包含了上述記憶體屏障基本操作，如表 18.2 所示。

表 18.2 新的載入和儲存指令

指 令	描 述
LDAR	隱含了載入 - 獲取記憶體屏障基本操作的載入指令，從記憶體載入 4 位元組或者 8 位元組資料
LDARB	隱含了載入 - 獲取記憶體屏障基本操作的載入指令，從記憶體載入 1 位元組資料
LDARH	隱含了載入 - 獲取記憶體屏障基本操作的載入指令，從記憶體載入 2 位元組資料

指令	描述
STLR	隱含了儲存 - 釋放記憶體屏障基本操作的儲存指令，往記憶體位址裡寫入 4 位元組或者 8 位元組資料
STLRB	隱含了儲存 - 釋放記憶體屏障基本操作的儲存指令，往記憶體位址裡寫入 1 位元組資料
STLRH	隱含了儲存 - 釋放記憶體屏障基本操作的儲存指令，往記憶體位址裡寫入 2 位元組資料

此外，ARMv8 指令集還提供一組內建了上述屏障基本操作的獨占載入與儲存指令，如表 18.3 所示。

表 18.3 獨占載入和儲存指令

指令	描述
LDAXR	隱含了載入 - 獲取記憶體屏障基本操作的獨占載入指令，從記憶體載入 4 位元組或者 8 位元組資料
LDAXRB	隱含了載入 - 獲取記憶體屏障基本操作的獨占載入指令，從記憶體載入 1 位元組資料
LDAXRH	隱含了載入 - 獲取記憶體屏障基本操作的獨占載入指令，從記憶體載入 2 位元組資料
LDAXP	隱含了載入 - 獲取記憶體屏障基本操作的多位元組獨占載入指令
STLXR	隱含了儲存 - 釋放記憶體屏障基本操作的獨占儲存指令，往記憶體位址裡寫入 4 位元組或者 8 位元組資料
STLXRB	隱含了儲存 - 釋放記憶體屏障基本操作的獨占儲存指令，往記憶體位址裡寫入 1 位元組資料
STLXRH	隱含了儲存 - 釋放記憶體屏障基本操作的獨占儲存指令，往記憶體位址裡寫入 2 位元組資料
STLXP	隱含了儲存 - 釋放記憶體屏障基本操作的多位元組獨占儲存指令

18.2.7 ISB 指令

ISB 指令會清洗管線，然後從指令快取記憶體或者記憶體中重新預先存取指令。

ARMv8 系統結構中有一個術語——更改上下文操作（context-changing operation）。更改上下文操作包括快取記憶體、TLB、分支預測等維護操作以及改變系統控制暫存器等操作。使用 ISB 確保在 ISB 之前執行的上下文更改操作的效果對在 ISB 指令之後獲取的指令是可見的。更改上下文操作的效果僅在上下文同步事件（context synchronization event）之後能看到。上下文同步事件包括：

- 發生一個異常（exception）；
- 從一個異常傳回；
- 執行了 ISB 指令。

發生上下文同步事件產生的影響包括：

- 在上下文同步事件發生時暫停的所有未遮罩中斷都會在上下文同步事件之後的第一筆指令執行之前處理；

- 在觸發上下文同步事件的指令後面的所有指令不會執行，直到上下文同步事件處理完；
- 在上下文同步事件之前完成的使 TLB 失效、指令快取記憶體以及分支預測操作，都會影響在上下文同步事件後面出現的指令。例如，如果在上下文同步事件之前完成了使指令快取記憶體失效的操作，那麼在上下文同步事件之後，CPU 會從指令快取記憶體中重新取指令，相當於把管線之前預先存取的指令清空。

另外，修改系統控制暫存器通常是需要使用 ISB 指令的，但是並不是修改所有系統暫存器都需要 ISB 指令，例如修改 PSTATE 暫存器就不需要 ISB 指令。

【**例 18-8**】CPU 執行如下程式來打開 FPU 功能。

```
//打開 FPU
mrs  x1，cpacr_el1
orr x1, x1 #(0x3 << 20)
msr cpacr_el1, x1

isb

fadd   s0, s1, s2
```

把 cpacr_el1 的 Bit[21:20] 設定為 0x3，即可以打開浮點運算單元。但是在打開之後，馬上執行一筆 FADD 指令，有可能會導致 CPU 異常。因為 FADD 這筆指令可能已經在管線裡，並且有可能會提前執行，即打開浮點運算單元之前就提前執行了，所以出現錯誤了。

解決辦法就是插入一筆 ISB 指令。這裡的 ISB 指令是為了保證前面打開 FPU 的設定已經完成，才從指令快取記憶體裡預先存取 FADD 這筆指令。

【**例 18-9**】改變頁表項。

```
1    str x10，[x1]
2    dsb ish
3    tlbi    vaelis， x11
4    dsb ish
5    isb
```

在第 1 行中，[x1] 是頁表項的位址，這裡 STR 指令用來更新這個頁表項的內容。

在第 2 行中，DSB 指令保證 STR 指令執行完。

在第 3 行中，使頁表項對應的 TLB 項失效。

在第 4 行中，DSB 指令保證 TLB 指令執行完。

在第 5 行中，觸發一個上下文同步事件，保證 ISB 後面的指令可以看到上述操作都完成，並且從指令快取記憶體裡重新預先存取指令。

第 5 行是否可以換成 DSB 指令？

答案是不可以，因為後面的指令在第 2 行以及第 4 行的指令沒執行完時可能已經位於管線中，即已經預先存取了舊的頁表項的內容，這會導致程式執行錯誤。

【例 18-10】下面是一段自我修改程式碼。自我修改程式碼就是當程式執行時修改自身的指令。要保證自我修改程式碼執行的正確性，需要使用快取記憶體維護指令和記憶體屏障指令。在本案例中我們特別注意記憶體屏障指令的使用。

首先，CPU0 修改程式。

```
1    str  x11， [x1]
2    dc   cvau，x1
3    dsb  ish
4    ic   ivau，x1
5    dsb  ish
6    str  x0，[x2]
7    isb
8    br   x1
```

在第 1 行中，[x1] 是執行程式儲存的地方，這裡 STR 指令修改和更新最新程式。

在第 2 行中，清理 [x1] 位址處的程式對應的資料快取記憶體，把 [x1] 對應的資料快取記憶體寫回 [x1] 指向的位址中。

在第 3 行中，DSB 指令保證 DC 指令執行完，所有的 CPU 核心都看到這筆指令已經執行完。

在第 4 行中，使 [x1] 對應的指令快取記憶體失效。

在第 5 行中，DSB 指令保證其他 CPU 核心都能觀察到，使指令快取記憶體失效的操作完成。

在第 6 行中，[x2] 表示標識位元（flag），設定標識位元為 1，通知其他 CPU 程式已經更新了。

在第 7 行中，ISB 指令保證 CPU0 從指令快取記憶體中重新預先存取指令。

在第 8 行中，跳轉到最新的程式中。

上述的第 7 行指令一定使用 ISB 指令，否則第 8 行指令就會提前位於管線裡，預先存取 X1 暫存器的舊資料，導致程式錯誤。

CPU1 也開始執行新程式。

```
1    WAIT (x2 == 1)
2    isb
3    br x1
```

第 1 行的虛擬程式碼 WAIT 表示等待標識位置位。當置位之後，我們需要使用一筆 ISB 指令來保證 CPU1 從指令快取記憶體裡重新預先存取指令。

在這個例子裡，有如下幾個有趣的地方。

- 在更新程式與清理對應資料快取記憶體之間（見 CPU0 的程式片段中的第 1 行和第 2 行）沒有使用記憶體屏障指令。因為更新程式內容和清理資料快取記憶體都操作相同的位址，它們之間有資料依賴性，可以視為相同的觀察者，所以可以保證程式執行的次序（program order）。
- 在清理資料快取記憶體和使指令快取記憶體無效之間需要記憶體屏障指令（見 CPU0 的程式片段中第 2 ～ 4 行）。雖然這兩筆快取記憶體維護指令都操作相同的位址，但是它們是不同的觀察者（一個在資料存取端，另一個在指令存取端），因此需要使用 DSB 指令來保證清理完資料快取記憶體之後才去使指令快取記憶體失效。
- 在一個多核心一致性的系統中，DSB 指令能保證快取記憶體維護指令執行完，其他 CPU 核心能觀察到快取記憶體維護指令完。DSB 指令會等待快取記憶體維護指令發送廣播到其他 CPU 核心，並且等待這些 CPU 核心傳回應答訊號。

18.2.8 快取記憶體維護指令與記憶體屏障指令

在 ARMv8 系統結構裡，快取記憶體維護指令（例如 DC 和 IC 指令）的執行順序需要分情況來討論。指令單元、資料單元、MMU 等都可以看成不同的觀察者。

【例 18-11】CPU 執行如下兩筆指令。

```
dc  civau  x2
ic  ivau  x2
```

第一筆是資料快取記憶體維護指令，第二筆是指令快取記憶體維護指令。儘管二者都對 X2 暫存器進行快取記憶體的維護，但是 IC 指令可以亂數並提前執行，或者 DC 指令還沒清理完快取記憶體就開始執行 IC 指令，這會導致 IC 指令有可能獲取了 X2 暫存器中的舊資料。

解決辦法是在上述兩筆指令中間加入一筆 DSB 指令，保證 DC 和 IC 指令的執行順序，這樣 IC 指令就可以獲取 X2 的最新資料了。

這裡加入一筆 DMB 指令行不行？資料快取記憶體維護指令可以當成資料存取指令，但是指令快取記憶體維護指令不能當成資料存取指令。如果這裡改成 DMB 指令，那麼後面的 IC 指令可能會在 DC 指令前面執行。因此，這裡必須使用 DSB 指令。

下面複習資料快取記憶體、指令快取記憶體以及 TLB 與記憶體屏障指令之間執行次序的關係。

1．資料快取記憶體與統一快取記憶體維護指令

通常 L1 快取記憶體分成指令快取記憶體和資料快取記憶體，而 L2 和 L3 快取記憶體是統一快取記憶體。在單一處理器系統中，使用一筆 DMB 指令來保證資料快取記憶體和統一快取記憶體維護指令執行完。在多核心系統中，同樣使用 DMB 指令來保證快取記憶體維護指令在指定的共用域中執行完。這裡説的指定共用域通常指的是內部共用域和外部共用域。

以 DC 指令為例，使某個虛擬位址（VA）失效。在多核心系統中，這筆使快取記憶體失效的指令會向所有 CPU 核心的 L1 快取記憶體發送廣播，然後等待回應。當所有的 CPU 核心都回復了一個回應訊號之後，這筆指令才算執行完。DMB 指令會等待和保證在指定共用域中所有的 CPU 都完成了使本機快取記憶體失效的操作並回復了應答訊號。注意，載入 - 獲取和儲存 - 釋放記憶體屏障基本操作對快取記憶體維護指令沒有作用，它不能等待快取記憶體的廣播答應。

DC 指令與其他指令之間的執行次序需要分多種情況來討論，我們假設這些指令之間沒有顯性地使用 DSB/DMB 指令（下面不討論 DC ZVA 指令）。

DC 指令與載入 / 儲存指令之間保證程式執行次序（program order）的條件如下。

- ❑ 載入 / 儲存指令存取的位址屬於內部回寫或者寫入直通策略的標準類型記憶體，並且它們存取的位址在同一個快取記憶體行中。
- ❑ DC 指令指定的位址與載入 / 儲存指令存取的位址具有同一個快取記憶體共用屬性。

DC 指令與載入 / 儲存指令之間可以是任意執行次序的情況有好幾種。

第一種情況如下。

- ❑ 載入 / 儲存指令存取的位址屬於內部回寫或者寫入直通策略的標準類型記憶體，並且存取的位址在同一個快取記憶體行中。
- ❑ DC 指令指定的位址與載入和儲存指令存取的位址不具有同一個快取記憶體共用屬性。
- ❑ DC 指令與載入 / 儲存指令之間沒有使用 DSB 或者 DMB 指令。

第二種情況如下。

- ❑ 載入 / 儲存指令存取的位址屬於裝置類型記憶體或者沒有啟動快取記憶體的標準類型記憶體。
- ❑ DC 指令與載入 / 儲存指令之間沒有使用 DSB 或者 DMB 指令。

第三種情況是載入 / 儲存指令存取的位址和 DC 指令指定的位址不在同一個快取記憶體行。

多筆 DC 指令之間的執行次序如下：

如果 DC 指令指定的位址屬於同一個快取記憶體行，那麼多筆 DC 指令之間可以保證程式執行次序；如果 DC 指令指定的位址不在同一筆快取記憶體行或者沒有指定位址，那麼多筆 DC 指令之間可以有任意執行次序。

DC 指令與 IC 指令之間可以有任意執行次序。

綜上所述，如果想保證 DC 指令與其他指令的執行次序，建議在 DC 指令後面增加 DSB/DMB 等記憶體屏障指令。

2．指令快取記憶體維護指令

指令快取記憶體與資料快取記憶體在記憶體系統中是兩個獨立的觀察者。與指令快取記憶體相關的一些操作包括指令的預先存取、指令快取記憶體行的填充等。與資料快取記憶體相關的一些操作包括資料快取記憶體行填充和資料預先存取等。

在指令快取記憶體維護操作完成之後需要執行一筆 DSB 指令，確保在指定的共用域裡所有的 CPU 核心都能看到這筆快取記憶體維護指令執行完。使指令快取記憶體失效的指令會向指定共用域中所有 CPU 核心發送廣播，DSB 指令會等待所有 CPU 核心的回應。

3．TLB 維護指令

遍歷頁表的硬體單元和資料存取的硬體單元在記憶體系統中是兩個不同的觀察者。遍歷頁表的硬體單元就包括 MMU 以及 TLB 操作。

在 TLB 維護指令後面需要執行一筆 DSB 指令，來保證在指定的共用域裡面的所有 CPU 核心都能完成了 TLB 維護操作。在多核心處理器系統中，TLB 維護指令會發廣播給指定共用域中的所有 CPU 核心，DSB 指令會等待這些 CPU 的應答訊號。

4．ISB 指令不會等待廣播應答

ISB 指令不會等待廣播應答訊號，如果有需要，則每個 CPU 核心單獨呼叫 ISB 指令。

18.3 案例分析

下面對本節的案例做一些約定。

- WAIT([xn]==1)，表示一直在等待 X*n* 暫存器的值等於 1，虛擬程式碼如下。

```
loop
    ldr w12, [xn]
    cmp w12, #1
    b.ne loop
```

- WAIT_ACQ([xn]==1)，在 WAIT 後面加了 ACQ，表示加了載入 - 獲取記憶體屏障基本操作。從原來的 LDR 指令改成了內建載入 - 獲取記憶體屏障基本操作的 LDAR 指令，因此 WAIT_ACQ 後面的載入儲存指令不會提前執行，這對等待標識位元的操作是非常有用的，虛擬程式碼如下。

```
loop
    ldar w12, [xn]
    cmp w12, #1
    b.ne loop
```

- P0 ～ P*n* 是快取記憶體一致性觀察範圍裡的 CPU，例如 Cortex-A 系列的處理器。E0 ～ E*n* 是沒有在快取記憶體一致性觀察範圍裡的其他 CPU（例如 Cortex-M 系列的處理器），執行 ARMv8 指令並實現弱一致性記憶體模型，如圖 18.4 所示。

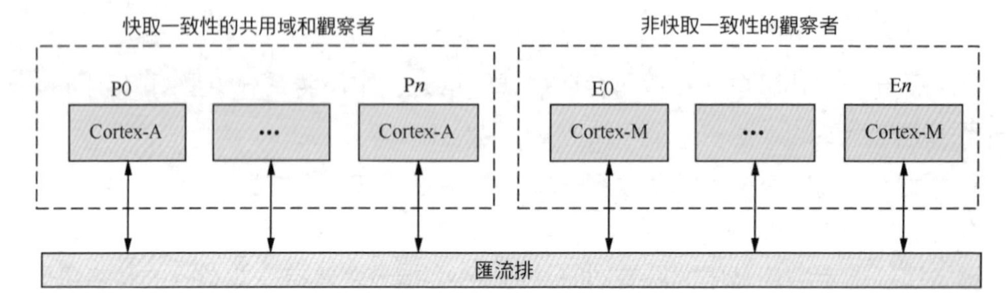

▲圖 18.4 快取一致性與非快取一致性觀察者

- 所有的記憶體變數都初始化為 0。
- X0 和 W0 暫存器的初值均為 1。
- X1 ～ X4 暫存器包含不相關的位址。
- 對於 X5 ～ X8 暫存器，如果使用儲存指令，則包含 0x55、0x66、0x77 和 0x88；如果使用載入指令，初值都是 0。
- X11 暫存器包含新的指令或者新的 PTE。X10 暫存器包含了這個頁表項對應的虛擬位址和 ASID。
- 所有記憶體區域為標準類型記憶體。

18.3.1 訊息傳遞問題

【例 18-12】在弱一致性記憶體模型下，CPU1 和 CPU2 透過傳遞以下程式片段來傳遞訊息。

```
//CPU1
     str x5, [x1] ; //寫入新資料
     str x0, [x2] ; //設定標識位元

//CPU2
     WAIT([x2]==1) ; //等待標識位元
     ldr x5, [x1] ; //讀取新資料
```

CPU1 先執行 STR 指令，往 [x1] 處寫入新資料，然後設定 X2 暫存器來通知 CPU2，資料已經準備好了。在 CPU2 側，使用 WAIT 敘述將 X2 暫存器置位，然後讀取 [x1] 的內容。

CPU1 和 CPU2 都是亂數執行的 CPU，所以 CPU 不一定會按照次序來執行程式。例如，CPU1 可能會先設定 X2 暫存器，然後再寫入新資料，因此 CPU2 就有可能

先讀取X1暫存器，然後再等X2暫存器的標識位元，於是CPU2讀取了錯誤的資料。

我們可以使用載入 - 獲取以及儲存 - 釋放記憶體屏障基本操作來解決這個問題，程式如下。

```
1    //CPU1
2          str x5, [x1] ; // 寫入新資料
3          stlr x0, [x2] ; // 設定標識位元
4
5    //CPU2
6          WAIT_ACQ([x2]==1) ; // 等待標識位元
7          ldr x5, [x1] ; // 讀取新資料
```

在 CPU1 側，使用 STLR 指令來儲存 [X2] 的值。第 2 行的 STR 指令不能向前越過 STLR 指令，例如提前重排到第 4 行，因為 STLR 指令本身就內建了儲存 - 釋放記憶體屏障基本操作。

在 CPU2 側，使用 WAIT_ACQ 來等待 [X2] 置位。前面提到，WAIT_ACQ 會內建載入 - 獲取記憶體屏障基本操作。第 7 行的 LDR 指令不能向後越過 WAIT_ACQ，例如往後重排到第 5 行，因為 WAIT_ACQ 使用了 LDAR 指令，隱含了載入 - 獲取記憶體屏障。

使用載入 - 獲取和儲存 - 釋放記憶體屏障基本操作的組合，比直接使用 DMB 指令，在性能上要好一些。

在 CPU2 側，我們也可以透過建構一個位址依賴解決亂數執行問題。

```
1    //CPU1
2          str x5, [x1]; // 寫入新資料
3          stlr x0, [x2]; // 設定標識位元
4
5    //CPU2
6          WAIT([x2]==1); // 等待標識位元
7          and w12，w12，wzr; //w12 暫存器在 WAIT 巨集中
8          ldr x5, [x1，w12];  // 讀取新資料
```

上述程式巧妙地利用 W12 暫存器建構了一個位址依賴關係。

在第 6 行中，WAIT 巨集使用了 W12 暫存器。

在第 7 行中，使用 W12 暫存器的值作為位址偏移量，它們之間存在位址依賴，因此這裡不需要使用載入 - 獲取記憶體屏障基本操作。

18.3.2 單方向記憶體屏障與自旋鎖

ARMv8 指令集裡把載入 - 獲取和儲存 - 釋放記憶體屏障基本操作整合到了獨占記憶體存取指令中。根據結合的情況，分成下面 4 種情況。

- 沒有整合屏障基本操作的 LDXR 和 STXR 指令。注意，ARM64 的指令的寫法是 LDXR 和 STXR，ARM32 指令的寫法是 LDREX 和 STREX。
- 僅整合了載入 - 獲取記憶體屏障基本操作的 LDAXR 和 STXR 指令。
- 僅整合了儲存 - 釋放記憶體屏障基本操作的 LDXR 和 STLXR 指令。
- 同時整合了載入 - 獲取和儲存 - 釋放記憶體屏障基本操作的 LDAXR 和 STLXR 指令。

在使用原子載入儲存指令時可以透過清除全域監視器來觸發一個事件，從而喚醒因為 WFE 指令而睡眠的 CPU，這樣不需要 DSB 和 SEV 指令，這通常會在自旋鎖（spin lock）的實現中用到。

1．獲取一個自旋鎖

自旋鎖的實現原理非常簡單。當 lock 為 0 時，表示鎖是空閒的；當 lock 為 1 時，表示鎖已經被 CPU 持有。

【例 18-13】下面是一段獲取自旋鎖的虛擬程式碼，其中 X1 暫存器存放了自旋鎖，W0 暫存器的值為 1。

```
1    prfm pstl1keep, [x1]
2    loop
3        ldaxr w5, [x1]
4        cbnz w5, loop
5        stxr w5, w0, [x1]
6        cbnz w5, loop
7          ;  //成功獲取了鎖
```

在第 1 行中，PRFM 是預先存取指令，把 lock 先預先存取到快取記憶體裡，引起加速的作用。

在第 3 行中，使用內建了載入 - 獲取記憶體屏障基本操作的獨占存取指令來讀取 lock 的值。

在第 4 行中，判斷 lock 的值是否為 0，如果不等於 0，說明其他 CPU 持有了鎖，那只能繼續跳轉到 loop 標籤處並自旋。當 lock 的值為 0 的時候，說明這個鎖已經釋放了，是空閒的。

在第 5 行中，使用 STXR 指令來把 W0 的值寫入 lock 位址，這樣就獲取了鎖。這裡 W0 暫存器的初值為 1。

在第 6 行中，LDXR 和 STXR 指令是配對使用的，STXR 指令有一個傳回值（W5）。如果傳回值等於 0，說明原子性的寫入成功；如果不等於 0，說明寫入失敗，只能繼續跳轉到 loop 標籤。

在第 7 行中，成功獲取了鎖。

這裡只使用內建載入 - 獲取記憶體屏障基本操作的獨占存取指令就足夠了，主要用於防止在臨界區裡的載入 / 儲存指令被亂數重排到臨界區外面。

2．釋放鎖

釋放自旋鎖不需要使用獨占儲存指令，因為通常只有鎖持有者會修改和更新這個鎖。不過，為了讓其他觀察者（其他 CPU 核心）能看到這個鎖的變化，還需要使用儲存 - 釋放記憶體屏障基本操作。

【例 18-14】釋放鎖的虛擬程式碼如下。

```
…    // 鎖的臨界區裡的讀寫操作
stlr wzr, [x1] ; 清除鎖
```

釋放鎖時只需要使用 STLR 指令往 lock 裡寫入 0 即可。STLR 指令內建了儲存 - 釋放記憶體屏障基本操作，阻止鎖的臨界區裡的載入 / 儲存指令越出臨界區。

3．使用 WFE 和 SEV 指令最佳化自旋鎖

ARMv8 系統結構對自旋鎖有一個特殊的最佳化——使用 WFE（Wait For Event）機制降低在自旋等待鎖時的功耗，它會讓 CPU 進入低功耗模式，直到有一個非同步異常或者特定事件才會被喚醒。通常這個事件可以透過清除全域獨占監視器的方式來觸發、喚醒。

【例 18-15】使用 WFE 和 SEV 指令最佳化自旋鎖的程式如下。

```
1    sevl
2    prfm pstl1keep, [x1]
3    loop
4        wfe
5        ldaxr w5, [x1]
6        cbnz w5, loop
7        stxr w5, w0, [x1]
8        cbnz w5, loop
```

```
9         // 成功獲取了鎖
10        ...
```

在第 1 行中，SEVL 指令是 SEV 指令的本機版本，它會向本機 CPU 發送一個喚醒事件。它通常在以一個 WFE 指令開始的迴圈裡使用。這裡，SEVL 指令的作用是讓第一次呼叫 WFE 指令時 CPU 不會睡眠。

在第 2 行中，把 lock 位址的內容預先存取到快取記憶體裡。

在第 4 行中，第一次呼叫 WFE 指令時，CPU 不會睡眠，因為前面有一個 SEVL 指令。

在第 5 行中，透過 LDAXR 指令來讀取 lock 的值到 W5 暫存器中。

在第 6 行中，判斷 lock 是否為 0，如果不為 0，說明這個鎖已經被其他 CPU 持有了，跳轉到 loop 標籤處並自旋。第二次執行 loop 時會呼叫 WFE 指令讓 CPU 進入睡眠狀態。那麼 CPU 什麼時候會被喚醒呢？其實，持有鎖的 CPU 釋放鎖時就會讓 CPU 喚醒。

在第 7 行中，如果 lock 空閒，往 lock 裡寫入 1 來獲取這個鎖。

在第 8 行中，用來判斷 STXR 指令的傳回值，如果傳回值為 0，說明第 7 行寫入成功。

至此，我們就成功獲取了鎖。

【例 18-16】下面的程式釋放鎖。

```
...   // 鎖的臨界區裡的讀寫操作
stlr wzr, [x1] ; 清除鎖
```

釋放鎖的操作很簡單，使用 STLR 指令把 lock 的值設定為 0。

使用 STLR 指令來釋放鎖並且讓處理器的獨占監視器（exclusive monitor）監測到鎖臨界區被清除，即處理器的全域監視器監測到有記憶體區域從獨占存取狀態（exclusive access state）變成開放存取狀態（open access state），從而觸發一個 WFE 事件，來喚醒等待這個自旋鎖的 CPU。

18.3.3 電子郵件傳遞訊息

多核心之間可以透過電子郵件機制來共用資料。下面舉個例子，兩個 CPU 透過電子郵件機制來共用資料，其中全域變數 SHARE_DATA 表示共用的資料，FLAGS

表示標識位元。

【例 18-17】下面是 CPU0 側的虛擬程式碼。

```
1    ldr x1, =SHARE_DATA
2    ldr x2, =FLAGS
3
4    str x6，[x1]   //寫入新資料
5    dmb  ishst
6    str  xzr，[x2] //更新 flags 為 0 通知 CPU1 資料已經準備好
```

CPU0 用來發訊息。首先，它把資料寫入 X1 暫存器，也就是寫入 SHARE_DATA 裡，然後執行一個 DMB 指令，最後把 FLAGS 標識位元設定成 0，通知 CPU1 資料已經更新完成。

下面是 CPU1 側的虛擬程式碼。

```
1    ldr x1, =SHARE_DATA
2    ldr x2, =FLAGS
3
4    //等待 CPU0 更新 flags
5    loop：
6            ldr x7，[x2]
7            cbnz    x7, loop
8
9    dmb ishld
10
11   //讀取共用資料
12   ldr x8，[x1]
```

CPU1 用來接收資料。第 5 行的 loop 操作迴圈等待 CPU0 更新 FLAGS 標識位元。接下來，執行一筆 DMB 指令，讀取共用資料。

在本例中，CPU0 和 CPU1 均使用了 DMB 指令。在 CPU0 側，DMB 指令是為保證這兩次儲存操作的執行次序的。如果先執行更新 FLAGS 操作，那麼 CPU1 就可能讀到錯誤的資料。

在 CPU1 側，在等待 FLAGS 和讀取共用資料之間插入 DMB 指令，是為了保證讀到 FLAGS 之後才讀取共用資料，要不然就讀到錯誤的資料了。注意這兩筆 DMB 指令帶的參數。在 CPU0 側使用 ishst，ish 表示內部共用域，st 表示記憶體屏障指令的存取次序為儲存 - 儲存操作，即在內部共用域裡實現寫入記憶體屏障。在 CPU1 側使用 isbld 參數，ld 表示記憶體屏障存取次序方向為載入 - 載入操作，即在內部共用域裡的讀取記憶體屏障。

18.3.4 與資料快取記憶體相關的案例

本節介紹與資料快取記憶體相關的案例。

1．單核心系統發送訊息

【例 18-18】在單核心系統中 CPU 發送訊息給非一致性的觀察者，非一致性的觀察者可以是系統中的其他處理器，例如 Cortex-M 系列的處理器。

```
1   CPU0：
2       str w5, [x1]
3       dc cvac, x1
4       dmb ish
5       str w0, [x4]
6
7   E0：
8       WAIT_ACQ ([X4] == 1)
9       ldr w5, [x1]
```

在 CPU0 側，具體操作如下。

在第 2 行中，STR 指令更新 X1 位址的值。X1 位址儲存的共用記憶體。

在第 3 行中，DC 指令用來清理 X1 位址對應的資料快取記憶體。DC 指令的參數為 cvac，最後一個 c 表示全系統的快取一致性，即在全系統的範圍內清理 X1 對應的資料快取記憶體，E0 處理器對應的快取記憶體也會清理。

在第 4 行中，DMB 指令保證後面的 STR 指令執行之前能看到 DC 指令執行完。

在第 5 行中，設定 X4 暫存器來通知 E0 處理器。

在非快取記憶體一致性的 E0 處理器裡，使用 WAIT_ACQ 巨集來等待 X4 暫存器置位，然後從共用記憶體 X1 中讀取資料。

2．多核心系統發送訊息

在多核心系統中，資料快取記憶體維護指令會發送廣播到其他 CPU 上，通常快取記憶體維護指令需要和記憶體屏障指令一起使用。

【例 18-19】CPU0 和 CPU1 以及 E0 三個 CPU 直接共用資料和發送訊息。CPU0 先把資料寫入記憶體中，然後發送一個訊息給 CPU1。CPU1 等待訊息，然後再發訊息，通知 E0 處理器來讀取資料，虛擬程式碼如下。

```
1   CPU0：
```

```
2        str w5, [x1]
3        stlr w0, [x2]
4
5
6    CPU1:
7        WAIT ([x2] == 1)
8        dmb sy
9        dc cavc, x1
10       dmb sy
11       str w0, [x4]
12
13
14   E0:
15       WAIT_ACQ ([x4] == 1)
16       ldr w5, [x1]
```

在 CPU0 側，具體操作如下。

在第 2 行中，寫入新資料到 X1 位址處。

在第 3 行中，設定 X2 暫存器，相當於設定標識位元來通知 CPU1。

在 CPU1 側，具體操作如下。

在第 7 行中，循環等待 CPU0 設定 X2 暫存器。

在第 8 行中，DMB 指令來保證清理快取記憶體操作是正確讀取了 X2 標識位元之後才執行的。

在第 9 行中，使用 PoC 的方式來清理快取記憶體，系統中所有的 CPU（包括 CPU0、CPU1 與 E0）以及快取了 X1 位址的快取記憶體都會被清理。

在第 10 行中，DMB 指令保證在給 E0 設定標識位元之前完成對 X1 位址的共用記憶體中快取記憶體的清理操作。

在第 11 行中，設定 X4 暫存器，相當於給 E0 處理器設定標識位元。

在 E0 側，具體操作如下。

在第 15 行中，使用 WAIT_ACQ 巨集來循環等待標識位元，然後再讀取共用記憶體的內容。

3．無效 DMA 緩衝區

與外部觀察者共用資料時，我們需要考慮資料可能隨時被快取到快取記憶體裡，例如把資料寫入一個啟動了快取記憶體的記憶體區域的場景。

【例 18-20】CPU0 準備了一個 DMA 緩衝區，並且使對應的資料快取記憶體都失效，然後發送一筆訊息給 E0 處理器。E0 收到訊息之後往這個 DMA 緩衝區裡寫入資料。寫入完之後再發送一筆訊息給 CPU0。CPU0 收到訊息之後把 DMA 緩衝區的內容讀出來。對應的虛擬程式碼如下。

```
1    CPU0：
2        dc ivac, x1
3        dmb sy
4        str w0, [x3]
5        WAIT_ACQ ([x4]==1)
6        ldr w5, [x1]
7
8    E0：
9        WAIT ([x3] == 1)
10       str w5, [x1]
11       stlr w0, [x4]
```

在 CPU0 側，具體操作如下。

在第 2 行中，使 DMA 緩衝區（X1 暫存器）對應的快取記憶體失效。

在第 3 行中，保證前面的 DC 指令執行完，它會使 CPU0 以及 E0 裡快取了 X1 位址的快取記憶體都無效。

在第 4 行中，設定 X3 暫存器，相當於向 E0 發送訊息。

在第 6 行中，循環等待 E0 設定標識位元。

在第 7 行中，讀取 DMA 緩衝區的內容。

在 E0 側，具體操作如下。

在第 9 行中，循環等待 CPU0 發送訊息給 E0。

在第 10 行中，往 DMA 緩衝區裡寫入新資料。

在第 11 行中，設定 X4 暫存器，相當於向 CPU0 發送訊息。

在第 5 行中，使用內建了載入 - 獲取記憶體屏障基本操作的 WAIT_ACQ 巨集，它可以防止第 6 行提前執行（例如提前到第 4 行和第 5 行之間）。但是，它不能保證在 E0 寫入最新資料到 DMA 緩衝區之前，CPU0 已經快取了舊資料，在第 6 行程式中有可能讀到一個提前快取的舊資料。雖然 WAIT_ACQ 阻止了 LDR 指令提前執行的可能性，但是沒有辦法阻止快取記憶體預先存取 DMA 緩衝區的資料。

對應這個問題，下面的虛擬程式碼是修復方案。

```
1    CPU0：
2        dc ivac, x1
3        dmb sy
4        str w0, [x3]
5        WAIT_ACQ ([x4]==1)
6        dmb sy
7        dc ivac, x1
8        ldr w5, [x1]
9
10   E0：
11       WAIT ([x3] == 1)
12       str w5, [x1]
13       stlr w0, [x4]
```

在第 5 行程式後面新增了兩筆指令。第一筆是 DMB 指令（見第 6 行），保證後面的 DC 指令可以看到 E0 已經設定了標識位元。第二筆 DC 指令（見第 7 行），它使 DMA 緩衝區對應的資料快取記憶體都失效，這樣 LDR 指令就能從 DMA 緩衝區裡讀取到最新的資料了。

18.3.5 與指令快取記憶體相關的案例

本節主要介紹指令快取記憶體維護指令與記憶體屏障之間的關係，透過兩個案例來展示在單核心處理器系統和多核心處理器系統中如何更新程式。

1．在單核心處理器系統中更新程式

在一個單核心處理器系統裡，在記憶體系統看來，指令預先存取或者指令快取記憶體行的填充與資料存取的硬體單元是兩個不同的觀察者。使用 DSB 指令是為了確保使快取記憶體失效的操作執行完。DSB 指令確保，DSB 指令之前的快取記憶體維護指令已經執行完。如果需要捨棄已經預先存取到管線的指令，那麼需要使用 ISB 指令。

【例 18-21】下面是一個在單核心處理器系統中更新程式的案例。

```
1    str w11, [x1]
2    dc cvau, x1
3    dsb ish
4    ic ivau, x1
5    dsb ish
6    isb
7    br x1
```

在第 1 行中，X1 指向儲存程式的地方，STR 指令修改了程式。

在第 2 行中，把 X1 對應的快取記憶體清空，DC 指令使用的參數為 cvau，u 表示在 PoU 的範圍內清理快取記憶體。

在第 3 行中，DSB 指令保證後面的 IC 指令能看到前面 DC 指令的執行結果。

在第 4 行中，IC 指令使 X1 對應的指令快取記憶體都失效。

在第 5 行中，DSB 指令保證 IC 指令執行完。

在第 6 行中，ISB 指令保證 CPU 開始執行的指令是從指令快取記憶體或者記憶體中重新預先存取的。

在第 7 行中，跳轉到 X1 指向的最新程式。

如果修改的程式橫跨了多個快取記憶體行，那麼需要對每一個快取記憶體行的資料快取記憶體和指令快取記憶體進行清理並使其失效。

2．在多核心處理器系統中更新程式

在指令快取記憶體維護操作完成之後執行一筆 DSB 指令，是為了確保在指定共用域裡所有的 CPU 核心都能看到這筆快取記憶體維護指令執行完。這裡說的指定共用域包括內部共用域和外部共用域。

【例 18-22】CPU0 修改了程式，CPU0 自己也跳轉到最新修改的程式，其他 CPU（例如 CPU1、CPU2）也準備跳到最新修改的程式。

```
1    CPU0:
2        str x11, [x1]
3        dc cvau, x1
4        dsb isb
5        ic ivau, x1
6        dsb ish
7
8        str w0, [x2]
9        isb
10       br x1
11
12
13   CPU1-CPUn:
14       WAIT ([x2] == 1)
15       isb
16       br x1
```

在 CPU0 側與例 18-21 大致相同，唯一不同的地方是第 8 行透過 X2 發送訊息給其他 CPU。

在 CPU1 ～ CPU*n* 側，首先透過 WAIT 巨集來等待 X2 置位，執行一筆 ISB 指令後才能跳轉到 X1 處執行，否則它可能預先存取了 X1 位址裡的指令到管線中，導致執行錯誤。

注意，ISB 指令不會發送或者等待廣播，也不會影響其他 CPU 的執行。如果其他 CPU 也想從指令快取記憶體中重新獲取指令，那麼就需要執行 ISB 指令。

如果第 6 行程式換成 “dmb ish”，那麼就不能保證其他 CPU 能看到使快取記憶體失效的指令（第 5 行程式）執行完，從而出現問題。

18.3.6 與 TLB 相關的案例

本節主要透過案例介紹指令快取記憶體維護指令與記憶體屏障之間的關係。

1．在單核心處理器系統中更新頁表

在記憶體系統看來，遍歷頁表的硬體單元和存取資料的硬體單元是兩個不同的觀察者。要保證所有觀察者看到使 TLB 失效的操作完成需要使用一筆 DSB 指令。當更新頁表項時，TLB 項裡可能保留了舊的資料，我們需要使它失效。在使 TLB 項失效之後執行 DSB 和 ISB 指令會影響所有已經預先存取的指令和存取的資料，因為它們都會被捨棄掉。

【例 18-23】以下程式在單核心處理器系統中更新頁表。

```
1    str x11, [x1]
2    dsb ish
3    tlbi vae1, x10
4    dsb ish
5    isb
```

在第 1 行中，X1 為 PTE 的位址，STR 指令更新 PTE 的內容。

在第 2 行中，執行一筆 DSB 指令保證更新 PTE 的動作已經完成。

在第 3 行中，TLBI 指令使 PTE 對應的 TLB 記錄都失效。

在第 4 行中，DSB 指令保證 TLB 指令執行完。

在第 5 行中，ISB 指令保證 CPU 從指令快取記憶體中重新預先存取指令。

上述操作完成之後，CPU 就可以使用這個新 PTE 的內容，並且保證其他使用舊的映射的存取都完成了。作業系統必須提供一種機制（例如 Linux 核心提供的頁面統計計數，比如 _refcount 和 _mapcount 等）來確保對一個被標記為失效的記憶體區域的任何存取在被標記為失效之前已經完成。

2．在多核心處理器系統中更新頁表

在多核心處理器系統中，TLB 維護指令會向指定共用域裡的所有 CPU 發送廣播訊息，收到廣播資訊的 CPU 也會執行對應的 TLB 維護操作。TLB 維護指令後面需要執行一筆 DSB 指令，這樣可以保證在指定共用域裡的所有 CPU 都能完成對應的 TLB 維護操作，這些 CPU 本機使用的舊映射的 TLB 項也會失效。

【例 18-24】下面的程式與例 18-23 的程式一樣，只不過在多核心處理器系統中，TLBI 指令具有廣播性。

```
1    str x11, [x1]
2    dsb ish
3    tlbi vae1, x10
4    dsb ish
5    isb
```

注意，等待 TLB 維護指令的完成需要執行 TLB 指令的 CPU 執行 DSB 指令，其他 CPU 執行 DSB 指令是沒有效果的。

3．使用 BBM 機制來更新頁表項

ARMv8 系統結構雖然實現的是弱一致性記憶體模型，但是若對同一個記憶體位址進行多次讀取操作，處理器會按照讀取的次序來執行。多個執行緒正在使用同一個頁表項時，如果需要更新這個頁表項，那麼需要使用 BBM 機制來修改這個頁表項。改變頁表項包括下面幾個方面：

- 修改記憶體的類型；
- 修改記憶體共用屬性；
- 修改輸出位址。

BBM 機制的做法就是先使頁表項失效，然後再寫入新的內容到頁表項。

【例 18-25】下面的程式用於更新頁表項，其中，x1~x4 的含義如下。

- x1：表示一個無效 PTE 的內容。
- x2：表示 PTE 的位址。

- x3：包含這個頁表項對應的虛擬位址和 ASID。
- x4：表示 PTE 的新內容。

```
1    str x1, [x2]
2    dsb isb
3    tlbi vae1is, x3
4    dsb ish
5    ic ialluis x3
6    str x4, [x2]
7    dsb ish
8    isb
```

在第 1 行中，設定該 PTE 為無效類型的頁表項。

在第 2 行中，執行 DSB 指令確保上述寫入操作已經完成。

在第 3 行中，使這個 PTE 對應的 TLB 記錄失效。

在第 4 行中，執行 DSB 指令確保 TLBI 指令執行完，TLBI 指令的參數為 vae1is，is 表示內部共用域，即在內部共用域中所有的 CPU 都需要對使該 PTE 失效。

在第 5 行中，使這個虛擬位址 VA 對應的指令快取記憶體失效。

在第 6 行中，寫入新內容到 PTE。

在第 7 行中，執行 DSB 指令確保上述寫入操作已經完成。

在第 8 行中，執行 ISB 指令來讓 CPU 從指令快取記憶體中重新取指令。

我們按照上述步驟來更新頁表項就能保證其他 CPU 從這個虛擬位址中讀取的內容都是正確的。

18.3.7 DMA 案例

【例 18-26】下面是一段與 DMA 相關的程式，在寫入新資料到 DMA 緩衝區以及啟動 DMA 傳輸之間需要插入一筆 DSB 指令。

```
str w5, [x2]   //寫入新資料到 DMA 緩衝區
dsb st
str w0, [x4]   //啟動 DMA 引擎
```

透過 DMA 引擎讀取資料也需要插入一筆 DSB 指令。

```
WAIT ([X4] == 1)   //等待 DMA 引擎的狀態置位，表示資料已經準備好了
dsb st
ldr w5, [x2]    //從 DMA 緩衝區中讀取新資料
```

18.3.8 Linux 核心中使指令快取記憶體失效

Linux 核心中使指令快取記憶體失效的函數是 flush_icache_range()。

```
<linux5.0/arch/arm64/include/asm/cacheflush.h>

1    static inline void flush_icache_range(unsigned long start, unsigned long end)
2    {
3        __flush_icache_range(start, end);
4
5        /*
6         * IPI all online CPUs so that they undergo a context synchronization
7         * event and are forced to refetch the new instructions.
8         */
9        smp_mb();
10       smp_call_function(do_nothing, NULL, 1);
11   }
```

第 3 行的 __flush_icache_range() 函數會呼叫 "ic ivau" 指令來使 [start, end] 位址空間對應的指令快取記憶體失效。為什麼第 9 ～ 10 行需要觸發 IPI 呢？這個 IPI 的回呼函數是一個空函數，即 do_nothing()。

從第 6 ～ 7 行的英文註釋可知，向所有的 CPU 發送一個 IPI 可以讓這些 CPU 經歷一次上下文同步事件，從而強迫這些 CPU 重新從指令快取記憶體中取指令。

從例 18-22 可知，若某個 CPU（例如 CPU0）執行了使指令快取記憶體失效的指令，會發送廣播到指定共用域，指定共用域中的 CPU 收到廣播之後也會使本機對應的指令快取記憶體失效，完成之後回應一個應答訊號。CPU0 透過執行 DSB 指令來等待其他 CPU 的回應訊號。如果使指令快取記憶體失效之後，CPU 想從指令快取記憶體中重新取指令，那麼需要執行一筆 ISB 指令。ISB 指令不會發送或者等待廣播，也不會影響其他 CPU 的執行。如果其他 CPU 也想從指令快取記憶體中重新獲取指令，那麼就需要執行 ISB 指令。

flush_icache_range() 函數中的一個高級的技巧就是利用 ARMv8 系統結構的上下文同步事件來替代執行 ISB 指令。在上下文同步事件之前完成的使 TLB 失效、指令快取記憶體以及分支預測器的操作，都會影響在上下文同步事件後面出現的指令。例如，如果在上下文同步事件之前執行了使指令快取記憶體無效的操作，那麼在上下文同步事件之後，CPU 會從指令快取記憶體中重新取指令，相當於把管線之前預先存取的指令清空。這裡透過向所有 CPU 發送 IPI，相當於所有 CPU 觸發了一個上下文同步事件。

第 19 章

合理使用記憶體屏障指令

本章思考題

1．假設在下面的執行序列中，CPU0 先執行 *a*=1 和 *b*=1，然後 CPU1 繼續迴圈判斷 *b* 是否等於 1，如果等於 1 則跳出 while 迴圈，最後執行 "assert (*a* == 1)" 敘述來判斷 *a* 是否等於 1，那麼 assert 敘述有可能會失敗嗎？

```
CPU0                        CPU1
-------------------------------------------------------------
void func0()                void func1()
{                           {
    a = 1;                      while (b == 0) continue;
    b = 1;                      assert (a == 1)
}                           }
```

2．什麼是儲存緩衝區？

3．什麼是無效佇列？

4．請描述 ARM64 處理器中 DMB、DSB、ISB 三筆記憶體屏障指令的區別。

5．在作業系統（例如 Linux 核心）中用於 SMP 的記憶體屏障介面函數如（smp_rmb()），為什麼只使用 DMB 指令而不使用 DSB 指令？

前面介紹了記憶體屏障相關的背景知識，不過有不少讀者對讀取記憶體屏障指令和寫入記憶體屏障指令依然感到迷惑。在 ARMv8 手冊裡並沒有詳細介紹這兩種記憶體屏障指令產生的原因，我們需要從電腦系統結構入手，特別是記憶體屏障與快取一致性協定（MESI 協定）有密切的關係。本章假設處理器實現的記憶體模型為弱一致性記憶體模型。

下面從一個例子引發的問題來開始。

【例 19-1】假設在下面的執行序列中，CPU0 先執行了 *a*=1 和 *b*=1，然後 CPU1 繼續迴圈判斷 *b* 是否等於 1，如果等於 1 則跳出 while 迴圈，最後執行 "assert (*a* == 1)" 敘述來判斷 *a* 是否等於 1，那麼 assert 敘述有可能會失敗嗎？

```
<例子>

CPU0                        CPU1
------------------------------------------------------------
void func0()                void func1()
{                           {
    a = 1;                      while (b == 0) continue;
    b = 1;                      assert (a == 1)
}                            }
```

這個例子的結論是 assert 敘述有可能會失敗。

有的讀者可能會認為，由於 CPU0 亂數執行，CPU0 先執行了 *b*=1 的操作，然後 CPU1 執行 while 敘述以及 assert 敘述，最後 CPU0 才執行了 *b*=1 的操作，所以該例子中 assert 敘述會失敗。這個分析是可能的場景之一，但是其中已經約定了 CPU0 和 CPU1 的執行順序，即 CPU0 先執行了 *a*=1 和 *b*=1，接著 CPU1 才執行 while 敘述和 assert 敘述，執行次序如圖 19.1 所示。

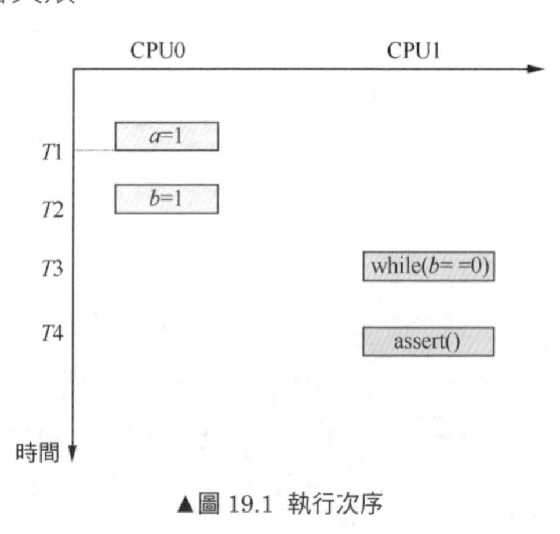

▲圖 19.1 執行次序

那為什麼按照圖 19.1 的執行次序，assert 敘述還有可能會失敗呢？

19.1 儲存緩衝區與寫入記憶體屏障指令

MESI 協定是一種基於匯流排監聽和傳輸的協定，其匯流排傳輸頻寬與 CPU 間互聯的匯流排負載以及 CPU 核心數量有關係。另外，快取記憶體行狀態的變化嚴重依賴其他快取記憶體行的應答訊號，即必須收到其他所有 CPU 的快取記憶體行的應答訊號才能進行下一步的狀態轉換。在匯流排繁忙或者匯流排頻寬緊張的場景下，CPU 可能需要比較長的時間來等待其他 CPU 的應答訊號，這會大大影響系統性能，這個現象稱為 CPU 停滯（CPU stall）。

例如，在一個 4 核心 CPU 系統中，資料 *a* 在 CPU1、CPU2 以及 CPU3 上共用，它們對應的快取記憶體行的狀態為 S（共用），*a* 的初值為 0。而資料 *a* 在 CPU0 的快取記憶體中沒有快取，其狀態為 I（無效），如圖 19.2 所示。此時，如果 CPU0 往資料 *a* 中寫入新值（例如寫入 1），那麼這些快取記憶體行的狀態會如何發生變化呢？

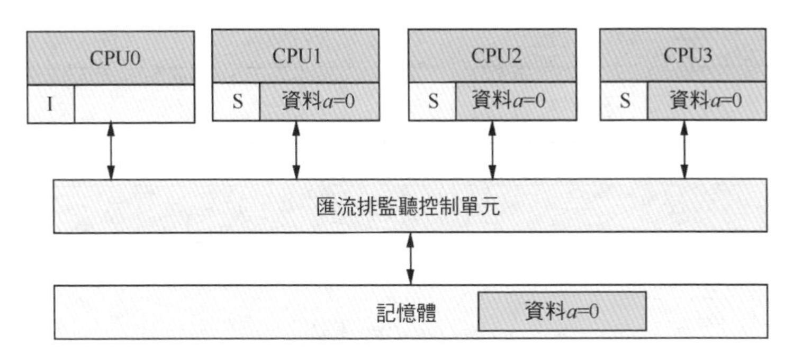

▲圖 19.2 初始化狀態

我們可以把 CPU0 往資料 *a* 寫入新值的過程進行分解。

*T*1 時刻，CPU0 往資料 *a* 寫入新值，這是一次本機寫入操作，由於資料 *a* 在 CPU0 的本機快取記憶體行裡沒有命中，因此快取記憶體行的狀態為 I。CPU0 發送匯流排寫入（BusRdX）訊號到匯流排上。這種情況下，本機寫入操作變成了匯流排寫入操作。

*T*2 時刻，其他三個 CPU 收到匯流排發來的 BusRdX 訊號。

*T*3 時刻，以 CPU1 為例，它會檢查自己本機快取記憶體中是否有快取資料 *a* 的副本。CPU1 發現本機有這份資料的副本，且狀態為 S。CPU1 回復一個 FlushOpt 訊號並且把資料發送到匯流排上，然後把自己的快取記憶體行狀態設定為無效，狀態變成 I，最後廣播應答訊號。

*T*4 時刻，CPU2 以及 CPU3 也收到匯流排發來的 BusRdX 訊號，同樣需要檢查本機是否有資料的副本。如果有，那麼需要把本機的快取記憶體狀態設定為無效，然後廣播應答訊號。

*T*5 時刻，CPU0 需要接收其他 CPU 的應答訊號，確認其他 CPU 上沒有這個資料的快取副本或者快取副本已經失效之後，才能修改資料 *a*。最後，CPU0 的快取記憶體行狀態變成 M。

在上述過程中，在 $T5$ 時刻，CPU0 有一個等待的過程，它需要等待其他所有 CPU 的應答訊號，並且確保其他 CPU 的快取記憶體行的內容都已經失效之後才能繼續做寫入的操作，如圖 19.3 所示。在收到所有應答訊號之前，CPU0 不能做任何關於資料 a 的操作，只能持續等待其他 CPU 的應答訊號。這個等待過程嚴重依賴系統匯流排的負載和頻寬，有一個不確定的延遲時間。

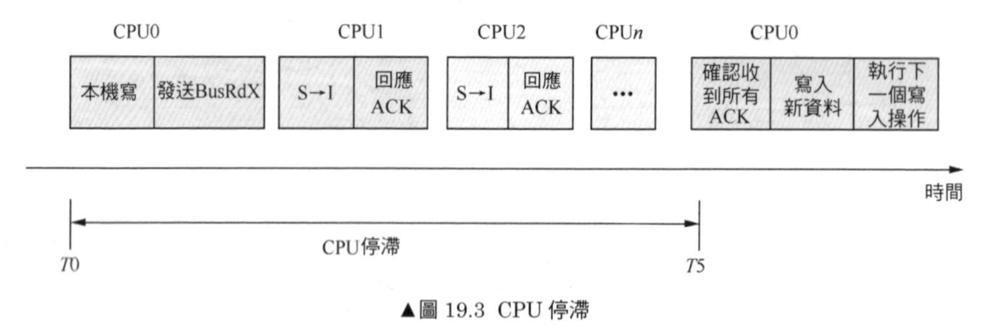

▲圖 19.3 CPU 停滯

為了解決這種等待導致的系統性能下降問題，在快取記憶體中引入了儲存緩衝區（store buffer），它位於 CPU 和 L1 快取記憶體中間，如圖 19.4 所示。在上述場景中，CPU0 在 $T5$ 時刻不需要等待其他 CPU 的應答訊號，可以先把資料寫入儲存緩衝區中，繼續執行下一筆指令。當 CPU0 收到了其他 CPU 回復的應答訊號之後，CPU0 才從儲存緩衝區中把資料 a 的最新值寫入本機快取記憶體行，並且修改快取記憶體行的狀態為 M，這就解決了前文提到的 CPU 停滯的問題。

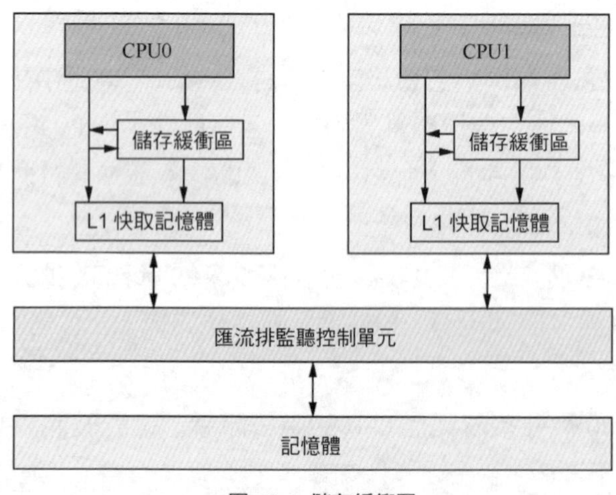

▲圖 19.4 儲存緩衝區

每個CPU核心都會有一個本機存放區緩衝區，它能提高CPU連續寫入的性能。當 CPU 進行載入（load）操作時，如果儲存緩衝區中有該資料的副本，那麼它會從儲存緩衝區中讀取資料，這個功能稱為儲存轉發（store forwarding）。

儲存緩衝區除帶來性能的提升之外，在多核心環境下會帶來一些副作用。下面舉一個案例，假設資料 *a* 和 *b* 的初值為 0，CPU0 執行 func0() 函數，CPU1 執行 func1() 函數。資料 *a* 在 CPU1 的快取記憶體行裡有副本，且狀態為 E，資料 *b* 在 CPU0 的快取記憶體行裡有副本，且狀態為 E，如圖 19.5 所示。

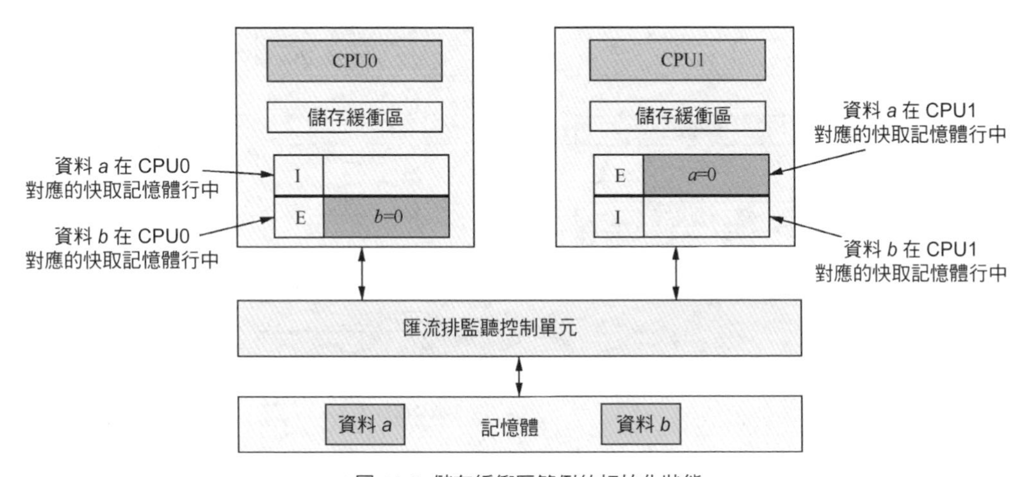

▲圖 19.5 儲存緩衝區範例的初始化狀態

【**例 19-2**】下面是關於儲存緩衝區的範例程式。

```
CPU0                          CPU1
------------------------------------------------------------
void func0()                  void func1()
{                             {
     a = 1;                        while (b == 0) continue;
     b = 1;                        assert (a == 1)
}                              }
```

CPU0 和 CPU1 執行上述範例程式的時序如圖 19.6 所示。

在 *T*1 時刻，CPU0 執行 “*a*=1” 的敘述，這是一個本機寫入的操作。資料 *a* 在 CPU0 的本機快取記憶體行中的狀態為 I，而在 CPU1 的本機快取記憶體行裡有該資料的副本，因此快取記憶體行的狀態為 E。CPU0 把資料 *a* 的最新值寫入本機存放區緩衝區中，然後發送 BusRdX 訊號到匯流排上，要求其他 CPU 檢查並執行使快取記憶體行失效的操作，因此，資料 *a* 被阻塞在儲存快取區裡。

在 *T*2 時刻，CPU1 執行 “while (*b* == 0)” 敘述，這是一個本機讀取操作。資料 *b* 不在 CPU1 的本機快取記憶體行裡（狀態為 I），而在 CPU0 的本機快取記憶體行裡有該資料的副本，因此快取記憶體行的狀態為 E。CPU1 發送 BusRd 訊號到匯流排上，向 CPU0 獲取資料 *b* 的內容。

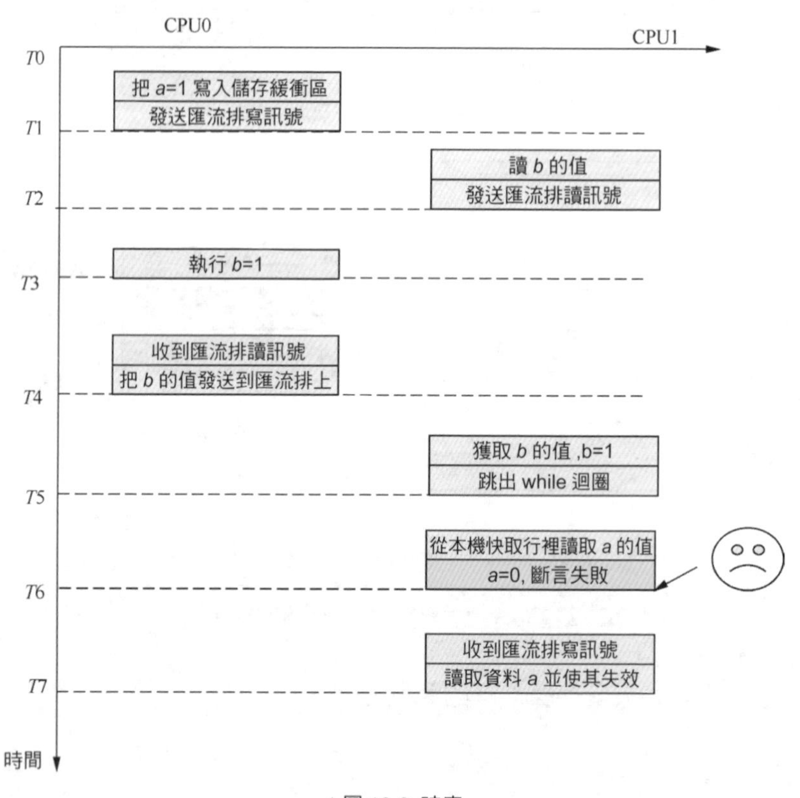

▲圖 19.6 時序

在 *T*3 時刻，CPU0 執行 “*b* = 1” 敘述，CPU0 也會把資料 *b* 的最新值寫入本機存放區緩衝區中。現在資料 *a* 和資料 *b* 都在本機存放區緩衝區裡，而且它們之間沒有資料依賴。所以，在儲存緩衝區中的資料 *b* 不必等到前面的資料項目處理完，而會提前執行。由於資料 *b* 在 CPU0 的本機快取記憶體行中有副本，並且狀態為 E，因此直接可以修改該快取記憶體行的資料，把資料 *b* 寫入快取記憶體行中，最後快取記憶體行的狀態變成 M。

在 *T*4 時刻，CPU0 收到了一個匯流排讀取的訊號，然後把最新的資料 *b* 發送到匯流排上，並且資料 *b* 對應的快取記憶體行的狀態變成 S。

在 *T*5 時刻，CPU1 從匯流排上獲得了最新的資料 *b*，*b* 的內容為 1。這時，CPU1 跳出了 while 迴圈。

在 *T*6 時刻，CPU1 繼續執行 “assert (*a* == 1)” 敘述。CPU1 直接從本機快取記憶體行中讀取資料 *a* 的舊值，即 *a* = 0，此時斷言失敗。

在 *T*7 時刻，CPU1 才收到 CPU0 發來的對資料 *a* 的匯流排寫入操作，要求 CPU1 使該資料的本機快取記憶體行失效，但是這時已經晚了，在 *T*6 時刻斷言已經失敗。

綜上所述，上述斷言失敗的主要原因是 CPU0 在對資料 *a* 執行寫入操作時，直接把最新資料寫入本機存放區緩衝區，在等待其他 CPU（例如本例子中的 CPU1）完成失效操作的應答訊號之前就繼續執行 “*b*=1” 的操作。資料 *b* 也被寫入本機存放區緩衝區中。資料項目在本機存放區緩衝區只要沒有依賴關係，就可以亂數執行。在本案例中，資料 *b* 先於資料 *a* 寫入快取記憶體行中。CPU1 提前獲取了 *b* 的最新值（*b*=1），CPU1 跳出了 while 迴圈。而此時 CPU1 還沒有收到 CPU0 發出的匯流排寫入信號，從而導致讀取了 *a* 的舊值。

儲存緩衝區是 CPU 設計人員為了減少在多核心處理器之間長時間等待應答訊號導致的性能下降而進行的一個最佳化設計，但是 CPU 無法感知多核心之間的資料依賴關係，例如本例子中資料 *a* 和資料 *b* 在 CPU1 裡存在依賴關係。為此，CPU 設計人員給程式設計師來提供另外一種方法避開上述問題，這就是記憶體屏障指令。在上述例子中，我們可以在 func0() 函數中插入一個寫入記憶體屏障敘述（例如 smp_wmb()），它會把當前儲存緩衝區中所有的資料都做一個標記，然後清洗儲存緩衝區，保證之前寫入儲存緩衝區的資料更新到快取記憶體行，然後才能執行後面的寫入操作。

【例 19-3】假設有這麼一個寫入操作序列，先執行 {*A, B, C, D*} 資料項目的寫入操作，後執行一筆寫入記憶體屏障指令，寫入 {*E, F*} 資料項目，並且這些資料項目都儲存在儲存緩衝區裡，如圖 19.7 所示。那麼在執行寫入記憶體屏障指令時會為資料項目 {*A, B, C, D*} 都設定一個標記，確保這些資料都寫入 L1 快取記憶體之後，才能執行寫入記憶體屏障指令後面的資料項目 {*E, F*}。

```
寫入 {A, B, C, D}

寫入記憶體屏障指令

寫入 {E, F}
```

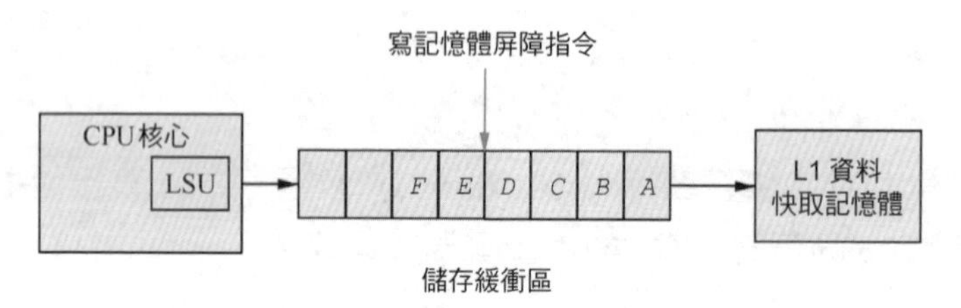

▲圖 19.7 寫入記憶體屏障指令與儲存緩衝區

在例 19-2 中，加入寫入屏障敘述的範例程式如下。

```
<儲存緩衝區範例程式>

CPU0                                CPU1
------------------------------------------------------------
void func0()                        void func1()
{                                   {
    a = 1;                              while (b == 0) continue;
    smp_wmb();
    b = 1;                              assert (a == 1)
}                                    }
```

加入寫入屏障敘述之後的執行時序如圖 19.8 所示。

在 *T*1 時刻，CPU0 執行 “*a*=1” 的敘述，CPU0 把資料 *a* 的最新資料寫入本機存放區緩衝區中，然後發送 BusRdX 訊號到匯流排上。

在 *T*2 時刻，CPU1 執行 “while (*b* == 0)” 敘述，這是一個本機讀取操作。CPU1 發送 BusRd 訊號到匯流排上。

在 *T*3 時刻，CPU0 執行 smp_wmb() 敘述，給儲存緩衝區中的所有資料項目做一個標記。

在 *T*4 時刻，CPU0 繼續執行 “*b* = 1” 敘述，雖然資料 *b* 在 CPU0 的快取記憶體行是命中的，並且快取記憶體行的狀態是 E，但是由於儲存緩衝區中還有標記的資料項目，有標記的資料項目表明這些資料項目存在某種依賴關係，因此不能直接把 *b* 的最新值更新到快取記憶體行裡，只能把 *b* 的新值加入儲存緩衝區裡，對於這個資料項目沒有設定標記。

在 *T*5 時刻，CPU0 收到匯流排發來的匯流排讀取訊號，獲取資料 *b*。CPU0 把 “*b*=0” 發送到匯流排上，並且快取記憶體行的狀態變成了 S。

在 *T*6 時刻，CPU1 從匯流排讀取了 “*b*=0”，本機快取記憶體行的狀態也變成 S。CPU1 繼續在 while 迴圈裡打轉。

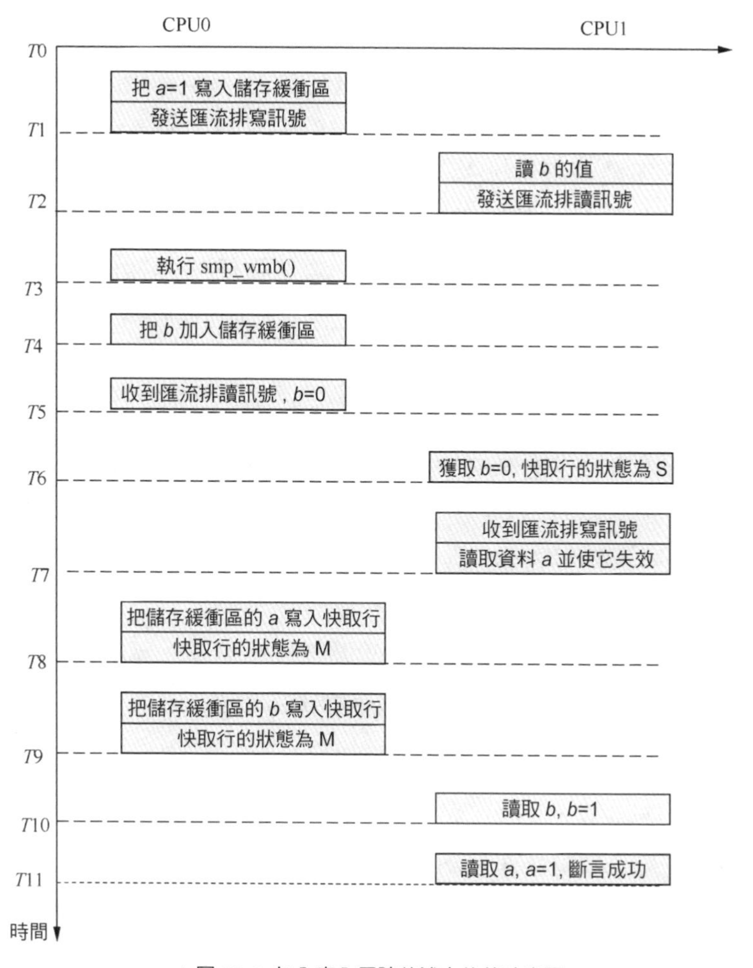

▲圖 19.8 加入寫入屏障敘述之後的時序圖

在 *T7* 時刻，CPU1 收到 CPU0 在 *T1* 時刻發送的 BusRdX 訊號，並使資料 *a* 對應的本機快取記憶體行失效，然後回復一個應答訊號。

在 *T8* 時刻，CPU0 收到應答訊號，並且把緩衝區中資料 *a* 的最新值寫入快取記憶體行裡，快取記憶體行的狀態設定為 M。

在 *T9* 時刻，在 CPU0 的儲存緩衝區中等待的資料 *b* 也可以寫入對應的快取記憶體行裡。從儲存緩衝區寫入快取記憶體行，相當於一個本機寫入操作。由於現在 CPU0 上資料 *b* 對應的快取記憶體行的狀態為 S，因此需要發送 BusUpgr 訊號到匯流排上。CPU1 收到這個 BusUpgr 訊號之後，發現自己也快取了資料 *b*，因此將會使本機的快取記憶體行失效。CPU0 把本機的資料 *b* 對應的快取記憶體行的狀態修改為 M，並且寫入新資料，*b*=1。

在 *T*10 時刻，CPU1 繼續執行 “while (*b* == 0)” 敘述，這是一次本機讀取操作。CPU1 發送 BusRd 訊號到匯流排上。CPU1 可以從匯流排上獲取 *b* 的最新資料，而且 CPU0 和 CPU1 上資料 *b* 的對應的快取記憶體行的狀態都變成 S。

在 *T*11 時刻，CPU1 跳出了 while 迴圈，繼續執行 “assert (*a* == 1)” 敘述。這是本機讀取操作，而資料 *a* 在 CPU1 的快取記憶體行中的狀態為 I，而在 CPU0 上有該資料的副本，因此快取記憶體行的狀態為 M。CPU1 發送匯流排讀取訊號，從 CPU0 獲取資料 *a* 的值。CPU1 從匯流排上獲取了資料 *a* 的新值，*a*=1，斷言成功。

綜上所述，加入寫入屏障 smp_wmb() 敘述之後，CPU0 必須等到該屏障敘述前面的寫入操作完成之後才能執行後面的寫入操作，即在 *T*8 時刻之前，資料 *b* 也只能暫時待在儲存緩衝區裡，並沒有真正寫入快取記憶體行裡。只有當前面的資料項目（例如資料 a）寫入快取行之後，才能執行資料 *b* 的寫入操作。

19.2 無效佇列與讀取記憶體屏障指令

為了解決 CPU 等待其他 CPU 的應答訊號引發的 CPU 停滯問題，在 CPU 和 L1 快取記憶體之間新建了一個儲存緩衝區，但是這個緩衝區也不可能無限大，它的記錄數量不會太多。當 CPU 頻繁執行寫入操作時，該緩衝區可能會很快被填滿。此時，CPU 又進入了等待和停滯狀態，之前的問題還沒有得到徹底解決。CPU 設計人員為了解決這個問題，引入了一個叫作無效佇列的硬體單元。

當 CPU 收到大量的匯流排讀取或者匯流排寫入信號時，如果這些訊號都需要使本機快取記憶體失效，那麼只有當失效操作完成之後才能回復一個應答訊號（表明失效操作已經完成）。然而，讓本機快取記憶體行失效的操作需要一些時間，特別是在 CPU 做密集載入和儲存操作的場景下，系統匯流排資料傳輸量變得非常大，導致讓高速快取記憶體行失效的操作會比較慢。這樣導致其他 CPU 長時間在等待這個應答訊號。其實，CPU 不需要完成讓高緩緩存行失效的操作就能回復一個應答訊號，因為等待這個讓高緩緩存行失效的操作的應答訊號的 CPU 本身也不需要這個資料。因此，CPU 可以把這些讓高緩緩存行失效的操作快取起來，先給請求者回復一個應答訊號，然後再慢慢讓高緩緩存行失效，這樣其他 CPU 就不必長時間等待了。這就是無佇列的核心思路。

無效佇列的結構如圖 19.9 所示。當 CPU 收到匯流排請求之後，如果需要執行使本機快取記憶體行失效的操作，那麼會把這個請求加入無效佇列裡，然後馬上給對方回復一個應答訊號，而無須使該快取記憶體行失效之後再應答，這是一個最佳化。如果 CPU 將某個請求加入無效佇列，在該請求對應的失效操作完成之前，那麼 CPU 不能向匯流排發送任何與該請求對應的快取記憶體行相關的匯流排訊息。

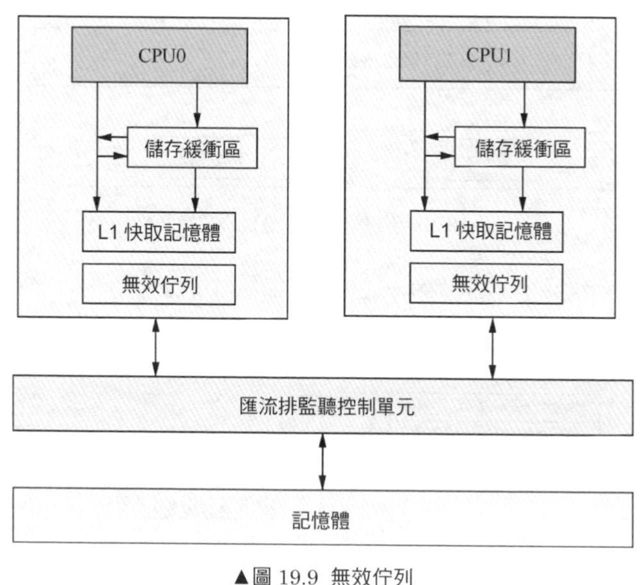

▲圖 19.9 無效佇列

不過，無效佇列在某些情況下依然會有副作用。

【例 19-4】假設資料 *a* 和資料 *b* 的初值為 0，資料 *a* 在 CPU0 和 CPU1 中都有副本，快取行的狀態為 S，資料 *b* 在 CPU0 上有快取副本，快取記憶體行的狀態為 E，如圖 19.10 所示。CPU0 執行 func0() 函數，CPU1 執行 func1() 函數，程式如下。

```
<無效佇列範例程式>

CPU0                          CPU1
------------------------------------------------------------
void func0()                  void func1()
{                             {
     a = 1;                        while (b == 0) continue;
     smp_wmb();
     b = 1;                        assert (a == 1)
}
                              }
```

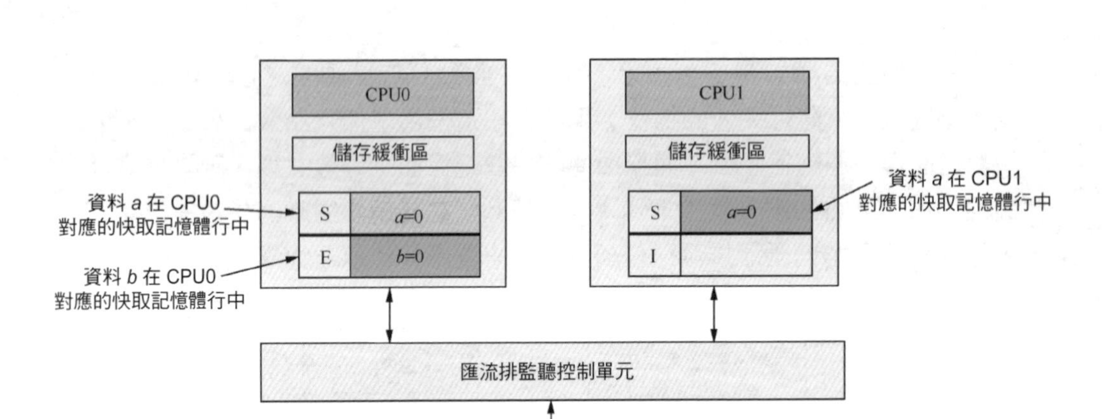

▲圖 19.10 無效佇列案例分析之初始狀態

CPU0 和 CPU1 執行上述範例程式的時序如圖 19.11 所示。

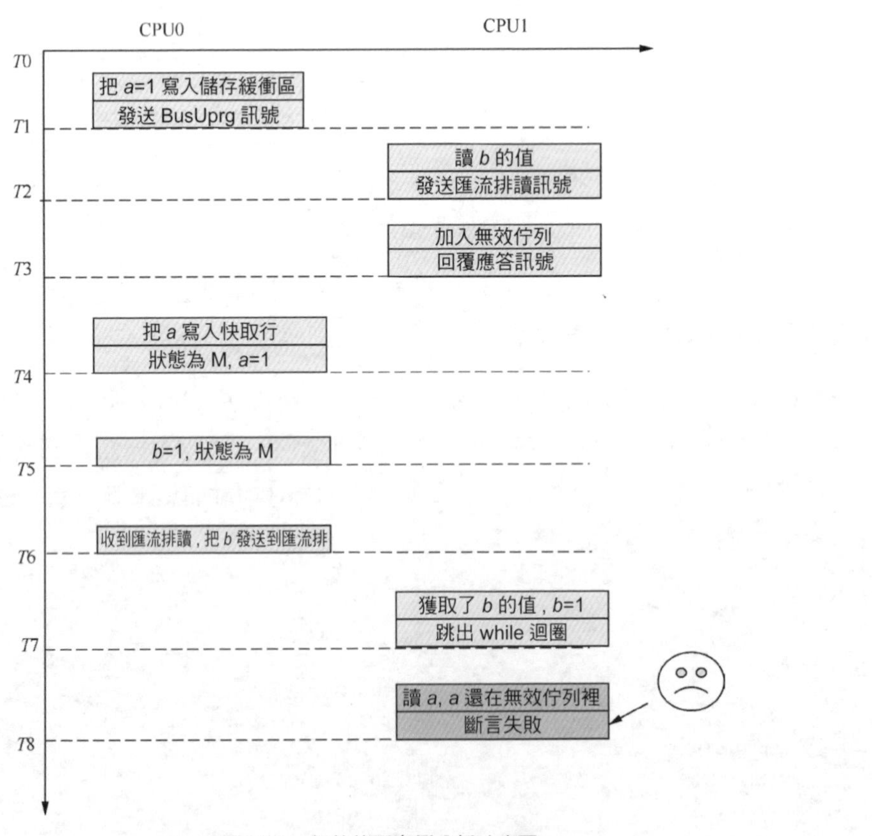

▲圖 19.11 無效佇列案例分析時序圖

在 *T*1 時刻，CPU0 執行 “*a*=1”，這是一個本機寫入操作。由於資料 *a* 在 CPU0 和 CPU1 上都有快取副本，而且快取記憶體行的狀態都為 S，因此 CPU0 把 “*a*=1” 加入儲存緩衝區，然後發送 BusUpgr 訊號到匯流排上。

在 *T*2 時刻，CPU1 執行 “*b* == 0”，這是一個本機讀取操作。由於 CPU1 沒有快取資料 *b*，因此發送一個匯流排讀取訊號。

在 *T*3 時刻，CPU1 收到 BusUpgr 訊號，發現自己的快取記憶體行裡有資料 *a* 的副本，需要執行使快取記憶體行失效的操作。把該操作加入無效佇列裡，馬上回復一個應答訊號。

在 *T*4 時刻，CPU0 收到 CPU1 回復的應答訊號之後，把儲存緩衝區的資料 *a* 寫入快取記憶體行裡，快取行的狀態變成 M，*a*=1。

在 *T*5 時刻，CPU0 執行 “*b* = 1”，儲存快取區為空，所以直接把資料 *b* 寫入快取記憶體行裡，快取行的狀態變成 M，*b*=1。

在 *T*6 時刻，CPU0 收到 *T*2 時刻發來的匯流排讀取訊號，把 *b* 的最新值發送到匯流排上，CPU0 上資料 *b* 對應的快取記憶體行的狀態變成 S。

在 *T*7 時刻，CPU1 獲取資料 *b* 的新值，然後跳出 while 迴圈。

在 *T*8 時刻，CPU1 執行 “assert (*a* == 1)” 敘述。此時，CPU1 還在執行無效佇列中的失效請求，CPU1 無法讀到正確的資料，斷言失敗。

綜上所述，無效佇列的出現導致了問題，即在 *T*3 時刻，CPU1 並沒有真正執行使資料 *a* 對應的快取記憶體行失效的操作，而是加入無效佇列中。我們可以使用讀取記憶體屏障指令來解決該問題。讀取記憶體屏障指令可以讓無效佇列裡所有的失效操作都執行完才執行該讀取屏障指令後面的讀取操作。讀取記憶體屏障指令會標記當前無效佇列中所有的失效操作（每個失效操作用一個記錄來記錄）。只有當這些標記過的記錄都執行完成時，才會執行後面的讀取操作。

【例 19-5】下面是使用讀取記憶體屏障指令的解決方案。

```
<無效佇列範例程式：新增讀取記憶體屏障指令>

CPU0                                CPU1
------------------------------------------------------------
void func0()                        void func1()
{                                   {
      a = 1;                              while (b == 0) continue;
      smp_wmb();                          smp_rmb();
```

```
    b = 1;                              assert (a == 1)
}
                                    }
```

我們接著上述的時序圖來繼續分析，假設在 *T*8 時刻，CPU1 執行讀取記憶體屏障敘述。在 *T*9 時刻，執行 “assert (*a* == 1)”，CPU 已經把無效佇列中所有的失效操作執行完了。*T*9 時刻，CPU 讀取資料 *a*，由於資料 *a* 在 CPU1 的快取記憶體行的狀態已經變成 I，因為剛剛執行完失效操作。而資料 *a* 在 CPU0 的快取記憶體裡有快取副本，並且狀態為 M。於是，CPU1 會發送一個匯流排讀取訊號，從 CPU0 獲取資料 *a* 的內容，CPU0 把資料 *a* 的內容發送到匯流排上，最後 CPU0 和 CPU1 都快取了資料 *a*，快取記憶體行的狀態都變成 S，因此 CPU1 獲得了資料 *a* 最新的值，即 *a* 為 1，斷言成功。

19.3 記憶體屏障指令複習

綜上所述，從電腦系統結構的角度來看，讀取記憶體屏障指令作用於無效佇列，讓無效佇列中積壓的使快取記憶體行失效的操作儘快執行完才能執行後面的讀取操作。寫入記憶體屏障指令作用於儲存緩衝區，讓儲存緩衝區中資料寫入快取記憶體行之後才能執行後面的寫入操作。讀寫記憶體屏障指令同時作用於使快取記憶體行失效的佇列和儲存緩衝區。從軟體角度來看，讀取記憶體屏障指令保證所有在讀記憶體屏障指令之前的載入操作完成之後才會處理該指令之後的載入操作。寫入記憶體屏障指令可以保證所有寫入記憶體屏障指令之前的儲存操作完成之後才處理該指令之後的儲存操作。

每種處理器系統結構都有不同的記憶體屏障指令設計。例如，ARM64 系統結構提供了三筆記憶體屏障指令。另外，DMB 和 DSB 指令還能指定共用域的範圍。

Linux 核心抽象出一種最小的共同性（集合），用於記憶體屏障 API 函數，這個集合支援大多數的處理器系統。表 19.1 是 Linux 核心提供的與處理器系統結構無關的記憶體屏障 API 函數。

表 19.1 Linux 核心提供的與處理器系統結構無關的記憶體屏障 API 函數

核心 API	含　義	ARM64 的實現
rmb()	單一處理器系統版本的讀取記憶體屏障指令	`#define rmb() asm volatile("dsb ld : : : memory")`
wmb()	單一處理器系統版本的寫入記憶體屏障指令	`#define wmb() asm volatile("dsb st : : : memory")`
mb()	單一處理器系統版本的讀寫記憶體屏障指令	`#define mb() asm volatile("dsb sy : : : memory")`
smp_rmb()	用於 SMP 環境下的讀取記憶體屏障指令	`#define smp_rmb() dmb(ishld)`
smp_wmb()	用於 SMP 環境下的寫入記憶體屏障指令	`#define smp_wmb() dmb(ishst)`
smp_mb()	用於 SMP 環境下的讀寫記憶體屏障指令	`#define smp_mb() dmb(ish)`

19.4 ARM64 的記憶體屏障指令的區別

有不少讀者依然對 ARM64 提供 3 筆記憶體屏障指令（DMB、DSB 以及 ISB）感到疑惑，不能正確理解它們之間的區別。我們可以從處理器系統結構圖的角度來看這 3 筆記憶體屏障指令的區別。

記憶體屏障指令的區別如圖 19.12 所示。DMB 指令涉及的硬體單元位於處理器的儲存系統，包括 LSU（Load Store Unit，載入儲存單元）、儲存緩衝區以及無效佇列。DMB 指令保證的是 DMB 指令之前的所有記憶體存取指令和 DMB 指令之後的所有記憶體存取指令的順序。在一個多核心處理器系統中，每個 CPU 都是一個觀察者，這些觀察者依照快取一致性協定（例如 MESI 協定）來觀察資料在系統中的狀態變化。從本機 CPU 的角度來看，如果在儲存緩衝區裡的兩個資料沒有依賴性，但是不能保證從其他觀察者的角度來看，它們的執行順序對程式的執行產生資料依賴。例如在例 19-2 中，在資料 *a* 和資料 *b* 在 CPU0 的儲存緩衝區的執行順序對 CPU1 讀取資料 *a* 產生了影響，這需要結合 MESI 協定來分析。

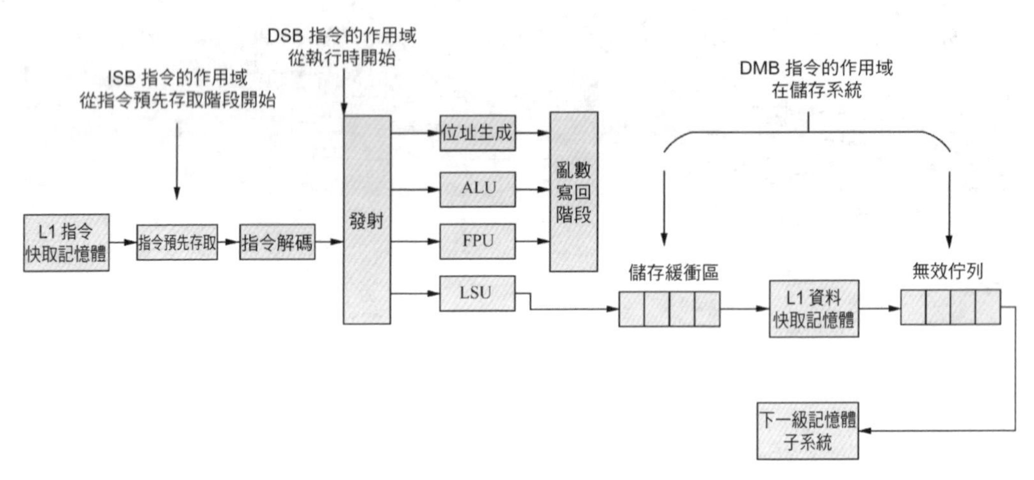

▲圖 19.12 記憶體屏障指令的區別

因此，在多核心系統中有一個有趣的現象：

我們假設本機 CPU（例如 CPU0）執行一段沒有資料依賴性的存取記憶體序列，那麼系統中其他的觀察者（CPU）觀察這個 CPU0 的存取記憶體序列的時候，我們不能假設 CPU0 一定按照這個序列的循序存取記憶體。因為這些存取序列對本機 CPU 來説是沒有資料依賴性的，所以 CPU 的相關硬體單元會亂數執行程式，亂數存取記憶體。

對於例 19-1，如圖 19.13 所示，CPU0 有兩個存取記憶體的序列，分別設定資料 *a* 和資料 *b* 的值為 1，站在 CPU0 的角度看，先設定資料 *a* 為 1 還是先設定資料 *b* 為 1 並不影響程式的最終結果。但是，系統中的另外一個觀察者（CPU1）不能假設 CPU0 先設定資料 *a* 後設定資料 *b*，因為資料 *a* 和資料 *b* 在 CPU0 裡沒有資料依賴性，資料 *b* 可以先於資料 *a* 寫入快取記憶體行裡，所以 CPU1 就會遇到 19.1 節描述的問題。

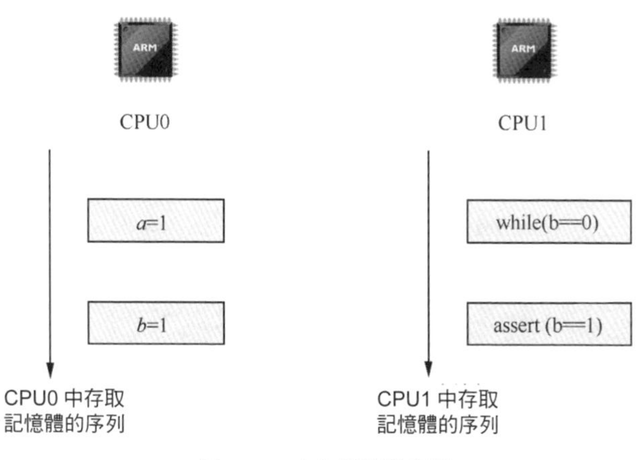

▲圖 19.13 存取記憶體序列

為此，CPU 設計人員給程式設計人員提供了記憶體屏障指令。當程式設計人員認為一個 CPU 上的存取記憶體序列的順序對系統中其他的觀察者（其他的 CPU）產生影響時，需要手動增加記憶體屏障指令來保證其他觀察者能觀察到正確的存取序列。

DSB 指令涉及的單元從處理器的執行系統開始，包括指令發射、位址生成，以及算數邏輯單位（Arithmetic-Logic Unit，ALU）與浮點單元（FPU）等。DSB 指令保證當所有在它前面的存取指令都執行完畢後，才會執行在它後面的指令，即任何指令都要等待 DSB 指令前面的存取指令執行完。位於此指令前的所有快取（如分支預測和 TLB 維護）操作需要全部完成。

ISB 指令會更新管線和預先存取緩衝區，然後才會從快取記憶體或者記憶體中預先存取 ISB 指令之後的指令。因此，ISB 指令的涉及面更廣，包括指令預先存取、指令解碼以及指令執行等硬體單元。

19.5 案例分析：Linux 核心中的記憶體屏障指令

記憶體屏障模型在 Linux 核心程式設計中廣泛運用，本章透過 Linux 核心中 try_to_wake_up() 函數裡內建的 4 個記憶體屏障的使用場景，介紹記憶體屏障在實際程式設計中的使用。

【例 19-6】try_to_wake_up() 函數裡內建了 4 筆記憶體屏障指令，我們需要分析這 4 筆記憶體屏障指令的使用場景和邏輯。

```
<linux5.0/kernel/sched/core.c>

static int
try_to_wake_up(struct task_struct *p, unsigned int state, int wake_flags)
{

    raw_spin_lock_irqsave(&p->pi_lock, flags);
    smp_mb__after_spinlock(); //第一次使用記憶體屏障指令
    if (!(p->state & state))
        goto out;

    smp_rmb();  //第二次使用記憶體屏障指令
    if (p->on_rq && ttwu_remote(p, wake_flags))
        goto stat;

    smp_rmb(); //第三次使用記憶體屏障指令

    smp_cond_load_acquire(&p->on_cpu, !VAL);  //第四次使用記憶體屏障指令

    p->state = TASK_WAKING;

    ttwu_queue(p, cpu, wake_flags);
    …
}
```

19.5.1 第一次使用記憶體屏障指令

這裡使用了一個比較新的函數 smp_mb__after_spinlock()，從函數名稱可以知道它在 spin_lock() 函數後面增加 smp_mb() 記憶體屏障指令。鎖機制隱含了記憶體屏障，那為什麼在自旋鎖後面要顯性地增加 smp_mb() 記憶體屏障指令呢？這需要從自旋鎖的實現開始講起。其實自旋鎖的實現隱含了記憶體屏障指令。當然，不同的系統結構隱含的記憶體屏障是不一樣的，例如，x86 系統結構實現的是 TSO（Total Store Order）強一致性記憶體模型，而 ARM64 實現的是弱一致性記憶體模型。對於 TSO 記憶體模型，原子操作指令隱含了 smp_mb() 記憶體屏障指令，但是對於弱一致性記憶體模型的處理器來說，spin_lock 的實現其實並沒有隱含 smp_mb() 記憶體屏障指令。

在 ARM64 系統結構裡，實現自旋鎖最簡單的方式是使用 LDAXR 和 STXR 指令。我們以 Linux 3.7 核心的原始程式碼中自旋鎖的實現為例進行說明。

```
<linux-3.7/arch/arm64/include/asm/spinlock.h>

static inline void arch_spin_lock(arch_spinlock_t *lock)
{
	unsigned int tmp;

	asm volatile(
	"	sevl\n"
	"1: wfe\n"
	"2: ldaxr	%w0, [%1]\n"
	"	cbnz	%w0, 1b\n"
	"	stxr	%w0, %w2, [%1]\n"
	"	cbnz	%w0, 2b\n"
	: "=&r" (tmp)
	: "r" (&lock->lock), "r" (1)
	: "memory");
}
```

從上面的程式可以看到，自旋鎖採用 LDAXR 和 STXR 的指令組合來實現，LDAXR 指令隱含了載入 - 獲取記憶體屏障基本操作。載入 - 獲取屏障基本操作之後的讀寫操作不能重排到該屏障基本操作前面，但是不能保證屏障基本操作前面的讀寫指令重排到屏障基本操作後面。如圖 19.14 所示，讀取指令 1 和寫入指令 1 有可能重排到屏障基本操作後面，而讀取指令 2 和寫入指令 2 不能重排到屏障基本操作指令的前面。

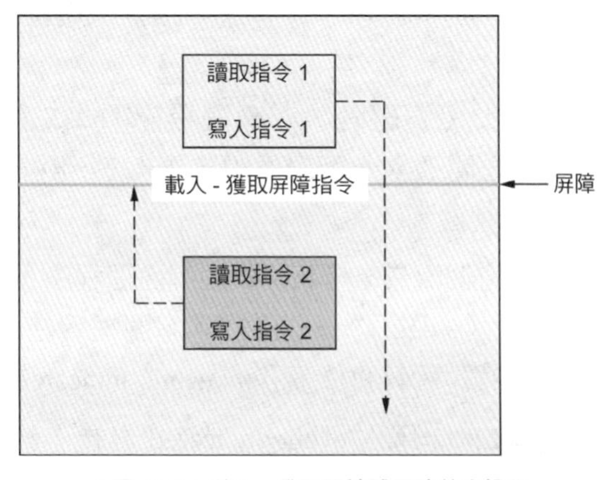

▲圖 19.14 載入 - 獲取記憶體屏障基本操作

所以，在 ARM64 系統結構裡，自旋鎖隱含了一筆單方向（one-way barrier）的記憶體屏障指令，在自旋鎖臨界區裡的讀寫指令不能向前越過臨界區，但是自旋鎖臨界區前面的讀寫指令可以穿越到臨界區裡，這會引發問題。

smp_mb__after_spinlock() 函數在 x86 系統結構下是一個空函數，而在 ARM64 系統結構裡則是一個隱含了 smp_mb() 記憶體屏障指令的函數。

```
//對於 X86 系統結構，這是一個空函數
#define smp_mb__after_spinlock()do { } while (0)
```

```
// 對於 ARM64 系統結構，其中隱含了 smp_mb() 記憶體屏障指令
#define smp_mb__after_spinlock() smp_mb()
```

try_to_wake_up() 函數通常用來喚醒處理程序。在 SMP 的情況下，觀察睡眠者和喚醒者之間的關係，如圖 19.15 所示。

```
CPU 1 (Sleeper)                    CPU 2 (Waker)
================================== ================================
set_current_state();               STORE event_indicated
  smp_store_mb();                  wake_up();
    STORE current->state             ...
    <general barrier>                <general barrier>
LOAD event_indicated                 if ((LOAD task->state) & TASK_NORMAL)
                                       STORE task->state
```

▲圖 19.15 睡眠者與喚醒者之間的關係

CPU1（睡眠者）在更改當前處理程序 current->state 後，插入一筆記憶體屏障指令，保證載入喚醒標記（LOAD event_indicated）不會出現在修改 current->state 之前。

CPU2（喚醒者）在喚醒標記 STORE 和把處理程序狀態修改成 RUNNING 的 STORE 之間插入一筆記憶體屏障指令，保證喚醒標記 event_indicated 的修改能被其他 CPU 看到。

從這個場景來分析，要喚醒處理程序，CPU2 需要先設定 event_indicated 為 1。而 CPU1（Sleeper）一直在 for 迴圈裡等待這個 event_indicated 被置 1。那怎麼讓 CPU1 能觀察到 CPU2 寫入的 event_indicated 值呢？

當 CPU2 寫入 event_indicated 之後，插入一筆記憶體屏障指令，然後判斷 task->state 值是否等於 TASK_NORMAL，這個值是 CPU1 寫入的。如果等於 1，那麼說明 CPU1 已經執行完寫入 current->state 的指令了。這時，就能保證 CPU1 讀取的 event_indicated 值是正確的，即為 CPU2 寫入的值。

這個場景簡化後的記憶體屏障模型如圖 19.16 所示，假設 X 和 Y 的初值都為 0。

當 CPU1 讀取的 X 值為 1 時，CPU0 讀取的 Y 值也一定為 1。

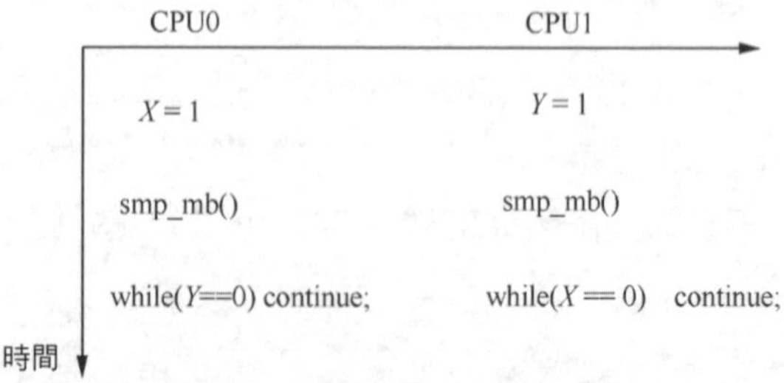

CPU0	CPU1
$X=1$	$Y=1$
smp_mb()	smp_mb()
while(Y==0) continue;	while(X == 0) continue;

時間

▲圖 19.16 簡化後的記憶體屏障模型

圖 19.17 展示了為什麼要使用 smp_mb__after_ spinlock() 函數，結合上文分析，我們不難理解它的意思：如果我們想要喚醒一個正在等待 CONDITION 條件標識位元的執行緒，那麼我們需要保證檢查 p->state 的敘述不會重排到前面，即先執行 "CONDITION=1"，然後再檢查 p->state。該函數需要和睡眠者執行緒的 smp_mb() 結合一起來使用，它隱含在 set_current_state() 中。

無獨有偶，smp_mb__after_spinlock() 函數有一段相關的註釋，它在 include/linux/spinlock.h 標頭檔中。

```
1972         /*
1973          * If we are going to wake up a thread waiting for CONDITION we
1974          * need to ensure that CONDITION=1 done by the caller can not be
1975          * reordered with p->state check below. This pairs with mb() in
1976          * set_current_state() the waiting thread does.
1977          */
1978         raw_spin_lock_irqsave(&p->pi_lock, flags);
1979         smp_mb__after_spinlock();
1980         if (!(p->state & state))
1981                 goto out;
```

▲圖 19.17 為什麼使用 smp_mb__after_spinlak() 函數

圖 19.18 裡展示的場景與圖 19.17 類似。在 CPU0 側，首先往 *X* 裡寫入 1，然後採用 spin_lock() 和 smp_mb__after_spinlock() 組成的記憶體屏障指令，最後讀取 *Y* 值。在 CPU1 側，先寫入 *Y* 值，然後執行 smp_mb() 記憶體屏障指令，最後讀取 *X* 值。當 CPU1 讀取的 *X* 值為 1 時，CPU0 讀取的 *Y* 值也為 1。

```
124  *
125  *         { X = 0;  Y = 0; }
126  *
127  *         CPU0                           CPU1
128  *
129  *         WRITE_ONCE(X, 1);              WRITE_ONCE(Y, 1);
130  *         spin_lock(S);                  smp_mb();
131  *         smp_mb__after_spinlock();      r1 = READ_ONCE(X);
132  *         r0 = READ_ONCE(Y);
133  *         spin_unlock(S);
134  *
135  *      it is forbidden that CPU0 does not observe CPU1's store to Y (r0 = 0)
136  *      and CPU1 does not observe CPU0's store to X (r1 = 0); see the comments
137  *      preceding the call to smp_mb__after_spinlock() in __schedule() and in
138  *      try_to_wake_up().
139  *
```

▲圖 19.18 smp_mb__after_spinlock() 函數的使用場景

19.5.2 第二次使用記憶體屏障指令

這裡需要考慮多個 CPU 同時呼叫 try_to_wake_up() 來喚醒同一個處理程序的場景。

【例 19-7】假設 CPU0 執行著處理程序 P，處理程序呼叫如下程式片段進入睡眠狀態。

```
<CPU0 執行如下程式進入睡眠狀態 >

while () {
   if (cond)
       break;
   do {
      schedule();
      set_current_state(TASK_UN..)
   } while (!cond);

 }

 spin_lock_irq(wait_lock)
 set_current_state(TASK_RUNNING);
 list_del(&waiter.list);
 spin_unlock_irq(wait_lock)
```

CPU1 呼叫如下程式片段來喚醒處理程序 P。

```
<CPU1 喚醒處理程序 P>

spin_lock_irqsave(wait_lock)
wake_up_process()
try_to_wake_up()
spin_unlock_irqstore(wait_lock)
```

CPU1 釋放了 wait_lock 自旋鎖之後，CPU2 搶先獲取了 wait_lock 自旋鎖，執行如下程式。

```
<CPU2 再一次喚醒處理程序 P>

raw_spin_lock_irqsave(wait_lock)
 if (!list_empty)
   wake_up_process()
   try_to_wake_up()
         raw_spin_lock_irqsave(p->pi_lock)
            if (!(p->state & state))
                 goto out;
            ..
            if (p->on_rq && ttwu_wakeup())
            ..
            while (p->on_cpu)
                cpu_relax()
   ..
```

CPU2 又呼叫 try_to_wake_up() 函數來喚醒處理程序 P，但是處理程序 P 已經被 CPU1 喚醒過一次了。此時，CPU2 讀取的 p->on_rq 值有可能為 0，讀取的 p->on_cpu 值為 1，然後在 while() 迴圈裡進入無窮迴圈。喚醒處理程序的流程如圖 19.19 所示。

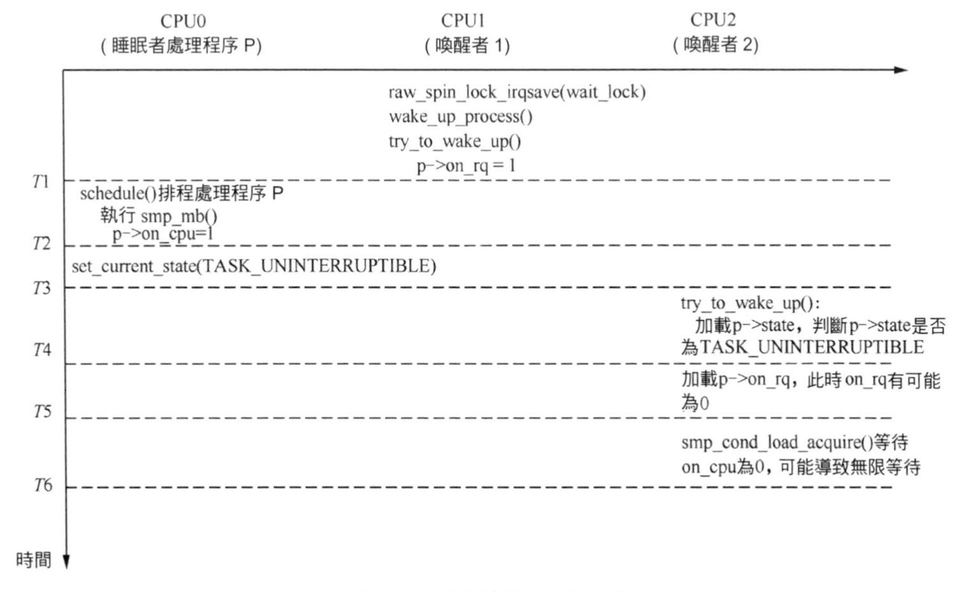

▲圖 19.19 喚醒處理程序的流程

在 *T*1 時刻，CPU1 第一次呼叫 try_to_wake_up() 函數來喚醒處理程序 P。在 try_to_wake_up() 函數裡會把處理程序 P 增加到就緒佇列中，並且設定 p->on_rq 值為 1。

在 *T*2 時刻，排程器選擇處理程序 P 來執行。在 schedule() 函數裡隱含 smp_mb() 記憶體屏障指令，設定 p->on_cpu 值為 1。此時，處理程序 P 在 CPU0 上執行。

在 *T*3 時刻，處理程序 P 執行 set_current_state() 函數來設定處理程序的狀態為 TASK_UNINTERRUPTIBLE。

在 *T*4 時刻，CPU2 獲取 wait_lock，然後呼叫 try_to_wake_up() 函數來喚醒處理程序 P。接下來，載入 p->state 值，p->state 值為 TASK_UNINTERRUPTIBLE。

在 *T*5 時刻，CPU2 獲取 p->on_rq 的值，有可能讀取的值為 0，從而獲取了一個錯誤的值。此時，p->on_rq 的正確值應為 1。

在 *T6* 時刻，CPU2 在 smp_cond_load_acquire() 函數裡迴圈等待 p->on_cpu 值為 0。因為 p->on_cpu 的值為 1，所以一直無限迴圈。

這個問題其實可以簡化成經典的記憶體屏障問題，如圖 19.20 所示。

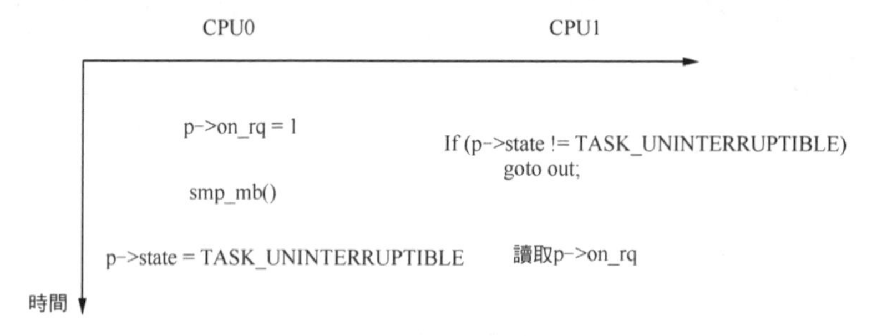

▲圖 19.20 簡化後的記憶體屏障問題

在上面的這個簡化模型中，CPU0 分別寫入 p->on_rq 和 p->state 值。與此同時，在 CPU1 側，如果讀取到 p->state 正確的值，那麼就一定能讀取到 p->on_rq 正確的值嗎？答案是否定的。原因是 CPU 內部有一個名為無效佇列的硬體單元，這會導致 CPU1 讀取不到 p->on_rq 正確的值，正確的解決辦法是加入一筆讀取記憶體屏障指令，來保證 CPU1 執行完當前的無效佇列之後才讀取 p->on_rq 的值。這個需要結合記憶體屏障指令與快取記憶體一致性來分析，可以參考第 16 章相關內容。

解決辦法是在 CPU1 讀取 p->state 和 p->on_rq 之間插入一筆 smp_rmb() 讀取記憶體屏障指令，確保 CPU1 能讀到 p->on_rq 正確的值，如圖 19.21 所示。

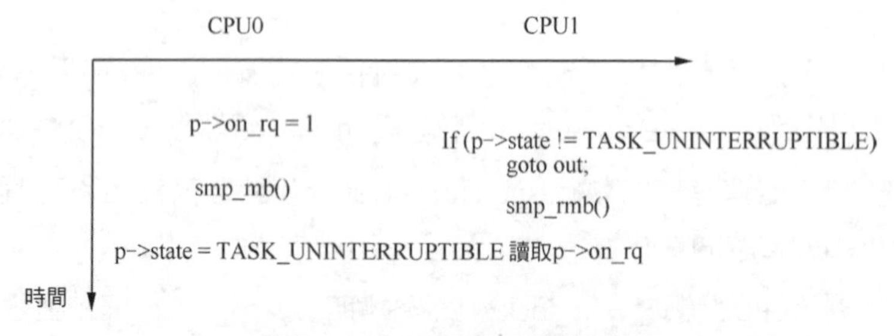

▲圖 19.21 加入讀取記憶體屏障指令

圖 19.22 展示了第 2009 行為什麼使用 smp_rmb() 讀取記憶體屏障指令。這是為了保證先載入 p->state，再載入 p->on_rq，否則就會出問題，即有可能觀察到 p->on_rq 等於 0 的情況，從而進入 smp_cond_load_acquire() 函數，然後繼續循環

等待 on_cpu 為 0。此時 p->on_cpu 為 1，導致出現無限迴圈問題。

```
1989        /*
1990         * Ensure we load p->on_rq _after_ p->state, otherwise it would
1991         * be possible to, falsely, observe p->on_rq == 0 and get stuck
1992         * in smp_cond_load_acquire() below.
1993         *
1994         * sched_ttwu_pending()                 try_to_wake_up()
1995         *   STORE p->on_rq = 1                   LOAD p->state
1996         *   UNLOCK rq->lock
1997         *
1998         * __schedule() (switch to task 'p')
1999         *   LOCK rq->lock                        smp_rmb();
2000         *   smp_mb__after_spinlock();
2001         *   UNLOCK rq->lock
2002         *
2003         * [task p]
2004         *   STORE p->state = UNINTERRUPTIBLE     LOAD p->on_rq
2005         *
2006         * Pairs with the LOCK+smp_mb__after_spinlock() on rq->lock in
2007         * __schedule().  See the comment for smp_mb__after_spinlock().
2008         */
2009        smp_rmb();
2010        if (p->on_rq && ttwu_remote(p, wake_flags))
2011                goto stat;
2012
```

▲圖 19.22 為什麼使用 smp_rmb() 讀取記憶體屏障指令

接下來的第 1994 ～ 2004 行表達的流程圖和圖 19.20 類似。最後，這裡的註釋還告訴我們，"LOCK+smp_mb__after_spinlock()" 的組合在 __schedule() 函數裡，這裡隱式地實現了一筆記憶體屏障指令。

這個案例簡化後的記憶體屏障模型如圖 19.23 所示，假設 X 和 Y 的初值都為 0。

CPU0 分別寫入 1 到 X 和 Y，在它們中間插入一筆 smp_mb() 讀取記憶體屏障指令。當 CPU1 讀取的 Y 值為 1 時，它讀取的 X 值一定也為 1，但其中需要加入一筆 smp_rmb() 讀取記憶體屏障指令。

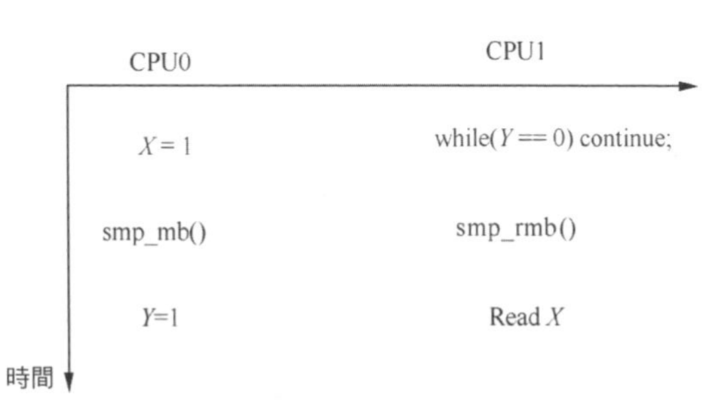

▲圖 19.23 簡化後的記憶體屏障模型

無獨有偶，smp_mb__after_spinlock() 函數有一段相關的註釋，它在 include/linux/spinlock.h 標頭檔中。

圖 19.24 展示的場景與圖 19.23 類似，只不過在圖 19.24 中，CPU0 和 CPU1 透過自旋鎖來實現某種串列執行，CPU0 先獲取自旋鎖，把 X 值設定為 1，然後 CPU1 獲取自旋鎖，採用 spin_lock() 和 smp_mb__after_spinlock() 組成的記憶體屏

障指令，接著設定 *Y* 值為 1。在 CPU2 側，當 CPU2 觀察到 *Y* 值為 1 時，CPU2 也必然觀察到 *X* 值為 1。

```
141  *
142  * { X = 0;  Y = 0; }
143  *
144  * CPU0                  CPU1                          CPU2
145  *
146  * spin_lock(S);         spin_lock(S);                 r1 = READ_ONCE(Y);
147  * WRITE_ONCE(X, 1);     smp_mb__after_spinlock();     smp_rmb();
148  * spin_unlock(S);       r0 = READ_ONCE(X);            r2 = READ_ONCE(X);
149  *                       WRITE_ONCE(Y, 1);
150  *                       spin_unlock(S);
151  *
152  *     it is forbidden that CPU0's critical section executes before CPU1's
153  *     critical section (r0 = 1), CPU2 observes CPU1's store to Y (r1 = 1)
154  *     and CPU2 does not observe CPU0's store to X (r2 = 0); see the comments
155  *     preceding the calls to smp_rmb() in try_to_wake_up() for similar
156  *     snippets but "projected" onto two CPUs.
```

▲圖 19.24 smp_mb__after_spinlock() 函數的使用場景

19.5.3 第三次使用記憶體屏障指令

try_to_wake_up() 函數在讀取 p->on_rq 與 p->on_cpu 之間插入了一筆 smp_rmb() 讀取記憶體屏障指令，原理和前面類似。

這裡的流程如圖 19.25 所示。

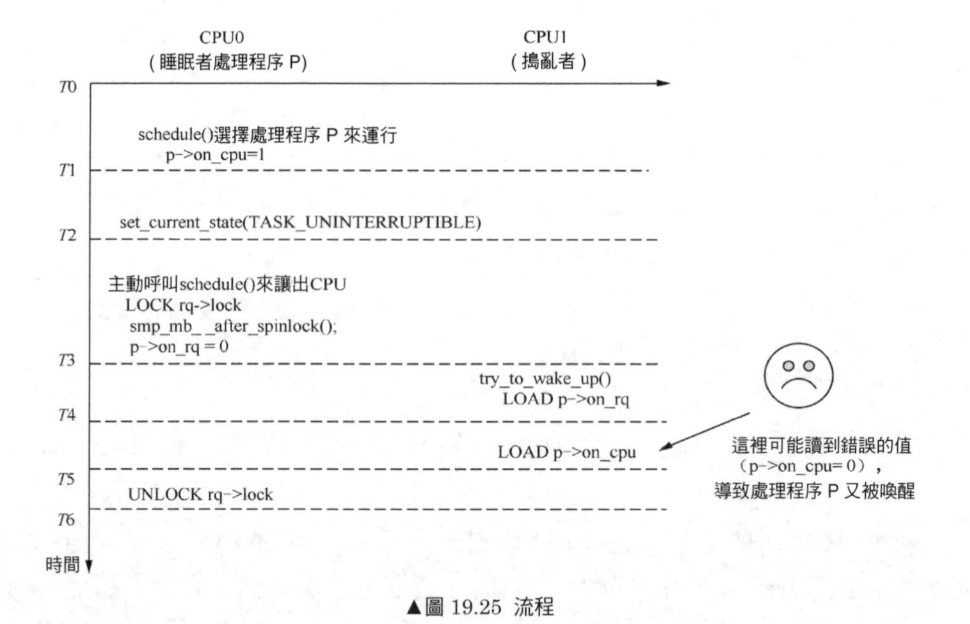

▲圖 19.25 流程

在 *T0* 時刻，處理程序 P 在 CPU0 上睡眠。

在 *T*1 時刻，處理程序 P 被喚醒，CPU0 的排程器選擇處理程序 P 來執行。這時，會設定 p->on_cpu 值為 1。

在 *T*2 時刻，處理程序 P 執行 set_current_state() 函數來設定處理程序的狀態為 TASK_UNINTERRUPTIBLE。

在 *T*3 時刻，處理程序 P 主動呼叫 schedule() 函數來讓出 CPU。在 schedule() 函數裡，會申請一個 rq->lock 並透過 smp_mb__after_spinlock() 函數來使用記憶體屏障指令，然後設定 p->on_rq 等於 0。

在 *T*4 時刻，CPU1 開始搗亂了，呼叫 try_to_wake_up() 函數來喚醒處理程序 P。它首先會讀取 p->on_rq 值，它讀到的 p->on_rq 值為 0。

在 *T*5 時刻，CPU1 繼續載入 p->on_cpu 值，它有可能讀到錯誤值（此時 p->on_cpu 正確的值應該為 1），從而導致 CPU1 繼續執行 try_to_wake_up() 函數，成功地喚醒處理程序 P，而此時處理程序 P 在 CPU0 裡還準備要讓出 CPU，因此，這裡就出現錯誤。

這個場景的一個關鍵點是，在 *T*3 時刻，在 CPU0 執行 schedule() 函數的過程中，CPU1 併發地呼叫了 try_to_wake_up() 函數來喚醒處理程序 P，這導致在 try_to_wake_up() 函數裡面會讀取到錯誤的 p->on_cpu 值，從而引發錯誤。解決辦法就是在 *T*4 和 *T*5 之間插入一筆 smp_rmb() 讀取記憶體屏障指令，這樣，CPU1 在 *T*5 時刻才能讀到 p->on_cpu 正確的值。

簡化後的模型如圖 19.26 所示。在這個模型裡，CPU0 先設定 p->on_cpu 為 1，接著設定 p->on_rq 為 0。這兩個寫入操作中間用一筆讀取記憶體屏障指令來保證它們寫入的次序。

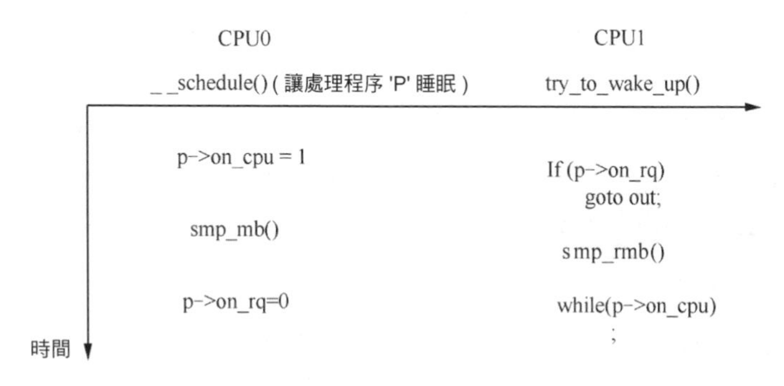

▲圖 19.26 簡化後的模型

在 CPU1 側，當讀取 p->on_rq 正確的值之後，需要加入一筆 smp_rmb() 讀取記憶體屏障指令來確保能讀取 p->on_cpu 正確的值。如果沒有這筆讀取記憶體屏障指令，那麼可能讀到 p->on_cpu 錯誤的值。

19.5.4 第四次使用記憶體屏障指令

smp_cond_load_acquire() 內建了載入 - 獲取（ACQUIRE）記憶體屏障基本操作，確保讀取 p->on_cpu 的操作不會重排到讀取 p->on_rq 前面。在 ARM64 系統結構中，smp_load_acquire() 的實現如下。

```
#define smp_cond_load_acquire(ptr, cond_expr)              \
({                                          \
 typeof(ptr) __PTR = (ptr);                        \
 typeof(*ptr) VAL;                             \
 for (;;) {                                     \
     VAL = smp_load_acquire(__PTR);                   \
     if (cond_expr)                            \
         break;                                 \
     __cmpwait_relaxed(__PTR, VAL);                   \
 }                                     \
 VAL;                                         \
})
```

19.5.5 複習：記憶體屏障指令的使用

透過對 try_to_wake_up() 函數裡內建的 4 個記憶體屏障指令的分析，我們深刻感覺到要正確使用記憶體屏障指令是有一定難度的，需要讀者對可能發生的併發存取場景多加思考，特別是在多核心以及多執行緒的程式設計環境中。

若我們在閱讀 Linux 核心原始程式碼時遇到 smp_rmb()、smp_wmb() 以及 smp_mb()，需要停下來多多思考程式的作者為什麼要在這裡使用記憶體屏障指令，如果不使用會發生什麼後果，有哪些可能會發生的併發存取的場景。

在實際的多核心程式設計中，讀者需要從複雜的場景中判別出記憶體屏障模型，並合理使用記憶體屏障指令。

第 20 章

原子操作

本章思考題

1．什麼是原子操作？

2．什麼是 LL/SC 機制？

3．在 ARM64 處理器中，如何實現獨占存取記憶體？

4．如果多個核心同時使用 LDXR 和 STXR 對同一個記憶體位址進行存取，如何保證資料的一致性？

5．假設 CPU0 使用 LDRXB/STXRB 指令對 0x341B0 位址進行獨占存取操作，CPU1 也使用 LDRXB/STXRB 指令對 0x341B4 位址進行獨占地讀取操作，CPU1 能成功獨占存取嗎？

6．什麼是 CAS 指令？ CAS 指令在作業系統程式設計中有什麼作用？

7．在 ARM64 處理器中，可以使用 WFE 機制來最佳化自旋鎖，請簡述其工作原理以及如何喚醒這些等待自旋鎖的 CPU。

本章主要介紹 ARMv8 系統結構中原子操作相關的指令和實現原理。

20.1 原子操作介紹

原子操作是指保證指令以原子的方式執行，執行過程不會被打斷。

【例 20-1】在如下程式片段中，假設 thread_A_func 和 thread_B_func 都嘗試進行 *i*++ 操作，thread-A-func 和 thread-B-func 執行完後，*i* 的值是多少？

```
static int i =0;

void thread_A_func()
{
     i++;
}

void thread_B_func()
```

```
{
    i++;
}
```

有的讀者可能認為 *i* 等於 2，但也可能不等於 2，程式的執行過程如下。

```
     CPU0                                CPU1
-------------------------------------------------------------------
  thread_A_func
    load i= 0
                                     thread_B_func
                                        Load i=0

     i++
                                         i++

     store i (i=1)
                                       store i (i=1)
```

從上面的程式執行過程來看，最終 *i* 也可能等於 1。因為變數 *i* 位於臨界區，CPU0 和 CPU1 可能同時存取，發生併發存取。從 CPU 角度來看，變數 *i* 是一個靜態全域變數，儲存在資料段中，首先讀取變數的值並儲存到通用暫存器中，然後在通用暫存器裡做加法運算，最後把暫存器的數值寫回變數 *i* 所在的記憶體中。在多處理器系統結構中，上述動作可能同時進行。即使在單一處理器系統結構上依然可能儲存併發存取，例如 thread_B_func 在某個中斷處理函數中執行。

原子操作需要保證不會被打斷，如上述的 *i*++ 敘述就可能被打斷。要保證操作的完整性和原子性，通常需要"原子地"（不斷）完成"**讀取 - 修改 - 回寫**"**機制**，中間不能被打斷。在下述操作中，如果其他 CPU 同時對該原子變數進行寫入操作，則會造成資料破壞。

（1）讀取原子變數的值，從記憶體中讀取原子變數的值到暫存器。

（2）修改原子變數的值，在暫存器中修改原子變數的值。

（3）把新值寫回記憶體中，把暫存器中的新值寫回記憶體中。

處理器必須提供原子操作的組合語言指令來完成上述操作，如 ARM64 處理器提供 LDXR 和 STXR 獨占存取記憶體的指令以及原子記憶體存取操作指令。

20.2 獨占記憶體存取指令

原子操作需要處理器提供硬體支援，不同的處理器系統結構在原子操作上會有不同的實現。ARMv8 使用兩種方式來實現原子操作：一種是經典的獨占載入

（Load-Exclusive）和獨占儲存（Store-Exclusive）指令，這種實現方式叫作連接載入 / 條件儲存（Load-Link/Store-Conditional，LL/SC）；另一種是在 ARMv8.1 系統結構上實現的 LSE 指令。

LL/SC 最早用於併發與同步存取記憶體的 CPU 指令，它分成兩部分。第一部分（LL）表示從指定記憶體位址讀取一個值，並且處理器會監控這個記憶體位址，看其他處理器是否修改該記憶體位址。第二部分（SC）表示如果這段時間內其他處理器沒有修改該記憶體位址，則把新值寫入該位址。因此，一個原子的 LL/SC 操作就是透過 LL 讀取值，進行一些計算，最後透過 SC 來寫回。如果 SC 失敗，那麼重新開始整個操作。LL/SC 常常用於實現無鎖演算法與“讀取 - 修改 - 回寫”原子操作。很多 RISC 系統結構實現了這種 LL/SC 機制，比如 ARMv8 指令集裡實現了 LDXR 和 STXR 指令。

LDXR 指令是記憶體獨占載入指令，它從記憶體中以獨占方式載入記憶體位址的值到通用暫存器裡。

以下是 LDXR 指令的原型，它把 X*n* 或者 SP 位址的值原子地載入到 X*t* 暫存器裡。

```
ldxr <xt> ' [xn | sp]
```

STXR 指令是記憶體獨占儲存指令，它以獨占的方式把新的資料儲存到記憶體中。這是 STXR 指令的原型。

```
stxr <ws>' <xt>' [xn | sp]
```

它把 X*t* 暫存器的值原子地儲存到 X*n* 或者 SP 位址裡，執行的結果反映到 W*s* 暫存器中。若 W*s* 暫存器的值為 0，說明 LDXR 和 STXR 指令都執行完。如果結果不是 0，說明 LDXR 和 STXR 指令都已經發生錯誤，此時需要跳轉到 LDXR 指令處，重新做原子載入以及原子儲存操作。

LDXP 和 STXP 指令是多位元組獨占記憶體存取指令，一筆指令可以獨占地載入和儲存 16 位元組。

```
ldxp <xt1>, <xt2>, [xn|sp]

stxp <ws>, <xt1>, <xt2>, [<xn|sp>]
```

LDXR 和 STXR 指令還可以和載入 - 獲取以及儲存 - 釋放記憶體屏障基本操作結合使用，組成一個類似於臨界區的記憶體屏障，在一些場景（比如自旋鎖的實現）中非常有用。

【**例 20-2**】下面的程式使用了原子的加法函數。atomic_add(*i*,*v*) 函數非常簡單，它是原子地給 *v* 加上 *i*。

```
1   void atomic_add(int i, atomic_t *v)
2   {
3       unsigned long tmp;
4       int result;
5
6       asm volatile("// atomic_add\n"
7       "1: ldxr%w0, [%2]\n"
8       "   add%w0, %w0, %w3\n"
9       "   stxr%w1, %w0, [%2]\n"
10      "   cbnz%w1, 1b"
11      : "=&r" (result), "=&r" (tmp)
12      : "r" (&v->counter), "Ir" (i)
13      : "cc");
14      }
```

其中 atomic_t 變數的定義如下。

```
typedef struct {
    int counter;
} atomic_t;
```

在第 6 ～ 13 行中，透過內嵌組合語言的方式實現 atomic_add 功能。

在第 7 行中，透過 LDXR 獨占載入指令來載入 v->counter 的值到 result 變數中，該指令會標記 v->counter 的位址為獨占。

在第 8 行中，透過 ADD 指令讓 v->counter 的值加上變數 *i* 的值。

在第 9 行中，透過 STXR 獨占儲存指令來把最新的 v->counter 的值寫入 v->counter 位址處。

在第 10 行中，判斷 tmp 的值。如果 tmp 的值為 0，説明 STXR 指令儲存成功；否則，儲存失敗。如果儲存失敗，那只能跳轉到第 7 行重新使用 LDXR 指令。

在第 11 行中，輸出部分有兩個參數，其中 result 和 tmp 具有可寫屬性。

在第 12 行中，輸入部分有兩個參數，v->counter 的位址只有唯讀屬性，*i* 也只有唯讀屬性。

20.3 獨占記憶體存取工作原理

我們在前文已經介紹了 LDXR 和 STXR 指令。LDXR 是記憶體載入指令的一種，不過它會透過獨占監視器（exclusive monitor）來監控對記憶體的存取。

20.3.1 獨占監視器

獨占監視器會把對應記憶體位址標記為獨占存取模式，保證以獨占的方式來存取這個記憶體位址，不受其他因素的影響。而 STXR 是有條件的儲存指令，它會把新資料寫入 LDXR 指令標記獨占存取的記憶體位址裡。

【**例 20-3**】下面是一段使用 LDXR 和 STXR 指令的簡單程式。

```
<獨占存取例子>

1  my_atomic_set:
2  1:
3      ldxr x2, [x1]
4      orr x2, x2, x0
5      stxr w3, x2, [x1]
6      cbnz w3, 1b
```

在第 3 行中，讀取 X1 暫存器的值，然後以 X1 暫存器的值為位址，以獨占的方式載入該位址的內容到 X2 暫存器中。

在第 4 行中，透過 ORR 指令來設定 X2 暫存器的值。

在第 5 行中，以獨占的方式把 X2 暫存器的值寫入 X1 暫存器裡。若 W3 暫存器的值為 0，表示寫入成功；若 W3 暫存器的值為 1，表示不成功。

在第 6 行中，判斷 W3 暫存器的值，如果 W3 暫存器的值不為 0，説明 LDXR 和 STXR 指令執行失敗，需要跳轉到第 2 行的標籤 1 處，重新使用 LDXR 指令進行獨占載入。

注意，LDXR 和 STXR 指令是需要配對使用的，而且它們之間是原子的，即使我們使用模擬器硬體也沒有辦法單步偵錯和執行 LDXR 和 STXR 指令，即我們無法使用模擬器來單步偵錯第 3 ～ 5 行的程式，它們是原子的，是一個不可分割的整體。

LDXR 指令本質上也是 LDR 指令，只不過在 ARM64 處理器內部使用一個獨占監視器來監視它的狀態。獨占監視器一共有兩個狀態——開放存取狀態和獨占存取狀態。

當 CPU 透過 LDXR 指令從記憶體載入資料時，CPU 會把這個記憶體位址標記為獨占存取，然後 CPU 內部的獨占監視器的狀態變成獨占存取狀態。當 CPU 執行 STXR 指令的時候，需要根據獨占監視器的狀態來做決定。

如果獨占監視器的狀態為獨占存取狀態，並且 STXR 指令要儲存的位址正好是剛才使用 LDXR 指令標記過的，那麼 STXR 指令儲存成功，STXR 指令傳回 0，獨占監視器的狀態變成開放存取狀態。

如果獨占監視器的狀態為開發存取狀態，那麼 STXR 指令儲存失敗，STXR 指令傳回 1，獨占監視器的狀態不變，依然保持開放存取狀態。

對於獨占監視器，ARMv8 系統結構根據快取一致性的層級關係可以分成多個監視器。以 Cortex-A72 處理器為例，獨占監視器可以分成三種[1]，如圖 20.1 所示。

- 本機獨占監視器（local monitor）：這類監視器處於處理器的 L1 記憶體子系統中。L1 記憶體子系統支援獨占載入、獨占儲存、獨占清除等這些同步基本操作。對於非共用（non-shareable）的記憶體，本機獨占監視器可以支援和監視它們。
- 內部快取一致性全域獨占監視器（internal coherent global monitor）：這類全域監視器會利用多核心處理器的 L1 快取記憶體一致性相關資訊來實現獨占監視。這類全域監視器適合監視標準類型的記憶體，並且記憶體屬性是共用，對應的快取記憶體的策略是寫回。這種情況下需要軟體打開 MMU 並且啟動快取記憶體才能生效。這類全域監視器可以駐留在處理器的 L1 記憶體子系統中，也可以駐留在 L2 記憶體子系統中，通常需要和本機獨立監視器協作工作。
- 外部全域獨占監視器（external global monitor）：這種外部全域獨占監視器通常位於晶片的內部匯流排（interconnect bus）中，例如，AXI 匯流排支援獨占方式的讀取操作（read-exclusive）和獨占方式的寫入操作（write-exclusive）。當存取裝置類型的記憶體位址或者存取內部共用但是沒有啟動快取記憶體的記憶體位址時，我們就需要這種外部全域獨占監視器通常快取一致性控制器支援這種獨占監視器。

以樹莓派 4B 開發板為例，內部使用 BCM2711 晶片。這顆晶片沒有實現外部全域獨占監視器。因此，在 MMU 沒有啟動的情況下，存取實體記憶體變成存取

1 詳見《ARM® Cortex®-A72 MPCore Processor Technical Reference Manual》6.4.5 節。

裝置類型的記憶體，此時，使用 LDXR 指令和 STXR 指令會產生不可預測的錯誤。

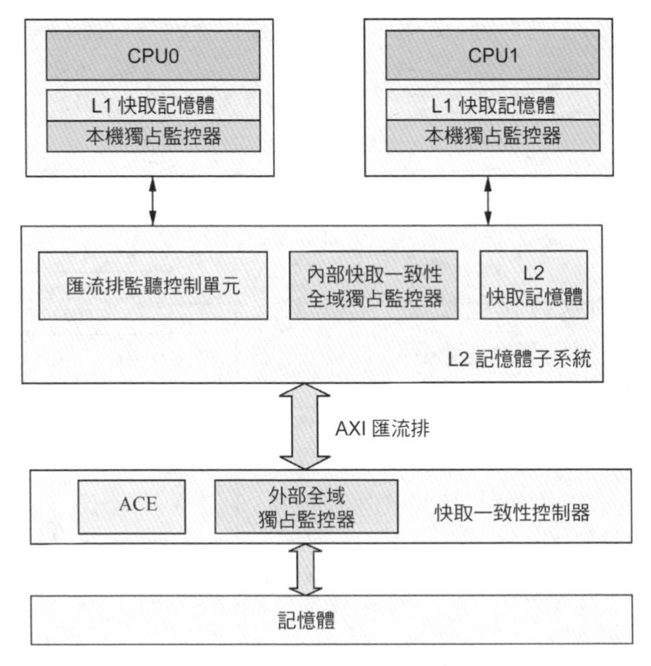

▲圖 20.1 獨占監視器的分類

20.3.2 獨占監視器與快取一致性

LDXR 指令和 STXR 指令在多核心之間利用快取記憶體一致性協定以及獨占監視器來保證執行的序列化和資料一致性。以 Cortex-A72 為例，L1 資料快取記憶體之間的快取一致性是透過 MESI 協定來實現的。

【例 20-4】為了說明 LDXR 指令和 STXR 指令在多核心之間獲取鎖的場景，假設 CPU0 和 CPU1 同時存取一個鎖（lock），這個鎖的位址為 X0 暫存器的值，下面是獲取鎖的虛擬程式碼。

<獲取鎖的虛擬程式碼>

```
1    /*
2       get_lock(lock)
3    */
4    .global get_lock
5    get_lock:
6
7    retry:
```

```
8        ldxr w1, [x0] //獨占地存取 lock
9        cmp  w1, #1
10       b.eq retry      //如果 lock 為 1，說明鎖已經被其他 CPU 持有，只能不斷地嘗試
11
12       /* 鎖已經釋放，嘗試去獲取 lock */
13       mov w1, #1
14       stxr w2, w1, [x0]  //往 lock 寫入 1，以獲取鎖
15       cbnz w2, try      //若 w2 暫存器的值不為 0，說明獨占存取失敗，只能跳轉到 try 處
16
17       ret
```

經典自旋鎖的執行流程如圖 20.2 所示。接下來，我們考慮多個 CPU 同時存取自旋鎖的情況。CPU0 和 CPU1 的存取時序如圖 20.3 所示。

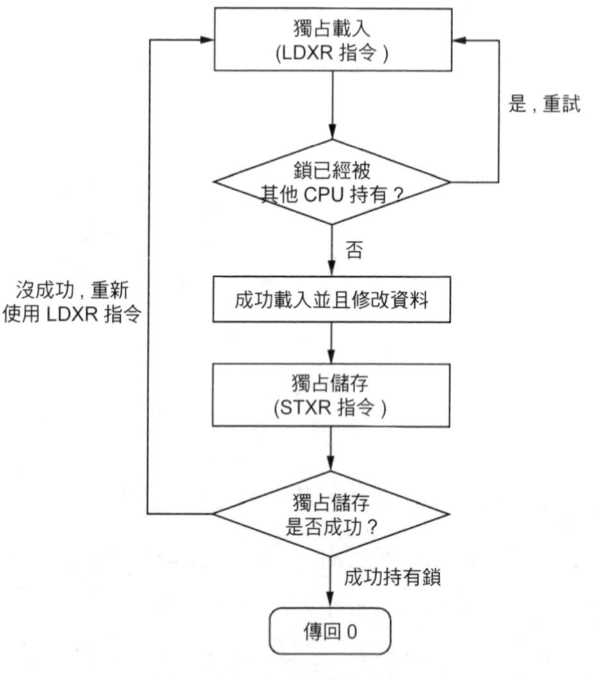

▲圖 20.2 經典自旋鎖的執行流程

在 *T*0 時刻，初始化狀態下，在 CPU0 和 CPU1 中，快取記憶體行的狀態為 I（無效）。CPU0 和 CPU1 的本機獨占監視器的狀態都是開放存取狀態，而且 CPU0 和 CPU1 都沒有持有這個鎖。

在 *T*1 時刻，CPU0 執行第 8 行的 LDXR 指令載入鎖的值。

在 *T*2 時刻，LDXR 指令存取完成。根據 MESI 協定，CPU0 上的快取記憶體行的狀態變成 E（獨占），CPU0 上本機獨占監視器的狀態變成獨占存取狀態。

在 *T*3 時刻，CPU1 也執行到第 8 行程式，透過 LDXR 指令載入鎖的值。根據 MESI 協定，CPU0 上對應的快取記憶體行的狀態則從 E 變成 S（共用），並且把快取記憶體行的內容發送到匯流排上。CPU1 從匯流排上得到鎖的內容，快取記憶體行的狀態從 I 變成 S。CPU1 上本機獨占監視器的狀態從開放存取狀態變成獨占存取狀態。

在 *T*4 時刻，CPU0 執行第 14 行程式，修改鎖的狀態，然後透過 STXR 指令來寫入鎖的位址 addr 中。在這個場景下，STXR 指令執行成功，CPU0 則成功獲取鎖，

另外，CPU0 的本機獨占監視器會把狀態修改為開放存取狀態。根據快取一致性原則，內部快取一致性的全域獨占監視器能監聽到 CPU0 的狀態已經變成開放存取狀態，因此也會把 CPU1 的本機獨占監視器的狀態同步設定為開放存取狀態。根據 MESI 協定，CPU0 對應的快取記憶體行狀態會從 S 變成 M（修改），並且發送 BusUpgr 訊號到匯流排，CPU1 收到該訊號之後會把自己本機對應的快取記憶體行設定為 I。

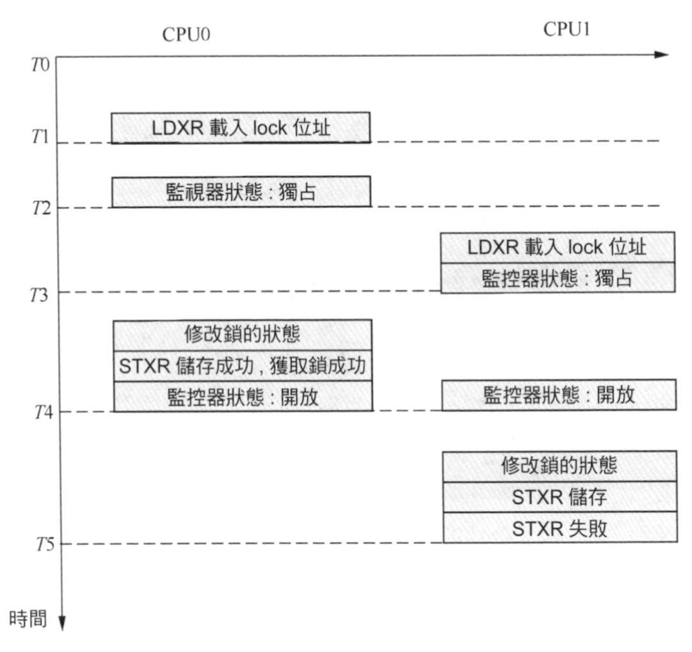

▲圖 20.3 CPU0 和 CPU1 的存取時序

在 *T*5 時刻，CPU1 也執行到第 14 行程式，修改鎖的值。這時候 CPU1 中快取記憶體行的狀態為 I，因此 CPU1 會發出一個 BusRdx 訊號到匯流排上。CPU0 中快取記憶體行的狀態為 M，CPU0 收到這個 BusRdx 訊號之後會把本機的快取記憶體行的內容寫回記憶體中，然後快取記憶體行的狀態變成 I。CPU1 直接從記憶體中讀取這個鎖的值，修改鎖的狀態，最後透過 STXR 指令寫回鎖位址 addr 裡。但是此時，由於 CPU1 的本機監視器狀態已經在 *T*4 時刻變成開放存取狀態，因此 STXR 指令就寫入不成功了。CPU1 獲取鎖失敗，只能跳轉到第 7 行的 retry 標籤處繼續嘗試。

綜上所述，要理解 LDXR 指令和 STXR 指令的執行過程，需要從獨占監視器的狀態以及 MESI 狀態的變化來綜合分析。

20.3.3 獨占監視器的細微性

如果使用 LDXR 指令和 STXR 指令來對 8 位元組的位址變數進行操作，那麼獨占監視器僅監視這 8 位元組的記憶體位址嗎？其實不是的，它有一個細微性（Exclusive Reservation Granule，ERG）的問題。ARM64 處理器根據 LL/SC 機制來實現獨占記憶體存取指令。從系統中讀取記憶體，通常會預先存取一個快取記憶體行的內容，因此獨占監視器的監視細微性是一個快取記憶體行。對快取記憶體行的任何改動（例如普通的儲存操作等）都會導致獨占儲存失敗。我們可以透過 CTR 中的 ERG 域來讀出它的獨占監視器的最小細微性。

假設 ERG 是 2^4，即 16 位元組，如果使用 LDRXB 指令對 0x341B4 位址進行獨占地讀取操作，那麼從 0x341B0 ～ 0x341BF 都會標記為獨占存取。

20.4 原子記憶體存取操作指令

在 ARMv8.1 系統結構中新增了原子記憶體存取操作指令（atomic memory access instruction），這個也稱為 LSE（Large System Extension）。原子記憶體存取操作指令需要 AMBA 5 匯流排中的 CHI（Coherent Hub Interface）的支援。AMBA 5 匯流排引入了原子事務（atomic transaction），允許將原子操作發送到資料，並且允許原子操作在靠近資料的地方執行，例如在互連匯流排上執行原子算術和邏輯操作，而不需要載入到快取記憶體中處理。原子事務非常適合要操作的資料離處理器核心比較遠的情況，例如資料在記憶體中。

如圖 20.4 所示，所有的 CPU 連接到 CHI 互連匯流排上，圖中的 HN-F（Fully coherent Home Node）表示快取一致性的根節點，它位於互連匯流排內部，接收來自 CPU 的事務請求。SN-F（Slave Node）表示從裝置節點，它通常用於普通記憶體，接收來自 HN-F 的請求，完成所需的操作。ALU（Arithmetic and Logic Unit）表示算數邏輯單位，完成算數運算和邏輯運算的硬體單元。不僅 CPU 內部有 ALU，還在 HN-F 裡整合了 ALU。

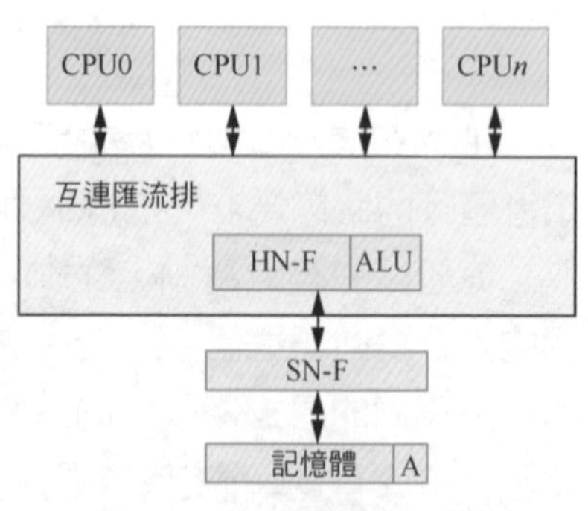

圖 20.4 原子記憶體存取架構

假設記憶體中的位址 A 儲存了一個計數值，CPU0 執行一筆 stadd 原子記憶體存取指令把 A 計數加 1。下面是 STADD 指令的執行過程。

（1）CPU0 執行 STADD 指令時，會發出一個原子儲存事務（AtomicStore Transaction）請求到互連匯流排上。

（2）互連匯流排上的 HN-F 接收到該請求。HN-F 會協作 SN-F 以及 ALU 來完成加法原子操作。

（3）因為原子儲存事務是不需要等待回應的事務，CPU 不會追蹤該事務的處理過程，所以 CPU0 發送完該事務就認為 STADD 指令已經執行完。

從上述步驟可知，原子記憶體操作指令會在靠近資料的地方執行算數運算，大幅度提升原子操作的效率。

綜上所述，原子記憶體存取操作指令與獨占記憶體存取指令最大的區別在於效率。我們舉一個自旋鎖競爭激烈的場景，在 SMP 系統中，假設自旋鎖 lock 變數儲存在記憶體中。

與之相比，在獨占記憶體存取架構下，ALU 位於每個 CPU 核心內部。例如，使用 LDXR 和 STXR 指令來對某位址上的 *A* 計數進行原子加 1 操作，首先使用 LDXR 指令載入計數 *A* 到 L1 快取記憶體中，由於其他 CPU 可能快取了 *A* 資料，因此需要透過 MESI 協定來處理 L1 快取記憶體一致性的問題，然後利用 CPU 內部的 ALU 來完成加法運算，最後透過 STXR 指令寫回記憶體中。因此，整個過程中，需要多次處理快取記憶體一致性的情況，效率低下。獨占記憶體存取架構如圖 20.5 所示。假設 CPU0 ～ CPU*n* 同時對計數 *A* 進行獨占存取，即透過 LDXR 和 STXR 指令來實現 “讀取 - 修改 - 寫入” 操作，那麼計數 *A* 會被載入到 CPU0 ～ CPU*n* 的 L1 快取記憶體中，CPU0 ～ CPU*n* 將會引發激烈的競爭，導致快取記憶體顛簸，系統性能下降。而原子記憶體操作指令則會在互連匯流排中的 HN-F 節點中對所有發起存取的 CPU 請求進行全域仲裁，並且在 HN-F 節點內部完成算數運算，從而避免快取記憶體顛簸消耗的匯流排頻寬。

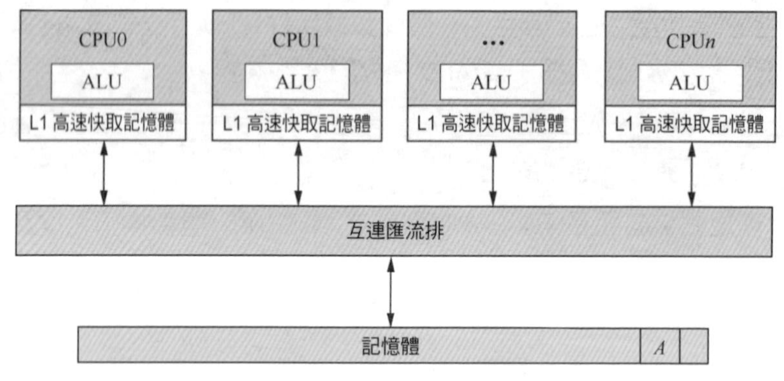

圖 20.5 獨占記憶體存取架構

使用獨占記憶體存取指令會導致所有內 CPU 核心都把鎖載入到 L1 快取記憶體中，然後不停地嘗試獲取鎖（使用 LDXR 指令來讀取鎖）和檢查獨占監視器的狀態，導致快取記憶體顛簸。這個場景在 NUMA 系統結構下會變得更糟糕，遠端節點（remote node）的 CPU 需要不斷地跨節點存取資料。另外一個問題是不公平，當鎖持有者釋放鎖時，所有的 CPU 都需要搶這把鎖（使用 STXR 指令寫入這個 lock 變數），有可能最先申請鎖的 CPU 反而沒有搶到鎖。

如果使用原子記憶體存取操作指令，那麼最先申請這個鎖的 CPU 核心會透過 CHI 互連匯流排的 HN-F 節點完成算術和邏輯運算，不需要把資料載入到 L1 快取記憶體，而且整個過程都是原子的。

在使用這些指令之前需要確認一下你使用的 CPU 是否支援這個特性。我們可以透過 ID_AA64ISAR0_EL1 暫存器中的 atomic 域來判斷 CPU 是否支援 LSE 特性。

LSE 指令中主要新增了如下三類指令。

- 比較並交換（Compare And Swap，CAS）指令。
- 原子記憶體存取指令，比如 LDADD 指令，用於原子地載入記憶體位址的值，然後進行加法運算。STADD 指令原子地對記憶體位址的值進行加法運算，然後把結果儲存到這個記憶體位址裡。
- 交換指令。

原子記憶體存取指令分成兩類。

- 原子載入（atomic load）指令，先原子地載入，然後做運算。
- 原子儲存（atomic store）指令，先運算，然後原子地儲存。

上述兩類指令的執行過程都是原子性的。

原子載入指令的格式如下。

```
ld<op>  <xs>, <xt>, [<xn|sp>]
```

上面的指令格式中，LD 後面的 op 表示操作尾碼，如表 20.1 所示，例如 ADD 表示加法，SET 為置位等。指令中的 [<X*n*|SP>] 表示以 X*n* 或者 SP 暫存器中的值作為位址。所以，原子載入指令對 [X*n*] 的值與 X*s* 暫存器的值執行對應操作，並更新結果到以 X*n* 暫存器的值為位址的記憶體中，最後 X*t* 暫存器傳回 [X*n*] 的舊值。

```
tmp = *xn;
*xn = *xn <op> xs;
xt = tmp;
```

表 20.1　原子操作尾碼

原子操作尾碼	說　明
add	加法運算
clr	清零
set	置位
eor	互斥操作
smax	有號數的最大值操作
smix	有號數的最小值操作
umax	無號數的最大值操作
umix	無號數的最小值操作

原子的儲存操作的指令格式如下。

```
st<op>  <xs>,  [<xn|sp>]
```

上述指令對 X*n* 位址的值和 X*s* 暫存器的值做一個操作，然後把結果儲存到 X*n* 暫存器中。

【**例 20-5**】下面以 STADD 指令來實現 atomic_add() 函數。

```
1    static inline void atomic_add(int i, atomic_t *v)
2    {
3        asm volatile(
4     "  stadd     %w[i], %[v]\n")
5        : [i] "+r" (i), [v] "+Q" (v->counter)
6        :
7        : "cc");
8     }
```

在第 4 行中，使用 STADD 指令來把變數 *i* 的值增加到 v->counter 中。

在第 5 行中，輸出運算元清單，描述在指令部分中可以修改的 C 語言變數以及限制條件，其中變數 *i* 和 v->counter 都具有可讀、可寫屬性。

在第 7 行中，改變資源列表。即告訴編譯器哪些資源已修改，需要更新。

使用原子記憶體存取操作指令來實現 atomic_add() 函數非常高效。

【**例 20-6**】下面使用 LDUMAX 指令來實現經典的自旋鎖。

獲取自旋鎖的函數原型為 get_lock()。

```
#define LOCK 1
#define UNLOCK 0

//函數原型：get_lock(lock)
get_lock：
      mov    x1，#LOCK

retry:
     ldumaxa  x1, x2, [x0]
     cbnz  x2, retry
     ret
```

首先比較 X1 暫存器的值與 [X0]（[X0] 表示以 X0 暫存器的值為位址）的值，然後把最大值寫入以 X0 暫存器的值為位址的記憶體中。最後，傳回 [X0] 的舊值，存放在 X2 暫存器中。X2 暫存器儲存了鎖的舊值，如果 X2 暫存器的值為 1，那麼說明鎖已經被其他處理程序持有了，當前 CPU 獲取鎖失敗。如果 X2 暫存器的值為 0，說明當前 CPU 成功獲取了鎖。

釋放鎖比較簡單，使用 STLR 指令來往鎖的位址寫入 0 即可。

```
//釋放鎖：release_lock(lock)
release_lock:
    mov x1, #UNLOCK
    stlr  x1, [x0]
```

20.5 比較並交換指令

比較並交換（CAS）指令在無鎖實現中造成非常重要的作用。比較並交換指令的虛擬程式碼如下。

```
int compare_swap(int *ptr, int expected, int new)
{
    int actual = *ptr;
    if (actual == expected) {
        *ptr = new;
    }
    return actual;
}
```

CAS 指令的基本思路是檢查 ptr 指向的值與 expected 是否相等。若相等，則把 new 的值給予值給 ptr；否則，什麼也不做。不管是否相等，最終都會傳回 ptr 的舊值，讓呼叫者來判斷該比較並交換指令執行是否成功。

ARM64 處理器提供了 CAS 指令。CAS 指令根據記憶體屏障屬性分成 4 類，如表 20.2 所示。

- ❑ 隱含了載入 - 獲取記憶體屏障基本操作。
- ❑ 隱含了儲存 - 釋放記憶體屏障基本操作。
- ❑ 同時隱含了載入 - 獲取和儲存 - 釋放記憶體屏障基本操作。
- ❑ 不隱含記憶體屏障基本操作。

表 20.2　CAS 指令

指　令	存取類型	記憶體屏障基本操作
casab	8 位元	載入 - 獲取
casalb	8 位元	載入 - 獲取和儲存 - 釋放
casb	8 位元	—
caslb	8 位元	儲存 - 釋放
casah	16 位元	載入 - 獲取
casalh	16 位元	載入 - 獲取和儲存 - 釋放
cash	16 位元	—
caslh	16 位	儲存 - 釋放
casa	32 位元或者 64 位元	載入 - 獲取
casal	32 位元或者 64 位元	載入 - 獲取和儲存 - 釋放
cas	32 位元或者 64 位元	—
casl	32 位元或者 64 位元	儲存 - 釋放

Linux 核心中常見的比較並交換函數是 cmpxchg()。由於 Linux 核心最早是基於 x86 系統結構來實現的，x86 指令集中對應的指令是 CMPXCHG 指令，因此 Linux 核心使用該名字作為函數名稱。

【例 20-7】對於 ARM64 系統結構，cmpxchg()_mb_64 函數的實現如下。

```
1    u64 cmpxchg_mb_64(volatile void *ptr, u64 old, u64 new)
2    {
3        u64 tmp;
4
5        asm volatile(
6       "    mov     x30, %x[old]\n"
7       "    casal  x30, %x[new], %[v]\n"
8       "    mov     %x[ret], x30")
9       : [ret] "+r" (tmp), [v] "+Q" (*(unsigned long *)ptr)
10      : [old] "r" (old), [new] "r" (new)
11      : "memory");
12
13      return tmp;
14   }
```

在第 6 行中，把 old 參數載入到 X30 暫存器中。

在第 7 行中，使用 CASAL 指令來執行比較並交換操作。比較 ptr 的值是否與 X30 的值相等，若相等，則把 new 的值設定到 ptr 中。注意，這裡 CASAL 指令隱含了載入 - 獲取和儲存 - 釋放記憶體屏障基本操作。

在第 8 行中，透過 ret 參數傳回 X30 暫存器的值。

除 cmpxchg() 函數之外，Linux 核心還實現了多個變形，如表 20.3 所示。這些函數在無鎖機制的實現中引發非常重要的作用。

表 20.3 cmpxchg() 函數的變形

cmpxchg() 函數的變形	描　述
cmpxchg_acquire()	比較並交換操作，隱含了載入 - 獲取記憶體屏障基本操作
cmpxchg_release()	比較並交換操作，隱含了儲存 - 釋放記憶體屏障基本操作
cmpxchg_relaxed()	比較並交換操作，不隱含任何記憶體屏障基本操作
cmpxchg()	比較並交換操作，隱含了載入 - 獲取和儲存 - 釋放記憶體屏障基本操作

20.6 WFE 指令在自旋鎖中的應用

原子操作一個常見的應用場景是經典自旋鎖。自旋鎖有一個特點，當自旋鎖已經被其他 CPU 持有時，想獲取鎖的 CPU 只能在鎖外面不停地嘗試，這樣很浪費 CPU 資源，而且會造成快取記憶體行顛簸，導致性能下降。如何解決這個問題呢？Linux 核心採用 MCS 演算法解決這個問題。另外，ARM64 處理器支援 WFE 機制，即 CPU 在自旋等待鎖時讓其進入低功耗睡眠模式，這既可以解決性能問題，還能降低功耗。

【**例 20-8**】下面是使用 WFE 指令的經典自旋鎖的實現程式。

```
1     get_lock:
2         sevl
3         prfm pstl1keep, [x0]
4     loop
5         wfe
6         ldaxr w5, [x0]
7         cnbz w5, loop
8         stxr w5, w1, [x0]
9         cnbz w5, loop
10
11        ret
```

上述 get_lock 組合語言函數中，X0 暫存器存放了鎖，X1 的初值為 1。

在第 2 行中，SEVL 指令是 SEV 指令的本機 CPU 版本，它只會向本機 CPU 發送一個喚醒事件，通常在從一筆 WFE 指令開始的迴圈裡使用。因此，這裡的 SEVL 指令讓第一次呼叫 WFE 指令時，CPU 不會睡眠。

在第 3 行中，把 lock 位址的內容預先存取到快取記憶體裡。

在第 5 行中，第一次呼叫時不會睡眠，因為前面有一筆 SEVL 指令。

在第 6 行中，透過 LDAXR 指令讀取 lock 的值到 W5 暫存器中。

在第 7 行中，判斷 lock 是否為 0，如果不為 0，說明這個鎖已經被其他 CPU 持有了，跳轉到 loop 裡並自旋。第二次執行到 loop 標籤時呼叫 WFE 指令讓 CPU 進入睡眠狀態。CPU 什麼時候會被喚醒呢？當釋放鎖時會喚醒 CPU。

在第 8 行中，如果 lock 空閒，往 lock 裡寫入 1，嘗試獲取這個鎖。

在第 9 行中，CNBZ 指令用來判斷 STXR 指令是否寫入成功，W5 表示傳回值。如果傳回值為 0，說明 LDXR 指令和 STXR 指令執行成功，並且獲取了鎖，否則 LDXR 指令和 STXR 指令執行失敗，跳轉到 loop 標籤處，重新執行。

綜上所述，使用 WFE 指令可以讓 CPU 在獲取不到鎖時進入低功耗模式，等持有鎖的 CPU 來喚醒它。

下面是釋放鎖的範例程式。

```
release_lock:
stlr wzr, [x0]
```

使用 STLR 指令來釋放鎖，並且讓處理器的獨占監視器監測到鎖臨界區被清除，即處理器的全域監視器監測到有記憶體區域從獨占存取狀態變成開放存取狀態，從而觸發一個 WFE 事件，來將等待這個自旋鎖並且睡眠的 CPU 喚醒。

透過 WFE 睡眠的 CPU 大致可以透過下面的方式喚醒：

- 非遮罩式中斷；
- 喚醒事件。

哪些事件（event）可以喚醒透過 WFE 指令進入睡眠狀態的 CPU ？

- 執行 SEV 指令可以喚醒透過 WFE 睡眠的所有 CPU。
- 執行 SEVL 指令阻止本機 CPU 執行 WFE 指令進入睡眠狀態，這僅對第一次呼叫的 WFE 指令有效。
- 往獨占記憶體區域寫入資料可以觸發一個喚醒事件，來喚醒透過 WFE 指令進入睡眠狀態的 CPU。清除獨占監視器，從獨占狀態變成開放狀態從而觸發一個喚醒事件。

第 21 章

作業系統相關話題

本章思考題

1．什麼是 C 語言的整數提升？請從 ARM64 處理器角度來解釋整數提升。

2．在下面的程式中，最終輸出值分別是多少？

```
#include <stdio.h>

void main()
{
    unsigned char a = 0xa5;
    unsigned char b = ~a>>4 + 1;

    printf(«b=%d\n», b);
}
```

3．假設函式呼叫關係為 main() → func1() → func2()，請畫出 ARM64 系統結構下函數堆疊的佈局。

4．在 ARM64 系統結構中，子函數的堆疊空間的 FP 指向哪裡？

5．作業系統中的 0 號處理程序指的是什麼？

6．什麼是處理程序上下文切換？對於 ARM64 處理器來說，處理程序上下文切換需要保存哪些內容？保存到哪裡？

7．新建立的處理程序第一次執行時的第一筆指令在哪裡？

8．假設系統中只有兩個核心處理程序——處理程序 A 和處理程序 B。0 號處理程序先執行，時脈週期到來時會遞減 0 號處理程序的時間切片，當時間切片用完之後，需要呼叫 schedule() 函數切換到處理程序 A。假設在時脈週期的中斷處理函數 task_tick_simple() 或者 handle_timer_irq() 裡，直接呼叫 schedule() 函數，會發生什麼情況？

9．排程器透過 switch_to() 來從處理程序 A 切換到處理程序 B。那麼處理程序 B 是否在切換完成之後，馬上執行 kernel_thread2() 回呼函數呢？

本章主要介紹 ARMv8 系統結構中與原子操作相關的指令及其原理。

21.1 C 語言常見陷阱

本節主要介紹在 ARM64 下程式設計的常見陷阱。

21.1.1 資料模型

在 ARM32 下通常採用 ILP32 資料模型，而在 ARM64 下可以採用 LP64 和 ILP64 資料模型。在 Linux 系統下預設採用 LP64 資料模型，在 Windows 系統下採用 ILP64 資料模型。在 64 位元機器上，若 int 類型是 32 位元，long 類型為 64 位元，指標類型也是 64 位元，那麼該機器就是 LP64 的。其中，L 表示 Long，P 表示 Pointer。而 ILP64 表示 int 類型是 64 位元，long 類型是 64 位元，long long 類型是 64 位元，指標類型是 64 位元。ILP32、ILP64、LP64 資料模型中不同資料型態的長度如表 21.1 所示。

表 21.1　ILP32、ILP64、LP64 資料模型中不同資料型態的長度

資料型態 / 位元組	ILP32 資料模型中的長度（以位元為單位）	ILP64 資料模型中的長度（以位元為單位）	LP64 資料模型中的長度（以位元為單位）
char	1	1	1
short	2	2	2
int	4	4	4
long	4	4	8
long long	8	8	8
pointer	4	8	8
size_t	4	8	8
float	4	4	4
double	8	8	8

在 32 位元系統裡，由於整數和指標長度相同，因此某些程式會把指標強制轉換為 int 或 unsigned int 來進行位址運算。

【例 21-1】在下面的程式中，get_pte() 函數根據 PTE 基底位址 pte_base 和 offset 來計算 PTE 的位址，並轉成指標類型。

```
1    char * get_pte(char *pte_base, int offset)
2    {
3        int pte_addr, pte;
4
5        pte_addr = (int)pte_base;
6        pte = pte_addr + offset;
7
```

```
8        return (char *)pte;
9    }
```

第 5 行使用 int 類型把 pte_base 指標轉換成位址，在 32 位元系統中沒有問題，因為 int 類型和指標類型都佔用 4 位元組。但是在 64 位元系統中就有問題了，int 類型占 4 位元組，而指標類型占 8 位元組。在跨系統的程式設計中，推薦使用 C99 標準定義 intptr_t 和 uintptr_t 類型，根據系統的位元數來確定二者的大小。

範例程式如下。

```
#if __WORDSIZE == 64
    typedef long int                intptr_t;
    typedef unsigned long int       uintptr_t;
#else
    typedef int                     intptr_t;
    typedef unsigned int            uintptr_t;
#endif
```

上述程式可以修改成以下形式。

```
pte_addr = (intptr_t)pte_base;
```

在 Linux 核心中，通常記憶體位址使用 unsigned long 來轉換，這利用了指標和長整數的位元組大小是相同的這個事實。

【例 21-2】下面的程式利用了指標和長整數的位元組大小是相同的這個事實，來實現類型轉換。

```
1    unsigned long __get_free_pages(gfp_t gfp_mask, unsigned int order)
2    {
3        struct page *page;
4
5        page = alloc_pages(gfp_mask & ~__GFP_HIGHMEM, order);
6        if (!page)
7            return 0;
8        return (unsigned long) page_address(page);
9    }
```

在第 8 行中，把 page 的指標轉換成位址，使用 unsigned long，這樣保證了在 32 位元系統和 64 位元系統中都能正常執行。

21.1.2 資料型態轉換與整數提升

C 語言有隱式的資料型態轉換，它很容易出錯。下面是隱式資料型態轉換的一般規則。

- 在給予值運算式中，右邊運算式的值自動自動轉型為左邊變數的類型。
- 在算術運算式中，占位元組少的資料型態向占位元組多的資料型態轉換，如圖 21.1 所示。例如，在 ARM64 系統中，當對 int 類型和 long 類型的值進行運算時，int 類型的資料需要轉換成 long 類型。

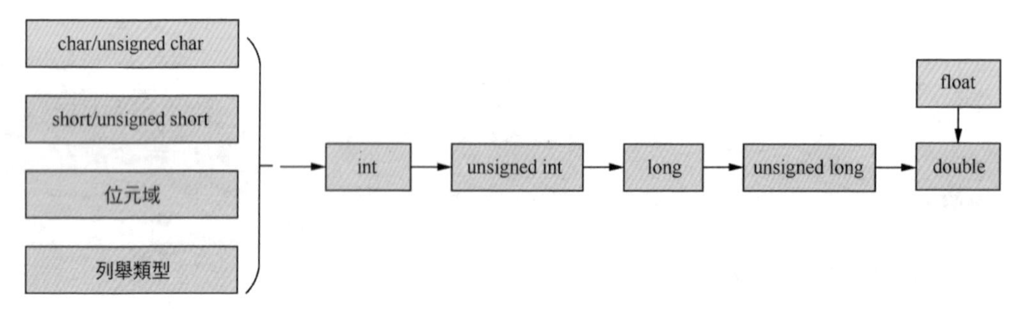

▲圖 21.1 資料型態轉換

- 在算術運算式中，當對有號資料型態與無符號資料型態進行運算時，需要把有號資料型態轉換為無符號資料型態。例如，若運算式中既有 int 類型又有 unsigned int 類型，則所有的 int 類型態資料都被轉化為 unsigned int 類型。
- 整數常數通常是 int 類型。例如，在 ARM64 系統裡，整數 8 會使用 W*n* 暫存器來儲存，8LL 則會使用 X*n* 暫存器來儲存。

【**例 21-3**】在下面的程式中，最終輸出值是多少？

```
1    #include <stdio.h>
2
3    void main()
4    {
5        unsigned int i = 3;
6
7        printf("0x%x\n", i * -1);
8    }
```

首先 - 1 是整數常數，它可以用 int 類型表達，而變數 *i* 是 unsigned int 類型。根據上述規則，當對 int 類型和 unsigned int 類型態資料進行計算時，需要把 int 類型轉換成 unsigned int 類型。所以，資料 – 1 轉成 unsigned int 類型，即 0xFFFFFFFF。運算式 "*i* * – 1" 變成 "3 * 0xFFFFFFFF"，計算結果會溢位，最後變成 0xFFFFFFFD。

C 語言標準中有一個整數提升（integral promotion）的約定。

- 在運算式中，當使用有號或者無符號的 char、short、位元域（bit-field）以及列舉類型時，都應該提升到 int 類型。
- 如果上述類型可以使用 int 類型來表示，則使用 int 類型；否則，使用 unsigned int 類型。

整數提升的意義是，使 CPU 內部的 ALU 充分利用通用暫存器的長度，例如，ARM64 處理器的通用暫存器支援 32 位元寬和 64 位元寬，而 int 類型和 unsigned int 類型正好是 32 位元寬。對於兩個 char 類型值的運算，CPU 難以直接實現位元組相加的運算，在 CPU 內部要先轉換為通用暫存器的標準長度。在 ARM64 處理器裡，通用暫存器最小的標準長度是 32 位元，即 4 位元組。因此，兩個 char 類型值需要儲存到 32 位元的 W*n* 通用暫存器中，然後再進行相加運算。

【例 21-4】 在下面的程式中，*a*、*b*、*c* 的值分別是多少？

```
1     #include <stdio.h>
2
3     void main()
4     {
5         char a;
6         unsigned int b;
7         unsigned long c;
8
9         a = 0x88;
10        b = ~a;
11        c = ~a;
12
13        printf("a=0x%x, ~a=0x%x, b=0x%x, c=0x%lx\n", a, ~a, b, c);
14    }
```

在 QEMU+ARM64 系統中，執行結果如下。

```
benshushu:mnt# ./test
a=0x88, ~a=0xffffff77, b=0xffffff77, c=0xffffffffffffff77
```

有讀者認為 ~*a* 的值應該為 0x77，但是根據整數提升的規則，運算式 "~*a*" 會轉換成 int 類型，所以最終值為 0xFFFFFF77。

C 語言裡還有一個符號擴充問題，當要把一個有號的整數提升為同一類型或更長類型的不帶正負號的整數時，它首先被提升為更長類型的有號等價值，然後轉換為無符號值。

【例 21-5】在下面的程式中，最終輸出值分別是多少？

```
1    #include <stdio.h>
2
3    struct foo {
4        unsigned int a:19;
5        unsigned int b:13;
6    };
7
8    void main()
9    {
10       struct foo addr;
11
12       unsigned long base;
13
14       addr.a = 0x40000;
15       base = addr.a <<13;
16
17       printf("0x%lx, 0x%lx\n", addr.a <<13, base);
18   }
```

addr.a 為位元欄位型別，根據整數提升的規則，它首先會被提升為 int 類型。運算式 “addr.a <<13” 的類型為 int 類型，但是未發生符號擴充。在給 base 給予值時，根據有號和不帶正負號的整數提升規則，會先轉換為 long，然後轉換為 unsigned long。從 int 轉換為 long 時，會發生符號擴充。

上述程式最終的執行結果如下。

```
benshushu:mnt# ./test
0x80000000, 0xffffffff80000000
```

如果想讓 base 得到正確的值，可以先把 addr.a 從 int 類型轉換成 unsigned long 類型。

```
base = (unsigned long)addr.a <<13;
```

【例 21-6】在下面的程式中，最終輸出值是多少？

```
#include <stdio.h>

void main()
```

```
{
    unsigned char a = 0xa5;
    unsigned char b = ~a>>4 + 1;

    printf("b=%d\n", b);
}
```

在運算式 "~*a*>>4 + 1" 中，按位元反轉的優先順序最高，因此首先計算 "~*a*" 運算式。根據整數提升的規則，*a* 被提升到 int 類型，最終得到 0xFFFFFF5A。加法的優先順序高於右移運算的優先順序，運算式變成 0xFFFFFF5A >> 5，得到 0xFFFFFFFA。最終 *b* 的值為 0xFA，即 250。

21.1.3 移位操作

在 C 語言中，移位操作是很容易出錯的地方。整數常數通常被看成 int 類型。如果移位的範圍超過 int 類型，那麼就會出錯了。

【例 21-7】下面的程式片段有什麼問題？

```
#include <stdio.h>

void main()
{
    unsigned long reg = 1 << 33;

    printf("0x%lx\n", reg);
}
```

上面程式片段在編譯過程中會提示如下編譯警告。

```
benshushu:mnt# gcc test.c -o test
test.c: In function 'main' :
test.c:5:24: warning: left shift count >= width of type [-Wshift-count-overflow]
    5 |  unsigned long reg = 1 << 33;
      |                        ^~
```

雖然編譯能透過，但是程式執行結果不正確。因為整數常數 1 被看成 int 類型，在 ARM64 處理器中會使用 W*n* 暫存器來儲存。若左移 33 位元，則超過了 W*n* 暫存器的範圍。正確的做法是使用 "1ULL"，這樣編譯器會這個整數常數看成 unsigned long long 類型，在 ARM64 處理器內部使用 X*n* 暫存器。正確的程式如下。

```
unsigned long reg = 1ULL << 33;
```

21.2 函式呼叫標準

函式呼叫標準（Procedure Call Standard，PCS）用來描述父 / 子函數是如何編譯、連結的，特別是父函數和子函數之間呼叫關係的約定，如堆疊的佈局、參數的傳遞等。每個處理器系統結構都有不同的函式呼叫標準，本節重點介紹 ARM64 的函式呼叫標準。

ARM 公司有一份描述 ARM64 系統結構函式呼叫的標準，參見《Procedure Call Standard for ARM 64-Bit Architecture》。

ARM64 系統結構的通用暫存器如表 21.2 所示。

表 21.2　ARM64 系統結構的通用暫存器

暫存器	描述
SP 暫存器	SP 暫存器
X30（LR）	連結暫存器
X29（FP 暫存器）	堆疊框指標（Frame Pointer）暫存器
X19 ～ X28	被呼叫函數保存的暫存器。在子函數中使用時需要保存到堆疊中
X18	平臺暫存器
X17	臨時暫存器或者第二個 IPC（Intra-Procedure-Call）臨時暫存器
X16	臨時暫存器或者第一個 IPC 臨時暫存器
X9 ～ X15	臨時暫存器
X8	間接結果位置暫存器，用於保存副程式的傳回位址
X0 ～ X7	用於傳遞副程式參數和結果，若參數個數多於 8，就採用堆疊來傳遞。64 位元的傳回結果採用 X0 暫存器保存，128 位元的傳回結果採用 X0 和 X1 兩個暫存器保存

總之，函式呼叫標準可以複習成如下規則。

- ❑ 函數的前 8 個參數使用 X0 ～ X7 暫存器來傳遞。
- ❑ 如果函數的參數多於 8 個，除前 8 個參數使用暫存器來傳遞之外，後面的參數使用堆疊來傳遞。
- ❑ 函數的傳回值保存到 X0 暫存器中。
- ❑ 函數的傳回位址保存在 X30（LR）暫存器中。
- ❑ 如果子函數裡使用 X19 ～ X28 暫存器，那麼子函數需要先把這些暫存器的內容保存到堆疊中，使用完之後再從堆疊中恢復內容到這些暫存器裡。

【例 21-8】請使用組合語言來實現下面的 C 語言程式。

```
#include <stdio.h>
```

```
int main(void)
{
    int a = 1, b = 2, c = 3, d = 4, e = 5, f = 6, g = 7, h =8, i = 9, j = -1;

    printf("data: %d %d %d %d %d %d %d %d %d %d\n",
            a, b, c, d, e, f, g, h, i, j);

    return 0;
}
```

上面的 C 語言程式使用 printf() 函數來輸出 10 個參數的值。根據函式呼叫規則，X0 ～ X7 暫存器可以用來傳遞前 8 個參數，後面的參數只能使用堆疊傳遞。下面是使用組合語言撰寫的程式。

```
1       .arch armv8-a
2       .section.rodata
3       .align3
4   string:
5       .string"data: %d %d %d %d %d %d %d %d %d %d\n"
6
7   data:
8       .word 1, 2, 3, 4, 5, 6, 7, 8, 9, -1
9
10      .text
11      .align2
12
13  .globalmain
14  main:
15      /* 堆疊往下擴充 16 位元組 */
16      stp x29, x30, [sp, #-16]!
17
18      /* 讀取 data 的位址 */
19      adr x13, data
20
21      ldr w1, [x13, #(4*0)] // w1 = a
22      ldr w2, [x13, #(4*1)] // w2 = b
23      ldr w3, [x13, #(4*2)] // w3 = c
24      ldr w4, [x13, #(4*3)] // w4 = d
25      ldr w5, [x13, #(4*4)] // w5 = e
26      ldr w6, [x13, #(4*5)] // w6 = f
27      ldr w7, [x13, #(4*6)] // w7 = g
28
29      ldr w8, [x13, #(4*7)] // w8 = h
30      ldr w9, [x13, #(4*8)] // w9 = i
31      ldr w10, [x13, #(4*9)] // w10 = j
32
33      /* 把堆疊繼續往下擴充 32 位元組 */
```

```
34        add sp, sp, #-32
35
36        /* 把 w8~w10 這三個暫存器的值
37           保存到堆疊裡
38         */
39        str w10, [sp, #16]
40        str w9, [sp, #8]
41        str w8, [sp]
42
43        /*printf*/
44        adrpx0, string
45        addx0, x0, :lo12:string
46        blprintf
47
48        /* 釋放剛才擴充的 32 位元組的堆疊空間 */
49        add sp, sp, #32
50
51        movw0, 0
52        /* 恢復 x29 和 x30，然後 SP 回到原點 */
53        ldp x29, x30, [sp], #16
54        ret
```

第 2 ～ 8 行定義了一個唯讀資料段，其中 string 用於 printf() 函數輸出的字串。data 是一組資料。

在第 16 行中，首先把堆疊空間往下生長（擴充）16 位元組，然後把 X29 和 X30 暫存器的值保存到堆疊裡，其中 X29 暫存器的值保存到 SP 指向的位置上，X30 暫存器的值保存到 SP 指向的位置加 8 的位置上，如圖 21.2（a）所示。

在第 19 行中，使用 ADR 指令來讀取 data 的位址。

在第 21 ～ 31 行中，使用 LDR 指令來讀取 data 中資料元素到 W1 ～ W10 暫存器中。

在第 34 行中，把堆疊的空間繼續往下擴充 32 位元組，用來儲存參數。

在第 39 ～ 41 行中，把 W8~W10 這三個暫存器的值儲存到堆疊裡，其中 W8 暫存器的值儲存到 SP 指向的位置上，W9 暫存器的值儲存到 SP 指向的位置加 8 的位置上，W10 暫存器的值儲存到 SP 指向的位置加 16 的位置上，如圖 21.2（b）所示。

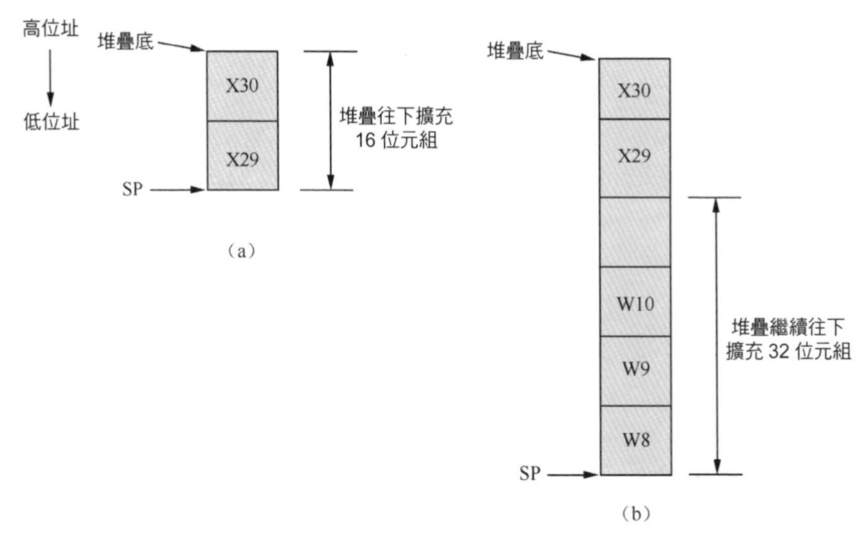

▲圖 21.2 堆疊

在第 44 ～ 46 行中，使用 ADRP 與 ADD 指令來載入 string，並且把 string 的位址作為第一個參數傳遞給 printf() 函數。把 W1 ～ W7 暫存器中的 7 個參數也傳遞給 printf() 函數。剩餘的參數（即 W8 ～ W10 暫存器中的這三個參數）則透過堆疊傳遞。

在第 49 行中，printf() 執行完成後，透過 ADD 指令釋放堆疊空間。

在第 51 行中，設定 main() 的傳回值為 0。

在第 53 行中，從堆疊裡恢復 X29 和 X30 暫存器的值。

在第 54 行中，透過 RET 指令傳回。

21.3 堆疊佈局

在 ARM64 系統結構中，堆疊從高位址往低位址生長。堆疊的起始位址稱為堆疊底，而堆疊從高位址往低位址延伸到的某個點稱為堆疊頂。堆疊在函式呼叫過程中造成非常重要的作用，包括儲存函數使用的區域變數，傳遞參數等。在函式呼叫過程中，堆疊是逐步生成的。為單一函數分配的堆疊空間，即從該函數堆疊底（高位址）到堆疊頂（低位址）這段空間稱為堆疊框（stack frame）。例如，如果父函數 main() 呼叫子函數 func1()，那麼在準備執行子函數 func1() 時，堆疊指標（SP）會向低位址延伸一段（從父函數中堆疊框的最低處往下延伸），為

func1() 建立一個堆疊框。func1() 使用到的一些區域變數會儲存在這個堆疊框裡。當從 func1() 傳回時，SP 會調整回父函數的堆疊頂。此時 func1() 的堆疊空間就被釋放了。

假設函式呼叫關係是 main() → func1() → func2()，圖 21.3 所示為堆疊的佈局。

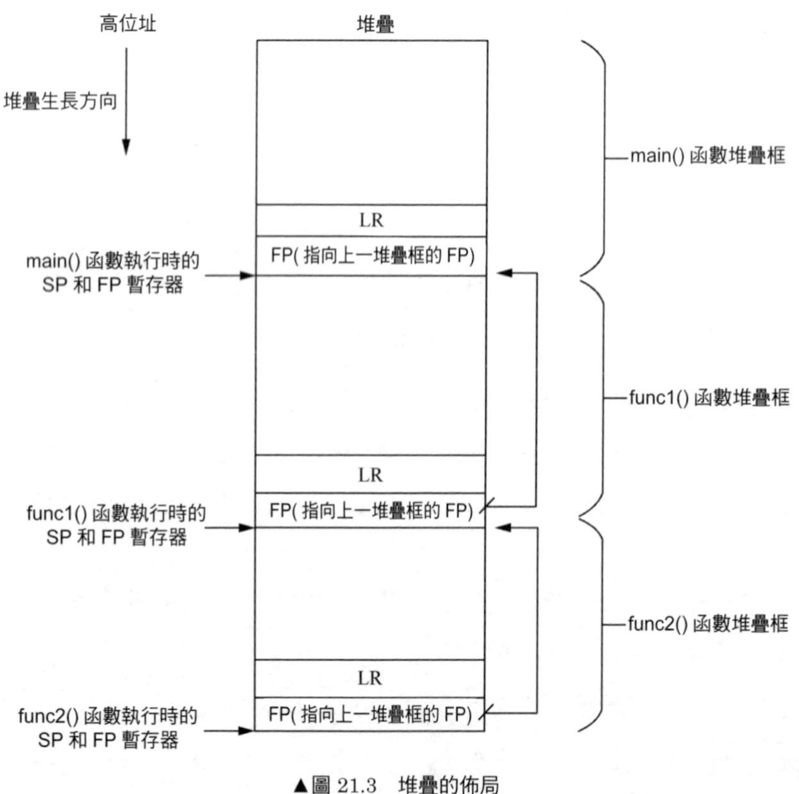

▲圖 21.3　堆疊的佈局

ARM64 系統結構的函數堆疊佈局的關鍵點如下。

- 所有的函式呼叫堆疊都會組成一個單鏈結串列。
- 每個堆疊由兩個位址來組成這個鏈結串列，這兩個位址都是 64 位元寬的，並且它們都位於堆疊頂。
  - 低位址存放：指向上一個堆疊框（父函數的堆疊框）的堆疊基底位址 FP，類似於鏈結串列的 prev 指標。本書把這個位址稱為 P_FP（Previous FP），以區別於處理器內部的 FP 暫存器。
  - 高位址存放：當前函數的傳回位址，也就是進入該函數時 LR 的值，本書把這個位址稱為 P_LR（Previous LR）。

- ❑ 處理器的 FP 和 SP 暫存器相同。在函數執行時，FP 和 SP 暫存器會指向該函數堆疊空間的 FP 處。
- ❑ 函數傳回時，ARM64 處理器先把堆疊中的 P_LR 的值載入當前 LR，然後執行 RET 指令。

21.4 建立處理程序

本節介紹在 BenOS 裡實現處理程序的建立時我們需要注意的幾個關鍵點。

21.4.1 處理程序控制區塊

我們使用 task_struct 資料結構來描述一個處理程序控制區塊（Processing Control Block，PCB）。

```
struct task_struct {
	enum task_state state;
	enum task_flags flags;
	long count;
	int priority;
	int pid;
	struct cpu_context cpu_context;
};
```

- ❑ state 表示處理程序的狀態。使用 task_state 列舉類型來列舉處理程序的狀態，其中包括執行狀態（TASK_RUNNING）、可中斷睡眠狀態（TASK_INTERRUPTIBLE）、不可中斷的睡眠狀態（TASK_UNINTERRUPTIBLE）、僵屍態（TASK_ZOMBIE）以及終止態（TASK_ STOPPED）。

```
enum task_state {
	TASK_RUNNING = 0,
	TASK_INTERRUPTIBLE = 1,
	TASK_UNINTERRUPTIBLE = 2,
	TASK_ZOMBIE = 3,
	TASK_STOPPED = 4,
};
```

- ❑ flags 用來表示處理程序的某些標識位元。它目前只用來表示處理程序是否為核心執行緒。

```
enum task_flags {
	PF_KTHREAD = 1 << 0,
};
```

- count 用來表示處理程序排程用的時間切片。
- priority 用來表示處理程序的優先順序。
- pid 用來表示處理程序的 ID。
- cpu_context 用來表示處理程序切換時的硬體上下文。

21.4.2 0 號處理程序

BenOS 的啟動流程是通電→樹莓派韌體→ BenOS 組合語言入口→ kernel_main 函數。從處理程序的角度來看，init 處理程序可以看成系統的 "0 號處理程序"。

我們需要對這個 0 號處理程序進行管理。0 號處理程序也需要由一個處理程序控制區塊來描述，以方便管理。下面使用 INIT_TASK 巨集來靜態初始化 0 號處理程序的處理程序控制區塊。

```
/* 0 號處理程序即 init 處理程序 */
#define INIT_TASK(task) \
{                       \
      .state = 0,       \
      .priority = 1,    \
      .flags = PF_KTHREAD,   \
      .pid = 0,     \
}
```

另外，我們還需要為 0 號處理程序分配堆疊空間。通常的做法是把 0 號處理程序的核心堆疊空間連結到資料段裡。注意，這裡僅對 0 號處理程序是這麼做的，其他處理程序的核心堆疊是動態分配的。

首先，使用 task_union 定義一個核心堆疊。

```
/*
 * task_struct 資料結構儲存在核心堆疊的底部
 */
union task_union {
      struct task_struct task;
      unsigned long stack[THREAD_SIZE/sizeof(long)];
};
```

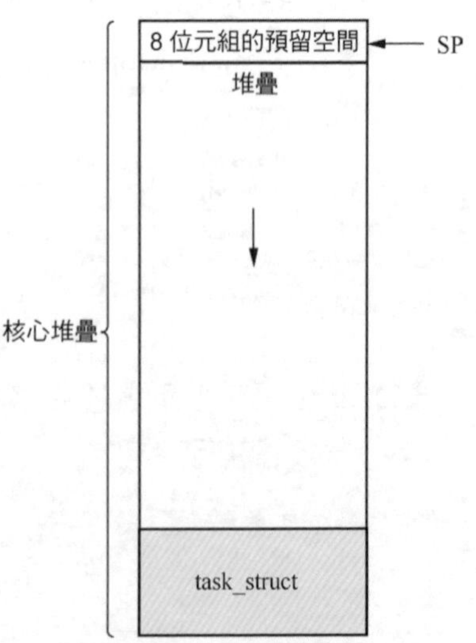

▲圖 21.4 核心堆疊的框架

這樣，定義了一個核心堆疊的框架，核心堆疊的底部用來儲存處理程序控制區塊，如圖 21.4 所示。

目前 BenOS 還比較簡單，所以核心堆疊的大小定義為一個頁面大小，即 4 KB。

```
/* 暫時使用 1 個 4 KB 頁面來當作核心堆疊 */
#define THREAD_SIZE   (1 * PAGE_SIZE)
#define THREAD_START_SP  (THREAD_SIZE - 8)
```

對於 0 號處理程序，我們把核心堆疊放到 .data.init_task 段裡。下面透過 GCC 的 __attribute__ 屬性把 task_union 編譯連結到 .data.init_task 段中。

```
/* 把 0 號處理程序的核心堆疊編譯連結到 .data.init_task 段中 */
#define __init_task_data __attribute__((__section__(".data.init_task")))

/* 0 號處理程序為 init 處理程序 */
union task_union init_task_union __init_task_data = {INIT_TASK(task)};
```

另外，還需要在 BenOS 的連結檔案 linker.ld 中新增一個名為 .data.init_task 的段。修改 benos/src/linker.ld 檔案，在資料段中新增 .data.init_task 段。

```
SECTIONS
{
     ...
     . = ALIGN(PAGE_SIZE);
     _data = .;
     .data : {
         *(.data)
         . = ALIGN(PAGE_SIZE);
         *(.data.init_task)
     }
    ...
}
```

21.4.3 do_fork 函數的實現

我們可以使用 do_fork() 函數來實現處理程序的建立，該函數的功能是新建一個處理程序。具體操作如下。

（1）新建一個 task_struct 資料結構，用於描述一個處理程序的處理程序控制區塊，為其分配 4 KB 頁面用來儲存核心堆疊，task_struct 資料結構儲存在堆疊的底部。

（2）為新處理程序分配 PID（Process IDentification，處理程序識別字）。

（3）設定處理程序的上下文。

下面是 do_fork() 函數的核心程式。

```
int do_fork(unsigned long clone_flags, unsigned long fn, unsigned long arg)
{
	struct task_struct *p;
	int pid;

	p = (struct task_struct *)get_free_page();
	if (!p)
		goto error;

	pid = find_empty_task();
	if (pid < 0)
		goto error;

	if (copy_thread(clone_flags, p, fn, arg))
		goto error;

	p->state = TASK_RUNNING;
	p->pid = pid;
	g_task[pid] = p;

	return pid;

error:
	return -1;
}
```

其中，函數的作用如下。

- get_free_page() 分配一個物理頁面，用於處理程序的核心堆疊。
- find_empty_task() 查詢一個空閒的 PID。
- copy_thread() 設定新處理程序的上下文。

copy_thread() 函數也實現在 kernel/fork.c 檔案裡。

```
/*
 * 設定子處理程序的上下文資訊
 */
static int copy_thread(unsigned long clone_flags, struct task_struct *p,
		unsigned long fn, unsigned long arg)
{
	struct pt_regs *childregs;

	childregs = task_pt_regs(p);
	memset(childregs, 0, sizeof(struct pt_regs));
	memset(&p->cpu_context, 0, sizeof(struct cpu_context));

	if (clone_flags & PF_KTHREAD) {
		childregs->pstate = PSR_MODE_EL1h;
```

```
        p->cpu_context.x19 = fn;
        p->cpu_context.x20 = arg;
    }

    p->cpu_context.pc = (unsigned long)ret_from_fork;
    p->cpu_context.sp = (unsigned long)childregs;

    return 0;
}
```

PF_KTHREAD 標識位元表示新建立的處理程序為核心執行緒，這時 pstate 把將要執行的模式另存為 PSR_MODE_EL1h，X19 暫存器保存核心執行緒的回呼函數，X20 暫存器保存回呼函數的參數。

PC 暫存器指向 ret_from_fork 組合語言函數。SP 暫存器指向核心堆疊的 pt_regs 堆疊框。

21.4.4 處理程序上下文切換

BenOS 裡的處理程序上下文切換函數為 switch_to()，用來切換到 next 處理程序。

```
void switch_to(struct task_struct *next)
{
    struct task_struct *prev = current;

    if (current == next)
        return;

    current = next;
    cpu_switch_to(prev, next);
}
```

其中的核心函數為 cpu_switch_to() 函數，它用於保存 prev 處理程序的上下文，並且恢復 next 處理程序的上下文，函數原型如下。

```
cpu_switch_to(struct task_struct *prev, struct task_struct *next);
```

cpu_switch_to() 函數實現在 benos/src/entry.S 檔案裡。需要保存的上下文包括 X19 ~ X29 暫存器、SP 暫存器以及 LR，把它們保存到處理程序的 task_struct->cpu_context 中。處理程序切換過程如圖 21.5 所示。

```
.align
```

```
.global cpu_switch_to
cpu_switch_to:
    add     x8, x0, #THREAD_CPU_CONTEXT
    mov     x9, sp
    stp     x19, x20, [x8], #16
    stp     x21, x22, [x8], #16
    stp     x23, x24, [x8], #16
    stp     x25, x26, [x8], #16
    stp     x27, x28, [x8], #16
    stp     x29, x9, [x8], #16
    str     lr, [x8]

    add     x8, x1, #THREAD_CPU_CONTEXT
    ldp     x19, x20, [x8], #16
    ldp     x21, x22, [x8], #16
    ldp     x23, x24, [x8], #16
    ldp     x25, x26, [x8], #16
    ldp     x27, x28, [x8], #16
    ldp     x29, x9, [x8], #16
    ldr     lr, [x8]
    mov     sp, x9
    ret
```

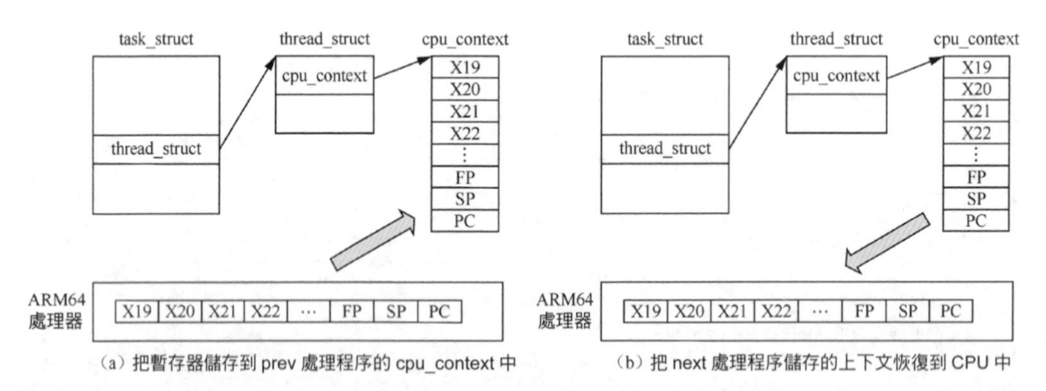

▲圖 21.5 處理程序切換過程

21.4.5 新處理程序的第一次執行

在處理程序切換時，switch_to() 函數會完成處理程序硬體上下文的切換，即把下一個處理程序（next 處理程序）的 cpu_context 資料結構保存的內容恢復到處理器的暫存器中，從而完成處理程序的切換。此時，處理器開始執行 next 處理程序。根據 PC 暫存器的值，處理器會從 ret_from_fork 組合語言函數裡開始執行，新處理程序的執行過程如圖 21.6 所示。

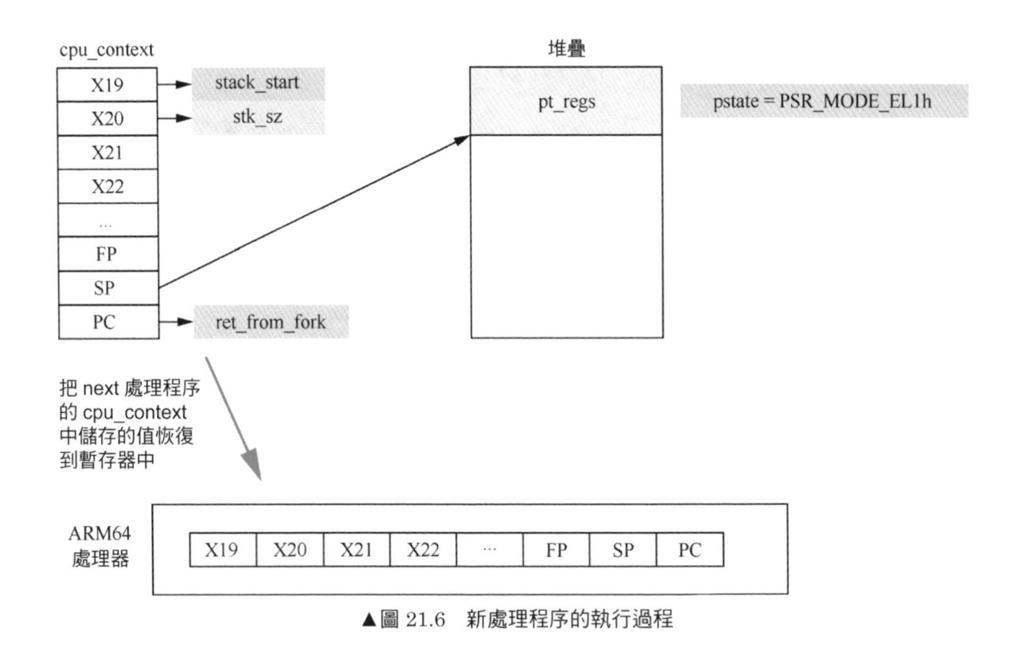

▲圖 21.6　新處理程序的執行過程

ret_from_fork 組合語言函數實現在 benos/src/entry.S 檔案中。

```
1    .align 2
2    .global ret_from_fork
3    ret_from_fork:
4        cbz x19, 1f
5        mov x0, x20
6        blr x19
7    1:
8        b ret_to_user
9
10   .global ret_to_user
11   ret_to_user:
12           inv_entry 0, BAD_ERROR
```

在第 4 行中，判斷 next 處理程序是否為核心執行緒。如果 next 處理程序是核心執行緒，在建立時會使 X19 暫存器指向 stack_start。如果 X19 暫存器的值為 0，說明這個 next 處理程序是使用者處理程序，直接跳轉到第 7 行，呼叫 ret_to_user 組合語言函數，傳回使用者空間。不過，這裡 ret_to_user 函數並沒有實現。

在第 4 ～ 6 行中，如果 next 處理程序是核心執行緒，那麼直接跳轉到核心執行緒的回呼函數裡。

綜上所述，當處理器切換到核心執行緒時，它從 ret_from_fork 組合語言函數開始執行。

21.5 簡易處理程序排程器

本節將介紹如何在 BenOS 上實現一個簡易的處理程序排程器，以幫助讀者理解處理程序排程器的本質。

我們需要實現如下任務：建立兩個核心執行緒，這兩個核心執行緒只能在核心空間中執行，執行緒 A 輸出 “12345”，執行緒 B 輸出 “abcd”，要求排程器能合理排程這兩個核心執行緒，二者交替執行，而系統的 0 號處理程序不參與排程。

21.5.1 擴充處理程序控制區塊

下面對處理程序控制區塊的成員做一些擴充以便實現對排程器的支援。下面在 task_struct 資料結構中擴充一些新的成員。

```
struct task_struct {
        …
        struct list_head run_list;
        int counter;
        int priority;
        int need_resched;
        int preempt_count;
        struct task_struct *next_task;
        struct task_struct *prev_task;
};
```

其中，成員的含義如下。

- run_list：處理程序鏈結串列，用於把處理程序加入就緒佇列裡。
- counter：時間切片計數。
- priority：優先順序。
- need_resched：用於判斷處理程序是否需要排程。
- next_task：表示將要被排程的下一個處理程序。
- prev_task：表示排程結束的處理程序，即上一個排程的處理程序。

21.5.2 就緒佇列 run_queue

當一個處理程序需要增加到排程器中時，它首先會增加就緒佇列裡。就緒佇列可以是一個鏈結串列，也可以是一個紅黑樹等資料結構。這個實驗裡使用簡單的鏈結串列實現就緒佇列。

首先，定義一個 run_queue 資料結構來描述一個就緒佇列。

```
   struct run_queue {
      struct list_head rq_head;
      unsigned int nr_running;
      u64 nr_switches;
      struct task_struct *curr;
};
```

其中，成員的含義如下。

- rq_head：就緒佇列的鏈結串列頭。
- nr_running：就緒佇列中的處理程序數量。
- nr_switches：統計計數，統計處理程序切換發生的次數。
- curr：指向當前處理程序。

然後，定義一個全域的就緒佇列 g_rq。

```
static struct run_queue g_rq;
```

21.5.3 排程佇列類別

為了支援更多的排程演算法，實現一個排程類別 sched_class。

```
struct sched_class {
      const struct sched_class *next;

      void (*task_fork)(struct task_struct *p);
      void (*enqueue_task)(struct run_queue *rq, struct task_struct *p);
      void (*dequeue_task)(struct run_queue *rq, struct task_struct *p);
      void (*task_tick)(struct run_queue *rq, struct task_struct *p);
      struct task_struct * (*pick_next_task)(struct run_queue *rq,
               struct task_struct *prev);
};
```

其中，成員的含義如下。

- next：指向下一個排程類別。
- task_fork：在處理程序建立時，呼叫該方法來對處理程序做與排程相關的初始化。
- enqueue_task：把處理程序加入就緒佇列。
- dequeue_task：把處理程序移出就緒佇列。
- task_tick：與排程相關的時脈中斷。
- pick_next_task：選擇下一個處理程序。

這段程式實現一個類似於 Linux 0.11 核心的簡單的排程演算法，使用一個名為 simple_sched_class 的類別來抽象和描述。

```
const struct sched_class simple_sched_class = {
	.next = NULL,
	.dequeue_task = dequeue_task_simple,
	.enqueue_task = enqueue_task_simple,
	.task_tick = task_tick_simple,
	.pick_next_task = pick_next_task_simple,
};
```

其中 dequeue_task_simple()、enqueue_task_simple()、task_tick_simple() 以及 pick_next_task_simple() 這 4 個函數的實現在 kernel/sched_simple.c 檔案裡。

enqueue_task_simple() 函數的實現如下。

```
static void enqueue_task_simple(struct run_queue *rq,
		struct task_struct *p)
{
	list_add(&p->run_list, &rq->rq_head);
	rq->nr_running++;
}
```

enqueue_task_simple() 函數的主要目的是把處理程序 p 加入就緒佇列（rq->rq_head）裡，並且增加 nr_running 的統計計數。

dequeue_task_simple() 函數的實現如下。

```
static void dequeue_task_simple(struct run_queue *rq,
		struct task_struct *p)
{
	rq->nr_running--;
	list_del(&p->run_list);
}
```

dequeue_task_simple() 函數把處理程序 p 從就緒佇列中移出，遞減 nr_running 統計計數。

task_tick_simple() 函數的實現如下。

```
static void task_tick_simple(struct run_queue *rq, struct task_struct *p)
{
	if (--p->counter <= 0) {
		p->counter = 0;
		p->need_resched = 1;
		printk("pid %d need_resched\n", p->pid);
```

```
        }
}
```

當時脈中斷到來的時候，task_tick_simple() 會去遞減當前執行處理程序的時間切片，即 p->counter。當 p->counter 遞減為 0 時，需要設定 p->need_resched 來通知排程器需要選擇其他處理程序。

21.5.4 簡易排程器的實現

pick_next_task_simple() 函數是排程器的核心函數，用來選擇下一個處理程序。我們採用的是 Linux 0.11 的排程演算法。該排程演算法很簡單，它遍歷就緒佇列中所有的處理程序，然後找出剩餘時間切片最大的那個處理程序作為 next 處理程序。如果就緒佇列裡所有處理程序的時間切片都用完了，那麼呼叫 reset_score() 函數來對所有處理程序的時間切片重新給予值。

```
static struct task_struct *pick_next_task_simple(struct run_queue *rq,
          struct task_struct *prev)
{
      struct task_struct *p, *next;
      struct list_head *tmp;
      int weight;
      int c;
repeat:
      c = -1000;
      list_for_each(tmp, &rq->rq_head) {
          p = list_entry(tmp, struct task_struct, run_list);
          weight = goodness(p);
          if (weight > c) {
              c = weight;
              next = p;
          }
      }
      if (!c) {
          reset_score();
          goto repeat;
      }

      //printk("%s: pick next thread (pid %d)\n", __func__, next->pid);
      return next;
}
```

當然，讀者可以根據這個排程類別，方便地增加其他排程演算法的實現。

21.5.5 自願排程

在 BenOS 裡，排程一般有兩種情況，一個是自願排程，另一個是先占排程。

自願排程就是處理程序主動呼叫 schedule() 函數來放棄 CPU 的控制權。

```
/* 自願排程 */
void schedule(void)
{
      /* 關閉先占，以免嵌套發生排程先占 */
      preempt_disable();
      __schedule();
      preempt_enable();
}
```

自願排程需要考慮嵌套發生排程先占的問題，所以這裡使用 preempt_disable() 來關閉先占。關閉先占就是指遞增當前處理程序的先占計數 preempt_count，這樣在中斷傳回時就不會去考慮先占的問題。

```
static inline void preempt_disable(void)
{
      current->preempt_count++;
}
```

自願排程的核心函數是 __schedule()。

```
static void __schedule(void)
{
      struct task_struct *prev, *next, *last;
      struct run_queue *rq = &g_rq;

      prev = current;

      /* 檢查是否在中斷上下文中發生了排程 */
      schedule_debug(prev);

      /* 關閉中斷包含排程器，以免中斷發生，影響排程器 */
      raw_local_irq_disable();

      if (prev->state)
          dequeue_task(rq, prev);

      next = pick_next_task(rq, prev);
      clear_task_resched(prev);
      if (next != prev) {
          last = switch_to(prev, next);
          rq->nr_switches++;
```

```
        rq->curr = current;
    }

    /* 由 next 處理程序處理 prev 處理程序的現場 */
    schedule_tail(last);
}
```

首先，schedule_debug() 是一個輔助的檢查函數，用來檢查是否在中斷上下文中發生了排程。

然後，raw_local_irq_disable() 用來關閉本機中斷，以免中斷發生，影響排程器。

prev->state 為 0（即 TASK_RUNNING）説明當前處理程序正在執行。如果當前處理程序處於執行狀態，説明此刻正在發生先占排程。如果當前處理程序處於其他狀態，説明它主動請求排程，如主動呼叫 schedule() 函數。通常主動請求呼叫之前會設定當前處理程序的執行狀態為 TASK_UNINTERRUPTIBLE 或者 TASK_INTERRUPTIBLE。若主動排程了 schedule()，則呼叫 dequeue_task() 函數把當前處理程序移出就緒佇列。

pick_next_task() 函數用來在就緒佇列中找到一個合適的 next 處理程序。

clear_task_resched() 函數用來清除當前處理程序的一些狀態。

只有當 prev 處理程序（當前處理程序）和 next 處理程序（下一個候選處理程序）不是同一個處理程序時，才呼叫 switch_to() 函數來進行處理程序切換。switch_to() 函數用來切換 prev 處理程序到 next 處理程序。

switch_to() 函數有一些特殊的用法。例如，switch_to() 函數執行完之後，已經切換到 next 處理程序。整個核心堆疊和時空都發生變化，因此這裡不能使用 prev 變數來表示 prev 處理程序，只能透過 AArch64 的 X0 暫存器來獲取 prev 處理程序的 task_struct 資料結構。

switch_to() 函數的傳回值是透過 X0 暫存器來傳遞的，所以這裡透過 X0 暫存器來傳回 prev 處理程序的 task_struct 資料結構。最終，last 變數表示 prev 處理程序的 task_struct 資料結構。

處理程序切換完成之後，執行的是 next 處理程序。但是，需要呼叫 schedule_tail() 函數來為上一個處理程序（prev 處理程序）做一些收尾工作。

這裡的 schedule_tail() 函數主要由 next 處理程序來打開本機的中斷。

```
/*
```

```
 * 處理排程完成後的一些收尾工作，由 next 處理程序處理
 * prev 處理程序遺留的工作
 *
 * 新建立的處理程序第一次執行時期也會呼叫該函數來處理
 * prev 處理程序遺留的工作
 * ret_from_fork->schedule_tail
 */
void schedule_tail(struct task_struct *prev)
{
      /* 打開中斷 */
      raw_local_irq_enable();
}
```

21.5.6 先占排程

先占排程是指在中斷處理傳回之後，檢查是否可以先占當前處理程序的執行權。這需要在中斷處理的相關組合語言程式碼裡實現。我們來看 benos/src/entry.S 檔案。

```
1    .align 2
2    el1_irq:
3        kernel_entry 1
4        bl irq_handle
5
6        get_thread_info tsk
7        ldr  w24, [tsk, #ti_preempt]
8        cbnz w24, 1f
9        ldr  w0, [tsk, #need_resched]
10       cbz w0, 1f
11       bl el1_preempt
12   1:
13       kernel_exit 1
14
15   el1_preempt:
16       mov     x24, lr
17       bl preempt_schedule_irq
18       ret     x24
```

第 3 ～ 4 行用於正常處理中斷。

在第 6 行中，中斷處理完成之後，呼叫 get_thread_info 巨集來獲取當前處理程序的 task_struct 資料結構。這裡透過核心堆疊的結構來獲取。

在第 7 行中，讀取當前處理程序的先占計數 preempt_count 的值。如果 preempt_count 大於 0，說明現在核心是禁止先占的，那麼只能跳轉到第 12 行，

退出中斷現場。如果 preempt_count 為 0，說明現在核心是允許先占的。

在第 9 行中，讀取當前處理程序的 need_resched 成員的值，來判斷當前處理程序是否需要先占。如果 need_resched 為 0，當前系統不需要排程，則跳轉到第 12 行；否則，跳轉到第 11 行，進行先占排程。

在第 11 行中，el1_preempt() 函數最終會呼叫 preempt_schedule_irq() 函數來實現先占排程。

preempt_schedule_irq() 函數的實現如下。

```
1   /* 先占排程
2    *
3    * 中斷傳回前會檢查是否需要先占排程
4    */
5   void preempt_schedule_irq(void)
6   {
7       /* this must be preemptible now*/
8       if (preempt_count())
9           printk("BUG: %s incorrect preempt count: 0x%x\n",
10                  __func__, preempt_count());
11
12      /* 關閉先占 */
13      preempt_disable();
14      /*
15       * 這裡打開中斷，處理高優先順序中斷，
16       * 中斷比先占排程的優先順序高
17       *
18       * 若這裡發生中斷，中斷傳回後，前面關閉先占
19       * 不會發生先占排程嵌套
20       */
21      raw_local_irq_enable();
22      __schedule();
23      raw_local_irq_disable();
24      preempt_enable();
25  }
```

注意，我們首先需要檢查一下 preempt_count。接著關閉先占，以免發生嵌套。中間可以打開中斷，處理高優先順序的中斷，然後再呼叫 __schedule() 函數來排程 next 處理程序。

21.5.7 測試使用案例

我們建立兩個核心執行緒來做測試。

```
void kernel_main(void)
{
    ...
    pid = do_fork(PF_KTHREAD, (unsigned long)&kernel_thread1, 0);
    if (pid < 0)
        printk("create thread fail\n");

    pid = do_fork(PF_KTHREAD, (unsigned long)&kernel_thread2, 0);
    if (pid < 0)
        printk("create thread fail\n");
    ...
}
```

這兩個核心執行緒的回呼函數如下。

```
void kernel_thread1(void)
{
    while (1) {
        delay(80000);
        printk("%s: %s\n", __func__, "12345");
    }
}

void kernel_thread2(void)
{
    while (1) {
        delay(50000);
        printk("%s: %s\n", __func__, "abcde");
    }
}
```

21.6 系統呼叫

在現代作業系統中，處理器的執行模式把位址空間分成兩部分：一部分是核心空間，對應 ARM64 系統結構中的 EL1；另一部分是使用者空間，對應 EL0。應用程式執行在使用者空間，而核心和裝置驅動執行在核心空間。如果應用程式需要存取硬體資源或者需要核心提供服務，該怎麼辦呢？

ARM64 系統結構提供了一個系統呼叫指令 SVC，它允許應用程式透過 SVC 指令自陷到作業系統核心中，即陷入 EL1 中。本節結合 BenOS 介紹如何利用 SVC 指令以及異常處理來實現一個簡單的系統呼叫。

21.6.1 系統呼叫介紹

如圖 21.7 所示，在現代作業系統系統結構中，核心空間和使用者空間之間多了一個中間層，這就是系統呼叫層。

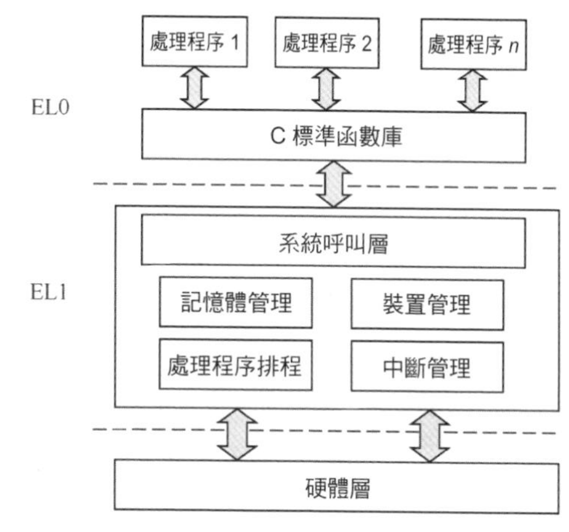

▲圖 21.7 現代作業系統系統結構

系統呼叫層主要有如下作用。

- ❑ 為使用者空間中的程式提供硬體抽象介面。這能夠讓程式設計師從硬體裝置底層程式設計中解放出來。例如，當需要讀寫檔案時，程式設計師不用關心磁碟類型和媒體，以及檔案儲存在磁碟哪個磁區等底層硬體資訊。
- ❑ 保證系統穩定和安全。應用程式要存取核心就必須透過系統呼叫層，核心可以在系統呼叫層對應用程式的存取權限、使用者類型和其他一些規則進行過濾，以避免應用程式不正確地存取核心。
- ❑ 可攜性。在不修改原始程式碼的情況下，讓應用程式在不同的作業系統或者擁有不同硬體系統結構的系統中重新編譯並且執行。

UNIX 系統中早期就出現了作業系統的 API（Application Programming Interface，應用程式設計發展介面）層。在 UNIX 系統裡，最通用的系統呼叫層介面是 POSIX（Portable Operating System Interface of UNIX）標準。POSIX 標準針對的是 API 而非系統呼叫。當判斷一個系統是否與 POSIX 相容時，要看它是否提供一組合適的 API，而非看它的系統呼叫是如何定義和實現的。BenOS 作為一個實驗性質的小型 OS，並沒有完全遵從 POSIX 標準。

21.6.2 使用者態呼叫 SVC 指令

作業系統為每個系統呼叫指定了一個系統呼叫編號，當應用程式執行系統呼叫時，作業系統透過系統呼叫編號知道執行和呼叫了哪個系統呼叫，從而不會造成混亂。系統呼叫編號一旦分配之後，就不會有任何變更；否則，已經編譯好的應用程式就不能執行了。在 BenOS 中簡單定義幾個系統呼叫編號，例如 open() 介面函數的系統呼叫編號為 0。

```
#define __NR_open 0
#define __NR_close 1
#define __NR_read 2
#define __NR_write 3
#define __NR_clone 4
#define __NR_malloc 5
#define __NR_syscalls 6
```

在使用者態，我們可以直接呼叫 SVC 指令來陷入作業系統核心態。下面是使用者態的 open() 介面函數，其中呼叫 syscall() 函數來觸發 open 的系統呼叫。

```
unsigned long open(const char *filename, int flags)
{
    return syscall(__NR_open, filename, flags);
}
```

syscall() 函數的實現程式如下。

```
1    /*
2         syscall (int nr, ...)
3     */
4    .global syscall
5    syscall:
6        mov    w8, w0
7        mov    x0, x1
8        mov    x1, x2
9        mov    x2, x3
10       mov    x3, x4
11       mov    x4, x5
12       mov    x5, x6
13       mov    x6, x7
14       svc    0x0
15       ret
```

syscall() 函數可以帶 8 個參數。其中，第 0 個參數為系統呼叫編號，剩餘的 7 個參數是系統呼叫函數附帶的參數，例如 open() 函數附帶的參數。第 6 行中，把系統呼叫編號搬移到 W8 暫存器，透過 W8 暫存器把系統呼叫編號傳遞到作業系統核心中。第 7～13 行中，把系統呼叫函數附帶的參數搬移到 X0～X7 暫存器中。第 14 行呼叫 SVC 指令來陷入作業系統核心中。這裡 SVC 指令的參數為什麼是 0，而非系統呼叫編號呢？因為處理程序執行 SVC 指令會觸發一個異常，在保存異常現場時所有通用暫存器的值都會記錄和保存下來（保存在該處理程序核心堆疊的 pt_regs 堆疊框裡）。作業系統一般使用通用暫存器來傳遞系統呼叫編號，而 SVC 指令的參數一般用於偵錯。

21.6.3 核心態對系統呼叫的處理

如果在使用者態呼叫 SVC 指令，那麼處理器會觸發一個異常，陷入 EL1。處理器會跳轉到 “VBAR_EL1 + 0x400” 位址處的異常向量中，最後會跳轉到 el0_sync 組合語言函數。

```
1    el0_sync:
2        kernel_entry 0
3        mrs  x25, esr_el1
4        lsr     x24, x25, #ESR_ELx_EC_SHIFT
5        cmp     x24, #ESR_ELx_EC_SVC64
6        b.eq    el0_svc
7
8        el0_svc:
9            /* 透過 kernel_entry 保存現場
10              (中斷現場或者異常現場)後
11              sp 指向 pt_regs
12            */
13           mov x0, sp
14           bl el0_svc_handler
15           b ret_to_user
```

在 el0_sync 組合語言函數中，首先透過 kernel_entry 巨集保存異常現場。讀取 ESR_EL1 來獲取異常類別（EC），當異常類別為 64 位元系統呼叫異常時，跳轉到 el0_svc 組合語言函數。

透過 kernel_entry 巨集保存異常現場之後，SP 會指向堆疊底，這裡存放了 pt_regs 堆疊框（裡面存放了異常現場中所有暫存器的值）。然後呼叫 el0_svc_handler() 函數進行處理。el0_svc_handler() 函數的實現如下。

```
1    static void el0_syscall_common(struct pt_regs *regs, int syscall_no,
2            int syscall_nr, const syscall_fn_t syscall_table[])
3    {
4        long ret;
5        syscall_fn_t fn;
6
7        if (syscall_no < syscall_nr) {
8            fn = syscall_table[syscall_no];
9        ret = fn(regs);
10       }
11
12       regs->regs[0] = ret;
13   }
14
15   /*
```

```
16   * 處理系統呼叫
17   * 參數： struct pt_regs *
18   */
19  void el0_svc_handler(struct pt_regs *regs)
20  {
21      return el0_syscall_common(regs, regs->regs[8],
22              __NR_syscalls, syscall_table);
23  }
```

前文的 syscall() 函數把系統呼叫編號儲存在 X8 暫存器中，此時透過 pt_regs 堆疊框的 regs[8] 把系統呼叫編號取出。接下來要做的工作就是透過系統呼叫編號查詢作業系統內部維護的系統呼叫表（syscall_table），取出系統呼叫編號對應的回呼函數，然後執行。

21.6.4 系統呼叫表

如前所述，作業系統內部維護了一個系統呼叫表。在 BenOS 中我們使用 syscall_table[] 陣列來實現這個表。如圖 21.8 所示，每個記錄包含一個函數指標，由於系統呼叫編號是固定的，因此只需要查表就能找到系統呼叫編號對應的回呼函數。

```
1   #define __SYSCALL(nr, sym) [nr] = (syscall_fn_t)__arm64_##sym,
2
3   /*
4    * 建立一個系統呼叫表 syscall_table
5    * 每個記錄是一個函數指標 syscall_fn_t
6    */
7   const syscall_fn_t syscall_table[__NR_syscalls] = {
8       __SYSCALL(__NR_open, sys_open)
9       __SYSCALL(__NR_close, sys_close)
10      __SYSCALL(__NR_read, sys_read)
11      __SYSCALL(__NR_write, sys_write)
12      __SYSCALL(__NR_clone, sys_clone)
13      __SYSCALL(__NR_malloc, sys_malloc)
14  };
```

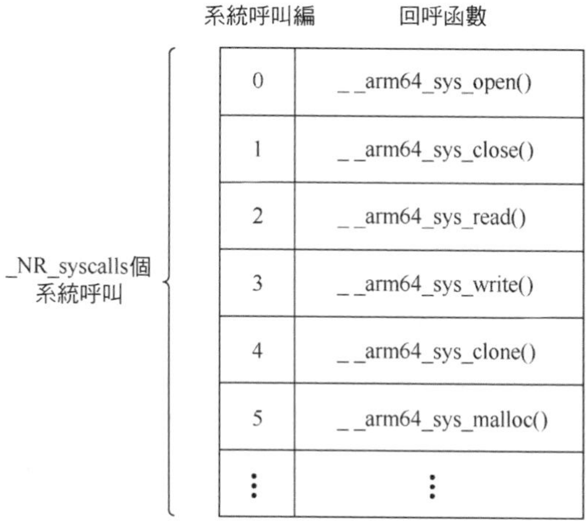

系統呼叫編	回呼函數
0	__arm64_sys_open()
1	__arm64_sys_close()
2	__arm64_sys_read()
3	__arm64_sys_write()
4	__arm64_sys_clone()
5	__arm64_sys_malloc()
⋮	⋮

_NR_syscalls個系統呼叫

▲圖 21.8 BenOS 上的系統呼叫表

以 open 系統呼叫為例，它對應的系統呼叫回呼函數為 __arm64_sys_open()。

```
long __arm64_sys_open(struct pt_regs *regs)
{
     return sys_open((const char *)regs->regs[0],
            regs->regs[1]);

}
```

其中 regs[0] 表示 sys_open() 函數的第一個參數，依此類推。

21.7 系統啟動

Cortex-A 系列處理器在冷開機（cold reset）時進入 EL3。此時，處理器究竟處於 AArch64 還是 AArch32 執行狀態，則由晶片內部的 AA64nAA32 訊號來決定。若 AA64nAA32 訊號處於拉低狀態，處理器處於 AArch32 執行狀態；若處於拉高狀態，處理器處於 AArch64 執行狀態。RVBARADDR 訊號決定了 EL3 重置時異常向量表的位址，它也可以從 RVBAR_EL3 中讀取異常向量表的入口位址。

對於暖開機，Cortex-A 系列處理器提供了一個暖開機管理的暫存器——RMR_EL3。暖開機管理的暫存器一般只實現在最高的異常等級，例如 Cortex-A 系列處理器的 EL3。RMR_EL3 如圖 21.9 所示，RR 欄位表示請求暖開機，AA64 欄位表示當暖開機完成之後處理器處於哪個執行狀態，是 AArch64 還是 AArch32。

▲圖 21.9 RMR_EL3

系統啟動中有一個異常等級從高到低切換的過程。系統冷開機時處於 EL3，而作業系統核心執行在 EL1。所以，需要從 EL3 切換到 EL2，然後再從 EL2 切換到 EL1。

樹莓派 4B 系統的啟動過程有點特殊，樹莓派重置通電時，CPU 處於重定模式，由 GPU 負責啟動系統。GPU 首先會啟動固化在晶片內部的韌體（BootROM 程式 bootcode.bin）。bootcode.bin 啟動程式檢索 MicroSD 卡中的 GPU 韌體，載入韌體並啟動 GPU。GPU 啟動後讀取 config.txt 設定檔，讀取作業系統核心映射（比如 benos.bin 等）以及核心執行參數等，然後把核心映射載入到共用記憶體中並啟動 CPU。CPU 冷開機後執行在 EL3，然後切換到 EL2，最後跳轉到核心映射載入位址處。BenOS 入口處執行在 EL2，因此我們需要在 BenOS 入口組合語言程式碼裡切換到 EL1，如圖 21.10 所示。

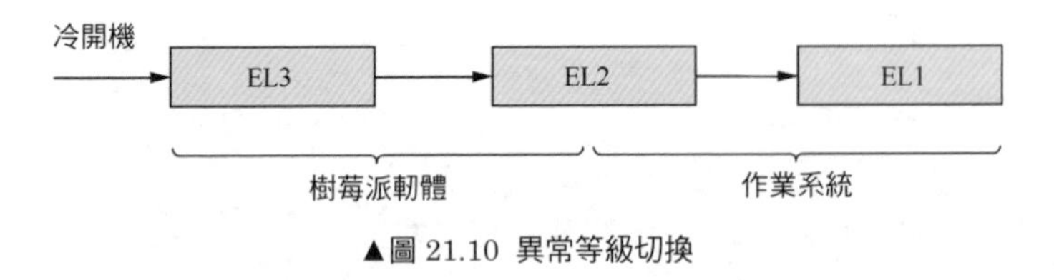

▲圖 21.10 異常等級切換

BenOS 從組合語言入口開始，一般來說，需要做如下的初始化來啟動系統。

（1）跳入組合語言入口位址處，一般入口位址為 0x80000。

（2）對於多核心處理器系統，只讓 CPU0 啟動，其他 CPU 進入睡眠等候狀態。

（3）切換到 EL1。

（4）安裝異常向量表。

（5）初始化 MMU。

（6）執行與平臺相關的初始化（例如，完成與 CPU 相關的設定，初始化 DDR 記憶體，初始化序列埠等）。

（7）建立恆等映射頁表，打開 MMU。

（8）初始化和設定核心堆疊。

（9）跳轉到 C 語言的入口位址，例如 kernel_main() 函數。

（10）繼續初始化，例如，初始化中斷控制器等。

對於多核心處理器系統來說，我們通常使用 CPU0 作為主處理器（primary CPU）。主處理器核心用來初始化全域的資源並引導到作業系統核心。而其他 CPU 是從處理器（secondary CPU），在主處理器喚醒它們之前，它們處於重定模式或者睡眠狀態。啟動多核心處理器系統的流程如圖 21.11 所示。

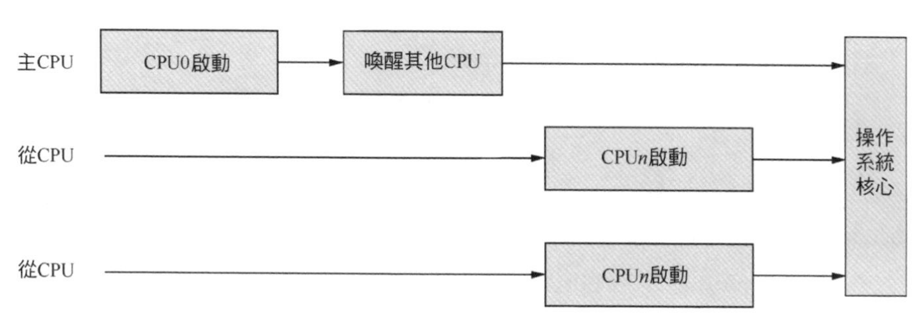

▲圖 21.11 啟動多核心處理器系統的流程

21.8 實驗

21.8.1 實驗 21-1：觀察堆疊佈局

1．實驗目的

熟悉 ARM64 處理器的堆疊佈局。

2．實驗要求

請在 BenOS 裡做如下練習。

在 BenOS 裡實現函式呼叫 kernel_main() → func1() → func2()，然後使用 GDB 來觀察堆疊的變化情況，並畫移出堆疊佈局圖。

21.8.2 實驗 21-2：處理程序建立

1．實驗目的

（1）了解處理程序控制區塊的設計與實現。

（2）了解處理程序的建立 / 執行過程。

2．實驗要求

實現 do_fork() 函數以建立一個處理程序，該處理程序一直輸出數字 “12345”。

21.8.3 實驗 21-3：處理程序排程

1．實驗目的

（1）了解處理程序的切換和基本排程過程。

（2）了解作業系統中常用的排程演算法。

2．實驗要求

（1）建立兩個處理程序，處理程序 1 輸出 “12345” 的數字，而處理程序 2 輸出 “abcd” 的字母，兩個處理程序在簡單排程器的排程下交替執行。

（2）為了支援多種不同排程器，設計一個排程類別，排程類別實現如下方法。

- pick_next_task()：選擇下一個處理程序。
- task_tick()：排程滴答。
- task_fork()：建立處理程序。
- enqueue_task()：加入就緒佇列。
- dequeue_task()：退出就緒佇列。

（3）設計一個簡單的基於優先順序的排程器，可以參考 Linux 0.11 核心的排程器實現。

（4）建立兩個核心執行緒，這兩個核心執行緒只能執行在核心空間，執行緒 A 輸出 “12345”，執行緒 B 輸出 “abcd”，要求排程器能合理排程這兩個核心執行緒，而系統的 0 號處理程序不參與排程。

21.8.4 實驗 21-4：新增一個 malloc() 系統呼叫

1．實驗目的

（1）了解系統呼叫的工作原理。

（2）熟悉 SVC 指令的使用。

2．實驗要求

（1）在 BenOS 中新建一個 malloc() 系統呼叫，在核心態為使用者態分配 4 KB 記憶體。建議本實驗在關閉 MMU 的情況下完成。malloc() 函數傳回 4 KB 的實體記憶體位址，其函數原型如下。

```
unsigned long malloc(void)
```

（2）撰寫一個測試程式來驗證系統呼叫的正確性。

21.8.5 實驗 21-5：新增一個 clone() 系統呼叫

1．實驗目的

（1）了解系統呼叫的工作原理。

（2）了解 clone() 函數的實現過程。

2．實驗要求

（1）在 BenOS 中新建一個 clone() 系統呼叫，在使用者態建立一個使用者處理程序。建議本實驗在關閉 MMU 的情況下完成。使用者態的 clone() 函數的原型如下。

```
int clone(int (*fn)(void *arg), void *child_stack,
          int flags, void *arg)
```

其中，參數的含義如下。

- fn：使用者處理程序的回呼函數。
- child_stack：使用者處理程序的使用者堆疊。
- flags：建立使用者處理程序的標識位元。
- arg：傳遞給 fn 回呼函數的參數。

（2）撰寫一個測試程式來驗證系統呼叫的正確性。

第 22 章

浮點運算與 NEON 指令

本章思考題

1．什麼是 SISD 和 SIMD 指令？

2．在 ARM64 系統結構中，如何表示向量資料？ V0.16B 和 V1.S[1] 表示什麼意思？

3．電腦如何表示浮點數？

4．把十進位浮點數（5.25）轉換為電腦單精度的浮點數後，它的二進位儲存格式是什麼樣子的？

5．什麼是 LD1、LD2、LD3 指令？它們之間有什麼區別？

本章主要介紹 ARM64 系統結構中的浮點運算指令與 NEON 指令。在早期的 ARM 系統結構中，對浮點運算指令的支援是透過輔助處理器（coprocessor）來實現的，而在 ARM64 處理器中浮點（Floating Point，FP）運算指令和 SIMD（Single Instruction Multiple Data）指令是整合在處理器核心中的。ARM 把 SIMD 指令稱為 NEON 技術。NEON 技術通常用於最佳化並加速多媒體處理和訊號處理。常見的最佳化場景如下：

- 視訊編解碼；
- 音訊編解碼；
- 3D 影像圖形處理；
- 語音處理；
- 影像處理。

本章中，浮點運算和高級 SIMD 簡稱為 FP/NEON。

22.1 資料模型

ARM64 系統結構為 FP/NEON 計算提供一組全新的暫存器——32 個 128 位元寬的通用暫存器。如圖 22.1 所示，左邊是整數計算中的 31 個通用暫存器、XZR、

SP、PC 以及 PSTATE 暫存器，右邊為 FP/NEON 計算中的 32 個通用暫存器、FPCR 以及 FPSR。

在 SIMD 指令中常常使用向量資料格式（vector format）。向量被劃分為多個通道（lane），每個通道包含一個向量元素（vector element）。如圖 22.2 所示，一個 V*n* 向量暫存器可以分成 8 個 16 位元資料，如通道 0、通道 1 等。

向量元素可以由多種不同的資料型態表示，比如 128 位元的資料型態用 V*n* 來表示，64 位元的資料型態用 D*n* 來表示，32 位元的資料型態用 S*n* 來表示，16 位元的資料型態用 H*n* 來表示，8 位元的資料型態用 B*n* 來表示，如圖 22.3 所示。

	63 32	31 0	127 0	
X0		W0		V0
X1		W1		V1
X2		W2		V2
X3		W3		V3
X4		W4		V4
X5		W5		V5
X6		W6		V6
X7		W7		V7
X8		W8		V8
X9		W9		V9
X10		W10		V10
X11		W11		V11
X12		W12		V12
X13		W13		V13
X14		W14		V14
X15		W15		V15
X16		W16		V16
X17		W17		V17
X18		W18		V18
X19		W19		V19
X20		W20		V20
X21		W21		V21
X22		W22		V22
X23		W23		V23
X24		W24		V24
X25		W25		V25
X26		W26		V26
X27		W27		V27
X28		W28		V28
X29		W29		V29
X30		W30		V30
				V31
XZR		WZR		
SP				FPCR
				FPSR
PC				
PSTATE				

▲圖 22.1 整數暫存器和 PF/NEON 暫存器

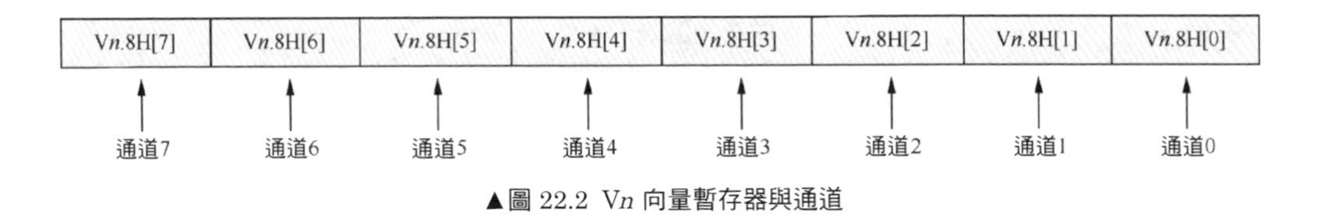

▲圖 22.2 Vn 向量暫存器與通道

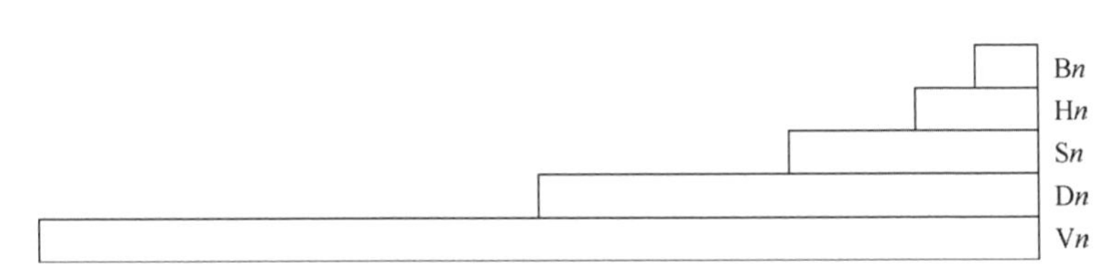

▲圖 22.3 向量元素的資料型態

如果暫存器包含多個資料元素，在這些資料元素上以並行的方式執行計算，則可以使用一個修飾符號來描述這一組向量元素，這個修飾符號稱為向量形狀（vector shape）。向量形狀包括資料元素的大小和資料元素的數量，如圖 22.4 所示。一個 128 位元向量暫存器可以根據資料元素大小來劃分通道。

- ❑ 1 個 128 位元資料元素的通道 V*n*。
- ❑ 2 個 64 位元資料元素的通道——V*n*.2D[0] 和 V*n*.2D[1]。
- ❑ 4 個 32 位元資料元素的通道——V*n*.4S[0] ～ V*n*.4S[3]。
- ❑ 8 個 16 位元資料元素的通道：V*n*.8H[0] ～ V*n*.8H[7]。
- ❑ 16 個 8 位元資料元素的通道——V*n*.16B[0] ～ V*n*.16B[15]。

<table>
<tr><td colspan="8"></td><td></td><td></td><td></td><td></td><td></td><td></td><td></td><td></td><td>Vn.8B</td></tr>
<tr><td colspan="8"></td><td colspan="2">Vn.8H[3]</td><td colspan="2">Vn.8H[2]</td><td colspan="2">Vn.8H[1]</td><td colspan="2">Vn.8H[0]</td><td>Vn.4H</td></tr>
<tr><td colspan="8"></td><td colspan="4">Vn.2S[1]</td><td colspan="4">Vn.2S[0]</td><td>Vn.2S</td></tr>
<tr><td>Vn.16B[0]</td><td>Vn.16B[1]</td><td>Vn.16B[2]</td><td>Vn.16B[3]</td><td>Vn.16B[4]</td><td>Vn.16B[5]</td><td>Vn.16B[6]</td><td>Vn.16B[7]</td><td>Vn.16B[8]</td><td>Vn.16B[9]</td><td>Vn.16B[10]</td><td>Vn.16B[11]</td><td>Vn.16B[12]</td><td>Vn.16B[13]</td><td>Vn.16B[14]</td><td>Vn.16B[15]</td><td>Vn.16B</td></tr>
<tr><td colspan="2">Vn.8H[7]</td><td colspan="2">Vn.8H[6]</td><td colspan="2">Vn.8H[5]</td><td colspan="2">Vn.8H[4]</td><td colspan="2">Vn.8H[3]</td><td colspan="2">Vn.8H[2]</td><td colspan="2">Vn.8H[1]</td><td colspan="2">Vn.8H[0]</td><td>Vn.8H</td></tr>
<tr><td colspan="4">Vn.4S[3]</td><td colspan="4">Vn.4S[2]</td><td colspan="4">Vn.4S[1]</td><td colspan="4">Vn.4S[0]</td><td>Vn.4S</td></tr>
<tr><td colspan="8">Vn.2D[1]</td><td colspan="8">Vn.2D[0]</td><td>Vn.2D</td></tr>
<tr><td colspan="16">Vn</td><td>Vn</td></tr>
</table>

▲圖 22.4 向量組

另外，還可以只取向量暫存器的低 64 位元資料。如果資料元素的位數乘以通道數小於 128，那麼高 64 位元的資料就會被忽略。

向量組的表示方法如表 22.1 所示。

表 22.1 向量組的表示方法

向量組的表示方法	含　義
V*n*.8B	表示 8 個資料通道，每個資料元素為 8 位元資料
V*n*.4H	表示 4 個資料通道，每個資料元素為 16 位元資料
V*n*.2S	表示兩個資料通道，每個資料元素為 32 位元資料
V*n*.1D	表示 1 個資料通道，每個資料元素為 64 位元資料
V*n*.16B	表示 16 個資料通道，每個資料元素為 8 位元資料
V*n*.4S	表示 4 個資料通道，每個資料元素為 32 位元資料
V*n*.2D	表示兩個資料通道，每個資料元素為 64 位元資料

另外，我們可以透過索引值來索引向量組中某個資料元素，例如 "V0.S[1]" 表示 V0 向量組中第 1 個 32 位元的資料，即 Bit[63:32]，而第 0 個 32 位元資料元素則為 Bit[31:0]。

當一筆指令操作（例如載入和儲存）多個暫存器時，我們可以透過大括弧來指定一個向量暫存器列表（vector register list）。向量暫存器列表由逗點分隔的暫存器序列或由連字號分隔的暫存器範圍組成。暫存器必須按遞增順序編號。下面的範例程式表示由 V4 到 V7 組成的暫存器列表，每個暫存器包含 4 個 32 位元資料元素通道。

```
{ V4.4S - V7.4S } //標準寫法
{ V4.4S, V5.4S, V6.4S, V7.4S } //可選的寫法
```

我們可以只索引向量暫存器清單的某個資料元素。下面的範例表示由 V4 到 V7 組成的暫存器清單，索引每個暫存器中第 3 個通道的資料元素。

```
{ V4.S - V7.S }[3]
```

22.2 浮點運算

22.2.1 浮點數

IEEE754 是浮點數運算標準，這個標準定義了表示浮點數的格式、反常值（denormal number）以及一些特殊數值，例如無窮數（Inf）與非數值（Not a Number，NaN）等內容。

ARM64 處理器支援單精度和雙精度浮點數。在 C 語言中，使用 float 類型來

表示單精度浮點數，使用 double 類型表示雙精度浮點數。在 ARM64 處理器中，單精度浮點數採用 32 位元 S*n* 暫存器來表示，雙精度浮點數採用 64 位元 D*n* 暫存器來表示。

我們通常使用十進位數字來表示浮點數，不過電腦不能直接辨識十進位值，我們需要使用二進位數字表示浮點數。浮點數由符號位元 S、階碼和尾數組成。單精度浮點數的表示方法如圖 22.5 所示。

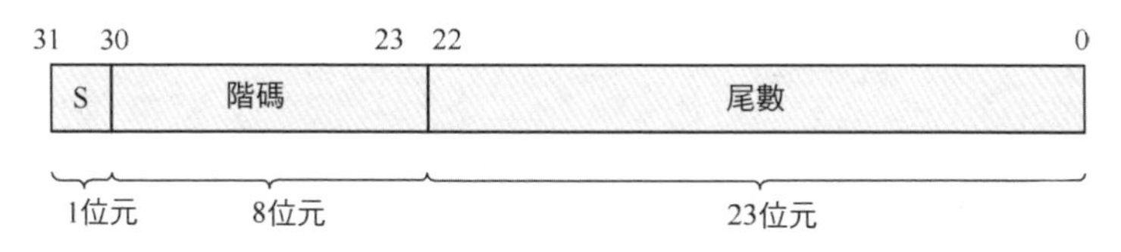

▲圖 22.5 單精度浮點數的表示方法

若符號位元為 0，表示正數；若為 1，表示負數。

單精度浮點數的階碼有一個固定的偏移量——127，雙精度浮點的階碼偏移量為 1023。

單精度浮點數使用 32 位元空間來表示，其中階碼有 8 位元，尾數有 23 位元。

雙精度浮點數使用 64 位元空間來表示，其中階碼有 11 位元，尾數有 52 位元。

【例 22-1】把十進位數字（5.25）轉換為單精度的浮點數，請計算它的二進位儲存格式。

十進位數字轉換成浮點數的步驟如下。

（1）把十進位數字轉換成二進位數字。整數部分直接轉換成二進位數字，小數部分乘 2 取整。在本例子中，整數部分為 5，小數部分為 0.25。對於整數部分，直接把 5 轉變成二進位數字 101。而小數部分則需要不斷乘以 2，以所得積中小數點左邊的數字（0 或 1）作為二進位標記法中的數字，直到滿足精度要求為止。$0.25 \times 2 = 0.5$，小數點左邊為 0。$0.5 \times 2 = 1.0$，小數點左邊為 1。所以小數部分使用 2 位元二進位數字就足夠。十進位數字 5.25 對應的二進位數字為 101.01。

（2）規格化二進位數字。改變階碼，使小數點前面只有一位元有效數字。二進位數字位元（101.01）規格化之後變成 1.0101×2^2，其中尾數為 0101，階碼為 2。

（3）計算階碼。對於單精度浮點數，需要加上偏移量 7F（127）；對於雙精度浮點數，需要加上偏移量 3FF（1023）。所以，本例子中最終的階碼為 129。

（4）把數字符號位元、階碼和尾數合起來就得到浮點數儲存形式。本例子中，符號位元為 0，階碼為 1000 0001，尾數為 0101，合起來之後為 0100 0000 1010 1000 0000 0000 0000 0000，用十六進位來表示為 0x40a80000。

我們也可以在 BenOS 上透過 FMOV 指令來載入浮點數，使用 GDB 查看暫存器的值，如下面的範例程式所示。

```
.global fp_test
fp_test:
      fmov s0, #5.25
      ret
```

當 FMOV 指令執行完成之後，我們使用 GDB 來觀察 S0 暫存器的值，如圖 22.6 所示。

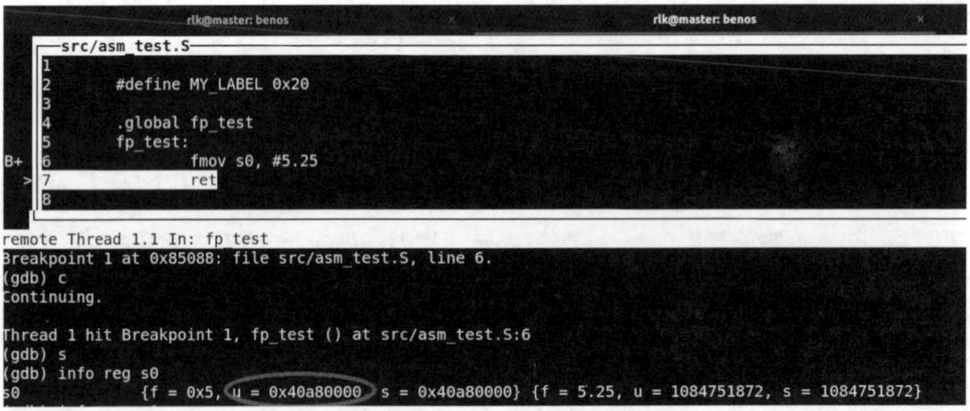

```
rlk@master: benos                                   rlk@master: benos
 ┌─src/asm_test.S─────────────────────────────
 │1
 │2       #define MY_LABEL 0x20
 │3
 │4       .global fp_test
 │5       fp_test:
B+│6               fmov s0, #5.25
 >│7               ret
 │8
remote Thread 1.1 In: fp_test
Breakpoint 1 at 0x85088: file src/asm_test.S, line 6.
(gdb) c
Continuing.

Thread 1 hit Breakpoint 1, fp_test () at src/asm_test.S:6
(gdb) s
(gdb) info reg s0
s0             {f = 0x5, u = 0x40a80000, s = 0x40a80000} {f = 5.25, u = 1084751872, s = 1084751872}
```

▲圖 22.6 觀察 S0 暫存器的值

22.2.2 浮點控制暫存器與浮點狀態暫存器

ARM64 處理器提供了浮點控制暫存器（FPCR）和浮點狀態暫存器（FPSR）。

1．FPCR

FPCR 主要設定浮點精度等。FPCR 的格式如圖 22.7 所示。

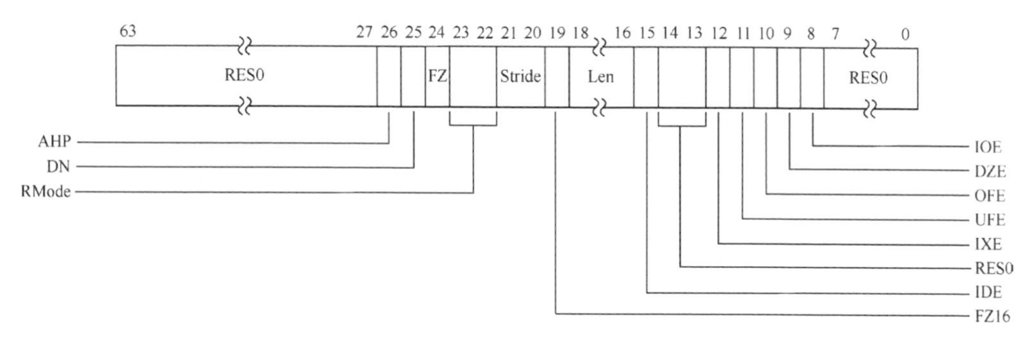

▲圖 22.7 FPCR 的格式

FPCR 的欄位如表 22.2 所示。

表 22.2　　FPCR 的欄位

欄位	位元	說　明
AHP	Bit[26]	表示可選的半精度浮點數格式。 ❑ 0：使用 IEEE 標準的半精度浮點數格式。 ❑ 1：使用另外一種半精度浮點數格式
DN	Bit[25]	預設的 NaN（Not a Number，非數值）模式控制位元
FZ	Bit[24]	表示清洗到零模式（Flush-to-Zero mode）控制位元
RMode	Bit[23:22]	表示捨入模式（Rounding Mode）控制位元
FZ16	Bit[19]	表示是否支援半精度浮點數的清洗到零模式
IDE	Bit[15]	表示是否啟動輸入非正規累積（Input Denormal Cumulative）浮點異常陷入功能。 ❑ 0：表示不發生陷入。當異常發生時，直接設定 FPSR 中的 IDC 欄位為 1。 ❑ 1：表示發生陷入。當異常發生時，CPU 不會設定 FPSR 中的 IDC 欄位，而由異常程式來確定是否需要設定 IDC 欄位
IXE	Bit[12]	表示是否啟動不精確累積（IneXact Cumulative）浮點異常的陷入功能
UFE	Bit[11]	表示是否啟動下溢累積（UnderFlow Cumulative）浮點異常的陷入功能
OFE	Bit[10]	表示是否啟動溢位累積（OverFlow cumulative）浮點異常的陷入功能
DZE	Bit[9]	表示是否啟動除以零累積（Divide by Zero cumulative）浮點異常的陷入功能
IOE	Bit[8]	表示是否啟動無效操作累積（Invalid Operation cumulative）浮點異常的陷入功能

2．FPSR

FPSR 的格式如圖 22.8 所示。

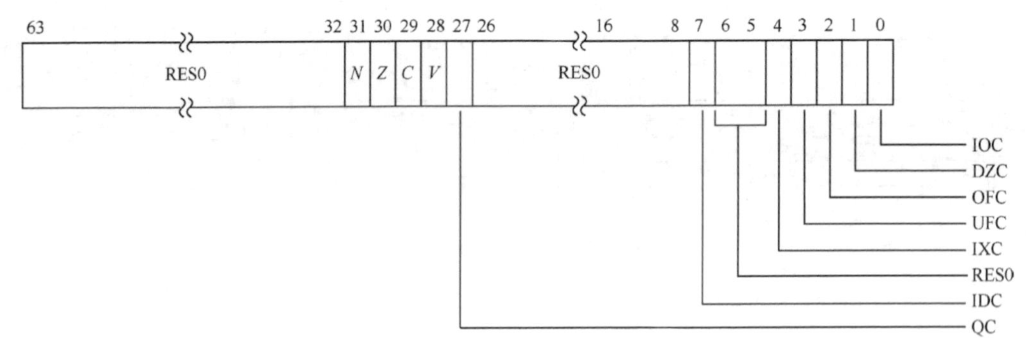

▲圖 22.8 FPSR 的格式

FPSR 的欄位如表 22.3 所示。

表 22.3 **FPSR 的欄位**

欄位	位元	說　明
N	Bit[31]	在 AArch64 執行狀態下直接使用 PSTATE.*N*
Z	Bit[30]	在 AArch64 執行狀態下直接使用 PSTATE.*Z*
C	Bit[29]	在 AArch64 執行狀態下直接使用 PSTATE.*C*
V	Bit[28]	在 AArch64 執行狀態下直接使用 PSTATE.*V*
QC	Bit[27]	飽和標識位元。如果飽和已經發生，飽和標識通過飽和指令設定為 1
IDC	Bit[7]	表示輸入非正規累積（Input Denormal Cumulative）浮點異常
IXC	Bit[4]	表示不精確累積（IneXact Cumulative）浮點異常
UFC	Bit[3]	表示下溢累積（UnderFlow Cumulative）浮點異常
OFC	Bit[2]	表示溢位累積（OverFlow Cumulative）浮點異常
DZC	Bit[1]	表示除以零累積（Divide by Zero Cumulative）浮點異常
IOC	Bit[0]	表示無效操作累積（Invalid Operation Cumulative）浮點異常

3．陷入 EL1

ARM64 處理器中在系統結構特性存取控制暫存器——CPACR_EL1[1]（Architectural Feature Access Control Register）中有一個欄位 FPEN，用來控制存取 FP/NEON 暫存器時是否會陷入 EL1。

- 當 FPEN 為 0b01 時，表示在 EL0 裡存取 SVE（Scalable Vector Extension，可伸縮向量擴充）、高級 SIMD 以及浮點單元暫存器時會陷入 EL1 中，異常類型編碼為 0x7。SVE 作為 ARMv8-A/ARMv9-A 指令集的可選擴充，支援最低 128 位元、最高 2048 位元的向量計算，為高性能計算進行最佳化。

1　縮寫字與英文字首不一致，ARM 官方文件是這樣的。

- 當 FPEN 為 0b00 或者 0b10 時，表示在 EL0 或者 EL1 裡存取 SVE、高級 SIMD 以及浮點單元暫存器時會陷入 EL1 中，異常類型編碼為 0x7。
- 當 FPEN 為 0b11 時，表示不會陷入 EL1 中。

如果在 BenOS 裡偵錯 FP/NEON 指令，需要在組合語言入口程式中提前設定 FPEN 欄位；否則，執行時自動陷入 EL1，如下面的範例程式所示。

```
<BenOS/src/boot.S>

el1_entry:
    bl print_el

    ldr x5, =(3UL << 20);
    msr cpacr_el1, x5
    ...
```

22.2.3 浮點數的條件操作碼

在浮點數運算中也有與整數運算類似的條件操作碼，不過有些操作碼的含義與整數運算中的不完全一樣，如表 22.4 所示。

表 22.4　常見的條件操作尾碼

尾碼	整數運算中的含義	浮點數運算中的含義	標　識
EQ	相等	相等	Z=1
NE	不相等	不相等或者無序（unordered）	Z=0
CS/HS	發生了無號數溢位	大於或者等於或者無序	C=1
CC/LO	沒有發生無號數溢位	小於	C=0
MI	負數	小於	N=1
PL	正數或零	大於或者等於或無序	N=0
VS	溢位	無序	V=1
VC	未溢位	有序	V=0
HI	無號數大於	大於或者等於或無序	(C=1) && (Z=0)
LS	無號數小於或等於	小於或者等於	(C=0) || (Z=1)
GE	有號數大於或等於	大於或者等於	N == V
LT	有號數小於	小於或者無序	N!=V
GT	有號數大於	大於	(Z==0) && (N==V)
LE	有號數小於或等於	小於或者等於或無序	(Z==1) || (N!=V)
AL	無條件（Always）執行	無條件執行	—
NV	無條件執行	無條件執行	—

表中的無序指的是兩個浮點數比較時，其中一個浮點數為 NaN 的情況。此時不存在大小關係，即兩個浮點數的比較存在大於、小於和等於這三種都不成立的情況。NaN 表示非數值。例如，sqrt(- 16.0) 的結果是複數 "4i"，它已經屬於複數，不屬於實數。複數對應的是平面上的一個點，平面上的兩個點之間不存在大小關係。

22.2.4 常用浮點運算指令

A64 指令集提供了浮點運算指令，例如加減、乘除、乘加、比較等指令，如表 22.5 所示。

表 22.5　常用浮點運算指令

指　令	描　述
FADD	浮點加法指令
FSUB	浮點減法指令
FMUL	浮點乘法指令
FMLA	浮點乘累加指令
FDIV	浮點除法指令
FMADD	浮點乘加指令
FCMP	浮點比較指令
FABS	浮點絕對值指令

22.3 NEON 指令集

NEON 指令集是適用於 Cortex-A 系列處理器的一種高級 SIMD 擴充指令集。SIMD（Single Instruction Multiple Data，一筆指令操作多個資料）提供小資料並行處理能力。ARM 從 ARMv7 系統結構開始加入 NEON 指令集擴充，以支援向量化平行計算，用於影像處理、音視訊處理、視訊編解碼等場景。

22.3.1 SISD 和 SIMD

大多數 ARM64 指令是 SISD（Single Instruction Single Data，單指令單數據）。換句話說，每筆指令在單一資料來源上執行其指定的操作，所以處理多個資料項目需要多筆指令。例如，要執行 4 次加法，需要 4 筆指令以及 4 對暫存器。

```
ADD w0, w0, w5
ADD w1, w1, w6
ADD w2, w2, w7
ADD w3, w3, w8
```

當處理比較小的資料元素（例如，將 8 位元值相加）時，需要將每個 8 位元值載入到一個單獨的 64 位元暫存器中。由於處理器、暫存器和資料路徑都是為 64 位元計算而設計的，因此在小資料上執行大量單獨的操作不能有效地使用機器資源。

SIMD 指的是單指令多資料流程，它對多個資料元素同時執行相同的操作。這些資料元素被打包成一個更大的暫存器中的獨立通道。例如，ADD 指令將 32 位元資料元素加在一起。這些值被打包到兩對 128 位元暫存器（分別是 V1 和 V2）的單獨通道中。然後將第一來源暫存器中的每個通道增加到第二來源暫存器中的對應通道，並將其儲存在目標暫存器（V10）的同一通道中。

```
ADD V0.4S, V1.4S, V2.4S
```

如圖 22.9 所示，ADD 指令會並行做 4 次加法運算，它們分別位於處理器內部的 4 個計算通道並且是相互獨立的，任何一個通道發生了溢位或者進位都不會影響其他通道。

V0.4S[0] = V1.4S[0] + V2.4S[0]

V0.4S[1] = V1.4S[1] + V2.4S[1]

V0.4S[2] = V1.4S[2] + V2.4S[2]

V0.4S[3] = V1.4S[3] + V2.4S[3]

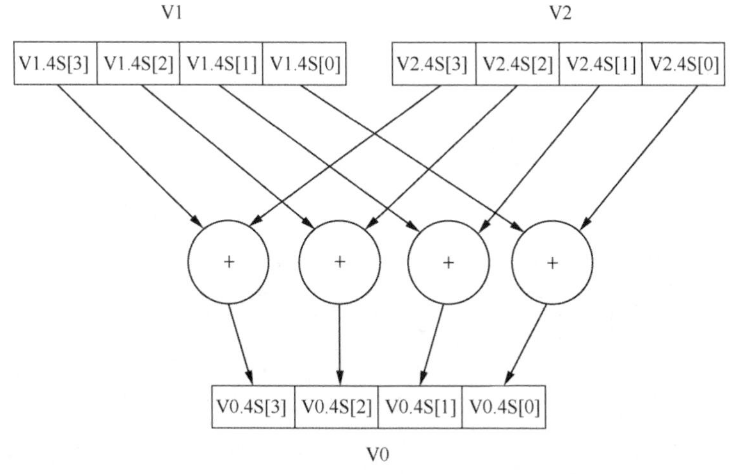

▲圖 22.9 SIMD 的 ADD 指令

在圖 22.9 中，一個 128 位元的向量暫存器 V*n* 可以同時儲存 4 個 32 位元的資料 S*n*。另外，它還可以儲存兩個 64 位元資料 D*n*、8 個 16 位元資料 H*n* 或者 16 個 8 位元資料 B*n*。

SIMD 非常適合影像處理場景。影像的資料常用的資料型態是 RGB565、RGBA8888、YUV422 等格式。這些格式的資料特點是一個像素的一個分量（R、G、B 以及 A 分量）使用 8 位元資料表示。如果使用傳統的處理器做計算，雖然處理器的暫存器是 32 位元或 64 位元的，但是處理這些資料只能使用暫存器的低 8 位元，這浪費了暫存器資源。如果把 64 位元暫存器拆成 8 個 8 位元資料通道，就能同時完成 8 個操作，計算效率提升了 8 倍。

總之，SISD 和 SIMD 的區別如圖 22.10 所示。

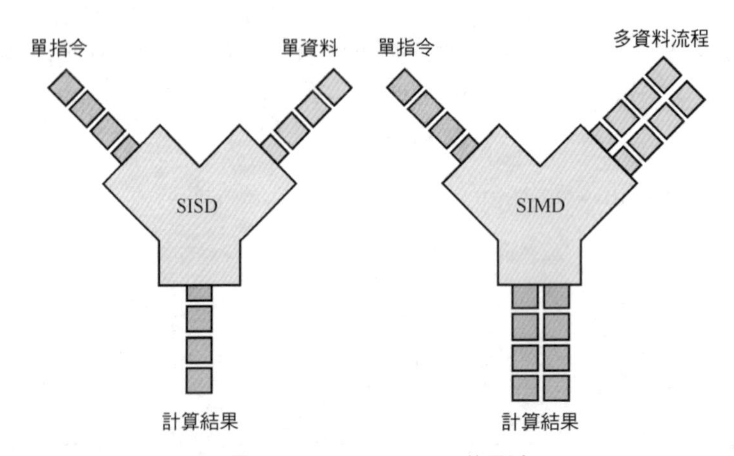

▲圖 22.10 SISD 和 SIMD 的區別

22.3.2 向量運算與純量運算

在 NEON 指令集中，指令通常可以分成兩大類：一類是向量（vector）運算指令；另一類是純量（scalar）運算指令。向量運算指的是對向量暫存器中所有通道的資料同時進行運算，而純量運算指的是只對向量暫存器中某個通道的資料進行運算。

例如，MOV 指令有向量運算版本和純量運算版本。

向量運算版本的 MOV 指令把 V*n* 中所有通道的資料同時搬移到 V*d* 向量暫存器中，其指令格式如下。

```
MOV <Vd>.<T>, <Vn>.<T>
```

純量運算版本的 MOV 指令把 V*n* 向量暫存器中第 index 個通道的資料搬移到 V*d* 向量暫存器對應的通道中，其他通道的資料不參與搬移，其指令格式如下。

```
MOV <V><d>, <Vn>.<T>[<index>]
```

22.3.3 載入與儲存指令 LD1 與 ST1

NEON 指令集支援一筆指令載入和儲存多個資料元素，並且根據資料交錯模式（interleave pattern）提供了多個變種。

1．LD1 指令

LD1 指令用來把多個資料元素載入到 1 個、2 個、3 個或 4 個向量暫存器中。LD1 指令最多可以使用 4 個向量暫存器。LD1 指令支援沒有偏移量和後變址兩種模式。沒有偏移量模式的指令格式如下。

```
LD1 { <Vt>.<T> }, [<Xn|SP>]
LD1 { <Vt>.<T>, <Vt2>.<T> }, [<Xn|SP>]
LD1 { <Vt>.<T>, <Vt2>.<T>, <Vt3>.<T> }, [<Xn|SP>]
LD1 { <Vt>.<T>, <Vt2>.<T>, <Vt3>.<T>, <Vt4>.<T> }, [<Xn|SP>]
```

上述指令表示從 X*n*/SP 指向的來源位址中載入多個資料元素到 V*t*、V*t*2、V*t*3 以及 V*t*4 向量暫存器中，載入的資料型態由向量暫存器的 T 來確定。

後變址模式的 LD1 指令格式如下。

```
LD1 { <Vt>.<T> }, [<Xn|SP>], <imm>
LD1 { <Vt>.<T>, <Vt2>.<T> }, [<Xn|SP>], <imm>
LD1 { <Vt>.<T>, <Vt2>.<T>, <Vt3>.<T> }, [<Xn|SP>], <imm>
LD1 { <Vt>.<T>, <Vt2>.<T>, <Vt3>.<T>, <Vt4>.<T> }, [<Xn|SP>], <imm>
```

上述指令表示從 X*n*/SP 指向的來源位址中載入多個資料元素到 V*t*、V*t*2、V*t*3 以及 V*t*4 向量暫存器中，載入的資料型態由向量暫存器的 T 來確定，載入完成之後，更新 X*n*/SP 暫存器的值為 X*n*/SP 暫存器的值加 imm。

沒有偏移量模式的 LD1 指令的編碼如圖 22.11 所示。

31	30	29 28 27 26 25 24 23	22	21 20 19 18 17 16	15 12	11 10	9 5	4 0
0	*Q*	0 0 1 1 0 0 0	1	0 0 0 0 0 0	x x 1 x	size	R*n*	R*t*
			L		opcode			

▲圖 22.11 沒有偏移量模式的 LD1 指令的編碼

Vt 表示第一個目標向量暫存器，透過指令編碼中的 *Rt* 欄位來索引向量暫存器。

T 表示目標向量暫存器的大小和位元寬，它透過指令編碼中的 size 欄位和 *Q* 欄位來確定，可選的選項如下。

- 8B：表示 8 個 8 位元的資料元素。
- 16B：表示 16 個 8 位元的資料元素。
- 4H：表示 4 個 16 位元的資料元素。
- 8H：表示 8 個 16 位元的資料元素。
- 2S：表示 2 個 32 位元的資料元素。
- 4S：表示 4 個 32 位元的資料元素。
- 1D：表示 1 個 64 位元的資料元素。
- 2D：表示 2 個 64 位元的資料元素。

*Vt*2 表示第二個目標向量暫存器，透過使指令編碼的 *Rt* 欄位加 1 來獲取向量暫存器的索引值。

*Vt*3 表示第三個目標向量暫存器，透過使指令編碼的 *Rt* 欄位加 2 來獲取向量暫存器的索引值。

*Vt*4 表示第四個目標向量暫存器，透過使指令編碼的 *Rt* 欄位加 3 來獲取向量暫存器的索引值。

X*n*/SP 表示來源位址暫存器。

上述 *Vt*、*Vt*2、*Vt*3 以及 *Vt*4 必須是連續的 4 個向量暫存器。

【例 22-2】 對於 RGB24 格式的影像，一像素用 24 位元（3 位元組）表示 R（紅）、G（綠）、B（藍）三種顏色。它們在記憶體中的儲存方式是 R0、G0、B0、R1、G1、B1，依此類推，如圖 22.12 所示。

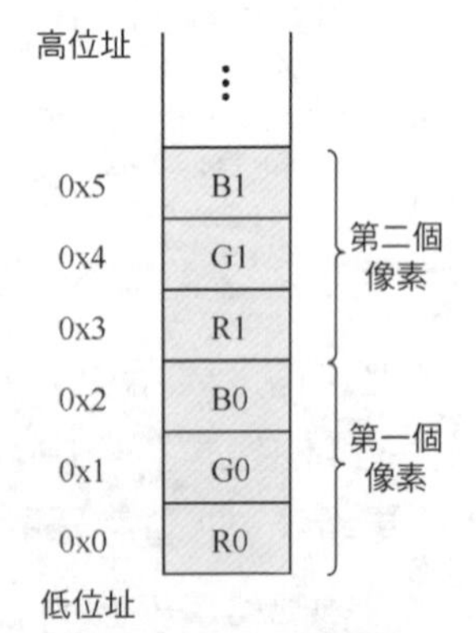

▲圖 22.12 RGB24 格式的資料記憶體中的儲存方式

我們可以使用 LD1 指令來把 RGB24 格式的資料載入到向量暫存器中，例如：

```
LD1 { V0.16B, V1.16B, V2.16B }, [x0]
```

其中 X0 表示 RGB24 資料的來源位址，這筆指令會把 RGB24 的資料載入到 V0、V1 以及 V2 向量暫存器。如圖 22.13 所示，LD1 指令將 R、G 和 B 資料從記憶體中按順序放入向量暫存器中。

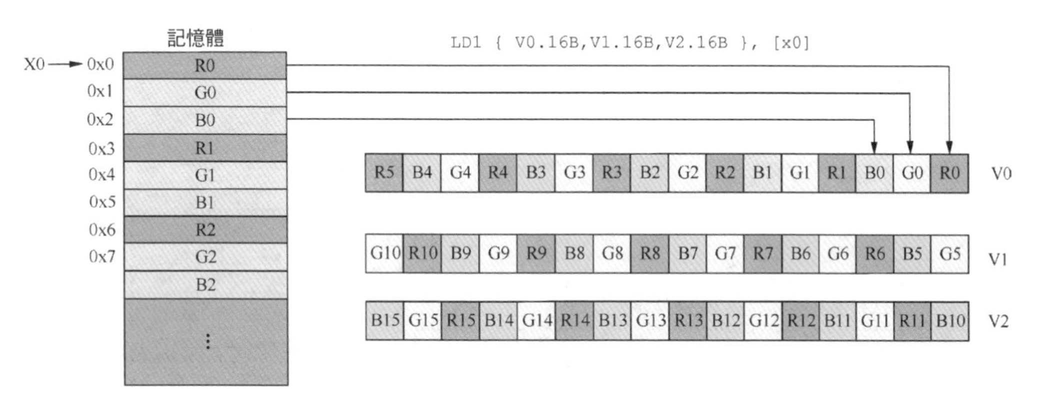

▲圖 22.13 使用 LD1 指令載入 RGB24 格式的資料

如果我們想把 RGB24 格式的資料轉換為 BGR24 格式，需要在不同的通道獲得不同的顏色元件，然後移動這些元件並重新組合，這樣效率會很低，我們會在後面介紹更高效的 LD3 載入指令。

2．ST1 指令

與 LD1 對應的儲存指令為 ST1。ST1 指令把 1 個、2 個、3 個或 4 個向量暫存器的多個資料元素的內容儲存到記憶體中。ST1 指令最多可以使用 4 個向量暫存器。ST1 指令支援沒有偏移量和後變址兩種模式。沒有偏移量模式的指令格式如下。

```
ST1 { <Vt>.<T> }, [<Xn|SP>]
ST1 { <Vt>.<T>, <Vt2>.<T> }, [<Xn|SP>]
ST1 { <Vt>.<T>, <Vt2>.<T>, <Vt3>.<T> }, [<Xn|SP>]
ST1 { <Vt>.<T>, <Vt2>.<T>, <Vt3>.<T>, <Vt4>.<T> }, [<Xn|SP>]
```

上述指令表示把 *Vt*、*Vt2*、*Vt3* 以及 *Vt4* 向量暫存器的資料元素儲存到 X*n*/SP 指向的記憶體位址中，資料型態由向量暫存器的 T 來確定。

後變址模式的 ST1 指令格式如下。

```
ST1 { <Vt>.<T> }, [<Xn|SP>], <imm>
ST1 { <Vt>.<T>, <Vt2>.<T> }, [<Xn|SP>], <imm>
ST1 { <Vt>.<T>, <Vt2>.<T>, <Vt3>.<T> }, [<Xn|SP>], <imm>
ST1 { <Vt>.<T>, <Vt2>.<T>, <Vt3>.<T>, <Vt4>.<T> }, [<Xn|SP>], <imm>
```

上述指令表示把 V*t*、V*t*2、V*t*3 以及 V*t*4 向量暫存器的資料元素儲存到 X*n*/SP 指向的記憶體位址中，資料型態由向量暫存器的 T 來確定，儲存完成之後，更新 X*n*/SP 暫存器的值為 X*n*/SP 暫存器的值加 imm。

【例 22-3】 V0、V1 和 V3 向量暫存器中儲存了 RGB24 格式的資料，透過 ST1 指令把資料儲存到記憶體中，如圖 22.14 所示。

```
ST1 { V0.16B, V1.16B, V2.16B }, [x0]
```

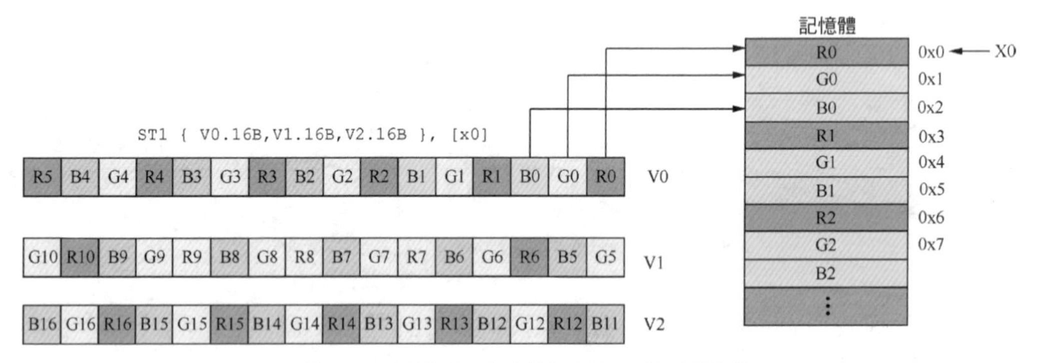

▲圖 22.14 使用 ST1 指令儲存 RGB24 格式的資料

22.3.4 載入與儲存指令 LD2 和 ST2

LD1 和 ST1 指令按照記憶體順序來載入和儲存資料，而有些場景下希望能按照交替（interleave）的方式來載入和儲存資料。LD2 和 ST2 指令就支援以交替方式載入和儲存資料，它們包含沒有偏移量和後變址兩種模式。

沒有偏移量模式的 LD2 和 ST2 指令格式如下。

```
LD2 { <Vt>.<T>, <Vt2>.<T> }, [<Xn|SP>]
ST2 { <Vt>.<T>, <Vt2>.<T> }, [<Xn|SP>]
```

後變址模式的 LD2 和 ST2 指令格式如下。

```
LD2 { <Vt>.<T>, <Vt2>.<T> }, [<Xn|SP>], <imm>
ST2 { <Vt>.<T>, <Vt2>.<T> }, [<Xn|SP>], <imm>
```

【例 22-4】 下面這筆指令把 X0 暫存器指向的記憶體資料載入到 V0 和 V1 向量暫存器中。

```
LD2 {V0.8H, V1.8H}, [X0]
```

這些資料會透過交錯的方式載入到 V0 和 V1 向量暫存器中。從 "8H" 可知，每個向量暫存器包括 8 個 16 位元的資料元素。如圖 22.15 所示，位址 0x0 中的資料元素 E0（偶數）會載入到 V0 暫存器的 8H[0] 裡，位址 0x2 中的資料元素 O0（奇數）會載入到 V1 暫存器的 8H[0] 裡，位址中 0x4 的資料元素 E1（偶數）會載入到 V0 暫存器的 8H[1] 裡，依此類推。

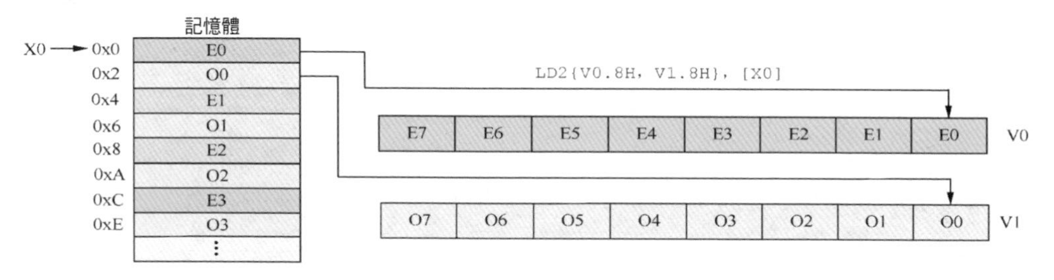

▲圖 22.15 LD2 指令

22.3.5 載入與儲存指令 LD3 和 ST3

在 RGB24 轉 BGR24 中，如果我們使用 LD1 指令來載入 RGB24 資料到向量暫存器，那麼需要在不同的通道中獲得不同的顏色元件，然後移動這些元件並重新組合，這樣效率會很低。為此，NEON 指令集提供了最佳化此類場景的指令。LD3 指令從記憶體中獲取資料，同時將值分割並載入到不同的向量暫存器中，這叫作解交錯（de-interleaving）。LD3 與 ST3 指令包含沒有偏移量模式和後變址模式。

沒有偏移量模式的 LD3 和 ST3 指令格式如下。

```
LD3 { <Vt>.<T>, <Vt2>.<T>, <Vt3>.<T> }, [<Xn|SP>]
ST3 { <Vt>.<T>, <Vt2>.<T>, <Vt3>.<T> }, [<Xn|SP>]
```

後變址模式的 LD3 和 ST3 指令格式如下。

```
LD3 { <Vt>.<T>, <Vt2>.<T>, <Vt3>.<T> }, [<Xn|SP>], <imm>
ST3 { <Vt>.<T>, <Vt2>.<T>, <Vt3>.<T> }, [<Xn|SP>], <imm>
```

注意，向量暫存器列表中的向量暫存器必須是 3 個編號連續遞增的向量暫存器，否則編譯會出錯。

```
lk@master:benos$ make
aarch64-linux-gnu-gcc -g -Iinclude  -MMD -c src/fp_neon_test.S -o build/fp_neon_test_s.o
src/fp_neon_test.S: Assembler messages:
src/fp_neon_test.S:41: Error: invalid register list at
operand 1 -- `ld3 {v0.16b,v2.16b,v3.16b},[x0],48'
make: *** [Makefile:29: build/fp_neon_test_s.o] Error 1
```

原因是 LD3 和 ST3 指令的編碼中，V*t*（*t* 表示 0 ～ 31 的整數）向量暫存器透過指令編碼中的 R*t* 欄位獲取向量暫存器的索引值，而 V*t*2 則透過使 R*t* 欄位加 1 獲取向量暫存器的索引值，V*t*3 透過使 R*t* 欄位加 2 獲取向量暫存器的索引值。沒有偏移量模式的 LD3 和 ST3 指令的編碼如圖 22.16 所示。

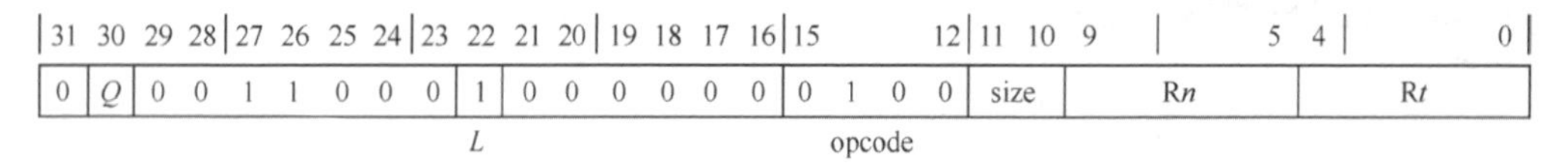

▲圖 22.16 沒有偏移量模式的 LD3 和 ST3 指令的編碼

【例 22-5】以下程式使用 LD3 指令把 RGB24 格式的資料載入到向量暫存器中。

```
LD3 { V0.16B, V1.16B, V2.16B }, [x0]，#48
```

其中，X0 表示 RGB24 格式資料的來源位址，這筆指令會把 RGB24 的資料載入到 V0、V1 以及 V2 向量暫存器。如圖 22.17 所示，LD3 指令將 16 個紅色（R）像素載入到 V0 向量暫存器中，把 16 個綠色（G）像素分別 V1 向量暫存器中，把 16 個藍色（B）像素載入到 V2 向量暫存器中。這筆 LD3 指令一次最多可以載入 48 位元組的資料。

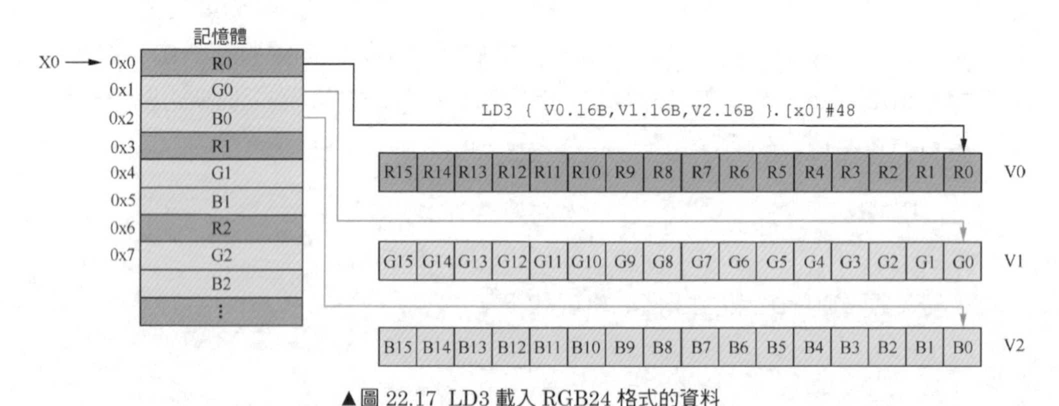

▲圖 22.17 LD3 載入 RGB24 格式的資料

接下來，我們可以很方便地使用 MOV 指令和一個臨時向量暫存器 V3 快速把 RGB24 格式轉換成 BGR24 格式。範例程式如下。

```
1    LD3 { V0.16B, V1.16B, V2.16B }, [x0], #48
2    MOV V3.16B, V0.16B
3    MOV V0.16B, V2.16B
4    MOV V2.16B, V3.16B
5    ST3 { V0.16B, V1.16B, V2.16B }, [x1], #48
```

在第 1 行中，使用 LD3 指令將 RGB24 格式的資料分別載入到 V0、V1 以及 V2 向量暫存器中，這裡一共載入 48 位元組的資料。其中 16 個 R 像素都載入到 V0 暫存器中，16 個 G 像素都載入到 V1 暫存器中，16 個 B 像素都載入到 V2 暫存器中。另外，這筆指令屬於後變址模式，X0 暫存器會自動定址下一組 48 位元組的 RGB 資料。

在第 2 ～ 4 行中，對 R 像素的資料與 B 像素的資料進行交換，這裡使用 V3 作為臨時變數。

在第 5 行中，使用 ST3 指令把 V0 ～ V2 暫存器的值儲存到 X0 暫存器指向的記憶體位址中。這筆指令屬於後變址模式，X0 暫存器會自動定址下一組 48 位元組的 RGB 資料，如圖 22.18 所示。

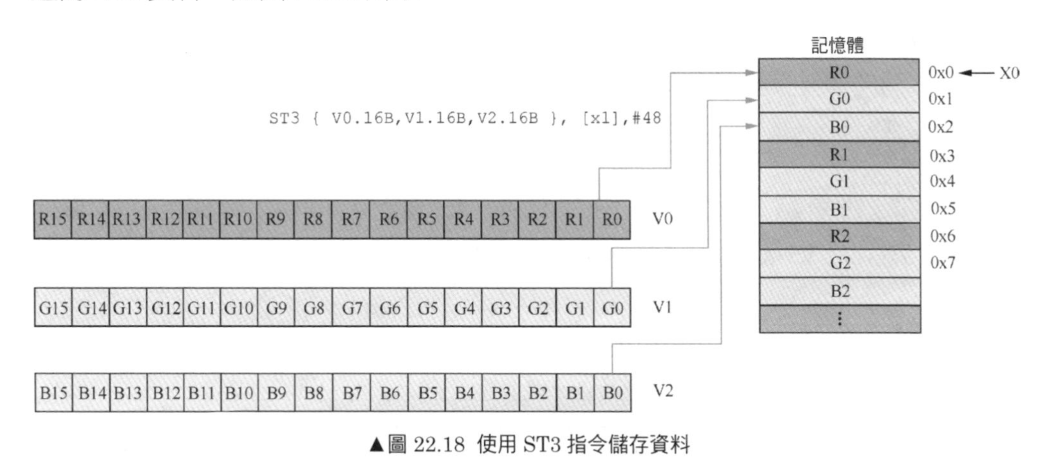

▲圖 22.18 使用 ST3 指令儲存資料

上述幾行程式快速把 RGB24 格式轉換成 BGR24 格式。

22.3.6 載入與儲存指令 LD4 和 ST4

ARGB 格式在 RGB 的基礎上加了 Alpha（透明度）通道。為了加快 ARGB 格式資料的載入和儲存操作，NEON 指令提供了 LD4 和 ST4 指令。與 LD3 類似，不過 LD4 可以把資料解交叉地載入到 4 個向量暫存器中。

LD4 和 ST4 指令包含沒有偏移模式與後變址模式。

沒有偏移模式的 LD4 和 ST4 指令格式如下。

```
LD4 { <Vt>.<T>, <Vt2>.<T>, <Vt3>.<T>, <Vt4>.<T> }, [<Xn|SP>]
ST4 { <Vt>.<T>, <Vt2>.<T>, <Vt3>.<T>, <Vt4>.<T> }, [<Xn|SP>]
```

後變址模式的 LD4 和 ST4 指令格式如下。

```
LD4 { <Vt>.<T>, <Vt2>.<T>, <Vt3>.<T>, <Vt4>.<T> }, [<Xn|SP>], <imm>
ST4 { <Vt>.<T>, <Vt2>.<T>, <Vt3>.<T>, <Vt4>.<T> }, [<Xn|SP>], <imm>
```

22.3.7 載入指令的特殊用法

LD*n* 指令有兩個特殊的用法。

1．LD*n*R 指令

LD*n* 指令還有一個變種——LD*n*R 指令，R 表示重複的意思。它會從記憶體中載入一組資料元素，然後把資料複製到向量暫存器的所有通道中。

【例 22-6】下面的 LD3R 指令從記憶體中載入單一的三元素資料，然後將該資料複製到 3 個向量暫存器的所有通道中。

```
LD3R { V0.16B, V1.16B, V2.16B } , [x0]
```

如圖 22.19 所示，V0 暫存器中 16 個通道的值全為 R0，V1 暫存器中 16 個通道的值全為 G0，V2 暫存器中 16 個通道的值全為 B0。

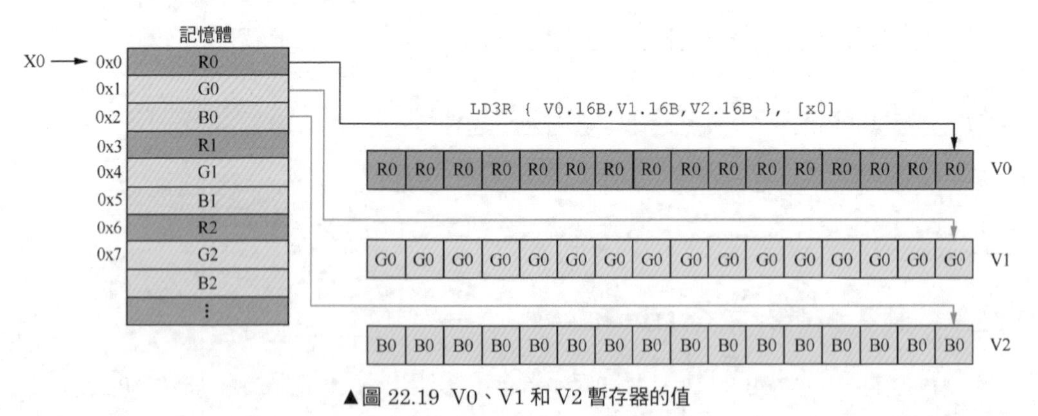

▲圖 22.19 V0、V1 和 V2 暫存器的值

2．讀寫某個通道的值

LD*n* 指令可以載入資料到向量暫存器的某個通道中，而其他通道的值不變。

【例 22-7】下面的程式使用了 LD3 指令。

```
LD3 { V0.B, V1.B, V2.B }[4] , [x0]
```

這裡指令只從 X0 位址處載入 3 個資料元素，把它們分別儲存在 V0.16B[4]、V1.16B[4] 以及 V2.16B[4]，這 3 個向量暫存器中其他通道的值不變，如圖 22.20 所示。

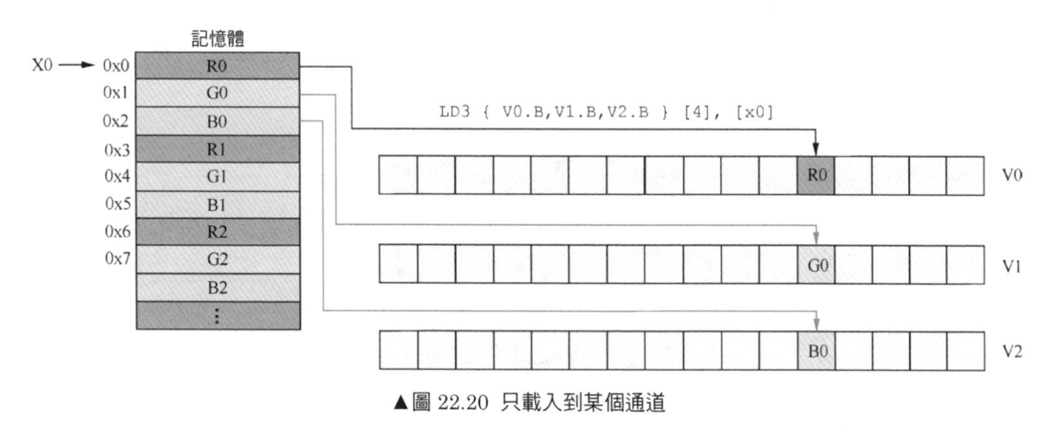

▲圖 22.20 只載入到某個通道

同時，這種方式也支援儲存指令，可以把向量暫存器中某個通道的值寫入記憶體中。

22.3.8 搬移指令

NEON 指令集也提供了 MOV 指令，用於向量暫存器中資料元素之間的搬移。

1．從通用暫存器中搬移資料

從通用暫存器中搬移資料的 MOV 指令格式如下。

```
MOV <Vd>.<Ts>[<index>], <R><n>
```

其中，每個部分的含義如下。

- Vd：表示目標向量暫存器。
- Ts：表示資料元素大小，例如，B 表示 8 位元，H 表示 16 位元，S 表示 32 位元，D 表示 64 位元。
- index：資料元素的索引值。
- R：表示通用暫存器，X 表示 64 位元通用暫存器，W 表示 32 位元通用暫存器。

【例 22-8】下面的程式使用了 MOV 指令。

```
mov w1, #0xa
mov v1.h[2], w1
```

第一筆指令把常數 0xa 搬移到通用暫存器 W1 中，第二筆指令把 W1 暫存器的內容搬移到 V1 向量暫存器的第三個 16 位元資料元素中（h[2]），如圖 22.21 所示。V1 向量暫存器中其他通道的資料元素保存不變。注意，W1 和 V1 是兩個不同的暫存器，一個是整數運算的通用暫存器，另一個是 FP/NEON 運算的向量暫存器。

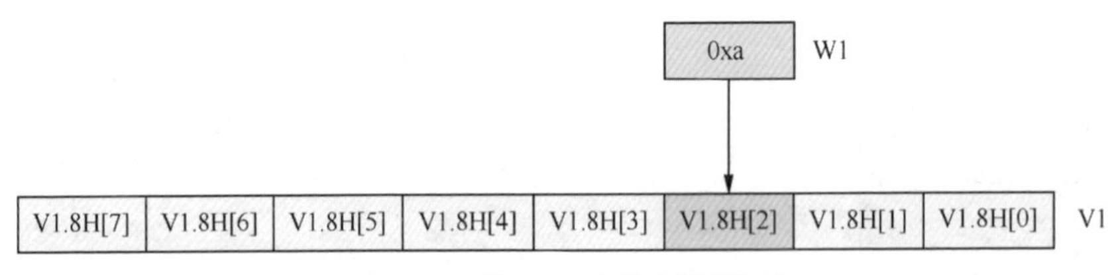

▲圖 22.21 使用 MOV 指令搬移資料

2．向量暫存器搬移

向量暫存器搬移指令 MOV 的格式如下。

```
MOV <Vd>.<T>, <Vn>.<T>
```

其中，每個部分的含義如下。

- Vd：表示目標向量暫存器。
- Vn：表示來源向量暫存器。
- T：表示要搬移資料元素的數量，例如，8B 表示搬移 8 位元組資料，16B 表示搬移 16 位元組資料。

【例 22-9】下面的程式也使用了 MOV 指令。

```
MOV V3.16B, V0.16B
MOV V3.8B, V0.8B
```

第一筆 MOV 指令把 V0 向量暫存器中所有的內容搬移到 V3 向量暫存器中，第二筆 MOV 指令把 V0 向量暫存器中低 8 位元組資料搬移到 V3 向量暫存器中。

3．搬移資料元素到向量暫存器

搬移某個資料元素到向量暫存器的 MOV 指令格式如下。

```
MOV <V><d>, <Vn>.<T>[<index>]
```

其中，每個部分的含義如下。

- Vd：表示目標向量暫存器。這裡向量暫存器必須和 T 保存一致。
- Vn：表示來源向量暫存器。
- T：表示資料元素大小，例如，B 表示 8 位元，H 表示 16 位元，S 表示 32 位元，D 表示 64 位元。
- index：資料元素的索引。

【例 22-10】下面的兩筆 MOV 指令中，哪一筆的寫法正確？

```
mov h2, v1.8h[2]
mov v2, v1.8h[2]
```

第一筆指令把 V1 向量暫存器中的第三個資料元素搬移到 H2 向量暫存器中。而第二筆指令是錯誤的指令，第一個運算元的大小必須和第二個運算元的大小保持一致。

4．搬移資料元素

向量暫存器之間搬移資料元素的 MOV 指令格式如下。

```
MOV <Vd>.<Ts>[<index1>], <Vn>.<Ts>[<index2>]
```

其中，每個部分的含義如下。

- Vd：表示目標向量暫存器。
- Vn：表示來源向量暫存器。
- Ts：表示資料元素大小，例如，B 表示 8 位元，H 表示 16 位元，S 表示 32 位元，D 表示 64 位元。
- index：資料元素的索引。

【例 22-11】如下指令的作用是什麼？

```
mov v1.8h[2], v0.8h[2]
```

這筆 MOV 指令把 V0 向量暫存器中第三個資料元素（H[2]）搬移到 V1 向量暫存器的第三個資料元素（H[2]）中。

22.3.9 反轉指令

REV 指令用於反轉資料元素（reverse element），在很多場景下非常有用。REV 指令一共有 3 筆變種指令。

- ❑ REV16 指令：表示向量暫存器中的 16 位元資料元素組成一個容器。在這個容器裡，反轉 8 位元資料元素的順序，即顛倒 B[0] 和 B[1] 的順序。
- ❑ REV32 指令：表示向量暫存器中的 32 位元資料元素組成一個容器。在這個容器裡，反轉 8 位元資料元素或者 16 位元資料元素的順序。
- ❑ REV64 指令：表示向量暫存器中的 64 位元資料元素組成一個容器。在這個容器裡，反轉 8 位元、16 位元或者 32 位元資料元素的順序。

【**例 22-12**】下面的程式使用了 REV16 指令。

```
REV16 v0.16B, v1.16B
```

在這筆指令中，16 位元資料組成一個容器，一個向量暫存器一共有 8 個容器。在容器裡有兩個 8 位元的資料。REV16 指令會分別對這 8 個容器裡的 8 位元資料進行反轉，如圖 22.22 所示。

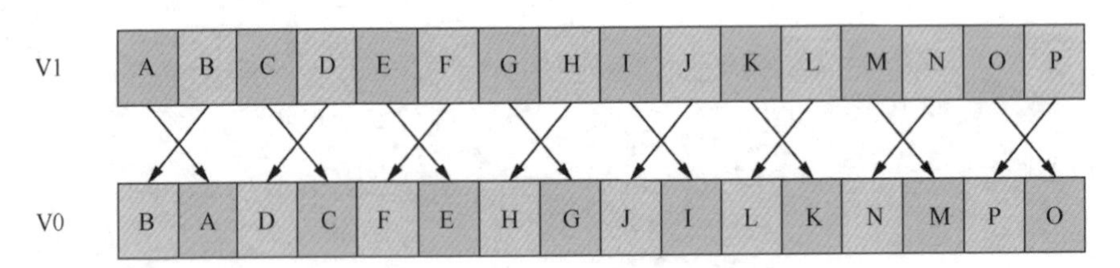

▲圖 22.22 REV16 指令的作用

【**例 22-13**】下面的程式使用了 REV32 指令。

```
REV32 v0.16B, v1.16B
```

在這筆指令中，32 位元資料組成一個容器，一個向量暫存器一共有 4 個容器。在容器裡有 4 個 8 位元的資料。REV32 指令會分別對這 4 個容器裡的 8 位元資料進行反轉，如圖 22.23 所示。

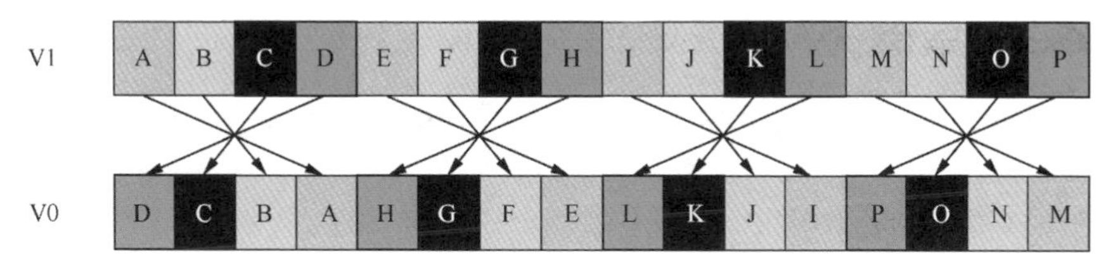

▲圖 22.23 REV32 指令的作用

【例 22-14】下面的程式同樣使用了 REV32 指令。

```
REV32 v0.8H, v1.8H
```

與例 22-13 一樣，這也是一筆 REV32 指令，不同之處在於處理資料元素的大小發生了變化，從之前的 8 位元資料元素變成了 16 位元資料元素。32 位元資料組成一個容器，一個向量暫存器一共有 4 個容器。在容器裡有兩個 16 位元的資料。REV32 指令會分別對這 4 個容器裡的 16 位元資料進行反轉，如圖 22.24 所示。

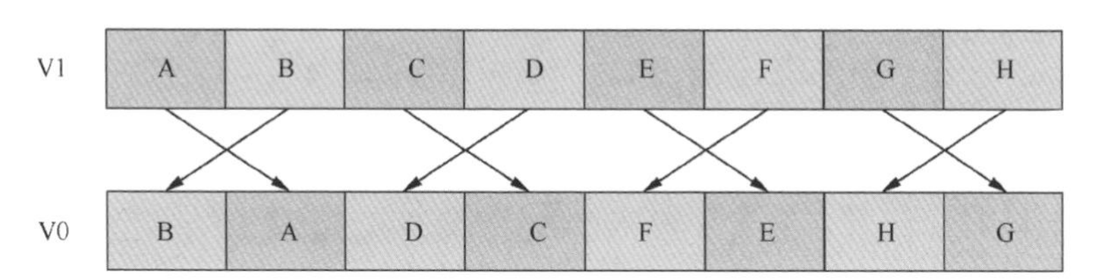

▲圖 22.24 另一筆 REV32 指令的作用

【例 22-15】下面是關於 REV64 指令的程式。

```
REV64 v0.16B, v1.16B
```

在這筆指令中，64 位元資料組成一個容器，一個向量暫存器一共有兩個容器。在容器裡有 8 個 8 位元的資料。REV64 指令會分別對這兩個容器裡的 8 位元資料進行反轉，如圖 22.25 所示。

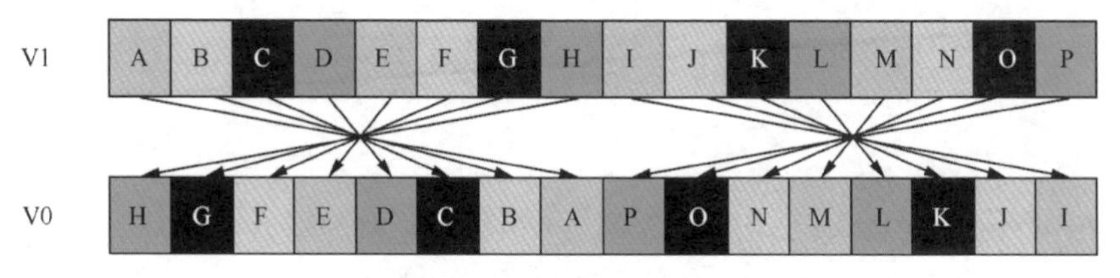

▲圖 22.25 REV64 指令的作用

22.3.10 提取指令

EXT 指令從兩個向量暫存器中分別提取部分資料元素，組成一個新的向量，並寫入新的向量暫存器中。EXT 是 Extraction 的縮寫。EXT 指令的格式如下。

```
EXT <Vd>.<T>, <Vn>.<T>, <Vm>.<T>, #<index>
```

其中，每個部分的含義如下。

- ❑ V*d*：表示目標向量暫存器。
- ❑ V*n*：表示第一個來源向量暫存器。
- ❑ V*m*：表示第二個來源向量暫存器。
- ❑ T：表示資料元素的大小和數量，例如，8B 表示有 8 個 8 位元的資料元素，16B 表示有 16 個 8 位元的資料元素。
- ❑ index：表示從第二個來源向量暫存器中提取多少個資料元素。

【例 22-16】下面是一筆 EXT 指令。

```
EXT v0.16B, v2.16B, v1.16B, #3
```

16B 表示向量暫存器一共有 16 個 8 位元的資料元素。3 表示從第一個來源向量暫存器中提取 3 個資料元素，剩下的 13 個資料元素需要從第二個來源向量暫存器的高 13 位元中提取，如圖 22.26 所示。

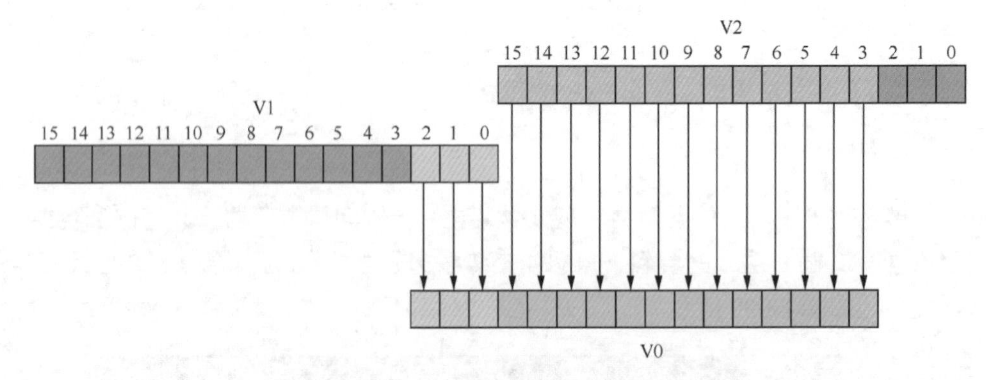

▲圖 22.26 EXT 指令的作用

類似的提取指令還有 ZIP1、ZIP2、XTN、XTN2 等。ZIP1 指令會分別從兩個來源向量暫存器中提取一半的資料元素，然後交織地組成一個新的向量，寫入目標向量暫存器中。ZIP2 指令會分別從兩個來源向量暫存器中提取一半的資料元素，這裡提取來源向量暫存器中高位元部分的資料元素，然後交織地組成一個新的向量，寫入目標向量暫存器中。

【例 22-17】下面是 ZIP1 和 ZIP2 指令。

```
ZIP1 V0.8H, V3.8H, V4.8H
ZIP2 V1.8H, V3.8H, V4.8H
```

第一筆 ZIP1 指令會從 V3 向量暫存器中提取 A0 ～ A3 資料元素，從 V4 向量暫存器中提取 B0 ～ B3 資料元素，這些資料元素會交織地組成一個新的向量 {A0，B0，A1，B1，…}，如圖 22.27 左側所示。

第二筆 ZIP2 指令會從 V3 向量暫存器中提取 A4 ～ A7 資料元素，從 V4 向量暫存器中提取 B4 ～ B7 資料元素，這些資料元素會交織地組成一個新的向量 {A4，B4，A5，B5，…}，如圖 22.27 右側所示。

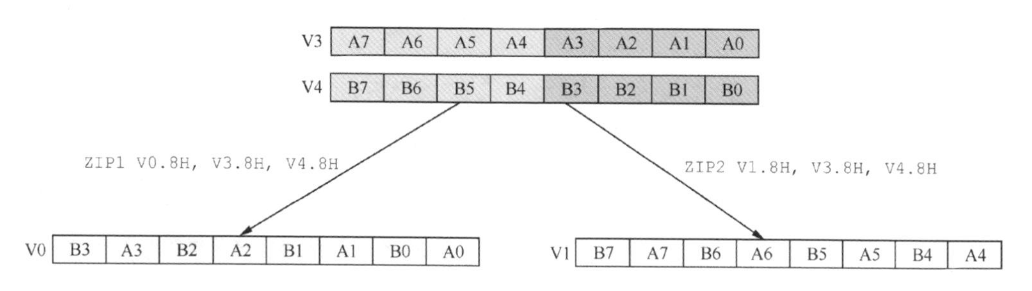

▲圖 22.27 ZIP1 和 ZIP2 指令

22.3.11 交錯變換指令

在數學矩陣計算中常常需要變換行和列的資料，例如，轉置矩陣（transpose of a matrix）。NEON 指令集為加速轉置矩陣運算提供了兩筆指令——TRN1 和 TRN2 指令。

TRN1 指令從兩個來源向量暫存器中交織地提取奇數編號的資料元素來組成一個新的向量，寫入目標向量暫存器中。

TRN2 指令從兩個來源向量暫存器中交織地提取偶數編號的資料元素來組成一個新的向量，寫入目標向量暫存器中。

【例 22-18】下面是 TRN1 指令。

```
TRN1 V1.4S, V0.4S, V3.4S
```

這筆指令分別從 V0 和 V3 向量暫存器中交織地去取奇數編號的資料元素，例如，從 V0 向量暫存器中取第一個奇數編號的資料元素 D，儲存到目標向量暫存器 V1 的 S[0] 上，從 V3 向量暫存器中取第一個奇數編號的資料元素 H，儲存到目標向量暫存器 V1 的 S[1] 上，依此類推，如圖 22.28 所示。

【例 22-19】下面是 TRN2 指令。

```
TRN2 V2.4S, V0.4S, V3.4S
```

這筆指令分別從 V0 和 V3 向量暫存器中交織地去取偶數編號的資料元素，例如，從 V0 向量暫存器中取第一個偶數編號的資料元素 C，儲存到目標向量暫存器 V2 的 S[0] 上，從 V3 向量暫存器中取第一個偶數編號的資料元素 G，儲存到目標向量暫存器 V2 的 S[1] 上，依此類推，如圖 22.29 所示。

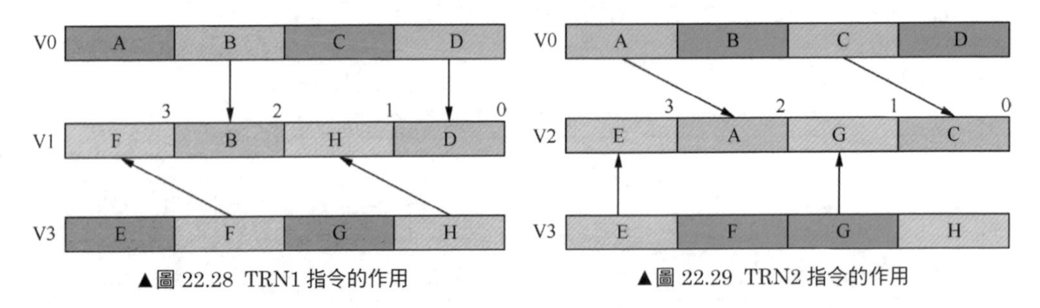

▲圖 22.28 TRN1 指令的作用　　▲圖 22.29 TRN2 指令的作用

22.3.12 查表指令

TBL（查表）指令的格式如下。

```
TBL <Vd>.<Ta>, { <Vn>.16B }, <Vm>.<Ta>
TBL <Vd>.<Ta>, { <Vn>.16B, <Vn+1>.16B }, <Vm>.<Ta>
TBL <Vd>.<Ta>, { <Vn>.16B, <Vn+1>.16B, <Vn+2>.16B }, <Vm>.<Ta>
TBL <Vd>.<Ta>, { <Vn>.16B, <Vn+1>.16B, <Vn+2>.16B, <Vn+3>.16B }, <Vm>.<Ta>
```

TBL 指令查詢的表最多可以由 4 個向量暫存器組成，它們分別為 V*n* ～ V*n*+3。其中，相關選項的含義如下。

- V*d*：表示目標來源向量暫存器。
- V*n* ～ V*n*+3：表示表的內容。
- V*m*：儲存查表的索引值。
- T*a*：表示向量暫存器的大小和數量，例如，8B 表示有 8 個 8 位元的資料元素，16B 表示有 16 個 8 位元的資料元素。

【例 22-20】以下指令使用 V1 和 V2 兩個向量暫存器裡的 32 個資料元素組成一張表，這張表的索引範圍為 [31:0]。

```
TBL V4.16B, {V1.16B, V2.16B}, V0.16B
```

V0 向量暫存器中的 16 個資料元素用於查表。例如，如果 V0 向量暫存器中第一個資料元素的值為 6，那麼用索引 6 查詢這張表，查詢的結果為 g，把這個值寫入目標向量暫存器的 B[0] 通道中。注意，表的起始索引為 0。當索引大於表的範圍時，TBL 值會寫入 0 到目標向量暫存器的對應資料元素中。如圖 22.30 所示，索引 40 已經超過這張表的最大範圍，所以把 0 寫入對應的資料元素中。

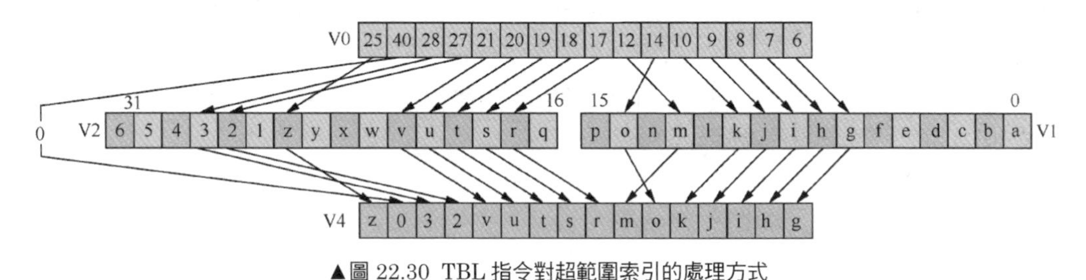

▲圖 22.30 TBL 指令對超範圍索引的處理方式

此外，TBL 指令還有一個變種——TBX。它們的區別在於，當索引超過表的範圍時，TBL 指令把 0 寫入對應的資料元素中，TBX 則保持資料元素的值不變。

22.3.13 乘加指令

MLA（乘加）指令廣泛應用於矩陣運算。另外，MLA 指令還有一個變種——FMLA。它們的區別在於，FMLA 指令操作的資料為浮點數，MLA 指令操作的資料為整數。

MLA 指令不僅可以完成向量乘加運算，還可以完成向量與某個通道中資料元素的乘加運算。

向量乘加運算的格式如下。

```
MLA <Vd>.<T>, <Vn>.<T>, <Vm>.<T>
```

上述指令對 V*n* 和 V*m* 向量暫存器中各自通道的資料進行相乘，然後與 V*d* 向量暫存器中各通道的原有資料進行相加。其中，各個選項的含義如下。

- ❑ V*d*：表示目標向量暫存器。
- ❑ V*n*：表示第一來源運算元的向量暫存器。

- ❑ V*m*：表示第二來源運算元的向量暫存器。
- ❑ T：表示資料元素的大小和數量，例如，8B 表示 8 個 8 位元的資料元素，16B 表示 16 個 8 位元的資料元素，4H 表示 4 個 16 位元的資料元素，8H 表示 8 個 16 位元的資料元素，2S 表示兩個 32 位元的資料元素，4S 表示 4 個 32 位元的資料元素。

向量與某個資料通道中資料元素乘加運算的格式如下。

```
MLA <Vd>.<T>, <Vn>.<T>, <Vm>.<Ts>[<index>]
```

上述指令把 V*m* 向量暫存器中第 index 個通道的資料分別與 V*n* 向量暫存器中每個通道的資料進行相乘，然後與 V*d* 向量暫存器中各通道的原有資料進行相加。其中，相關選項的含義如下。

- ❑ T*s*：表示通道大小。其中，H 表示 16 位元資料大小，S 表示 32 位元資料大小。
- ❑ index：表示通道的索引。

【**例 22-21**】下面是一筆向量乘加指令。

```
mla v2.4s, v0.4s, v1.4s
```

從上述指令可知，向量暫存器一共有 4 個通道，每個通道的大小為 32 位元。V0 向量暫存器中 4 個通道的值分別與 V1 向量暫存器中 4 個通道的值相乘，再與 V2 向量暫存器中 4 個通道原有的值進行相加，如圖 22.31 所示。

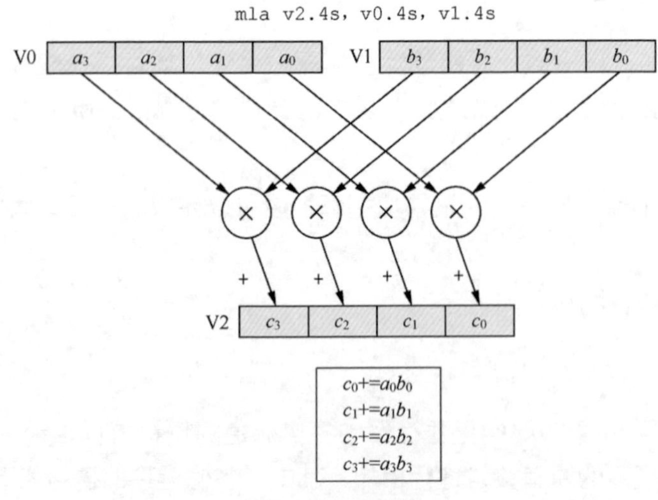

▲圖 22.31 向量乘加

【例 22-22】下面是一筆使向量與資料通道中資料元素乘加的指令。

```
mla v2.4s, v0.4s, v1.4s[0]
```

V0 向量暫存器中 4 個通道的值分別與 V1 向量暫存器中第 0 個通道的值相乘，再與 V2 向量暫存器中 4 個通道原有的值進行相加，如圖 22.32 所示。

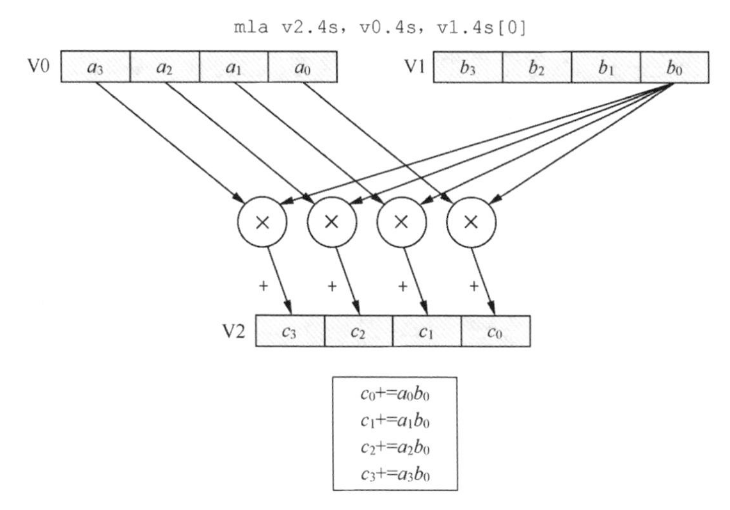

▲圖 22.32 向量與通道中的資料元素乘加

22.3.14 向量算術指令

NEON 指令集包含大量的向量算術指令，例如加減運算、乘除、乘加、比較、邏輯運算、移位操作、絕對值、飽和算術等指令，如表 22.6 所示。

表 22.6 常用的向量算術指令

向量算術指令	描　述
ADD	向量加法指令
SUB	向量減法指令
MUL	向量乘法指令
MLA	向量乘加指令
CMEQ/CMGE/CMGT/ CMHI/CMHS/CMLE/CMLT	向量比較指令
BIC/AND/ORR/EOR	向量邏輯運算指令
SHL/SHR/RSHL/RSHR	向量移位操作指令
ABS	向量絕對值指令
QADD/QSUB	向量飽和算術指令

22.4 案例分析 22-1：RGB24 轉 BGR24

在本案例中，我們分別使用 C 語言和 NEON 組合語言程式碼來實現 RGB24 轉 BGR24 的函數，然後在樹莓派 4B 上執行並計算它們的執行時間，從而展現 NEON 組合語言程式碼的優勢。

RGB24 格式中，每個像素用 24 位元（3 位元組）表示 R（紅）、G（綠）、B（藍）三種顏色。它們在記憶體中的儲存方式是 R0、G0、B0、R1、G1、B1，依此類推。而與 RGB24 有一點不一樣，BGR24 格式在記憶體的儲存方式是 B0、G0、R0、B1、G1、R1，依此類推，如圖 22.33 所示。

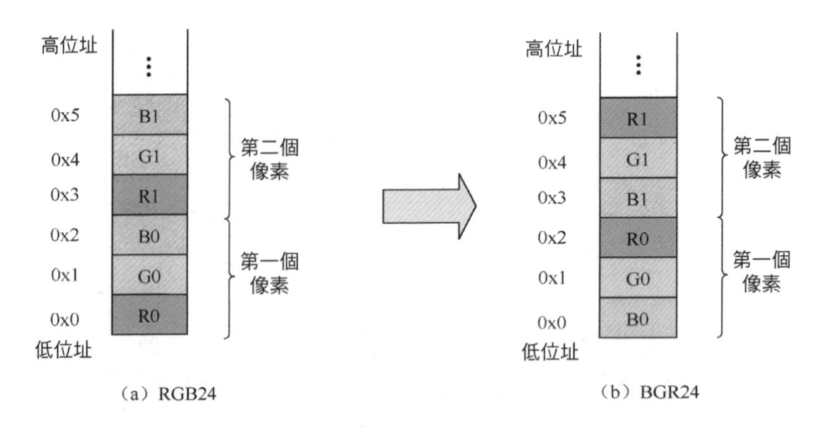

▲圖 22.33 RGB24 轉 BGR24

22.4.1 使用 C 語言實現 RGB24 轉 BGR24

下面是 RGB24 轉 BGR24 的 C 語言程式。

```
1    static void rgb24_bgr24_c(unsigned char *src, unsigned char *dst,
     unsigned long count)
2    {
3        unsigned long i;
4
5        for (i = 0; i < count; i++) {
6            dst[3 * i] = src[3 * i +2];
7            dst[3 * i + 1] = src[3*i + 1];
8            dst[3 * i + 2] = src[3*i];
9            }
10   }
```

其中 src 表示 RGB24 資料，dst 表示轉換後的 BGR24 資料，count 表示有多少個像素，一個像素由 3 位元組組成。

22.4.2 手工撰寫 NEON 組合語言函數

下面使用 NEON 組合語言函數來最佳化程式。

```
1    static void rgb24_bgr24_asm(unsigned char *src, unsigned char *dst,
     unsigned long count)
2    {
3        count = count * 3;
4        unsigned long size = 0;
5
6        asm volatile (
7            "1: ld3 {v0.16b, v1.16b, v2.16b}, [%[src]], #48 \n"
8            "mov v3.16b, v0.16b\n"
9            "mov v0.16b, v2.16b\n"
10           "mov v2.16b, v3.16b\n"
11           "st3 {v0.16b, v1.16b, v2.16b}, [%[dst]], #48\n"
12           "add %[size], %[size], #48\n"
13           "cmp %[size], %[count]\n"
14           "bne 1b\n"
15           : [dst] "+r"(dst), [src] "+r"(src), [size] "+r"(size)
16           : [count] "r" (count)
17           : "memory", "v0", "v1", "v2", "v3"
18           );
19       }
```

注意，內嵌組合語言函數的第 7 ～ 11 行顯性地使用 V0 ～ V3 向量暫存器，因此需要在內嵌組合語言函數的損壞部分中告訴編譯器，內嵌組合語言函數使用了這幾個向量暫存器，見第 17 行。

22.4.3 使用 NEON 內建函數

GCC 編譯器還提供了 NEON 內建函數（NEON intrinsics）來方便程式設計人員使用 NEON 組合語言指令。NEON 內建函數用來封裝 NEON 指令，這樣我們可以透過呼叫函數直接存取 NEON 指令，而不用直接撰寫組合語言程式碼。使用 NEON 內建函數之前需要熟悉這些記憶體函數的定義和用法，讀者可以參考 ARM 公司的 "Arm Neon Intrinsics Reference" 文件。

下面是使用 NEON 內建函數最佳化的程式。

```
static void rgb24_bgr24_neon_intr(unsigned char *src, unsigned char *dst, unsigned
long count)
{
    unsigned long i;
    count = count * 3;

    uint8x16x3_t rgb;
    uint8x16x3_t bgr;

    for (i = 0; i < count/48; i++) {
        rgb = vld3q_u8(src + 3*16*i);

        bgr.val[2] = rgb.val[0];
        bgr.val[0] = rgb.val[2];
        bgr.val[1] = rgb.val[1];

        vst3q_u8(dst + 3 * 16 * i, bgr);
    }
}
```

uint8x16x3_t 類型定義在 GCC 工具鏈的 arm_neon.h 標頭檔中。

```
</usr/lib/gcc/aarch64-linux-gnu/9/include/arm_neon.h>

typedef struct uint8x16x3_t
{
    uint8x16_t val[3];
} uint8x16x3_t;
```

uint8x16_t 表示一個向量，這個向量中有 16 個 uint8 類型的資料。因此 uint8x16x3_t 表示 3 個向量，分別用來表示 R、G、B 三個顏色的資料，類似於 C 語言的二維陣列 unsigned char rgb[3][16]。

vld3q_u8() 函數是封裝了 “LD3” 組合語言指令的函數，它把來源資料透過 LD3 指令載入到上述 3 個向量中。

vst3q_u8() 函數透過 ST3 指令把 bgr 資料寫回記憶體中。

22.4.4 測試

接下來，我們寫一個程式來建立 10 張解析度為 4K（即水準方向每行像素值達到或接近 4096 個）的影像的 RGB24 資料，然後分別使用 rgb24_ bgr24_c()、rgb24_bgr24_neon_intr () 以及 rgb24_bgr24_asm() 函數來轉換資料並記錄執行時間。下面是虛擬程式碼。

```
#define IMAGE_SIZE (4096 * 2160 *10)
#define PIXEL_SIZE (IMAGE_SIZE * 3)

int main(int argc, char* argv[])
{
     unsigned long i;
     unsigned long clocks_c, clocks_asm, clocks_neon;

     unsigned char *rgb24_src = malloc(PIXEL_SIZE);
     unsigned char *bgr24_c = malloc(PIXEL_SIZE);
     unsigned char *bgr24_asm = malloc(PIXEL_SIZE);
     unsigned char *bgr24_neon = malloc(PIXEL_SIZE);

     /* 避免 OS 的缺頁異常影響測試結果 */
     memset(rgb24_src, 0, PIXEL_SIZE);
     memset(bgr24_c, 0, PIXEL_SIZE);
     memset(bgr24_asm, 0, PIXEL_SIZE);
     memset(bgr24_neon, 0, PIXEL_SIZE);

     /* 準備 RGB24 資料 */
     for (i = 0; i < PIXEL_SIZE; i++) {
         rgb24_src[i] = rand() & 0xff;
     }

     /* 執行純 C 函數 */
     clock_t start = clock();
     rgb24_bgr24_c(rgb24_src, bgr24_c, IMAGE_SIZE);
     clock_t end = clock();
     clocks_c = end - start;
     printf("c spend time :%ld\n", clocks_c);

     /* 執行使用 NEON 內建函數最佳化的程式 */
     start = clock();
     rgb24_bgr24_neon_intr(rgb24_src, bgr24_neon, IMAGE_SIZE);
     end = clock();
     clocks_neon = end - start;
     printf("neon intr spend time :%ld\n", clocks_neon);

     /* 執行 NEON 指令最佳化的程式 */
     start = clock();
     rgb24_bgr24_asm(rgb24_src, bgr24_asm, IMAGE_SIZE);
     end = clock();
     clocks_asm = end - start;
     printf("asm spend time :%ld\n", clocks_asm);

     if (memcmp(bgr24_c, bgr24_asm, PIXEL_SIZE) || memcmp(bgr24_c, bgr24_neon,
PIXEL_SIZE))
            printf("error on bgr data\n");
     else
```

```
            printf("bgr result is idential\n");

            printf("asm fast than c: %f\n", (float)clocks_c/(float)clocks_asm);
            printf("asm fast than neon_intr: %f\n", (float)clocks_neon/(float)clocks_asm);

    return 0;
}
```

我們把這段程式放到執行 Linux 系統的樹莓派 4B 開發板中，編譯並執行。從圖 22.34 可知，使用 NEON 指令最佳化的純組合語言程式碼比純 C 語言的執行速度要快 30%，與使用 NEON 內建函數的執行速度差不多。

```
pi@raspberrypi:~$ gcc rgb24_bgr24_neon_test.c -o rgb24_bgr24_neon_test -O2
pi@raspberrypi:~$ ./rgb24_bgr24_neon_test
c spend time :506064
neon intr spend time :391123
asm spend time :385928
bgr result is idential: 265420800
asm fast than c: 1.311291
asm fast than neon_intr: 1.013461
pi@raspberrypi:~$
```

▲圖 22.34 C 程式與 NEON 組合語言程式碼的對比

22.5 案例分析 22-2：4×4 矩陣乘法運算

假設 **A** 為 $m \times n$ 的矩陣，**B** 為 $n \times t$ 的矩陣，那麼稱 $m \times t$ 的矩陣 **C** 為矩陣 **A** 與矩陣 **B** 的乘積，記為 **C** = **AB**。本節以 4 × 4 矩陣為例子。如果我們使用 C 語言中的一維陣列來表示一個 4 × 4 的矩陣，例如陣列 $A[\,] = \{a_0，a_1，\cdots，a_{15}\}$，那麼矩陣 A 的第 1 行資料為 $\{a_0，a_4，a_8，a_{12}\}$，矩陣 A 的第 1 列資料為 $\{a_0, a_1, a_2, a_3\}$。同理，使用陣列 $B[\,]$ 來表示一個 4 × 4 的矩陣 **B**，如圖 22.35 所示。

$$\boldsymbol{A} = \begin{pmatrix} a_0 & a_4 & a_8 & a_{12} \\ a_1 & a_5 & a_9 & a_{13} \\ a_2 & a_6 & a_{10} & a_{14} \\ a_3 & a_7 & a_{11} & a_{15} \end{pmatrix}$$

$$\boldsymbol{B} = \begin{pmatrix} b_0 & b_4 & b_8 & b_{12} \\ b_1 & b_5 & b_9 & b_{13} \\ b_2 & b_6 & b_{10} & b_{14} \\ b_3 & b_7 & b_{11} & b_{15} \end{pmatrix}$$

$$\boldsymbol{C} = \boldsymbol{AB} = \begin{pmatrix} a_0b_0 + a_4b_1 + a_8b_2 + a_{12}b_3 & a_0b_4 + a_4b_5 + a_8b_6 + a_{12}b_7 & a_0b_8 + a_4b_9 + a_8b_{10} + a_{12}b_{11} & a_0b_{12} + a_4b_{13} + a_8b_{14} + a_{12}b_{15} \\ a_1b_0 + a_5b_1 + a_9b_2 + a_{13}b_3 & a_1b_4 + a_5b_5 + a_9b_6 + a_{13}b_7 & a_1b_8 + a_5b_9 + a_9b_{10} + a_{13}b_{11} & a_1b_{12} + a_5b_{13} + a_9b_{14} + a_{13}b_{15} \\ a_2b_0 + a_6b_1 + a_{10}b_2 + a_{14}b_3 & a_2b_4 + a_6b_5 + a_{10}b_6 + a_{14}b_7 & a_2b_8 + a_6b_9 + a_{10}b_{10} + a_{14}b_{11} & a_2b_{12} + a_6b_{13} + a_{10}b_{14} + a_{14}b_{15} \\ a_3b_0 + a_7b_1 + a_{11}b_2 + a_{15}b_3 & a_3b_4 + a_7b_5 + a_{11}b_6 + a_{15}b_7 & a_3b_8 + a_7b_9 + a_{11}b_{10} + a_{15}b_{11} & a_3b_{12} + a_7b_{13} + a_{11}b_{14} + a_{15}b_{15} \end{pmatrix}$$

▲圖 22.35 4 × 4 矩陣乘法

根據矩陣乘法規則，每得到矩陣 ***C*** 的一個元素，需要將 4 次乘法的結果相加。矩陣 ***C*** 中 c_0 應該等於矩陣 ***A*** 第一行的資料乘以矩陣 ***B*** 第一列的資料並相加，即 $c_0 = a_0b_0+a_4b_1+a_8b_2+ a_{12}b_3$；矩陣 ***C*** 中 c_1 應該等於矩陣 ***A*** 第二行的資料乘以矩陣 ***B*** 第一列的資料並相加，即 $c_1 = a_1b_0+a_5b_1+ a_9b_2+a_{13}b_3$，依此類推。

22.5.1 使用 C 語言實現 4×4 矩陣乘法運算

下面使用 C 語言來實現 4 × 4 矩陣乘法運算。

```
static void matrix_multiply_c(float32_t *A, float32_t *B, float32_t *C)
{
        for (int i_idx=0; i_idx<4; i_idx++) {
                for (int j_idx=0; j_idx<4; j_idx++) {
                        C[4*j_idx + i_idx] = 0;
                        for (int k_idx=0; k_idx<4; k_idx++) {
                                C[4*j_idx + i_idx] +=
                                         A[4*k_idx + i_idx]*B[4*j_idx + k_idx];
                        }
                }
        }
}
```

其中參數 A 表示矩陣 ***A***，參數 B 表示矩陣 ***B***，參數 C 表示矩陣乘積 ***C***。這裡採用一維陣列來表示矩陣，並且矩陣的元素均為單精度浮點數。

22.5.2 手工撰寫 NEON 組合語言函數

下面使用內嵌組合語言函數來程式 NEON 組合語言函數。

```
1    void matrix_multiply_4x4_asm(float32_t *A, float32_t *B, float32_t *C)
2    {
3        asm volatile (
4            "ld1 {v0.4s, v1.4s, v2.4s, v3.4s}, [%[a]]\n"
5            "ld1 {v4.4s, v5.4s, v6.4s, v7.4s}, [%[b]]\n"
6
7            "moviv8.4s, 0\n"
8            "moviv9.4s, 0\n"
9            "moviv10.4s, 0\n"
10           "moviv11.4s, 0\n"
11
12           /* 計算 C0——第 1 列 */
13           "fmla v8.4s, v0.4s, v4.s[0]\n"
14           "fmla v8.4s, v1.4s, v4.s[1]\n"
15           "fmla v8.4s, v2.4s, v4.s[2]\n"
16           "fmla v8.4s, v3.4s, v4.s[3]\n"
```

```
17
18          /* 計算 C1——第 2 列 */
19          "fmla v9.4s, v0.4s, v5.s[0]\n"
20          "fmla v9.4s, v1.4s, v5.s[1]\n"
21          "fmla v9.4s, v2.4s, v5.s[2]\n"
22          "fmla v9.4s, v3.4s, v5.s[3]\n"
23
24          /* 計算 C2——第 3 列 */
25          "fmla v10.4s, v0.4s, v6.s[0]\n"
26          "fmla v10.4s, v1.4s, v6.s[1]\n"
27          "fmla v10.4s, v2.4s, v6.s[2]\n"
28          "fmla v10.4s, v3.4s, v6.s[3]\n"
29
30          /* 計算 C3——第 4 列 */
31          "fmla v11.4s, v0.4s, v7.s[0]\n"
32          "fmla v11.4s, v1.4s, v7.s[1]\n"
33          "fmla v11.4s, v2.4s, v7.s[2]\n"
34          "fmla v11.4s, v3.4s, v7.s[3]\n"
35
36          "st1 {v8.4s, v9.4s, v10.4s, v11.4s}, [%[c]]\n"
37          :
38          : [a] "r" (A), [b] "r" (B), [c] "r" (C)
39          : "memory", "v0", "v1", "v2", "v3",
40              "v4", "v5", "v6", "v7", "v8",
41              "v9", "v10", "v11"
42           );
43  }
```

在第 4 行中，使用 LD1 指令把矩陣 ***A*** 中 16 個元素載入到 V0 ～ V3 向量暫存器中，把矩陣 ***A*** 第 1 列資料 $\{a_0, a_1, a_2, a_3\}$ 載入到 V0 向量暫存器中，把矩陣 ***A*** 的第 2 列資料 $\{a_4, a_5, a_7, a_8\}$ 載入到 V1 向量暫存器中，依此類推。以 V0 向量暫存器為例，通道 0 載入了 a_0，通道 1 載入了 a_1，依此類推，如圖 22.36 所示。

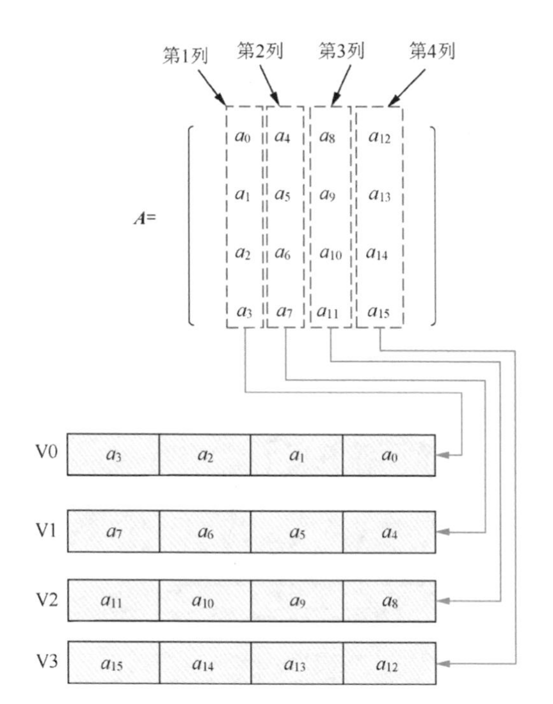

▲圖 22.36 載入矩陣到向量暫存器

在第 5 行中，使用 LD1 指令把矩陣 ***B*** 中 16 個元素載入到 V4 ～ V7 向量暫存器中。

在第 7 ～ 10 行中，V8 ～ V11 向量暫存器用來儲存矩陣 ***C*** 的乘積結果，這裡先把向量暫存器所有通道的值設定為 0。

在第 13 ～ 16 行中，分別計算矩陣 ***C*** 中第 1 列的 4 個資料。在第 13 行中，v4.s[0] 表示矩陣 ***B*** 的 b_0 元素，v0.4s 表示矩陣 ***A*** 的第 1 列資料 $\{a_0, a_1, a_2, a_3\}$，這裡分別計算 b_0 元素與矩陣 ***A*** 第 1 列的 4 個資料的乘積，例如 $c_0 += a_0b_0$，$c_1 += a_1b_0$，依此類推，如圖 22.37 所示。

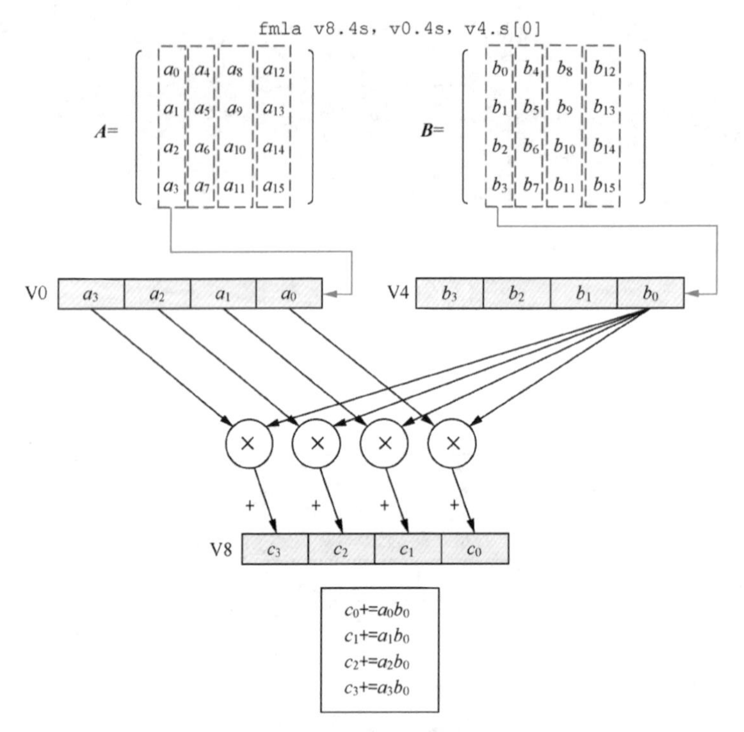

▲圖 22.37 第一次執行 FMLA 指令

在第 14 行中，第二次執行 FMLA 指令。其中，v4.s[1] 表示矩陣 ***B*** 的 b_1 元素，v1.4s 表示矩陣 ***A*** 第 2 列的資料 $\{a_4, a_5, a_7, a_8\}$，這裡使用 b_1 元素與矩陣 ***A*** 第 2 列的 4 個資料分別相乘，最終 $c_0 += a_0b_0 + a_4b_1$，$c_1 += a_1b_0 + a_5b_1$，依此類推，如圖 22.38 所示。

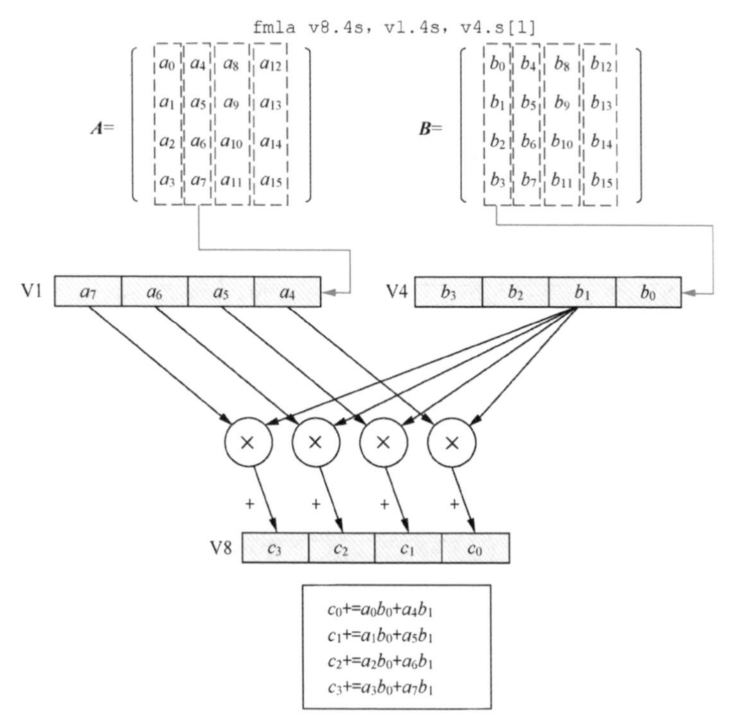

▲圖 22.38 第二次執行 FMLA 指令

在第 15 行中，第三次執行 FMLA 指令。其中，v4.s[2] 表示矩陣 ***B*** 的 b_2 元素，v2.4s 表示矩陣 ***A*** 第 3 列的資料 $\{a_8, a_9, a_{10}, a_{11}\}$，這裡使用 b_2 元素與矩陣 ***A*** 第 3 列的 4 個資料分別相乘，最終 $c_0 += a_0b_0 + a_4b_1 + a_8b_2$，$c_1 += a_1b_0 + a_5b_1 + a_9b_2$，依此類推，如圖 22.39 所示。

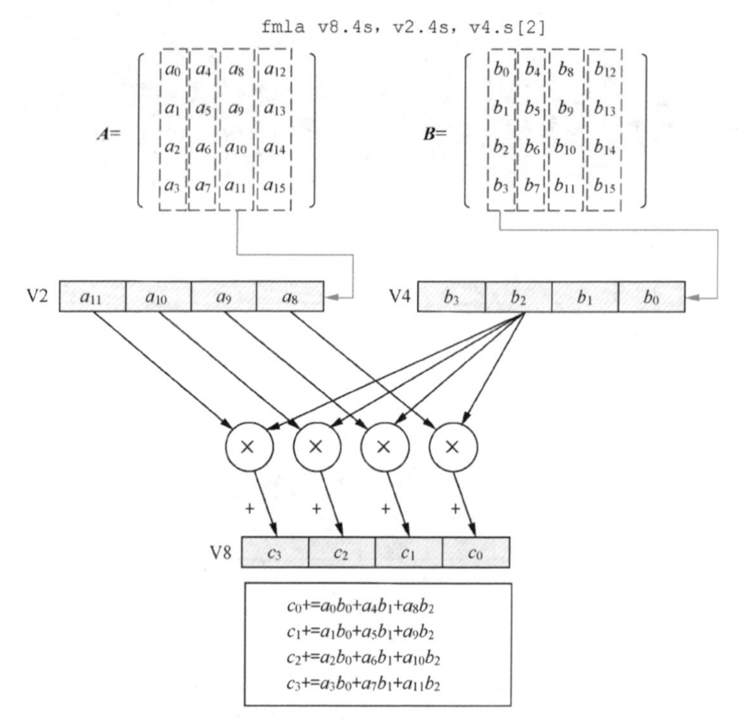

▲圖 22.39 第三次執行 FMLA 指令

在第 16 行中，第四次執行 FMLA 指令。其中，v4.s[3] 表示矩陣 ***B*** 的 b_3 元素，v3.4s 表示矩陣 ***A*** 第 4 列的資料 $\{a_{12}, a_{13}, a_{14}, a_{15}\}$，這裡使用 b_3 元素與矩陣 ***A*** 第 4 列的 3 個資料分別相乘，最終 $c_0=a_0b_0+a_4b_1+a_8b_2+a_{12}b_3$，$c_1= a_1b_0+a_5b_1+a_9b_2+a_{13}b_3$，依此類推。如圖 22.40 所示，上述 4 筆 FMLA 指令計算完矩陣 ***C*** 的第 1 列資料，即 $\{c_0$，c_1，c_2，$c_3\}$。

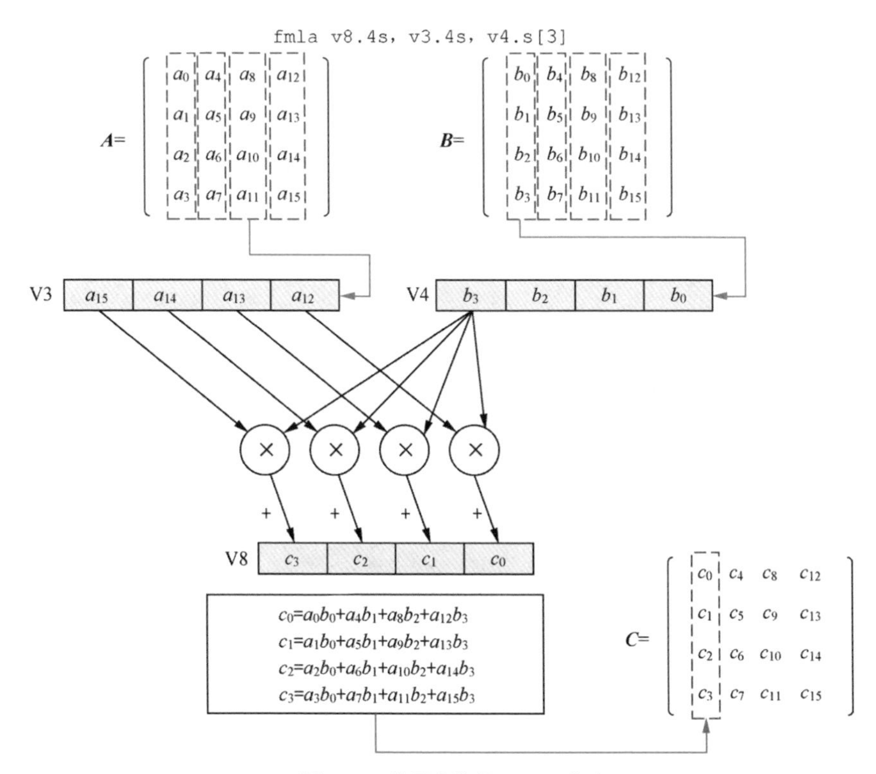

▲圖 22.40 第四次執行 FMLA 指令

在第 19 ～ 22 行中，分別計算矩陣 ***C*** 第 2 列的 4 個資料。

在第 25 ～ 28 行中，分別計算矩陣 ***C*** 第 3 列的 4 個資料。

在第 31 ～ 34 行中，分別計算矩陣 ***C*** 第 4 列的 4 個資料。

在第 36 行中，把矩陣 ***C*** 的所有資料寫入一維陣列 *C* 中。

在第 39 ～ 41 行中，由於內嵌組合語言函數顯性地使用了 V0 ～ V11 向量暫存器，因此需要告知編譯器。

22.5.3 使用 NEON 內建函數

下面使用 NEON 內建函數改寫 22.5.2 節的程式。

```
1    static void matrix_multiply_4x4_neon(float32_t *A, float32_t *B, float32_t *C)
2    {
3        /* 矩陣 A 分成 4 列——A0，A1，A2，A3 */
4            float32x4_t A0;
5            float32x4_t A1;
```

```
6           float32x4_t A2;
7           float32x4_t A3;
8
9       /* 矩陣 B 分成 4 列——B0，B1，B2，B3 */
10          float32x4_t B0;
11          float32x4_t B1;
12          float32x4_t B2;
13          float32x4_t B3;
14
15      /* 矩陣 C 分成 4 列——C0，C1，C2，C3 */
16          float32x4_t C0;
17          float32x4_t C1;
18          float32x4_t C2;
19          float32x4_t C3;
20
21          A0 = vld1q_f32(A);
22          A1 = vld1q_f32(A+4);
23          A2 = vld1q_f32(A+8);
24          A3 = vld1q_f32(A+12);
25
26          C0 = vmovq_n_f32(0);
27          C1 = vmovq_n_f32(0);
28          C2 = vmovq_n_f32(0);
29          C3 = vmovq_n_f32(0);
30
31      /* 計算 C0——第 1 列 */
32          B0 = vld1q_f32(B);
33          C0 = vfmaq_laneq_f32(C0, A0, B0, 0);
34          C0 = vfmaq_laneq_f32(C0, A1, B0, 1);
35          C0 = vfmaq_laneq_f32(C0, A2, B0, 2);
36          C0 = vfmaq_laneq_f32(C0, A3, B0, 3);
37          vst1q_f32(C, C0);
38
39      /* 計算 C1——第 2 列 */
40          B1 = vld1q_f32(B+4);
41          C1 = vfmaq_laneq_f32(C1, A0, B1, 0);
42          C1 = vfmaq_laneq_f32(C1, A1, B1, 1);
43          C1 = vfmaq_laneq_f32(C1, A2, B1, 2);
44          C1 = vfmaq_laneq_f32(C1, A3, B1, 3);
45          vst1q_f32(C+4, C1);
46
47      /* 計算 C2——第 3 列 */
48          B2 = vld1q_f32(B+8);
49          C2 = vfmaq_laneq_f32(C2, A0, B2, 0);
50          C2 = vfmaq_laneq_f32(C2, A1, B2, 1);
51          C2 = vfmaq_laneq_f32(C2, A2, B2, 2);
52          C2 = vfmaq_laneq_f32(C2, A3, B2, 3);
53          vst1q_f32(C+8, C2);
```

```
54
55      /* 計算 C3——第 4 列 */
56          B3 = vld1q_f32(B+12);
57          C3 = vfmaq_laneq_f32(C3, A0, B3, 0);
58          C3 = vfmaq_laneq_f32(C3, A1, B3, 1);
59          C3 = vfmaq_laneq_f32(C3, A2, B3, 2);
60          C3 = vfmaq_laneq_f32(C3, A3, B3, 3);
61          vst1q_f32(C+12, C3);
62  }
```

其中 vld1q_f32() 函數內建了 LD1 指令，vfmaq_laneq_f32() 函數內建了 FMLA 指令，vst1q_ f32() 函數內建了 ST1 指令。

22.5.4 測試

我們寫一個測試程式來測試上述 C 程式、NEON 組合語言程式碼以及 NEON 內建函數的執行效率。

```
<測試程式片段>

void main()
{
    ...
     matrix_init_rand(A, n*k);
     matrix_init_rand(B, k*m);
     matrix_init(C, n, m, 0);

     /* 計算 C 程式的執行時間 */
     clock_gettime(CLOCK_REALTIME,&time_start);
     for (i = 0; i < LOOP; i++)
         matrix_multiply_c(A, B, E);
     clock_gettime(CLOCK_REALTIME,&time_end);
     clocks_c = (time_end.tv_sec - time_start.tv_sec)*1000000 +
         (time_end.tv_nsec - time_start.tv_nsec)/1000;
     printf("c spent time :%ld us\n", clocks_c);
     print_matrix(E, n, m);

   /* 計算純組合語言程式碼的執行時間 */
     clock_gettime(CLOCK_REALTIME,&time_start);
     for (i = 0; i < LOOP; i++)
         matrix_multiply_4x4_neon(A, B, D);
     clock_gettime(CLOCK_REALTIME,&time_end);
     clocks_neon = (time_end.tv_sec - time_start.tv_sec)*1000000 +
         (time_end.tv_nsec - time_start.tv_nsec)/1000;
     printf("Neon Intrinsics spent time :%ld us\n", clocks_neon);
     print_matrix(D, n, m);
```

```
    /* 計算 NEON 內建函數的執行時間 */
    clock_gettime(CLOCK_REALTIME,&time_start);
    for (i = 0; i < LOOP; i++)
        matrix_multiply_4x4_asm(A, B, F);
    clock_gettime(CLOCK_REALTIME,&time_end);
    clocks_asm = (time_end.tv_sec - time_start.tv_sec)*1000000 +
        (time_end.tv_nsec - time_start.tv_nsec)/1000;
    printf("asm spent time :%ld us\n", clocks_asm);
    print_matrix(F, n, m);

    c_eq_neon = matrix_comp(E, D, n, m);
    printf("Neon equal to C: %s\n", c_eq_neon ? "yes":"no");
    c_eq_neon = matrix_comp(F, D, n, m);
    printf("Asm equal to C:  %s\n", c_eq_neon ? "yes" : "no");
    printf("================================\n");

    printf("asm faster than c: %f\n", (float)clocks_c/clocks_asm);
    printf("asm faster than neon Intrinsics: %f\n", (float)clocks_neon/clocks_asm);
}
```

在測試程式中，我們分別在樹莓派 4B 開發板上完成 10 000 次 4 × 4 矩陣的乘法運算，然後記錄執行時間。如圖 22.41 所示，使用 NEON 組合語言程式碼最佳化的矩陣運算比純 C 程式的執行速度約快 10.9 倍。

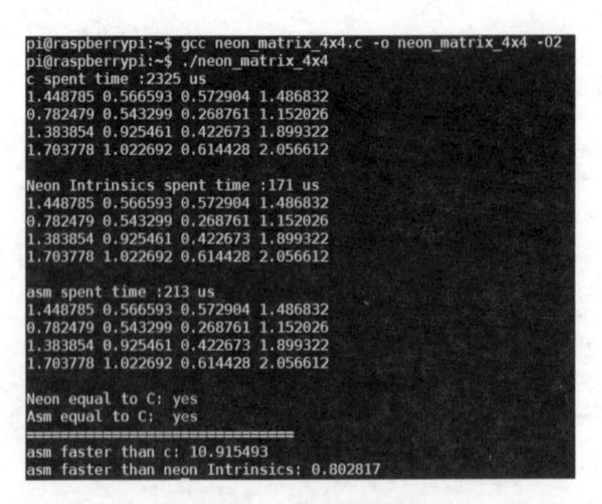

▲圖 22.41 矩陣運算結果

22.6 自動向量最佳化

使用 NEON 指令集最佳化程式有如下 3 種做法。

- 手工撰寫 NEON 組合語言程式碼。
- 使用編譯器提供的 NEON 內建函數。
- 使用編譯器提供的自動向量最佳化（auto-vectorization）選項，讓編譯器自動生成 NEON 指令來進行最佳化。

GCC 編譯器內建了自動向量最佳化功能。GCC 提供如下幾個編譯選項。

- -ftree-vectorize：執行向量最佳化。這個選項會預設啟動 “-ftree-loop-vectorize” 與 “-ftree-slp- vectorize”。
- -ftree-loop-vectorize：執行迴圈向量最佳化。展開迴圈以減少迭代次數，同時在每個迭代中執行更多的操作。
- -ftree-slp-vectorize：將純量操作綁定在一起，以利用向量暫存器的頻寬。SLP 是 Superword-Level Parallelism 的縮寫。

另外，GCC 的 “O3” 最佳化選項會自動啟動 “-ftree-vectorize”，即啟動自動向量最佳化功能。

下面是案例分析 22-1 簡化後的程式。

```
1    #include <stdio.h>
2    #include <string.h>
3    #include <stdlib.h>
4    #include <time.h>
5
6    static void rgb24_bgr24_c(unsigned char *src, unsigned char *dst,
     unsigned long count)
7    {
8        unsigned long i;
9
10       for (i = 0; i < count; i++) {
11           dst[3 * i] = src[3 * i +2];
12           dst[3 * i + 1] = src[3*i + 1];
13           dst[3 * i + 2] = src[3*i];
14
15       }
16   }
17
18   #define IMAGE_SIZE (1920 * 1080)
19   #define PIXEL_SIZE (IMAGE_SIZE * 3)
20
```

```
21  int main(int argc, char* argv[])
22  {
23      unsigned long i;
24      unsigned long clocks_c, clocks_asm;
25
26      unsigned char *rgb24_src = malloc(PIXEL_SIZE);
27      unsigned char *bgr24_c = malloc(PIXEL_SIZE);
28
29      clock_t start = clock();
30
31          rgb24_bgr24_c(rgb24_src, bgr24_c, IMAGE_SIZE);
32
33      clock_t end = clock();
34      clocks_c = end - start;
35      printf("c spend time :%ld\n", clocks_c);
36
37      return 0;
38  }
```

我們嘗試使用 GCC 的自動向量功能來最佳化 rgb24_bgr24_c() 函數。

把上面程式複製到安裝了 Linux 系統的樹莓派 4B 開發板上，執行如下程式進行反組譯。

```
# gcc -S -O3 neon_test.c
```

上述 GCC 命令會讓編譯器嘗試使用 NEON 指令來最佳化。執行完之後會生成 neon_test.s 組合語言檔案。

```
1       .arch armv8-a
2       .file"neon_test.c"
3       .text
4       .section.rodata.str1.8,"aMS",@progbits,1
5       .align3
6   .LC0:
7       .string"c spend time :%ld\n"
8       .section.text.startup,"ax",@progbits
9       .align2
10      .p2align 3,,7
11      .globalmain
12      .typemain, %function
13  main:
14  .LFB23:
15      stpx29, x30, [sp, -48]!
16      movx29, sp
17      strx21, [sp, 32]
18      movx21, 60416
```

```
19      movkx21, 0x5e, lsl 16
20      movx0, x21
21      stpx19, x20, [sp, 16]
22      blmalloc
23      movx20, x0
24      movx0, x21
25      blmalloc
26      movx19, x0
27      blclock
28      movx2, x19
29      addx4, x19, x21
30      movx3, x20
31      movx19, x0
32      .p2align 3,,7
33  .L2:
34      ld3{v4.16b - v6.16b}, [x3], 48
35      movv1.16b, v6.16b
36      movv2.16b, v5.16b
37      movv3.16b, v4.16b
38      st3{v1.16b - v3.16b}, [x2], 48
39      cmpx4, x2
40      bne.L2
41      blclock
42      subx1, x0, x19
43      adrpx0, .LC0
44      addx0, x0, :lo12:.LC0
45      blprintf
46      movw0, 0
47      ldpx19, x20, [sp, 16]
48      ldrx21, [sp, 32]
49      ldpx29, x30, [sp], 48
50      ret
51  .LFE23:
52      .sizemain, .-main
53      .ident"GCC: (Debian 9.3.0-22) 9.3.0"
54      .section.note.GNU-stack,"",@progbits
```

我們來解讀一下這段組合語言程式碼。

在第 18 ～ 19 行中，透過 MOV 和 MOVK 指令把 PIXEL_SIZE 的值預先計算出來。

在第 22 ～ 25 行中，呼叫 malloc 函數來分配 rgb24_src 和 bgr24_c 兩個記憶體緩衝區。

在第 29 行中，X4 暫存器指向 bgr24_c 緩衝區的結束位址。

在第 34 ～ 40 行中，GCC 自動生成了 NEON 指令，生成的 NEON 組合語言程式碼與本章前面的 rgb24_bgr24_asm() 函數的組合語言程式碼非常類似。

自動向量最佳化的一個必要條件是，在迴圈開始時必須知道迴圈次數。因為 break 等中斷條件意味著在迴圈開始時迴圈的次數可能是未知的，所以 GCC 自動向量最佳化功能在有些情況下（例如，在有相互依賴關係的不同迴圈的迭代中，帶有 break 子句的迴圈中，具有複雜條件的迴圈中）不能使用。

如果不可能完全避免中斷條件，那麼可以把 C 程式的迴圈分解為多個可向量化和不可向量化的部分。

22.7 實驗

22.7.1 實驗 22-1：浮點運算

1．實驗目的

熟練掌握浮點運算指令。

2．實驗要求

請把下面的 C 語言程式用組合語言程式碼方式撰寫，並在 QEMU+ARM64 實驗平臺上編譯和執行。

```
#include <stdio.h>

float main(void)
{
     float a, b, c;

     a = 0.5;
     b = -0.75;


     c = (a * b) + (a - b)/b;

     printf("c = %f\n", c);
}
```

22.7.2 實驗 22-2：RGB24 轉 BGR32

1．實驗目的

熟練掌握 NEON 指令。

2．實驗要求

請在基於 Linux 系統的樹莓派 4B 開發板上完成本實驗。

請用 NEON 組合語言指令最佳化 rgb24to32() 函數，然後分別記錄純 C 程式與 NEON 組合語言程式碼的執行時間，以對比 NEON 組合語言程式碼最佳化的效果。

```
/* RGB24 (= R, G, B) -> BGR32 (= A, R, G, B) */
void rgb24to32(const uint8_t *src, uint8_t *dst, int src_size)
{
    int i;

    for (i = 0; 3 * i < src_size; i++) {
        dst[4 * i + 0] = src[3 * i + 2];
        dst[4 * i + 1] = src[3 * i + 1];
        dst[4 * i + 2] = src[3 * i + 0];
        dst[4 * i + 3] = 255;
    }
}
```

22.7.3 實驗 22-3：8×8 矩陣乘法運算

1．實驗目的

熟練掌握 NEON 組合語言指令。

2．實驗要求

請在基於 Linux 系統的樹莓派 4B 開發板上完成本實驗。

請用 NEON 組合語言指令最佳化 8 × 8 矩陣乘法運算，然後分別記錄純 C 程式與 NEON 組合語言程式碼的執行時間，以對比 NEON 組合語言程式碼最佳化的效果。

第 23 章 可伸縮向量計算與最佳化

本章主要介紹 ARM64 系統結構中與可伸縮向量擴充（Scalable Vector Extension，SVE）指令相關的內容。

由於本章的很多內容和概念與第 22 章介紹的 NEON 指令類似，建議讀者閱讀完第 22 章相關內容再閱讀本章內容。

23.1 SVE 指令介紹

第 22 章介紹了 NEON 指令集，NEON 指令集是 ARM64 系統結構中單指令多資料流程（SIMD）的標準實現。SVE 是針對高性能計算（HPC）和機器學習等領域開發的一個全新的向量指令集，它是下一代 SIMD 指令集的實現，而非 NEON 指令集的簡單擴充。SVE 指令集中有很多概念（例如向量、通道、資料元素等）與 NEON 指令集類似。SVE 指令集定義了一個全新的概念——**可變向量長度**（Vector Length Agnostic，VLA）**程式設計模型**。

傳統的 SIMD 指令集採用固定大小的向量暫存器，例如 NEON 指令集採用固定的 128 位元長度的向量暫存器。而支援 VLA 程式設計模型的 SVE 指令集支援可變長度的向量暫存器。這樣允許晶片設計者根據負載和成本來選擇一個合適的向量長度。SVE 指令集最少支援 128 位元的向量暫存器，最多支援 2048 位元的向量暫存器，以 128 位元為增量。SVE 設計確保同一個應用程式可以在支援不同向量暫存器長度的 SVE 指令的機器上執行，而不需要重新編譯程式，這是 VLA 程式設計模型的精髓。

23.1.1 SVE 暫存器組

SVE 指令集提供了一組全新的暫存器。

- 32 個全新的可變長向量暫存器 Z0 ～ Z31，簡稱為 Z 暫存器。

- 16 個斷言暫存器[1]（predicate register）P0 ～ P15，簡稱為 P 暫存器。
- 第一次錯誤斷言暫存器（First Fault predicate Register，FFR）。
- SVE 控制暫存器——ZCR_Elx。

1．可變長向量暫存器 Z

Z 暫存器是資料暫存器，其長度是可變的。它的長度是 128 的倍數，最高可達 2048 位元。Z 暫存器中的資料可以用來儲存為 8 位元、16 位元、32 位元、64 位元或 128 位元的資料元素，對應的資料型態如圖 23.1 所示。每個 Z 暫存器的低 128 位元與對應的 NEON 暫存器共用。

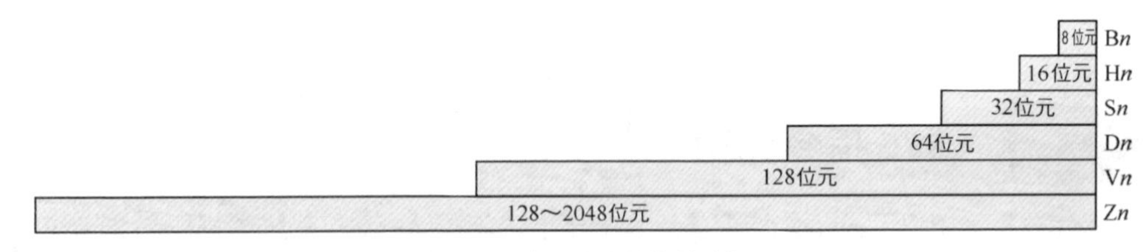

▲圖 23.1 Z 暫存器中的資料型態

2．斷言暫存器 P

斷言的目的是告訴處理器，在向量暫存器中哪些通道資料是活躍的或者不活躍的。P 暫存器為 Z 暫存器中的每位元組保留一位元，也就是說，P 暫存器的大小總是 Z 暫存器的 1/8。斷言指令（predicated instruction）使用 P 暫存器來確定要處理哪些向量元素（通道資料）。P 暫存器有如下特點。

- P 暫存器的最大長度為 256 位元，最小長度為 16 位元。
- P 暫存器中的每位元用於描述指定 Z 暫存器中的每個位元組。
- 每個P暫存器可以分成1位元、2位元、4位元、8位元的斷言元素（predicate element），它們分別對應 Z 暫存器中 8 位元、16 位元、32 位元和 64 位元寬的資料元素。
- 如果斷言元素的最低位元為 1，那麼這個斷言元素的狀態為活躍。
- 如果斷言元素的最低位元為 0，那麼這個斷言元素的狀態為不活躍。

例如，當資料元素為 8 位元寬（B*n*）時，P 暫存器可以使用 1 位元來表示其活躍狀態，這個位元為 1 表示活躍，為 0 表示不活躍。依此類推，當資料元素為

---

1 本章“斷言”的英文單字為 predicate，它本身有一種遮罩控制（mask control）的意思，用來控制向量暫存器中哪些資料通道是活躍的或者不活躍的。

64 位元寬（D*n*）時，P 暫存器預留 8 位元來表示 Z 暫存器中對應資料元素的活躍狀態，不過只使用最低 1 位元即可表示其活躍狀態，其他位元保留。

【例 23-1】假設向量暫存器的長度為 256 位元，向量暫存器分成 8 個通道，每個通道儲存 32 位元寬的資料。如果在 SVE 指令中想同時操作這 8 個通道的資料，那麼需要使用一個 P 暫存器來表示這 8 個資料通道的狀態。如圖 23.2 所示，P*n* 暫存器也分成 8 組，每組由 4 位元組成，每組只使用最低的位元來表示 Z*m* 暫存器中對應的資料通道（32 位元寬）的活躍狀態。例如，P*n* 暫存器的 Bit[3:0] 表示 Z*m* 暫存器的通道 0，P*n* 暫存器的 Bit[7:4] 表示 Z*m* 暫存器的通道 1，依此類推。

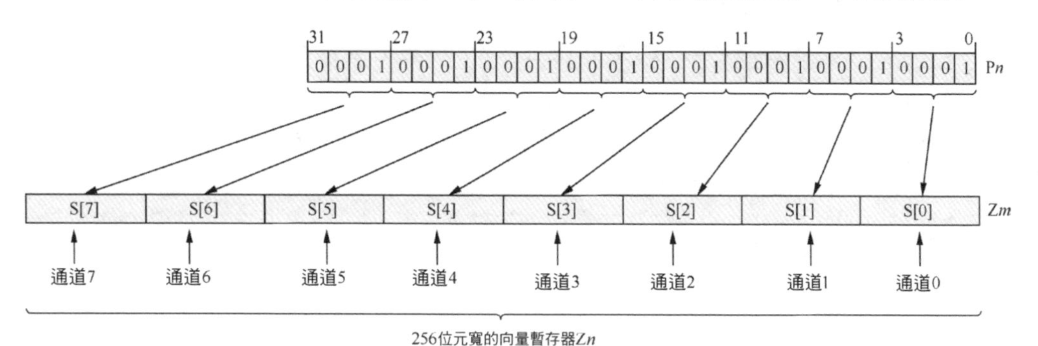

▲圖 23.2 P 暫存器與 Z 暫存器

3．FFR

FFR 的大小與格式和斷言暫存器 P 相同。FFR 用於第一異常斷言載入指令（first fault predicate load instruction），例如 LDFF1B 指令。在使用第一異常斷言載入指來載入向量元素時，FFR 會及時更新每個資料元素的載入狀態（成功或失敗）。

4．ZCR_EL*x*

ZCR_EL*x* 系統軟體可以透過 ZCR_EL*x* 中的 LEN 欄位來設定向量暫存器的長度。不過，設定的長度不能超過硬體實現的長度。

23.1.2 SVE 指令語法

SVE 指令的語法與 NEON 指令有很大不同。SVE 指令格式由操作程式、目標暫存器、P 暫存器和輸入操作符號等組成。下面舉幾個例子。

【例 23-2】下面是一筆 LD1D 指令的格式。

```
LD1D { <Zt>.D }, <Pg>/Z, [<Xn|SP>, <Xm>, LSL #3]
```

其中，各個選項的含義如下。

- Zt 表示向量暫存器，可以使用 Z0 ～ Z31。
- D 表示向量暫存器中通道的資料型態。
- Pg 表示斷言運算元（predicate operand），可以使用 P0 ～ P15。
- <Pg>/Z 中的 Z 表示零斷言（zeroing predication），在目標向量暫存器中不活躍狀態資料元素的值填充為 0。
- Xn/SP 表示來源運算元的基底位址，Xn 為通用暫存器，SP 為堆疊指標暫存器。
- Xm 表示第二個來源運算元暫存器，用於偏移量，其中 "LSL #3" 表示偏移量乘以 8，相當於轉換成位元組，因為這筆指令載入 64 位元資料。

【例 23-3】下面是一筆 ADD 指令的格式。

```
ADD <Zdn>.<T>, <Pg>/M, <Zdn>.<T>, <Zm>.<T>
```

其中，各個選項的含義如下。

- Zdn 表示第一個來源向量暫存器或者目標向量暫存器。
- Pg 表示斷言暫存器，可以使用 P0~P15。
- <Pg>/M 中的 M 表示合併斷言（merging predication），在目標向量暫存器中不活躍狀態資料元素保持原值不變。
- Zm 表示第二個來源向量暫存器。
- T 表示向量暫存器中通道的資料型態。

23.2 架設 SVE 執行和偵錯環境

在深入學習 SVE 指令之前，我們需要架設一個能執行和偵錯 SVE 指令的實驗環境。由於樹莓派 4B 不支援 SVE，因此我們可以採用 QEMU+ARM64 實驗平臺來模擬 SVE 指令。

要想在 QEMU 中啟動 SVE，需要在 QEMU 程式中指定 "-cpu" 參數，例如 "-cpu max,sve=on, sve256=on" 表示啟動所有 CPU 的特性，包括 SVE。另外，SVE 支援的

向量長度設定為 256 位元。讀者也可以設定其他長度的 SVE，例如 1024 位元的 SVE。

啟動 QEMU 的命令如下。

```
$ qemu-system-aarch64 -m 1024 -cpu max,sve=on,sve256=on -M virt,gic-version=3,its=on,iommu=smmuv3 -nographic -smp 4 -kernel arch/arm64/boot/Image  -append  "noinintrd sched_debug root=/dev/vda rootfstype=ext4 rw crashkernel=256M loglevel=8"   -drive if=none,file=rootfs_debian_arm64.ext4,id=hd0 -device virtio-blk-device,drive=hd0 --fsdev local,id=kmod_dev,path=./kmodules,security_model=none -device virtio-9p-pci,fsdev=kmod_dev,mount_tag=kmod_mount
```

下面撰寫一個使用 SVE 指令的簡單組合語言程式。

```
<hello_sve.S>

1    .section .data
2
3    .align3
4    print_hello_sve:
5        .string "hello sve\n"
6
7    .section .text
8    .globl main
9    main:
10       stp    x29, x30, [sp, -16]!
11
12       mov x2, #4
13       whilelo p0.s, xzr, x2
14       mov z0.s, p0/z, #0x55
15
16       adrp x0, print_hello_sve
17       add x0, x0, :lo12:print_hello_sve
18       bl printf
19
20       mov x0, #0
21       ldp  x29, x30, [sp], 16
22       ret
```

這個組合語言程式輸出 “hello sve”。為了測試能否編譯和執行 SVE 指令，我們在第 13 ～ 14 行裡增加兩筆 SVE 指令。其中，WHILELO 指令初始化 P0 斷言暫存器，MOV 把立即數搬移到 Z0 向量暫存器中。

首先，啟動 QEMU+ARM64 實驗平臺。然後，執行 run_rlk_arm64.sh 指令稿，輸入 run 參數。run_rlk_arm64.sh 指令稿已經啟動了 SVE。

```
$./run_rlk_arm64.sh run
```

登入 QEMU+ARM64 平臺之後，使用 “/proc/cpuinfo” 節點來檢查系統是否支援 SVE。在 “Features” 中顯示了當前 CPU 支援的所有硬體特性，例如 SVE 等。

```
# cat /proc/cpuinfo
processor    : 0
BogoMIPS : 125.00
Features : fp asimd evtstrm aes pmull sha1 sha2 crc32 atomics fphp asimdhp cpuid asimdrdm
  jscvt fcma dcpop sha3 sm3 sm4 asimddp sha512 sve asimdfhm flagm sb paca pacg
CPU implementer  : 0x00
CPU architecture: 8
CPU variant  : 0x0
CPU part : 0x051
CPU revision : 0
```

使用 GCC 來編譯這個組合語言程式。GCC 是從 GCC 8 開始支援 SVE 指令的。

```
# gcc hello_sve.S -o hello_sve
hello_sve.S: Assembler messages:
hello_sve.S:13: Error: selected processor does not support  'whilelo p0.s,xzr,x2'
hello_sve.S:14: Error: selected processor does not support  'mov z0.s,p0/z,#0x55'
```

直接使用 “gcc hello_sve.S -o hello_sve” 來編譯，會出現不能辨識 SVE 指令的錯誤。我們需要設定 “-march” 參數來指定處理器系統結構，例如 “-march=armv8-a+sve” 表示要編譯的程式需要支援 ARMv8 系統結構以及 SVE。

```
# gcc hello_sve.S -o hello_sve -g -march=armv8-a+sve
```

編譯完成之後執行 hello_sve 程式。

```
# ./hello_sve
hello sve
```

這樣我們就架設了一個能執行 SVE 指令的實驗環境。

接下來，我們使用 GDB 來單步偵錯 SVE 指令。啟動 GDB 來偵錯工具。

```
# gdb hello_sve
```

在 main 函數入口處，設定中斷點。

```
(gdb) b main
Breakpoint 1 at 0x76c: file hello_sve.S, line 10.
```

輸入 “r” 命令來啟動偵錯。GDB 會停在中斷點處。

```
(gdb) r
Starting program: /mnt/sve/example_hello_sve/hello_sve

Breakpoint 1, main () at hello_sve.S:10
10        stp    x29, x30, [sp, -16]!
(gdb)
```

使用 “s” 命令來單步偵錯。使用 “info reg” 命令來查看暫存器的值，如圖 23.3 所示。

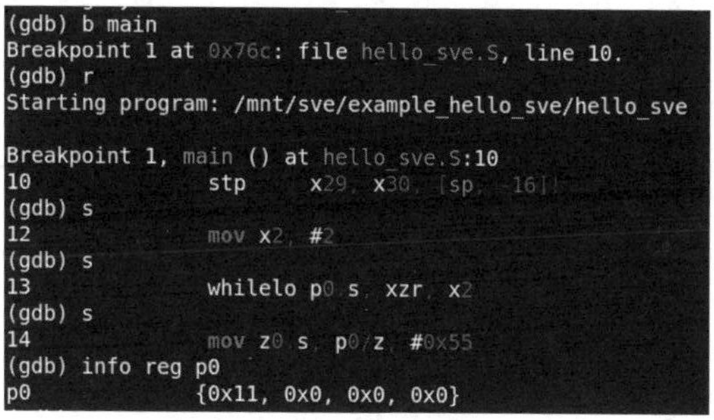

```
(gdb) b main
Breakpoint 1 at 0x76c: file hello_sve.S, line 10.
(gdb) r
Starting program: /mnt/sve/example_hello_sve/hello_sve

Breakpoint 1, main () at hello_sve.S:10
10              stp     x29, x30, [sp, -16]!
(gdb) s
12              mov x2, #2
(gdb) s
13              whilelo p0.s, xzr, x2
(gdb) s
14              mov z0.s, p0/z, #0x55
(gdb) info reg p0
p0             {0x11, 0x0, 0x0, 0x0}
```

▲圖 23.3 查看暫存器的值

23.3 SVE 特有的程式設計模式

本節介紹 SVE 指令集獨有的 4 個程式設計特性。

23.3.1 斷言指令

SVE 指令集為支援可變長向量計算提供了斷言管理（governing predicate）機制。如果一筆指令包含斷言運算元，它就稱為斷言指令（predicated instruction）。斷言指令會使用斷言管理機制來控制向量暫存器中活躍狀態的資料元素有哪些。在斷言指令中僅處理這些活躍狀態的資料元素，對於不活躍的資料元素是不進行處理的。

如果某些資料元素在斷言暫存器中的狀態是活躍的，那麼在向量暫存器中對應的資料元素的狀態也是活躍的；如果某些資料元素在斷言暫存器的狀態是不活躍的，那麼在向量暫存器中對應的資料元素的狀態也是不活躍的。

如圖 23.4 所示，Z0 和 Z1 向量暫存器用於進行一次加法運算，P0 斷言暫存器記錄每個通道資料元素的狀態。例如，如果通道 0 和通道 1 中的資料元素是活躍的，而通道 2 資料元素是不活躍的，那麼通道 0 和通道 1 參與加法運算，而通道 2 不參與加法運算。

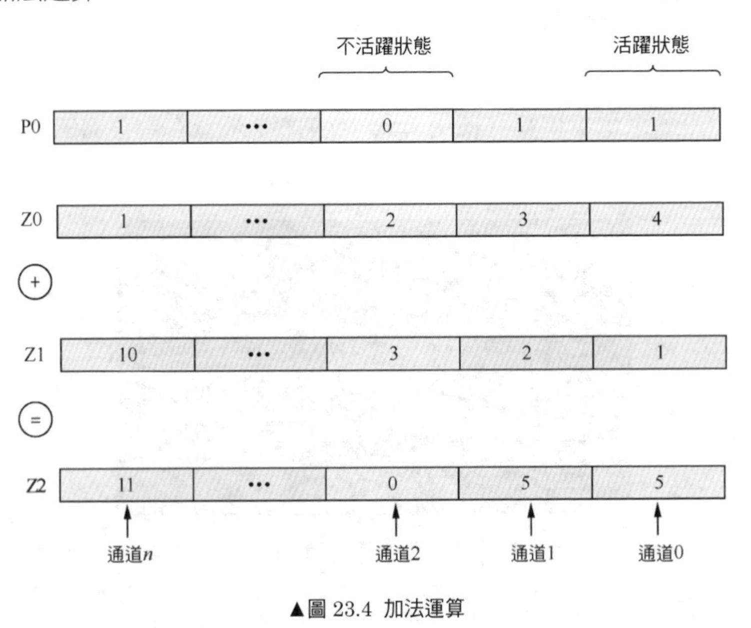

▲圖 23.4 加法運算

如果一筆指令沒有包含斷言運算元，則它稱為非斷言指令（unpredicated instruction）。在非斷言指令中，向量暫存器中所有通道的資料都處於活躍狀態，並且同時處理所有通道的資料。

大部分指令有斷言和非斷言兩個版本，例如 ADD 指令的兩個版本如下。

```
ADD <Zdn>.<T>, <Pg>/M, <Zdn>.<T>, <Zm>.<T>    # 斷言版本的 ADD 指令

ADD <Zd>.<T>, <Zn>.<T>, <Zm>.<T>              # 非斷言版本的 ADD 指令
```

斷言管理機制提供兩種策略：一種是零斷言（zeroing predication），另一種是合併斷言（merging predication）。

- ❑ 零斷言：在目標向量暫存器中，不活躍狀態資料元素的值填充為 0。
- ❑ 合併斷言：在目標向量暫存器中，不活躍狀態資料元素保持原值不變。

【例 23-4】下面是一筆零斷言的 CPY 指令。

```
CPY Z0.B, P0/Z, #0xFF
```

CPY 指令用來複製有號立即數到向量暫存器中。"P0/Z" 表示這筆指令執行零斷言，對目標向量暫存器中不活躍的資料元素將填充 0，如圖 23.5 所示。

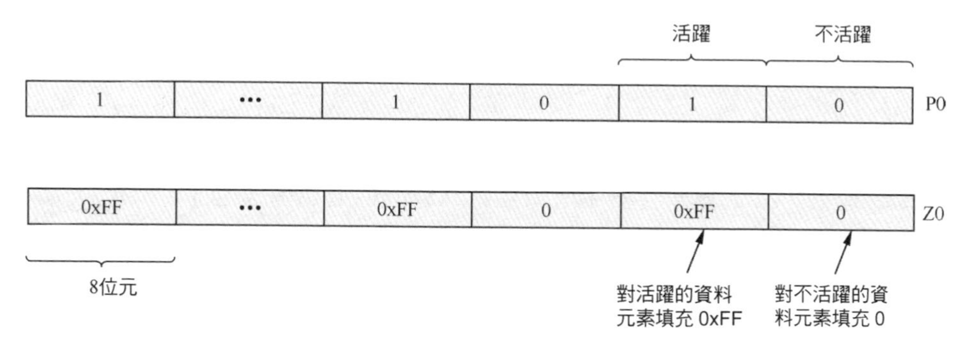

▲圖 23.5 零斷言的 CPY 指令的作用

【例 23-5】下面是一筆合併斷言的 CPY 指令。

```
CPY Z0.B, P0/M, #0xFF
```

"P0/M" 表示這筆指令執行合併斷言，目標向量暫存器中不活躍的資料元素將保持原值不變。如圖 23.6 所示，如果通道 0 中的資料元素處於不活躍狀態，那麼它的值將保持不變。

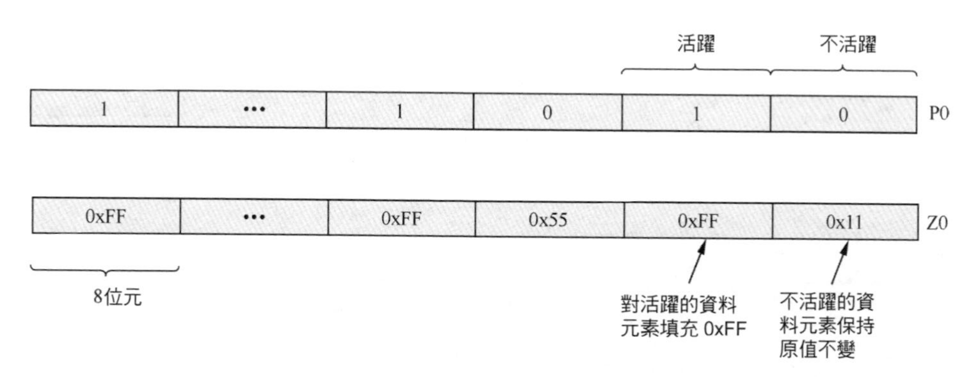

▲圖 23.6 合併斷言的 CPY 指令的作用

23.3.2 聚合載入和離散儲存

SVE 指令集中的載入和儲存指令支援聚合載入（gather-load）和離散儲存（scatter-store）模式。聚合載入和離散儲存指的是可以使用向量暫存器中每個通道的值作為基底位址或者偏移量來實現非連續位址的載入和儲存。傳統的 NEON 指令集只能支援線性位址的載入和儲存功能。

【例 23-6】下面是一筆聚合載入指令。

```
LD1W Z0.S, P0/Z, [Z1.S]
```

這筆指令以 Z1 向量暫存器中所有活躍狀態的通道為基底位址，然後分別載入 4 位元組的資料到 Z0 向量暫存器中。假設 P0 暫存器中所有通道的資料元素都是活躍的，那麼 Z1 向量暫存器相當於一個離散的基底位址集合。如圖 23.7 所示，P0 暫存器顯示所有通道的資料元素都是活躍的，Z1 向量暫存器中所有通道的資料元素組成了一組位址集合 {0x800000, 0x800100, 0x800200, 0x800300，…}，這筆指令會從這組離散位址集合中分別載入記憶體位址的值到 Z0 暫存器的對應通道中。

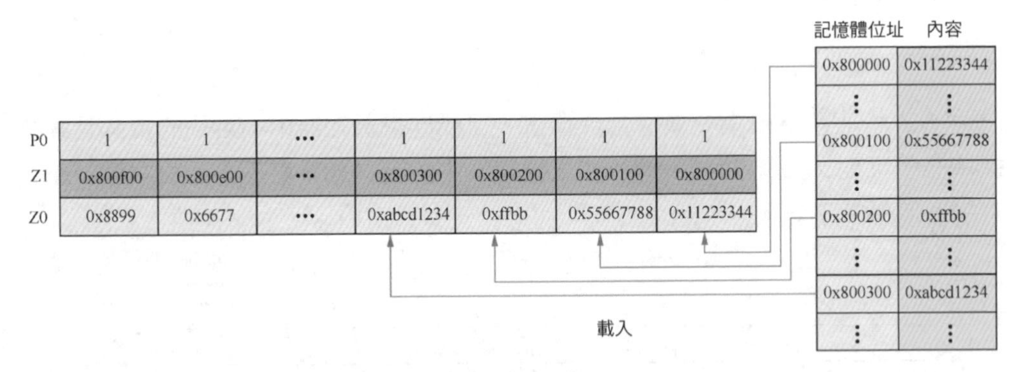

▲圖 23.7 聚合載入

【例 23-7】下面是一筆離散儲存指令。

```
ST1W Z0.S, P0, [Z1.S]
```

這筆指令把 Z0 向量暫存器中所有活躍狀態的資料元素分別儲存到以 Z1 向量暫存器的資料元素為位址的記憶體中，資料元素的大小為 4 位元組，如圖 23.8 所示。

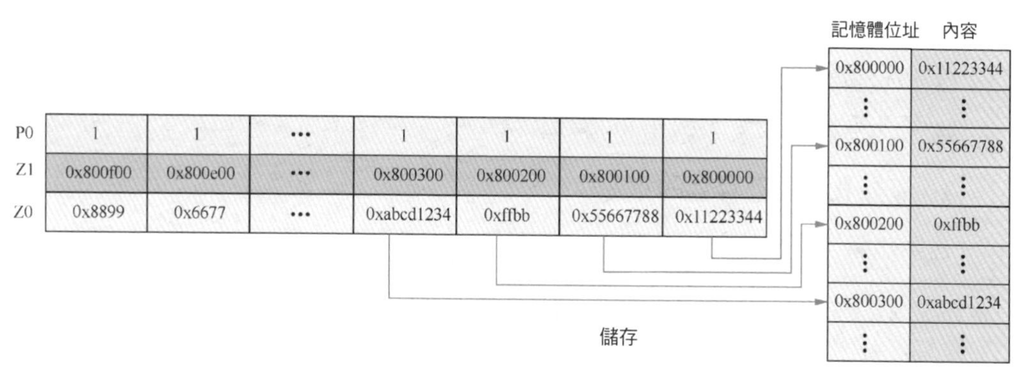

▲圖 23.8 離散儲存

23.3.3 基於斷言的迴圈控制

SVE 指令集提供一種基於斷言的迴圈控制方法，這種方法是以斷言暫存器 P*n* 中活躍狀態的資料元素為物件來實現迴圈控制的。這套以資料元素為物件的迴圈控制方法可以和處理器狀態（PSTATE）暫存器有機結合起來。表 23.1 展示了處理器狀態標識位元與 SVE。

表 23.1　　處理器狀態標識位元與 SVE

狀態標識位元	SVE 名稱	含　義
N	FIRST	當第一個資料元素為活躍狀態時，設定 *N*=1；否則，設定 *N*=0
Z	NONE	如果有任意一個資料元素為活躍狀態，則設定 *Z*=0；否則，設定 *Z*=1
C	NLAST	如果最後一個資料元素為活躍狀態，則設定 *C*=0；否則，設定 *C*=1
V	—	*V* = 0

當 SVE 指令生成一個斷言結果時，會更新 PSTATE 暫存器的 *N*、*C*、*V*、*Z* 標識位元。

SVE 指令會根據斷言暫存器的結果或者 FFR 來更新 PSTATE 暫存器的 *N*、*C*、*V*、*Z* 標識位元。

SVE 指令也可以根據 CTERMEQ/CTERMNE 指令來更新 PSTATE 暫存器的 *N*、*C*、*V*、*Z* 標識位元。

SVE 指令集提供如下幾組與迴圈控制相關的指令。

- ❑ 初始化斷言暫存器的指令，例如 WHILELO、PTRUE 等。
- ❑ 以資料元素為物件的 SVE 條件操作碼，與跳轉指令結合（例如 B.FIRST 等）來完成條件跳轉功能。

- 根據斷言限制條件增加資料元素的統計計數的指令，例如 INCB 等。
- 以資料元素為物件的比較指令，例如 CMPEQ 指令等。
- 退出迴圈的指令，例如 BRKA 指令等。

1．初始化斷言暫存器的指令

初始化斷言暫存器的指令如表 23.2 所示。

表 23.2　初始化斷言暫存器的指令

指　令	描　述	判斷條件
WHILEGE	從高到低，以遞減的方式來初始化斷言暫存器	有號數大於或等於指定值
WHILEGT	從高到低，以遞減的方式來初始化斷言暫存器	有號數大於指定值
WHILEHI	從高到低，以遞減的方式來初始化斷言暫存器	無號數大於指定值
WHILEHS	從高到低，以遞減的方式來初始化斷言暫存器	無號數大於或等於指定值
WHILELE	從低到高，以遞增的方式來初始化斷言暫存器	有號數小於或等於指定值
WHILELO	從低到高，以遞增的方式來初始化斷言暫存器	無號數小於指定值
WHILELS	從低到高，以遞增的方式來初始化斷言暫存器	無號數小於或等於指定值
WHILELT	從低到高，以遞增的方式來初始化斷言暫存器	有號數小於指定值

類似於 C 語言的 while 迴圈，給定一個初值和目標值，以一個向量暫存器包含資料元素的個數為步進值，然後以遞增或者遞減的方式來遍歷並初始化斷言暫存器中的資料元素。

【例 23-8】下面的程式用於初始化斷言暫存器。

```
whilelt p0.b, xzr, x2
```

“p0.b” 表示要斷言的資料元素為 8 位元寬資料。假設系統 SVE 指令的長度為 256 位元，那麼向量暫存器最多可以存放 32 個 8 位元寬的資料元素。這筆 WHILELT 指令從 0 開始，以遞增的方式遍歷並初始化斷言暫存器裡資料元素的狀態，遍歷結束的條件是斷言暫存器裡所有資料元素都被初始化或者提前達到了目標值 X2。

除前面介紹的 WHILE 指令之外，SVE 還提供了 PTRUE 指令來快速初始化斷言暫存器。PTRUE 指令的格式如下。

```
PTRUE <Pd>.<T> {, <pattern>}
```

其中，*Pd* 表示目標斷言暫存器；T 表示通道的資料型態；pattern 表示可選模式修飾詞，預設是 ALL，如表 23.3 所示。

表 23.3 可選模式修飾詞

可選模式修飾詞	說　明
VL*n*	表示固定的資料元素數量。例如 VL1 表示只統計 1 個資料元素，VL2 表示只統計兩個資料元素
MUL3/MUL4	表示向量暫存器中最巨量資料元素數量的 3 倍或者 4 倍
POW2	表示在一個向量暫存器中能用 2 的 *n* 次方表示的最巨量資料元素數量
ALL	表示計算結果再乘以 imm

【例 23-9】 下面使用 PTRUE 指令來初始化前 4 個資料元素的狀態為活躍。

```
ptrue p0.s,vl4
```

“p0.s” 表示使用 P0 斷言暫存器，並且斷言元素為 32 位元寬資料，“vl4” 表示初始化前 4 個資料通道。

2．以資料元素為物件的 SVE 條件操作碼

以資料元素為物件的 SVE 條件操作碼如表 23.4 所示。SVE 條件操作可以和跳轉指令（B）結合來完成條件跳轉功能。

表 23.4 以資料元素為物件的 SVE 條件操作碼

SVE 條件操作碼	處理器狀態標識位元	含　義
NONE	*Z* == 1	沒有活躍的資料元素
ANY	*Z* == 0	有一個活躍的資料元素
FIRST	*N* == 1	第一個資料元素處於活躍狀態
LAST	*C* == 0	最後一個資料元素處於活躍狀態
NFRST	*N* == 0	第一個資料元素不處於活躍狀態
NLAST	*C*== 1	最後一個資料元素不處於活躍狀態
PMORE	*C*==1 && *Z* == 0	一些資料元素處於活躍狀態，但是最後一個是資料元素不處於活躍狀態

3．根據斷言限制條件增加資料元素的統計計數指令

根據斷言限制條件增加資料元素的統計計數指令如表 23.5 所示。

表 23.5 根據斷言限制條件增加資料元素的統計計數指令

指　令	含　義
INCB	增加資料元素的統計計數，資料元素的長度為 8 位元
INCH	增加資料元素的統計計數，資料元素的長度為 16 位元
INCW	增加資料元素的統計計數，資料元素的長度為 32 位元
INCD	增加資料元素的統計計數，資料元素的長度為 64 位元

統計計數指令格式如下。

```
INCB <Xdn>{, <pattern>{, MUL #<imm>}}
INCH <Xdn>{, <pattern>{, MUL #<imm>}}
INCW <Xdn>{, <pattern>{, MUL #<imm>}}
INCD <Xdn>{, <pattern>{, MUL #<imm>}}
```

其中，選項的含義如下。

- Xd*n*：表示目標通用暫存器。
- pattern：可選模式修飾詞，預設是 ALL。
- MUL #<imm>：表示計算結果再乘以 imm。

4．以資料元素為物件的比較指令

以資料元素為物件的比較指令把第一個來源向量暫存器中每個活動的資料元素分別與第二個來源向量暫存器中的資料元素進行比較，也可以把前者與立即數進行比較。這些比較指令會在所有活躍的資料通道中分別進行比較。

常見的比較指令如表 23.6 所示。

表 23.6　常見的比較指令

比較指令	含　義
CMPEQ	等於
CMPNE	不等於
CMPGE	有號數大於或等於
CMPGT	有號數大於
CMPLT	有號數小於
CMPLE	有號數小於或等於
CMPHI	無號數大於
CMPHS	無號數大於或等於
CMPLO	無號數小於
CMPLS	無號數小於或等於

5．退出迴圈的指令

退出迴圈的指令以斷言暫存器中第一個活躍的資料元素為邊界，然後退出迴圈。

BRKA 指令的格式如下。

```
BRKA <Pd>.B, <Pg>/<ZM>, <Pn>.B
```

BRKA 指令從通道 0 開始遍歷來源斷言暫存器 P*n* 中所有的候選通道（在 P*g* 暫存器中處於活躍狀態的資料通道為候選通道）。根據來源斷言暫存器中資料元素的判斷條件，當第一個資料元素 *n* 滿足判斷條件時（通常設定資料元素的狀態為活躍狀態），退出迴圈，設定目標斷言暫存器 P*d* 中通道 0 到通道 *n* 為活躍狀態，其餘的候選通道設定為不活躍狀態。假設在 P*g* 斷言暫存器中第 0 ～ *m* 個資料通道都是有效的候選通道，當第 *n* 個資料通道滿足判斷條件時，退出迴圈，在 P*d* 斷言暫存器中設定第 0 ～ *n* 個通道為活躍狀態，剩餘的有效通道設定為非活躍狀態，如圖 23.9 所示。

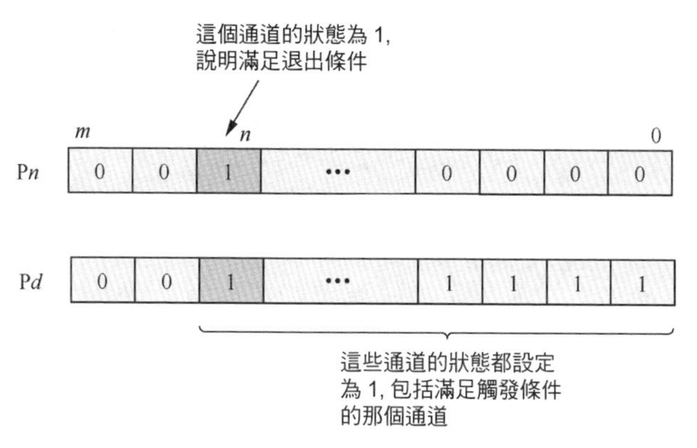

▲圖 23.9 使用 BRKA 指令設定 P*d* 暫存器中通道的狀態

BRKB 指令的格式如下。

```
BRKB <Pd>.B, <Pg>/<ZM>, <Pn>.B
```

BRKB 指令從通道 0 開始遍歷來源斷言暫存器 P*n* 中所有的候選通道（在 P*g* 暫存器中處於活躍狀態的資料通道為候選通道）。根據來源斷言暫存器中資料元素的判斷條件，當第一個資料元素 *n* 滿足判斷條件時（通常滿足判斷條件時設定資料元素的狀態為活躍狀態），退出迴圈，設定目標斷言暫存器 P*d* 中通道 0 到通道 *n* − 1 為活躍狀態，其餘的候選通道設定為不活躍狀態。假設在 P*g* 斷言暫存器中第 0 ～ *m* 個資料通道都是有效的候選通道，當第 *n* 個資料通道滿足判斷條件時，退出迴圈，在 P*d* 斷言暫存器中設定第 0 ～ (*n* − 1) 個通道為活躍狀態，剩餘的有效通道設定為非活躍狀態，如圖 23.10 所示。

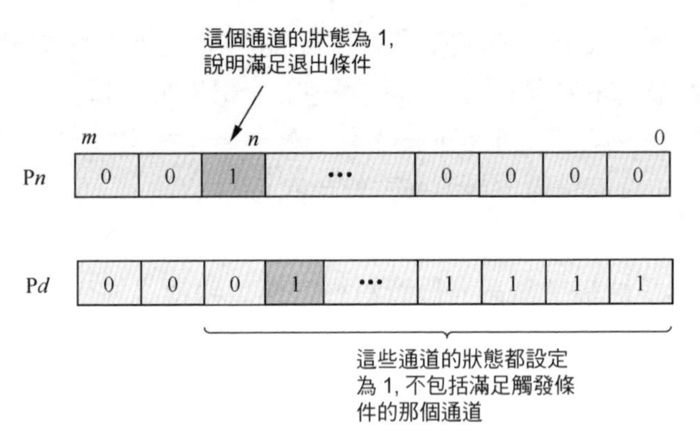

▲圖 23.10 使用 BRKB 指令設定 P*d* 暫存器中通道的狀態

下面以一個記憶體複製的例子來說明如何利用上述新增的幾種指令來實現迴圈控制。

【**例 23-10**】請使用 SVE 指令來實現記憶體複製。下面是記憶體複製的 C 語言實現。

```
void *memcpy(void *dest, const void *src, size_t count)
{
    char *tmp = dest;
    const char *s = src;

    while (count--)
        *tmp++ = *s++;
    return dest;
}
```

接下來，我們以位元組為單位來實現上述記憶體複製功能。下面的組合語言程式碼可以實現任意大小的位元組數的複製，這表現了可變向量長度程式設計的優勢。

```
1    .global sve_memcpy_1
2    sve_memcpy_1:
3        mov x3, #0
4        whilelt p0.b, x3, x2
5
6        1:
7        ld1b {z0.b}, p0/z, [x1, x3]
8        st1b {z0.b}, p0, [x0, x3]
9        incb x3
10       whilelt p0.b, x3, x2
11       b.any 1b
12
13       ret
```

假設 X1 為來源位址，X0 為目標位址，X2 為要複製的位元組數，系統支援的 SVE 向量暫存器的長度為 256 位元。上面的組合語言程式碼使用了好幾筆 SVE 指令，我們逐一詳細介紹。

在第 4 行中，WHILELT 是一筆初始化斷言暫存器的指令，這筆指令從第 0 個資料元素開始以遞增的方式初始化斷言暫存器 P0。“P0.B” 表示要斷言的資料元素為 8 位元寬的資料。在本場景中，系統的 SVE 向量暫存器的長度為 256 位元，一個 256 位元寬的向量暫存器最多可以存放 32 個 8 位元寬的資料元素，因此 P0 暫存器最多只能斷言 32 個資料元素。這筆指令用於初始化 P0 暫存器，使其所有資料元素的狀態都初始化為活躍狀態，如圖 23.11 所示。X3 暫存器用於資料元素的統計計數，初值為 0，每次迴圈增加 32。

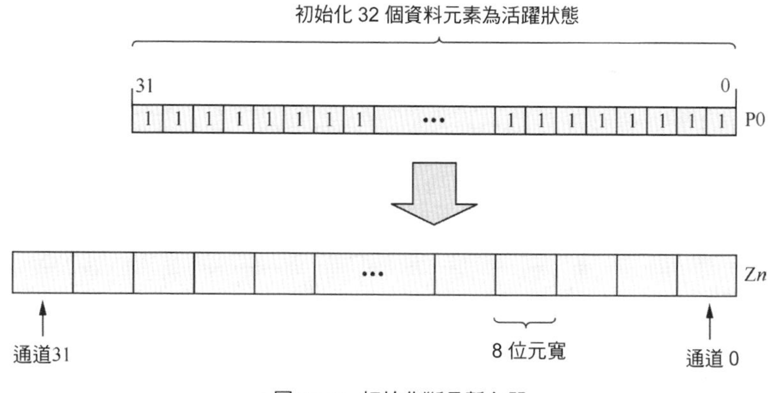

▲圖 23.11 初始化斷言暫存器

在第 7 行中，LD1B 指令為載入指令，它以 X1 暫存器為基底位址，以 X3 暫存器為偏移位址，載入 32 個資料到 Z0 向量暫存器中。“p0/z” 表示這筆指令使用 P0 斷言暫存器，斷言類型為零斷言。

在第 8 行中，ST1B 指令為儲存指令，把 Z0 向量暫存器中 32 個資料元素依次儲存到以 X0 暫存器的值為基底位址，以 X3 暫存器的值為偏移位址的記憶體中。“p0” 表示這筆指令使用 P0 斷言暫存器。

在第 9 行中，INCB 指令會根據斷言暫存器的情況來增加統計計數。統計計數儲存在 X3 暫存器中。在本場景中，P0 斷言暫存器只能描述 32 個 8 位元寬的資料元素，因此這裡統計計數會增加 32。在第一次迴圈中，X3 暫存器的值從 0 變成 32。

與第 4 行類似，第 10 行也是一筆 WHILELT 指令，不同的地方在於 X3 暫存器的值發生了變化。在第一次迴圈裡，X3 暫存器的值變成了 32，這筆指令會以 32 為最小資料元素，以 X2 暫存器的值（256）為最巨量資料元素來重新初始化 P0 向量暫存器。

在第 11 行中，根據 P0 斷言暫存器的資料元素的狀態進行條件判斷。B.ANY 表示只要有一個資料元素的狀態是活躍的就會跳轉。在第一次迴圈中，程式會跳轉到第 6 行的 1 標籤處。

【例 23-11】下面的 C 語言程式在例 23-10 的基礎上做了修改，每次以 4 位元組為單位進行複製，請使用 SVE 指令來實現記憶體複製。

```
void *memcpy_4(void *dest, const void *src, size_t count)
{
     int *tmp = dest;
     const int *s = src;
      count = count/4;

     while (count--)
         *tmp++ = *s++;
     return dest;
}
```

下面是 memcpy_4() 函數對應的 SVE 組合語言版本。

```
1     .global sve_memcpy_4
2     sve_memcpy_4:
3         lsr  x2, x2, 2
4         mov x3, #0
5         whilelt p0.s, x3, x2
6
7         1:
8         ld1w {z0.s}, p0/z, [x1, x3, lsl 2]
9         st1w {z0.s}, p0, [x0, x3, lsl 2]
10        incw x3
11        whilelt p0.s, x3, x2
12        b.any 1b
13
14        ret
```

假設 X1 暫存器的值表示來源位址，X0 暫存器的值表示目標位址，X2 暫存器的值表示要複製的位元組數，系統支援的 SVE 向量暫存器的長度為 256 位元，實際上這段組合語言程式碼可以支援長度為 128 ～ 2048 位元的向量暫存器。

在第 3 行中，計算要複製的位元組數中有多少個 32 位元的資料元素。

在第 5 行中，WHILELT 是一筆初始化斷言暫存器的指令，這筆指令從第 0 個資料元素開始以遞增的方式來初始化斷言暫存器 P0。"p0.s" 表示要斷言資料元素的類型為 32 位元寬。在本場景中，SVE 向量暫存器的長度為 256 位元，一個 256 位元寬的向量暫存器最多可以存放 8 個 32 位元寬的資料元素，因此 P0 暫存器最多只能斷言 8 個資料元素。這筆指令相當於初始化 P0 暫存器，使其所有資料元素的狀態都初始化為活躍狀態，如圖 23.12 所示。

在第 8 行中，LD1W 指令為載入指令，它以 X1 暫存器的值為基底位址，以 X3 暫存器的值為偏移位址，載入 8 個資料到 Z0 向量暫存器中。"p0/z" 表示這筆指令使用 P0 斷言暫存器，斷言類型為零斷言。X3 暫存器的值表示偏移量，它以資料元素為單位，資料元素的寬度為 32 位元（4 位元組），因此這裡 "lsl 2" 相當於乘以 4，換算成以位元組為單位。

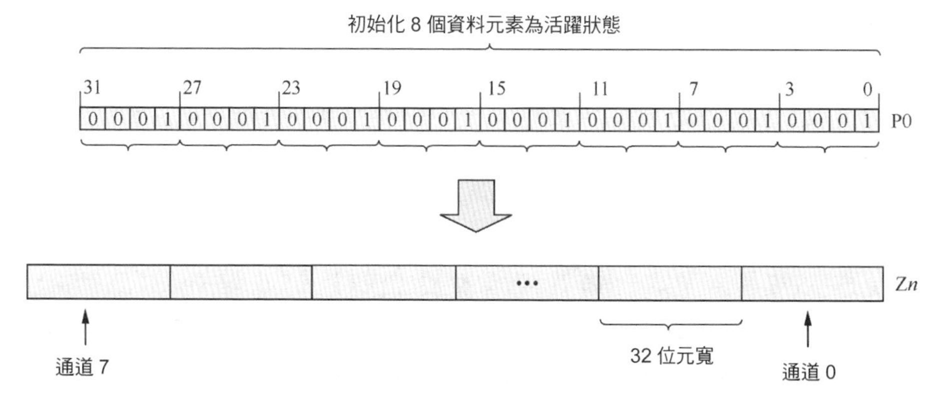

▲圖 23.12 初始化資料元素

在第 9 行中，ST1W 指令為儲存指令，把 Z0 向量暫存器中 8 個資料元素依次儲存到以 X0 暫存器的值為基底位址，以 X3 暫存器的值為偏移量的記憶體單元中。"p0" 表示這筆指令使用 P0 斷言暫存器。

在第 10 行中，INCW 指令會根據斷言暫存器的情況來增加統計計數。統計計數儲存在 X3 暫存器中。在本場景中，P0 斷言暫存器表示 8 個 32 位元寬的資料元素，因此統計計數會增加 8。在第一次迴圈中，X3 暫存器的值從 0 變成 8。

第 11 行與第 4 行一樣，也是一筆 WHILELT 指令，不同的地方在於 X3 暫存器的值發生了變化。在第一次迴圈裡，X3 暫存器的值變成了 8，這筆指令會以 8 為最小資料元素，以 X2 暫存器的值（256/4）為最巨量資料元素來重新初始化 P0 向量暫存器。

在第 12 行中，根據 P0 斷言暫存器中資料元素的狀態進行條件判斷。B.ANY 表示只要有一個資料元素的狀態是活躍的就會跳轉。在第一次迴圈中，程式會跳轉到第 7 行的 1 標籤處。

對比例 23-10 中的 sve_memcpy_1 組合語言函數、sve_memcpy_4 組合語言函數，有幾個需要注意的地方。

- 資料元素從 8 位元寬變成 32 位元寬，斷言暫存器 P0 和向量暫存器對應的資料型態也需要修改。
- 斷言暫存器和向量暫存器能描述的資料通道個數也不同。
- 載入儲存指令變成 LD1W 和 ST1W 指令。
- INCB 指令變成 INCW 指令。

23.3.4 基於軟體推測的向量分區

傳統的 NEON 指令不支援推測式載入操作（speculative load），但是 SVE 指令支援。推測式載入可能對傳統的向量記憶體讀取操作造成挑戰。例如，如果在讀取過程中某些元素發生記憶體錯誤（memory fault）或者存取了無效頁面（invalid page），可能很難追蹤究竟是哪個通道的讀取操作造成的。為了避免向量存取進入無效頁面，SVE 引入了第一異常斷言暫存器（FFR）。SVE 還引入了支援第一異常斷言載入指令，例如 LDFF1B 指令。在使用第一異常斷言載入指令載入向量元素時，FFR 會及時更新每個資料元素的載入狀態（成功或失敗）。當某個資料元素載入失敗時，FFR 會立刻把這個資料元素以及剩餘的資料元素的狀態設定為載入失敗，並且不會向系統觸發記憶體存取異常。

【例 23-12】下面是一筆支援第一異常特性的載入指令。

```
LDFF1D Z0.D, P0/Z, [Z1.D]
```

這筆指令分別以 Z1 向量暫存器的每個資料元素為基底位址，載入 64 位元資料到 Z0 向量暫存器中。假設 Z1 向量暫存器中前兩個資料元素儲存了有效的記憶體位址，從第三個資料元素開始的資料元素儲存了無效記憶體位址。如圖 23.13 所示，FFR 記錄從第三個資料元素開始都失敗的載入操作，並且不向系統報告異常。Z0 向量暫存器從第三個資料元素開始被填充為 0。

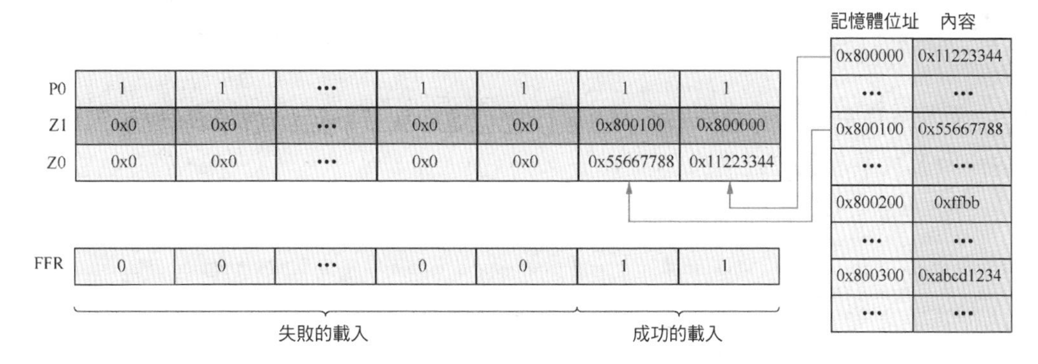

▲圖 23.13 LDFF1B 指令中 FFR 記錄的內容

23.4 SVE 與 SVE2 指令集

SVE 指令集是在 A64 指令集的基礎上新增的一個指令集，而 SVE2 是在 ARMv9 系統結構上中新增的，它是 SVE 指令集的一個超集合和擴充。

SVE指令集包含了幾百筆指令，它們可以分成如下幾大類：

- 載入儲存指令以及預先存取指令；
- 向量移動指令；
- 整數運算指令；
- 位元操作指令；
- 浮點數運算指令；
- 斷言操作指令；
- 資料元素操作指令。

SVE2 指令集在 SVE 指令集的基礎上進一步擴充和完善，新增了部分指令和擴充。本節不對每筆指令做詳細介紹，有興趣的讀者可以閱讀《Arm A64 Instruction Set Architecture，Armv9, for Armv9-A Architecture Profile》。

23.5 案例分析 23-1：使用 SVE 指令最佳化 strcmp() 函數

strcmp() 函數是 C 語言函數庫中用來比較兩個字串是否相等的函數。strcmp() 函數的 C 語言實現如下。

```
int strcmp(const char* str1, const char* str2) {
    char c1, c2;
    do {
        c1 = *str1++;
        c2 = *str2++;
    } while (c1 != ‹\0› && c1 == c2);

    return c1 - c2;
}
```

當 str1 與 str2 相等時，傳回 0；當 str1 大於 str2 時，傳回正數；當 str1 小於 str2 時傳回負數。本案例的要求是使用 SVE 指令來最佳化 strcmp() 函數。

本案例中，假設 SVE 向量暫存器的長度為 256 位元，實際上它可以支援長度為 128 ～ 2048 位元的向量暫存器。一個 256 位元的向量暫存器一次最多可以載入和處理 32 位元組，也就是同時處理 32 個 8 位元的通道資料。要使用 SVE 指令來最佳化 strcmp() 函數，有兩個困難。

- 字串 str1 和 str2 的長度是未知的。在 C 語言中透過判斷字元是否為 '\0' 來確定字串是否結束。而在向量運算中，SVE 指令一次載入多個通道的資料。如果載入了字串結束後的資料，那麼會造成非法存取，導致程式出錯。解決辦法是使用基於軟體推測的向量分區方法，使用 FFR 來確保非法存取不會觸發存取異常。
- 尾數問題。字串的長度有可能不是 32 的倍數，因此需要處理尾數（leftover）問題。如果使用 NEON 指令，那麼我們需要單獨處理尾數問題；如果使用 SVE 指令，那麼我們可以使用對應的斷言指令和迴圈控制指令來處理尾數問題。

23.5.1 使用純組合語言方式

我們使用純組合語言方式來實現 strcmp() 函數。

```
1   .global strcmp_sve
2   strcmp_sve:
3       ptrue p5.b
4       setffr
```

```
5
6        mov x5, #0
7
8    l_loop:
9        ldff1b z0.b, p5/z, [x0, x5]
10       ldff1b z1.b, p5/z, [x1, x5]
11       rdffrs p7.b, p5/z
12       b.nlast l_fault
13
14       incb x5
15       cmpeq p0.b, p5/z, z0.b, #0
16       cmpne p1.b, p5/z, z0.b, z1.b
17   l_test:
18       orrs p4.b, p5/z, p0.b, p1.b
19       b.none l_loop
20
21   l_retrun:
22       brkb p4.b, p5/z, p4.b
23       lasta w0, p4, z0.b
24       lasta w1, p4, z1.b
25       sub w0, w0, w1
26       ret
27
28   l_fault:
29       incp x5, p7.b
30       setffr
31       cmpeq p0.b, p7/z, z0.b, #0
32       cmpne p1.b, p7/z, z0.b, z1.b
33       b l_test
```

首先 X0 暫存器表示字串 str1 的位址，X1 暫存器表示字串 str2 的位址。

在第 3 行中，PTRUE 指令用來把斷言暫存器中所有的資料元素初始化為活躍狀態。

在第 4 行中，SETFFR 指令初始化 FFR。

在第 9 行中，載入 str1 字串到 Z0 向量暫存器中。這裡使用 LDFF1B 指令，它支援第一異常載入特性。在本場景中，它會一次載入 32 個資料到 Z0 向量暫存器中。

在第 10 行中，載入 str2 字串到 Z1 向量暫存器中。

在第 11 行中，RDFFRS 指令讀取 FFR 的內容，然後傳回成功載入的資料元素到 P7 斷言暫存器中。

在第 12 行中，如果 P7 向量暫存器中最後一個資料元素處於不活躍狀態，說明第 9~10 行的載入操作中有的資料元素觸發了異常，跳轉到 l_fault 標籤處。

在第 14 行中，INCB 指令根據斷言暫存器的情況來增加資料元素的統計計數。統計計數儲存在 X5 暫存器中，在本場景中，IBCB 指令每次會增加 32。

在第 15 行中，透過 CMPEQ 指令來依次判斷 Z0 向量暫存器中所有通道的資料元素是否為 0。如果某個資料元素為 0，那麼說明這個資料元素為字串結束字元，會把 P0 斷言暫存器對應的通道設定狀態為 1。CMPEQ 指令會在所有活躍的資料通道中分別比較兩個資料元素的值。

在第 16 行中，透過 CMPNE 指令分別比較 Z0 和 Z1 向量暫存器中對應通道的資料元素，判斷它們是否不相等。如果不相等，那麼會把 P1 斷言暫存器對應的通道設定狀態為 1。

在第 18 行中，ORRS 指令把第 15 行和第 16 行的比較結果透過或操作整理到 P4 斷言暫存器中，即上述兩個條件中，只要滿足一個，在 P4 斷言暫存器中對應的資料通道就會設定狀態為 1。

在第 19 行中，根據 P4 斷言暫存器來確定跳轉指令的轉向。B.NONE 表示 P4 斷言暫存器中不滿足第 15 ～ 16 行的判斷條件，說明這一次同時處理的 32 個字元資料都是符合要求的，這樣我們需要跳轉到 l_loop 標籤處來載入和處理下一批的 32 個資料。

在第 21 行中，程式跳轉到 l_retrun 標籤處，說明當前處理的是最後一批資料元素。

在第 22 行中，BRKB 指令是一個跳出迴圈的指令。最後一批資料元素的狀態儲存在 P4 斷言暫存器中。BRKB 指令可以找出最後一個不相等的字元。

在第 23 ～ 24 行中，LASTA 指令會根據 P4 斷言暫存器取出最後一個活躍資料元素後的下一個資料元素的值，相當於分別在 str1 和 str2 字串中取出最後一個不相等的字元。

在第 25 ～ 26 行中，計算最後一個字元的差值，並傳回。

在第 28 行中，l_fault 標籤處理 LDFF1B 指令出現載入失敗的情況。

在第 29 行中，INCP 指令在 P7 斷言暫存器中統計載入成功的資料元素的個數。

在第 30 行中，SETFFR 指令重新初始化 FFR。

第 31 ～ 32 行與第 15 ～ 16 行類似，透過 CMP 指令對活躍通道的資料元素進行比較。

在第 33 行中，跳轉到 l_test 標籤處，繼續處理。

綜上所述，使用 SVE 指令最佳化 strcmp() 函數的過程如圖 23.14 所示。假設在第三次使用向量暫存器來載入 str1 和 str2 字串時會觸發退出條件，那麼首先會在 P*n* 斷言暫存器的對應通道中設定狀態為 1。如果使用 BRKB 指令來判斷 P*n* 斷言暫存器中第一個設定狀態為 1 的通道，那麼設定目標斷言暫存器 P*d* 中通道 0 到通道 *n* 為活躍狀態，其餘的資料元素設定為不活躍狀態。

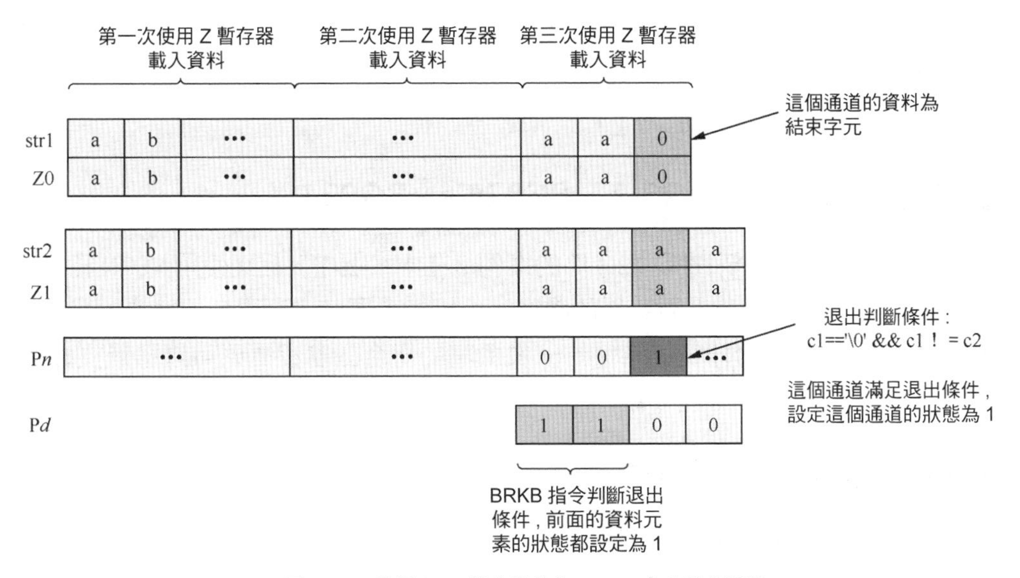

▲圖 23.14 使用 SVE 指令最佳化 strcmp() 函數的過程

23.5.2 測試

我們寫一個簡單的測試程式來對比使用 C 語言撰寫的 strcmp() 函數與使用 SVE 指令撰寫的 strcmp_sve 組合語言函數的執行結果是否一致。

```
int main(void)
{
	int i;
	int ret;

	char *str1 = "sve is good!";
	char *str2 = "sve is good!!";

	ret = strcmp(str1, str2);
```

```
    printf("C: ret = %d\n", ret);

    ret = strcmp_sve(str1, str2);
    printf("ASM: ret =%d\n", ret);
}
```

在 QEMU+ARM64 實驗平臺上編譯。

```
# gcc sve_strcmp.c strcmp_asm.S -o sve_strcmp -march=armv8-a+sve
```

執行 sve_strcmp 程式。

```
# ./sve_strcmp s
C: ret = -33
ASM: ret =-33
```

23.6 案例分析 23-2：RGB24 轉 BGR24

本節使用 SVE 指令來實現 22.4 節的案例。在本案例中，相比使用 NEON 指令，SVE 指令可以充分利用向量暫存器的頻寬，一筆指令同時處理更多的像素。另外，SVE 指令還能表現出可伸縮的特性，一次撰寫的組合語言程式碼可以透過支援不同向量暫存器長度的 SVE 指令執行。

23.6.1 使用純組合語言方式

下面使用純組合語言方式來實現 RGB24 轉 BGR24。

```
1    .global rgb24_bgr24_asm
2    rgb24_bgr24_asm:
3        mov x3, #0
4        whilelo p0.b, x3, x2
5
6        1:
7        ld3b    {z4.b - z6.b}, p0/z, [x0, x3]
8        mov     z1.d, z6.d
9        mov     z2.d, z5.d
10       mov     z3.d, z4.d
11       st3b    {z1.b - z3.b}, p0, [x1, x3]
12       incb    x3, all, mul #3
13       whilelo p0.b, x3, x2
14       b.any 1b
15
16       ret
```

假設 X0 為儲存 RGB24 圖像資料的起始位址，X1 為儲存 BGR24 圖像資料的起始位址，X2 為 RGB24 圖像資料的位元組數，系統支援的 SVE 向量暫存器長度為 256 位元。

在第 4 行中，透過 WHILELO 指令來初始化 P0 斷言暫存器，它是從第 0 個資料元素開始從低到高遍歷和初始化資料元素的狀態。X3 暫存器用於統計資料元素，初值為 0，每次迴圈增加 32。

在第 7 行中，透過 LD3B 指令來載入記憶體位址的資料到 Z4 ～ Z6 向量暫存器中。LD3B 指令與 NEON 指令集中的 LD3 指令類似，它從記憶體中獲取資料，並同時交叉地把資料載入到不同的向量暫存器中。

在第 8 ～ 10 行中，把儲存了 R、G 以及 B 三種顏色的向量暫存器的值複製到 B、G、R 向量暫存器，Z1 ～ Z3 向量暫存器儲存了 BGR 資料。

在第 11 行中，透過 ST3B 指令把 Z1 ～ Z3 向量暫存器的資料儲存到以 X1 暫存器的值為基底位址，以 X3 暫存器的值為偏移量的記憶體單元中。ST3B 指令與 NEON 指令集中的 ST3 指令類似。

在第 12 行中，INCB 指令增加斷言暫存器中資料元素的統計計數。指令後面的 “all” 表示向量暫存器中所有可用的資料元素。在本場景中，一個 256 位元的向量暫存器包含 32 個 8 位元寬的資料元素，所以在第一次迴圈中 X3 暫存器的值從 0 增加到 32。“mul #3” 表示 X3 暫存器的值還需要乘以 3，最終 X3 暫存器的值變成 96。這是因為一個 RGB24 像素佔用 3 位元組。

第 13 行與第 4 行的 WHILELO 指令類似，重新初始化 P0 斷言暫存器。不同的地方在於，X3 暫存器的值發生了變化。

在第 14 行中，B.ANY 表示只要 P0 斷言暫存器中有活躍狀態的資料元素，就跳轉到 1 標籤處。

23.6.2 使用內嵌組合語言方式

下面使用內嵌組合語言方式來實現 RGB24 轉 BGR24。

```
1    static void rgb24_bgr24_inline_asm(unsigned char *src, unsigned char *dst,
     unsigned long count)
2    {
3         unsigned long size = 0;
4
5         asm volatile (
```

```
6            "mov x4, %[count]\n"
7            "mov x2, #0\n"
8            "whilelo p0.b, x2, x4\n"
9
10           "1: ld3b    {z4.b - z6.b}, p0/z, [%[src], x2]\n"
11           "mov     z1.d, z6.d\n"
12           "mov     z2.d, z5.d\n"
13           "mov     z3.d, z4.d\n"
14           "st3b    {z1.b - z3.b}, p0, [%[dst], x2]\n"
15           "incb    x2, all, mul #3\n"
16           "WHILELT p0.b, x2, x4\n"
17           "b.any 1b\n"
18           : [dst] "+r"(dst), [src] "+r"(src), [size] "+r"(size)
19           : [count] "r" (count)
20           : "memory", "z1", "z2", "z3", "z4","z5","z6","x4", "x2","p0"
21           );
22   }
```

內嵌組合語言程式碼顯性地使用了 Z1 ～ Z6 向量暫存器、X2、X4 以及 P0 暫存器，因此需要在內嵌組合語言的損壞部分中告訴編譯器，內嵌組合語言使用了這幾個暫存器，見第 20 行。

23.6.3 測試

接下來，我們寫一個程式來建立一幅解析度為 4K 的 RGB24 影像，然後分別使用 rgb24_bgr24_c()、rgb24_bgr24_asm () 以及 rgb24_bgr24_inline_asm () 函數來轉換資料，最後比較轉換的結果是否相等。下面是相關的虛擬程式碼。

```
#define IMAGE_SIZE (4096 * 2160)
#define PIXEL_SIZE (IMAGE_SIZE * 3)

int main(int argc, char* argv[])
{
     unsigned long i;

     unsigned char *rgb24_src = malloc(PIXEL_SIZE);
     if (!rgb24_src)
         return 0;
     memset(rgb24_src, 0, PIXEL_SIZE);

     unsigned char *bgr24_c = malloc(PIXEL_SIZE);
     if (!bgr24_c)
         return 0;
     memset(bgr24_c, 0, PIXEL_SIZE);
```

```
    unsigned char *bgr24_inline_asm = malloc(PIXEL_SIZE);
    if (!bgr24_inline_asm)
        return 0;
    memset(bgr24_inline_asm, 0, PIXEL_SIZE);

    unsigned char *bgr24_asm = malloc(PIXEL_SIZE);
    if (!bgr24_asm)
        return 0;
    memset(bgr24_asm, 0, PIXEL_SIZE);

    for (i = 0; i < PIXEL_SIZE; i++) {
        rgb24_src[i] = rand() & 0xff;
    }

      rgb24_bgr24_c(rgb24_src, bgr24_c, PIXEL_SIZE);

    rgb24_bgr24_inline_asm(rgb24_src, bgr24_inline_asm, PIXEL_SIZE);

    rgb24_bgr24_asm(rgb24_src, bgr24_asm, PIXEL_SIZE);

    if (memcmp(bgr24_c, bgr24_inline_asm, PIXEL_SIZE))
        printf("error on bgr24_inline_asm data\n");
    else
        printf("bgr24_c (%ld) is idential with bgr24_inline_asm\n", PIXEL_SIZE);

    if (memcmp(bgr24_c, bgr24_asm, PIXEL_SIZE))
        printf("error on bgr24_asm data\n");
    else
        printf("bgr24_c (%ld) is idential with bgr24_asm\n", PIXEL_SIZE);

    free(rgb24_src);
    free(bgr24_c);
    free(bgr24_inline_asm);
    free(bgr24_asm);

    return 0;
}
```

由於樹莓派 4B 不支援 SVE 指令集，因此我們使用 QEMU+ARM64 實驗平臺來執行該程式。在 QEMU+ARM64 實驗平臺裡輸入如下命令來編譯。

```
# gcc rgb24_bgr24_sve.c rgb24_bgr24_asm.S -o rgb24_bgr24_sve -march=armv8-a+sve
```

編譯 SVE 指令需要指定 -march 參數，例如指定 “armv8-a+sve”。

編譯完成之後，執行程式。執行結果如圖 23.15 所示。

```
benshushu:rgb24_bgr24# ./rgb24_bgr24_sve
bgr24_c (26542080) is idential with bgr24_inline_asm
bgr24_c (26542080) is idential with bgr24_asm
benshushu:rgb24_bgr24#
```

▲圖 23.15 執行結果

23.7 案例分析 23-3：4×4 矩陣乘法運算

本節使用 SVE 指令來實現 22.5 節的案例。

23.7.1 使用內嵌組合語言方式

4 × 4 矩陣乘法運算的 C 語言實現見 22.5 節。下面使用 SVE 指令與內嵌組合語言程式碼實現。

```
1     void matrix_multiply_4x4_asm(float32_t *A, float32_t *B, float32_t *C)
2     {
3         asm volatile (
4             "ptrue p0.s,vl4\n"
5
6             /* 載入 A 矩陣的資料到 Z0~Z3*/
7             "ld1w {z0.s}, p0/z, [%[a]]\n"
8             "incw %[a], VL4, MUL #4\n"
9             "ld1w {z1.s}, p0/z, [%[a]]\n"
10            "incw %[a], VL4, MUL #4\n"
11            "ld1w {z2.s}, p0/z, [%[a]]\n"
12            "incw %[a], VL4, MUL #4\n"
13            "ld1w {z3.s}, p0/z, [%[a]]\n"
14
15            /* 載入 B 矩陣的資料到 Z4~Z7*/
16            "ld1w {z4.s}, p0/z, [%[b]]\n"
17            "incw %[b], VL4, MUL #4\n"
18            "ld1w {z5.s}, p0/z, [%[b]]\n"
19            "incw %[b], VL4, MUL #4\n"
20            "ld1w {z6.s}, p0/z, [%[b]]\n"
21            "incw %[b], VL4, MUL #4\n"
22            "ld1w {z7.s}, p0/z, [%[b]]\n"
23
24            /* 計算 C0——第 0 列 */
25            "fmul z8.s, z0.s, z4.s[0]\n"
26            "fmla z8.s, z1.s, z4.s[1]\n"
27            "fmla z8.s, z2.s, z4.s[2]\n"
28            "fmla z8.s, z3.s, z4.s[3]\n"
29
30            /* 計算 C1——第 1 列 */
31            "fmul z9.s, z0.s, z5.s[0]\n"
```

```
32            "fmla z9.s, z1.s, z5.s[1]\n"
33            "fmla z9.s, z2.s, z5.s[2]\n"
34            "fmla z9.s, z3.s, z5.s[3]\n"
35
36            /* 計算 C2——第 2 列 */
37            "fmul z10.s, z0.s, z6.s[0]\n"
38            "fmla z10.s, z1.s, z6.s[1]\n"
39            "fmla z10.s, z2.s, z6.s[2]\n"
40            "fmla z10.s, z3.s, z6.s[3]\n"
41
42            /* 計算 C3——第 3 列 */
43            "fmul z11.s, z0.s, z7.s[0]\n"
44            "fmla z11.s, z1.s, z7.s[1]\n"
45            "fmla z11.s, z2.s, z7.s[2]\n"
46            "fmla z11.s, z3.s, z7.s[3]\n"
47
48            "st1w {z8.s}, p0, [%[c]]\n"
49            "incw %[c], VL4, MUL #4\n"
50            "st1w {z9.s}, p0, [%[c]]\n"
51            "incw %[c], VL4, MUL #4\n"
52            "st1w {z10.s}, p0, [%[c]]\n"
53            "incw %[c], VL4, MUL #4\n"
54            "st1w {z11.s}, p0, [%[c]]\n"
55            :
56            : [a] "r" (A), [b] "r" (B), [c] "r" (C)
57            : "memory", "z0", "z1", "z2", "z3",
58                "z4", "z5", "z6", "z7", "z8",
59                "z9", "z10", "z11", "p0"
60           );
61    }
```

在第 4 行中，初始化 P0 斷言暫存器。使用 PTRUE 指令來初始化前面 4 個資料元素的狀態為活躍。

在第 7 ～ 13 行中，載入 ***A*** 矩陣的資料到 Z0 ～ Z3 向量暫存器中。第 8 行的 INCW 指令增加斷言暫存器中資料元素的統計計數。其中 “VL4” 表示只統計前 4 個資料元素；“MUL #4” 表示資料元素的統計計數再乘以 4，即 4 × 4，因為一個資料元素占 4 位元組，最後把結果累加到變數 *A* 中。這筆指令相當於在矩陣 ***A*** 基底位址的基礎上加上 16 位元組的偏移量。

在第 16 ～ 22 行中，載入 ***B*** 矩陣的資料到 Z4 ～ Z7 向量暫存器中。

在第 25 ～ 28 行中，分別計算矩陣 ***C*** 的第 1 列的 4 個資料。第 25 行使用 FMUL 指令來計算第一個資料，如果改用 FMLA 指令，則需要初始化 Z8 暫存器的內容為 0；否則，會得出錯誤的計算結果。

在第 31 ～ 34 行中，分別計算矩陣 ***C*** 的第 2 列的 4 個資料。

在第 37 ～ 40 行中，分別計算矩陣 ***C*** 的第 3 列的 4 個資料。

在第 43 ～ 46 行中，分別計算矩陣 ***C*** 的第 4 列的 4 個資料。

在第 48 ～ 54 行中，把矩陣 ***C*** 所有資料寫入一維陣列 *C* 中。

在第 57 ～ 59 行中，內嵌組合語言程式碼顯性地使用了 Z0 ～ Z11 向量暫存器以及 P0 暫存器，因此需要告知編譯器。

23.7.2 測試

我們寫一個測試程式來測試上述 C 函數以及 SVE 內嵌組合語言函數，並判斷結果運算是否一致。

```
1    int main()
2    {
3        int i;
4        uint32_t n = BLOCK_SIZE; // rows in A
5        uint32_t m = BLOCK_SIZE; // cols in B
6        uint32_t k = BLOCK_SIZE; // cols in a and rows in b
7
8        float32_t A[n*k];
9        float32_t B[k*m];
10       float32_t C[n*m];
11       float32_t D[n*m];
12
13       bool c_eq_asm;
14       bool c_eq_neon;
15
16       matrix_init_rand(A, n*k);
17       matrix_init_rand(B, k*m);
18
19       printf("A[] data:\n");
20       print_matrix(A, m, k);
21
22       printf("B[] data:\n");
23       print_matrix(B, m, k);
24
25       for (i = 0; i < LOOP; i++)
26           matrix_multiply_c(A, B, C, n, m, k);
27       printf("C result:\n");
28       print_matrix(C, n, m);
29
30       for (i = 0; i < LOOP; i++)
31           matrix_multiply_4x4_asm(A, B, D);
32       printf("asm result:\n");
```

```
33        print_matrix(D, n, m);
34
35        c_eq_neon = matrix_comp(C, D, n, m);
36        printf("Asm equal to C:  %s\n", c_eq_neon ? "yes" : "no");
37    }
```

在 QEMU+ARM64 實驗平臺裡輸入如下命令來編譯。

```
# gcc sve_matrix_4x4.c -o sve_matrix_4x4 -march=armv8-a+sve
```

編譯 SVE 指令需要指定 -march 參數，例如指定 “armv8-a+sve”。

編譯完成之後，執行程式。運算結果如圖 23.16 所示。

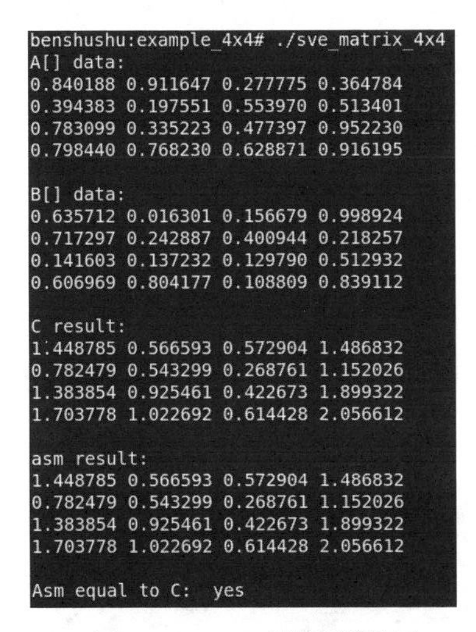

▲圖 23.16 4 × 4 矩陣運算結果

23.8 實驗

23.8.1 實驗 23-1：RGB24 轉 BGR32

1．實驗目的

熟練掌握 SVE 指令。

2・實驗要求

請在 QEMU+ARM64 實驗平臺上完成本實驗。

請用 SVE 組合語言指令最佳化 rgb24to32() 函數，然後對比 C 函數與 SVE 組合語言函數的執行結果是否一致。

```
/* RGB24 (= R, G, B) -> BGR32 (= A, R, G, B) */
void rgb24to32(const uint8_t *src, uint8_t *dst, int src_size)
{
    int i;

    for (i = 0; 3 * i < src_size; i++) {
        dst[4 * i + 0] = src[3 * i + 2];
        dst[4 * i + 1] = src[3 * i + 1];
        dst[4 * i + 2] = src[3 * i + 0];
        dst[4 * i + 3] = 255;
    }
}
```

23.8.2 實驗 23-2：8×8 矩陣乘法運算

1・實驗目的

熟練掌握 SVE 組合語言指令。

2・實驗要求

請在 QEMU+ARM64 實驗平臺上完成本實驗。

請用 SVE 組合語言指令最佳化 8 × 8 矩陣乘法運算，然後對比 C 函數與 SVE 組合語言函數的執行結果是否一致。

23.8.3 實驗 23-3：使用 SVE 指令最佳化 strcpy() 函數

1・實驗目的

熟練掌握 SVE 組合語言指令。

2・實驗要求

請在 QEMU+ARM64 實驗平臺上完成本實驗。

請用 SVE 組合語言指令來最佳化 strcpy() 函數，然後寫一個測試程式來驗證 SVE 組合語言函數的正確性。

```
char *strcpy(char *dest, const char *src)
{
    char *tmp = dest;

    while ((*dest++ = *src++) != ‹\0›)
        /* nothing */;
    return tmp;
}
```

Note

Note

Note

Deepen Your Mind

Deepen Your Mind